친환경 스마트선박 개론

김병수 · 박노준 · 박현 · 엄재광
이인원 · 이충성 · 장학수 · 정광효 지음

GS인터비전

머리말

우리나라 조선업은 2002년 세계 선박 건조량 시장 점유율 33%를 달성한 이래 세계 최고의 조선업국가로 성장하였다. 그러나 최근 불황기에도 중국 조선업은 정부의 강력한 대규모 지원에 힘입어 우리나라를 위협하면서 시장 점유율 50~60%를 달성하고 있다. 이러한 상황에서 세계 조선업은 불황기를 지나서 노후 선박 교체 시기 도래에 따른 새로운 성장기를 맞이하고 있다. 동시에 탄소배출감축 목표 달성을 위해 기존 디젤 연료를 사용하던 선박에서 벗어나 LNG, 메탄올, 암모니아 및 수소 등의 친환경연료추진선박에 관한 개발과 발주가 증대하고 있다. 그리고 디지털과 통신 및 인공지능(AI) 발전의 가속화로 조선업에도 새로운 기술 혁신의 바람이 휘몰아치고 있다.

현재는 과거의 선박 기술 발전 속도나 패턴과는 전혀 다른 새로운 시장의 흐름이 만들어지고 있다. 이러한 시대적 상황을 인식하고 합당한 조치를 실행하는 새로운 리더십이 필요하다. 중국보다 기술력으로 앞서고 있을 때 사전에 잘 대비해서 더 멀리 나아가야 할 것이다.

본 책은 이러한 시대적 흐름에서 요구하는 친환경연료추진선박, 스마트자율운항선박, 스마트조선소 등 미래의 유망 기술에 관한 핵심 내용을 개요 중심으로 설명한다. 우리나라에 선박 관련 많은 기술 서적이 있지만 미래형 선박과 조선소에 필요한 기술 흐름과 핵심 기술 내용을 소개하는 서적은 흔치 않다. 미래의 조선인이라면 알아야 할 미래 기술들을 종합적으로 정리하여 제공한다.

1장은 본 책의 전체 내용 전개에 대한 중요 사항을 정리하여 설명한다. 친환경연료추진선박과 스마트자율운항선박에 관한 개념과 정의, 구체적인 성능과 미래 방향에 관해 기술함으로써 이 책에 대한 개괄적인 지식을 제공하고, 이러한 선박의 기술 개발 로드맵도 인용하여 제시한다. 또한, 스마트조선소의 개념과 목표 및 미래 방향에 관해서도 제시한다.

2장은 탄소 배출 감축을 왜 해야 하는지, 이에 관한 국제 협약 및 목표에 관해 설명한다. 현재 세계 탄소 배출 현황과 유엔을 중심으로 탄소 배출을 줄이기 위해 각 국가가 협력하여 수립, 실행하고 있는 탄소 배출 제로 목표에 대해 기술한다. 또한, 유럽연합의 탄소국경조정세 도입에 대해서도 설명한다.

3장은 IMO의 환경 규제 및 2050년 탄소 배출 제로 추진에 관한 내용이다. IMO의 역할, 조직 구조와 IMO 규제가 미치는 영향에 관해 기술하고, IMO의 질소산화물 및 황산화물 배출 규제 내용과 그것을 해결하는 연료의 변경과 배기가스재순환장치, 선택적환원촉매장치 및 스크러버(Scrubber) 등 감축 장치들에 대해 자세히 설명한다. 또한, IMO 탄소 배출 제로 목표와 선박 에너지효율지수(EEDI•EEXI), 탄소집약도지수(CII), 선박 에너지효율관리계획(SEEMP) 및 수명주기평가(LCA) 등 탄소 배출 감축 지표들에 관한 개념을 설명하고 관련 필요 지식을 제공한다. IMO 규제와 맞추어 유럽연합의 탄소 배출 감축 규제와 2050년 탄소 배출 제로 달성 점검 및 전략에 대해 살펴본다.

4장은 친환경연료에 관한 내용이다. IMO의 탄소 배출 제로 목표 달성이 가능한 친환경연료인 LNG, 메탄올, 암모니아, 바이오(FAME•HVO•FT 디젤) 및 수소 등에 관한 친환경연료와 연소 특성 및 장단점에 대해 종합적으로 정리한다. 이러한 친환경연료의 생산 방식 개념과 생산 원가(비용)를 비교 설명한다. 또한, 친환경연료별로 바이오•블루•그린 연료 등의 생산 방식에 따라 탄소 배출 감축 비율과 생산 원가가 다르다는 것을 보여준다. 친환경연료의 경제성 및 미래 종합 경쟁력을 정리하고 2050년까지 IMO의 단계별 탄소 배출 감축 목표 달성에 필요한 친환경연료별로 적용 경로와 연료별 미래 시장 점유율도 제시한다.

5장은 친환경연료추진선박에 관한 내용이다. LNG연료추진선박, 메탄올연료추진선박 및 암모니아연료 추진선박은 LNG, 메탄올 및 암모니아 연료를 각각의 이중연료엔진에 공급하여 추진하는 선박이다. 이러한 연료를 선박 엔진에서 사용하거나 화물로 운송할 때 발생하는 위험을 억제하기 위해 만들어진 IMO의 안전 규정인 IGC 코드와 IGF 코드에 관해 설명한다. 친환경연료추진선박에 관한 최근 발주 동향을 살펴보고, 친환경연료추진선박별로 각각의 이중연료엔진, 연료탱크, 연료공급시스템, 벙커링시스템, 안전시스템 및 선박을 설계할 때에 고려해야 할 사항들과 펌프, 압축기, 기화기, 밸브, 통풍시스템 및 질소불활성화 시스템 등 각종 핵심 구성 장치들에 관해서도 설명한다.

6장은 연료전지추진선박 및 하이브리드전기추진선박에 관한 내용이다. 연료전지추진선박에서 연료전지추진시스템의 종류, 연료전지추진선박의 특성 및 제약 조건을 정리하여 기술한다. 연료전지(Fuel Cell)의 작동 원리 및 특성, 선박에 적용이 가능한 SOFC 및 PEMFC 연료전지와 생산한 전기 에너지를 효율적으로 통합하여 관리하고 제어하는 연료전지•배터리 하이브리드시스템에 대해서도 설명한다. 친환경연료 전지추진선박 중 LNG, 메탄올, 암모니아 등을 연료로 사용하는 SOFC시스템의 BOP 운전시스템에 관해 설명한다. 수소연료추진선박은 고압수소 또는 액화수소를 연료로 사용하는 선박이다. 700 bar 고압수소 연료탱크, 액화수소연료탱크, PEMFC시스템의 BOP 운전시스템, 수소 벙커링(충전)시스템, 수소연료전지 추진선박, 액화수소운반선 건조 사례 및 수소연료전지추진선박 개념 설계 사례를 기술한다. 하이브리드전기추진선박에 관해서는 하이브리드전기추진시스템의 종류, 발전기의 작동 원리와 종류, 하이브리드전기추진시스템의 통합 제어와 운항 모드 개념, 전력계통의 종류와 사례에 관해 기술한다. 마지막으로 수소연료전지추진선박과 디젤엔진추진선박의 건조비와 운항비를 비교하여 설명한다.

7장은 선박 에너지 효율 향상에 관한 내용이다. 선박의 전체 에너지 효율 향상과 탄소 배출 감축에 대해 연료 절감뿐만 아니라 선체 효율 향상, 프로펠러 효율 향상 및 에너지 절감 고정 장치를 통한 향상, 기계 및 전기시스템 효율 향상, 풍력 및 태양광 에너지 활용 및 선박 운항 최적화 등 선박 관련 기술의 모든 분야에서 효과적인 기술들을 개발하고 적용하는 것에 관해 설명한다. 이러한 기술 적용에는 많은 비용이 들어가므로 선박 종류와 운항 경로별로 원가와 수익 계산을 통한 투자 타당성을 세밀하게 검토한 후에 적용해야 할 것이다.

8장은 스마트자율운항선박에 관한 내용이다. 디지털 기술, 스마트 성능, 자율운항 및 인공지능 기술을 선박 운항에 적용하여 해운 회사들의 탄소 배출 감축, 경제 운항, 안전 운항 및 운항 이익 극대화를 실현시킬 수 있는 미래형 최첨단 선박이다. 고장 진단 사전 예측, 원격 유지 보수 관리 및 선단 관리 등 스마트 성능에 대해 설명한다. 항로 추적•자동 충돌 회피•자동 운항, 자동 접안과 이안, 육상관제시스템 등 자율운항 성능에 대해 설명한다. 해상 GMDSS, 인공위성 및 원•근거리 등 선박과 자율운항선박에 필수적인 통신망과 선박 내부 네트워크 통합을 위한 표준 프로토콜과 통신 표준에 관해 설명한다. 선박 사이버 보안 사고 사례, 사이버 복원력 및 네트워크 방화벽 설치에 관해서도 설명한다. 빅데이터와 인공지능(AI)을 자율운항선박에 어떻게 적용할 지에 대해서도 사례를 들어 설명한다. 해외 및 국내 기술 개발 동향에 대해서도 기술한다.

9장은 스마트조선소에 관한 내용이다. 조선소에서의 설계, 자재조달 및 생산 업무를 정리하고 조선소에서의 전사적자원관리(ERP)시스템, 제품수명주기관리(PLM)시스템 및 생산실행시스템(MES) 등 조선소의 모든 정보시스템을 연결하여 효율적으로 통합•운영하는 전사적통합관리시스템 기술들을 살펴본다. 최신의 가상 현실(VR), 증강 현실(AR), 메타버스(Metaverse) 및 디지털 트윈 기술, 빅데이터 및 인공지능(AI) 기술들을 어떻게 어떤 수준까지 조선소에 적용할 것인지에 대해 기술한다. 영업에서 수주와 계약 사양과 납기가 결정되면 사람 개입 없이 설계부터 자재조달 및 생산을 통한 선박 인도까지의 업무를 스스로 알아서 계획을 수립하여 실행하는 시스템을 구축할 수 있다. 사람은 시스템이 돌아가는 상황을 모니터링하고 의사결정에 필수적인 부분과 병목 공정과 발생 문제 해결에 집중할 수 있다. 조선소 모든 업무를 스스로 알아서 조치하는 미래 지능형•자율형스마트조선소 구축에 관한 내용들을 개념적으로 설명한다.

본 책은 지자체-대학 협력기반 지역혁신(RIS) 사업 부산지역혁신플랫폼의 친환경스마트선박사업단에서 스마트해양모빌리티 융합전공 교육과정에 교재로 활용하기 위해 대학교육혁신과제의 일환으로 만들어졌다.

수십 번의 회의와 토론을 통하여 현재와 미래 선박에 필요한 다양한 기술과 지식을 정리하고, 집필하신 공저자 교수님들께 진심으로 감사드린다.

그리고, 출판을 담당하신 GS인터비전 송기수 대표와 편집해 주신 공예서 님과 책의 교정에 동참해주신 여러분들에게 감사드린다.

차례

CHAPTER 1

친환경스마트선박이란?

1.1 친환경스마트선박 개요

1.2 친환경스마트선박의 미래 방향

CHAPTER 1

전 세계 무역 거래량의 약 80% 수준의 상품이 약 60,000척 이상의 선박에 실려 대양을 건너 전 세계 항구로 운송되며, 이러한 해상 운송 물동량이 지속해서 증대되고 있는 추세이다. 현존 선박의 배기 가스에 포함된 황산화물 및 질소산화물 등은 항만 대기 오염의 주요인으로서 배출을 제한하고 있다. 또한, 지구 온난화의 핵심 요인인 탄소 배출 감축이 세계적인 이슈로 대두되고 있으며 현재는 IMO를 중심으로 탄소 배출 제로 목표로 방향을 설정하여 전 세계가 움직이고 있다.

이러한 대기 오염 방지 및 탄소 배출 제로(넷제로, Net Zero = 탄소 중립)를 만족시키는 친환경연료는 현존 선박 연료인 디젤보다 가격이 약 2~3배에 달하며, 해운 회사에게 매년 80~280억 달러에 달하는 매우 큰 추가 비용을 발생시킨다. 또한, 친환경연료 공급을 위한 항만 인프라에도 많은 설비 투자가 필요하다. 해운 회사로서는 친환경선박이 매우 중요하지만, 비용 부담이 커 해운 운임을 상승시키게 될 것으로 예측하고 있다. 따라서 해운 회사는 선박 운항 최적화를 통한 운항비 감축에 많은 노력을 기울이고 있다.

해운 회사에게 필요한 선박은 친환경연료추진선박과 운항비를 최소화하여 운항 이익을 극대화할 수 있는 스마트선박이다. 친환경 시대 흐름에 자율운항•인공지능(AI, Artificial Intelligence) 등의 첨단 디지털 기술을 접목해 차세대 맞춤형으로 등장한 선박이 친환경스마트선박이다. 해운 회사는 이러한 선박의 발주 확대와 운항을 통해 다른 회사와 차별화한 서비스를 제공하고 수익 및 시장 점유율을 증대시키려는 목표를 갖고 있다.

이 장에서는 향후 유망한 친환경스마트선박에 관한 개념과 정의, 구체적인 성능과 미래 방향에 관해 기술함으로써 이에 관한 전반적인 지식을 제공하고 이해도를 높이고자 한다. 또한, 스마트조선소에 대해서도 미래 방향 제시 측면에서 언급한다. 이에 대해 아래와 같은 순서로 설명한다.

- 친환경스마트선박 개요
- 친환경스마트선박의 미래 방향
- 스마트조선소의 미래 방향

1.1 친환경스마트선박 개요

친환경스마트선박에 대해 친환경선박과 스마트자율운항선박으로 구분하여 개념과 정의 및 성능에 대해 각각 설명한다. 친환경선박의 기술 개발 방향과 인증시스템에 대하여 소개하고, 스마트자율운항선박에 대해서는 크게 스마트 성능과 자율운항 성능으로 구분하여 기술한다. 이에 대해 아래와 같은 순서로 설명한다.

- 친환경스마트선박 정의 및 개념도
- 친환경선박이란?
- 스마트자율운항선박이란?

1.1.1 친환경스마트선박 정의 및 개념도

친환경스마트선박이란 그림 1-1과 같이 친환경선박과 스마트선박 둘 다를 포함하는 선박을 말한다. 친환경선박은 전통적인 선박 연료인 중유를 사용하지 않고 환경오염물질과 CO_2 발생을 대폭 감축시킬 수 있는 친환경연료와 전기 에너지를 동력으로 추진하는 선박 및 친환경기술이 적용된 선박을 말한다.

스마트자율운항선박은 경제 운항, 원격 보수 등 스마트 성능에 자율운항, 통신•보안시스템 및 디지털 트윈(Digital Twin, 가상 선박)을 구현한 선박이며, 선박 관련 모든 정보를 통합한 빅데이터 플랫폼 구축과 이를 이용한 AI 기능이 구현된 미래형 최첨단 선박을 말한다.

스마트자율운항 성능에 대해서 여러 가지 방식으로 설명할 수 있지만, 이 책에서는 스마트 성능과 자율운항 성능으로 구분하여 설명한다.

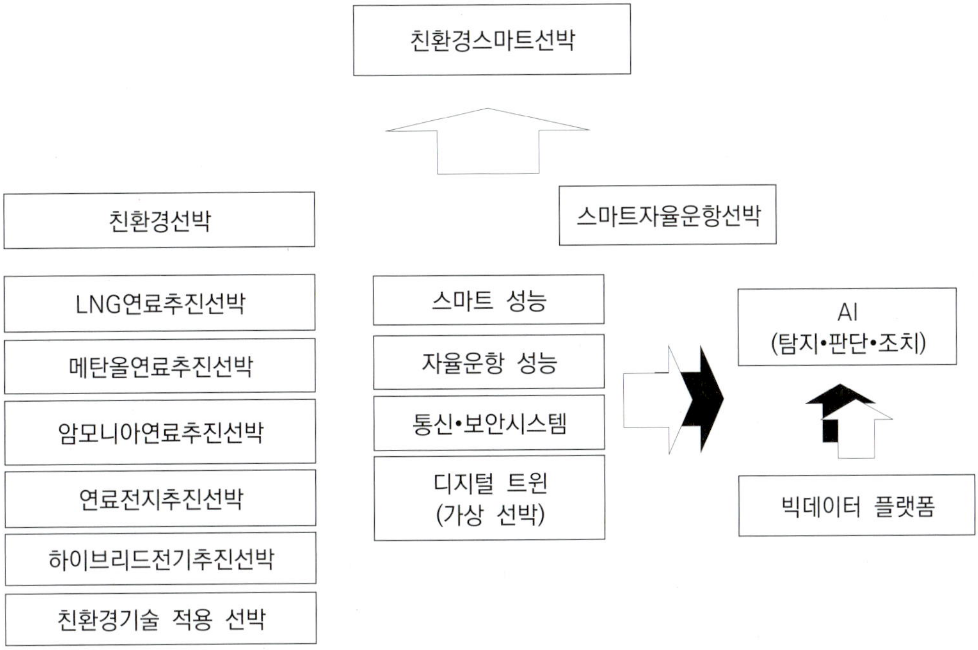

그림 1-1 친환경스마트선박 개념도

그림 1-2 친환경스마트선박 이미지

1.1.2 친환경선박이란?

- 친환경선박의 종류
- 친환경선박 기술 개발
- 친환경선박 인증제도

(1) 친환경선박의 종류

대부분 현존 선박에 사용하는 중유는 저렴하지만 미세 먼지와 공해를 발생시키는 환경오염물질과 지구 온난화의 원인인 이산화탄소(CO_2)를 다른 연료를 사용하는 경우보다 많이 발생시킨다. 이러한 환경오염물질과 CO_2 발생을 대폭 감축시킬 수 있는 친환경선박은 표 1-1과 같이 크게 4가지 종류로 분류할 수 있다. LNG, 메탄올, 암모니아 및 수소 등 친환경연료를 엔진에 사용하여 추진하는 선박, 친환경연료를 연료전지에 공급하여 추진하는 선박, 전기 에너지 동력으로 추진하는 하이브리드전기추진(Hybrid Electric)선박 및 에너지 효율 향상과 탄소 배출 감축 등 친환경 기술을 적용한 선박 등이다.

① LNG, 메탄올, 암모니아 및 수소 등 친환경연료를 동력원으로 추진하는 친환경연료추진선박

② 수소•암모니아 등을 연료전지에 공급하여 생산한 전기를 동력원으로 추진하는 연료전지추진선박

③ 친환경연료를 사용하여 발생한 전기와 배터리 전기 등을 결합한 동력원으로 추진하는 하이브리드전기추진선박

④ 선박 에너지 효율 향상 기술, 환경오염물질 및 CO_2를 감축시키는 친환경 기술을 적용한 선박

표 1-1 친환경선박의 종류

구분	내용
친환경연료 추진선박	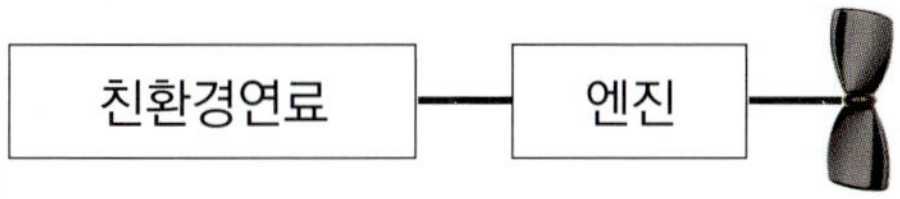 LNG, 메탄올 및 암모니아 등 친환경연료를 엔진에 공급하여 생산한 회전 동력으로 추진
연료전지 추진선박	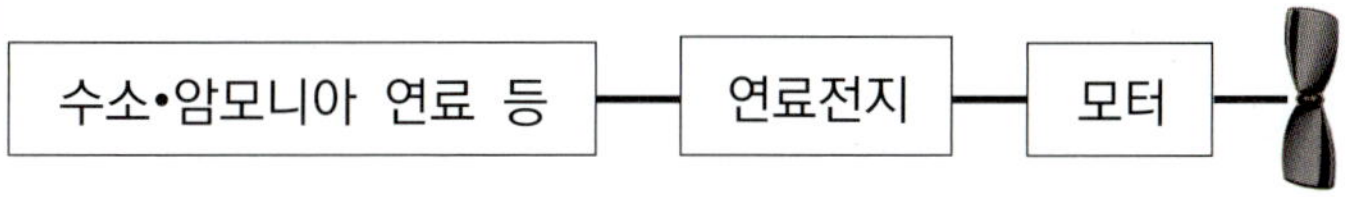 수소 및 암모니아 등 친환경연료를 연료전지에 공급하여 발생시킨 전기 에너지로 모터를 작동시켜 발생한 회전 동력으로 추진
하이브리드 전기 추진선박	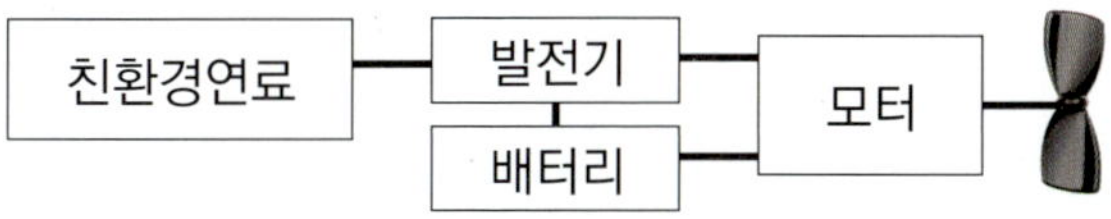 친환경연료를 디젤엔진 발전기에 공급하여 생산한 전기와 배터리 전기로 모터를 작동시켜 발생한 회전 동력으로 추진
친환경 기술 적용 선박	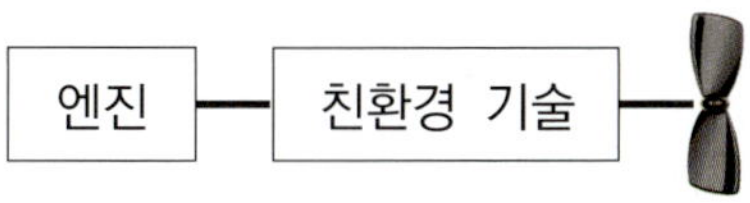 선체, 프로펠러, 기계 및 전기시스템, 풍력 및 태양광 및 운항 최적화 등 에너지 효율 향상 기술 적용 선박 황산화물•질소화물 등 환경오염물질과 CO_2를 감축시키는 친환경기술을 적용 선박

(2) 친환경선박 기술 개발

우리나라 조선 회사는 메탄올연료추진선박을 개발, 수주하여 건조하고 있으며, 암모니아연료추진선박 및 암모니아 FSRU(Floating Storage Regasification Unit)도 개발하고 있는 등 세계 친환경선박 기술 개발에 앞서 나가고 있다. 또한, 연료전지추진선박, 하이브리드 전기추진선박 및 친환경기술에 대해서도 적극적인 개발과 실용화 노력이 진행되고 있다.

표 1-2 친환경선박 기술 개발 로드맵(HD현대중공업)

분류	중점 목표 및 방향	2023~2027년	2028~2030년
암모니아 연료 추진선박	• 암모니아연료추진선박 기술력 우위 확보 • 암모니아 선박의 차별화	• 초대형 암모니아 운반선, FSRU, 벙커링선 개발 • 암모니아 연료공급•화물시스템 개발	• 암모니아 연료 공급 • 화물시스템 고도화
수소 운반선	• 차별화 기술 개발로 수소운반선 건조 • 수소 핵심기술 개발로 수소경제 신사업 진출	• 소형 액화수소운반선 수주 • 대형 액화수소저장탱크 개발	• 대형 액화수소운반선 수주
연료전지 추진 선박	• 차세대 선박용 발전•추진 시스템 선정 • 친환경선박 시장 기술 초격차 유지	• 중소형 선박 연료전지시스템 개발	• 대형 선박 연료전지 추진시스템 개발
전기추진 선박	• 차세대•고효율 독자 전기 추진시스템 개발로 선박 추진 솔루션 시장 주도	• 하이브리드전기추진시스템 상용화(4/15/30MW)	• 50MW급 하이브리드 전기추진시스템 상용화
친환경 기술	• 선박 환경설비 독자 모델 개발을 통한 신조•개조 사업화 • 친환경 솔루션 기술의 경쟁력 강화	• 선박용 CO_2 포집•처리•영구저장 시스템 독자 모델 개발 및 실증 • 메탄슬립 저감장치 개발 및 실증 • 풍력보조추진시스템 독자 모델 실증 및 상용화	

이러한 친환경선박 기술 주도를 위해 표 1-2와 같이 친환경선박 개발을 가속하는 장단기 로드맵을 계획하여 실행 중이다. 이러한 기술 개발로 지속적인 친환경선박 수주 및 건조에서 성공적인 성과를 거둘 것으로 전망한다.

(3) 친환경선박 인증제도

우리나라는 해운•조선산업 경쟁력 강화를 위한 환경친화적 선박의 개발 및 보급 촉진에 관한 법률을 제정하고, 환경친화적 선박 인증을 받으면 선박 건조 자금 등을 우선하여 지원하거나 지원 대상 선정에 가산점을 부여하는 등 재정 지원 정책을 제공할 수 있는 친환경선박 인증제도를 운용하고 있다. 한국해양교통안전공단(KOMSA)에서 친환경선박 기술 난이도(친환경연료 사용 비중), 환경오염물질 감축률, 선박 에너지 효율 및 기술 국산화율을 종합적으로 평가하여 1~5등급으로 구분하여 인증한다.

그림 1-3 우리나라 친환경선박 인증시스템 개념도

1.1.3 스마트자율운항선박이란?

스마트자율운항선박은 스마트 성능과 자율운항 성능을 갖춘 선박을 말한다. ①스마트 성능은 안전 및 경제 운항, 엔진•추진시스템 및 전력 운영 최적화, 사전 고장 진단 및 예측, 원격 유지 보수 관리, 선단 관리 등으로 구분할 수 있다. ②자율운항 성능은 최소한의 선원으로 선박을 운항하며, 항로 추적 및 충돌 회피, 자동 접안 및 이안, 육상관제시스템 등으로 구성한다.

이러한 스마트자율운항선박의 성능 구현을 위해 추가로 요구되는 기능을 살펴보면 다음과 같다. ③영상•센서•통신시스템을 선박에 설치하여 선박 내 데이터 네트워크 구축과 위성 및 원•근거리 통신 기능을 수행하도록 한다. ④사이버보안시스템을 설치하여 해킹 등 외부의 사이버 공격으로부터 네트워크 통신시스템 등을 보호한다. ⑤디지털 트윈을 구축하여 선박과 설치된 전체 시스템을 디지털로 정밀하게 복제하여 선박의 운항 최적화를 위해 실시간 모니터링 및 운항 시뮬레이션 등을 수행한다. ⑥빅데이터 플랫폼을 구축하여 선박의 각종 데이터 정보를 통합한다. ⑦인공지능(AI) 기능까지 구축하여 선박의 모든 기능을 스스로 알아서 탐지하고 판단하고 조치한다. 이러한 차세대 디지털과 AI 기능을 통합하여 구축한 선박을 미래형 최첨단 스마트자율운항선박이라 할 수 있다.

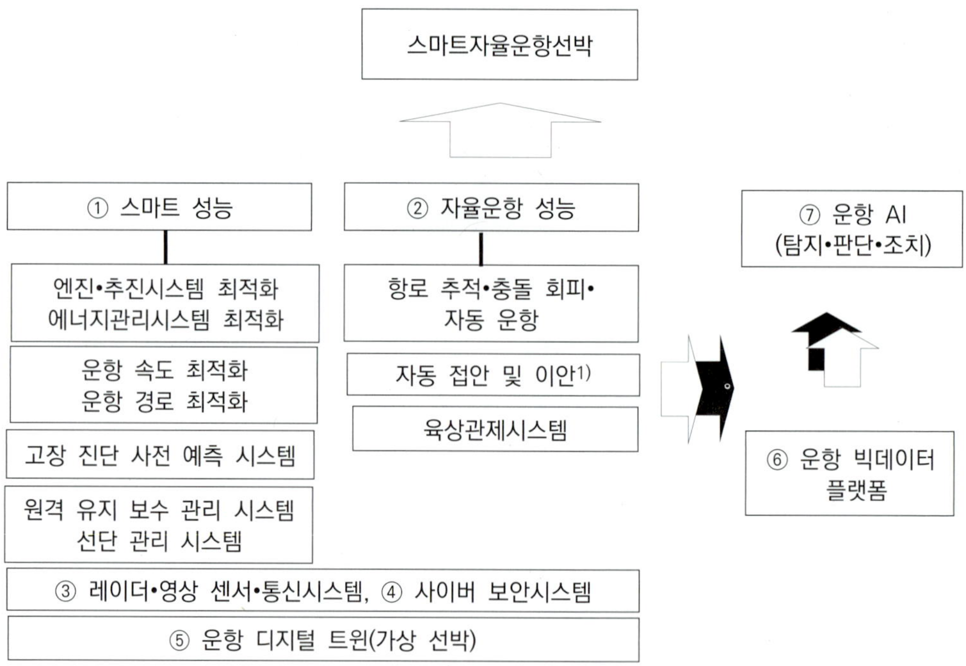

그림 1-4 스마트자율운항선박 개념도

1) 접안은 선박을 항만 안벽에 정박시키는 작업이고, 이안은 안벽을 벗어나게 하는 작업을 말한다.

1.2 친환경스마트선박의 미래 방향

우리나라 조선 회사의 발주처인 해운 회사들의 경영 목표는 친환경 회사의 이미지를 기반으로 한 안전 운항, 고부가가치 화물의 지속적인 증대와 운항 이익 최대화에 있다. LNG, 메탄올, 암모니아 및 수소 등에서 해운 회사는 어떤 연료가 가장 많은 이익을 확보해줄 수 있는가, 가장 유리한가에 대해 깊이 고민하고 있으며, 현재의 선박 발주에 큰 어려움을 겪고 있다. 선박의 연료 선택과 효율적인 메인 엔진 선택의 중요도가 높아지고 있다. 또한, 스마트 기술과 자율운항 기술의 발전으로 운항 효율이 대폭 향상된 선박 개발을 기대하고 있다.

조선 회사들은 이러한 해운 회사의 목표, 고민과 기대에 적합한 경쟁력이 있는 친환경스마트선박들을 지속해서 개발하여 출시해야 한다. 이에 대해 구체적으로 설명하면 다음과 같다.

첫째, 친환경연료로 추진하는 선박을 시장 수요에 맞춰 적기에 개발하여 출시해야 한다. 선박 연료는 연간 운항비의 약 38~66%를 점유하고 있으므로, 연료비 최소화가 가능하고 연료 공급에 문제가 없으면서 환경오염물질과 CO_2를 대폭 감축시킬 수 있는 연료로 운항하는 친환경선박을 개발해야 한다. LNG, 메탄올, 암모니아 및 수소 등 친환경연료로 추진하는 선박이 주요 대상이며, 이들 연료에 관한 경제성과 공급망들을 지속해서 탐색하고 점검해서 이러한 연료를 사용하는 친환경연료추진선박을 시장 수요에 적합하게 출시해야 할 것이다.

둘째, 스마트자율운항선박의 세부 목표는 연료비 최소화, 선박 운항 시간 최대화, 운항 선원 최소화, 운항 연료비 및 운항 경비 최소화 등이다. 이러한 목표를 효과적으로 달성하고 목표 수준을 향상시키기 위해 스마트 및 자율운항 성능을 지속해서 개발하여 선박에 적용해야 한다. 스마트자율운항선박이 확보해야 할 주요 성능에 대해 살펴보면 다음과 같다.

① 스마트 성능과 관련해 부분이 아닌 선박 전체에 관한 최적화 알고리즘 개발이 이루어져야 한다.

② 선박 각종 장치에 관한 고장 가능성을 예측하고 예방적 유지 보수를 실행하여 고장과 계획되지 않은 운항 중지 시간을 방지하는 시스템 개발이 필요하다.

③ 선박 운항 위치에 따라 항구, 수리 시설 및 예비 부품 창고의 위치와 유지 보수 회사와 연계시켜 유지 보수를 신속하게 처리하고, 선박에 전문 기술자가 상주하지 않아도 각종 기술 문제를 자체적으로 해결할 수 있는 시스템을 구축해야 한다.

④ 선박에서 발생할 수 있는 모든 상황에 대해 다양한 시뮬레이션을 평가하여 현재 상황에서 최선인 운항 최적화 방안을 도출하는 시스템이 개발되어야 한다.

⑤ 선박 운항 시에 발생하는 일반적인 문제는 해당 시스템에서 자동으로 처리하고, 선원과 선단 관리자는 가장 중요하고 긴급한 문제 해결에 집중하며, 이러한 문제 해결 방법에 관한 정보가 시스템에서 정확하게 분석되어 의사결정 시기에 제대로 제공하도록 개발해야 한다.

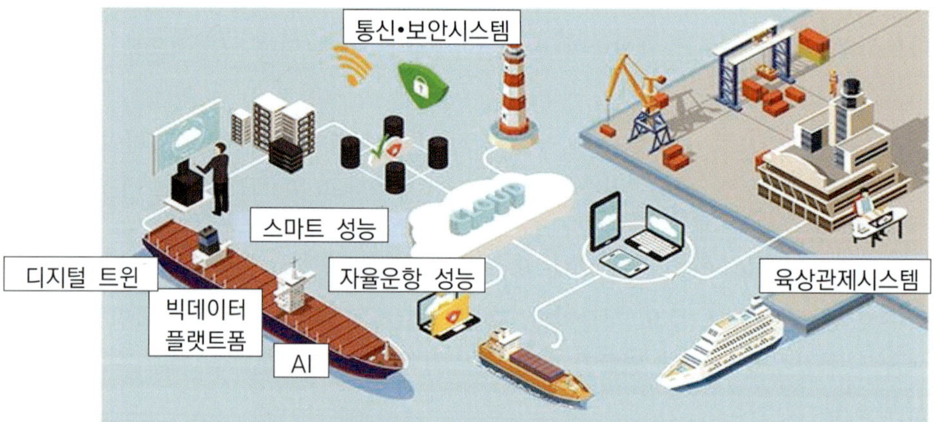

그림 1-5 스마트자율운항선박 개념도

그림 1-6 디지털 트윈 개념도

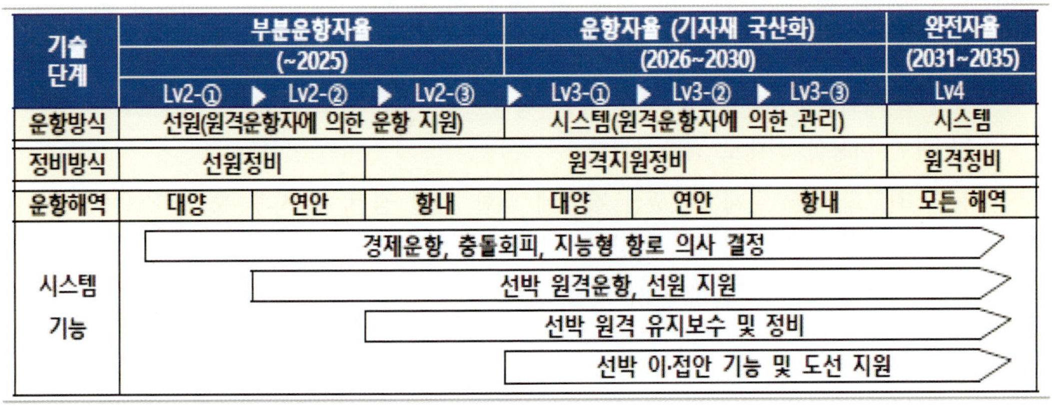

그림 1-7 우리나라 자율운항선박 상용화 기술개발 로드맵

우리나라는 K-조선 차세대 선도 전략을 수립하고 친환경스마트선박 개발을 적극적으로 추진하고 있으며, 특히 그림 1-7과 같이 대양을 운항하는 자율운항 성능에 관한 상용화 기술을 개발하여 고부가가치 친환경스마트선박에 관한 시장 지배력을 강화해 나가고 있다.

1.3 스마트조선소의 미래 방향

조선소에는 다양하고 많은 기술자와 현장 기능 인력이 수많은 자재들과 대형 기계와 대형 크레인 등의 설비들을 사용하여 공장 안과 바깥에서 선박 건조와 관련된 작업을 동시에 수행하고 있다. 조선소 운영의 최대 목표는 적기에 가장 값싸고 품질이 우수한 선박을 건조하는 것이다. 최근 조선소에서 전문 기술 인력 부족이 가장 큰 문제로 부상하고 있다. 설계 및 생산에서 사람의 작업을 최소화할 수 있는 방안으로 나아가야 한다.

스마트조선소의 개념과 목표는 그림 1-9와 같이 세계 최고의 선박 건조 경쟁력을 확보하고 유지하며, 납기•원가•기술•품질 경쟁력이 최고인 선박을 건조하는 것이다. 이러한 스마트조선소가 달성해야 할 핵심 목표는 4개이다.

① 건조 기간 최소화이다. 선박 설계 및 건조 기간 최대 단축으로 조선소의 건조 척수 증대(설비 가동률 최대화)와 수주 경쟁력을 최고 수준까지 향상시킨다.

② 효율 최대화이다. 설계 및 생산 효율 향상으로 기술 인력의 투입을 최소화해 인건비 및 관련 비용을 최대로 감축시킨다.

③ 품질 최고화이다. 설계 및 생산 작업에 대한 사전 점검 및 사후 평가시스템 운영으로 작업 품질을 최고 수준까지 향상시킨다.

④ 인력 최소화이다. 설계 및 생산 기술 인력 최소화를 위해 자동화율을 최대로 향상시킨다. 스마트조선소는 경쟁력 있게 선박을 설계하고 건조하여 발주처에 적기에 인도하고 기술 인력 부족까지 해결하는 개념을 반영하여 구축해야 한다.

조선소 설계 공정에서 선체와 의장설계를 3D CAD로 통합시켜 설계 변경 작업과 오류를 최소화해야 하며, 선박 전체를 디지털 트윈 선박으로 구성하고 AI를 적용해 선체 및 의장 도면 작성, 출도 및 현장 개정 요구 등 설계 전체 공정에서 효율 최대화를 달성해야 한다.

가공, 블록 조립, 도장, 블록 탑재, 의장 기자재 설치, 탑재, 시운전 및 선박 인도 후 A/S 작업 등 복잡한 건조 공정을 통해 선박이 만들어지며, 그 과정에서 많은 설계자와 현장 기능 인력이 상호 협력하여 건조 업무를 수행한다. 이러한 업무에 자동화와 로봇화 확대가 전폭적으로 이루어져야 한다. 특히 생산 공정에서 만드는 중간 부품들과 블록 등의 중량이 무겁고 커서 자동화 확대가 쉽지 않은 상황이지만, 조선소가 기술 개발을 통해 극복해야 할 핵심 과제이다.

조선소에서 비효율이 많이 발생할 수 있는 분야가 공정 관리이다. 조선소에서 직접 만들어지는 블록과 의장 기자재, 외부에서 제작되어 공급되는 블록과 의장 기자재들이 무수히 많다. 그러나 관리해야 할 자재와 사람의 수와 공정도 너무 많아 작업 순서가 맞지 않고 대기 시간이 많이 발생하고 현장에 필요한 기자재가 제때 공급이 안 되는 등 공정 혼선이 발생한다. 또한, 작업 환경에 안전 문제가 발생하기도 한다. 디지털 트윈 조선소와 AI 적용으로 이러한 비효율을 최소화하고 안전한 작업장 구축을 달성해야 할 것이다.

스마트조선소는 그림 1-9와 같이 설계, 건조, A/S 공정 및 공정 관리에 3D CAD•자동화•로봇화•디지털 트윈•IoT•통신•보안•AI화 등 최첨단 디지털 기술을 적극적으로 적용해야 한다. 조선소의 모든 데이터를 빅데이터 플랫폼으로 통합하고 관리하여 전체 시스템에 관한 AI화를 구축하고 활용을 가속화 해야 할 것이다.

우리나라는 중국 조선소와 치열한 경쟁을 하고 있다. 중국은 저렴한 인건비 경쟁력으로 한국보다 다소 떨어지는 효율과 품질 부분을 상쇄시키고 있다. 우리나라는 이러한 스마트 조선소 구축을 적극적으로 빨리 추진하여 중국과의 지속적인 경쟁력 우위를 확보해 나가야 할 것이다.

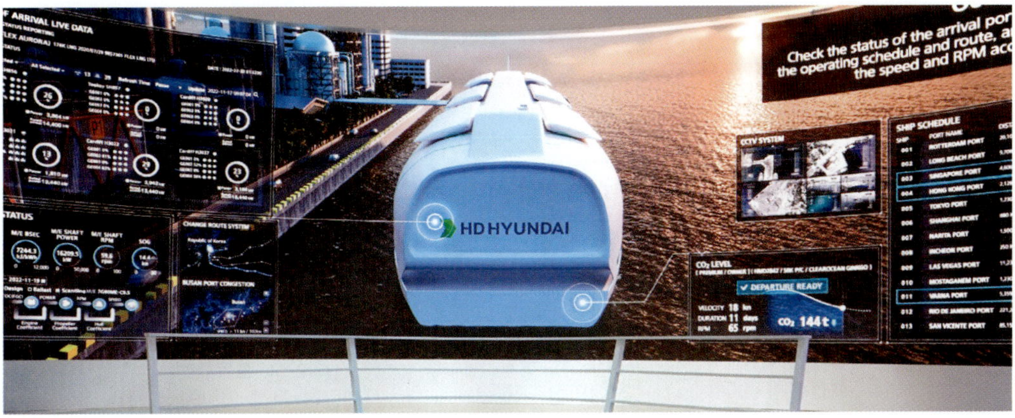

그림 1-8 스마트조선소 통합관리 이미지

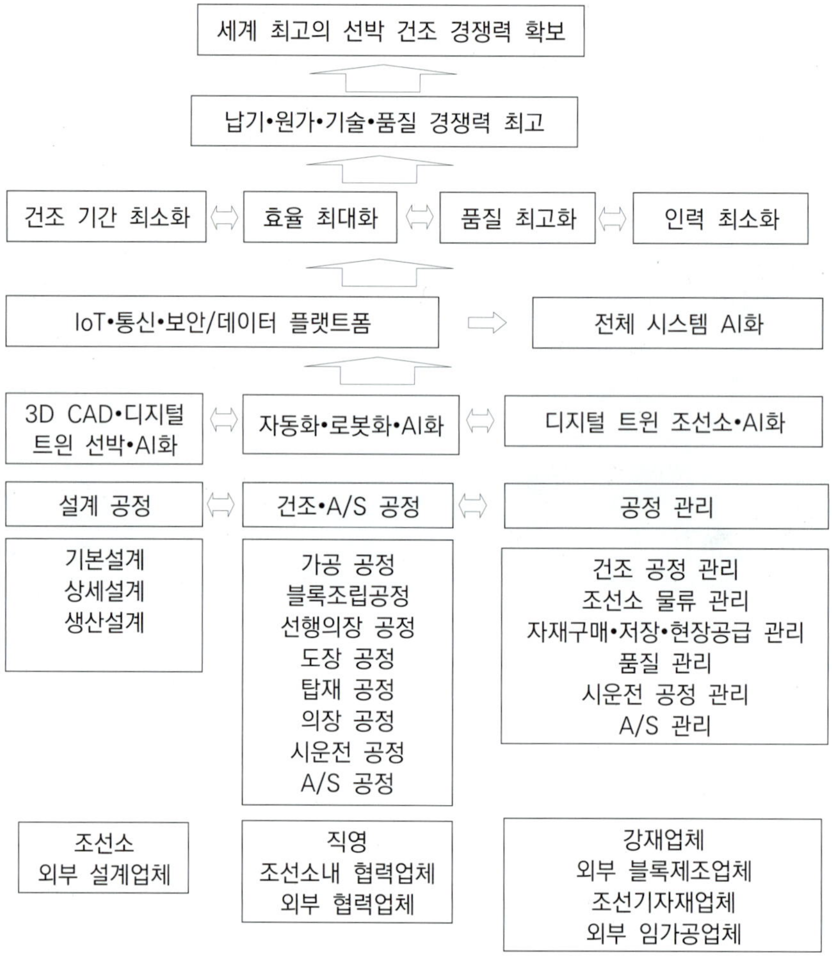

그림 1-9 스마트조선소 구축 개념도 및 목표

연습문제

1. 친환경스마트선박 정의에 대해 설명하라.

2. 친환경선박의 종류와 특징에 대해 설명하라.

3. 친환경선박의 인증제도에 대해 설명하라.

4. 스마트 선박에서의 스마트 성능에 대해 설명하라.

5. 스마트선박에서의 자율운항 기능에 대해 설명하라.

6. 친환경스마트선박 개발을 위한 미래 방향에 대해 설명하라.

7. 스마트조선소 개발을 위한 미래 방향에 대해 설명하라.

CHAPTER 2

지구 온난화 위기와 탄소 배출 감축 국제 협약 및 목표

2.1 지구 온난화의 핵심 요인 탄소 배출

2.2 탄소 배출 감축 국제 협약

2.3 세계 탄소 배출 현황 및 세계 탄소 배출 제로 목표(IEA)

2.4 유럽연합 및 미국의 탄소국경조정세 도입 현황

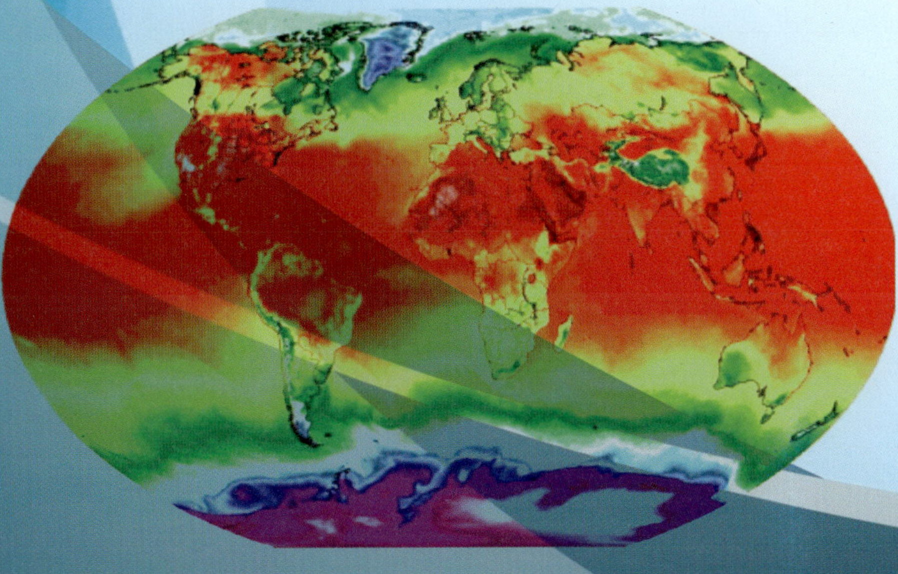

CHAPTER 2

18세기 영국의 산업 혁명으로 석탄 에너지가 산업화에 필수적인 동력이 되었다. 그 이후 석유 에너지 시대가 도래하였다. 현재 석탄과 석유 에너지 비중이 전 세계 에너지의 약 57% 수준에 달하고 있다. 원자력과 풍력•태양광 등 신재생에너지 및 바이오 에너지도 중요한 에너지원이 되었지만 약 20%에 불과하다. 석탄과 석유 사용으로 인한 온실가스(CO_2 79% 점유)가 지구 온난화 핵심 요인이라는 과학적 발견이 쌓이면서, 전 세계적으로 대대적인 탄소 배출 제로(=Net Zero, 탄소 중립)를 추진하고 있다.

탄소 배출에 대해 그동안 과학자들 사이에서 약 50년 동안 3가지 논쟁이 발생하였다. ①지구 온난화가 발생하고 있는가?, ②지구 온난화의 핵심 요인이 인간의 활동에 의한 탄소 배출 증가 때문인가?, ③기후 온난화가 인간에게 재앙이냐? 등이다. 탄소가 지구 환경에서 자연 현상으로 배출되고 바다에 흡수되는 순환의 현상을 보여 의문이 드는 것은 당연하다. 여기에서 지구 온난화 핵심 요인이 인간에 의한 탄소 배출이며 대응을 하지 않으면 인류에게 기후 재앙이 될 것이라는 과학자들의 연구 결과들을 설명한다.

본 장에서는 유엔을 중심으로 탄소 배출을 줄이기 위해 각 국가가 협력하여 어떠한 목표를 수립하고 실행하고 있는지에 대해 살펴본다. 현재의 세계 탄소 배출 현황과 탄소 배출 제로 목표에 대해 기술한다. 이러한 탄소 배출 감축을 주도하고 있는 유럽연합의 탄소국경조정세 도입에 대해서도 설명한다.

현재 인류는 탄소 배출이 많은 석탄 및 석유 에너지 의존도가 높은 산업 구조를 가지고 있다. 개발도상국에서는 경제 성장 지속과 인구 증가로 이러한 에너지 사용을 감축시키는 데 한계가 있다. 각 국가의 이해 관계에 따라 구체적인 실행은 다소 지연될 수 있다.

탄소 배출 제로는 인간에게 기후 재앙으로 침해받지 않을 생명권과 인권이 있다는 인류 사회에 새로운 시대 정신으로 강조되고 있다. 지금까지 지구에 탄소를 인위적으로 배출한 각 국가와 기업은 미래에 발생할 기후 재앙을 공동으로 막아 인간의 인권을 보장해야 하며, 그렇게 해야 할 책임과 의무가 있다는 것이다. 이러한 시대적 대변화에 뒤처지지 않기 위해 핵심 역량을 집중할 필요가 있다. 탄소 배출 제로에 제대로 대응하지 않는 국가와 기업은 다가오는 미래 시대에서 생존하기 어려울 것이다. 이에 대해 다음과 같은 순서로 설명한다.

- 지구 온난화의 핵심 요인 탄소 배출
- 탄소 배출 감축 국제 협약
- 세계 탄소 배출 현황 및 탄소 배출 제로 목표(IEA)
- 유럽연합의 탄소국경조정세 도입 현황

2.1 지구 온난화의 핵심 요인 탄소 배출

CO_2는 지구 환경에서 자연스러운 현상으로 배출되고 바다에 흡수되는 순환을 보인다. 1990년대에는 지구 온난화가 식물 성장에 긍정적이어서 식량 증대에 좋을 것이라고 인식한 과학자들도 있었다. 또한, 거대한 지구 기후 변화 연구는 육지, 바다, 대기 및 태양 등 광범위한 분야라서 그동안 수많은 가설과 시나리오에 기초한 예측에 의존한 연구가 발표되었으며, 과학자, 정치인, 환경 전문가들 사이에서 뜨거운 논쟁의 대상이 되었다.

다양한 분야에서의 과학적 발견은 지구 온난화 관점에서 서로 연결되었으며 연구 결과의 증거가 결합하여 지구가 더워지고 있으며, 인간의 활동으로 배출된 CO_2가 온난화를 일으켰다는 사실을 증명하였다. 이러한 온난화가 미래에 기후 재앙을 발생시킬 것이라는 위기도 예측하였다. 이에 대해 다음과 같은 순서로 설명한다.

- 지구 온난화 지수
- 지구 온난화 및 탄소 배출 증가
- 지구 온난화 위협

2.1.1 지구 온난화 지수

산업혁명 이후 석탄 및 석유 에너지 사용으로 배출된 온실가스(GHG, Greenhouse Gas)가 대기 중에 많아져 지구 육지와 바다를 더워지게 만드는 온실효과, 즉 기후 온난화 현상이 나타났다. 온실가스는 이산화탄소(CO_2), 메탄(CH_4), 아산화질소(N_2O), 수소불화탄소(HFCs), 과불화탄소(PFCs) 및 육불화황(SF6) 등이며, 대기 중에 오랫동안 남아 있어 장기적으로 온난화 영향을 끼친다. 온실가스 중 76%가 CO_2로 대부분을 차지한다.

온실가스 감축을 체계적으로 줄이기 위해 온실가스 농도를 CO_2 농도로 환산한 값인 CO_2환산톤(tCO_2-eq.)[2]이란 개념을 도입해 널리 사용하고 있다. 온실가스 배출톤을 CO_2 환산톤으로 나타내고 톤(t)CO_2-eq.으로 표시한다. 온실가스 배출량에 관한 감축 목표 수립과 이행 실적도 이러한 톤(t)CO_2-eq. 단위를 기준으로 전 세계적으로 관리된다.

---

2) 온실가스 CO_2환산톤(tCO_2-eq.) 계산 = 해당 온실가스 양(톤) x 지구 온난화 지수

표 2-1 온실가스별 지구 온난화 지수와 주요 발생원

온실가스	배출량	지구온난화지수 (GWP 100년)[3]	체류 기간	주요 발생원
이산화탄소(CO_2)	76%	1	(수천년)	화석연료 사용, 산림벌채
메탄(CH_4)	16%	28	12년	천연 가스, 농업, 축산
아산화질소(N_2O)	6%	265	114년	농업
F-gases*	2%	HFC 최대 12,400 PFC 최대 11,100 SF6 23,500	최대 270년 2,600~50,000년 3,200년	냉동고, 에어컨

* F-gases : 수소화불화탄소(HFC), 과불화탄소(PFC), 육불화황(SF6) 포함

표 2-1과 같이 메탄의 경우 지구 온난화 지수(GWP, Global Warming Potential)는 CO_2의 28배이며 LNG 이중연료엔진(Dual Fuel Engine)의 배기 가스로 배출된다. 아산화질소의 지구 온난화 지수는 CO_2의 265배이고 암모니아 이중연료엔진의 배기 가스로 배출된다. 이러한 메탄과 아산화질소는 별도 제거 장치를 선박에 설치하여 제거해야 한다. 불화 온실가스(F-gases)는 에어컨 냉매 및 반도체 제조 등 다양한 산업 공정에서 배출되며, 온실가스 중 가장 강력하고 대기 중에 가장 오랫동안 남아 악영향을 끼친다. 대기 중 배출은 철저히 막아야 한다.

2.1.2 지구 온난화 및 탄소 배출 증가

그동안 지구에서 석탄, 석유 및 가스 등 화석 연료의 사용 확대로 지구의 자연적 정화 능력보다 초과하여 CO_2가 배출되었다. 하와이 마우나로아(Mauna Loa) 관측소에서 3,400 m 상공 대기 중의 CO_2 농도 데이터를 측정하였으며, 1958년 313 ppm에서 2024년 4월 427 ppm으로 나타나 지속적으로 CO_2 농도가 증가하였다는 사실을 밝혔다.

오염되지 않은 남극 빙하 코어(Ice Core) 분석을 통해 산업혁명 이후 CO_2 농도 분석 데이터를 찾았고 유럽의 지구 온도 관측을 통해 지구 온도 데이터를 도출하였다. 과학자

3) 지구 온난화 지수(GWP 100) : 100년 동안 대기 중 온실가스 1 kg이 CO_2 1 kg과 비교한 상대적 온난화 효과를 말한다.

들은 이러한 데이터와 마우나로아 데이터를 결합시켜 그림 2-1과 같이 산업혁명 이후 CO_2 농도 증가가 지구 온도 상승의 결과로 이어진다는 것과 산업화 이후 CO_2 농도가 급격히 증가하였다는 것을 증명하였다.

또한, 그림 2-2와 같이 남극 빙하 코어 분석을 통해 80만년 동안 지구 대기 중의 CO_2 농도와 온도에 관한 연구 결과가 발표되었다. CO_2 농도가 증가하면 온도가 상승한다는 사실을 확인하였으며, 남극 빙하 코어를 분석한 여러 가지 연구에서도 동일한 결과들을 확인하였다.

이러한 연구 결과들을 바탕으로 과학자들은 대기 중 CO_2 농도 증가가 인간의 인위적인 활동 때문이라는 결론을 내렸다. 지난 250년간 인간의 산업화로 인한 화석 연료 사용, 농사 및 토지 사용이 CO_2 농도 증가의 원인인 것으로 밝혀졌다.

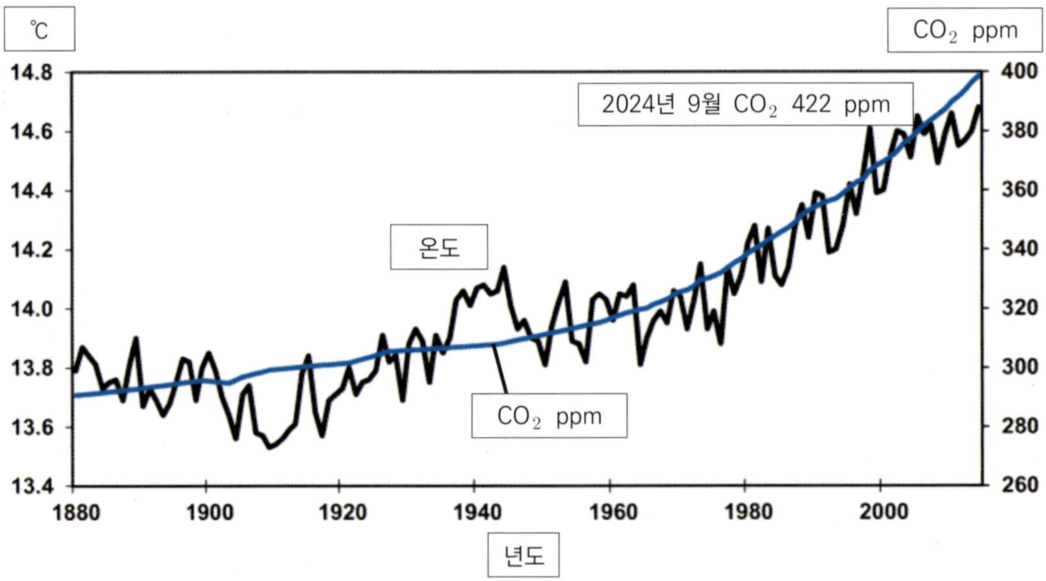

그림 2-1 산업 혁명 이후 지구 CO_2 농도 및 온도 변화 그래프

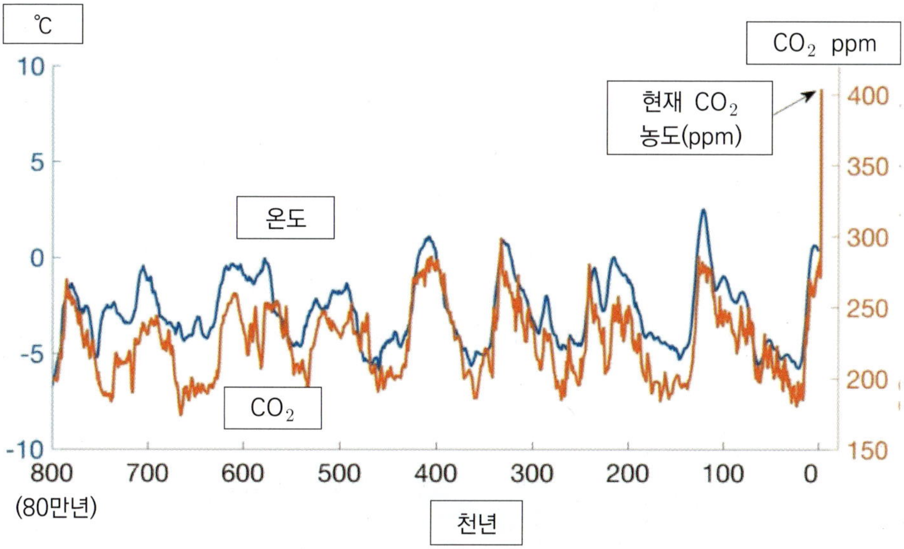

그림 2-2 80만년 동안 지구 CO_2 농도 및 온도 변화 그래프

2.1.3 지구 온난화 위협

최근 세계 기상 기구는 인류에게 가장 큰 위협은 기후 위기이며, 태풍, 가뭄, 산불 및 홍수 등이 점점 심해지고 있고 인류 사회와 생태계에 큰 피해를 준다고 밝히고 있다. 100년 만의 가뭄이 덮친 아마존강. 아프리카 리비아에서의 최악의 홍수 및 전례 없이 강력한 열대성 폭풍에 수천 명이 목숨을 잃고 있다. 약 33~36억명의 인구가 기후 취약 지역에 살고 있다. 중남미, 아프리카, 남아시아 등의 인구가 특히 취약하다. 2008년 이후 매년 평균 2천만여명이 극단적인 기상 현상으로 이재민이 되고 있다.

그림 2-4는 산업화 이전(1850~1900년) 지구 평균 온도를 기준으로 1.1℃에서 향후 1.5℃, 2℃, 4℃로 각각 상승할 때, 즉 지구 온난화 정도에 따라, 최고 기온 상승, 극한 기온 발생 빈도, 가뭄, 강수량, 강설량 및 태풍 강도 등의 위험을 산업화 이전 대비 배수로 나타낸 것이다. 인류가 대책을 세워 실행하지 않으면 2100년경에 평균 온도 증가가 3.5℃ 이상이 될 가능성이 커지고 있으며, 그러한 경우 가뭄 발생은 산업화 이전보다 5.1배 많이 발생한다는 연구 결과이다.

과학자들은 기온 상승이 1.5℃를 넘어서면 기후 복원이 어렵게 되므로 1.5℃를 반드시 지키는 노력이 필요하다고 말하고 있다. 1.5℃ 이상의 수준이 되어도 동시다발적인 극단적 기후 현상으로 인해 옥수수의 생산량이 줄어들 위험이 크다. 약 1.7~1.8℃ 상승이 되면 2100년까지 인구의 절반이 목숨을 위협받는 극단적인 고온 다습한 환경에 노출될 수 있다고 경고한다. 온도 상승을 1.5℃로 억제해야 한다는 것이 현재의 방향이고 지켜야 할 목표이다.

그러나 2024년 현재에 1.5℃ 상승에 도달하고 있으며, 예상보다 빨리 2020년대 후반에 2℃가 될 것이라는 연구 결과가 발표되고 있다. 세계적으로 추진하고 있는 탄소 배출 목표와 시기를 앞당겨 추진해야 한다는 필요성을 제기하고 있다.

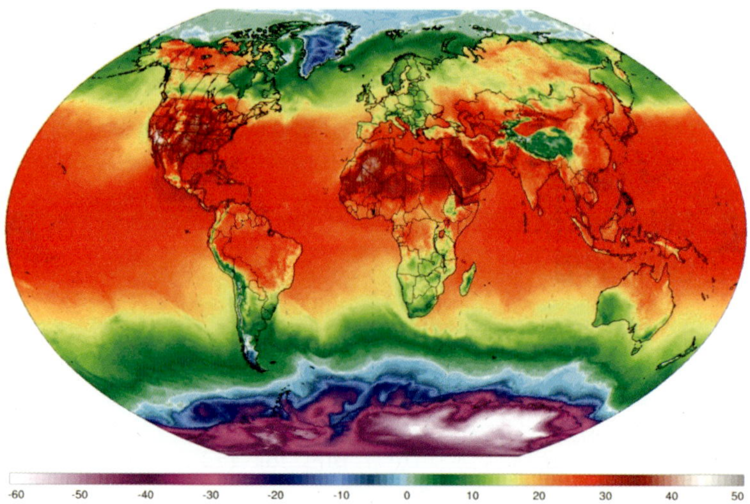

그림 2-3 지구 온난화로 인한 기후 영향 이미지

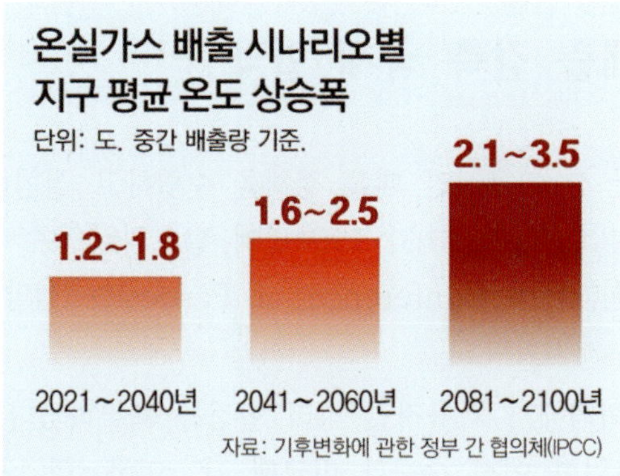

지구 평균기온 상승 시나리오별 기후변화 자료: IPCC AR6 제1실무그룹 보고서 ※기준: 1850~1900년 대비

지구 평균기온	현재(+1.1℃)	+1.5℃	+2℃	+4℃
최고기온	+1.2℃	+1.9℃	+2.6℃	+5.1℃
극한기온 발생빈도	4.8배	8.6배	13.9배	39.2배
가뭄	2배	2.4배	3.1배	5.1배
강수량	1.3배	1.5배	1.8배	2.8배
강설량	−1%	−5%	−9%	−25%
태풍 강도		+10%	+13%	+30%

그림 2-4 지구 온난화로 인한 기후 영향(산업화 이전 1850~1900년 대비)

2.2 탄소 배출 감축 국제 협약

지구 온난화에 관한 전 지구적인 대응 정책을 수립하고 실행하기 위해 유엔이 나서고 있다. UN 기후변화협약(UNFCCC[4])이 1994년에 발효되었으며 우리나라도 1993년에 가입하였다. 당사국 총회(COP, Conference of Parties)는 협약 최고 의사결정기구로서 1995년부터 매년 1회 개최한다.

2015년 COP 21 회의에서 역사적인 파리 협정을 체결하였다. 2100년까지 지구의 평균 기온 상승 폭을 산업화 이전 수준과 비교해 2℃ 이하, 더 나아가 1.5℃ 이하로 억제하도록 노력한다는 내용이다. 2023년 COP 28 회의에서 1.5℃ 감축 목표를 달성하기 위해 탄소 배출을 2019년 대비 2030년에는 43%, 2035년에는 60% 감축이 필요하며, 2050 탄소 중립(넷제로) 달성이 필요하다는 기존 넷제로 목표를 재확인하였다. 2030년까지 신재생에너지 발전 용량을 3배 늘리고 에너지 효율을 2배 이상 개선하기로 합의하였다.

전 지구적 화석 에너지 비중 축소에 관한 요구가 거세지고 각 국가에서 온실가스 감축 목표 이행 점검이 이루어짐에 따라 에너지 전환 대응 및 넷제로 목표 달성을 위한 구체적 수단과 관련 규제가 지속해서 증가할 것이다. 특히 유럽연합(EU)이 적극적으로 움직이고 있으며, EU는 2035년부터 휘발유, 디젤 등 내연 엔진 자동차 판매를 금지하는 계획에 합의한 바 있다(합성 연료는 제외).

2.3 세계 탄소 배출 현황 및 세계 탄소 배출 제로 목표(IEA)

- 세계 탄소 배출 현황
- 세계 탄소 배출 제로 목표(IEA)

4) UNFCCC : United Nations Framework Convention on Climate Change

2.3.1 세계 탄소 배출 현황

국제에너지기구(IEA, International Energy Agency)가 발표한 세계 CO_2 배출량은 2022년 338억 톤CO_2-eq., 2023년 374억 톤CO_2-eq.에 달하며 계속 증가하고 있다. 국가별 배출량 비중(2021년)을 살펴보면 중국 약 30.9%, 미국 13.5%, 인도 7.3%이며 우리나라는 1.7% 수준이다.

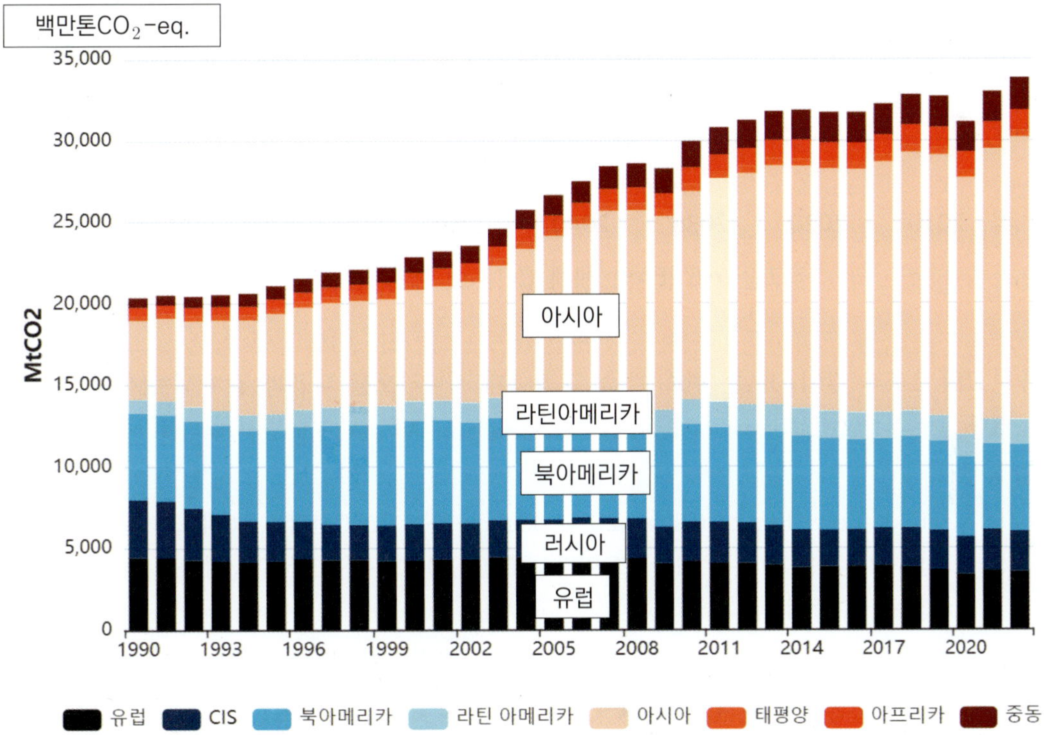

그림 2-5 전 세계 CO_2-eq. 배출 증가 추이

2.3.2 세계 탄소 배출 제로 목표(IEA)

국제에너지기구(IEA)는 풍력 및 태양광 등 신재생에너지 비중을 늘리고 에너지 효율성을 개선하며, 전기 에너지 사용 확대를 통해 2050년에 탄소 배출 제로(넷제로)를 달성하여 2050년 온도 상승 1.5℃를 지키려는 목표를 수립하여 실행하고 있다.

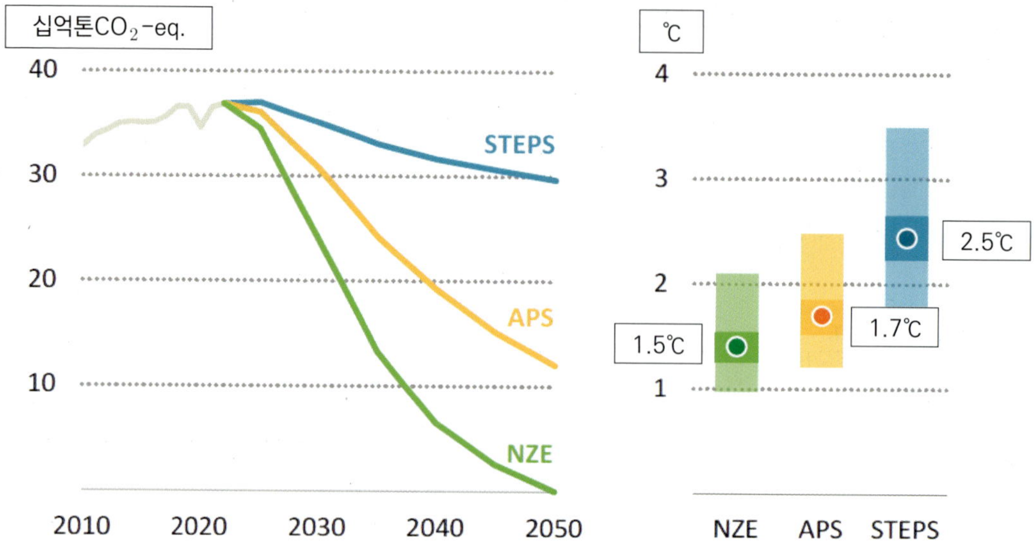

그림 2-6 IEA의 세계 CO_2-eq 배출 감축 시나리오

그림 2-6과 같이 IEA는 탄소 배출 감축 3개 시나리오를 다음과 같이 수립하여 평가하였다.

① NZE(Net Zero Emissions by 2050 Scenario)는 2050년까지 넷제로를 달성하여 온도 상승 1.5℃를 지키는 시나리오이다. 2030~2040년경에 급격한 감축을 실현해야 달성 가능한 수준이다.

② STEPS(Stated Policies Scenario)는 현재 정부 정책으로 달성 가능한 수준으로 2050년에 온도 상승 2.5℃로 예측된다.

③ APS(Announced Pledges Scenario)는 각국 정부가 발표하고 약속한 것을 충실히 실행하였을 때에 2050년 온도 상승 1.7℃ 달성할 수 있다는 것이다.

NZE 시나리오의 경우 석탄과 석유 등 화석 연료 수요를 2030년까지 25% 이상, 2050년에는 80% 이상 감축시켜야 달성할 수 있다. 중국, 인도 및 남아메리카 등 개발도상국들이 이를 수용하기 어려운 것이 현실이며 실제 각국 정부들이 약속한 것을 달성하는 것도 쉽지 않다.

세계적인 흐름을 보면 2050년까지 넷제로 달성은 쉽지 않을 것이다. 유럽연합이 주도면밀하게 탄소 배출 감축을 지속해서 밀어붙이고 있고 우리나라도 그러한 흐름에 맞추어 탄소 배출 감축이 적절하게 이루어지도록 노력해야 할 것이다. 또한, 대양을 운항하는 선박에 대해서도 마찬가지이다. 넷제로 친환경선박이 많이 건조될 것이므로 우리나라 조선산업에는 새로운 성장 기회가 될 것이다.

2.4 유럽연합 및 미국의 탄소국경조정세 도입 현황

유럽연합은 자국에 수출하는 시멘트, 전력, 비료, 철강, 알루미늄 및 수소 등 6개 품목에 관해 제품을 생산할 때에 발생한 탄소 배출량을 비용으로 계산하여 관세를 매기는 탄소국경조정제도(CBAM[5])를 도입하여 2026년 1월 1일부터 본격적으로 시행한다(2023년 1월 1일 발효). EU에 수출하는 기업 등은 해당 제품의 탄소 배출량에 관한 CBAM 인증서를 구매해서 발급받아야 한다.

EU 생산 제품이 탄소 배출 감축 비용으로 가격 경쟁력이 떨어지지 않도록 상대적으로 감축 노력이 적은 국가에서 생산되는 제품에 대해 추가 관세를 매기는 것이다. 또한, 탄소 배출 감축 비용 때문에 제조 공장이 다른 국가로 이동하는 것을 방지하려는 목적도 있다. 미국은 청정경쟁법안(CCA, Clean Competition Act) 발의를 통해 이러한 제도의 도입을 추진하고 있다.

향후 다른 제품에도 확대될 가능성이 커 탄소 배출이 비용이 되는 시대를 맞이하고 있다. 미래에도 지속 가능한 성장을 이어 가기 위해 넷제로의 시대적 변화에 한발 앞서가야 한다.

5) CBAM : Carbon Border Adjustment Mechanism

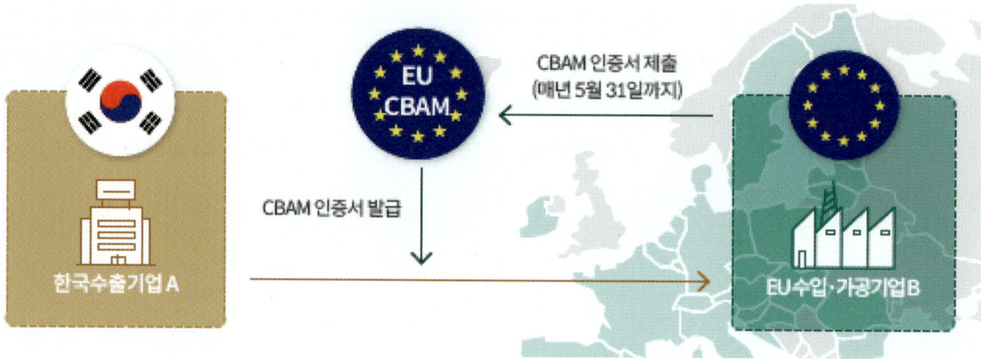

그림 2.7 유럽연합의 탄소국경조정제도 개념도

연습문제

1. 지구온난화 지수에 대해 설명하라.

2. 지구온난화의 핵심요인이 인간에 의해 발생한 탄소 배출이라는 과학적 연구 결과에 대해 설명하라.

3. 지구 온난화가 발생시키는 기후 위협에 대해 설명하라.

4. 탄소 배출 감축 국제 협약에 대해 설명하라.

5. 세계 탄소 배출 제로 목표와 전망에 대한 자신의 의견을 기술하라.

CHAPTER 3

IMO 환경 규제 및 탄소 배출 제로 추진

3.1 IMO(국제해사기구) 역할

3.2 IMO 질소산화물 • 황산화물 배출 규제 및 감축 방안

3.3 IMO 탄소 배출 규제 및 탄소 배출 제로 목표

CHAPTER 3

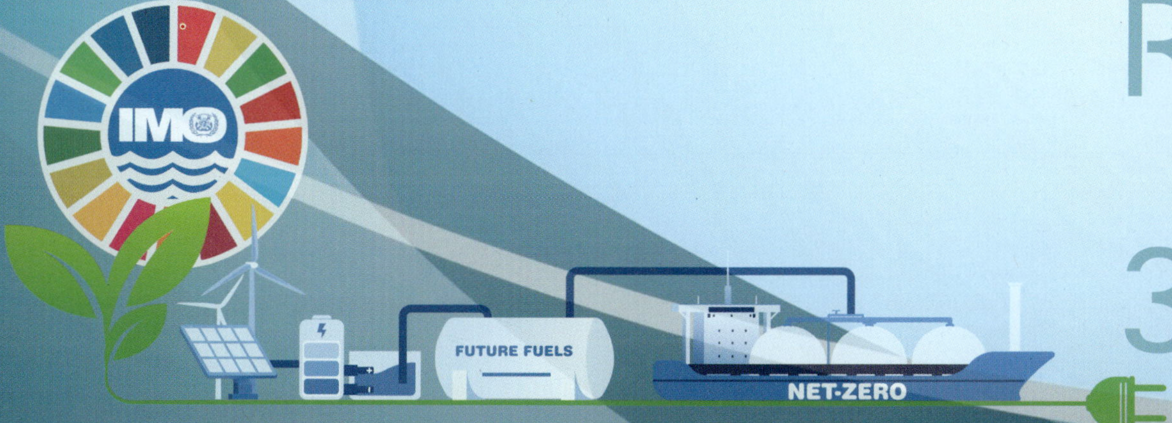

IMO(International Maritime Organization)는 유엔의 국제해사기구이며 국제 해운의 보안과 안전을 향상시키는 임무를 맡은 기관이다. 세계적인 해양 관련 규정 개발 및 해상 안전, 보안 및 환경 보호 등에 관한 국제적인 기준과 규제를 만드는 기관이다.

IMO는 세계 해운 산업의 환경오염 방지와 넷제로 실현을 책임지고 실행하는 기관이다. 각 국가의 정부와 항만청, 해운 회사, 화주, 조선회사 및 선급 등 전문가들의 의견을 모아 실행 가능한 넷제로를 달성하는 목표를 수립하고 있다. 그러한 목표를 달성하기 위해 규제를 강화하고 관련한 자들에게 협력을 강하게 요구하고 있다.

본 장에서는 IMO의 역할, 조직 구조와 IMO 규제가 미치는 영향에 관해 기술하고, IMO의 질소산화물 및 황산화물 배출 규제 내용과 그것을 해결하는 연료의 변경과 배기가스재순환장치, 선택적환원촉매장치 및 스크러버(Scrubber) 등 감축 장치들에 대해 자세히 살펴본다.

또한, IMO 탄소 배출 제로 목표와 선박 에너지효율지수(EEDI[6]•EEXI[7]), 탄소집약도지수(CII[8]), 선박 에너지효율관리계획(SEEMP[9]) 및 수명주기평가(LCA[10]) 등 탄소 배출 감축 지표들에 관한 개념을 설명하여 관련 필요 지식을 제공한다. IMO 규제와 맞추어 유럽연합의 탄소 배출 감축 규제와 2050년 탄소 배출 제로 달성 점검 및 달성 전략에 대해 살펴본다. 이러한 내용에 대해 아래와 같은 순서로 설명한다.

- IMO(국제해사기구) 역할
- IMO 질소산화물•황산화물 배출 규제 및 감축 방안
- IMO 탄소 배출 규제 및 탄소 배출 제로 목표

6) EEDI(Energy Efficiency Design Ship Index) : 신조 선박 에너지효율설계지수
7) EEXI(Energy Efficiency Existing Ship Index) : 현존 선박 에너지효율지수
8) CII(Carbon Intensity Indicator) : 탄소집약도지수
9) SEEMP(Ship Energy Efficiency Management Plan) : 선박 에너지효율관리계획
10) LCA(Life Cycle Assessment) : 수명주기평가이며, 연료의 탄소 배출량 계산 시에 연료 생산~연소까지 전 생애 주기를 반영하여 계산한다.

3.1 IMO(국제해사기구) 역할

IMO 설립 배경과 목적, 주요 역할과 업무 및 IMO의 규정과 지침을 개발하여 발표하는 주요 위원회 활동에 대해 살펴본다. IMO 규정은 세계 각 정부, 해운 회사 및 화주 등 국제 운항과 관련한 모든 기관과 기업의 이해 관계자에게 적용된다. 이에 대해 다음과 같은 순서로 설명한다.

- IMO 개요
- IMO 조직 및 업무
- IMO 규제 적용 이해 관계자

3.1.1 IMO 개요

IMO는 유엔 산하 기관으로 1958년에 해사자문기구로 설립하였다가 1975년 IMO로 개정하여 출범하였으며 영국 런던에 본부를 두고 있다. 2차 세계 대전 이후 자유 무역 시대가 열리면서 해상 운송이 매우 활성화되기 시작하였으며, 선박에 의한 대형 해난 사고가 빈번하게 발생하였다. 선박의 안전 운항을 위해 선박의 건조 및 운항 설비의 표준화, 구명 설비와 탐색•구조 시설 등 인명 손실 방지에 관한 국제적인 공동 대응이 필요함에 따라 설립되었다.

IMO 주요 역할은 ①선박에 의한 해상 및 환경오염을 방지하고, ②해상 안전과 항해 효율에 영향을 미치는 각종 기술적 사항과 관련된 각 국가 정부 간 협력을 촉진하여 실질적인 기준과 규제를 채택하고, ③국제 해운과 관련된 법적 문제를 논의하고 적극적으로 개입하여 해결하는 것이다.

IMO의 사명 선언문(Mission Statement)은 다음과 같다.

INTERNATIONAL MARITIME ORGANIZATION

IMO의 임무는 협력을 통해 안전하며 환경적으로 건전하고 효율적이며 지속 가능한 해운을 촉진하는 것이다. 이는 해상 안전 및 보안, 운항 효율성, 선박 오염의 예방 및 통제에 관한 실행 가능한 최고 수준의 표준을 채택하고, 관련 법적 문제를 고려하며, 보편적이고 통일된 적용을 위해 IMO 도구를 효과적으로 구현함으로써 달성한다.

IMO가 수행하였던 중요한 업무는 다음과 같다. 해상 안전을 다루는 모든 협약 중 가장 중요한 해상 인명 안전을 위한 국제협약(SOLAS[11])을 채택하였다. 유조선 사고로 대량의 원유가 해양에 배출되는 해상 오염이 발생하자 유조선 이중 선체 의무화 등 선박 오염 방지를 위한 국제협약(MARPOL[12])을 채택하였다. 세계 어디서나 조난 중인 선박의 안전한 통신을 위한 국제 협약(GMDSS[13])을 적용하였다. 또한, 선원 훈련, 자격증명 및 당직근무 표준에 관한 규정을 제정하였고, 해양 생물 보호를 위해 방오시스템과 외래종의 침입을 방지하기 위한 평형수관리협약도 만들었다.

IMO가 최근에 핵심적으로 추진하는 업무는 환경오염과 기후 온난화 위기에 대응하는 것이다. 질소산화물 및 황산화물 등의 환경오염 물질에 관한 배출 규제와 넷제로 목표를 적극적으로 추진하고 있다. 특히 해운 산업에서의 2050년 넷제로 목표 달성을 주도하고 있으며, 해운•조선산업에 대변혁의 흐름을 만들어 가고 있다.

3.1.2 IMO 조직 및 업무

IMO가 해양 관련 정책을 만들면 각 국가 정부가 정책을 집행할 국내법 제정을 통해 실행한다. IMO에 관한 운영 자금은 회원국의 기부금과 자발적인 기부금 및 자체 영업 활동을 통해 조달한다.

11) SOLAS(International Convention for the Safety of Life at Sea) : 해상에서의 인명 안전에 관한 국제협약

12) MARPOL(International Convention for the Prevention of Pollution from Ships) : 선박 오염 방지 국제협약

13) GMDSS(Global Maritime Distress and Safety System) : 세계 해상 조난 및 안전제도

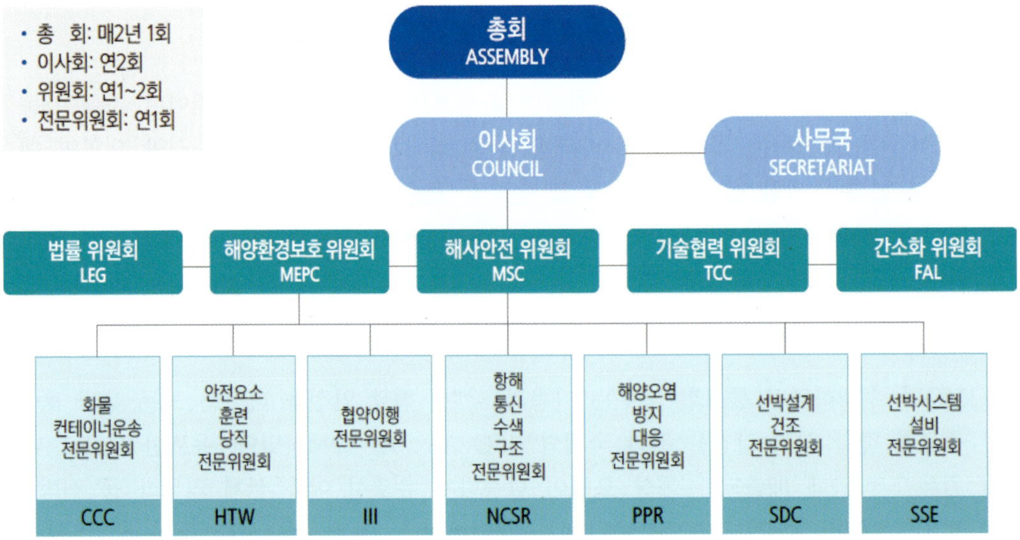

그림 3-1 IMO 조직 구조

그림 3-1과 같이 IMO의 운영 기관인 총회는 2년마다 개최되며, 총회 밑에 이사회와 사무국을 두어 업무를 총괄한다. 관련 분야별로 정책을 만들고 규칙과 지침을 개발, 검토하고 점검하기 위해 5개의 위원회로 구분하여 활동한다. 위원회는 법률위원회, 해양환경보호위원회, 해사안전위원회, 기술협력위원회, 해상교통간소화위원회 등 5개 전문 위원회이다. 이들 위원회 산하에 7개의 소위원회가 활동 중이다.

① 법률위원회(LEG, Legal Committee)는 해상 운송에서 발생하는 오염 손해에 관한 책임과 보상, 구조 및 원조, 외국 항에 있는 선박•여객 및 수하물 등에 관한 법적 문제를 다루는 위원회이며, 기구의 업무범위 내에 속하는 모든 법률사항을 심의한다.

② 해양환경보호위원회(MEPC, Marine Environment Protection Committee)는 선박에 의한 해양 및 환경 오염의 방지 및 규제를 위한 문제를 심의하고 이와 관련한 국제 협약(MARPOL)의 채택 및 개정에 관한 기능을 수행한다. 질소산화물과 황산화물 배출 규제와 넷제로 이행에 관한 업무를 수행한다.

③ 해사안전위원회(MSC, Maritime Safety Committee)는 IMO 설립 당시부터 활동을 시작한 기관이다. 주로 선박의 설계•건조 등에 관한 국제적 기준을 마련하고 운항 경

로 정보, 항해 일지, 해양 사고 조사, 해상 수색 및 구조 등에 관한 규칙 등 해상 인명 안전을 위한 국제 협약(SOLAS)의 채택과 개정으로 선박의 안전 확보 업무를 수행한다.

④ 기술협력위원회(TCC, Technology Cooperation Centre)는 IMO의 역량 강화 프로그램과 기술 협력 프로젝트의 이행을 감독한다. 특히 개발도상국이 IMO와 관련된 국제 규칙 및 표준을 준수하는 능력을 향상할 수 있도록 지원하고 인적 자원 개발 및 제도적 역량 구축에 초점을 맞춘 기술 지원 프로그램에 우선 순위를 두고 있다.

⑤ 해상교통간소화위원회(FAL, Facilitation Committee)는 국제해상운송 간소화 협약의 개정 및 관련 규정을 채택하는 등의 업무를 수행한다.

모든 위원회와 소위원회는 유엔이나 전문 산하 기구, 공식적인 대표들이 구성한 정부 간 기구와 비정부 간 기구의 지원 및 조언과 함께 그들의 요구를 전달할 수 있는 회원국의 대표자들로 구성한다.

3.1.3 IMO 규제 적용 이해 관계자

IMO 규제는 국제 항만을 운영하는 세계 각 정부(해양수산부)와 항만청에 적용하며 해운 회사, 화주, 연료 생산자 및 공급자, 연료 공급(벙커링), 선박, 항만, 금융 등 관련 공공기관•기업 등의 이해 관계자 모두에게 적용한다. 또한, IMO는 해당 규제가 목적대로 제대로 이행되기 위해 이해 관계자들에게 협력을 강조하고 있으며, 적극적인 참여를 강하게 요구하고 있다.

예를 들어 IMO의 탄소 배출 제로 목표를 달성하기 위해서는 그림 3-2와 같은 이해 관계자들이 적극적으로 나서야 가능하다. 정부 기관은 탄소 배출 감축과 제로 추진에 관한 세금 감면 등 인센티브 또는 탄소세 부과 등을 통해 이해 관계자들의 참여를 촉진해야 한다. 금융 기관은 탄소 배출 감축과 제로 목표를 가진 프로젝트 실행에 관한 자금을 적극적으로 지원할 수 있다. 해운 회사는 탄소 배출 감축 친환경선박으로 운항하고, 화주는 그러한 선박에 운임 인센티브를 제공할 수 있다. 연료 생산자 및 공급자는 친환경연료를 공급하고, 항만은 친환경연료 공급을 위한 인프라를 구축해야 하며, 선박은 에너지 효율 운항을 통해 연료 소비, 환경오염물질과 탄소 배출을 대폭 감축시켜야 한다.

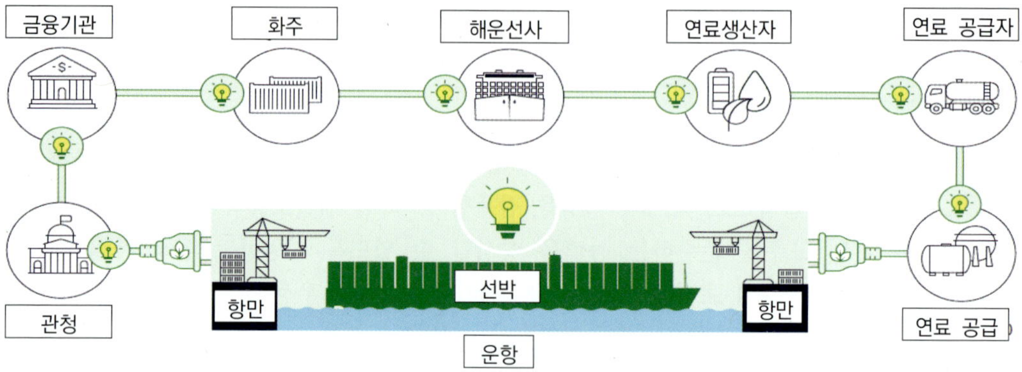

그림 3-2 IMO 규제 적용 이해 관계자

이러한 IMO 규제에 의한 커다란 변화에 많은 전략적인 기회가 만들어진다. 이해 관계자들은 각자의 이익 극대화를 위해 선행적인 조치를 실행함으로써, 다가오는 미래에 더 큰 성장과 수익을 확보할 수 있을 것이다.

3.2 IMO 질소산화물 • 황산화물 배출 규제 및 감축 방안

선박 디젤엔진의 배기 가스에서 배출되는 질소산화물•황산화물 등의 불순물이 세계 항만에 극심한 대기 오염을 발생시킨다는 것이 밝혀졌다. IMO는 이에 대응하여 배기 가스에서 배출되는 질소산화물•황산화물의 배출량을 규제하기 시작하였다. 이러한 규제 조치의 실행으로 감축 기술 및 장치가 개발되어 선박에 적용하고 있다. 친환경연료추진선박에도 이러한 기술은 매우 중요하므로 여기에서 다음과 같은 순서로 설명한다.

- 세계 항만의 환경오염
- IMO 질소산화물(NOx) 및 황산화물(SOx) 배출 규제
- NOx 배출 감축 장치(EGR•SCR)
- SOx 배출 감축 방안 및 스크러버(Scrubber)

3.2.1 세계 항만의 환경오염

우리나라의 경우 항만 및 선박 운항으로 인한 환경오염물질의 배출이 국내 항만 및 인근 지역 대기 오염의 주요 원인으로 주목받고 있다. 한국해양수산개발원의 2016~2019년 연구 결과에서 우리나라 대기 오염 물질 중 선박에서 배출된 황산화물이 전체 배출량의 11.4%, 초미세 먼지는 전체 배출량의 10.1%를 차지하고 있다고 평가하였다.

또한, 우리나라 최대 항만도시인 부산의 경우 전체 배출량 대비 선박 배출량 비중이 질소산화물(NOx) 41%, 황산화물(SOx) 70%, 초미세 먼지(PM2.5[14]) 38%로 심각한 것으로 드러났다. 대형 컨테이너 선박 1척이 디젤 승용차 5,000만대의 SOx와 트럭 50만대의 초미세 먼지를 발생시키고, 초대형 크루즈선의 경우 디젤 승용차 350만대에 달하는 SOx가 배출되는 것으로 추정하였다.

일반적으로 선박에서는 원유를 증류하고 마지막에 남은, 점도가 가장 높고 가격이 저렴하며 생산량도 가장 많은 중유(벙커 C)를 선박용 연료로 주로 사용하기 때문이다. 중유의 황 함유량은 3.5% 내외로 높은 수준이다. 네이처(Nature) 연구 발표에 따르면 동아시아에 집중된 세계 10대 컨테이너 항만이 배출하는 주요 대기 오염 물질 배출량이 전 세계 항만 배출의 약 20%를 차지하는 것으로 분석한 바 있다.

IMO는 선박 배기 가스에서 발생하는 NOx와 SOx 및 미세 먼지 물질의 배출을 제한하기 위한 연구를 시작하였다. 그 결과로 NOx, SOx, 또는 두 배출량을 제한하는 지역인 배출 통제 구역(ECA, Emission Control Area) 규제를 만들었으며 각 국가의 정책에 따라 2012년 이후 점진적으로 시행하고 있다.

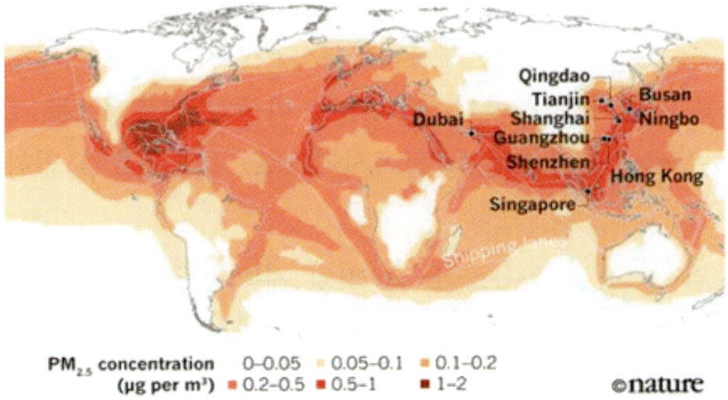

그림 3-3 세계 10대 컨테이너 항만 초미세 먼지(PM2.5) 배출 이미지

14) PM(Particulate Matter)2.5 : 1000분의 2.5 mm보다 작은 먼지로, 머리카락 지름(약 60 ㎛)의 1/20~1/30 크기보다 작은 입자이다

3.2.2 IMO 질소산화물(NOx) 및 황산화물(SOx) 배출 규제

전 세계적으로 해양 관련 대기 오염은 IMO 해양환경보호위원회(MEPC)의 선박 오염 방지를 위한 국제 협약(MARPOL)과 부속서(Annex) Ⅵ를 통해 규제된다. NOx 규정은 질소산화물(NOx)이 해안의 대기 오염과 해상의 녹조 현상에 기여하기 때문에 선박에서 배출되는 NOx를 줄이는 것이다. 엔진의 NOx 배출량 수준에 따라 Tier I, Tier II 및 Tier III의 세 가지로 구분한다. Tier I 수준은 이미 만족시키고 있어 문제가 되지 않으며 현재는 Tier Ⅱ와 Tier Ⅲ 규정 준수가 중요하다. NOx 배출량은 선박 디젤엔진 제동 출력당 NOx 배출량(g/kWh)으로 산정하며 엔진 속도(rpm)에 따라 달라진다.

- NOx 규제의 Tier Ⅱ/Ⅲ 기준 : 엔진 130 rpm 미만, ECA 이외 지역 Tier Ⅱ 14.4 g/kWh 이하, ECA 지역 Tier Ⅲ 3.4 g/kWh 이하

일반적인 전 세계 운항 지역은 Tier Ⅱ 제한(Limit) 기준을 만족시키면 된다. ECA가 적용되는 지역은 Tier III를 만족시켜야 하므로 디젤엔진에 배기가스재순환장치(EGR, Exhaust Gas Recirculation) 또는 선택적환원촉매장치(SCR, Selective Catalytic Reduction)와 같은 NOx 배출 감축 장치의 설치가 필수적이다.

SOx 배출량도 MARPOL 부속서 Ⅵ에 의해 선박 연료의 황 함유량 제한(Limit)으로 이루어진다. ECA가 적용되는 지역은 연료의 황 함유량이 0.1% 이하, 그 이외의 전 세계 운항 지역은 0.5% 이하이다. 선박들은 LNG 연료 또는 저유황 연료를 사용하거나 배기가스에서 황을 분리해내는 스크러버(Scrubber) 장치를 설치해야 한다. 선박이 ECA 이외 지역에서 운항할 때는 0.5% 연료를 사용하다가 ECA 지역에 들어서면 0.1% 연료를 사용해야 하므로 ECA를 운항하는 선박의 경우 2개 이상의 연료탱크를 설치한다. LNG 연료를 사용하는 경우는 SOx 배출 기준을 만족시키므로 그럴 필요가 없다.

- SOx 규제 : 선박 연료 황 함유량 ECA 이외 지역 0.5% 이하, ECA 지역 0.1% 이하

NOx 및 SOx ECA는 현재 북미 해안선과 미국 카리브해, 발트해 및 북해에서 시행되고 있으며, 지중해 SOx ECA는 2022년부터 실행되고 있다. 우리나라는 2022년부터 부산항, 인천항, 여수 및 광양항 등 주요 항만을 SOx ECA로 지정해 선박 연료의 황 함유량을 0.1% 이하로 규제하였다. SOx ECA 지정은 더욱 늘어날 전망이다.

표 3-1 IMO NOx 및 SOx 배출 규제

구분	운항 지역	년도												비고
		2013	2014	2015	2016	2017	2018	2019	2020	2021	2022	2023	2024	
NOx	ECA		Tier II						Tier III					
	세계							Tier II						
SOx	ECA		황함유량 1.0%					황함유량 0.1%						
	세계				황함유량 3.5%						황함유량 0.5%			

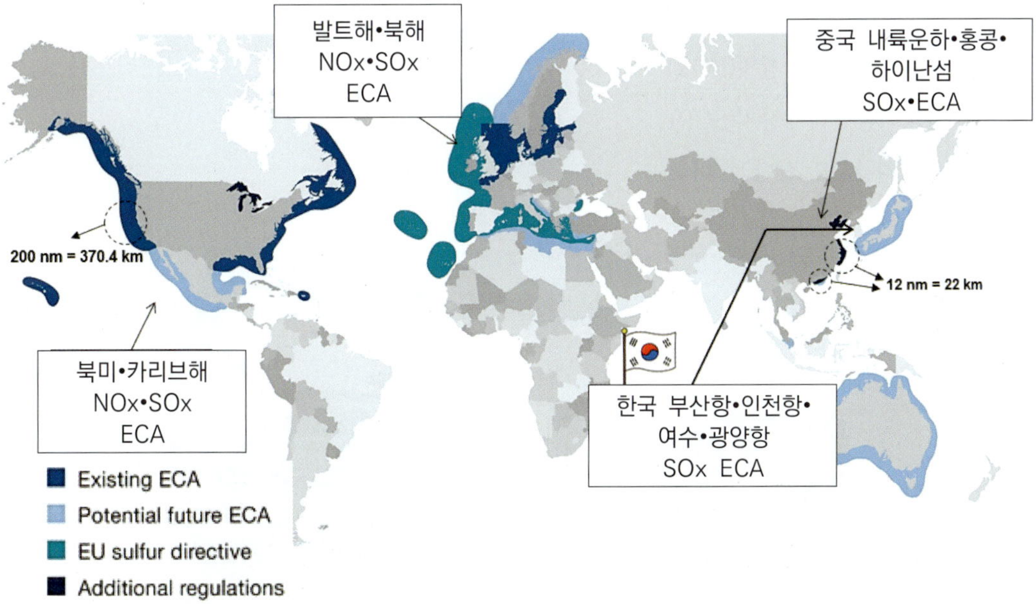

그림 3-4 전 세계 NOx • SOx 배출 통제 구역(ECA) 현황

3.2.3 NOx 배출 감축 장치(EGR · SCR)

선박 디젤엔진에서 배출되는 NOx는 연료 연소를 위해 실린더에 공급한 공기(약 산소 21%, 약 질소 79%) 중에 있는 질소가 연소 중 방출되는 고온의 열에 의해 산소와 반응하면서 발생한다. NOx 발생량은 연소 온도와 압력이 높을수록 비례하여 증가한다.

이러한 NOx 배출을 감축시키는 장치로는 배기 가스 일부를 정제시켜 공기와 함께 엔진 실린더에 공급하여 재연소시키는 배기가스재순환장치(EGR) 방식과 배기 가스에 있는 NOx를 질소로 변환하여 감축하는 선택적환원촉매장치(SCR) 방식이 대표적이다. 이러한 장치들은 선박에 설치한 후에 선급으로부터 Tier III 모드에서 NOx 감축 성능에 관한 인증을 받아야 한다. 여기서는 선박 디젤엔진이 Tier II 인증을 받은 것을 전제로, 선박이 Tier Ⅲ 운항 지역에 들어서면 NOx 배출 감축 장치를 작동하는 방식에 대해 설명한다.

- 배기가스재순환장치(EGR)
- 선택적환원촉매장치(SCR)
- EGR과 SCR 장단점 비교

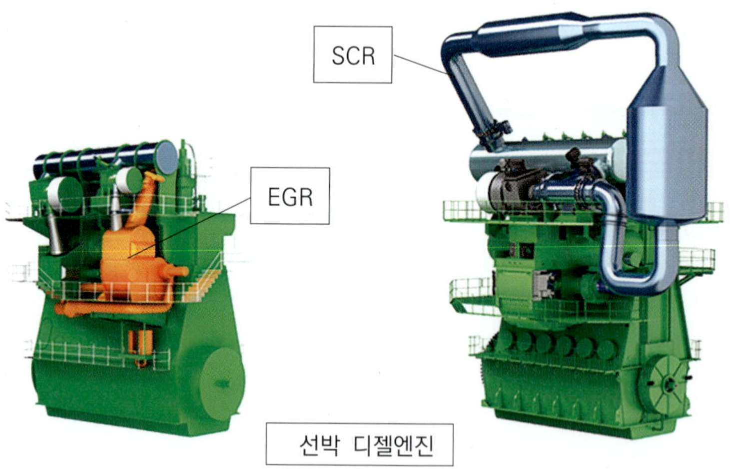

그림 3-5 EGR 및 SCR 이미지

(1) 배기가스재순환장치(EGR)

EGR은 배기 가스의 약 30~40%를 냉각과 세정을 시킨 후에 신선한 공기와 섞어서 엔진 실린더로 보내어 재연소시키는 장치이며, 엔진 내부 공정으로 작동시키고 엔진 일체형으로 설치한다. Tier Ⅲ 운항 지역에서 작동시키면 NOx 기준을 만족시킬 수 있다. 배기 가스와 공기를 혼합시켜 다시 엔진 실린더에 공급하면 공기 중의 산소 농도가 낮아지게 되고 이에 따라 연소 시의 최대 온도가 낮아지면서 NOx 발생이 감소하는 원리이다. NOx 발생은 연소 온도가 높을수록 많이 발생한다.

EGR은 여러 장치와의 시스템으로 구성하여 제어하며, 엔진 일체형이기 때문에 엔진 부하에 따라 작동 조건이 변화하는 등 엔진 운전 제어가 복잡해진다. 또한, 연소 온도가 낮아지면 상대적으로 엔진 출력이 감소하고 그로 인해 연료 소비량이 5~10% 증가하고 그을음도 발생하며 가격도 비싸다는 단점도 있다. EGR 작동과 엔진 운전 등에 관한 최적화가 필요하다.

MAN 엔진의 EGR에는 바이패스(Bypass), TC Cut-out, Eco-EGR 3가지 방식이 있다. 바이패스 방식은 하나의 터보차저로만 구성하며 보어 70(실린더 지름) 이하의 엔진에 사용한다. TC Cut-out는 2개 이상의 터보차저로 구성하고 보어 80 이상에서 사용한다. Eco-EGR은 연료 최적화가 가능한 바이패스가 있는 방식이다. 여기서는 비교적 간단한 바이패스 방식에 관해 설명한다.

엔진에 그림 3-6과 같이 메인 스트링(Main String)과 배기 가스를 재순환시키는 EGR 스트링 2개 경로를 설치한다. 선박이 Tier Ⅱ 지역에서 운항할 때에는 메인 스트링 경로만으로 작동하고, EGR 스트링 경로는 EGR 차단밸브(Shut-off Valve)에 의해 차단시킨다. Tier Ⅲ 지역에 들어서면 EGR 스트링 경로를 본격적으로 작동시켜 배기 가스 배출량의 최대 40%를 공급하며 재순환시킨다.

EGR 스트링 경로는 먼저 EGR 차단밸브와 EGR 송풍기 작동 밸브(BTV, Blower Throttle Valve)가 열리면서 시작한다. 배기 리시버(Exhaust Receiver)에서 배기 가스를 1차 냉각과 세정을 위해 사전 스프레이(Pre-Spray)에 공급한다. 냉각 효율을 높이기 위해 냉각 스프레이(Cooler Spray)에서 2차 냉각한다. 그다음 EGR 냉각기(Cooler)에서 적정 온도로 냉각시킨 후에 수분분리기(WMC, Water Mist Catcher)에서 냉각 과정에서 발생한 배기 가스의 수분을 분리시킨다. 냉각 온도는 낮아질수록 좋지만 10℃ 이상은 유지한다.

그 이후 EGR 송풍기에서 필요 압력으로 상승시킨 후에 메인 스트링을 통해 스캐빈지 에어리시버(Scanvenge Air receiver)에 공급시킨다. 송풍기 제어를 통해 EGR 스트링에 공급하는 배기 가스 공급량을 조절한다. 스캐빈지 에어리시버에서 배기 가스와 공기를 혼합시킨 후에 엔진 실린더에 공급한다. 엔진에 설치된 터보차저(T/C, Turbocharger)는 EGR을 작동시키는 동력을 제공한다.

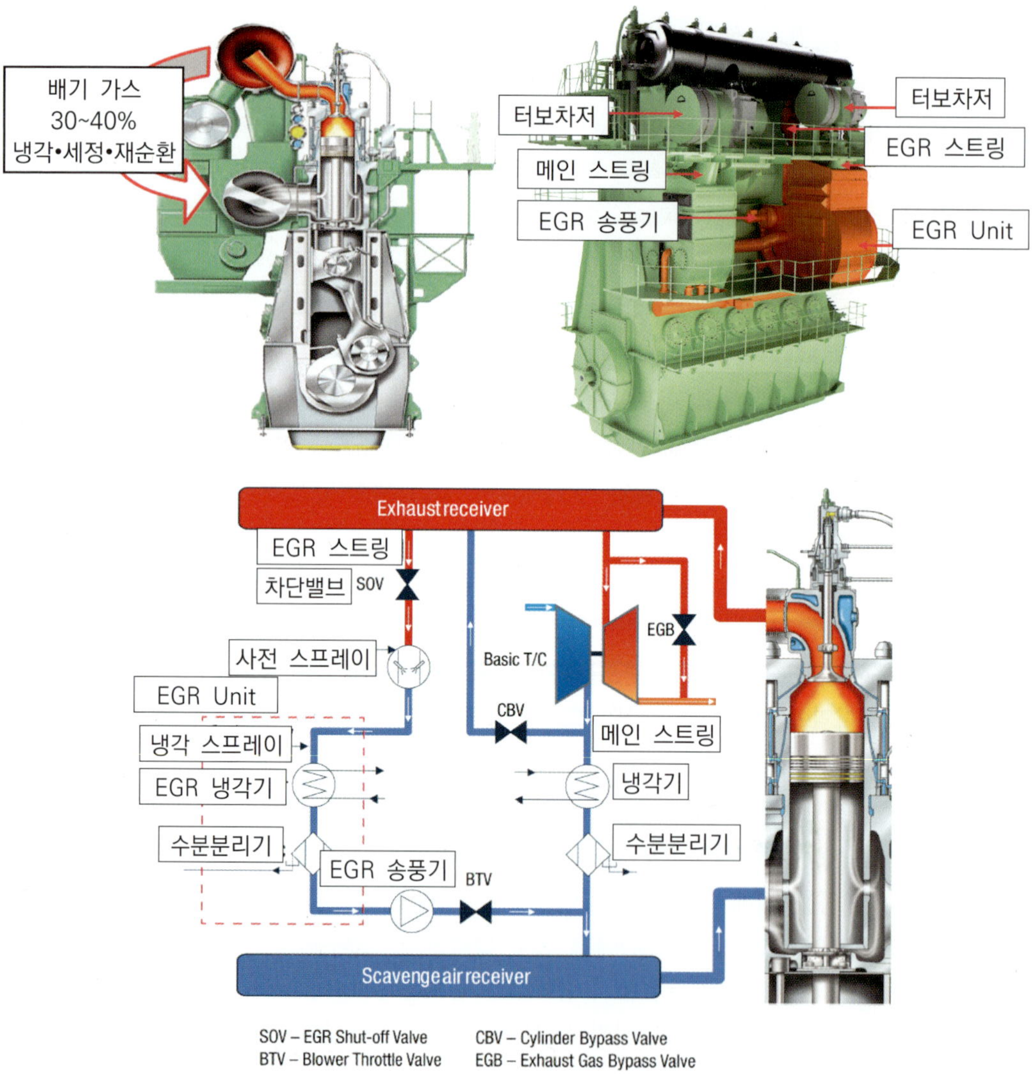

그림 3-6 MAN EGR 작동 개념

(2) 선택적환원촉매장치(SCR)

SCR 방식은 NOx가 포함된 배기 가스를 대기 중으로 배출하기 전에 그림 3-7과 같은 SCR 공정에서 촉매와 요소수를 사용하여 NOx를 감축시킨 후에 배출하는 방식이며, 효율이 우수해 Tier III 제한 기준을 만족시키는 가장 유망한 기술이다. 대부분의 엔진 부하(60~90%)에서 매우 효율적으로 NOx를 감축시킬 수 있다. SCR은 EGR보다 연료 소비량이 적게 들며, NOx를 약 80% 이상 감축시킬 수 있다. 엔진의 연소 과정을 방해하지 않는 독립적인 배기 가스처리시스템이다. 촉매인 요소수 탱크 설치 비용이 발생하고 요소수를 계속 보충해주어야 하는 불편도 있다. SCR에는 고압과 저압 방식이 있으며, 중유에 사용하는 일반적인 고압 방식 위주로 설명한다.

SCR 공정은 그림 3-8과 같이 촉매를 모듈화하여 설치한 SCR 반응기(Reactor)에 배기 가스가 들어오면 요소수(Urea 40%)의 암모니아 수용액을 분사하여 발생한 촉매 반응으로 NOx가 질소와 물로 변환되면서 NOx가 감소한다. 선택적환원촉매 반응은 NOx를 촉매에서 선택적 환원제인 암모니아와 반응시켜 NOx를 감소시킨다.

- 산화질소(NO)는 암모니아(NH_3)와 반응하여 질소(N_2)와 물(H_2O)로 변환된다.
- 이산화질소(NO_2)는 암모니아(NH_3)와 반응하여 질소(N_2)와 물(H_2O)로 변환된다.

촉매는 여러 가지 종류가 있으며 배기 가스에 포함된 황에 관한 내구성을 가지면서 성능도 우수한 이산화티타늄 기반 바나듐 혼합물 등의 촉매(V_2O_5WO/TiO_2)를 주로 사용한다. 바나듐 혼합물이 암모니아와 배기 가스를 질소와 물로 변환시키는 촉매이다. 촉매는 금속을 얇게 펴서 벌집형, 플레이트형 또는 주름형과 같이 특수한 구조 형상으로 만들며, 부피 대비 넓은 비표면적을 얻어 반응 효율을 향상시킨다. 촉매와 요소수는 제조 회사마다 고유한 특허 기술과 성분이 반영되어 있다.

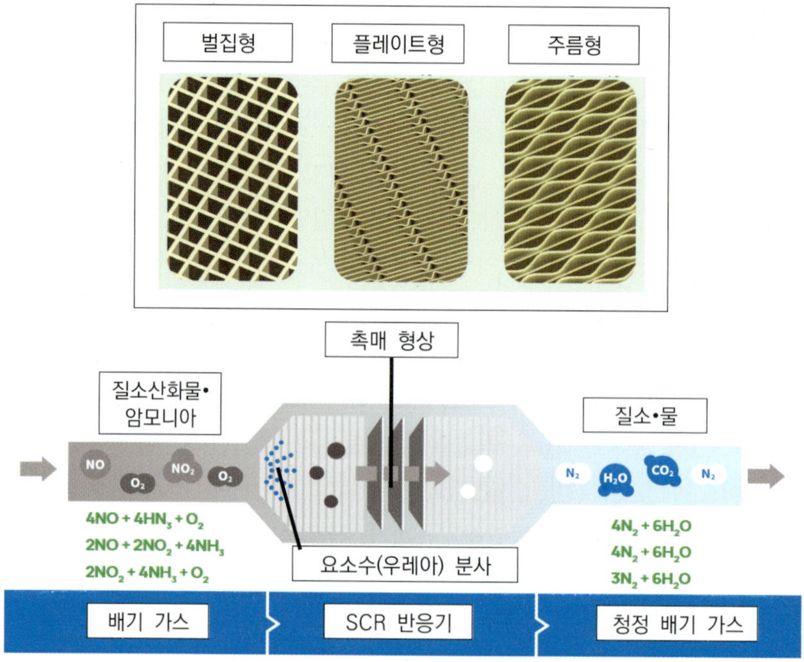

그림 3-7 SCR 반응기 개념도

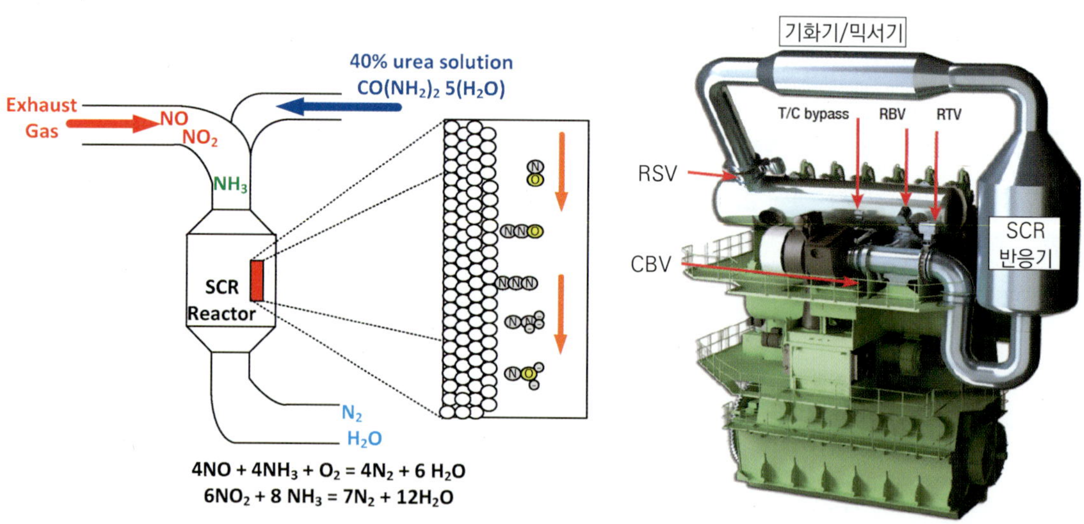

그림 3-8 SCR 공정 개념 및 엔진 설치 이미지

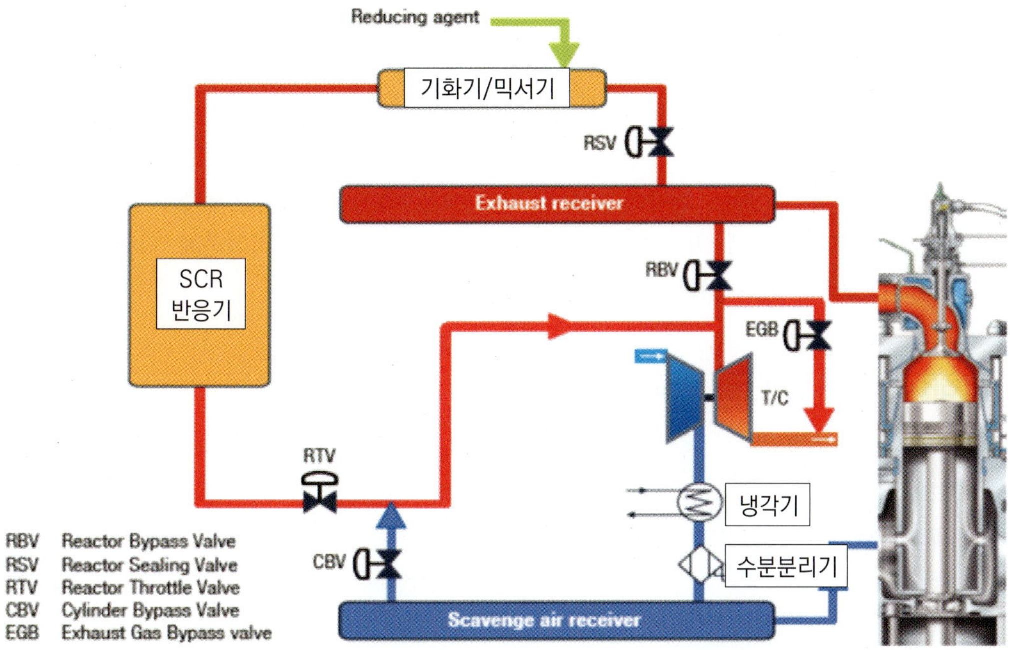

그림 3-9 선택적환원촉매장치 공정 개념도

Tier Ⅱ 지역에서는 SCR을 작동하지 않고 Tier Ⅲ 지역에 들어서면 SCR을 작동시킨다. SCR 공정은 그림 3-9와 같이 기화기•믹서기(Vaporizer•Mixer)와 SCR 반응기의 2개 장치로 구성한다. SCR 공정은 반응기 밀봉 밸브(RSV, Reactor Sealing Valve)와 반응기 작동 밸브(RTV, Reactor Throttle Valve)가 열리면서 시작된다. 먼저 기화기•믹서기 장치에서 요소수를 가열시켜 암모니아를 만들고, 고온의 배기 가스와 접촉 시 발화 위험을 방지하기 위해 먼저 공기와 혼합시킨다. 그 이후 배기 가스에 이를 분사시키고 SCR 반응기로 보내 설치된 촉매와 접촉시키면 NOx가 감소하며, 처리된 배기 가스는 대기 중으로 배출된다.

성능의 핵심 요소는 배기 가스 온도를 300~400℃(황 함유량 3.5% 경우 360~380℃) 사이로 유지하는 것이다. 200~300℃ 이하에서는 배기 가스 중에 있는 황이 고체인 황산수소암모늄(NH_4HSO_4)이 되어 SCR 반응기 촉매에 쌓이면 성능이 저하될 수 있다. 350℃ 이상으로 유지하면 이 반응을 억제할 수 있으며, 연료의 황 함유량이 0.1% 미만이면 약 310℃의 온도로 충분하다. 엔진 저부하 상태이면 배기 가스 온도가 낮아져 황 축적

우려 때문에 SCR 작동이 어려울 수 있다. 또한, 배기 가스 온도가 500~550℃로 높으면 요소수가 분해되어 성능이 떨어진다. 배기 가스 황 함유량이 많아지면 SCR 반응기의 부식 및 촉매 손상이 발생할 수 있다. 요소수의 수명도 황 함유량에 따라 크게 달라진다.

Tier III 준수를 위해 NOx 효율은 1년에 한 번씩 성능 점검을 해야 한다. NOx 효율 감소가 70% 미만이면 제조 회사의 지침에 따라 모든 촉매 요소를 교체해야 한다. SCR은 내구성 확보, 요소수 감소 및 연료 소비 최소화 등 시스템을 최적화하게 되면 운항비의 2.6%(연료비 3.7% 감소 등)를 개선할 수 있는 효과적인 방식이다.

(3) EGR과 SCR 장단점 비교

현재의 기술 수준으로는 SCR이 EGR과 비교해 연료 소비와 설치 비용도 적게 들고 NOx 감축 성능도 더 우수한 것으로 나타난다. 반면 SCR을 작동할 때에는 엔진 부하에 따라 배기 가스 온도를 적정 수준으로 잘 유지해야 한다.

표 3-2 EGR 및 SCR 장단점 비교

구분	EGR	SCR(고온)
장점	• Tier III 기준 충족 • 엔진 일체형으로 안전성 우수 • 중유 사용 가능 • 엔진룸에 추가 설치 공간 불필요	• Tier III 기준 우수 충족 • EGR 대비 설치비 저렴 • EGR보다 연료 소비 감소 • 중유 사용 가능
단점	• 대당 설치비 비쌈 • 연료 소비량 5~10% 증가 • SCR보다 연료 소비 증가 • 엔진 저부하일 때 그을음 발생 우려	• 연료 소비량 5~10% 증가 • 요소수 탱크•공급장치 설치비와 요소수 보충 비용 발생 • 엔진 저부하일 때 황산수소암모늄 발생 우려
기술 보유	MAN	MAN•Wartsila

3.2.4 SOx 배출 감축 방안 및 스크러버(Scrubber)

- 선박 연료 종류별 황 함유량
- SOx 배출 감축 방안 비교
- 스크러버

(1) 선박 연료 종류별 황 함유량

대양을 운항하는 선박에서 연료비가 차지하는 비중은 연간 운항비의 약 38~66%이며, 대부분 선박은 값싼 중유를 사용해왔다. 그림 3-10과 같이 중유는 원유 증류 제품 중 아스팔트 다음으로 저급이고 값싼 연료이다. SOx로 인한 대기 오염이 문제가 되면서 황 함유량이 0.5%보다 더 많은 중유는 IMO 규제로 대양을 운항하는 선박 연료로 사용하지 못하게 되었으며, 사용할 때에는 배기 가스에서 황을 제거하는 스크러버(Scrubber)를 설치해야 한다.

그림 3-10 원유 증류 제품의 종류

표 3-3 선박 연료 종류별 황 함유량 비교

구분		황 함유량(%)	가격 비교 % (USD/톤)
VLSFO(Very Low Sulphur Fuel Oil)	저유황 중유	최대 0.5%	112%(605)
MGO(Marine Gas Oil)	선박용 경유	0.5%	138%(745)
HSFO(High Sulphur Fuel Oil)	고유황 중유	최대 3.5%	100%(540)

※ 가격은 2024.5.31. 부산항 기준, https://www.bunkerindex.com/prices/region?r=8

선박 디젤엔진의 주요 연료로 황 함유량에 따라 표 3-3과 같이 VLSFO, MGO 및 HSFO 등 3개 종류가 있다. VLSFO는 최대 0.5%의 저유황 중유로 가격도 비교적 경쟁력이 있어 ECA 이외 지역에서 많이 사용한다. ECA 지역에서는 스크러버를 작동해서 황 함유량을 감축해야 한다. 선박용 경유인 MGO도 0.5% 미만의 제품이 공급되면서 최근 수요가 증가하고 있지만 공급이 충분하지 않다. 또한, 가격이 VLSFO보다 1.2배 비싸다는 단점이 있다. MGO도 ECA 지역에서는 스크러버를 작동시켜야 한다.

HSFO는 황 함유량이 최대 3.5%이므로 스크러버를 반드시 작동시켜야 한다. HSFO와 VLSFO와 혼합하여 연료로 사용하려는 움직임도 있지만 미세 불순물 발생으로 엔진 실린더 부품 교체나 엔진 수리 등의 문제가 발생할 우려가 있다.

(2) SOx 배출 감축 방안 비교

SOx 배출 감축은 초기 투자비가 적게 들고 대부분의 현존 선박에 적용이 가능한 VLSFO 등 저황유 사용 또는 스크러버 설치 중심으로 이루어지고 있다. VLSFO 연료를 사용하는 비용보다 HSFO 연료를 사용하면서 스크러버를 설치•운영하는 비용이 저렴할수록 스크러버 설치가 유리할 것이다. 2018~2022년까지 스크러버의 설치가 빠르게 확대되다가 선박 내부와 스크러버에 부식이 많이 발생하여 적용이 점차 감소하고 있다.

선박 연료로 LNG를 사용하면 황 함유량이 매우 낮아 문제가 해결된다. 그러나 LNG 연료는 디젤 연료보다 자연발화온도가 매우 높고 화염 속도가 느려 기존 디젤엔진에서 사용할 수 없고 LNG 이중연료엔진에서 사용이 가능하다. 최근 중대형 선박에서 장기적인 관점에서 CO_2 감축까지 가능한 LNG 연료를 채택하는 LNG연료추진선박에 관한 발주가 점차 많아지고 있다. LNG는 친환경연료이므로 여기에서 다루지 않고 뒤에서 설명한다.

표 3-4 SOx 배출 감축 방안 비교

구분	장점	단점
저유황유 사용 VLSFO/MGO	• 추가적인 설비 필요 없어 초기 투자비 부담 없음 • 대부분 선박에서 적용 가능 • MGO 사용 시 냉각장치 필요	• HSFO보다 가격 1.1~1.4배 비쌈 • 수요 대비 공급 부족으로 가격 증가 우려 • 연료 변경으로 인한 연료 공급시스템 검토 필요
스크러버 설치	• HSFO 사용으로 연료비 절감 • ECA지역에서 저유황유 사용 필요	• 초기 투자비 발생 (VLCC 신조 3~5백만불) • 스크러버 처리•유지 비용 증가 • 선박 내부와 스크러버에 부식 많이 발생 • 설치 공간 필요 및 전력 추가 소비 발생
LNG 연료 사용	• SOx•NOx 규제 만족하는 친환경연료 • CO_2 감축도 가능 • 연료비 감소 가능	• 이중연료 디젤엔진 적용으로 엔진비 증가 • 선가 20~30% 추가 투자비 발생 • 컨테이너선 등 화물 적재 다소 감소

(3) 스크러버

스크러버는 배기 가스에 있는 황과 미세 물질을 물로써 세척시켜 제거하는 장치이며, 중유를 사용하는 선박에서 SOx 제한 기준을 만족시킨다. 스크러버는 일반적으로 개방형(Open Loop System)과 폐쇄형(Closed Loop System) 및 하이브리드형(Hybrid Loop System) 등 3개 종류가 있다.

개방형은 세척수로 해수를 사용하며 스프레이 노즐을 통해 분사시켜 배기 가스의 SOx와 미세 물질을 제거한다. SOx가 물과 해수의 염분이 높을수록 잘 녹는 특성을 이용한 것으로 스크러버의 효율은 93~99% 수준이다. 스크러버를 통해 황은 황산소듐으로 변환된다. 스크러버에서 세척한 배기 가스는 선박 외부로 배출하고 사용된 해수는 해양 오염 방지를 위해 온도, 탁도 및 pH와 관련한 스크러버 배출 세척수 기준을 만족시킨 후에 선박 외부로 배출한다. 개방형이 폐쇄형보다 1.5~2배 많은 세척수를 사용하므로 전력 소비가 많다. 일부 항만에서는 해수 배출에 관한 잠재적인 오염 위험 때문에 개방형을 설치한 선박에 대해 입항을 금지하기도 한다.

폐쇄형은 세척수로 청수를 사용하며 청수에 가성소다인 수산화소듐(NaOH) 용액 또는 탄산칼슘($CaCO_3$)를 첨가하여 스프레이 노즐을 통해 분사시켜 SOx와 미세 물질을 제거하며 효율은 98% 수준이다. 스크러버에서 사용한 청수는 해수를 이용하여 냉각과 세정 공정을 거친 후에 대부분 재순환시키며, 일부는 배출 세척수 기준을 만족시킨 후에 선박 외부로 배출한다. 환경오염이 덜한 폐쇄형이 점점 보편화하고 있다. 반면에 세정 공정에서 발생한 오염 물질은 별도 수집되어 찌꺼기 탱크에 저장 후에 별도로 육상에서 처리해야 하는 부담이 있다. 폐쇄형은 세척수 배출이 금지된 ECA 지역에서 선호하는 방식으로 개방형보다 설치 비용이 약 2배 비싸다.

하이브리드 방식은 저렴한 개방형보다 다소 비싸지만, 환경오염을 고려한 폐쇄형의 장점을 선택적으로 이용할 수 있다. 세척수 배출 규제 지역이 아닌 대양에서 운항할 때에는 개방형으로 사용하다가 배출 규제가 강화된 연안과 항만 지역은 폐쇄형으로 사용하는 방식이며 장비 설치비가 비싸다. 일반적으로 황 함유량이 많은 연료를 사용할 수 있으므로 연료비를 감축할 수 있다.

- 개방형 : $2NaCL + SO_2 + O_2 = Na_2SO_4 + 2HCL$
- 폐쇄형 : $SO_2 + 2NaOH = Na_2SO_4 + H_2O$
- 배출 세척수 기준 : pH 6.5 이상(선박 외부 측정값), 입구와 출구 차이 2pH 허용, 60℃ 초과 금지 등
- 스크러버 설치비 : VLCC 신조 3~5백만$, 현존 선박 개조 4~8백만$(작업 기간 약 2~3주)

스크러버의 가장 큰 단점은 황으로 인해 구성 부품들과 배관에 부식이 발생하여 스크러버의 손상 및 고장이 자주 발생한다는 것이다. 스크러버가 오래도록 제대로 작동하기 위해 필터, 스프레이 노즐 등 구성 부품들과 배관에 대해 정기적으로 점검하고 청소하며 교체하는 유지 보수가 필수적이다.

개방형은 황산염과 오염 물질이 포함된 세척수인 해수를 바다로 배출하는 우려가 제기되었다. 미국, 유럽연합 및 중동 등 45개국에서 93개 조치를 통해 자국 영해 또는 항만 지역에서 개방형 사용을 금지하고 폐쇄형 사용만을 요구하거나 세척수 배출 자체를 금지하고 있다. 이러한 조치가 강화될수록 항만 및 ECA 지역에서는 저유황유 사용과 LNG 연료 사용이 확대될 것이다.

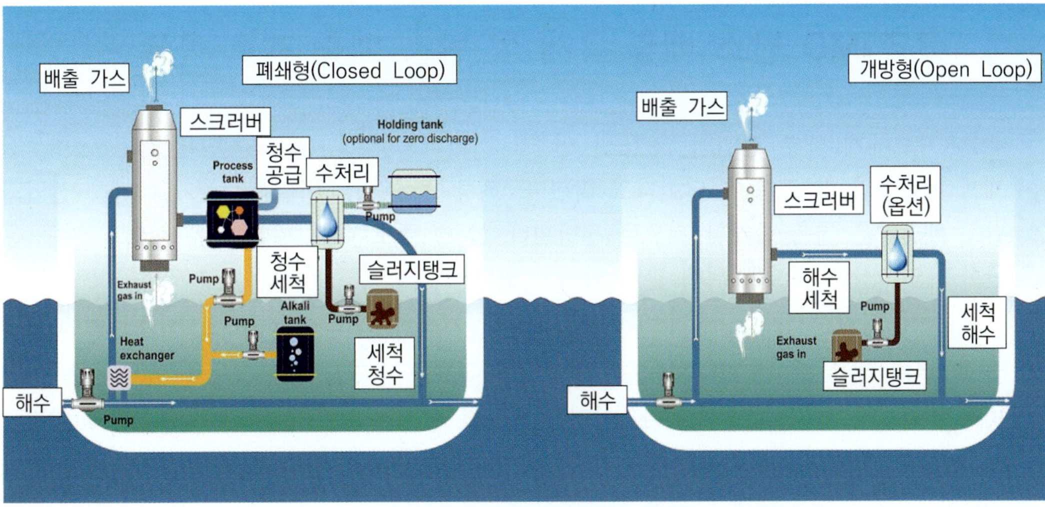

그림 3-11 개방형 및 폐쇄형 스크러버 개념도

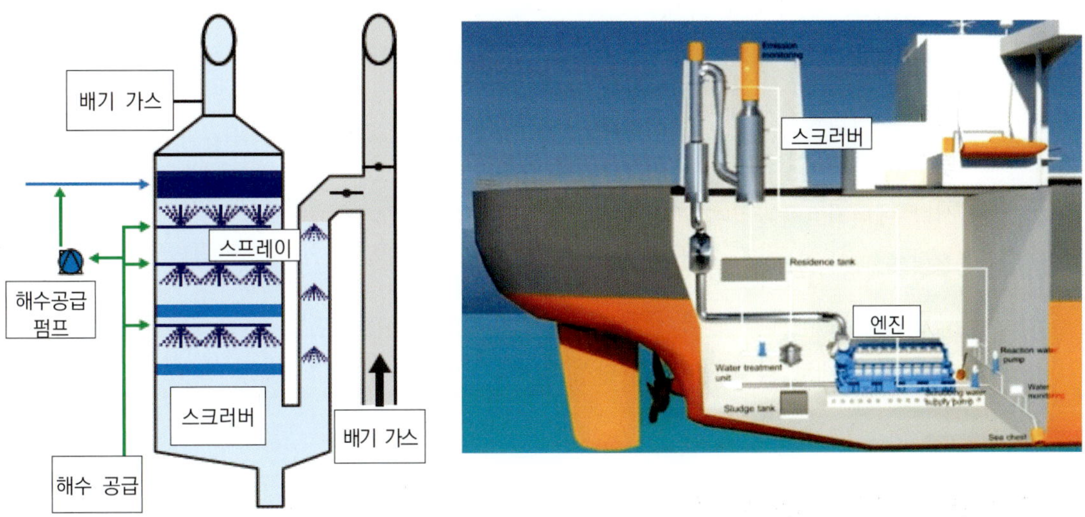

그림 3-12 스크러버 공정 및 선박 설치 개념도

3.3 IMO 탄소 배출 규제 및 탄소 배출 제로 목표

IMO는 세계 해운 산업의 2018년 탄소(CO_2) 배출량은 10억 6천만톤CO_2-eq.며, 전 세계 배출량의 약 2.9%에 달한다고 밝혔다. 해상 물동량의 지속적인 증가로 해운 산업의 탄소 배출량은 더욱 증가할 것으로 전망된다. IMO 주도 하에 세계 해운 산업도 지구 온난화 1.5℃ 상승 억제를 위해 같이 나서고 있다.

IMO는 2023년에 2050년 탄소 배출 제로 달성이라는 도전적인 새로운 목표를 제시하였다. 현재 해운 회사들도 나름대로 자체적인 목표를 설정하여 추진하고 있으나 2050년 넷제로 달성이 쉽지 않아 보인다. 이러한 목표를 달성하려면 석유 연료 중심에서 탈피하여 친환경 그린에너지로 전환되어야 한다. 여기서는 IMO 탄소 배출 제로 목표와 감축 개념과 달성 전략에 대해 다음과 같은 순서로 설명한다.

- IMO 탄소 배출 제로 목표
- IMO 탄소 배출 감축 지표
- 선박 에너지효율지수(EEDI•EEXI)
- 탄소집약도지수(CII)
- 선박 에너지효율관리계획(SEEMP)
- 수명주기평가(LCA, Life Cycle Assessment)
- 유럽연합 탄소 배출 감축 규제
- 2050년 넷제로 달성 점검 및 달성 전략

3.3.1 IMO 탄소 배출 제로 목표

IMO는 파리 협정의 목표에 부합하고자, 2018년 4월에 세계 해운 산업의 2050년 탄소 배출 감축 50% 목표를 제시하고 추진하였으나, 2050년 탄소 배출 제로를 적극적으로 추진해야 한다는 시대적 흐름에 대응하여 2023년 7월 7일 2050년 넷제로를 선언하였으며, 2030년과 2040년의 중간 점검 목표도 설정하였다. IMO가 넷제로를 제대로 실행하겠다는 강한 의지를 보인 것이다.

2018년 수립 전략 목표	• 2050년까지 세계 해운의 온실가스(CO_2) 총배출량을 2008년 대비 2050년까지 50% 감축(IMO 2008년 기준 7.9억 톤CO_2-eq.) • 탄소집약도(Intensity) 2030년까지 2008년 대비 최소 40% 감축, 2050년까지 70% 이상 개선 노력(탄소집약도 : 운송거리당 CO_2 배출량 감축) • 신조선의 EEDI 단계적 이행 통한 탄소집약도 감축
2023년 개정 전략 목표	• 2050년 무렵 넷제로(Net Zero) 달성 • 2008년 총 온실가스 배출량 대비 2030년 최소 20%(30% 노력), 2040년 최소 70%(80% 노력) 감축 • 2030년까지 에너지 총량의 5%(10% 노력) 탄소 저•무배출 연료 전환 • 탄소집약도를 2008년 대비 2030년까지 40%, 2050년까지 70% 감축

IMO의 2050년 넷제로를 달성하기 위한 전략은 그림 3-13과 같다. IMO가 그동안 탄소 배출 감축을 위해 실행해왔던 EEDI•EEXI, CII 및 SEEMP 규제 추진 등과 LNG 연료 적용 확대를 추진하면 2030년 목표는 달성될 것이다. 그러나 2030~2050년대의 목표 달성은 쉽지 않을 것으로 전망한다.

2040년 넷제로 목표 달성을 위해서는 LNG, 메탄올, 암모니아 및 바이오 연료 등의 저탄소 연료로 추진하는 선박 운항이 필수적이다. 2050년 넷제로 목표를 달성하기 위해서는 저탄소 연료를 넷제로 연료인 청정 그린에너지로 전환해야 한다. 넷제로 연료는 LNG, 메탄올, 암모니아, 바이오 및 수소 연료를 화석 연료 생산 공정이 아니라 그린에너지 생산 공정을 통해 만든다. 이에 대해 뒤에서 자세히 설명한다.

선박 수명이 25년인 것을 고려하면 2050년에 넷제로를 달성하려면 2025년 이후 발주하는 선박부터는 넷제로 연료 적용이 가능한 엔진을 설치해야 한다. 해운 회사들은 그린에너지 연료 적용을 대비하기 위해 LNG연료추진선박, 메탄올연료추진선박 및 암모니아연료추진선박 등에 관한 발주를 확대하고 있다.

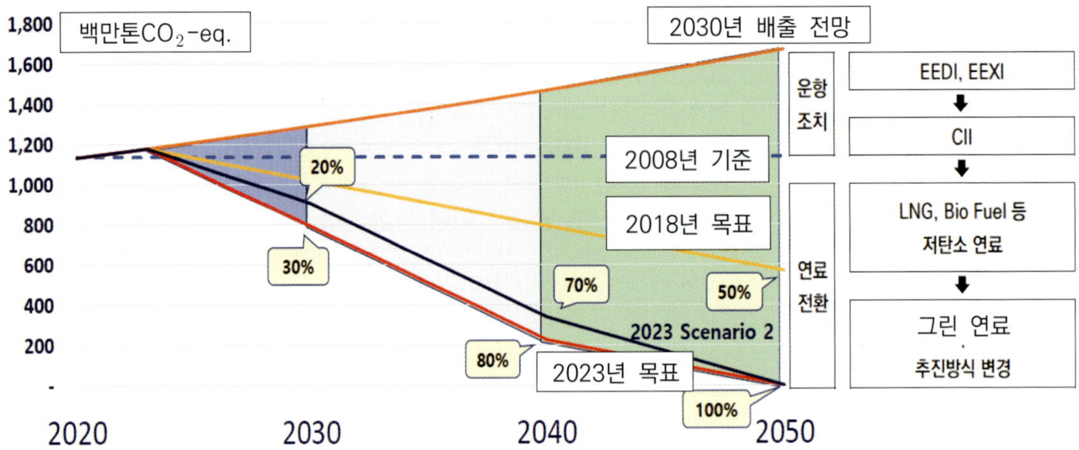

그림 3-13 IMO 2050년 탄소 배출 제로 목표 개념도

3.3.2 IMO 탄소 배출 감축 지표

IMO 탄소 배출 감축 규제를 위한 지표 중에 핵심은 다음의 4가지이다. EEDI•EEXI는 선박을 설계할 때나 현존 선박에서 정해지는 선박의 CO_2 배출량 계산 지수이고, CII는 실제 운항 거리에 따라 CO_2 배출량을 계산하는 지수이며. SEEMP는 CO_2 배출 달성 계획과 실행에 관한 적합 확인서를 받는 것이다. LCA는 연료의 탄소 배출량을 산정할 때 연료의 생산에서 연소까지 전 생애 과정을 대상으로 한다는 것을 명시한다.

① EEDI : 신조 선박에 관한 선박 에너지효율설계지수이며, 설계 과정에서 에너지 효율을 향상시켜 선박의 CO_2 배출을 일정 수준까지 감축시키도록 기준을 정한 것이다.

② EEXI : 현존 선박도 EEDI 기준의 에너지 효율을 달성하도록 정한 것이다.

③ CII : 탄소집약도지수이며, 선박의 운항 거리 실적에 따라 선박의 CO_2 배출량을 계산하여 평가하고 등급을 정하는 지수이다. 설정 등급을 만족하지 못하는 선박에 대해 운항을 제한시킨다.

④ SEEMP : 선박 에너지효율관리계획으로 신조 및 현존 선박 모두에 적용한다. 선박의 에너지 효율을 향상하도록 관리하는 계획이며, 연료 사용량 검증, CII 달성 계획 등을 포함한 계획에 대해 선급으로부터 적합 확인서를 받아 선박에 비치해야 한다.

⑤ LCA : 선박 연료가 생산, 유통 및 공급되고 선박에서 저장되고 엔진에 공급•연소할 때의 수명주기 전과정에서 발생한 탄소 배출량을 계산하여 적용하며, 이러한 값을 감축 기준으로 정한다. EEDI•EEXI와 CII의 계산 수식에서 CO_2 배출량은 선박에서의 TtW(Tank to Wake) 기준으로 계산한다.

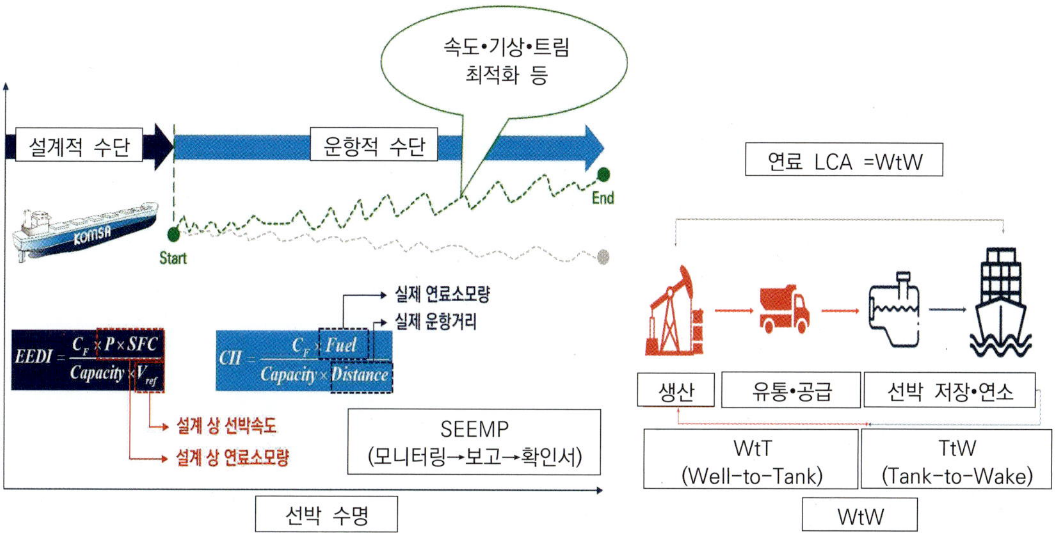

그림 3-14 IMO 탄소 배출 감축 지표

3.3.3 선박 에너지효율지수(EEDI • EEXI)

EEDI는 총톤수 400톤 이상의 국제 운항에 종사하는 신조 선박에 대해 2015년부터 적용해오던 규제이며, EEXI는 현존 선박에 대해 2023년 1월 1일 이후 적용하였다. EEDI•EEXI 규제 업무 프로세스는 그림 3-15와 같다. 그림 3-16과 같은 EEDI•EEXI 수식을 사용하여 계산한 값과 규제 기준을 비교하고 만족 여부를 선박 검사기관인 선급으로부터 검증을 받아야 한다. 기준을 만족시키면 선급은 국제 에너지효율증서(IEEC, International Energy Efficiency Certificate)를 발급해준다. 2023년부터 이 증서를 선박에 비치해야만 선박 운항이 가능하게 되었다. 만족시키지 못하면 엔진 출력을 제한받는 조치 또는 에너지 효율 개선 등을 통해 규제 기준을 만족시킨 후에 IEEC를 발급받고 운항해야 한다.

- EEDI•EEXI 정의 : 선박의 에너지 효율을 지표화하기 위한 지수로, 1톤의 화물을 1해리(1.85 km) 운송할 때 CO_2 배출량(CO_2-eq.)을 의미한다. 선박의 CO_2 배출량을 연료 소비량에 따라 계산하고 재화중량톤수(Deadweight)와 속도(Knot)를 곱하여 나눈 값을 계산하여 지수화한 것이다.
- EEDI•EEXI 규제 기준 : 총톤수 400톤 이상의 국제 운항에 종사하는 선박에 적용, EEDI•EEXI 계산값 기준, 1999~2009년 건조 선박 평균 대비 2020~2024년 20% 감축, 2025년 이후 30% 감축

현실적으로 EEDI•EEXI 규제를 만족시키기 위해 현존 선박에 관한 엔진 출력의 감소가 불가피하다. 수식에서 기준이 되는 엔진 출력은 최대 연속 출력(MCR, Maximum Continuous Rating)의 75% 수준이다. 엔진 출력을 줄이면 선박의 운항 속도가 느려지며, 10,000 TEU 컨테이너선의 경우 MCR을 51%까지 감축시켜야 한다. 선박 속도를 줄이면 운항 시간이 더 소요되고 필요한 화물을 적기에 운송하기 위해서는 선박이 더 필요하다는 부담이 발생한다.

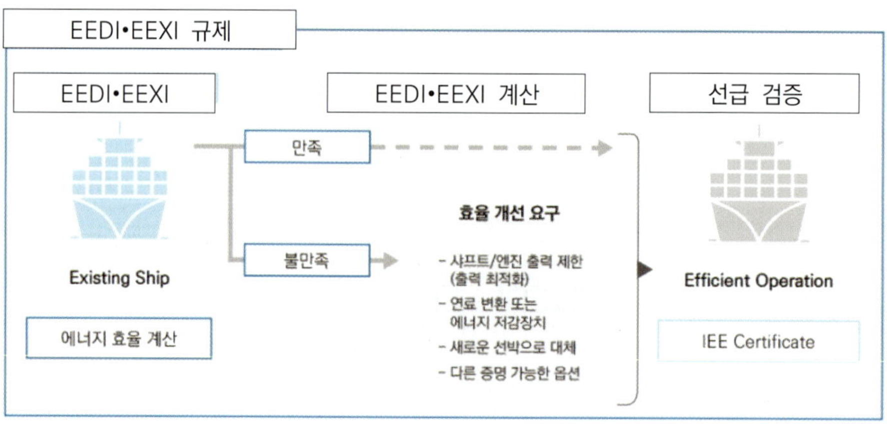

그림 3-15 EEDI • EEXI 규제 업무 프로세스

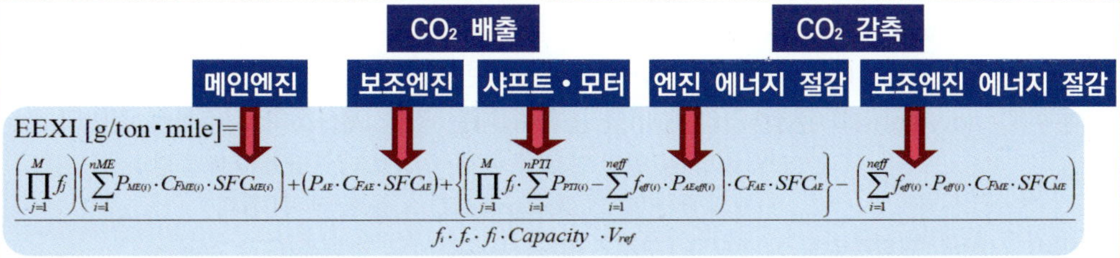

$$EEXI\,[g/ton \cdot mile] = \frac{\left(\prod_{j=1}^{M} f_j\right)\left(\sum_{i=1}^{nME} P_{ME(i)} \cdot C_{FME(i)} \cdot SFC_{ME(i)}\right) + \left(P_{AE} \cdot C_{FAE} \cdot SFC_{AE}\right) + \left\{\left(\prod_{j=1}^{M} f_j \cdot \sum_{i=1}^{nPTI} P_{PTI(i)} - \sum_{i=1}^{neff} f_{eff(i)} \cdot P_{AEeff(i)}\right) \cdot C_{FAE} \cdot SFC_{AE}\right\} - \left(\sum_{i=1}^{neff} f_{eff(i)} \cdot P_{eff(i)} \cdot C_{FME} \cdot SFC_{ME}\right)}{f_i \cdot f_c \cdot f_l \cdot Capacity \cdot V_{ref}}$$

- EEXI(gCO_2-eg/(ton•nm)) = $\frac{CO_2\,변환계수 \times 출력당연료소비량(g/kWh) \times 엔진출력(kW)}{재화중량톤수(Deadweight, ton) \times 속도(Knots)}$
- gCO_2-eq 배출량 : 1톤의 화물을 1해리 운송할 때에 발생한 CO_2 배출량

- P_{AE}(엔진출력) : 75% MCR(엔진 최대 연속 출력, 엔진 출력 용량 의미)
- C_{FME} : CO_2 변환계수(Conversion Factor) HFO 3.114 적용
- SFC(Specific Fuel Consumption) : 연료소비량, 메인엔진 170, 보조엔진 190 적용
- fi= 보정계수, 모든 선박 1.0, 셔틀 탱크 0.77 등 적용
- Capacity(DWT), EEXI 속도(Knots) : 승인된 속도(마력 곡선), 모형시험 평가속도(마력 곡선), nm(nautical mile, 해리)

그림 3-16 EEDI • EEXI 계산 수식

3.3.4 탄소집약도지수(CII)

CII는 총톤수 5,000톤 이상의 국제 운항에 종사하는 신조 선박에 대해 2023년 이후 1년 동안 운항 실적을 기준으로 정해진 수식에 따라 CII를 계산하며, 선급은 그 값을 검증한 결과에 따라 2024년초부터 A(우수), B(다소 우수), C(보통, 허용 기준), D(다소 열등), E(열등) 등급을 부여한다. 만약 3년 연속 D등급, 또는 1년 이상 E등급을 받은 선박은 저속 운항, 저탄소 연료 사용 등의 선박 에너지효율관리계획(SEEMP)을 수립하고 계획의 타당성을 선급으로부터 검증받은 후 적합 확인서를 받아야 하며, 그 이전까지 운항이 제한된다.

- CII 정의 : 운항 실적으로 계산하는 탄소집약도 지수로, 1톤의 화물을 1해리(1.85 km) 운송하는데 배출된 CO_2 배출량(CO_2-eq.)을 의미한다. 1년동안의 CO_2 배출량에 재화중량톤수(Deadweight)와 운항 거리(해리)를 곱하여 나눈 값을 계산하여 지수화한 것이다.
- CII(g/(ton•nm)) = $\frac{CO_2\ 배출량(=연간\ 연료\ 소비량 \times 연료단위당\ CO_2 배출량)}{재화중량톤수(Deadweight) \times 운항거리(해리)}$,
- 일반 선박은 재화중량톤수(DWT), 크루즈•여객선•로로선은 총톤수(GT) 적용
- Required CII = $\frac{100-Z}{100} CII_{REF}$, CII_{REF} IMO 2019년 데이터 기준 값
- Z 감축률 목표 2023년 5%, 2024년 7%, 2025년 9%, 2026년 11%, 2027~2030년 강화 예상

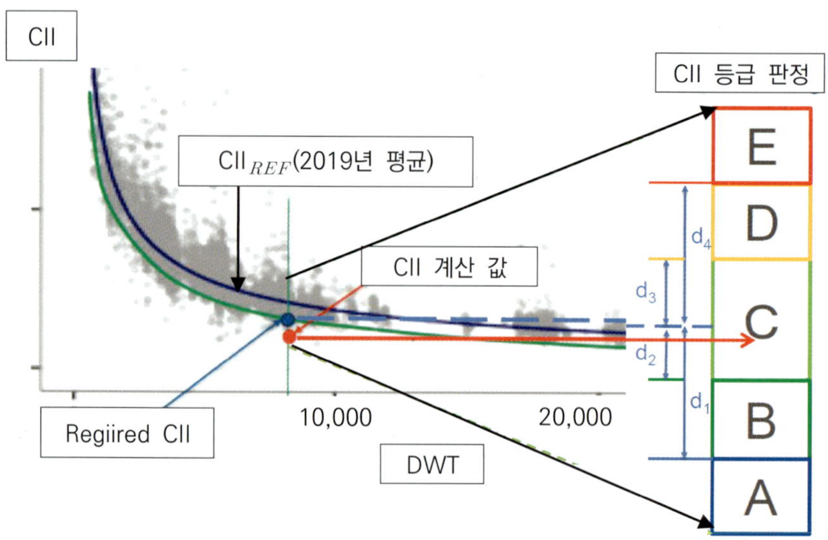

그림 3-17 CII 등급 판정 개념도

EEDI•EEXI 규제보다는 CII 허용(Required) 등급인 C를 만족시키기가 점점 어려워질 것이다. IMO 2019년 데이터 기준에서 2023년 5%에서 시작하여 2026년까지 매년 2%씩 추가되는 CII 개선 목표를 달성하기 쉽지 않다. 더욱이 2030년까지 점점 더 엄격해질 것으로 예상할 수 있다. 예를 들어 B등급을 받은 선박이 2년 동안 개선을 위한 아무런 조치를 실행하지 않으면, 그다음 해에 C등급을 받을 수 있다. 또한, 탱커의 경우 개선 활동이 없다면 2030년까지 70%가 최소 C등급 미만이 될 것이다. 해운 회사가 선단 전체에 대해 지속해서 CII를 개선하기 위해 상당한 노력을 해야 할 것으로 보인다.

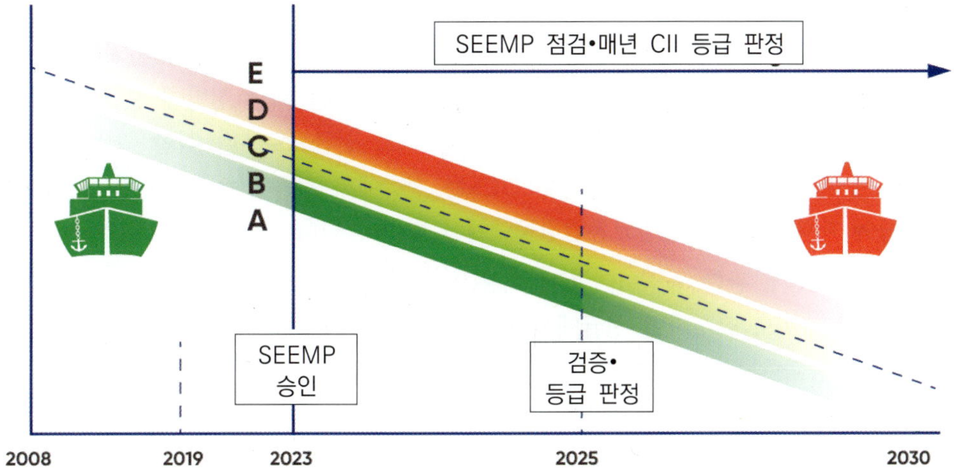

그림 3-18 CII 등급 판정 계획

현실적으로 CII 규제를 만족시키기 위해 현존 선박의 연료 소비량을 줄이기 위한 저속 운항 및 연료 소비량당 운항 거리를 늘리는 노력이 필요하다. CII도 EEDI•EEXI 규제와 마찬가지로 선박 추가 투입이 불가피하다. 해운 회사로서는 노후 교체 및 운항 속도 감소 등에 따른 선박 추가 수요에 대해 LNG연료추진선박 등 친환경연료추진선박을 선택하여 발주할 가능성이 커지고 있다.

3.3.5 선박 에너지효율관리계획(SEEMP)

SEEMP는 2013년 1월 1일에 발효되었고 2023년에 더욱 강화되었다. 해운 회사가 선박의 에너지 효율을 체계적으로 향상할 수 있도록 IMO가 개발하여 적용하고 있는 실용적인 도구이다. SEEMP는 다음의 3가지로 구성하며, 자세한 내용은 표 3-5와 같고, 관리 프로세스는 7.8.2 항에서 설명한다.

- 파트 I : 에너지 효율 개선을 위한 선박 관리 계획
- 파트 II : 선박 연료유 소비 데이터 수집 계획
- 파트 III : 선박 CII 계획

파트Ⅱ의 경우 DCS(Data Collecting System)에 관한 규정으로 선박에 관한 연간 연료 종류별 사용량, 운항 거리, 운항 시간, 재화중량톤수 및 메인 엔진 출력 등의 데이터를 매년 정기적으로 보고하는 제도를 말한다. 해운 회사는 해당 선박에 관한 파트Ⅱ를 작성하여 보고 대행 기관인 선급에 검사 신청을 하고 선급으로부터 적합 확인서를 발급받아 선박에 비치한다. 우리나라의 경우 DCS는 선급에서 검증받아야 하지만, 연료유 사용량 검증에 대해서는 한국해양교통안전공단에서 받아야 한다.

파트Ⅲ는 CII에 관한 규정이며 CII 허용(Required) 값(C 등급 이상)을 달성하기 위한 계획을 3년 단위로 작성하여 선급에서 검증받은 후에 적합 확인서를 받아 선박에 비치한다. 최초 검증과 승인을 받은 후 3년마다 선급 등으로부터 다시 적합 확인서를 발급받아야 한다. 3년 연속 D등급, 또는 단일 연도 E등급을 받으면 추가 검증을 받아야 한다.

표 3-5 파트별 에너지 효율관리계획 내용

구분	파트 I	파트II	파트III
적용 시기	2013년 1월 1일부터	2019년 1월 1일부터	2023년 1월 1일부터
적용 대상	400 GT 이상 국제 운항 선박	5,000 GT 이상 국제 운항 선박	5,000 GT 이상 국제 운항 선박
내용	선박 에너지 효율 해상을 위한 메커니즘 개발	IMO DCS 데이터 수집 방법론 및 주관청 보고 절차	CII 계산 방법론 및 주관청 보고 절차 Required CII 달성 계획 자기 평가 및 개선 시정 조치(해당시)
승인 여부	X (선박 비치 여부만 확인)	O (주관청 또는 선급 승인)	O (주관청 또는 선급 승인)
검사 주기	최초	최초/개조 시 재승인	최초 검증, 정기 검증(3년 주기), 추가 검증 (3년 연속 D등급, 또는 E 등급)
관련 증서	국제 에너지효율증서 (International Energy Efficiency Certificate)	적합 확인서 (Confirmation of Compliance)	적합 확인서 (Confirmation of Compliance)

3.3.6 수명주기평가(LCA, Life Cycle Assessment)

LCA는 선박의 연료 생산부터 최종 사용까지 전 생애에서 발생하는 CO_2 배출량(CO_2-eq.)을 계산하는 방식이며, WtW(Well-to-Wake = WtT+TtW)로 표시한다. WtT(Well-to-Tank)는 연료의 생산, 운송 및 항만에서 벙커링(선박 공급)까지의 범위를 의미하고, TtW(Tank-to-Wake)는 선박 연료탱크에서 엔진에서 연소하여 배출되기까지의 범위를 말한다.

IMO는 2023년에 2050년 넷제로 목표를 수립하면서 선박 연료의 CO_2 배출량을 과거 선박에서 발생하는 TtW 기준으로 계산하던 방식보다 더 강화된 LCA 기준으로 설정하였다. 선박에서의 저탄소 및 넷제로 연료의 확대 적용에 효과적이며 필수적인 조치이다. LNG 연료를 어디에서 생산하였는지 원산지, 이동 거리 및 운송 수단에 따라 WtT CO_2 배출량이 달라진다.

예를 들면 우리나라는 LNG 연료를 카타르(27%), 호주(19%), 미국(14%) 및 말레이시아(12%) 등에서 수입한다. 우리나라 기준으로 원산지별 WtT CO_2 배출량을 계산한 연구 결과를 살펴보면 말레이시아 2.26 gCO_2-eq./MJ, 카타르 5.97, 호주 15.5, 미국 21.1 등이다. 우리나라의 경우 거리가 가장 가까운 말레이시아 LNG 연료가 WtT 배출량이 가장 작은 것으로 나타났다. 해운 회사들은 더 작게 배출되는 원산지의 LNG 연료를 공급받는 것이 유리하다.

LCA 계산을 통해 LNG 연료는 VLSFO 연료보다 CO_2 배출량을 최대 24%까지 감축할 수 있지만, LNG 연료로는 넷제로를 달성할 수 없다는 사실이 드러난다. 장기적으로 넷제로 달성을 위해서는 그린메탄올, 그린암모니아, 그린수소 및 바이오 연료 등과 같은 그린에너지 적용이 불가피하다는 것을 보여준다.

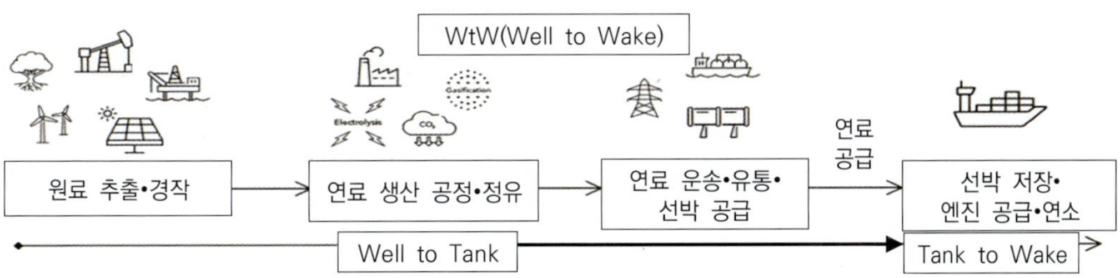

그림 3-19 LCA(WtW) 개념도

3.3.7 유럽연합 탄소 배출 감축 규제

유럽연합은 넷제로를 달성하기 위해 가장 적극적으로 법과 정책들을 만들어서 실행하고 있다. 2015년 7월 1일에 발효된 MRV(Monitoring, Reporting and Verifying) 규정을 만들어 5,000 GT 이상의 선박이 운항 중에 발생하는 연료 소비량 및 CO_2 발생량을 모니터링하고 계산하여 보고서를 선급에 매년 제출하고, 선급을 통해 이를 인증받으며 선급에서 발행한 적합 확인서를 선박에 비치하도록 규정하고 있다.

EU는 해운 분야의 CO_2 배출량을 감축하기 위해 2개의 규제를 실행하고 있으며, 배출량은 MRV 규정에 따라 계산하며 LCA 기준을 적용한다. 유럽연합의 탄소 배출 감축 규제는 IMO의 2050년 넷제로 목표를 약 80%까지만 만족시킨다는 단점이 있어 향후 더 강화된 조치가 필요하다.

- 배출권거래제(ETS, Emissions Trading Scheme System)
- 선박 온실가스 배출 집약도(GHG Intensity) 규제(FuelEU Maritime)

(1) 배출권거래제(ETS, Emissions Trading Scheme System)

ETS는 탄소 배출권을 구입하고 판매하는 제도이다. 배출자가 배출 허용량을 초과하여 배출할 경우 초과한 양에 대해 배출권을 구입해야 하며, 허용 배출량보다 감축된 경우 그만큼의 감축 양에 대해 배출권을 판매할 수 있는 제도이다.

EU는 탄소 배출 감축 법률 패키지(Fit for 55)에서 규정하고 있는 ETS를 2024년 1월 1일부터 해상 운송까지 확대하여 적용한다. EU에 입항과 출항하는 5,000 GT 이상의 화물선 및 여객선들은 아래의 연도와 기준에 따라 CO_2 배출량(tCO_2-eq) 40%, 70%, 100% 등 각각에 해당한 연간 배출권을 거래소에서 구입•보유해야 하고 EU 해당 관청에 제출해야 한다. 아래 기준에서 EU 내의 운항 선박은 100%, EU 외에서 EU로 운항하는 선박은 50%만 적용한다.

- 2025년 : 2024년에 보고된 배출량의 40% 구입 의무화
- 2026년 : 2025년 보고된 배출량의 70% 구입 의무화
- 2027년 이후 : 전년도에 보고된 배출량의 100% 구입 의무화

거래되는 배출권의 가격은 톤(t)CO_2-eq.당 약 53~90유로 수준이며, 배출량은 LCA 기준으로 계산한다. 이로 인해 대형 VLCC 탱커의 경우 화물 운반비가 2024년 4%, 2026년에는 10%로 증가할 것으로 예상한다. 배출권을 구입하지 않은 선박은 벌금으로 tCO_2-eq.당 100유로를 지불해야 한다. 선박의 탄소 배출량을 가능한 한 빨리 감축시키기 위한 강력한 조치이다. 해운 회사들의 부담이 가중되고 있으며, 배출권을 구입할 것인지, 친환경연료로 빨리 전환할 것인지 장기적인 경제성을 고려하여 선택해야 할 것이다.

(2) 선박 온실가스 배출 집약도(GHG Intensity) 규제(FuelEU Maritime)

FuelEU Maritime은 EU의 5,000 GT 이상의 선박에서 발생하는 온실가스 배출 집약도인 메가줄(MJ)당 탄소 (CO_2-eq) 배출량에 대해 그림 3-20과 같이 2020년 100% 기준 대비 2050년 20% 목표(80% 감축)로 설정하고 이를 단계별로 감축시키는 규정이며 2025년 1월 1일부터 시행한다. 2020년 기준은 선박 평균 91.16 gCO_2-eq./MJ 값이다. 2025년 2% 감축을 시작으로 2030년 6%, 2035년부터 가속화 해 2050년까지 80% 감축을 목표로 한다. EU 내의 운항 선박은 100%, EU 외에서 EU로 운항하는 선박은 50% 비율로 적용한다.

- 온실가스 배출 집약도 목표 : 2020년 91.16 gCO_2-eq./MJ(100%) → 2050년 18.23 gCO_2-eq./MJ(20%)

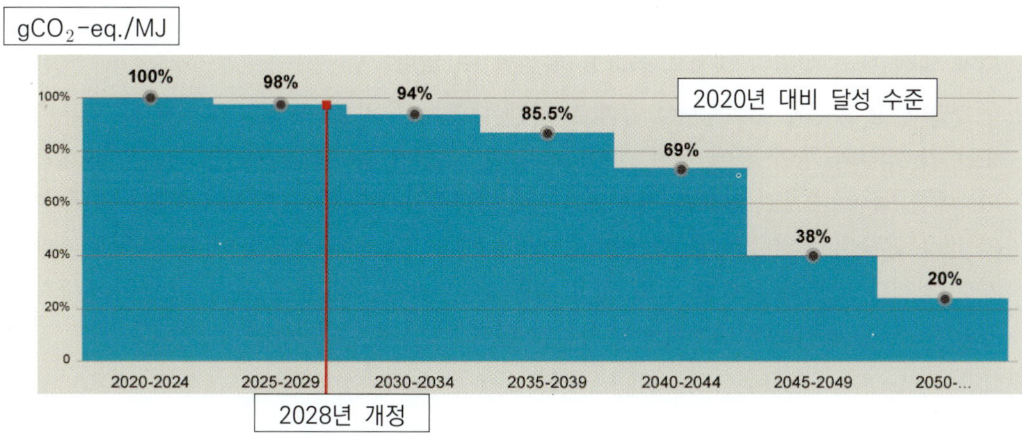

그림 3-20 EU 선박 온실가스 배출 집약도 감축 목표

또한, 2030년부터 EU 항만에 선박 정박 시 육상 전력 사용 의무화 규정이 있다. 2030년부터 여객선과 컨테이너 선박이 정박하는 항만, 2035년부터는 모든 EU 항만에 대해 선박 정박 시에 육상 전력 공급 장치를 연결하도록 규정하였다. 선박이 항만에 정박할 때 선박 자체 동력을 사용하지 않고 육상 전력을 사용하면 CO_2 배출량의 약 6% 감축이 가능하다.

FuelEU Maritime을 준수하지 않으면 상당한 수준의 벌금을 받을 수 있다. 선박에서 사용된 에너지 소비량과 온실가스 배출 집약도 목표 달성 차이를 고려하여 계산한다. VLSFO 에너지 등가물 톤당 2,400유로 또는 비준수 에너지 사용에 대해 GJ당 약 58.50유로의 벌금을 적용하며, 컨테이너선의 경우 연간 벌금이 약 110만유로 수준이다.

3.3.8 2050년 넷제로 달성 점검 및 달성 전략

IMO의 환경 규제 및 CO_2 배출량 감축에 관한 대응 방안으로 해운 회사는 선박 연료를 기존 고유황유에서 저유황유로 바꾸었다. 또한, EEDI•EEXI와 CII 규제에 관한 대응으로 선박의 속도를 낮추고 운항 최적화 실행으로 연료 사용을 감소시키는 노력을 하고 있다.

IMO의 넷제로를 달성하려면 친환경 그린에너지 연료의 적용이 불가피하며, 매우 어렵고 기나긴 시간과 대규모 투자가 필요하다. 안정적인 대량의 그린에너지 연료 생산시스템 구축, 선박에 적용하기 위한 각종 기자재의 개발 및 검증, 해운 회사들의 장기적인 계획에 의한 대규모 친환경선박 건조 투자, 항만에서의 그린에너지 연료 공급시스템 구축 등 세계 여러 국가 정부, 항만, 관련 기업들의 참여가 필수적이다. 이러한 대책을 빨리 추진해야 세계 해운 산업의 넷제로 목표를 달성할 수 있다.

그러나 표 3-6과 같이 IMO 규제로 인한 대폭적인 비용 증가를 해운 회사 또는 화주 또는 각 정부와 항만 중에 누가 얼마나 부담할 것인가 등 해결해야 할 어려운 과제가 많다. 예를 들어 넷제로 연료를 사용하면 LA~상하이를 운항하는 15,000 TEU 컨테이너선의 경우 운송비가 약 2~4배 증가할 수 있다. 또한, 각 국가 정부의 이해 관계에 따라 넷제로 정책과 다르게 운영할 수도 있고 2050년 넷제로 목표에서 과연 어느 수준까지 달성할 수 있을 것인지에 대해서도 명확하지 않다.

표 3-6 IMO 규제가 미치는 영향

IMO 환경 규제	해운 회사	화주
		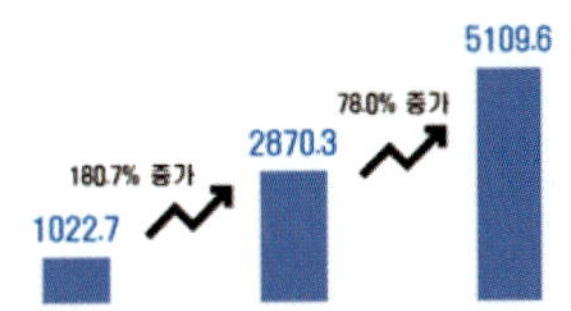
• EEDI•EEXI, CII는 선박 감속•운항 효율화 등을 통해 연료소비감축과 CO_2배출 감축 강화 • 선박의 연간 화물 운송량 감축 불가피, 이로 인해 화물 배송 기간 지연 및 비용 증가 발생 • IMO 환경 규제는 해운 산업에 매우 부정적 영향 미침	• 해운선사가 IMO 규제에 가장 큰 부정적인 영향 받음 • IMO규제준수 위해 친환경 연료 선박 건조, 에너지 효율 개선 조치와 기술에 많은 투자 필요 • 현존 선박에 대해 속도•운항 거리 제한•선박 개조 등 투자비•운항비 증가로 수익 대폭 감소 불가피	• 해운선사는 화주 또는 배송자에게 운임 대폭 증가 요구 • 화주는 수용이 불가피해 배송비 대폭 증가 예상 • IMO 규제에 따른 비용 증가에 대해 최소한의 부담 노력 강화

그러나 넷제로는 기회이면서 생존을 위한 필수적인 달성 과제이므로 해운 회사들이 친환경 운송에 관한 가치 인식 확산 및 가치 평가를 통해 이러한 난관을 슬기롭게 해결해 나가야 할 것으로 보인다. 조선소들도 에너지 효율 개선에 관한 혁신적인 아이디어를 개발하여 적용함으로써 넷제로에 기여해야 한다.

각 국가 정부 및 기관도 넷제로 관련 이해 관계자와 소통하여 더 나은 정책 결정을 촉진하고 새로운 혁신 및 기술의 R&D 프로그램을 강화하고 적극적으로 지원해야 한다. 항만청은 항만 및 터미널에서의 화물 물류 개선, 대기 시간 감축 등 에너지 효율을 향상시키고 선박에 육상 전력을 공급하는 시스템 구축과 신재생 에너지 사용 확대 등으로 탄소 배출을 감축시켜야 할 것이다.

덴마크 산업부, 노르웨이 기후청, 미국 에너지부, 글로벌 해양 포럼(Global Maritime Forum) 및 머스크 맥키니몰러센터가 협력하여 탄소 배출 제로 해운 미션에 적극 동참하기로 하고 2030년 달성 3개 핵심 목표를 발표했다. 넷제로 달성에 필수적인 전략이다.

① 세계 해운 산업에 넷제로 연료를 사용하는 상업적인 선박을 제시한다.

② 넷제로 연료를 효율적으로 대량 생산하는 방식을 제공한다.

③ 신규 선박을 건조하려는 해운 오너(Owner)가 자연스럽게 넷제로 연료를 사용하게 만들고, 이러한 선박에 연료를 공급하는 항만 인프라 구축도 추진하겠다.

연습문제

1. IMO의 임무와 중요한 업무에 대해 설명하라.

2. IMO의 조직 구성과 조직별 주요 업무에 대해 설명하라.

3. IMO 규제 적용 이해 관계자에 대해 설명하라.

4. IMO 질소산화물(NOx) 규제에 대해 설명하라.

5. IMO 황산화물(SOx) 규제에 대해 설명하라.

6. NOx 배출 감축 장치의 종류와 장단점에 대해 설명하라.

7. SOx 배출 감축 방안 및 스크러버에 대해 설명하라.

8. IMO 탄소 배출 제로 목표에 대해 설명하라.

9. 선박 에너지효율지수(EEDI · EXI)에 대해 설명하라.

10. 선박 탄소집약도지수(CII)에 대해 설명하라.

11. 선박 에너지효율관리계획(SEEMP)에 대해 설명하라.

12. 탄소 배출의 수명주기평가(LCA)에 대해 설명하라.

13. 유럽연합의 배출권거래제에 대해 설명하라.

14. 유럽연합의 FuelEU Maritime 규제에 대해 설명하라.

15. IMO의 2050년 넷제로 목표 달성이 가능한지에 대한 자신의 의견을 기술하라.

CHAPTER 4

친환경선박 연료

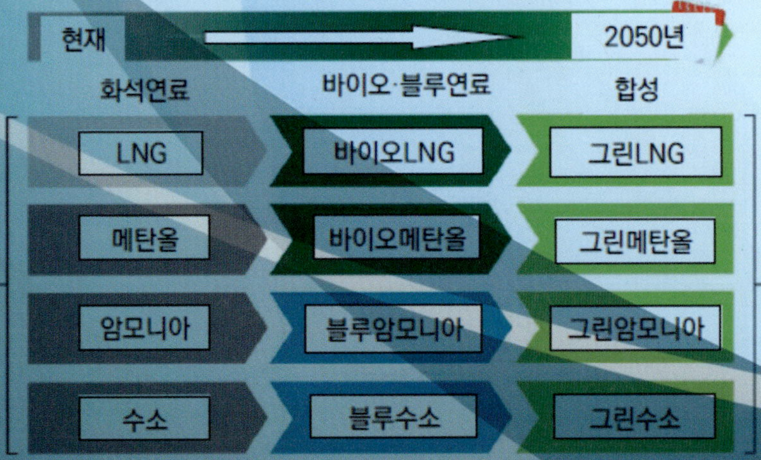

이 장에서는 IMO의 넷제로 목표 달성이 가능한 친환경선박 연료인 LNG, 메탄올, 암모니아, 바이오 및 수소 등에 관한 친환경연료와 연소 특성 및 장단점에 대해 종합적으로 정리하여 나타낸다. 이러한 친환경연료를 그레이•블루•그린 연료 등으로 구분하고 LCA에 의한 탄소 배출량 비교와 탄소 배출 감축 비율에 대해서도 설명한다.

LNG(바이오•그린LNG), 메탄올(바이오•블루•그린메탄올), 암모니아(블루•그린암모니아), 수소(블루•그린수소), 바이오 연료(FAME•HVO•FT 디젤) 등의 생산 방식 개념과 생산 원가(비용)를 비교 설명하면서 이러한 친환경연료별로 동일한 연료라 할지라도 바이오•블루•그린 연료 등의 생산 방식에 따라 탄소 배출 감축 비율과 생산비가 다르다는 것을 이해시킨다. 저탄소 및 넷제로 연료일수록 매우 비싸지며 해운 회사의 부담이 커진다는 것도 설명한다.

마지막으로 친환경선박 연료의 경제성 및 미래에서 친환경연료별 종합 경쟁력을 정리하고 이에 따라 2025년과 2045년의 연료별 에너지당 비용을 비교하여 2050년까지 IMO의 단계별 탄소 배출 감축 목표 달성에 필요한 친환경연료별로 적용 경로를 살펴본다. 연료별 미래 시장 점유율도 기관들의 연구결과들을 인용하여 제시한다.

미래에는 바이오•블루•그린 연료이면서 가격이 저렴하고 공급에 문제가 없는 친환경연료가 시장을 지배할 것이다. 해운 회사들 각자가 연료의 종합 경쟁력, 선단 운영 및 운항 경로에 따라 어떠한 연료를 선택하느냐가 중요하지만, 아직까지 최적 연료가 명확하지 않다. 다양한 연료들을 같이 사용할 가능성이 높다. 이에 대해 다음과 같은 순서로 설명한다.

- 친환경선박 연료 개요
- LNG(Liquefied Natural Gas, 액화천연가스)
- 메탄올(Methanol)
- 암모니아(Ammonia)
- 바이오(Bio)
- 수소(Hydrogen)
- 친환경선박 연료의 경제성과 미래

4.1 친환경선박 연료 개요

IMO의 넷제로 목표를 달성할 수 있는 친환경연료의 종류와 생산 방식에 따른 탄소 배출량을 비교한다. 친환경연료의 생산 방식에 따라 블루와 그린 연료로 에너지를 구분하는 것과 탄소 포집•영구 저장•재활용을 통한 블루 연료 생산에 대해 살펴본다. 친환경연료별로 연료 연소와 저장 특성과 IMO의 넷제로 달성을 위해 블루와 그린 연료를 단계별로 어떻게 적용할 것인지에 대해 다음과 같은 순서로 설명한다.

- 친환경선박 연료 개요
- 친환경선박 연료의 탄소 배출량(LCA) 비교
- 친환경선박 연료의 그린에너지 개념
- 탄소 포집•영구 저장•재활용
- 선박 연료의 특성 비교
- 선박의 넷제로 연료 적용 경로

4.1.1 친환경선박 연료 개요

친환경선박의 연료는 IMO 2050년 탄소 배출 제로 목표를 달성할 수 있어야 하며, 미래에 공급 안정성과 경제성도 확보되어야 한다. 그러나 그러한 연료를 생산하는데 가격도 비싸고 수요와 공급도 충분하지 않아 IMO의 단계별 목표 수준에 따라 가장 경제적인 친환경선박 연료를 선택하는 것이 바람직하다.

표 4-1과 같이 단기 대안과 장기 대안 관점에서 친환경선박의 연료를 분류할 수 있다. 단기 대안은 화석 연료 기반의 친환경연료로 2030~2040년까지의 IMO 목표를 달성할 수 있는 연료를 말한다. LNG, 메탄올, 암모니아 및 수소, 중유 또는 디젤(선박용 경유) + 바이오 혼합 연료 등이 대상이다. LPG 연료는 중요도가 떨어지므로 여기서 다루지 않는다.

표 4-1 친환경선박 연료의 종류

구분	친환경선박 연료
단기 대안 (화석연료 기반 친환경연료)	• LNG, 메탄올, 암모니아, 수소, 중유 or 디젤+바이오 연료 • 블루 메탄올, 블루암모니아, 블루수소
장기 대안 (그린 친환경연료)	• 그린LNG, 그린메탄올, 그린암모니아, 그린디젤, 그린수소
장단기 대안 (바이오 연료)	• 바이오 연료 : FAME, HVO, FT 디젤

• FAME(Fatty Acid Methyl Ester) : 지방산메틸에스테르, HVO(Hydrotreated Vegetable Oil) : 수소화 식물성 오일
FT(Fischer Tropsch) 디젤 : Fischer Tropsch 합성 공정에서 만든 합성 디젤을 말함.

2040년 이후 단기 대안 연료로는 목표 달성이 어려우므로 장기 대안인 친환경 그린 연료를 사용해야 한다. 탄소 배출이 없는 생산 공정을 통해 만들어진 연료가 그린 연료(e-연료) 즉 넷제로 연료이다. 그린LNG(e-LNG), 그린메탄올(e-메탄올), 그린암모니아(e-암모니아), 그린디젤(e-디젤) 및 그린수소(e-수소) 등이다.

IMO는 바이오 연료에 대해 기존 화석 연료보다 탄소 배출 감축량이 65% 이상인 연료로 정의한다. 바이오 연료에서 FAME의 경우 VLSFO(저유황 중유)보다 가격이 3배 비싼 연료이다. 단기 대안으로 기존 중유 또는 디젤과 30% 혼합하여 사용할 수 있다.

4.1.2 친환경선박 연료의 탄소 배출량(LCA) 비교

LCA 기준 연료별 탄소 배출량을 살펴보면, 표 4-2와 같이 화석 연료 기반에서 생산한 LNG는 고유황 중유(HSFO)보다 탄소 배출량이 83~92% 수준이다. 오토사이클(4행정) LNG 엔진에서 탄소 배출량이 많아 개선 중이지만 단기 대안 연료로서 가장 많은 선박이 발주되고 있다. 화석 연료 기반에서 생산한 메탄올은 109%, 암모니아 132%, 수소 144%로써 중유보다 탄소 배출이 오히려 더 증가한다.

표 4-2 친환경선박 연료별 메가주울(Mega Joules)당 탄소 배출량(gCO_2-eq./MJ)

구분	연료	WtT	TtW	WtW	HSFO 대비(%)
화석 연료 기반	HSFO	13.5	78.1	91.6	100
	LNG(오토사이클)	18.5	65.4	83.9	92
	LNG(디젤사이클)	18.5	57.7	76.2	83
	메탄올(LNG 기반 생산)	31.3	69.1	100.2	109
	암모니아(LNG 기반 생산)	121.0	0.0	121.0	132
	수소(LNG 기반 생산)	132.0	0.0	132.0	144
그린에너지	그린LNG	△52.1	57.7	5.6	6
	그린메탄올	△67.1	71.6	4.5	5
	그린암모니아	0.0	0.0	0.0	0
	그린수소	3.6	0.0	3.6	4
바이오	바이오디젤	△26.1	77.5	51.4	56

그린 원료와 그린에너지로 연료를 생산하여 적용해야만 탄소 배출을 대폭 감축시킬 수 있다. 사용 연료, 에너지 및 생산 공정에 따라 상당한 차이가 발생한다. 표 4-2와 같이 HSFO에 비해 그린 연료의 탄소 배출은 그린LNG는 6%, 그린메탄올 5%, 그린암모니아 0%, 그린수소 4% 수준이다. IMO의 2050년 넷제로 달성을 위해 선박 적용 시기를 적절하게 검토해야 할 핵심 연료들이다. 해운 회사들은 추가 비용을 부담하더라도 장기적으로 그린 연료로 추진할 수 있는 선박을 발주하고 운항해야 한다.

4.1.3 친환경선박 연료의 그린에너지 개념

넷제로 연료로 인정받는 그린 연료에 관한 구분을 위해 세계적인 규정으로 자리 잡지는 못했지만, 편의상 컬러를 사용하고 있다. 컬러 적용 기준은 수소이며, 수소를 생산하는 방식에 따라 다양한 컬러를 적용한다. 그린수소를 원료로 사용하고 그린에너지를 활용하여 생산하면 그린메탄, 그린메탄올 및 그린암모니아가 된다.

수소는 일반적으로 천연 가스 수증기 개질(Steam Reforming) 공정을 통해 생산한다. 개질 공정에서 고온의 열과 특정의 압력 등의 운전 조건과 촉매를 사용하여 원료의 탄화수소 구조를 변경시켜 원하는 수소를 생산한다. 이 과정에서 많은 CO_2를 배출시키기 때문에 그레이(Gray)수소라고 한다. 석탄 가스화로 생산하는 수소는 블랙(역청탄)•브라운(갈탄)수소이다. 앞에 블루 또는 그린이라는 단어가 없으면 일반적으로 그레이수소를 수소라 말하며 메탄올과 암모니아도 마찬가지이다.

이러한 수소 생산 공정에서 발생하는 탄소를 포집하여 영구 저장하거나 재활용 등의 과정을 거치는 경우, 그만큼의 탄소 배출 감축이 이루어진 것으로 간주하여 블루수소라 하고 탄소 배출 감축 연료로 인정받는다. 그린수소는 풍력 발전 및 태양광 등 신재생에너지의 전기를 사용한 물 전기분해 공정에서 생산한 수소를 말한다. 그린이라고 불리는 이유는 생산 공정에서 CO_2 배출이 미미하기 때문이다. 물 전기분해는 전기를 사용하여 물을 수소와 산소로 분해하고 분리하는 공정이다. 원자력을 이용해 수소를 생산하는 것을 레드수소(열분해 공정), 또는 핑크수소(전기분해 공정)로 불리운다. 생산 방식에 따른 수소 이름을 정리하면 다음과 같다.

- 블랙•브라운수소(Black•Brown Hydrogen) : 석탄 가스화(역청탄 블랙, 갈탄 브라운) 생산
- 그레이수소(Gray Hydrogen) : 천연 가스 수증기 개질 생산
- 블루수소(Blue Hydrogen) : 천연 가스 수증기 개질•석탄 가스화 + 탄소 포집•영구저장
- 레드•핑크수소(Pink•Red Hydrogen) : 원자력의 열과 전기를 사용하여 생산
- 그린수소(Green Hydrogen) : 태양광 및 풍력 발전의 전기를 통한 물 전기분해 생산

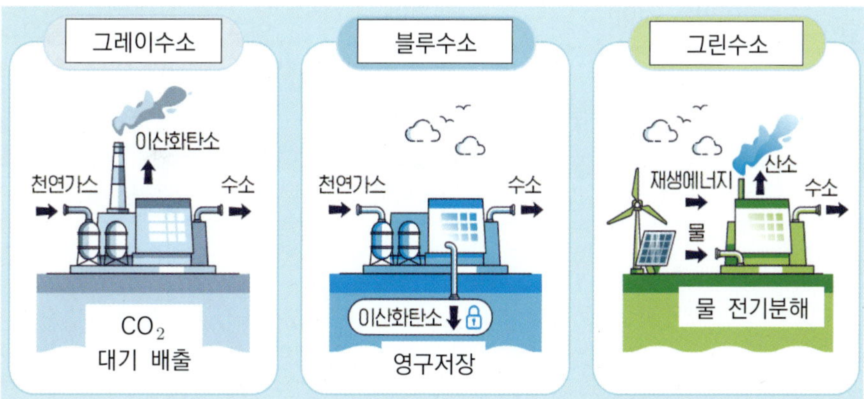

그림 4-1 생산 공정에 따른 수소 컬러의 종류

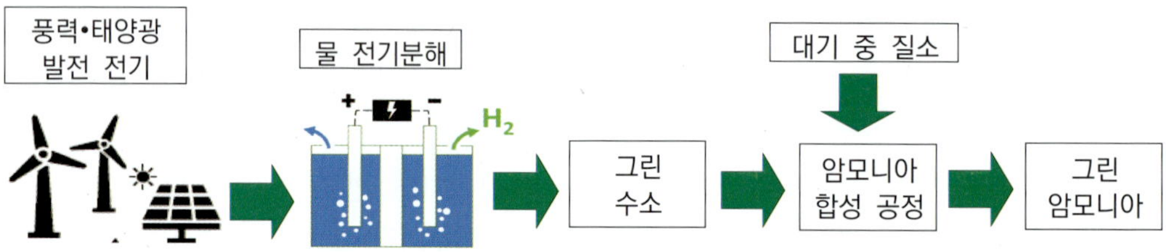

그림 4-2 그린암모니아 생산 공정 개념도

예를 들어 암모니아의 경우 그림 4-2와 같이 그린수소와 대기 중의 질소를 원료로 사용하여 암모니아를 합성하여 만들면 그린암모니아가 되고, 블루수소를 사용하면 블루암모니아, 그레이수소를 사용하면 그레이암모니아가 된다. 화석 연료를 통해 생산한 암모니아는 가격이 저렴하지만 그린암모니아는 매우 비싸다. 그러한 그린암모니아를 사용할 때에 탄소 배출 감축만큼의 인센티브가 주어져야 한다는 것이 컬러가 부여된 의미이다.

표 4-3 생산 공정별 연료 컬러 구분

구 분	메탄올	암모니아	수소
그레이(Grey) 연료	그레이수소를 원료로 만든 것이 그레이메탄올	그레이수소를 원료로 만든 것이 그레이암모니아	LNG 개질로 생산한 것으로 발생한 탄소를 대기 중으로 배출시킨 것이 그레이수소
블루(Blue) 연료	블루수소를 원료로 만든 것이 블루메탄올	블루수소를 원료로 만든 것이 블루암모니아	LNG 개질로 생산한 것으로 생산과정에서 배출한 탄소를 포집, 영구저장시킨 것이 블루수소 (발생 CO_2 약 90% 이상 포집)
그린(Green) 연료	그린수소를 원료로 만든 것이 그린메탄올	그린수소를 원료로 만든 것이 그린암모니아	풍력•태양광의 전기로 물 전기분해하여 생산한 수소가 그린수소

레드 및 핑크수소(Pink•Red Hydrogen)의 탄소 배출 감축 인정과 중요성

유럽연합 중 독일은 풍력, 태양광 및 수력 등 신재생에너지의 발전 전기에 의한 물 전기분해에서 만들어진 수소만을 그린수소로 인정해야 한다고 주장한다. 원자력에서 생산한 수소를 인정하지 않는 이유는 원자력 발전의 핵폐기물 영구처리장이 없고 고준위방사성폐기물 문제가 아직 해결되지 않았으며, 사고 발생에 관한 신뢰성 미흡 때문이다. 프랑스는 원자력 생산 수소도 탄소 배출 감축 연료로 인정받아야 한다고 주장하여 이를 관철시켰다. 원자력 발전을 통해 레드와 핑크수소를 생산할 가능성이 있는 국가는 미국, 프랑스, 일본, 중국, 영국 및 우리나라 등이다.
우리나라는 신재생에너지 자원의 부족으로 그린수소 생산에 분명한 한계가 있다. 레드 및 핑크수소(Pink•Red Hydrogen)가 탄소 배출 감축 연료로 인정을 받아야 그린에너지 넷제로 연료 전쟁에서 우리나라가 경쟁력을 상실하지 않을 것이다.

4.1.4 탄소 포집 • 영구 저장 • 재활용

천연 가스 수증기 개질 등 수소 생산 공정에서 발생한 CO_2를 포집한 후 그림 4-3과 같이 효율적인 운송 및 영구 저장 등을 위해 압력을 약 150 bar까지 높이고, 부식 방지를 위해 수분도 제거하는 압축 및 제습 공정을 거치면 높은 순도를 가진 건조한 CO_2가 만들어진다. 그다음에 배관 라인 또는 육상으로 운송하여 영구 저장 또는 재활용한다.

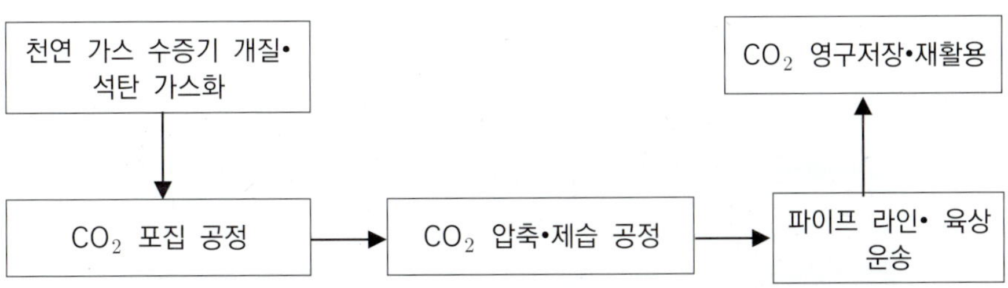

그림 4-3 탄소 포집 • 영구 저장 • 재활용 개념도

CO_2의 영구 저장이 CO_2 감축으로 인정받기 위해서는 포집, 운송 및 영구 저장하는 각 기술이 검증되어야 한다. 가장 일반적인 기술은 ①유전 및 가스전에 저장하는 것이며, 미국에서 40년 동안 검증된 기술이다. 대량으로 포집한 CO_2는 배관 라인, 육상 운송 또는 선박 등을 통해 목적지까지 운송한다. 배관 라인이 가장 널리 사용되는 경제적인 기술이다. 다음으로 연구되고 있는 기술은 ②바다의 800 m 깊은 염수층(Deep Saline Formation)에 저장하는 것이다. 가장 큰 저장 용량을 가지고 있지만, 검증이 필요한 기술이다. ③메탄 포함 석탄층(Enhanced Coal Bed Methane)에 저장하는 것이다. 메탄을 추출하기 위해 CO_2를 공급한다. 이러한 방식이 탄소를 영구 저장할 수 있다고 평가되는 기술들이다.

우리나라도 CO_2를 영구 저장하는 동해 가스전 프로젝트가 진행 중이다. 한국석유공사와 SK이노베이션이 협력하여 천연 가스 생산이 종료되는 동해 가스전에 2025년부터 연간 40만톤씩 30년간 탄소를 포집•운송하여 영구 저장할 계획이다.

CO_2를 재활용하는 기술도 개발하여 적용한다. CO_2를 연료 생산 및 유용한 화학물질들을 제조하는 원료로 사용한다. CO_2가 안정적인 물질이기 때문에 화학적 결합을 위해서는 많은 에너지가 필요하므로 생산 원가가 매우 비싸 상업화에 한계가 있다.

재활용하는 방식은 ①포집한 CO_2와 그린수소를 합성하여 그린LNG와 그린메탄올을 생산할 수 있다. ②우레아(Urea), 무기 탄산염(Inorganic Carbonate) 및 폴리우레탄(Polyurethane) 등 화학 물질을 생산하는 원료로 사용한다. ③건축자재로서 콘크리트 믹싱 원료로 사용할 수도 있다.

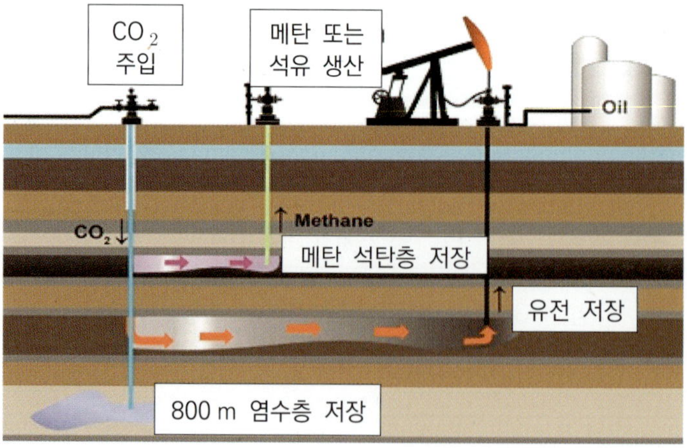

그림 4-4 탄소 영구 저장 개념도

4.1.5 선박 연료의 특성 비교

선박 연료는 연소, 저장, 안전, 공급 용이, 환경 규제 적합 및 연료 가격 등 여러 가지 복합적인 조건을 고려해서 선택한다. 종합적인 분석은 뒤에서 설명하고 여기서는 연료의 연소와 저장 특성 위주로 설명한다.

선박 연료로서 중요한 특성은 표 4-4와 같이 부피•중량 에너지 밀도, 인화점, 자연발화온도, 화염 속도, 가연성 범위 및 저장 조건 등이다. 연료의 저장 공간 크기와 소요량을 정하는 것이 에너지 밀도(Energy Density)이다. 에너지 밀도는 연료의 부피당 에너지 줄(Joules)로 표시하는 부피 에너지 밀도(J/m^3)와 중량당 에너지를 표시하는 중량 에너지 밀도(J/kg)가 있다. 특히 저장 공간의 크기를 정하는 부피 에너지 밀도가 더 중요한 지표이다.

표 4-4 선박 연료별 특성 비교

구분	단위	디젤	LNG	메탄올	암모니아	액화수소
부피 에너지 밀도	GJ/m^3	36.6 (100)	23.4 (64)	15.8 (43)	12.7 (35)	8.5 (23)
중량 에너지 밀도	MJ/kg	42.7	50	19.9	18.6	120
인화점	℃	60	-188	11~12	132	-
비등점(기화)	℃	282~285	-162	65	-33	-253
자연발화온도	℃	254~285	586	464	657	500~577
화염 속도	cm/s	86	38	50	7	351
가연성 범위	%V/V	0.6~6.5%	5~15%	6~36.5%	15~28%	4~75%
최소 점화에너지	mJ	-	0.3	0.14	8~680	0.017
공기/연료 공급 배수	배	14.5	17.3	6.4	6.05	34.6
최대 화염 온도	℃	2,300	1,950	1,880	1,800	2,110
연료 저장 온도(액체)	℃	상온	-162	상온	-33	-253

연료별 부피 에너지 밀도를 비교해보면 그림 4-5와 같이 디젤(경유)의 경우 36.6 GJ/m^{3}이며, LNG 23.4 GJ/m^3, 메탄올 15.8 GJ/m^3, 액화암모니아 12.7 GJ/m^3 및 액화수소 8.5 GJ/m^3 등이다. LNG의 경우 디젤과 동일한 에너지를 저장하기 위해서는 저장 용량 부피가 1.56배 커져야 하며, 그만큼 연료 공급의 빈도가 많아지고 화물 적재 용량이 줄어드는 것을 이해할 필요가 있다.

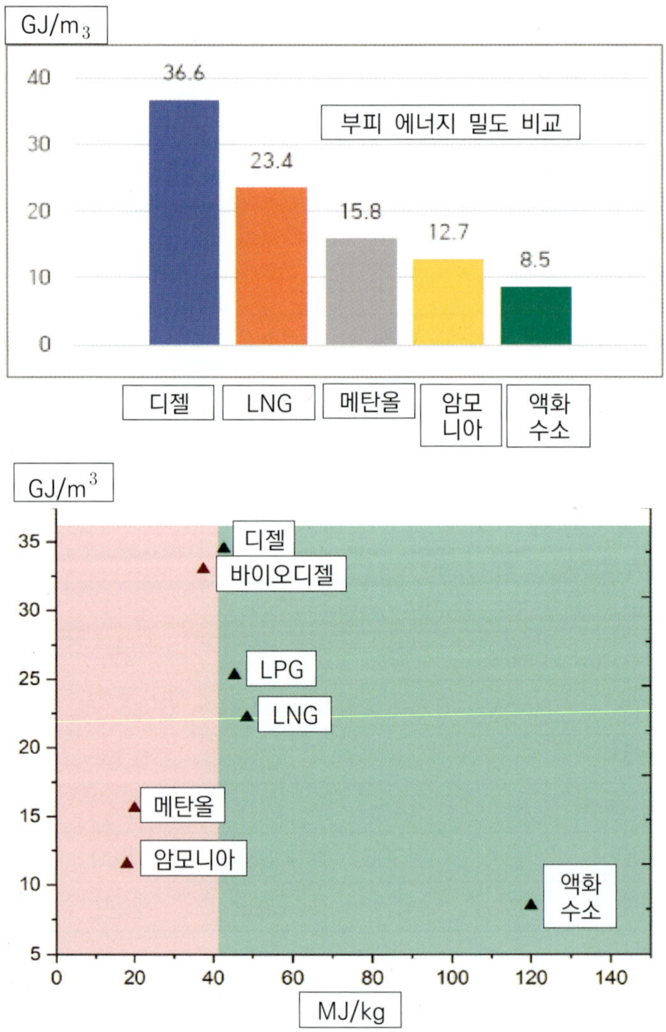

그림 4-5 선박 연료별 부피•중량 에너지 밀도 비교

인화점(Flash Point)은 연료가 공기 중에서 외부의 불꽃에 의해 점화되는 최저 온도이며, 인화점이 낮을수록 연료 점화 온도가 낮아진다. 또한, 수소, LNG 및 메탄올의 경우 인화점이 낮아 누출로 인한 화재 위험이 커지며 이에 관한 추가 안전 조치를 선박 설계에 반영해야 한다.

자연발화온도(Auto-Ignition Temperature)는 불꽃이나 화염에 의하지 않고 자연적으로 발화할 수 있는 최저 온도이다. 2행정 디젤엔진의 경우 이러한 자연발화를 통해 연료를 연소시키며 4행정은 점화 플러그 불꽃으로 발화시킨다. 디젤의 자연발화온도는 254~285℃, LNG 586℃, 메탄올 464℃, 암모니아 657℃, 수소 500~577℃ 등이다. 엔진에서 화염 속도도 매우 중요하며, LNG, 메탄올 및 암모니아는 디젤보다 속도가 느리고 수소는 매우 빠르다. 연료의 연소 특성을 반영하여 엔진을 개발해야 한다.

가연성 범위(Flammable Range)는 연료가 가스 상태로 공기와 만났을 때 25℃ 및 대기압에서 발화할 수 있는 공기 중의 연료 농도 범위를 말하며 범위가 넓을수록 위험도가 높아진다. LNG의 경우 5~15%로 비교적 제한된 범위를 갖는 반면에 수소는 4~75%로 매우 넓다. 수소, 메탄올 및 LNG는 최소 점화에너지(Minimum Ignition Energy)가 매우 낮아 정전기에서 점화될 수 있어 연료를 저장하거나 흐르는 공간은 정전기 방지 설계를 적용한다.

LNG는 디젤보다 자연발화온도가 매우 높고, 화염 속도는 느리며 최대 화염 온도도 낮다. 메탄올과 암모니아는 디젤보다 보유 에너지가 작아 공기보다 연료를 많이 투입해야 한다. 연료는 모두 액체 상태로 저장하며 LNG는 −162℃, 암모니아는 −33℃, 액화수소는 −253℃에서 저장한다. LNG와 액화수소의 경우 다른 연료보다 극저온 저장탱크 및 연료 공급장치 등의 설치비 및 운영비가 많이 소요된다.

LNG, 메탄올 및 암모니아는 기본적으로 특성에 적합하게 디젤엔진을 개량시키면 연료로 사용할 수 있다. 연료 연소를 통해 에너지 효율도 향상시키면서 환경오염물질과 CO_2 배출을 줄여야 하므로 최적의 연소 조건으로 운전하는 것이 매우 중요하다. 자연발화온도, 화염 속도, 공기와 연료의 공급 배수 및 최대 화염 온도 등의 특성을 종합적으로 고려한 많은 실험을 통해 연료별 최적 조건을 찾아 적용한다.

4.1.6 선박의 넷제로 연료 적용 개념

해운 회사는 2050년 넷제로 경로가 가능한 연료를 선택해야 한다. 선박의 수명은 25년 정도이므로 그동안 IMO의 단계별 탄소 배출 감축 목표에 대응하여 상대적으로 가격과 탄소 배출 관련 비용이 저렴한 연료를 고려한다. 연료의 선택에 따라 LNG연료추진선박, 메탄올연료추진선박, 암모니아연료추진선박 및 수소연료추진선박 등 선박 설계와 추진 장치의 종류가 달라진다. 이에 따라 해운 회사들은 현재에서 각자가 최적인 연료를 선택하여 선박을 발주하고 있다.

넷제로 연료가 매우 비싸기 때문에 중간 단계가 필요하다. 현재 일반화되고 있는 합리적인 연료 경로는 처음에는 화석 연료 기반의 LNG, 메탄올 및 암모니아를 사용하다가 특정 시점에서 화석 연료보다 탄소 배출 감축 효과가 있으면서 그린 연료보다 비교적 저렴한 바이오•블루 연료를 혼합 또는 그대로 사용하고 그 비중을 점차 늘려가다가 2050년경에 이르러 넷제로 그린 연료를 사용하는 것이다.

바이오LNG의 생산 원가가 LNG보다 약 2.1~2.3배나 높고 그린LNG는 4.6~5.5배에 달할 것으로 예상한다. 그린LNG를 당장에 적용하는 것은 해운 회사 경영에 심각한 악영향을 끼친다. 바이오•블루연료는 넷제로로 가는 중간 단계에서 해운 회사가 경제적으로 선택할 수 있는 유용한 연료이다.

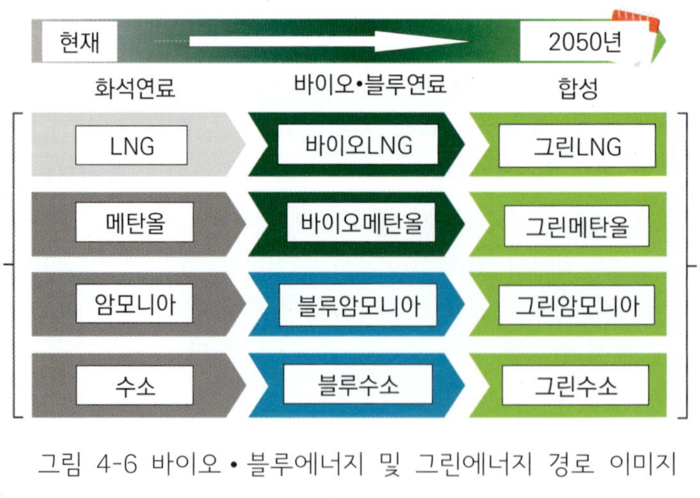

그림 4-6 바이오 • 블루에너지 및 그린에너지 경로 이미지

4.2 LNG(Liquefied Natural Gas, 액화천연가스)

- LNG 연료 개요
- 바이오LNG 생산 개념
- 그린LNG 생산 개념

4.2.1 LNG 연료 개요

LNG는 가스전, 유전 또는 석탄 채굴에서 자연적으로 나오는 천연 가스(Natural Gas)를 −162℃에서 액화(Liquefaction)시킨 것이며, 천연 가스를 액화시켜 LNG로 만들면 부피가 1/600로 줄어들어 운반에 효율적이다. 주요 성분은 메탄(CH_4)이 72~95%, 에탄(C_2H_6) 3~13%, 프로판(C_3H_8) 1~4%, 질소가 1~18% 혼합되어 있으며, 가스전에 따라 성분 구성의 차이가 있다. LNG는 무색, 무취, 무독성 및 비부식성이며, LNG가 대기 중에 방출되면 수증기가 응축되어 안개 또는 구름이 형성되고 공기보다 무거워 낮게 깔린다. -100℃가 되면 기화된 가스가 공기보다 가벼워진다.

천연 가스는 미국, 러시아, 중국 및 이란 등 육상 가스전에서 주로 생산되며, 카타르, 말레이시아 및 호주 등의 해저 가스전에서도 생산된다. 미국의 경우 천연 가스를 품고 있는 육상 점토 퇴적암인 세일(Shale) 암석을 파쇄하여 생산한다. 천연 가스는 육지 배관라인을 통해 수요처까지 운반하며, 해양 운송은 천연 가스를 액화플랜트 공장에서 LNG로 만들고 LNG운반선을 통해 이루어진다.

LNG는 액체 상태에서 불연성과 비폭발성이지만 기화된 천연 가스 인화점은 −188℃이고 공기와 혼합되면 폭발성 가스 혼합물이 되는 위험한 물질이다. 이미 상용화한 이중연료엔진에서 연소시켜 동력을 발생시킨다. 디젤보다 자연발화온도가 약 2.2배 높고 화염속도는 2.3배 느리다.

LNG 연료는 HSFO보다 NOx 20~30%, SOx 90~99% 및 LCA 기준 CO_2 8~17% 수준의 감축이 가능하여 친환경연료로 인정받고 있다. 그러나 배출 가스 중 연소되지 않은 메탄을 포함하고 있으며 이러한 현상을 메탄슬립(Methane Slip)이라고 한다. 메탄은 CO_2의 28배에 달하는 온실 효과를 가지고 있어, LNG의 CO_2 감축 효과를 상쇄시킨다. 따라서 배기가스재순환장치 등을 적용하여 반드시 제거시켜야 한다.

LNG 연료는 매장량이 풍부하여 장기적인 공급 능력 확대와 항만에서의 연료 공급에 문제가 전혀 없다. 친환경연료 중에서 가장 가격이 저렴하고 메탄올 및 암모니아 대비 저장탱크 필요 공간이 작으며 독성이 없는 장점이 있다.

LNG는 -162℃ 극저온 저장으로 탱크 및 연료공급시스템 설치비와 운영비가 증가하고 누출 시에 배관 및 씰 등 부품에서 취성 파손을 발생시킨다. 또한, 누출 가스가 밀폐 공간 특정 부위에 쌓이면 화재와 폭발이 일어날 수 있다. 이러한 위험에 대비한 안전 장치 설치를 선박 설계에 반영해야 한다. 디젤보다 부피 에너지 밀도가 작아 디젤보다 연료탱크 필요 공간이 약 2.8배 증가한다. 배기 가스에서 배출된 메탄슬립을 제거하지 않으면 CO_2 감축이 상쇄된다.

LNG 연료를 적용하기 위해 이중연료엔진을 설치해야 하고 선박에 극저온 연료탱크 및 연료공급시스템 등을 설치해야 하는 등 디젤엔진추진선박보다 선박 건조비가 15~30% 상승하는 단점이 있다. LNG 연료로는 2050년 넷제로 목표를 달성하지 못하고 장기적으로 바이오LNG와 그린LNG를 사용해야 한다. 넷제로 연료를 적용하기 전인 약 2040년경까지 기존 화석 연료를 대체하는 대표적인 친환경연료의 역할은 충분히 할 수 있을 것으로 전망한다.

표 4-5 LNG 연료의 장단점

장점	단점
• HSFO 대비 NOx 20~30% 감소 • HSFO 대비 SOx 90~99% 감소 • HSFO 대비 CO_2 8~17% 감소 • 매장량 풍부하여 장기 공급 능력 우수 • 항만 연료 공급(벙커링) 인프라 충분 • 친환경연료 중 가격이 가장 저렴 • 메탄올•암모니아•수소 대비 저장탱크 크기 감소 • 메탄올•암모니아보다 독성이 없음	• -162℃ 극저온 저장탱크 및 연료공급장치 설치비 및 운영비 증가 • 누출 시에 배관 및 씰 등 부품에 취성 파손 발생 • 디젤보다 연료탱크 공간 약 2.8배 증가 • 밀폐 공간에서 누출로 인한 화재 및 폭발 가능성 • 메탄슬립 발생으로 CO_2 감축 상쇄 • 디젤 선박보다 선박 건조비 15~30% 상승 • 2050년 넷제로 목표 달성에 한계

4.2.2 바이오LNG 생산 개념

바이오LNG는 생산 공정에서 발생할 수 있는 메탄슬립을 최소화할 경우 디젤보다 LCA 기준 CO_2 배출량을 최대 71%까지 감축이 가능한 연료이다. 바이오LNG 생산 원가는 생산 방식에 따라 차이가 발생하지만 HSFO보다 약 2.1~2.3배, LNG보다 약 1.4~2.9배 비싼 연료이다. IMO 목표 수준에 맞추어 단계적으로 LNG와 혼합 연료로 사용할 수 있다. 로이드(LR) 선급에서는 바이오LNG가 선박 연료 시장에서 2050년 약 평균 36.5% 점유가 가능한 유망한 미래 넷제로 연료로 인정한다. 바이오LNG의 생산 능력 확대가 용이하지 않아 공급이 문제가 될 것이라는 예상도 있다.

바이오LNG 생산 공정은 그림 4-7과 같다. 작물, 동물 배설물, 하수 폐기물 및 음식 쓰레기 등 유기물을 밀폐된 무산소 환경에 넣고 특정 유형의 박테리아 등 미생물을 투입하면 유기물이 분해되어 메탄(50~75%)과 CO_2(25~50%)로 구성된 바이오가스가 생성된다. 이러한 가스에 미량의 황과 암모니아 등 불순물을 제거하고 메탄 함량을 높이기 위한 정제 공정을 거치면 바이오메탄이 만들어지며 이를 액화시켜서 바이오액화메탄을 만든다. 편의상 바이오LNG라 부른다.

바이오LNG를 연소시키면 생물이 보유한 탄소를 방출하는 것이며, 대기 중으로 배출될 메탄을 바이오LNG로 전환해 에너지로 사용하므로 탄소 중립 연료가 된다. 바이오LNG를 생산할 때 사용한 에너지 등에서 배출한 CO_2도 추가하여 계산한다. 생산자는 정부 기관이 승인한 그린가스 인증서를 제공한다.

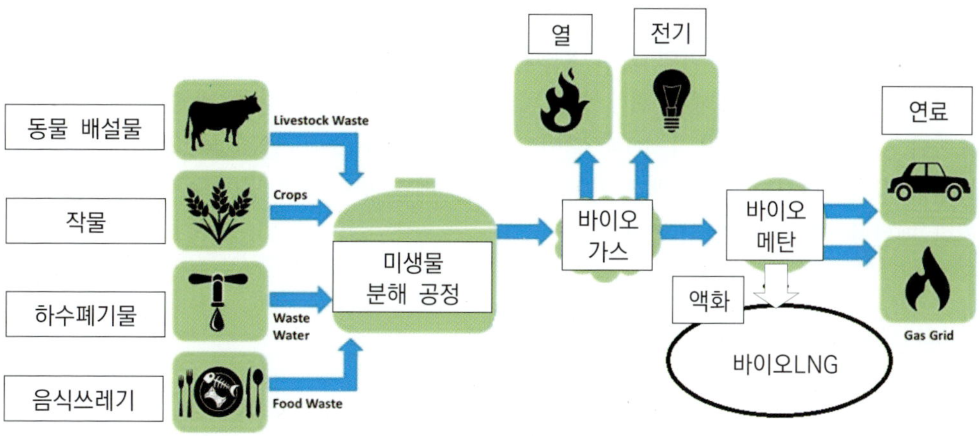

그림 4-7 바이오LNG생산 공정 개념도

그림 4-8 바이오LNG생산플랜트

4.2.3 그린LNG 생산 개념

그린LNG(e-LNG)는 HSFO보다 LCA 기준 CO_2 배출량을 약 89~94%까지 감축이 가능한 연료이다. 그러나 그린LNG를 생산하는데 많은 비용이 들어가며, 그린LNG 생산 원가는 HSFO보다 약 4.6~5.5배, LNG보다 약 2.7~7.5배가 비싸 경제성 있는 연료는 아니다. LNG 연료를 채택하는 선박을 발주하는 해운 회사는 장기적인 연료 공급 능력과 가격에 관심이 있다. 대량 생산을 통해 가격 경쟁력이 확보된다면 미래에 유망한 넷제로 연료 중의 하나가 될 수도 있다.

LNG는 메탄이 주성분이며 그림 4-9와 같이 수소와 CO_2를 합성시켜 만든다. CO_2는 안정적인 물질이며 분해하기 위해서는 적당한 고온과 압력, 분해를 가속시키는 촉매가 필요하다. 그림 4-9와 그림 4-10과 같이 수소와 CO_2를 250~350℃와 25 bar 등의 운전 조건을 유지하면서 니켈 촉매가 가득 들어있는 메탄 반응기에 넣어 메탄을 생산하고, 이러한 메탄을 액화시켜 합성 LNG를 만든다.

- $4H_2 + CO_2 \rightarrow CH_4 + 2H_2O$

이러한 합성 LNG가 그린LNG가 되기 위해서는 그린 원료인 수소와 CO_2를 사용해서 만들어야 한다. 그린수소는 풍력•태양광 등 신재생에너지에서 생산한 전기로 물 전기분해 공정을 통해 만든다. CO_2는 산업 공정에서 포집한 것을 재활용하거나 대기 중에 있는 CO_2를 포집하여 공급한다. 그린메탄올 및 그린암모니아도 원료와 반응 조건에서 차이가 나지만 그린 연료 생산 공정 흐름에 관한 개념은 유사하다.

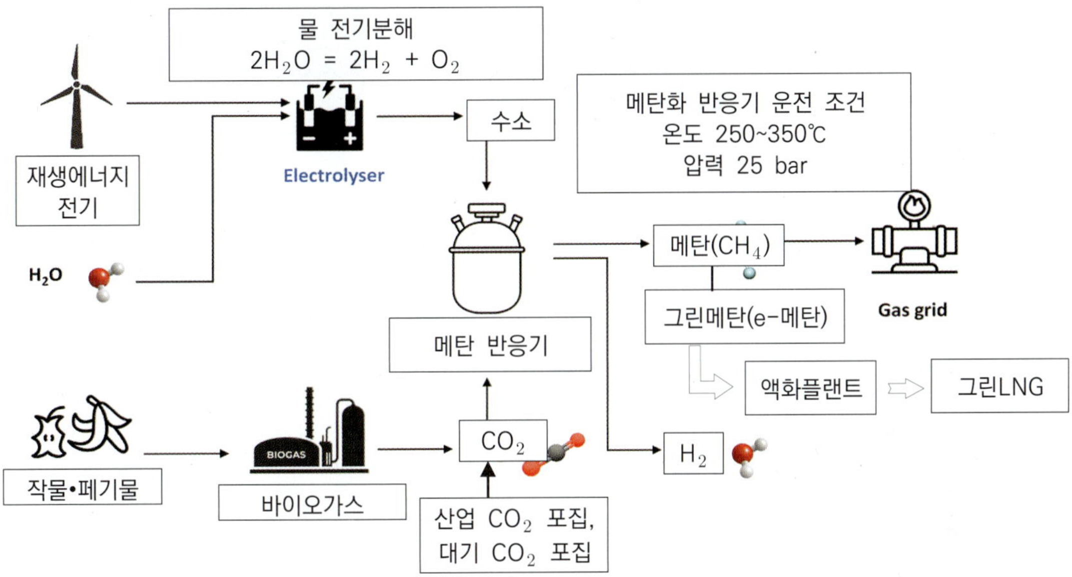

그림 4-9 그린LNG 생산 공정 개념도

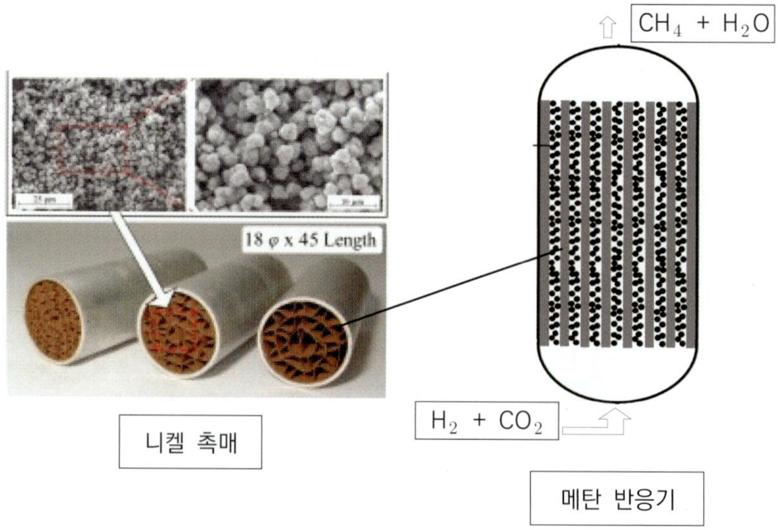

그림 4-10 메탄화 반응기 및 적용 촉매 개념도

그린LNG 생산플랜트를 건설하기 위해 그림 4-11과 같이 풍력 또는 태양광 발전 단지가 있는 지역에 그린수소를 공급하는 물 전기분해 플랜트를 건설하고, 주변에 있는 산업용 공장에서 배출된 CO_2를 포집하여 공급하는 등 그린 원료 공급체계를 구축한다. LNG 생산플랜트 운전에 필요한 에너지 전부를 신재생에너지로 적용하도록 전력공급체계를 구축한다. 이러한 그린 원료와 신재생에너지 전력으로 그린LNG를 생산하면 탄소 배출이 더 감축되는 효과가 있다. 그린 연료를 생산할 때는 신재생에너지를 저렴하게 사용할 수 있는 지역이 유리하다. 그린메탄올과 그린암모니아 생산플랜트도 마찬가지 개념이다.

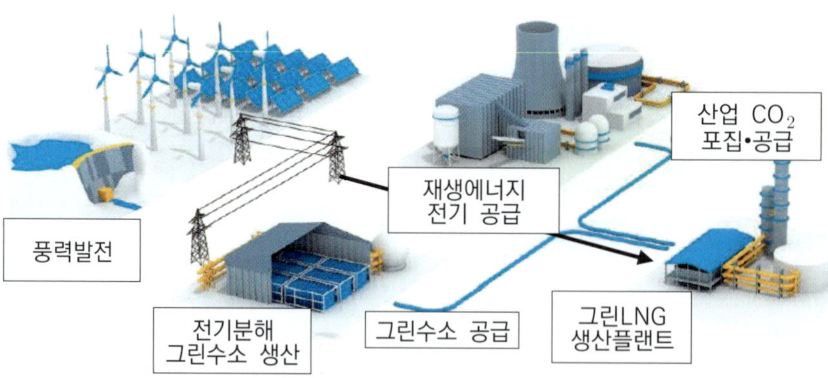

그림 4-11 그린메탄올 생산플랜트 그린연료 및 에너지 공급 개념도

4.3 메탄올(Methanol)

- 메탄올 연료 개요
- 바이오메탄올 생산 개념
- 블루•그린메탄올 생산 개념

4.3.1 메탄올 연료 개요

메탄올(CH_3OH)은 일반적으로 천연 가스를 원료로 생산하는 합성 화학 물질이며, 메탄올 생산플랜트에서 전문적으로 만들어진다. 메칠알코올(Methyl Alcohol)로 불리며 포름알데히드, 올레핀 및 아세트산 등의 화학 원료 또는 접착제, 폼, 합판 및 유리 워셔액을 생산하기 위한 원료 등으로 사용한다. 메탄올은 코를 찌르는 듯한 알코올 냄새가 나고, 눈과 호흡기에 심한 자극을 주는 독성 물질로 소량 접촉이라도 실명을 발생시키는 위험한 물질이다. 부식성이 강해 연료 사용 시에 부식 억제 첨가제 사용이 필요하다.

메탄올은 상온에서 무색의 액체이며 인화점이 11~12℃로 낮고 탄소 함량보다 수소 함량이 높아 공기와 잘 혼합되어 폭발성 혼합 물질로 쉽게 변하며, 디젤보다 자연발화온도가 약 1.7배 높고 화염 속도는 1.72배 느린 물질이다.

메탄올은 HSFO보다 NOx 30~50%, SOx 90~95% 감축할 수 있어 친환경연료로 인정받는다. 그러나 천연 가스에서 만든 메탄올은 HSFO보다 LCA 기준 CO_2 배출이 오히려 9% 증가하므로 단기적으로는 바이오메탄올 또는 블루메탄올을 사용해야 한다. 메탄올은 미세 물질 배출이 작고 황 성분이 없어 황산화물 규제는 만족시킨다. 메탄올에는 질소가 없지만 엔진 연소에 사용되는 공기 중의 질소로 인해 질소산화물 규제를 만족시키지 못하므로 메탄올 연료를 사용하는 이중연료엔진에 별도의 배기가스재순환장치 등을 설치해야 한다. LNG의 극저온 저장보다 저장 비용과 연료 공급 비용도 저렴하다.

메탄올은 -33~65℃에서 액화 상태로 저장하며, 상온에서 안정된 액체 상태를 유지하므로 연료 저장 및 공급에서 취급하기 쉬운 연료이다. 친환경연료 중 LNG 다음으로 가격이 저렴하다. 현존의 디젤연료추진선박들을 메탄올연료추진선박으로 개조할 때에 개조 비용이 LNG에 비해 1/3에 불과하여 유망한 대안이 될 수도 있다. 메탄올은 기존의 중유와 디젤 연료탱크를 그대로 사용할 수 있으며, 생분해성으로 해양 유출 시에 위험성은 낮다는 장점이 있다.

표 4-6 메탄올 연료의 장단점

장점	단점
• HSFO 대비 NOx 30~50% 감소 • HSFO 대비 SOx 90~95% 감소 • 상온 연료 공급•저장 비용 저렴, 취급 및 유지 보수 용이 • 친환경연료 중 가격이 저렴 • LNG 연료보다 선박 개조 비용 1/3에 불과 • 기존 중유•디젤 탱크 사용 가능 • 생분해성으로 해양 유출시 위험성 낮음	• HSFO 대비 CO_2 배출 9% 증가 • NOx 감축 미흡으로 별도 제거 장치 설치 필요 • 디젤보다 연료탱크 공간 약 2.4배 증가 • 화염이 보이지 않아 화재 사고 감지 애로, 인체 유해 • 부식성이 강해 부식 억제 첨가제 추가 필요 • 선박용 메탄올 연료 생산 및 공급 능력 부족

반면에 메탄올은 부피 에너지 밀도가 작아 디젤보다 연료탱크 공간이 약 2.4배 증가한다. 화염이 보이지 않아 화재 사고 감지가 어렵고 인체에 유해한 물질이다. 부식성이 강해 연료로 사용 시에 부식 억제 첨가제를 추가하는 것이 필요하다.

또한, 메탄올은 생산과 공급 능력 부족이 가장 큰 문제이다. 세계적인 대형 컨테이너선을 가장 많이 운영하는 머스크(Maersk) 해운 회사가 메탄올을 친환경선박 연료로 선택하고 메탄올연료추진선박을 발주하면서 메탄올에 관한 생산 및 공급 확보 전략을 병행해서 추진 중이다.

4.3.2 바이오메탄올 생산 개념

바이오메탄올은 생산 방식에 따라 차이가 발생하지만 HSFO보다 LCA 기준 CO_2 배출을 약 40~89%까지 줄일 수 있다. 바이오메탄올 생산 원가는 HSFO보다 약 2.3배, 메탄올보다 약 1.5배 비싼 연료이다. IMO 목표 수준에 맞추어 단계적으로 메탄올과 혼합 연료로 사용할 수 있다. 생산 및 공급 능력이 부족해 탄소 배출 감축 중간 단계의 역할을 기대하기 쉽지 않다. 그린 원료 공급망을 구축하여 그린메탄올 생산을 앞당기는 것이 필요하다.

바이오메탄올을 생산하는 방식은 그림 4-12와 같이 나무, 열매 등 식물과 배설물, 하수 폐기물, 쓰레기 등 유기성 폐자원인 바이오매스(Biomass)를 원료로 여러 가지 합성 공정을 거쳐 만든다. 여기서는 그림 4-7의 바이오가스를 사용하여 바이오메탄올을 만드는 공정 중심으로 설명한다.

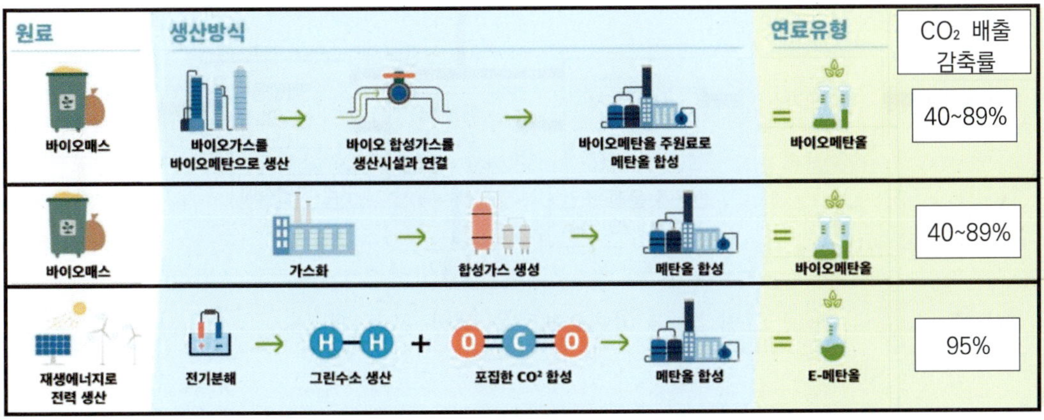

※ 바이오매스(MASS) : 나무, 열매 등 식물과 배설물, 하수폐기물, 쓰레기 등 유기성 폐자원

그림 4-12 바이오메탄올 및 그린메탄올(e-메탄올) 개념도

바이오메탄올 생산 공정은 그림 4-13과 같다. 바이오가스에 있는 미량의 황 및 암모니아 등 불순물들을 사전 처리 공정에서 제거하고 수증기와 함께 메탄올 수증기 개질 반응기로 공급한다. 개질 반응기는 850℃, 25 bar 등의 운전 조건으로 작동하고 구리•아연 계열 등의 촉매가 가득 들어있다. 반응기에서 바이오가스와 수증기를 분해하여 메탄올이 많이 포함된 합성가스를 만든다. 메탄올을 분리하기 위해 40℃로 냉각시키면서 증류기를 통과시켜 순도가 높은 메탄올을 만든다. 공정 중에 발생하는 CO_2를 포집 또는 순환시켜야 탄소 배출 감축 효과가 더해진다. 이러한 화학 반응식은 다음과 같다.

- CH_4(바이오가스) + H_2O(수증기) → $CO + 3H_2$
- $CO + H_2O \rightarrow CO_2 + H_2$
- $CO + 2H_2 \rightarrow CH_3OH$
- $CO_2 + 3H_2 \rightarrow CH_3OH + H_2O$

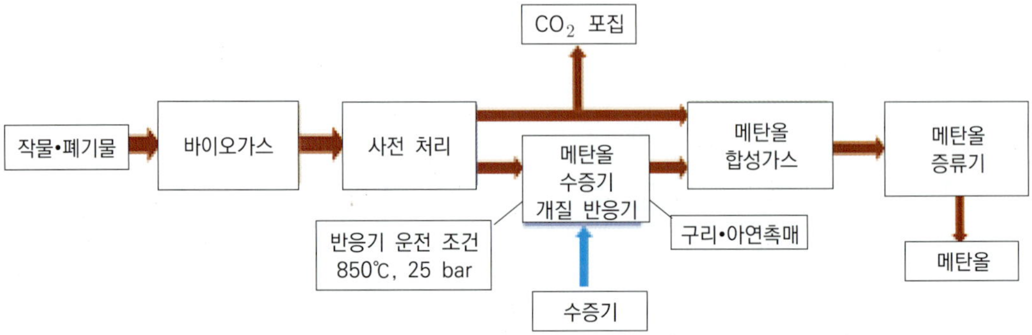

그림 4-13 바이오메탄올 생산 공정 개념도

4.3.3 블루 • 그린메탄올 생산 개념

블루와 그린메탄올은 공급하는 수소 원료의 생산 공정에 따라 구분된다. 메탄올 생산 원료로 블루수소를 사용하면 블루메탄올이 된다. 그린수소를 사용하고 다른 원료인 CO_2도 산업에서 배출된 것을 포집하거나 대기 중에 포집한 것을 사용하여 생산하면 그린메탄올이 된다. 그린메탄올은 HSFO보다 LCA 기준 CO_2 배출을 약 88~95%까지 줄일 수 있다. 그린메탄올 생산 원가는 HSFO보다 약 4.6~5.0배 비싸며, 그린LNG와 유사하다.

메탄올을 생산하는 공정은 그림 4-14와 같다. 수소와 CO_2를 공급 압축기에서 소요 압력 50~100 bar로 증가시키고 사전 히터에서 온도를 올린 다음 메탄올 반응기로 공급한다. 반응기 운전 온도는 250~300℃이며 구리•아연 계열의 촉매가 가득 들어있다. 이곳에서 수소와 CO_2가 분해되어 메탄올이 많이 포함된 합성가스를 만든다. 합성가스를 콘덴서에서 냉각시켜 액체로 만들고 가스•액체분리기와 메탄올분리기 등의 정제 공정을 거치면서 순도가 높은 메탄올을 만든다. 가스•액체분리기에서 분리된 미반응 가스는 다시 운전 온도까지 가열시키고 순환 압축기를 통해 압력을 상승시킨 이후 반응기로 재공급한다. 이러한 화학 반응식은 다음과 같다.

- $CO_2 + 3H_2 \rightarrow CH_3OH + H_2O$
- $CO + H_2O \rightarrow CO_2 + H_2$
- $CO + 2H_2 \rightarrow CH_3OH$

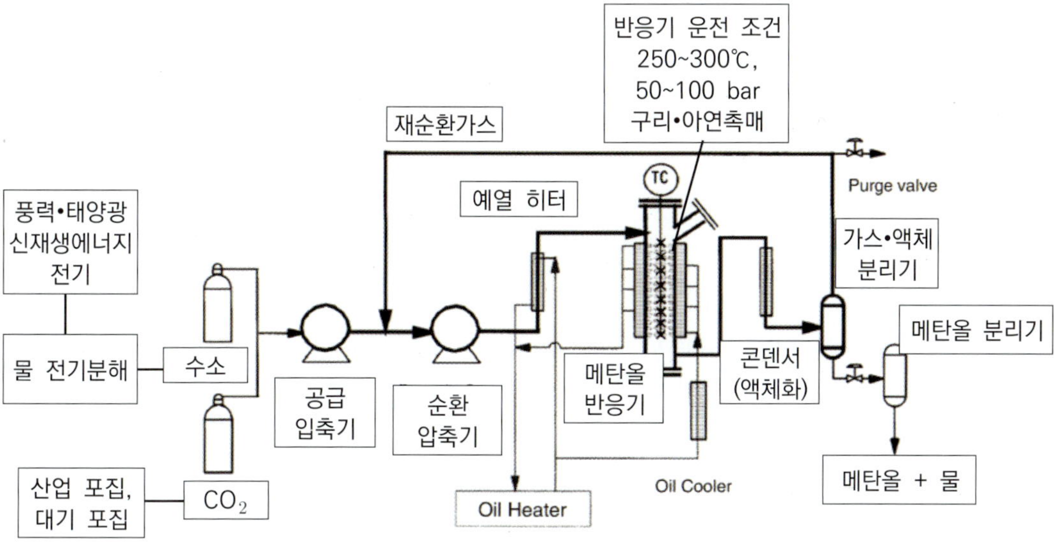

그림 4-14 그린메탄올 생산 개념도

4.4 암모니아(Ammonia)

- 암모니아 연료 개요
- 블루•그린암모니아 생산 개념

4.4.1 암모니아 연료 개요

암모니아는 질소와 수소로 이루어진 화합물이며 세계에서 생산한 암모니아의 70%가 농업 비료, 30%가 플라스틱 재료로 사용되고 폭발물 제조에도 필수적인 원료이다. 암모니아는 원유의 나프타(Naphtha) 또는 천연 가스를 재처리할 때 만들어지고, 또는 하버-보쉬 공정에서 수소와 질소를 합성시켜 만든다. -33℃ 이상에서 기화되므로 상온에서 기체 상태로 존재하고 물에 잘 녹으며 미량인 3~5 ppm에 특유의 지독한 냄새가 나며 무색이다. 암모니아 용액은 알칼리성을 띠며 0.31%만 되어도 pH 11.5의 강한 알칼리성을 보이고 그 자체가 독극물이 된다. 독성과 자극적인 냄새 문제로 민원이 많이 제기될 수 있다.

암모니아는 인화점 132℃, 자연발화온도 657℃로 LNG와 메탄올보다 높은 수준이고 화염 속도는 디젤보다 12배 느린 등 연소 성능은 상당히 떨어진다. 공기보다 연료를 많이 투입하는 등 기존 디젤엔진에서 많은 부분을 개량시켜 성능 효율화를 달성해야 한다.

암모니아는 HSFO보다 SOx 90~95% 감축할 수 있고 화학 성분에 황과 탄소가 없으며, 연소 과정에서 CO_2가 발생하지 않아 친환경연료로 부상하고 있다. 그러나 천연 가스에서 생산한 암모니아는 HSFO보다 LCA 기준 CO_2 배출이 32% 증가한다. 단기적으로 가격이 부담이지만 탄소 포집을 통해 CO_2 감축이 85~90% 수준인 블루암모니아 연료 적용을 검토해야 한다. 또한, 연소 후에 NOx와 NH_3 슬립이 발생하며 질소산화물 규제를 만족시키기 위해 NOx와 NH_3를 제거하는 장치를 설치해야 한다.

암모니아는 기존 LPG 탱크를 그대로 사용할 수 있고, 연료 공급 인프라가 확보되어 있으며 연료 저장과 공급 및 유지 보수가 쉽다는 장점이 있다. 가연성 범위가 다소 좁아 메탄올보다 화재 발생 위험은 줄어든다. 암모니아는 그린 연료의 핵심 원료인 수소의 효과적인 저장과 운반 수단이 된다. 수소를 암모니아로 전환해 운반하고, 다시 암모니아를 수소로 전환해 사용하는 방식이다. 수소의 장거리 선박 운송은 -253℃에서 액화되어 운송되지만, 암모니아는 -33℃에서 액화되고 부피 에너지 밀도가 높아 액화수소보다 저장 탱크 크기가 47% 수준으로 줄어든다.

암모니아 누출 시 인체에 유독하며 구리, 니켈, 아연 및 플라스틱 등 특정 재료에서 부식 위험이 발생하고, 부피 에너지 밀도가 작아 HSFO보다 연료탱크의 공간이 약 3.4 배 증가하여 화물 적재 공간이 더 줄어든다.

친환경선박 연료 중에서 미래 연료로 암모니아가 가장 유망하다는 평가가 많다. 블루 및 그린암모니아는 성숙된 기술이며 연료 가격은 상대적으로 저렴할 것으로 기대된다.

표 4-7 암모니아 연료의 장단점

장점	단점
• HSFO 대비 SOx 90~95% 감소 • CO_2 배출 없는 넷제로 연료 • 기존 LPG 탱크 사용 가능 • 연료 생산 인프라 우수 • 연료 공급•저장과 유지보수 용이 • 가연성 범위 좁아 화재 발생 제한 • 수소 저장•운반 수단으로 활용 가능	• NOx가 많이 발생하고 연소 후 NH_3 슬립 발생으로 NOx와 NH_3 제거 장치 필수 • 다른 친환경연료보다 연소 성능 미흡 • 노출 시 인체 유독으로 안전 강화가 필수 • 구리, 니켈, 아연 등 특정 금속 부식 위험 증가 • 디젤보다 연료탱크 공간 3.4배 증가 • 해양 누출 시 부양화로 생태계 영향

4.4.2 블루・그린암모니아 생산 개념

암모니아는 그림 4-15와 같이 그레이암모니아, 블루암모니아, 그린암모니아가 있다. 암모니아 생산 원료로 그레이수소를 사용하면 그레이암모니아, 수소 생산 공정에서 발생한 CO_2를 포집하여 영구 저장시킨 블루수소를 사용하면 블루암모니아가 되고, 풍력 또는 태양광 등의 신재생에너지 전기로 생산한 그린수소를 사용하면 그린암모니아가 된다.

블루암모니아는 HSFO보다 LCA 기준 CO_2 배출 약 32% 감축이 가능하고 그린암모니아는 최소 93% 이상을 줄일 수 있다. 블루암모니아 생산 원가는 HSFO보다 약 2.3배, 그린암모니아 원가는 HSFO보다 약 3.5~4.5배 비싸며, 그린 연료 중에서는 그린수소를 제외하고 가장 저렴할 것으로 평가한다.

로이드(LR) 선급에서는 그린암모니아가 2050년에 선박 연료 시장에서 약 평균 35%를 점유할 것으로 예상할 정도로 가장 유망한 미래 넷제로 연료로 인정하고 있다. 그린암모니아의 생산과 공급 능력이 충분하게 확보된다면 점유율은 더 상승할 수 있을 것이다. 암모니아 연료는 항만에서 발생할 수 있는 자극적인 냄새를 어떻게 방지할 수 있을 것인가가 핵심 과제이다.

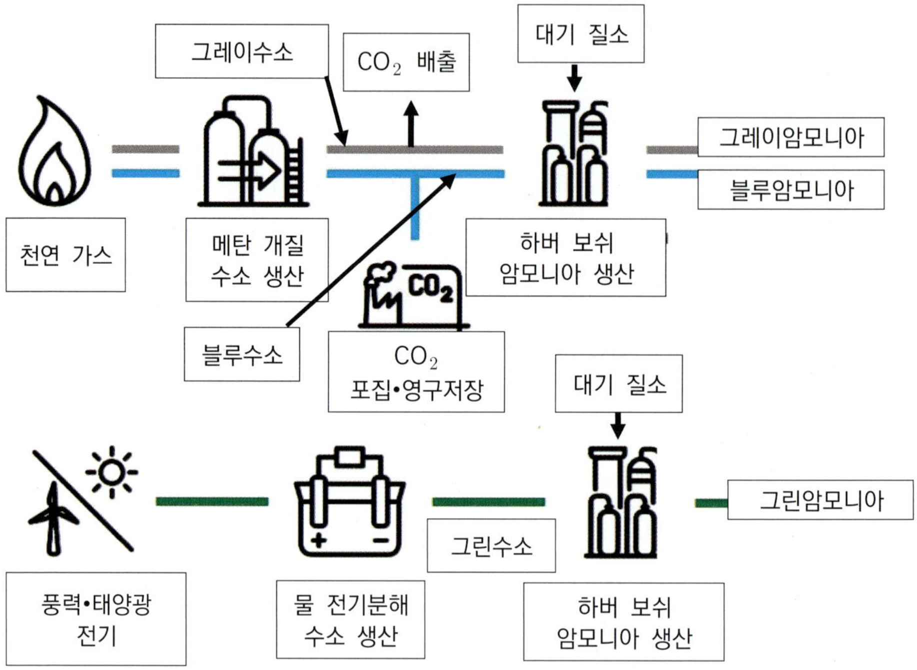

그림 4-15 그레이암모니아 • 블루암모니아 • 그린암모니아 생산 개념도

암모니아를 생산하는 하버 보쉬 공정은 그림 4-16과 같다. 수소와 대기 중 질소를 공급 압축기에서 필요 압력 150~250 bar로 증가시키고 필터에서 불순물을 걸러낸 다음 암모니아 반응기로 공급한다. 반응기 운전 온도는 400~450℃이며, 철 계열의 촉매가 가득 들어있다. 이곳에서 수소와 질소를 합성시켜 암모니아 가스를 만든다. 콘덴서에서 냉각시켜 액체로 만들고 암모니아 분리기를 거치면서 순도가 높은 암모니아를 만든다. 반응하지 않은 가스가 많이 발생하므로 분리기에서 다시 열교환기로 공급하여 운전 온도까지 가열하고 압축기를 통해 압력을 상승시킨 후 반응기로 재공급한다. 암모니아는 이러한 재순환 공정이 중요하다. 에너지 절감을 위해 운전 온도(350℃)와 압력(50 bar)을 낮추는 기술이 개발되고 있다. 이러한 반응을 화학식으로 나타내면 아래와 같다.

- $3H_2 + N_2 \rightarrow 2NH_3$

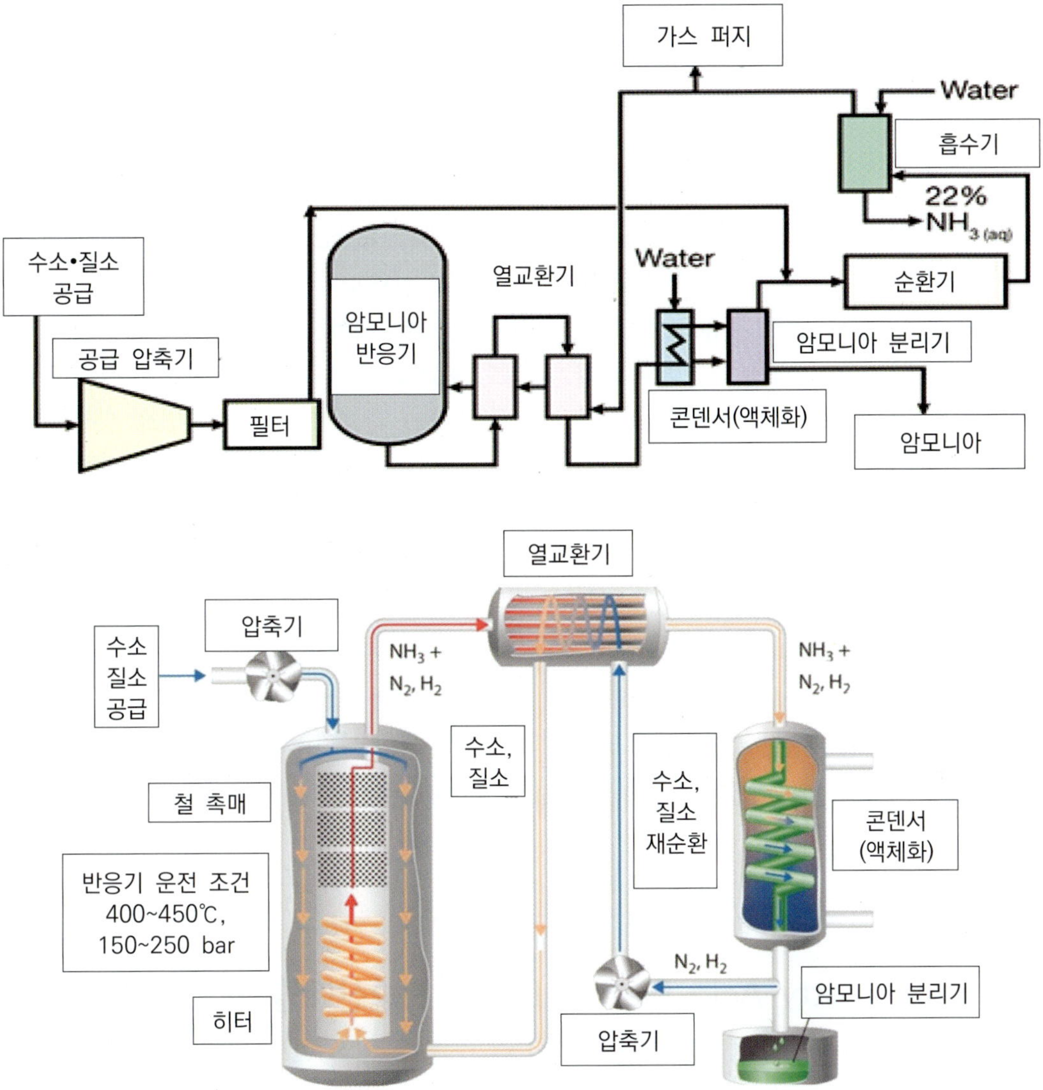

그림 4-16 하버 보쉬 암모니아 생산 개념도

4.5 바이오(Bio)

바이오 연료는 IMO의 환경과 탄소 규제에 대응한 중간 단계 연료로 사용할 수 있으며, 향후 점진적으로 사용이 확대될 가능성이 있다. 바이오 연료는 바이오LNG와 바이오메탄올을 포함하여 여러 가지 종류가 있으며, 여기서는 디젤과 유사한 에너지 밀도와 연소 특성을 가져 디젤엔진에 혼합 연료로 사용할 수 있는 FAME, HVO, FT 디젤 중심으로 설명한다.

바이오 연료의 경우 중유와 디젤보다 가격이 상당히 비싸므로 IMO 규제와 정부의 보조금에 의존하여 선박에 적용하고 있다. 바이오 연료를 선박에 적용할 때 고려해야 할 포인트는 원료들이 필요한 양만큼 지속해서 공급 확대가 가능한가, 바이오 연료 생산플랜트에 관한 적절한 투자 확대가 이루어지는가이다. 바이오 연료는 공급 능력이 제한적이므로 단기적인 대안 연료로서 디젤과 혼합 연료로 사용할 가능성이 크다. 이에 대해 다음과 같은 순서로 설명한다.

- FAME(Fatty Acid Methyl Ester, 지방산메틸에스테르)
- HVO(Hydrotreated Vegetable Oil, 수소화 식물성 오일)
- FT(Fischer-Tropsch) 디젤
- 바이오 연료의 탄소 배출•환경물질 배출•원가 특성 비교
- 바이오 연료의 장단점

4.5.1 FAME(Fatty Acid Methyl Ester, 지방산메틸에스테르)

FAME는 그림 4-17과 같이 유채씨, 팜, 옥수수 및 코코넛 등에서 제조한 식물성 오일, 동물성 유지 또는 지방 및 폐식용유 등 오일과 메탄올을 소듐 메톡사이드 또는 칼륨 메톡사이드[15]와 같은 강한 염기성 촉매 하에 에스테르 교환반응(Ester Transesterification)이 발생하도록 교반 반응기에 넣어 작동시키면 메탄올은 지방산과 결합하여 FAME가 만들어지고 글리세롤은 분리되어 부산물로 남는다. 일반적으로 가장 널리 사용되는 바이오디젤의 하나이며 디젤과 최대 30% 혼합하여 사용할 수 있다.

15) 소듐 메톡사이드: Sodium Methoxide, 칼륨 메톡사이드: Potassium Methoxide

그림 4-17 FAME의 오일 원료(유채씨, 팜, 옥수수, 코코넛 및 폐식용유)

생산 공정은 그림 4-18과 같이 공급 원료가 되는 오일에 들어있는 불순물을 먼저 제거한다. 약 60℃까지 예열시키고 온도를 일정하게 유지하면서 오일과 메탄올 및 소듐 촉매와 함께 교반 반응기에 공급하며, 화학 반응이 완료될 때까지 약 1시간 교반시킨다. 반응이 완료된 후 몇 시간이 지나면 밀도 차이로 FAME이 반응기 윗부분에 글리세롤은 바닥에 침전되어 분리된다.

FAME는 다른 탱크로 옮겨져 물이 맑아질 때까지 여러 번 물로 세정시킨다. 세정을 통해 FAME에 남아 있는 촉매, 비누, 염분, 메탄올 및 남은 글리세롤을 제거시킨다. 세정 후 FAME는 남은 수분이 완전히 제거될 때까지 충분한 건조 과정을 거친 후에 탱크에 저장한다.

FAME 바이오디젤은 디젤과 유사하지만 식물성 오일의 특성이 있으므로 선박용 연료로 사용할 때에는 다음과 같은 사항을 고려한다.

① FAME에는 산소가 포함되어 있어 FAME의 부피 에너지 밀도가 디젤보다 약 7% 적다

② FAME의 산소 함량이 높을수록 부식을 발생시키는 산화 현상으로 3개월 이상 저장이 제한된다.

③ FAME은 식물성 오일로 미생물이 번식하여 탱크가 부식되고 연료 공급 라인이 막힐 수 있다.

④ FAME은 얼기 시작하고 구름처럼 눈에 보이는 결정체를 형성하는 연료의 운점(Cloud Point) 온도가 약 1℃이며, 디젤 약 -8.8℃보다 높은 수준이다. 연료가 응고되는 겔화가 발생하지 않도록 유의해야 한다. 이러한 이유 등으로 디젤과 5~30% 수준으로 혼합하여 사용한다.

⑤ FAME는 우수한 윤활 특성이 있어 엔진 마모를 방지하는 데 도움이 된다.

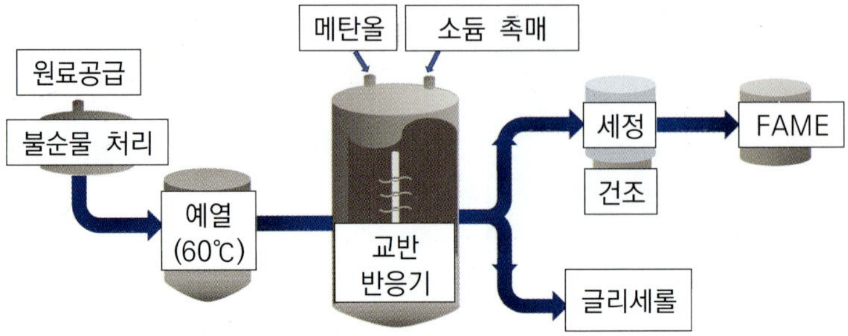

그림 4-18 FAME 생산 공정 개념도

4.5.2 HVO(Hydrotreated Vegetable Oil, 수소화 식물성 오일)

HVO는 FAME 원료인 식물성 오일에 고온의 온도 및 압력과 촉매 조건에서 수소와 반응시켜 오일의 분자 구조에 수소를 추가하여 HVO를 만든다. 생산 공정은 그림 4-19와 같이 공급 원료가 되는 오일에 들어있는 불순물을 먼저 제거한다. 오일과 수소를 약 300~450℃, 30~50 bar의 운전 조건과 니켈-몰리브덴 또는 코발트-몰리브덴 촉매가 들어있는 수소화 반응기에 넣으면 파라핀계 탄화수소 화합물(Paraffinic Hydrocarbons)이 만들어진다. 화합물과 수증기를 분리기에서 분리하고 증류기로 보내 끓는 점에 따라 연료가스, LPG, 나프타(Naphtha) 및 HVO 등이 분리된다.

HVO는 탄화수소 연료라는 점에서 FAME와는 다르고 디젤과 매우 유사하여 디젤 대신으로 사용할 수 있으며 디젤보다 부피 에너지 밀도는 4% 작다. HVO와 디젤을 혼합하는 경우 두 연료가 매우 유사하므로 탄소 배출 감축을 인정받기 위해 HVO의 유기 탄소 구별을 위해 탄소 연대 측정이 필요하다.

또한, HVO는 FAME보다 유통 기한이 10년으로 매우 길고 저장 중에 가열이 필요하지 않으며, 추운 온도에서 겔화에 대한 저항력이 우수하다. 일반 디젤엔진에서 성능 저하 위험이 낮고 유지 관리 비용이 저렴한 장점이 있다. 생산 공정에서 다른 부산물이 많이 생성되므로 원료가 더 많이 들어간다. 원유 정제 공정과 유사하며 FAME보다 HVO 생산 플랜트 투자에 큰 비용이 들어가서 연료 가격이 비싸다.

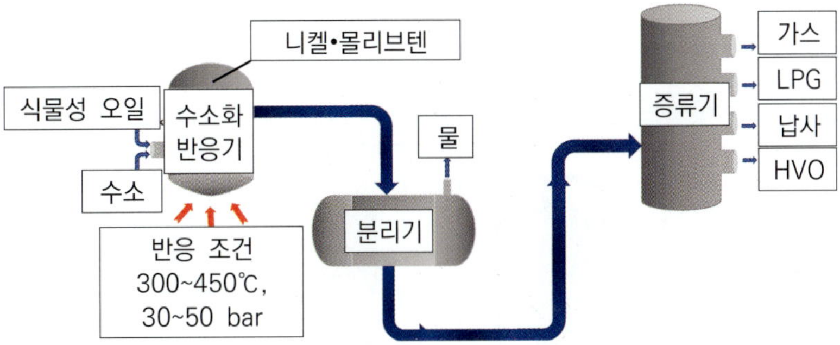

그림 4-19 HVO 생산 공정 개념도

4.5.3 FT(Fischer-Tropsch) 디젤

FT 디젤은 석탄, 천연 가스 및 바이오매스 원료를 고온의 온도, 압력과 촉매로 가스화시키고 FT(Fischer-Tropsch) 합성 공정을 통해 생산된 연료이다. 농업 잔류물과 목질계 원료를 포함하는 다양한 바이오매스를 원료로 만드는 탄화수소계 합성 연료이며 BTL (Biomass to Liquid)이라고 한다.

생산 공정은 그림 4-20과 같이 바이오매스에 들어있는 불순물들을 전처리 공정에서 물을 사용하여 제거한다. 그다음 890℃ 1.6 bar에서 운전하는 가스화 반응기에 원료와 수증기 및 산소를 공급하여 원료를 가스화시킨다. 가스화에서 발생한 합성가스에는 암모니아, CO_2, H_2S 및 고체 부산물 등 불순물들이 있으며 세정 및 컨디셔닝 공정을 통해 제거한다. H_2와 CO로 이루어진 합성가스를 FT 반응기에 공급하여 250~270℃, 25 bar 운전 조건에서 철 또는 코발트 촉매를 사용하여 파라핀계 액체 탄화수소인 FT 디젤을 만든다.

또한, 휘발유, 가스 제품 등도 함께 생산된다. 합성가스 종류에 따라 FT 디젤 생산이 최대화되도록 운전 조건을 최적화시켜야 한다. FT 디젤은 설비 투자와 운전 비용도 많이 들어가는 가스화 반응기와 FT 반응기 등을 운영해야 하므로 생산 원가가 매우 높다.

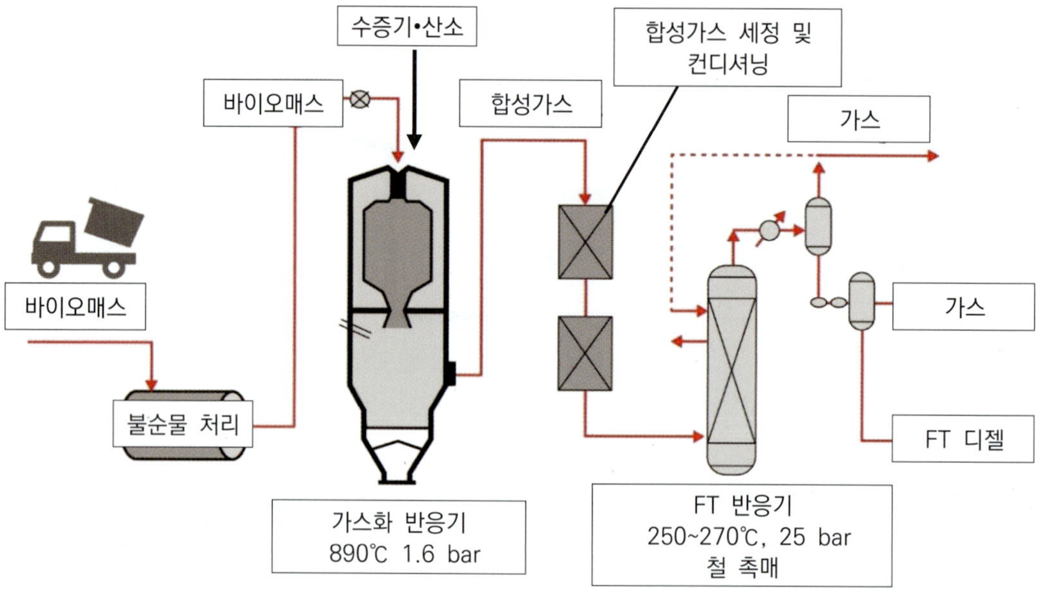

그림 4-20 FT 디젤 생산 공정 개념도

4.5.4 바이오 연료의 탄소 배출 • 환경물질 배출 • 원가 특성 비교

바이오 연료는 팜유 등 식물성 오일 및 목재 등 바이오매스를 원료로 생산되기 때문에 이러한 연료의 연소는 주로 CO_2 중립으로 인정되므로 CO_2 감축이 가능한 연료이다. 그러나 사용되는 원료와 생산 공정 및 사용 에너지 종류에 따라 큰 차이가 발생한다. 탄소 감축 수준과 생산 원가와의 경제성을 고려한 최적점을 찾아야 할 것이다.

바이오 연료의 탄소 배출 수준을 비교해보면 원료와 생산 공정에 따라 상당한 차이가 발생하지만, 표 4-8과 같이 팜유 또는 포플러 목재를 원료로 사용하였을 경우 HSFO 대비 LCA 기준 CO_2 배출 수준은 FAME가 13~58% 수준이고, 감축률은 42~87%이며, HVO는 15~34% 수준이고, 감축률은 66~85%이며, FT 디젤은 -2~10% 수준이고, 감축률은 90% 이상이다.

표 4-8 바이오 연료별 탄소 배출 현황(CO_2-eq/MJ)

원료	FAME		HVO		FT 디젤	
	최소	최대	최소	최대	최소	최대
팜유	11 (13%)	53 (58%)	13 (15%)	31 (34%)	-	-
폐식용유	11 (12%)	16 (18%)	12 (13%)	20 (18%)	-	-
포플러 목재	-	-	-	-	9 (10%)	-2 (-2%)

※ HSFO LCA 기준 CO_2 배출량 91.6 CO_2-eq/MJ, (%) = 연료 탄소 배출량/HSFO 탄소 배출량

환경오염물질 배출 수준을 살펴보면 표 4-9와 같이 FAME의 경우 사용 원료에 따라 NOx가 감소 또는 증가할 수도 있으며, SOx는 89~100% 감소, 미세 먼지인 PM은 38~90% 감소한다. HVO도 사용하는 원료에 따라 NOx와 PM이 감소 또는 증가할 수 있으며 SOx는 100% 감소한다. FT 디젤은 NOx가 최대 20% 감소, SOx는 100% 감소하고 PM은 사용 원료에 따라 감소 또는 증가할 수도 있다.

바이오 연료는 환경오염물질 배출에서 황은 거의 100% 수준으로 감축이 되지만 NOx와 PM 배출은 안심할 수준이 아니며 NOx 제거장치가 필요하다.

바이오 연료의 가격에 대해 한국선급(KR)에서 조사한 내용을 보면 VLSFO와 비교해서 FAME의 가격은 약 3배, HVO의 가격은 약 3.9배 높다고 제시하였다. 다른 자료에는 디젤보다 FAME 1.95배 HVO는 1.6배로 나타난다. 원료 공급원, 생산 공정, 생산 규모 및 기술 성숙도에 따라 가격 차이가 발생한다.

표 4-9 바이오 연료별 환경오염물질 배출 현황

원료	NOx		SOx	PM	
	감소	증가	감소	감소	증가
FAME	29%	13%	89-100%	38~90%	-
HVO	0~20%	16	100%	38%	30%
FT 디젤	0~20%	-	100%	24%	18%

표 4-10 바이오 연료별 생산플랜트 투자비 비교

구분	FAME		HVO		FT 디젤	
	최소	최대	최소	최대	최소	최대
$/ℓ	1.41	1.47	0.68	2.54	6.71	10.07

바이오 연료 생산플랜트에 관한 단위 생산량당 투자비($/ℓ)를 비교해보면 표 4-10과 같다. 이 역시 플랜트를 이루는 설계와 규모에 따라 차이가 발생하지만, 상대적인 비교는 가능하다. FAME가 안정적인 투자 범위를 보여주면서 저렴한 수준이다. HVO는 FAME 최대 기준으로 비교해서 1.7배, FT 디젤은 6.9배 투자비가 들어가는 것으로 나타난다.

4.5.5 바이오 연료의 장단점

바이오 연료에 관한 장단점을 정리하여 나타내면 표 4-11과 같다.

표 4-11 바이오 연료의 장단점

장점	단점
• 기존 디젤엔진 및 연료공급시스템과 호환성 • 기존 디젤 연료 사양 및 안전 표준 적용 가능 • 기존 디젤 연료 공급 및 저장시설 활용 가능 • SOx 배출이 거의 없음 • 디젤과 혼합 사용하여 탄소 배출 감축 가능	• 연료비가 HSFO보다 2~4배 이상 소요 • NOx 배출 발생으로 제거 장치가 필요 • FAME의 경우 저장기간이 단축되고 미생물 번식으로 연료공급라인이 막히며, 추운 지역에서 연료가 응고되는 겔화 발생 • 생산 확대 및 공급 인프라 부족 예상

4.6 수소(Hydrogen)

- 수소 연료 개요
- 블루•그린수소 생산 개념

4.6.1 수소 연료 개요

수소는 가장 가벼운 원소이며 무색, 무취 및 무독성 물질이다. 우주에서 가장 풍부한 화학 원소 중 하나이며, 태양의 50%가 수소로 구성된다. 지구에서 수소는 대부분 물과 탄화수소 등 다른 원소와 결합한 화합물 형태로 존재한다. 최근 퇴적암층에서 자연적으로 생성되는 탄소 배출이 제로인 백색 수소도 관심이다. 매장량과 생산 공정의 기술 개발에 따라 그린 연료가 될 가능성이 제기되고 있다.

수소는 천연 가스를 원료로 생산하는 경우가 76%, 석탄 원료 23% 및 물 전기분해는 약 1% 수준이다. 석탄의 경우 천연 가스보다 탄소 배출이 2배이고, 물 전기분해 방식에 필요한 전기를 신재생에너지로 적용하여 그린수소를 만든다.

수소는 NOx와 SOx 배출 규제에서 자유로운 연료이다. 천연 가스에서 생산한 수소는 LCA 기준 CO_2 배출이 HSFO보다 44% 증가하므로 단기적으로 가격이 부담이지만 탄소 포집을 통해 CO_2 감축이 85~90% 가능한 블루수소 연료를 적용한다. 그린수소는 CO_2 배출이 없는 넷제로 연료이며, 그린LNG, 그린암모니아 및 바이오 연료의 생산 원료로 사용한다. 수소를 연료전지에 공급하여 생산한 전기를 동력으로 추진하는 수소연료전지추진 선박의 연료로 사용할 수 있다.

수소는 화재 및 폭발이 쉽게 발생하는 매우 위험한 물질이다. 최소 점화 에너지가 0.17 mJ에 불과해 정전기에도 발화가 되고 화염 속도가 디젤보다 4배 빠르다. 가연성 범위도 4~75%로 넓어 밀폐 공간에서 수소가 누출되어 쌓이면 폭발할 위험성이 높다. 점화 에너지가 낮고 화염 속도가 빠른 특성은 수소 연소 엔진 개발을 어렵게 하는 요소이다. 수소를 연료로 사용하면, 엔진 실린더에서 동시 다발적인 급속 연소, 압력 상승 및 열 발생으로 빠른 점화가 이루어지고, 실린더에서 충분히 연소가 되지 않는다. 이로 인해 엔진 운전을 안전하게 제어하기가 매우 힘들다.

표 4-12 수소 연료의 장단점

장점	단점
• 그린수소는 CO_2 배출 없는 탄소 배출 제로 연료 • NOx 및 SOx 배출 없음 • 그린LNG, 그린암모니아 및 바이오 연료의 생산 원료로 사용 • 연료전지의 생산 전기로 추진되는 수소연료추진선박의 연료로 사용	• 밀폐 공간에서 누출로 인한 화재 및 폭발 가능성 • 수소 내연 기관 개발 애로 • 수소 취성으로 접촉 금속 손상 발생 • 수소저장 비용 과다(700 bar or -253℃ 저장) • 선박 운항 원가가 디젤보다 1.3~2배 높음 • 디젤보다 연료탱크 공간 약 7배 증가, 화물 적재 손실이 가장 큼 • 수소 생산에 배출된 CO_2 포집 영구 저장에 큰 비용 필요 • 수소 생산, 저장 및 공급 시설 부족

또한, 수소는 지속해서 접촉되는 금속의 결함 부위에 침투하여 강도 감소와 부식 등의 손상을 발생시킨다. 수소는 확산 속도가 매우 빨라 공기 중에 노출되면 빨리 대기 중으로 퍼진다. 수소는 -253℃에서 액화되어 부피가 1/848로 줄어들어 저장 성능이 좋아진다. 수소를 연료로 저장하기 위해서는 700 bar 또는 -253℃에서 액화시켜야 하고, 그에 따라 선박에 복잡하고 비싼 저장탱크와 연료공급시스템을 설치해야 하기 때문에 선박 운항 원가는 디젤보다 1.3~2배 높다.

액화수소의 경우 디젤보다 부피 에너지 밀도가 매우 작아 연료탱크 공간이 약 7배 증가하며, 친환경연료 중에 화물 적재 손실이 가장 크다. 수소 생산에 배출된 CO_2 포집과 영구 저장에 큰 비용이 소요되고 아직은 수소의 생산, 저장 및 공급 시설이 부족하다.

4.6.2 블루·그린수소 생산 개념

블루수소는 HSFO보다 LCA 기준 CO_2 배출을 약 46~86% 감축할 수 있고 그린수소는 약 94% 이상을 줄일 수 있다. 블루수소 생산 원가는 HSFO보다 약 2.7배, 그린수소는 HSFO보다 약 2.4~4.6배, 그레이수소보다 약 2.3배로 높다.

수소는 LNG 등과 같이 자연적인 화학적 화합물을 분해해서 그중에 있는 수소를 분리시켜 만든다. 안정적인 화합물을 분해하기 위한 생산 공정에 원료, 에너지 공급, 플랜트 설치 및 운영에 따른 큰 비용이 들어간다. 저렴하고 경제성이 있는 수소 생산 방식이 고려되고 있지만, 비싸더라도 탄소 배출이 없는 수소 생산 방식이 더 중요하다고 인식되고 있다. 이러한 내용에 대해 다음과 같은 순서로 설명한다.

- 천연 가스 원료의 블루수소 생산 개념
- 물 전기분해의 그린수소 생산 개념
- 그린수소를 이용한 그린 연료 생산 개념

(1) 천연 가스 원료의 블루수소 생산 개념

천연 가스를 원료로 사용하여 수증기 개질(Steam Reforming) 공정을 통해 수소를 생산하는 방식이 가장 경제적이며 상업적으로 널리 적용된다. 생산 공정은 그림 4-21과 같이 사전 불순물 제거 공정을 통해 천연 가스에 들어있는 질소, 황 및 염화물 등을 제거한다. 그다음 효율 향상을 위해 500℃ 수준의 사전 수증기 개질 공정에 천연 가스와 수증기를 넣어 1차 개질을 시킨다. 다음에 고온 수증기와 함께 700~950℃, 압력 20~26 bar와 니켈 기반 촉매로 채워진 수증기 개질기의 금속 튜브 내부로 통과시키면, 화학 반응이 일어나면서 수소 및 이산화탄소로 이루어진 850℃의 합성가스가 만들어지며 여기에 수소가 최대 70% 포함되어 있다.

합성가스는 수성가스 전환(WGS, Water Gas Shift) 공정에서 잔류 수증기와 다시 반응시켜 수소를 12% 더 생산한다. 350℃ 수준으로 온도를 낮추는 열교환 냉각 공정에서 수소 전환율을 더 높인다. 여기에는 산화철-산화크롬(Fe_2O_3-Cr_2O_3) 등의 고온용 촉매를 사용한다. 이렇게 만들어진 수소를 정제하여 수소의 순도를 높인다.

이러한 천연 가스 수증기 개질 공정에서 배출된 CO_2는 약 90% 포집할 수 있다. 원료인 천연 가스에서 배출된 CO_2는 대부분 포집하는 반면에 고온에 필요한 에너지에서 배출된 CO_2가 10% 되는데 이것은 포집하기 어렵다. CO_2를 포집하고 영구 저장 절차를 거쳐 인증을 받아야 블루수소가 되며 그렇게 하지 못하면 그레이수소가 된다. 이러한 화학 반응식은 다음과 같다.

- $CH_4 + H_2O = CO + 3H_2$,
- $CO + H_2O = CO_2 + H_2$,

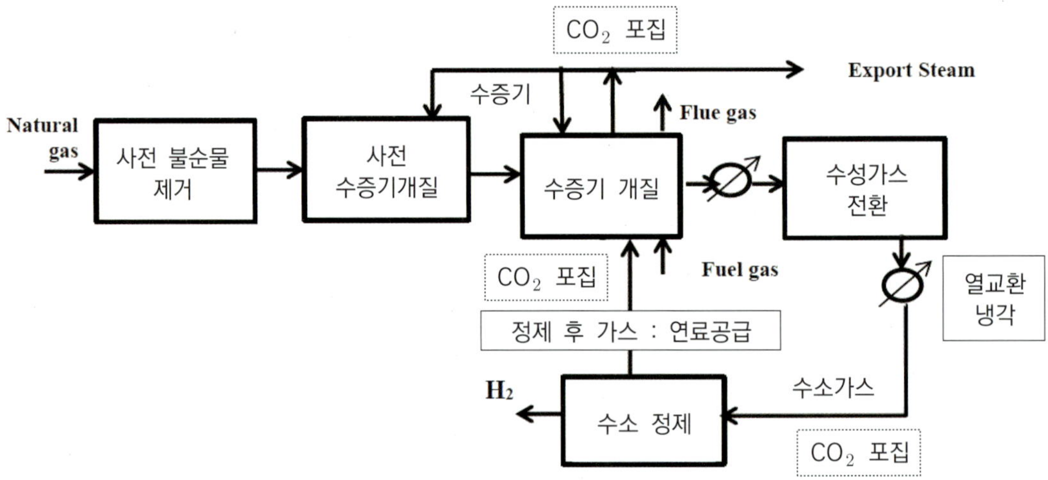

그림 4-21 천연 가스 수증기 개질 공정 개념도

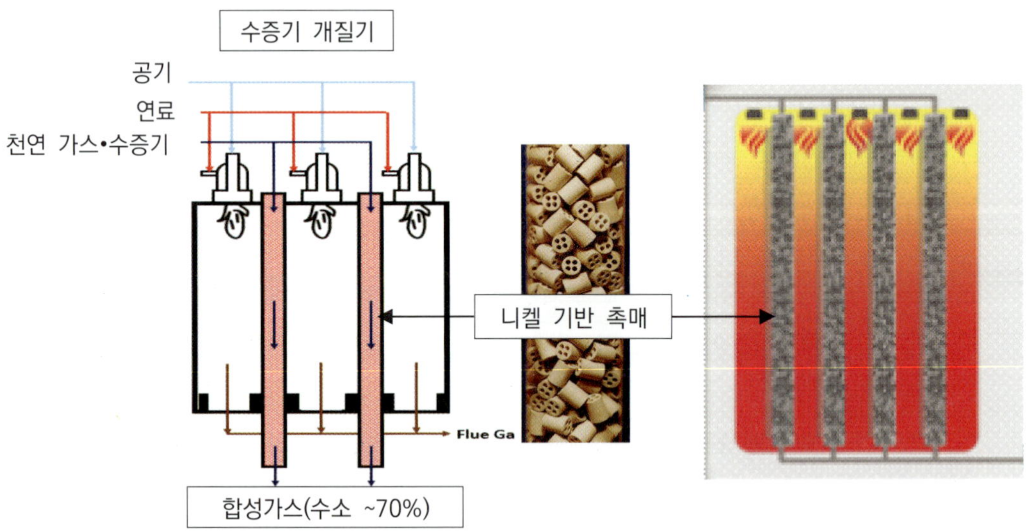

그림 4-22 수증기 개질기(Steam Reformer) 개념도

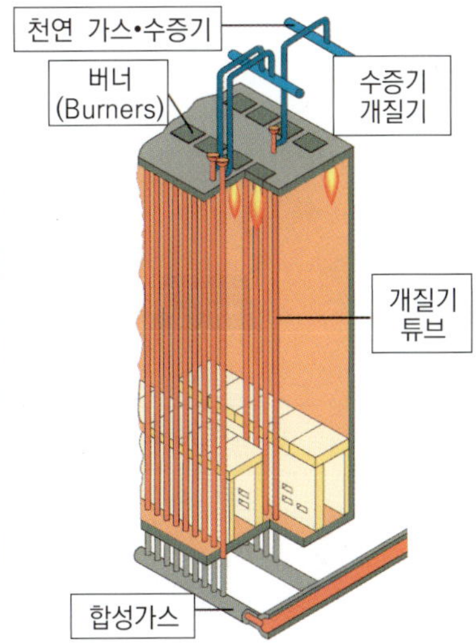

그림 4-23 천연 가스 수증기 개질 수소 생산플랜트 및 수증기 개질기 형상

(2) 물 전기분해의 그린수소 생산 개념

물 전기분해로 수소를 생산하는 원리는 전기가 잘 통하지 않는 물에 전도성이 향상되도록 액체 또는 고체 전해질을 물에 넣고 직류 전기를 공급하면, 음이온 및 양이온 등이 발생하며 이를 잘 반응시켜 음극에서 수소, 양극에서 산소를 생성시킨다. 수소는 공급되는 전류량에 비례해서 생산량이 증가한다. 이러한 수소가 그린수소가 되기 위해서는 필요한 전기를 신재생에너지로 사용해야 한다.

그림 4-24는 풍력 발전에 의한 전기로 물 전기분해하여 수소를 생산하는 경우이다. 풍력발전에서 생산되는 전기는 교류이며 전기분해에는 직류를 사용해야하므로 정류기 또는 컨버터(Converter) 등을 통해 교류를 직류로 변환시킨다. 태양광에서는 직류가 생산되므로 변환하는 과정 없이 사용할 수 있다.

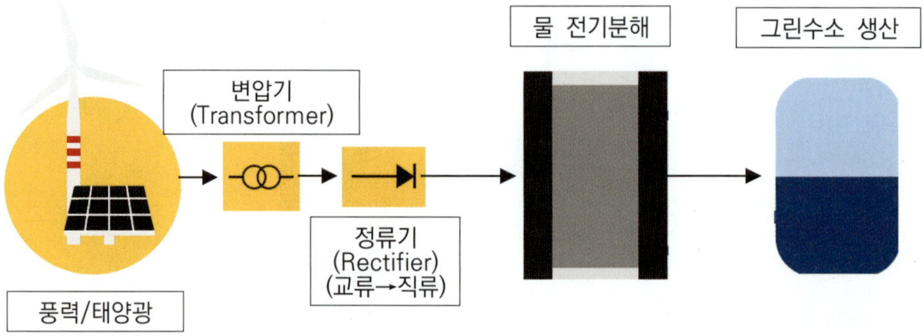

그림 4-24 풍력 재생에너지에 의한 물 전기분해 그린수소 생산 개념도

물 전기분해에는 여러 가지 방식이 있으며 가장 경제적이면서 일반적인 알카라인(Alkaline) 방식 중심으로 설명한다. 알카라인 방식은 액체 전해질로 전도성이 우수한 20~30% 농도의 수산화칼륨(KOH)을 이용하여 물을 전기분해하는 것이다. 전기분해 원리는 다음과 같다.

① 캐소드(Cathode, 음극) 및 아노드(Anode, 양극)를 액체 전해질에 넣고 직류를 공급하면, 캐소드에서 물은 전자와 반응하면서 수소 및 하이드록시이온(Hydroxide Ion, OH^-)이 생성된다.

② OH^-가 다이어프램(Diaphragm)을 통과하여 아노드로 이동되면, 아노드에서 산소가 만들어진다. 다이어프램은 이온은 통과시키고 생성된 수소 및 산소가 통과하는 것을 막는 역할을 한다.

캐소드(음극, 수소)	아노드(양극, 산소)
$2H_2O + 2e^- \rightarrow 2OH^- + H_2$	$4OH^- \rightarrow 2H_2O + 2O_2 + 4e^-$

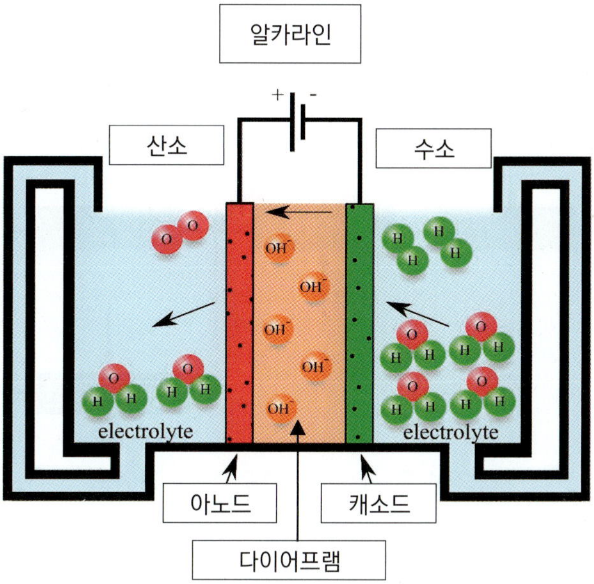

그림 4-25 알카라인 방식 개념도

물 전기분해 장치의 가동률에 따라 수소 생산 원가에서 큰 차이가 발생한다. 가동률 30%일 때의 원가는 50%보다 1.23배, 90%보다 1.45배 높아지기 때문이다. 신재생에너지의 독립적인 또는 지속적인 전기 공급체계를 구축하는 것이 경제적이다.

(3) 그린수소를 이용한 그린 연료 생산 개념

신재생에너지 전기를 사용하여 물 전기분해로 만들어진 그린수소는 그 자체로 그린 연료를 생산하는 원료가 된다. 그린 연료를 생산하는 방식에 대해 앞에서 상세히 설명하였고 여기에서 요약하여 나타낸다. 그림 4-26과 같이 그린수소를 이용하여 대기 중의 CO_2를 포집하여 반응기에서 합성시키면 그린LNG, 그린메탄올 및 그린디젤까지 만들 수 있다. 대기 중의 질소를 포집하여 반응기에서 합성시키면 그린암모니아가 만들어진다. 이러한 그린 연료를 저렴하게 생산하기 위해서는 대규모 생산플랜트에 관한 투자가 필수적이다.

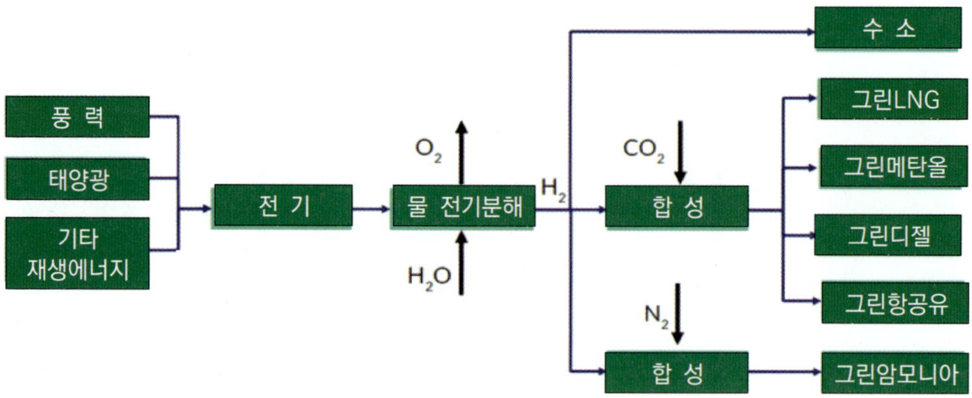

그림 4-26과 그린 연료 생산 개념도

4.7 친환경선박 연료의 경제성과 미래

해운 회사는 장기 연료 경제성 분석을 통해 최대 이익 실현과 넷제로 달성이 가능한 친환경연료를 선택해야 한다. 연료의 경제성은 바이오•블루•그린 연료의 생산 원가와 공급 능력에 달려 있으며, 기술 발전과 규모의 생산에 따라 달라질 수 있다. 현재로선 LNG와 암모니아 연료가 유망하다. 또한, 해운 회사의 고민은 어떤 연료가 최적인지, 비싼 친환경연료를 언제 어떻게 적용할 것인지 판단하는 것이다. 이에 대해 다음과 같은 순서로 설명한다.

- 친환경선박 연료의 종합 경쟁력 비교
- 친환경선박 연료의 미래 경제성
- 이중연료엔진을 이용한 연료 적용 경로 분석
- 친환경연료별 미래 시장 점유율 전망

4.7.1 친환경선박 연료의 종합 경쟁력 비교

친환경선박 연료의 종합 경쟁력 비교에서 가장 중요한 요소는 미래에서의 바이오•블루•그린 연료의 생산 원가와 공급 능력이다. 연구 자료마다 차이가 발생하지만, 연료 생산 원가에 관한 상대적 비교는 가능할 것이다.

LNG는 단기적으로 생산 원가도 저렴하고 공급에도 문제가 없는 유망한 연료이다. 그러나 그린LNG의 생산 원가가 평균적으로 그린암모니아보다 다소 높을 것으로 예상한다. 2030~2040년경 중•대형 선박에서 LNG연료추진선박에 대한 상당한 발주가 이루어질 것으로 인식되고 있다. 2050년부터 그린암모니아보다 경쟁력이 다소 저하될 것으로 예상한다.

그린암모니아가 그린 연료 중에서 가장 저렴하고 공급 인프라가 우수하지만 독한 악취와 연료탱크 관련 공간이 많이 필요하다. 2040~2050년경 중•대형 선박 발주에서 가장 선호하는 연료로 인식되고 있다. 그린메탄올은 디젤 탱크 및 공급 인프라를 그대로 사용할 수 있고 선박 개조 비용이 저렴한 장점이 있으나 생산 원가가 다른 그린 연료보다 높다는 단점이 있다. 수소의 경우 중대형 선박 적용에는 한계가 있다. 이에 대해 뒤에서 설명한다.

친환경선박 연료의 종합 경쟁력을 평가해보면 중단기적으로는 LNG의 경쟁력이 가장 우수하고, 장기적으로는 암모니아가 우수하다고 평가할 수 있다.

표 4-13 친환경선박 연료별 생산 원가 및 장단점 요약

구분	LNG	메탄올	암모니아	수소
연료 생산 원가 (HSFO 11 $/GJ 대비)	0.7~0.8배 (그린LNG : LNG 대비 2.7~7.5배)	0.9~1.5배 (그린메탄올 : 메탄올 대비 3~5.5배)	1.7~3.3배 (그린암모니아 : 암모니아 대비 1.7배)	1.3배 (그린수소 : 수소 대비 2.3배)
미래 연료	바이오LNG 그린LNG	바이오메탄올 그린메탄올	블루암모니아 그린암모니아	블루수소 그린수소
장점	가격 가장 저렴 인프라 매우 우수	디젤 탱크 및 인프라 그대로 사용, 선박 개조 비용 저렴	그린암모니아 가장 저렴, 수소 운반 도구	그린수소 넷제로 연료 우수
단점	메탄 슬립 방지, 폭발 위험	연료 공급 인프라, 인체 유해성	강한 악취, 인체 독성	-253℃ 액화저장, 폭발 위험

기술 개발	메탄 슬립 방지	연료 공급 능력 확대	누출 대응체계 구축	누출 폭발 대응체계 구축
해운 회사 동향	벌크선, 탱커, 대형컨테이너선 발주	대형컨테이너선 발주	LPG 운반선 발주	LPG 운반선, 초대형탱커 발주

표 4-14 친환경선박 연료별 종합 비교

구분		LFO	LNG	메탄올	암모니아	수소
		디젤엔진	가스 분사	액상 분사	액상분사	가스 분사
CO_2 감축	그레이	X	X	X	X	X
	그린		◎	◎	◎	◎
NOx		△	△	△	x	◎
SOx		◎	◎	◎	◎	◎
생산 원가	그레이	◎	◎	○	△	○
	그린	△	△	△	△	△
연료 소요 공간 상대 크기		1.0	2.8	2.4	3.4	7.2
디젤 대비 규정 복잡성		◎	○	◎	△	X
생산 능력		◎	◎	△	○	X
공급 인프라(벙커링)		◎	◎	X	X	X
중대형 선박 발주 적용	2030년	△	◎	○	○	X
	2040년	X	◎	○	◎	△
	2050년	X	○	○	◎	○

※ 수소는 내연 엔진 연료 사용 기준임

4.7.2 친환경선박 연료의 미래 경제성

유럽연합 지역을 운항하는 선박은 배출권거래제(ETS) 규제를 받는다. 2027년에 유럽지역을 운항할 때는 전년도 CO_2 배출량의 100%에 관한 배출권을 구입해야 한다. EU 내의 운항 선박은 100%, EU 외에서 EU로 운항하는 선박은 50% 비율만 적용한다. 자세한 내용은 3.3.7 참조바란다.

여기서는 EU 이외 지역에서 EU로 운항할 때 연료별 미래 경제성에 대해 살펴본다. 그림 4-27은 2025년과 2045년경 친환경선박 연료별 에너지당 비용(수명주기 균등화 비용[16])을 예측한 것이며 ETS에 따른 배출권 구입이 반영된 수치로 이것은 머스크 맥키니몰러센터에서 연구하여 제시한 값이다.

그림 4-27의 자료에서 보면 가장 중요한 연료는 LNG로 2025년경에도 가장 저렴한 연료이다. ETS를 반영하더라도 2045년 LNG의 에너지당 비용은 24 $/GJ, 바이오메탄 20 $/GJ 수준으로 다른 연료보다 상당한 경쟁력이 있는 것으로 평가된다. 그러나 EU 지역만을 운항할 때에는 ETS 비용 추가 때문에 LNG 46 $/GJ, 바이오메탄 31 $/GJ까지 상승하여 경제성이 대폭 떨어진다. 그린메탄의 경우 2045년 31 $/GJ 수준으로 경쟁력이 떨어진다. 따라서 2045년까지는 해운 회사들이 다른 친환경연료를 선택하기보다는 LNG 연료를 그대로 사용하고 그 이후 바이오메탄 LNG를 사용하는 것이 유리하다는 평가를 할 수 있다.

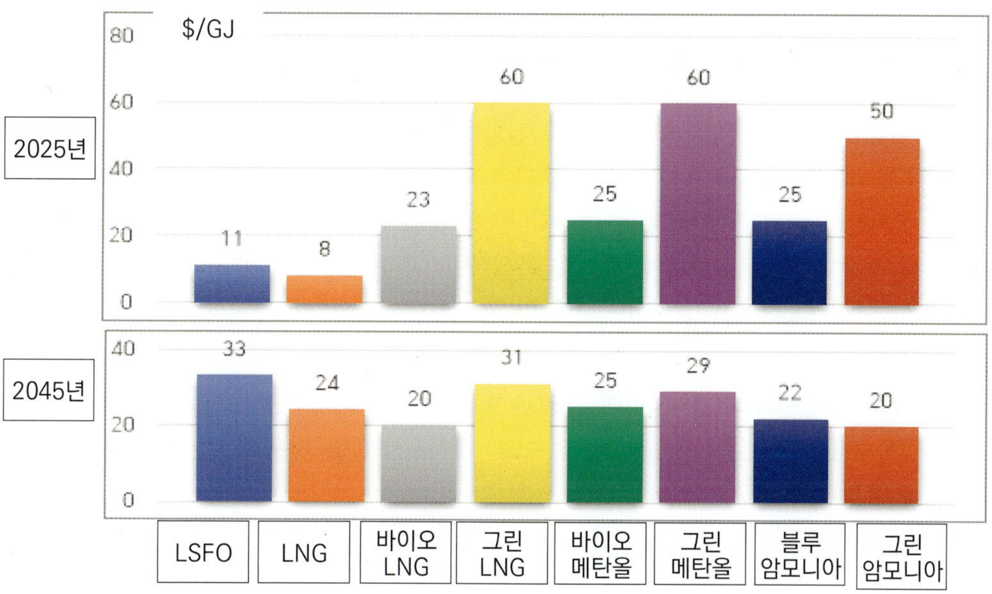

그림 4-27 유럽연합 기준 연료별 2025 • 2045년 에너지당 생산 원가 전망 비교

16) 수명주기 평준화 비용(Lifetime Leverized Cost) : 에너지원에 관한 경제성을 평가하기 위해 에너지를 발생하는데 필요한 수명주기 총 비용을 계산하고 총 발생 에너지로 나눈 값이다.(= 총투자비+총연료비+총운영비+총 ETS 등)/(수명주기 총 에너지 발생량).

메탄올의 경우 바이오메탄올의 에너지당 비용은 2045년 25 $/GJ, 그린메탄올 29 $/GJ 수준으로 LNG와 암모니아보다 비용이 다소 비싸다. 암모니아는 블루암모니아가 2045년 22 $/GJ, 그린암모니아 20 $/GJ 수준으로 2045년경 가장 저렴한 친환경연료가 될 것으로 예측한다. 해운 회사들이 미래 연료로 암모니아를 가장 유망한 연료로 주목하고 있는 이유이다.

해운 회사들이 연료를 선택하는 가장 중요한 핵심 요소는 무엇보다 가격과 공급 안전성이다. 현재의 ETS 규제 수준을 적용한다면 가장 유망한 미래 연료는 LNG와 암모니아이다. 물론 메탄올도 대안이 될 수도 있다. 비용과 가격은 기술 발전과 수요와 규모의 생산에 따라 상당한 차이가 발생하기 때문에 미래는 달라질 수 있다. 그러나 해운 회사로서는 연료를 선택하고 그에 따라 선박을 발주하면 수명 기간 25년 동안 연료를 변경하기란 어렵다. 2030년~2045년경의 연료 경제성을 분석하여 해운 회사의 이익 극대화에 최적인 연료를 선택해야 할 것이다.

4.7.3 이중연료엔진을 이용한 연료 적용 경로 분석

이중연료엔진은 LSFO(저유황 중유)와 친환경연료 중 하나를 같이 사용하여 2개의 연료를 사용할 수 있는 엔진이다. 현재 발주되는 대부분의 친환경선박에 이중연료엔진을 설치한다. 이러한 선박의 경우 연료비 절감과 탄소 배출 규제 이행을 위해 친환경연료를 어떻게 언제 적용할 것인지 경로와 시기를 분석하여 예측하는 것이 중요하다. 표 4-15는 머스크 맥키니몰러센터에서 연구하여 제시한 경로이다.

① LNG연료추진선박의 경우 미래 경로는 비교적 단순하다. 2045년까지 탄소 배출권을 구입하더라도 LNG를 사용하고, 그 이후 바이오LNG을 사용하는 것이 가장 경제성이 있고 유망한 경로로 보인다.

② 메탄올연료추진선박의 경우 2030년경까지 디젤 연료를 사용하다가 탄소 배출 규제에 적합하게 디젤과 바이오 연료와 혼합하여 사용하다가 2045년 이후 바이오메탄올 연료를 적용한다.

③ 암모니아연료추진선박의 경우 2030년까지 디젤 연료를 사용하다가 그 이후 2040년까지 탄소 배출 규제에 적합하게 디젤과 바이오 연료와 혼합하여 사용한다. 2040년에

블루암모니아로 변경하여 적용하고 2045년 이후 그린암모니아를 적용한다. 또 다른 경로는 2030년 이후 바로 블루암모니아를 적용하고 2045년경에 그린암모니아를 적용하는 것이다.

표 4-15 친환경연료별 적용 경로

구분	2025년	2030년	2035년	2040년	2045년	2050년
LNG/LSFO	LNG					바이오LNG
메탄올/LSFO	LSFO	LSFO+바이오 연료				바이오메탄올
암모니아/LSFO	LSFO	LSFO+바이오 연료			블루암모니아	그린암모니아

4.7.4 친환경연료별 미래 시장 점유율 전망

친환경연료별 미래 시장 점유율을 전망한다는 것은 어려운 일이다. 각 연료의 생산 규모를 확대하는 것이 연료 경제성을 결정하는데 가장 중요한 요소이다. 생산 규모는 해운회사들이 어떤 연료를 선택하느냐에 따라 달라질 수 있다. 2050년 넷제로 달성을 위해 어떤 연료가 최적인지는 아직 불명확하다. 다양한 연료가 병행되어 사용될 가능성이 크다.

표 4-16은 로이드 선급에서 제시한 2050년 선박 연료별 시장 점유율 예측 자료이다. 연료별로 가능한 최대 점유율 값을 나타낸 것이며 암모니아를 가장 유망한 연료로 인정하고 있다.

① 2050년 연료별 시장 점유율을 살펴보면, 블루암모니아와 그린암모니아가 20~60%, 평균 46%이다. LNG와 메탄올 및 바이오디젤의 점유율이 저조할 때의 경우이다.

② 바이오LNG의 2050년 연료별 시장 점유율은 27~46%, 평균 34%, 바이오디젤 29~48% 수준이다. 메탄올과 암모니아의 점유율이 저조할 때의 경우이다.

③ 바이오메탄올과 그린메탄올이 13.4% 수준으로 예측하였다. LNG와 암모니아의 점유율이 떨어지면 바이오메탄올은 최대 43%, 그린메탄올은 최대 27%까지 상승하는 것으로 예측하였다.

이처럼 2050년 선박 연료 점유율은 상대적으로 해운 회사의 정책에 달려있으며 많은 변동 요인에 따른 상황 변화가 있을 것이다. 그에 따라 최적인 몇 가지 연료로 수렴할 것이다.

표 4-16 로이드 선급(LR)의 2050년 선박 연료별 점유율 예측

구분	시장 점유율 및 주요 이슈
LNG	• 바이오LNG 27~46%, 평균 34%, 가장 낙관치 약 50% 이상 (암모니아/메탄올 점유율 저조할 때) • 바이오LNG 공급 제한으로 점유율 확대에 한계
메탄올	• 바이오메탄올과 그린메탄올 13.4%(그린메탄올 8.6%), • 바이오메탄올 최대 43%, 그린메탄올 최대 27% (LNG/암모니아 점유율 저조할 때) • 바이오 및 그린 메탄올 공급 능력 확대가 필요
암모니아	• 블루암모니아와 그린암모니아가 20~60%, 평균 46% • 그린암모니아 20~50%, 평균 35%, 가장 낙관치 최대 약 80% • 선박 독성 안전 강화 및 항만 민원 영향이 변수
바이오 연료	• 바이오디젤 29~48%(암모니아/메탄올 점유율 저조할 때)
수소	• 암모니아 연료 생산 위한 전 세계 수소 수요 8.3~~17.5% • 수소 내연 엔진 개발 미흡으로 대양 운항 선박 적용에 한계 • 단거리 연안 및 내륙 운송 중소형 선박 위주 적용

그림 4-28은 DNV-GL 선급이 선박 연료별 에너지 사용 기준 점유율에 관한 추정치 평가 결과이다. 암모니아가 가장 큰 점유율인 36%, 바이오 연료가 25%, 그린 연료가 19% 수준인 것으로 발표하였다.

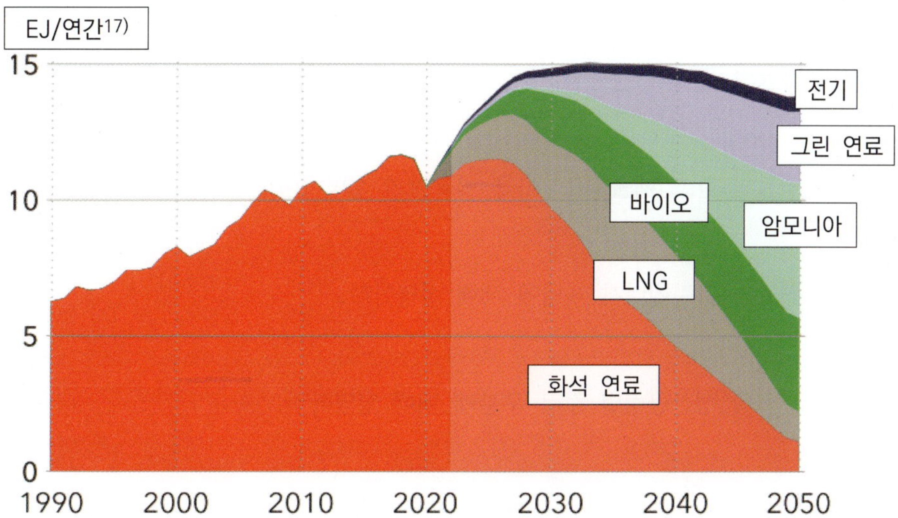

그림 4-28 선박 연료별 에너지 사용 기준 점유율 현황

---

17) EJ : 엑사줄(Extra Joule)이며 10^{12} MJ의 값으로 에너지 단위 중에서 가장 큰 단위이다.

연습문제

1. 친환경선박 연료의 종류와 장단기 대안 연료 관점에서 비교하여 설명하라.

2. 친환경선박 연료의 탄소 배출량(LCA)을 비교하여 설명하라.

3. 친환경선박 연료의 그린에너지 개념에 대해 설명하라.

4. 친환경선박 연료의 생산공정별 컬러 구분에 대해 설명하라.

5. 탄소 포집•영구 저장•재활용에 대해 설명하라.

6. 선박 연료의 특성을 비교하여 설명하라.

7. 선박의 넷제로 연료 적용 개념에 대해 설명하라.

8. LNG 연료의 개요와 장단점에 대해 설명하라.

9. 바이오 LNG 생산 개념에 대해 설명하라.

10. 그린LNG 생산 개념에 대해 설명하라.

11. 메탄올 연료 개요와 장단점에 대해 설명하라.

12. 바이오메탄올 생산 개념에 대해 설명하라.

13. 블루 • 그린메탄올 생산 개념에 대해 설명하라.

14. 암모니아 연료 개요와 장단점에 대해 설명하라.

15. 블루 • 그린암모니아 생산 개념에 대해 설명하라.

16. 바이오 연료에 대해 설명하라.

17. FAME 연료 특성과 생산 공정에 대해 설명하라.

18. HVO 연료 특성과 생산 공정에 대해 설명하라.

19. FT 연료 특성과 생산 공정에 대해 설명하라.

20. 바이오 연료의 탄소 배출과 환경물질 배출 및 생산 원가 특성을 비교하여 설명하라.

21. 바이오 연료의 장단점에 대해 설명하라.

22. 수소 연료 개요와 장단점에 대해 설명하라.

23. 천연가스 원료의 블루수소 생산 개념에 대해 설명하라.

24. 물 전기분해의 그린수소 생산 개념에 대해 설명하라.

25. 그린수소를 이용한 그린 연료 생산 개념에 대해 설명하라.

26. 친환경선박 연료의 종합 경쟁력에 대해 설명하라.

27. 친환경선박 연료의 미래 경제성에 대해 설명하라.

28. 이중연료엔진을 이용한 친환경연료 적용 경로에 대해 설명하라.

29. 친환경 연료별 미래 시장 점유율 전망에 대해 설명하라.

CHAPTER 5

친환경연료추진선박

5.1 친환경연료추진선박 개요

5.2 친환경연료추진선박에 관한 IMO 규정

5.3 친환경연료추진선박 발주 동향

5.4 LNG연료추진선박

5.5 메탄올연료추진선박

5.6 암모니아연료추진선박

CHAPTER 5

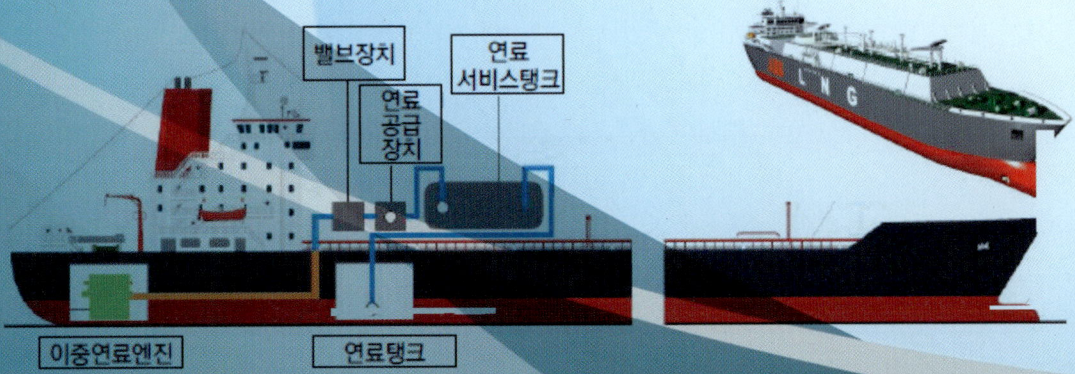

친환경연료추진선박의 종류는 다양하다. LNG연료추진선박, 메탄올연료추진선박 및 암모니아연료추진선박은 각각 LNG, 메탄올 및 암모니아 연료를 이중연료엔진에 공급하여 추진하는 선박이다. 이러한 연료를 선박 엔진에서 사용하거나 화물로 운송할 때 발생하는 위험을 억제하기 위해 만들어진 IMO의 안전 규정인 IGC 코드와 IGF 코드에 관해 설명한다.

친환경연료추진선박에 관한 최근 발주 동향을 살펴보고, 친환경연료추진선박별로 각각의 이중연료엔진, 연료탱크, 연료공급시스템, 벙커링시스템, 안전시스템 및 선박을 설계할 때에 고려해야 할 사항들과 펌프, 압축기, 기화기, 밸브, 통풍시스템 및 질소 불활성화 시스템 등 각종 핵심 구성 장치들에 관해서도 설명한다. 이러한 내용에 대해 다음과 같은 순서로 설명하고 연료전지추진선박과 하이브리드전기추진선박에 대해서는 6장에서 별도로 기술한다.

- 친환경연료추진선박 개요
- 친환경연료추진선박에 관한 IMO 규정
- 친환경연료추진선박 발주 동향
- LNG연료추진선박
- 메탄올연료추진선박
- 암모니아연료추진선박

5.1 친환경연료추진선박 개요

LNG연료추진선박, 메탄올연료추진선박 및 암모니아연료추진선박은 크게 연료탱크, 연료공급시스템 및 추진동력시스템으로 이루어져 있다. LNG연료추진선박의 구성 개념도는 그림 5-1과 같다. 벙커링시스템, LNG 연료탱크, 연료공급시스템(FGSS, Fuel Gas Supply System) 및 LNG 이중연료엔진으로 구성한다.

이중연료엔진은 LNG, 메탄올 및 암모니아 등 친환경연료 중 하나와 디젤 연료를 같이 사용할 수 있는 엔진이다. FGSS는 연료탱크에 들어있는 연료를 엔진 연소에 필요한 압력과 온도 등 최적 조건을 갖추도록 만든 후 이중연료엔진에 공급한다. 이러한 엔진 연소에 의해 발생한 동력으로 프로펠러를 회전시켜 선박을 추진시킨다. FGSS는 LNG 연료를 적절한 압력으로 상승시키는 압력 펌프, LNG를 기화시키는 기화기 및 연료 공급을 제어하는 밸브 장치 등으로 이루어져 있다. 밸브 장치는 연료의 공급 및 차단 등을 제어하는 엔진의 안전 운전에 매우 중요한 역할을 한다. 연료탱크에 연료를 채워 넣는 벙커링시스템은 선박 외부 벙커링스테이션(충전소)의 커플링 노즐과 이를 연결하는 선박의 매니폴드 리셉터클로 구성한다.

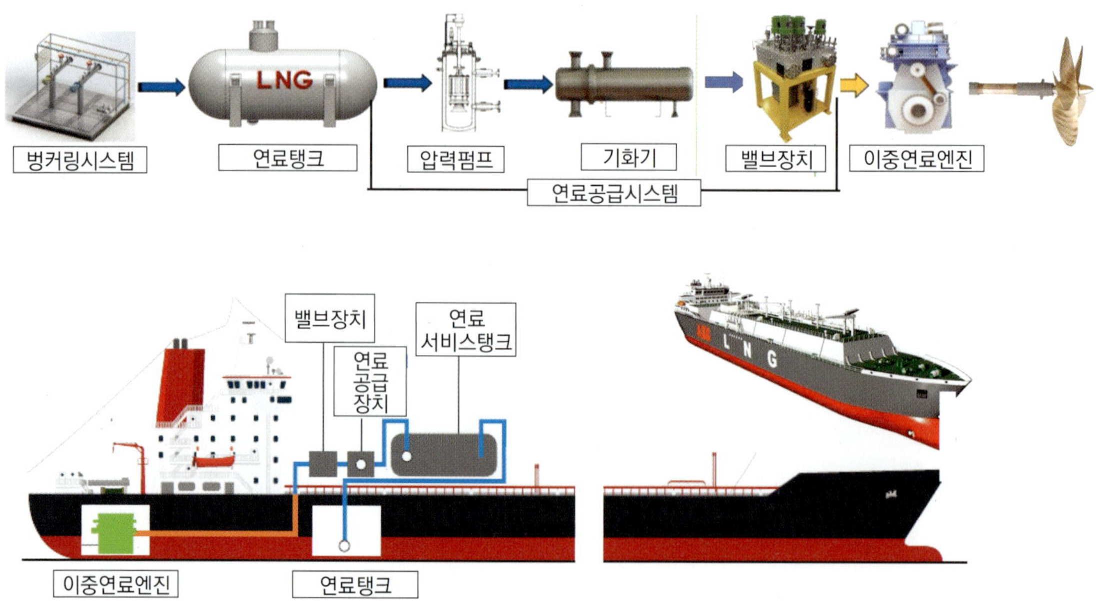

그림 5-1 친환경연료추진선박의 연료공급시스템 및 추진동력시스템 구성 개념도

5.2 친환경연료추진선박에 관한 IMO 규정

위험 화물을 운반할 때 필요한 안전 규정은 IGC코드이며, 친환경연료추진선박에 관한 규정은 IGF코드이다. 친환경연료추진선박은 IGC와 IGF 코드를 반영하여 선박을 설계해야 한다.

- IMO IGC 코드(Code) : International Code for the Construction and Equipment of Ships Carrying Liquefied Gases in Bulk
- IMO IGF 코드(Code) : International Code of Safety for Ships Using Gases or Other Low-Flashpoint Fuels

5.2.1 IMO IGC 코드(Code)

LNG운반선(LNG선)처럼 위험 물질인 극저온 액화가스를 대량으로 운반하는 선박에 관한 건조와 설치 장치에 관한 국제 코드(국제 표준)이다. 저온 또는 고압 상태에서 운반하는 위험한 화물이 심각한 충돌이나 좌초로 인해 화물 탱크가 손상되고 통제되지 않는 화물 유출이 발생할 수 있다. 이러한 유출은 액화가스의 기화와 대기 중 확산을 발생시키고, 때에 따라 선박 선체가 부서지는 손상이 발생할 수 있다. IGC 코드의 요구 사항은 이러한 위험성을 최소화하기 위해 개발한 것이다.

IGC 코드는 위험 화물의 특성을 고려하여 선박, 선원 및 환경과 관련된 잠재 위험을 최소화하기 위해 갖추어야 할 안전 장치 설치와 운영에 관한 기준이다. 또한, 해당 화물의 안전한 운송을 위한 선박의 설계와 건조 기준들을 제공하고 있다.

IGC 코드에서 LNG가 화물 및 엔진 연료로 사용할 때 LNG의 누출로 인한 폭발을 방지하기 위한 안전 규정 중 중요한 7개는 다음과 같다.

① 가스 누출이 예상되는 공간과 배관 등에 관한 상시적인 감시(모니터링)가 이루어져야 한다.

② 엔진룸 통풍 덕트에서 누출 가스의 농도가 30% LFL(Lower Flammable Limit, 최저 폭발한계)에 도달하면 알람을 울려야 한다. 60% LFL에 도달하기 전에 필요한 안전 장치들을 활성화해 가스 농도를 낮추어야 한다.

③ 누출 가스 농도가 60% LFL에 도달하면 마스터가스밸브를 자동으로 차단해 연료 공급을 막아야 한다.

④ 엔진룸과 연료밸브장치룸의 연료 공급 배관은 이중구조배관을 설치한다.

⑤ LNG 화물창, 엔진룸, 가스밸브장치룸, 연료준비룸 및 탱크연결룸 등과 같이 밀폐된 공간과 이중구조배관 및 통풍 덕트 내부에 누출 가스가 쌓이는 것을 방지하기 위해 시간당 30회 공기 교환 용량을 갖는 기계식 강제 통풍 장치(팬)를 설치해야 한다. 1개 장치가 고장이 나서 작동되지 않을 경우를 대비해서 필요 용량의 통풍 장치 2개를 설치해야 한다.

⑤ 통풍 장치 고장으로 적정 환기 용량이 충분하지 않을 때는 연료 공급을 차단해야 한다.

⑥ 액화가스 연료탱크 압력이 최대 허용 10 bar에서 90%가 되면 압력배출밸브(PRV, Pressure Relief Valve)를 열어 압력을 감소시켜야 하며 PRV는 최소 2개를 설치해야 한다.

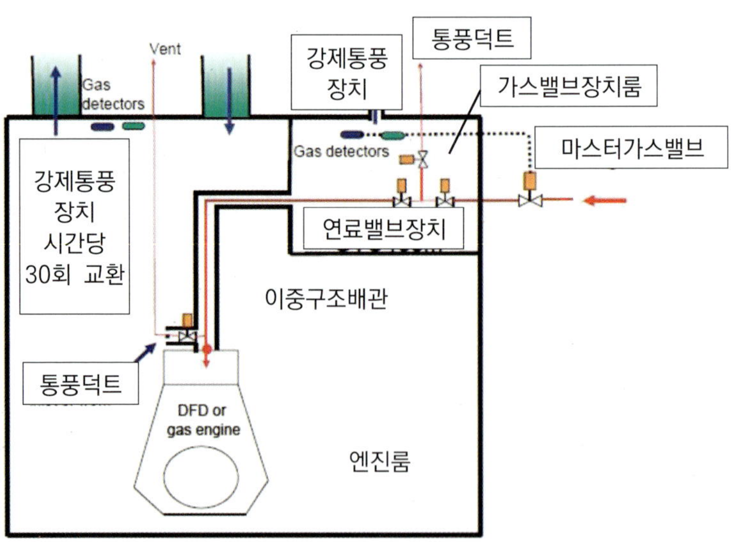

그림 5-2 IMO IGC 코드 이중구조배관 및 기계식 강제 통풍 장치 설치 개념도

5.2.2 IMO IGF 코드(Code)

IGC 코드는 LNG운반선과 같이 LNG를 화물로 인식하고 이러한 위험 화물을 운반할 때 필요한 안전에 관한 IMO 규정이다. IGF는 LNG연료추진선박의 LNG 연료 등과 같은 가스 또는 저인화점 연료(메탄올, 암모니아 및 수소) 등을 엔진 연료로 사용할 때 필요한 안전에 관한 IMO 규정으로 LNG운반선, 컨테이너선, 벌크선, 원유운반선, 자동차운반선, 여객선 및 크루즈선 등에 적용하는 국제 표준을 제공하고 있다.

앞에서 설명한 것과 같이 IGC 코드에서 LNG를 엔진 연료로 사용할 때 LNG 누출로 인한 폭발을 방지하기 위한 7개 규정도 IGF에 그대로 적용된다. IGF에 추가되는 사항은 그림 5-3과 같으며 LNG 연료탱크 연결룸에서 연료준비룸까지의 연료 공급 배관 라인도 이중구조배관을 설치해야 한다. 표 5-1은 한국선급(KR)의 저인화점연료선박 규칙에 관한 적용 지침을 요약한 내용이다.

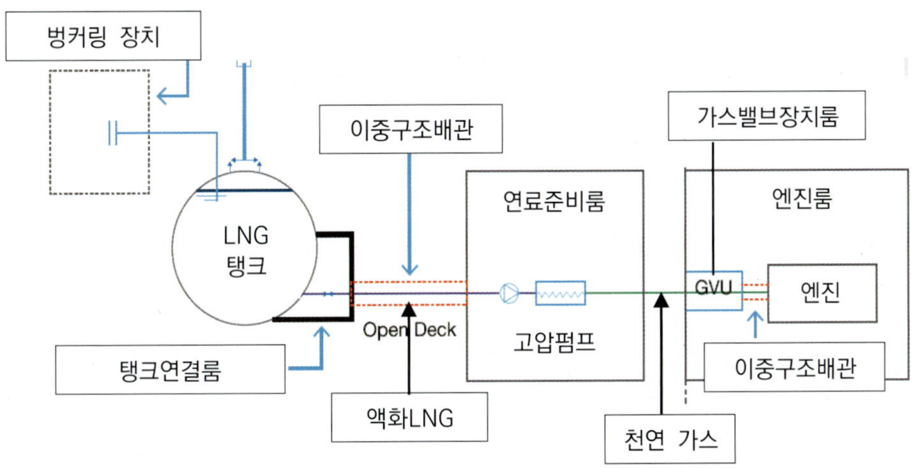

그림 5-3 IMO IGF 코드의 이중구조배관 설치 개념도

표 5-1 한국선급(KR)의 저인화점연료선박 규칙 적용 지침 요약

IGF 주요 규정 내용
① 연료탱크 배치, 엔진룸, 가스안전구역 및 연료준비룸 등 안전한 선박 설계 및 배치
② 연료저장탱크와 관련한 배치와 하중을 고려한 안전 설계와 재료 기준, 잠재적 위험 회피, 압력배출밸브와 통풍장치, 적재한도와 연료 저장 조건 등에 관한 규정
③ 연료를 공급하는 배관의 재료와 설계, 안전한 벙커링에 관한 규정
④ 신뢰성 있는 연료공급시스템 설치, 공급의 이중화, 안전한 연료 공급, 가스 누출 및 통풍장치 설치 설계와 압축기 및 펌프에 관한 규정
⑤ 메인 엔진, 보일러 및 가스터빈 등의 운전, 연료 공급과 차단에 관한 규정
⑥ 방화, 소화, 물분무장치, 분말소화장치, 화재 탐지, 경보장치 및 연료준비실 소화장치에 관한 규정
⑦ 구역 분류, 위험 구역, 통풍장치, 탱크연결부, 엔진룸, 연료준비룸, 벙커링룸, 통풍 덕트 및 이중구조배관 등에 관한 폭발 방지 규정
⑧ 전기설비, 벙커링 및 가스 탱크 감시, 벙커링 제어, 가스압축기 감시, 가스탐지, 화재탐지, 통풍, 가스공급장치의 안전 등의 제어•감시•안전 장치와 제조 및 시험에 관한 규정
⑨ 선내 비상 훈련, 벙커링•저장•운용•유지 보수 등의 작업 규정

5.3 친환경연료추진선박 발주 동향

DNV-GL 선급은 세계 운항 및 건조 중인 선박에 관한 연료 적용 비중을 조사하여 그림 5-4와 같이 제시하였다(2023년). 운항 중인 선박의 친환경연료추진선박(LPG 포함)은 총톤수(GT)의 6.52%인데 건조 중인 선박의 경우 51%로 나타났다. 친환경연료추진선박 발주가 가속화되고 있고 확대가 되고 있다는 것을 명확하게 보여준다.

특히 건조 중인 선박에서 LNG연료추진선박(LNG운반선 제외)이 40.3%로 대부분을 차지하였다. 선박의 종류별 척수를 살펴보면 자동차운반선 133척, 컨테이너선 196척, 탱커 83척 및 벌크선 39척으로 다양한 선박의 종류에서 LNG 연료의 적용이 눈에 띄게 증가한 것으로 나타났다.

메탄올연료추진선박은 8%, 151척으로, 머스크 해운 회사의 주도로 2023년에 컨테이너선 등에서 142척의 발주가 나왔다. 암모니아연료추진선박의 경우 시범 프로젝트가 진행

중이지만 공식적으로 집계되지는 않았다. 우리나라와 중국에서 암모니아연료추진선박을 적극적으로 개발하고 있으며, 2024~2025년 엔진 개발과 2026~2027년경 엔진 상용화가 이루어지면 암모니아연료추진선박 발주도 급증할 것으로 예상한다.

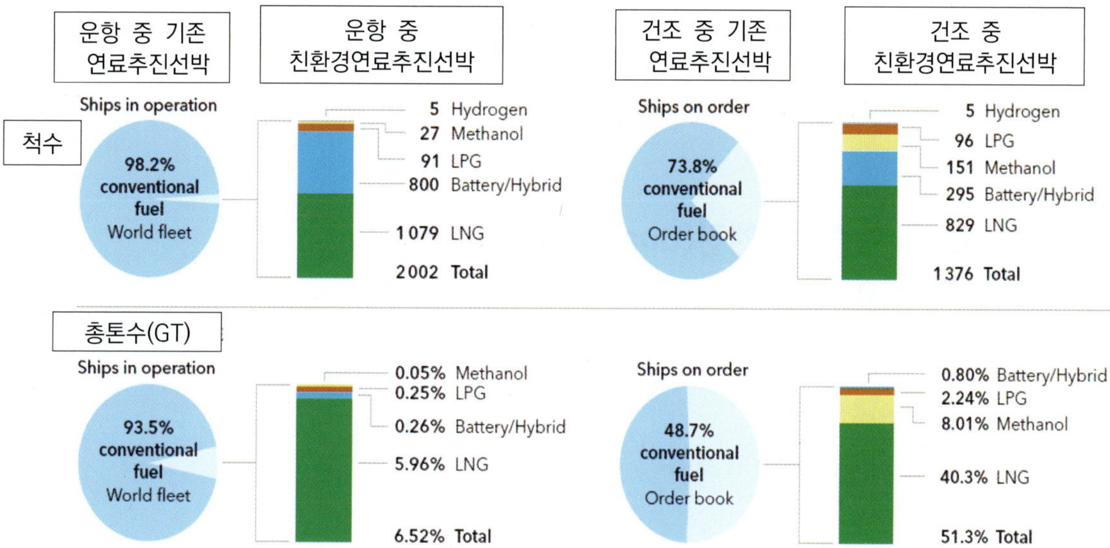

그림 5-4 친환경연료추진선박 발주 동향(2023년 7월 기준)

5.4 LNG연료추진선박

선박에서 친환경연료를 사용하기 위해 해당 연료 특성에 적합하게 오염 물질과 탄소 배출 감축 등의 친환경 목표, 연료 효율 최대화, 비용 절감 및 안전 운항 등을 달성하기 위한 엔진, 탱크, 연료공급시스템 및 벙커링시스템 설계가 이루어져야 한다. 여기서는 LNG연료추진선박의 시스템과 장치 등에 관한 기술들을 정리하여 다음과 같은 순서로 설명한다.

- LNG 이중연료엔진(Dual Fuel Engine)
- LNG 연료탱크
- LNG 연료공급시스템
- LNG 벙커링시스템
- LNG연료추진선박 안전시스템의 종류 및 설치 장소
- LNG연료추진선박의 메탄슬립 해결 방안

5.4.1 LNG 이중연료엔진(Dual Fuel Engine)

- 디젤엔진의 작동 원리
- 2행정 및 4행정 디젤엔진
- LNG 이중연료엔진
- LNG 이중연료엔진의 종류와 메탄슬립

(1) 디젤엔진의 작동 원리

선박에서 사용하는 메인 엔진은 디젤엔진이며, 공기를 엔진 실린더에 넣는 흡입 공정, 공기를 일정 수준까지 압축시키는 압축 공정, 연료를 분사하여 공기와 같이 연소시키는 팽창 공정, 연소된 가스를 배출시키는 배기 공정 등 4개 공정으로 이루어진다.

4개 공정을 자세히 살펴보면 공기가 엔진의 흡입 포트로 유입되면 공기 입구 밸브가 열리면서 실린더가 공기로 채워진다. 피스톤이 위로 올라가면서 공기를 압축시킨다. 이러한 압축은 공기의 압력과 온도를 빠르게 상승시킨다. 이 시점에 디젤 연료를 고압분사기(Injector)로 분사시키면 연료와 공기의 혼합물이 자동 점화가 되고 연소하면서 팽창이 발생한다. 이러한 팽창 힘으로 피스톤이 아래로 움직이면서 피스톤의 왕복 운동이 일어나고 선박의 크랭크 샤프트(Crank Shaft)를 회전시키는 동력을 얻는다. 연소 때문에 발생한 배기 가스는 배출 밸브가 열리면서 배기구를 통과하여 대기 중으로 배출된다. 그리고 다시 흡입 공정을 반복하는 것이 디젤엔진의 작동 원리이다.

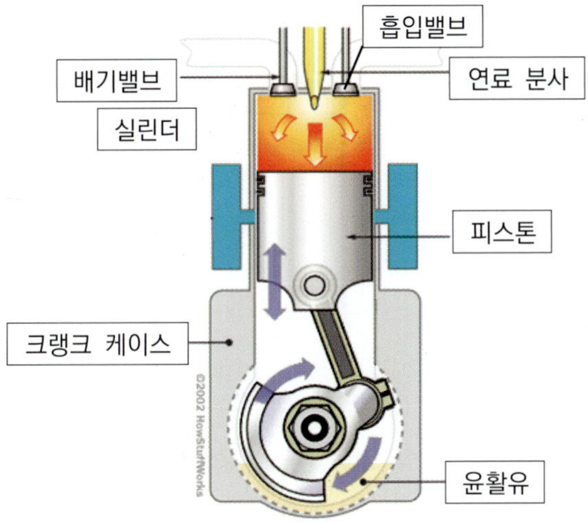

그림 5-5 디젤엔진 작동 원리 개념도

디젤엔진에서 압축비(Compression Ratio)는 매우 중요하며, 피스톤이 실린더 하사점까지 내려갔을 때의 실린더 부피(Total Volume)와 피스톤이 실린더 상사점까지 올라갔을 때의 연소실 부피(Clearance Volume)의 비율이다. 디젤엔진의 일반적인 압축비는 16~23배이며, 가솔린 엔진의 7~9배보다 높은 수준이다. 디젤엔진은 압축비를 올려 실린더 내부의 온도를 자연발화온도(디젤 254~285℃)까지 상승시켜 점화플러그의 불꽃 없이 연소시킨다. 일반적으로 압축비가 높으면 동일한 용량에서 엔진 출력 향상과 연료 효율이 좋아진다. 압축 공정을 통해 실린더 내부는 약 51 bar, 약 693℃까지 올라간다. 연소 시에는 약 59~69 Bar, 1,280℃까지 상승하면서 팽창된 힘으로 피스톤을 실린더 아래 방향으로 밀어낸다. 가솔린 엔진은 상대적으로 압축비가 낮아 실린더 압력과 온도가 낮으므로 점화플러그에 의한 불꽃 점화가 필요하다.

- 압축비 = $\frac{\text{실린더 부피}}{\text{연소실 부피}}$, 디젤엔진 압축비 = 16~23배

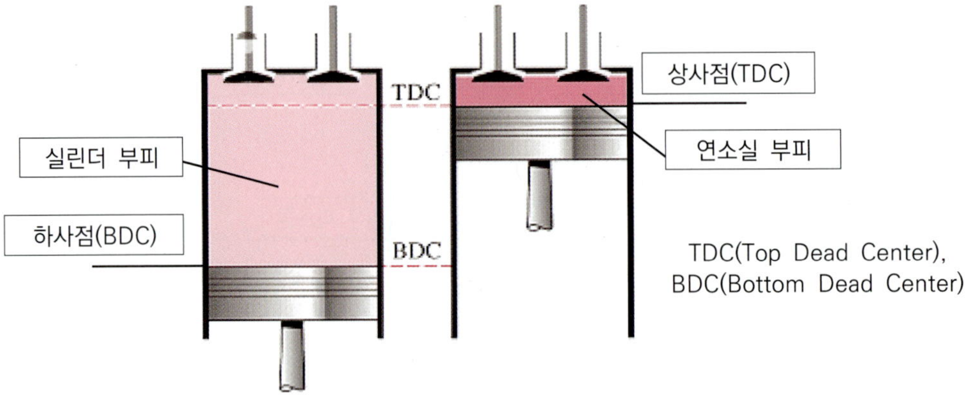

그림 5-6 압축비 개념도

또한, 고압분사기에 의한 분사 방식과 타이밍(Timing)이 연소 효율 향상과 빠른 연소를 위해 매우 중요한 엔진 제어 요소이다. 분사는 연료와 공기 비율에 적합한 양의 연료를 적절한 타이밍에 맞추어 연소실에 공급하는 것이다. 300~500 bar에 이르는 고압 분사는 액체 연료를 몇 미크론의 작은 물방울로 쪼개는 미립화(Atomization) 상태로 만들며, 짧은 시간 내에 공기와의 우수한 혼합을 통해 연소 효율을 향상시킨다. 최적의 분사는 연비를 향상시키고 배기 가스 배출을 감소시키며 엔진을 더욱 부드럽게 작동시킨다.

피스톤이 상사점에 도달하기 전 분사 시작 순간을 분사 타이밍이라고 한다. 분사 타이밍은 연료 특성과 고압분사기 방식에 따라 크게 달라진다. 연료 분사 시작 후 연료와 공기의 혼합물이 발화될 때까지 분사된다. 분사 시작과 연소 시작 사이의 시간 차이를 발화 지연이라고 하며 최적의 발화 지연 시간에 적합한 분사 타이밍을 선택한다. 이러한 최적 운전 조건을 찾아내기 위해 다양한 시뮬레이션과 실험이 이루어진다.

(2) 2행정 및 4행정 디젤엔진

디젤엔진은 앞에서 설명한 4개 공정이 다르게 이루어지는 2행정(Stroke) 엔진과 4행정 엔진으로 구분된다. 2행정 엔진은 그림 5-7과 표 5-2와 같이 피스톤이 올라가면서 공기 압축 공정과 연료가 분사되어 점화되는 팽창 공정이 이루어지고, 피스톤이 내려가면서 배기 공정과 흡입 공정이 이루어진다. 이러한 공정에서 피스톤이 상하 1번 왕복 운동하고 크랭크샤프트가 1번 회전해서 1번의 사이클이 이루어지는 엔진을 말한다. 2행정에서 흡입과 배기 공정이 거의 동시에 이루어진다. 실린더에 신선한 공기의 흡입이 되면서 남아 있는 배기 가스가 배출되어 실린더 안이 청소되는 것을 소기 작용(Scavenging)이라 한다. 4행정 엔진은 흡입•압축•폭발•배기 공정 동안 피스톤이 상하로 2번 왕복 운동하고 크랭크샤프트가 2번 회전해서 1번의 사이클이 이루어지는 엔진을 말한다.

2행정과 4행정의 장단점은 표 5-3과 같다. 대형 선박에서 주로 2행정 엔진이 사용되는 이유는 가격이 저렴하며 저속에서 출력당 연료 소비율이 낮아 연료비가 적게 들고, 구조가 단순하여 대형 엔진 제작 및 유지 보수가 쉽기 때문이다. 또한, 동일한 엔진 크기에서 4행정보다 훨씬 더 큰 출력을 발생시키므로 마력당 운전 비용이 절감되는 효과가 있다.

2행정은 4행정보다 엔진 중량과 부피가 커지고 진동 소음이 많아 크루즈선과 여객선 등에는 적합하지 않고 SOx 및 NOx 등 환경오염물질 발생이 많다. 또한, 2행정은 과부하가 많이 걸리기 때문에 엔진 수명이 4행정보다 짧은 단점이 있다.

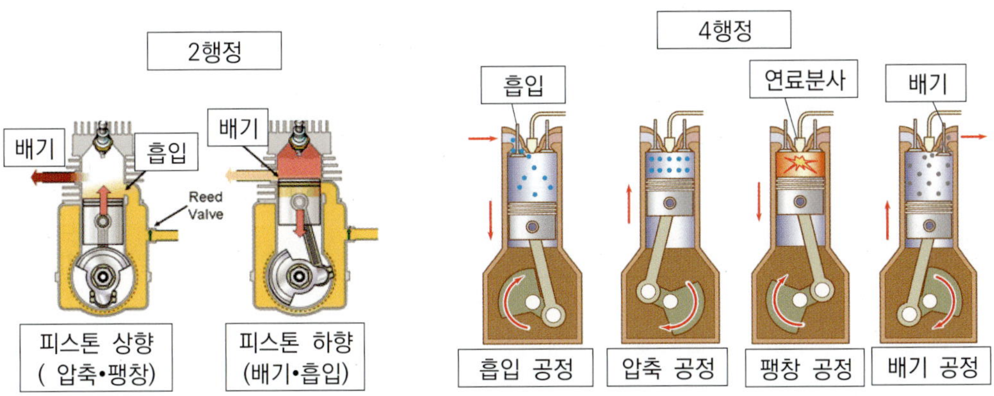

그림 5-7 2행정 및 4행정 개념도

표 5-2 2행정 엔진의 작동 공정

흡입 공정	압축 공정	팽창 공정	배기 공정
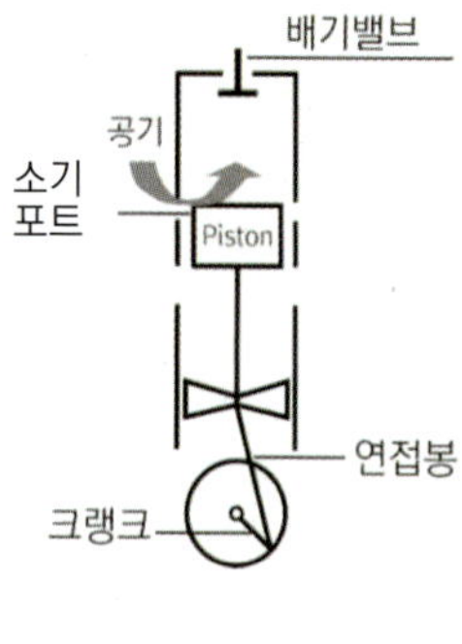	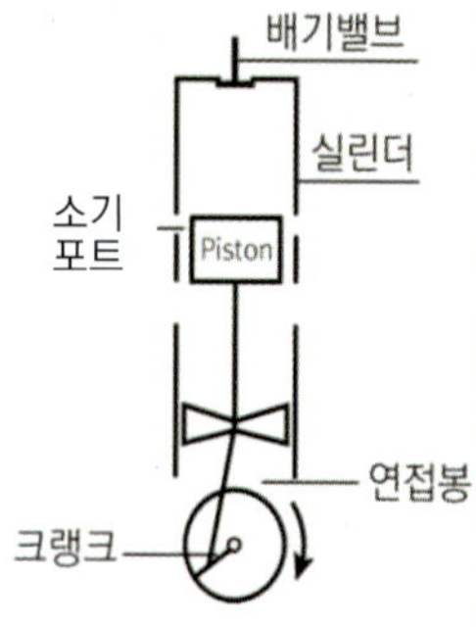	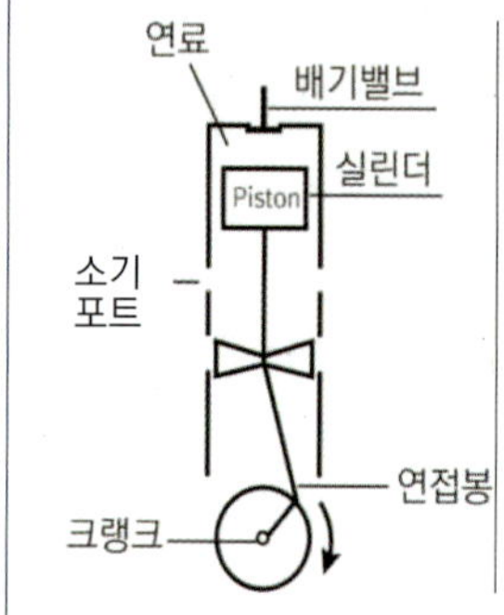	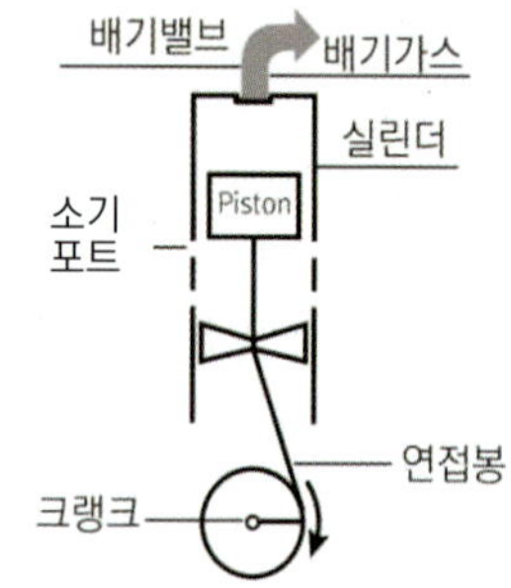
피스톤이 소기포트를 지날 때 실린더 내의 압력이 외부공기압보다 낮아, 공기가 개방된 소기포트를 통해서 실린더 내부로 들어온다.	피스톤이 상승함에 따라 소기포트가 막히고, 실린더 내의 흡입된 공기는 점차 압축되어 온도와 압력이 상승한다. 온도 : 500~700℃ 압력 : 25~130 bar	피스톤이 상사점에 달하면 연료가 실린더내로 분사된다. 분사된 연료는 고온의 압축 공기로 발화되어 피스톤을 강하게 누르고, 커넥팅 로드(연접봉)를 거쳐서 크랭크샤프트를 회전시킨다.	외부공기 압력보다 상당히 높은 배기 가스는 열린 배기밸브를 통해 실린더 밖으로 배출되고, 소기포트가 열리면서 대기압보다 높은 압력의 공기가 실린더 내로 들어와 남아 있는 연소가스를 밀어내고 실린더에 새로운 공기를 채운다.

표 5-3 2행정 및 4행정 엔진의 장단점

구분	2행정 엔진	4행정 엔진
작동 원리	엔진의 흡입•압축•폭발•배기 공정이 크랭크샤프트 1회전에 발생	엔진의 흡입•압축•폭발•배기 공정이 크랭크샤프트 2회전에 발생
적용	대형 선박 : 컨테이너선, 탱커, 벌크선 등 대형 저속엔진(분당회전속도 120 rpm 이하)	크루즈, 페리, 군함, 소형 선박 등 중•고속엔진(분당회전속도 400~1200 rpm)
장점	• 가격이 저렴하다. • 출력당 연료소비율이 낮다. • 구조가 단순하여 대형 출력 엔진 제작이 쉽다. • 유지보수비용이 저렴하다. • 엔진 중량 대비 출력이 크다.	• 소음과 진동이 작다. • 불완전 연소가 없어 열효율이 높다. • SOx, NOx 등 환경오염물질 발생이 작다 • 운전 압력과 온도가 낮고 진동도 작아 엔진 수명이 비교적 길다.

단점	• 엔진 중량과 부피가 크다. • 소음과 진동이 많다. • SOx, NOx 등 환경오염물질 발생이 많다. • 운전 압력과 온도가 높아 엔진 수명 짧다.	• 가격이 비싸다. • 밸브시스템 등 구조가 복잡하다. • 유지보수 비용이 많이 들어간다. • 윤활유 비용이 많이 들어간다. • 엔진 중량 대비 출력이 작다.

(3) LNG 이중연료엔진

이중연료엔진은 LSFO(저유황 중유) 또는 디젤 및 친환경연료 중 하나를 같이 사용하여 2개의 연료를 사용할 수 있는 엔진이며, 친환경선박 대부분에 이중연료엔진을 설치한다. LNG연료추진선박의 경우 연소 효율 향상을 위해 디젤과 같이 사용하고, 메탄올연료추진선박과 암모니아연료추진선박의 경우 일정 기간 디젤 연료만, 또는 바이오 연료와 혼합하여 사용하다가 적절한 시기에 각각 메탄올과 암모니아 연료를 사용할 수 있다.

LNG 이중연료엔진의 운전 원리를 살펴보면 다음과 같다. LNG를 기화시켜 천연 가스로 만들고 엔진 연소 조건에 적합한 압력과 온도로 만들어 이중연료엔진에 공급한다. 피스톤이 아래쪽으로 이동할 때 가스와 공기의 혼합물을 실린더 안으로 흡입시킨다. 피스톤이 위쪽으로 움직이면서 혼합물이 압축되며, 피스톤이 상사점에 도달하기 직전에 파일럿 디젤 연료가 실린더에 고압으로 분사되면서 자연 발화되고, 이러한 연소를 이용하여 천연가스와 공기 혼합물을 점화시킨다. 파일럿 연료 점화 방식이며 간접 압축 점화 방식이며 디젤사이클로 이루어진다. 파일럿 연료 대신에 점화 플러그를 설치하여 점화시키는 엔진도 있으며 파일럿 연료로는 압축 점화가 용이한 디젤을 많이 사용하며 바이오디젤도 사용할 수 있다.

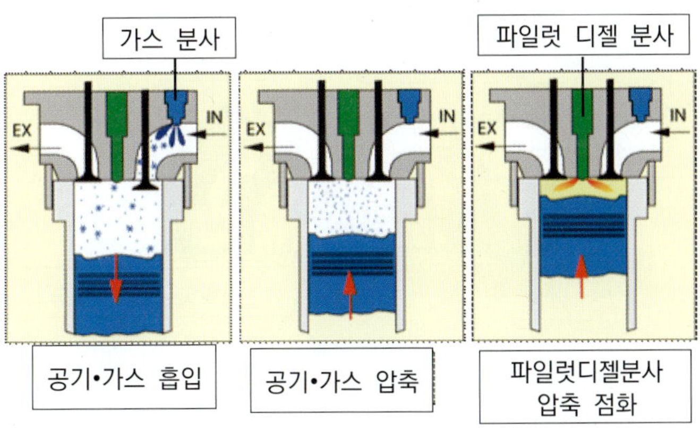

그림 5-8 LNG 이중연료엔진 원리 개념도

디젤 연료의 자연발화온도는 254~285℃이며 천연 가스는 디젤보다 매우 높은 586℃ 수준이다. 기존 디젤 엔진에서 천연 가스를 연료로 사용할 경우 천연 가스와 공기 혼합물을 자연 발화시키는 것이 어렵다. 이러한 혼합물의 점화를 위해 디젤 분사에 의한 자연 발화를 이용한다. 또한, 분사되는 디젤의 양에 따라 노킹 문제가 발생할 수 있다. 노킹 방지를 위해 천연 가스를 약 300 bar까지 압축한 다음 파일럿 디젤과 동시에 분사시킨다. LNG 이중연료엔진은 가스와 공기의 혼합 비율, 파일럿 디젤 분사 방식 및 이중 연료 연소 공정 등에서 디젤엔진보다 복잡하므로 효율적인 엔진 운전을 위한 최적화가 필수적이다.

그림 5-9는 이중연료엔진 연료분사밸브 설치 개념도이며 엔진 제조 회사마다 다르다. 디젤 연료를 사용하기 위한 디젤분사밸브와 파일럿디젤분사밸브도 연소실 중앙에 설치한다. 가스공급밸브는 실린더 헤드의 공기 흡입구에 위치한다. 그림 5-10은 ME-GI의 이중연료엔진 개념도이다. 엔진에 가스밸브 및 디젤연료밸브가 각각 2개 설치한다. 가스를 분배해주는 가스분배채널(Gas Distribution Channel), 가스 공급량을 제어하는 가스분배블록(Gas Distributor Block) 및 가스분배블록에 가스를 공급하는 체인 형상의 배관 라인인 가스체인링크(Gas Chain Link) 등 가스 공급 관련 밸브 장치를 설치하여 300 bar 고압의 가스를 실린더 내부에 공급한다.

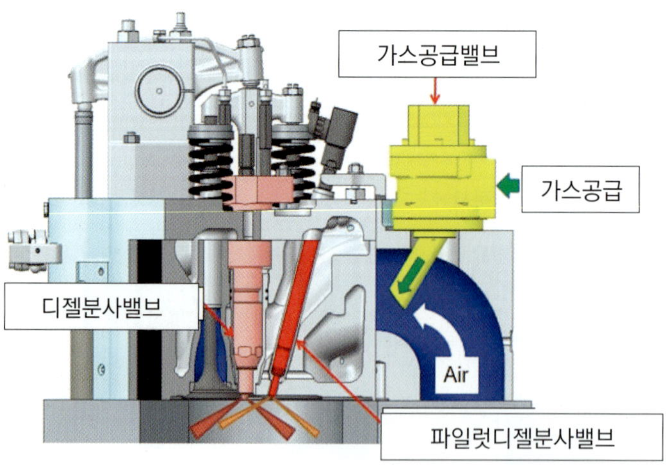

그림 5-9 이중연료엔진 연료분사밸브 설치 개념도

그림 5-10 MAN ME-GI 이중연료엔진 개념도

LNG 이중연료엔진은 시동 및 운항 중에 다음의 3개 모드로 운전할 수 있다. 엔진 출력 변동을 최소화하면서 모드 변환을 자동으로 전환할 수 있는 시스템을 설치한다.

① 가스 모드 : 충분하고 일정한 가스 공급이 가능한 경우 지속적인 가스 분사가 가능하며, 분사되는 디젤의 양은 엔진 부하에 따라 달라진다. 파일럿 디젤 사용이 최소화하도록 설정하며 엔진 부하 100%에서 연료 소비량의 최대 3%, 저부하에서 약 1.5% 수준으로 사용한다. 가스 모드가 종료되면 질소 불활성화 퍼지를 실행하여 연료 배관 라인에서 가스 연료를 깨끗이 제거시킨다.

② 가스 및 디젤 모드 : 디젤과 가스 연료를 모두 사용하며 엔진 부하에 따라 약 6~8%의 디젤을 사용한다. IMO 규제를 만족시키면서도 연료비를 절감할 수 있는 범위에서 가스와 디젤 비중을 정할 수 있다.

③ 디젤 모드 : 엔진에 시동을 걸 때와 가스를 사용할 수 없는 경우 또는 연소 압력이 너무 높을 경우 가스 모드를 중지시키고 디젤 모드로 운전한다.

그림 5-11은 LNG 이중연료엔진에서 엔진의 운전 모드를 전환하는 사례이다. 시동을 걸 때에는 디젤 모드에서 이루어지며, ECA 지역에서는 NOx, SOx 및 CO_2 배출 규제 만족을 위해 가스 모드로 운전한다. 대양을 운항할 때에는 가스 모드 또는 디젤 모드로 자유 선택을 하고, 운항 중 가스 모드에 문제가 발생하면 디젤 모드로 운전한다. 가스 모드에서 디젤 모드의 전환은 쉽지만 디젤 모드에서 가스 모드로 전환시킬 때는 노킹 현상이 발생할 수 있어 효율적인 엔진 제어가 필요하다.

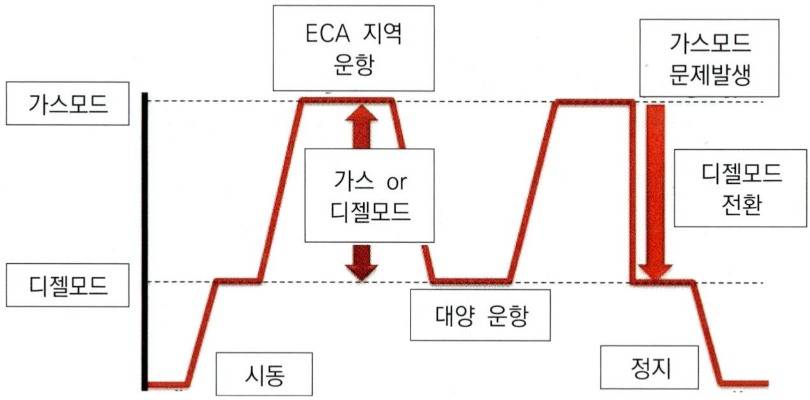

그림 5-11 LNG 이중연료엔진 운전 개념도

(4) LNG 이중연료엔진의 종류와 메탄슬립

LNG 이중연료엔진은 MAN의 ME-GI와 WinGD X-DF 엔진이 대표적이다. 표 5-4와 같이 MAN ME-GI 경우 실린더 내부의 공기가 압축된 상태에서 300 bar의 고압 가스를 분사하여 연소(디젤사이클)시키기 때문에 효율이 높아 배기 가스에서 연소하지 않은 메탄이 발생하는 메탄슬립 발생은 미미하다. 그러나 WinGD X-DF의 경우 그림 5-12와 같이 실린더 내부의 공기가 충분히 압축되지 않은 상태에서 16 bar의 저압 가스를 엔진 실린더에 공급하므로(오토사이클) 상당한 양의 메탄슬립이 발생하기 때문에 별도의 장치를 추가하여 이를 제거해야 한다. 최근 WinGD에서 X-DF2.0 신형 엔진을 출시하면서 메탄슬립 발생을 50% 감축시켰다고 발표하였다.

X-DF에서 오토사이클을 적용한 이유는 ①자연 발화에 필요한 고압이 필요 없어 엔진 구조가 단순화되고 재료가 절감되면서 중량도 줄어들며 엔진이 저렴해진다. ②이론 공연비보다 많은 양의 공기가 공급되어 연소가 이루어지는 희박 연소 방식인 오토사이클 엔진은 실린더 내부 연소 온도가 낮아 NOx 배출이 IMO 규제 만족 수준으로 줄어들어 질소산화물 제거 장치가 필요 없는 장점이 있기 때문이다. 이러한 메탄슬립 발생 현상은 선박을 운항하면서 발견되었다.

표 5-4 MAN의 ME-GI 및 WinGD X-DF 특징 비교

구분	ME-GI 엔진	X-DF 엔진	보조발전기 엔진 (DFDE)
형식	디젤사이클	오토(Otto)사이클	오토(Otto)사이클
IMO NOx	Tier Ⅲ 만족 위해 EGR or SCR 필수	Tier Ⅲ 만족	Tier Ⅲ 만족
메탄슬립	미미한 발생	발생	발생
가스 공급압력	300 bar, 45℃	16 bar, 45℃	6 bar, 45℃

※ BOG(Boil of Gas) : LNG에서 자연적으로 기화된 가스, DFDE : Dual Fuel Diesel Electric

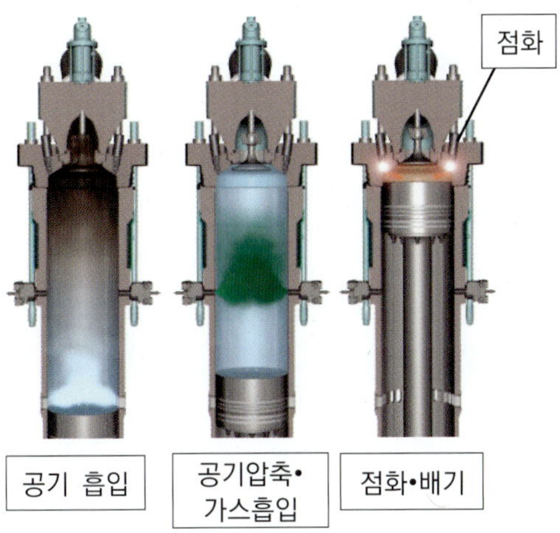

그림 5-12 WinGD X-DF 이중연료엔진 연소 개념도와 X-DF2.0 신형 엔진

메탄슬립은 다음과 같은 2가지 원인에 의해 발생한다. ①천연 가스가 16 bar 저압으로 실린더에 공급되는데 점화 전에 실린더 헤드와 실린더 라이너 사이의 개스킷 영역 등의 틈새 공간으로 들어가 점화되지 않은 가스가 배기 밸브를 통해 배출된 것이다. ②가스와 공기의 혼합도 고르지 않고 실린더 내부에 가스가 골고루 확산되지 않아 가스가 희박한 영역에서는 온도가 낮아져 연소하지 않은 가스가 배출된 것이다.

IMO와 EU에서는 표 5-5와 같이 메탄슬립계수를 적용하여 MAN의 ME-GI과 X-DF 등 점화 방식에 따른 CO_2 감축에 관한 차이를 구분하고 있다. X-DF 오토사이클이 ME-GI의 디젤사이클보다 확실히 메탄슬립계수의 수치가 상당히 높게 나온다. X-DF2.0 개량 엔진에서 메탄슬립을 50% 감축시켰다.

4행정 저압이중연료엔진(DFDE)은 크루즈와 여객선의 메인 엔진으로 많이 적용되었으며 대형 선박에서는 발전기 엔진으로 많이 적용되었다. 이러한 엔진은 메탄슬립 발생 때문에 HSFO보다 CO_2 배출이 3% 더 많이 나온다. 이러한 선박의 경우 IMO 탄소 배출 규제를 만족시키기 위해서는 운항 속도를 더 줄이든지, 정박 시에 항만 육상 전력을 사용하는 등 추가적인 CO_2 감축이 이루어져야 한다.

2행정 고압이중연료엔진(ME-GI) 경우 ECA 지역 또는 항만에 입•출항하는 경우 엔진 부하가 15~20%로 떨어지므로 디젤 모드로 전환하여 운항해야 하며 NOx Tier Ⅲ 기준을 만족시키지 못하므로 EGR 또는 SCR 등 질소산화물 제거 장치를 작동해야 한다. 메탄슬립 발생은 미미하여 고려하지 않아도 된다.

표 5-5 이중연료엔진 종류별 메탄슬립계수 및 CO_2 감축 비교

종류		IMO 메탄슬립계수	EU 메탄슬립계수	HSFO 대비 CO_2 배출%	비고
고압이중연료엔진	2행정(디젤사이클)	0.15%	0.2%	83%	ME-GI Type, 저속
저압이중연료엔진	2행정(오토사이클)	1.7%	1.7%	92%	X-DF Type, 저속
저압이중연료엔진	4행정(오토사이클)	3.5%	3.1%	103%	DFDE, 중속

※•메탄슬립계수 : 1.7% = 2.5g/kWh(메탄슬립발생량/출력), 3.5% = 5.5g/kWh, 0.15% = 0.20g/kWh

5.4.2 LNG 연료탱크

- LNG 탱크 종류
- LNG Type-C 탱크

(1) LNG 탱크 종류

LNG 탱크에는 그림 5-13과 같이 선박 선체와 분리하여 설치하는 독립형 탱크와 선체 일체형 탱크가 있다. 독립형 탱크는 Type-A, B 및 C가 있고 일체형에는 멤브레인(Membrane) 탱크가 있다. Type-A, B 및 멤브레인은 최대허용설정정압력이 0.7 bar 수준인 저압 탱크로 1차 방벽(Primary Barrier)에서 누출이 발생할 경우를 대비하기 위해 2차 방벽(Secondary Barrier)이 필요하다.

LNG운반선의 LNG 화물창으로 멤브레인형을 가장 많이 적용하고 일부에서 Type-B를 적용한다. Type-A는 LPG운반선용으로 개발하였으며 주로 LPG 탱크에 사용되고 액체 탱크 규정에 따르고 있다. Type-B와 멤브레인 탱크는 구조 해석에 의한 탱크 신뢰성이 중요한 LNG운반선의 화물창에 적용된다. 표 5-6에서 Type-A, B C 및 멤브레인 탱크에 관한 특징을 정리한다.

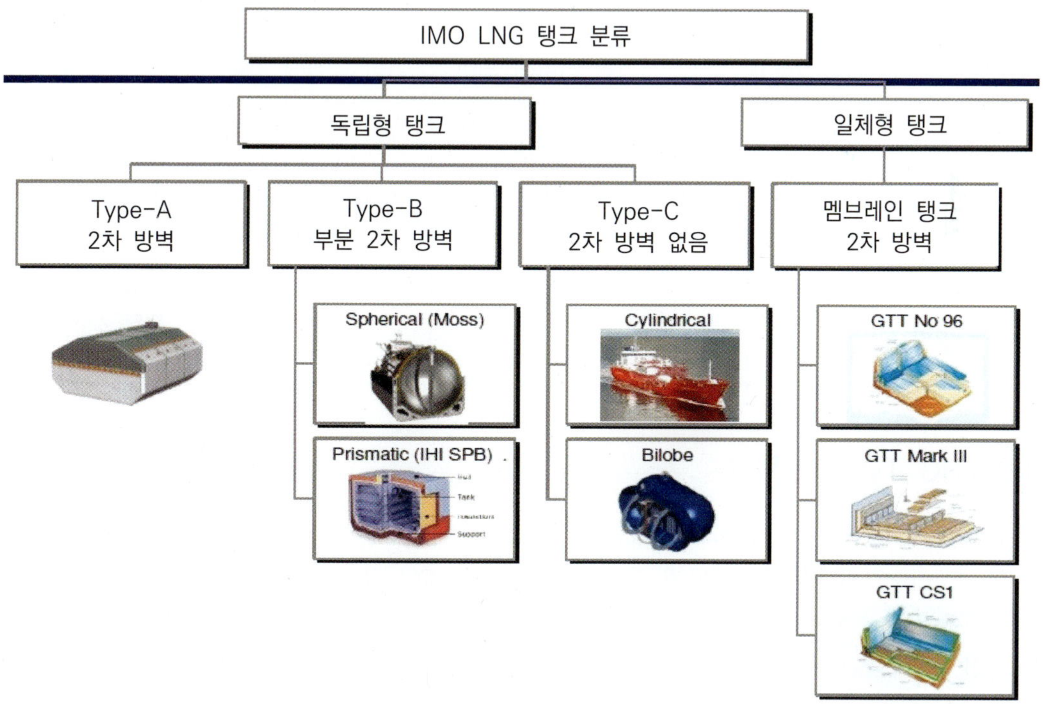

그림 5-13 IMO LNG 탱크 분류

표 5-6 Type-A, B C 및 멤브레인 탱크 특징 비교

구분	Type-A	Type-B	Type-C	멤브레인형
구조 재료	스테인리스강	스테인리스강 알루미늄합금강	스테인리스강 9% 니켈강 고망간강	인바(Invar) 스테인리스강
2차 방벽	완전 2차 장벽 필요	부분 2차 장벽 필요	2차 장벽 필요 없음	완전 2차 장벽 필요
공간 효율성	매우 우수	중간	저조(원통형)	매우 우수
제작 기술	선박 일반 구조 유사 (숙련 용접공)	선박 일반 구조 유사 (숙련 용접공)	압력 용기 기술 (숙련 용접공)	높은 기술과 정밀성 (설계 라이선스)
슬러싱 (출렁임)	대형 탱크 내부 특별 보강재 설치	슬러싱 억제 설계 필요	별 문제가 되지 않음	대형 탱크 내부 특별 보강재 설치
탱크 내부 허용 압력	설계허용압력은 0.7 bar, 기화 압력에 취약	설계허용압력은 0.7 bar, 기화 압력에 취약	설계허용압력 2~10 bar, 기화 압력에 강함	설계허용압력 0.7 bar, 기화 압력에 취약
유지 보수	전문 인력 필요, 많은 시간 소요	일반 선박 구조와 유사, 단열재는 전문인력 필요	일반 선박 구조와 유사, 단열재는 전문 인력 필요	전문 인력 필요, 많은 시간 소요
제조 비용	중간	높음	저렴	매우 높음 전문 생산 라인 필요

(2) LNG Type-C 탱크

현재 LNG연료추진선박의 LNG연료탱크로는 Type-C 탱크가 일반적으로 널리 적용된다. Type-C 탱크는 압력 용기 코드 기준과 보수적인 응력 한계를 사용하여 설계되었기 때문에 2차 방벽이 필요하지 않으며, 제조비용이 상대적으로 저렴하고 구조가 간단하다. 또한, 압력 용기이기 때문에 증발 가스(BOG, Boil off Gas) 압력에 견디고 압축기 없이 발전기 엔진에 연료로 공급할 수 있는 장점이 있다. 일반적으로 엔진룸에 가까이 배치하며 상갑판 위에 설치한다.

대양을 운항할 경우 운항일이 15~21일 내외이며, 연료탱크 크기가 상대적으로 커지고 상당한 독립 공간이 필요하므로 화물 적재 손실이 발생하면 멤브레인을 선택할 가능성도 있다. LNG 누출 시의 폭발 위험을 고려하여 선원이 거주하는 선실과 LNG연료탱크를 10 m 이상 떨어지게 배치해야 하며, 그렇지 않을 경우 선실 구역에 물 스프레이(분무)시스템(Water Spray System)을 설치해야 한다.

Type-C 탱크는 단일 셀 또는 이중구조 셀로 만들 수 있다. 이중구조 셀의 경우 탱크 내부와 외부 셀이 있으며 그 중간은 진공 상태로 유지되고 단열재가 그 속에 들어간다. 이중구조 셀의 경우 단열 성능은 매우 우수하지만, 제작 및 운영 비용이 많이 들어가는 단점이 있어 대부분 단일 셀을 적용한다.

단일 셀 탱크 구조 설계는 탱크 내부 압력, 연료 중량, 슬러싱(Sloshing) 충격 및 열응력 등의 부하에 관한 항복 강도, 굽힘과 좌굴 강도 등의 요구 사항 등을 종합적으로 고려하여 이루어진다. 셀 두께 결정은 탱크 내부의 압력이 5~10 bar 수준으로 낮아 각종 최대 응력 계산에서 계산한 값을 적용하기보다는 탱크 셀의 형상 유지, 효율적인 제작 및 외부 충격에 관한 안전성 확보 관점에서 필요한 최소 두께로 정할 필요가 있다. 한국 선급(KR) 가스연료선박 지침에는 부식 예비 두께까지 포함하여 탄소망간강 및 니켈강은 5 mm, 오스테나이트강은 3 mm 및 알루미늄합금강은 7 mm 이상으로 정하고 있다.

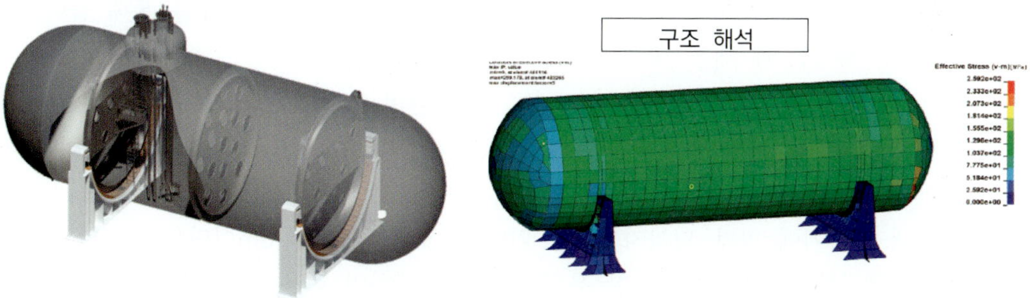

그림 5-14 Type-C 탱크 구조 해석 개념도

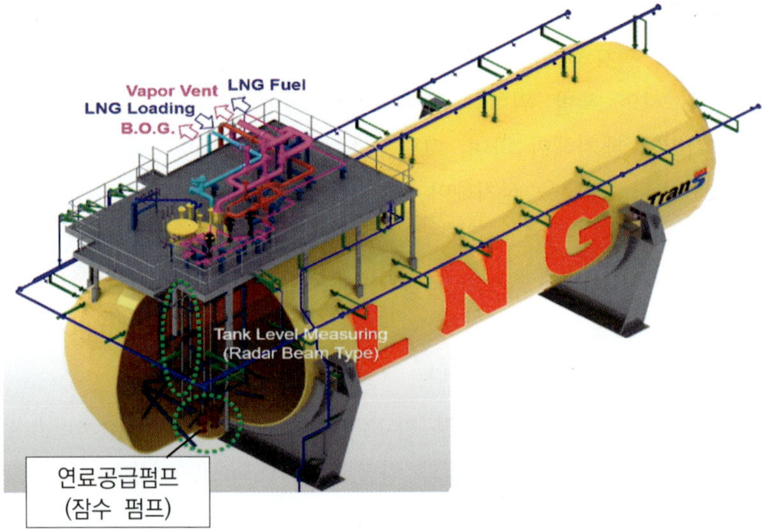

그림 5-15 Type-C 탱크 이미지

Type-C 탱크 단열재로 일반적으로 셀 표면에 직접 재료를 분사시키는 스프레이 폴리우레탄폼(PUF, Polyurethane Foam)을 사용하며, 매우 저렴하면서 단열 성능이 우수한 단열재이다. 다른 단열재와 비교해서 가볍고 압축 강도가 높으며 진동과 충격에 우수하고 온도에 따라 크기가 변하지 않으며 열전도율이 낮다. 이음새와 조인트를 통해 들어오는 공기 침투를 줄이는 데 매우 효과적이다.

스프레이 PUF 방식을 사용하면 단열재를 탱크 표면에 밀착 접촉시킬 수 있으며 복잡한 형상의 금속 표면까지 덮을 수 있다. PUF는 강도가 약하므로 단단한 외부 표면을 만드는 외부 내화성 클래딩(Fire Resistant Cladding)으로 시공하여 강도를 강화한다. PUF 두께는 탱크 크기에 따라 달라지겠지만 일반적으로 300~350 mm이면 충분하다. 또한, PUF과 단열 성능과 강도가 우수한 유리 섬유를 혼합하여 적용하면 단열 성능과 강도가 더 향상되며 가격은 비싸진다.

그림 5-16 Type-C 탱크 선박 설치 이미지

LNG 연료탱크에 관한 IGF 코드 주요 규정은 다음과 같다.

① 연료탱크 설계 수명은 선박 설계 수명과 20년 중 큰 것보다 작지 않아야 한다.
② 연료탱크의 적재 한도는 95% 수준이다.
③ 탱크 설계 온도의 상한은 대기 45℃ 및 해수 32℃로 한다.
④ 연료저장시스템의 최대허용설정압력은 10 bar 이하여야 한다.
⑤ 연료탱크의 최대허용사용압력은 최대설정허용압력의 90% 이하여야 한다.
⑥ 15일 동안 탱크의 압력을 9 bar 이하로 유지할 수 있어야 한다.
⑦ 연료탱크에 2개 이상의 압력배출장치(밸브)를 설치해야 한다. 최대설정허용압력 9 bar 이상이면 밸브를 열고 가스를 배출시켜 압력을 낮춘다.
⑧ 압력배출밸브의 배기 가스는 통풍시스템과 벤트마스트를 통해 대기 중으로 보낸다.
⑨ 연료탱크는 충전하기 전에 질소 불활성화시스템을 작동시켜 잔류 가스를 제거한다.

5.4.3 LNG 연료공급시스템

LNG 연료공급시스템(FGSS, Fuel Gas Supply System)은 LNG연료추진선박에서 LNG 연료탱크에 있는 천연 가스를 엔진 운전에 적합하게 만들어 공급하는 시스템이다. 선박의 추진 동력을 공급하는 메인 엔진과 전기를 생산하는 발전기 엔진 및 온수를 공급하는 보조 보일러 등에 고압 또는 저압 가스로 구분하여 공급한다. ME-GI 엔진과 X-DF

엔진에 따라 FGSS의 계통도 및 구성 장치가 달라진다. 이에 대해 다음과 같은 순서로 설명한다.

- ME-GI 엔진용 고압•저압 가스 연료공급시스템(FGSS)
- X-DF 엔진용 저압 가스 연료공급시스템(FGSS)
- 가스밸브트레인(GVT) 및 가스밸브유닛(GVU)
- FGSS 통합제어시스템

(1) ME-GI 엔진용 고압 • 저압 가스 연료공급시스템(FGSS)

ME-GI 엔진 가스 연료공급시스템에서 중요한 프로세스는 3가지이다.

- ME-GI 엔진에 300 bar, 45℃ 수준의 고압 가스를 공급한다.
- 발전기 엔진에 6 bar, 45℃의 저압 가스를 공급한다.
- 보조 보일러에 6 bar, 45℃의 LNG 연료탱크 증발가스(BOG)를 공급한다.

그림 5-17, 그림 5-18은 ME-GI 엔진에 관한 일반적인 연료공급시스템의 공정 흐름도이다. 엔진 출력을 상승시키면 그에 따른 필요한 연료량에 관한 제어가 이루어지며, LNG 연료탱크 내부에 있는 잠수 펌프를 작동시켜 고압 펌프에 LNG를 공급한다. 압력 상승 이후에 고압 기화기에서 고압 LNG를 기화시킨 후에 고압 가스를 엔진에 공급한다. 이에 대해 다음과 같은 순서로 설명한다.

- ME-GI 엔진용 고압 가스 공급
- 발전기 엔진용 저압 가스 공급
- 보조 보일러용 저압 가스 공급

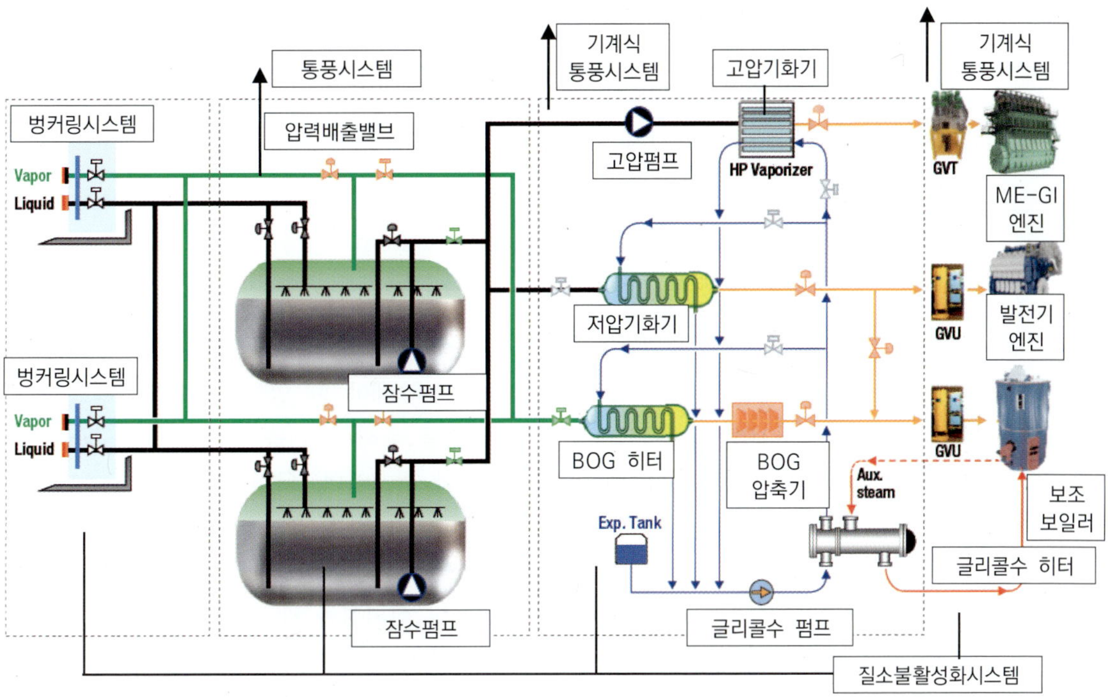

그림 5-17 ME-GI 엔진 연료공급시스템 계통도 개념도

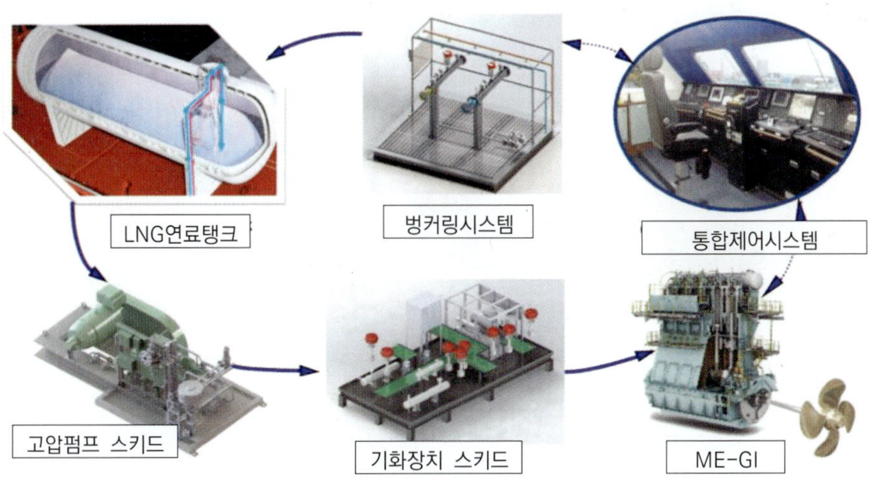

그림 5-18 ME-GI 엔진 연료공급시스템 공정 흐름도

가) ME-GI 엔진용 고압 가스 공급

- 잠수 펌프(Submerged Pump)
- 고압 펌프(High Pressure Pump)
- 고압 기화기(High Pressure Vaporizer)
- 글리콜수 히팅시스템(Glycol Water Heating System)

① 잠수 펌프(Submerged Pump)

ME-GI 엔진에 고압 가스를 공급하기 위해 먼저 해야 할 일은 LNG 연료탱크 내부에 설치된 그림 5-19와 같은 극저온 잠수 펌프를 통해 LNG를 고압 펌프에 공급하는 것이다. -163℃의 LNG 연료탱크 내부에 설치한 펌프이며, 극저온에 강한 오스테나이트계 스테인리스강과 단조 알루미늄 등으로 만들어진 외부 케이스에 의해 확실하게 밀봉되어야 한다. 펌프와 모터가 일체로 설계되어 있으며 극저온의 조건에서 펌핑 작업을 안전하게 수행하면서 매우 높은 수준의 내구성 및 신뢰성을 확보하도록 설계한다. 구조가 단순해지고 무게가 가벼우며 안정적인 성능 구현이 가능한 원심형 펌프를 선택한다.

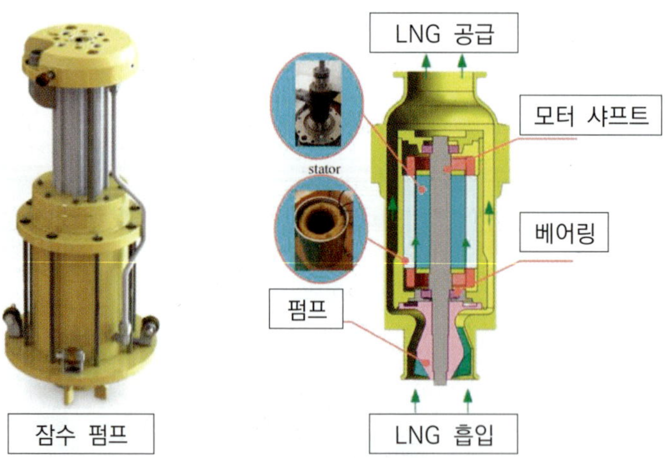

그림 5-19 LNG 잠수 펌프 개념도

② 고압 펌프(High Pressure Pump)

잠수 펌프에 의해 LNG가 고압 펌프에 공급되면 그림 5-20과 같은 고압 펌프에서 왕복동 운동으로 LNG를 300 bar로 상승시킨다. LNG 기화 후에 압력을 상승시키면 전력이 많이 들어가고 압력 펌프의 크기도 커지므로, LNG 액체 상태에서 압력을 상승시키는 것이 효율적이다. 왕복동 운동에 의한 이상 진동 현상인 캐비테이션이 발생할 가능성이 있고, 고압 상승 과정에서 압축열 발생으로 LNG 증발 가스가 발생하여 압축 효율 저하와 펌프 손상이 발생할 수 있으므로 운전에 주의해야 한다.

- 고압 펌프 : 300 bar LNG 생성

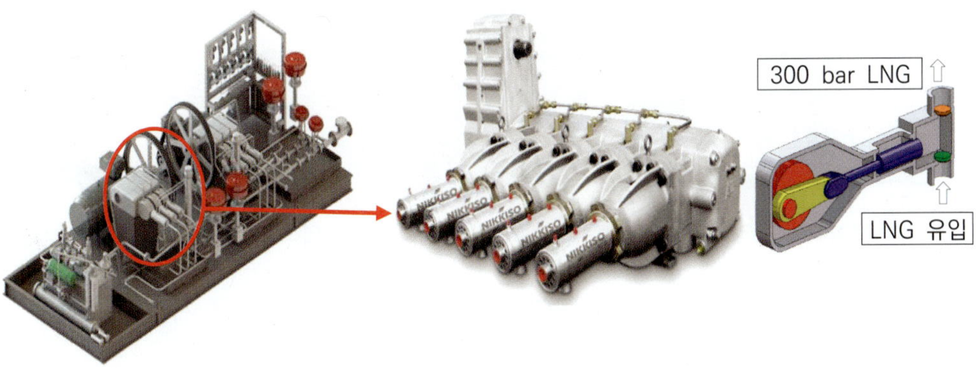

그림 5-20 고압 펌프 스키드 및 고압 펌프 이미지

③ 고압 기화기(High Pressure Vaporizer)

고압 펌프에 의해 고압 LNG를 만든 후에 고압 기화기(Vaporizer)에서 고압 천연가스로 기화시키고 45℃ 수준으로 만든다. 고압 기화기에는 그림 5-23과 같은 글리콜수 히팅시스템에서 공급한 90℃ 글리콜수를 이용하여 기화시킨다.

- 고압 기화기 : 300 bar, 45℃ 천연 가스 생성

고압 기화기에는 PCHE(Printed Circuit Heat Exchanger, 인쇄회로열교환기), 셀튜브(Shell & Tube) 및 헤어핀(Hair Pin) 방식 등 다양한 종류가 있다. 최근 효율이 향상된 PCHE 방식이 개발되면서 점유율을 높여가고 있다.

PCHE 방식은 그림 5-21과 같이 2개의 유체 흐름이 지나가는 금속판을 번갈아 겹겹이 쌓아서 만든 것으로 열교환 효율이 우수해 셀튜브 방식보다 기화기 부피가 약 80% 줄어드는 큰 장점이 있다. 또한, 작고 가벼운 무게로 선박의 제한된 공간에 쉽게 설치할 수 있다. 필요 배관 배치가 쉽고 안정적인 기화 성능 유지, 신뢰성 및 열응력 저항에 우수하고 글리콜수의 결빙도 방지할 수 있다.

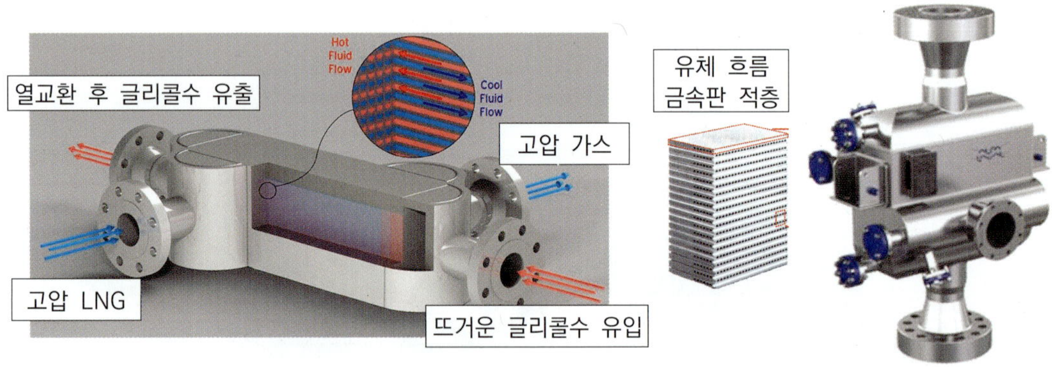

그림 5-21 PCHE 열교환 방식 고압 기화기 개념도

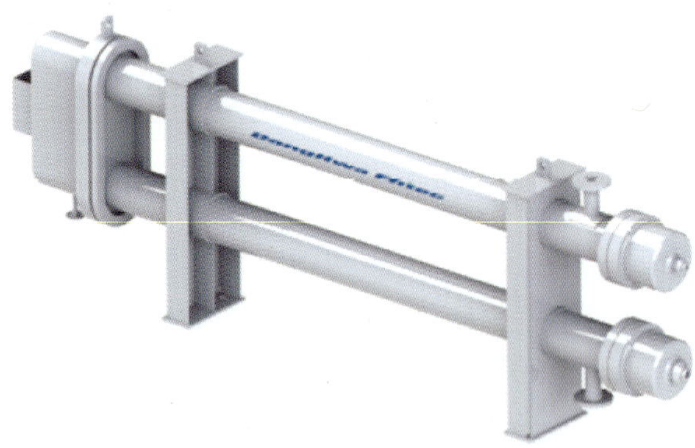

그림 5-22 헤어핀 열교환 방식 고압 기화기

④ 글리콜수 히팅시스템(Glycol Water Heating System)

극저온 열교환에 필요한 열을 효율적으로 공급해주도록 설계하여 설치한 장치가 글리콜수 히팅시스템(Glycol Water Heating System)이다. 고압, 저압 및 기화기에 필요한 열을 공급해주며, 열매체인 글리콜 수용액을 90℃로 가열시키는 히터, 공급 펌프 및 글리콜 탱크 등이 있는 폐쇄형루프시스템(Closed Loop System)으로 이루어진다.

글리콜수는 일반적으로 글리콜과 물의 부피 비율이 45:55인 유기 혼합물이다. 물과 혼합해서 사용하는 이유는 글리콜은 어는 빙점(Freezing point)이 -12.8℃인데 물과 혼합해주면 글리콜이 물 분자끼리의 수소 결합을 방해해서 빙점이 더 낮아지기 때문이다. 45:55인 경우 빙점은 약 -30.5℃ 수준이다. 물만 사용할 경우는 0℃ 이하에서 얼고 부피가 10% 증가하는 문제가 있다. 글리콜수는 전해질이 아니므로 녹 발생도 어느 정도 방지해준다.

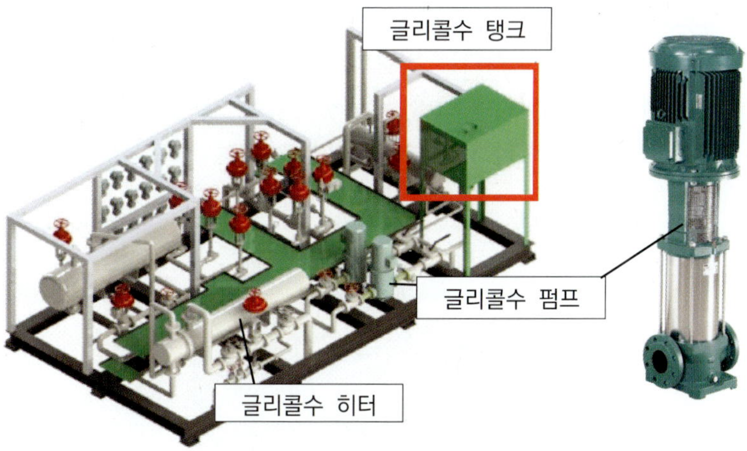

그림 5-23 글리콜수 히팅시스템 스키드(Skid)

나) 발전기 엔진용 저압 가스 공급

그림 5-17과 같이 발전기 엔진에 관한 6 Bar의 저압 가스 공급은 LNG 연료탱크 내부에 있는 잠수 펌프와 저압 기화기(Low Pressure Vaporizer)와 글리콜수 히팅시스템 등의 적용으로 이루어진다. 잠수 펌프를 사용하여 6 bar 수준의 저압 LNG를 저압 기화기에 공급하고, 내부에 흐르는 글리콜수를 활용하여 기화시켜 발전기 엔진에 공급한다. 저압 기화기는 그림 5-24와 같은 셀튜브(Shell & Tube) 방식을 주로 사용한다.

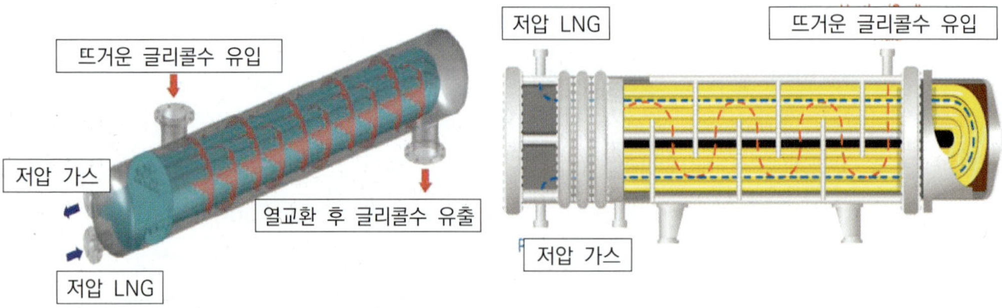

그림 5-24 셀튜브 열교환 방식 저압 기화기 개념도

다) 보조 보일러용 저압 가스 공급

그림 5-17과 같이 보조 보일러에는 6 Bar 수준의 증발 가스를 공급한다. LNG 연료탱크에서 자연적으로 기화된 BOG를 기화기에서 글리콜수를 활용하여 기화시킨다. 그 이후 그림 5-25와 같이 가스를 압축시키는 저압형 압축기(Compressor)를 통해 생성된 6 bar 수준의 압력을 통해 보조 보일러에 공급한다. 증발 가스 용량이 부족할 때에는 발전기 엔진용 저압 가스 공급량을 늘려 충당할 수도 있다.

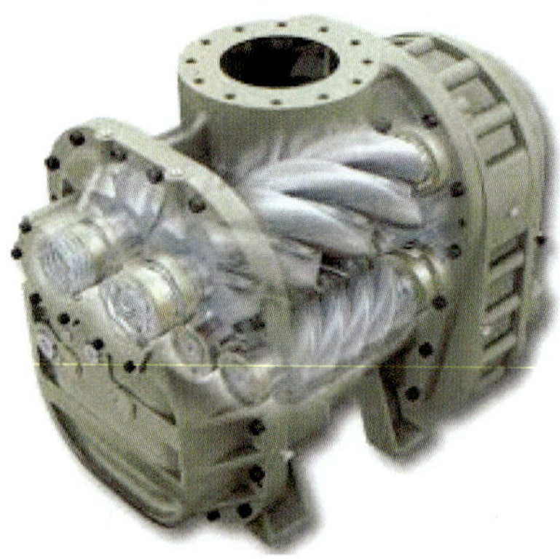

그림 5-25 BOG 급유식 스크류 압축기

(2) X-DF 엔진용 저압 가스 연료공급시스템(FGSS)

그림 5-26은 X-DF 엔진용 저압 가스 연료공급시스템 계통도이며 중요한 프로세스는 3개이다. 저압 가스 공급이므로 필요에 따라 밸브를 열어 서로 호환하여 사용할 수 있다. 이러한 프로세스와 장치들은 앞에서 설명한 내용과 동일하기 때문에 생략한다.

- X-DF 엔진에 16 bar, 45℃의 저압 가스를 공급한다.
- 발전기 엔진에 6 bar, 45℃의 저압 가스를 공급한다.
- 보조 보일러에 6 bar, 45℃의 LNG 연료탱크 증발 가스(BOG)를 공급한다.

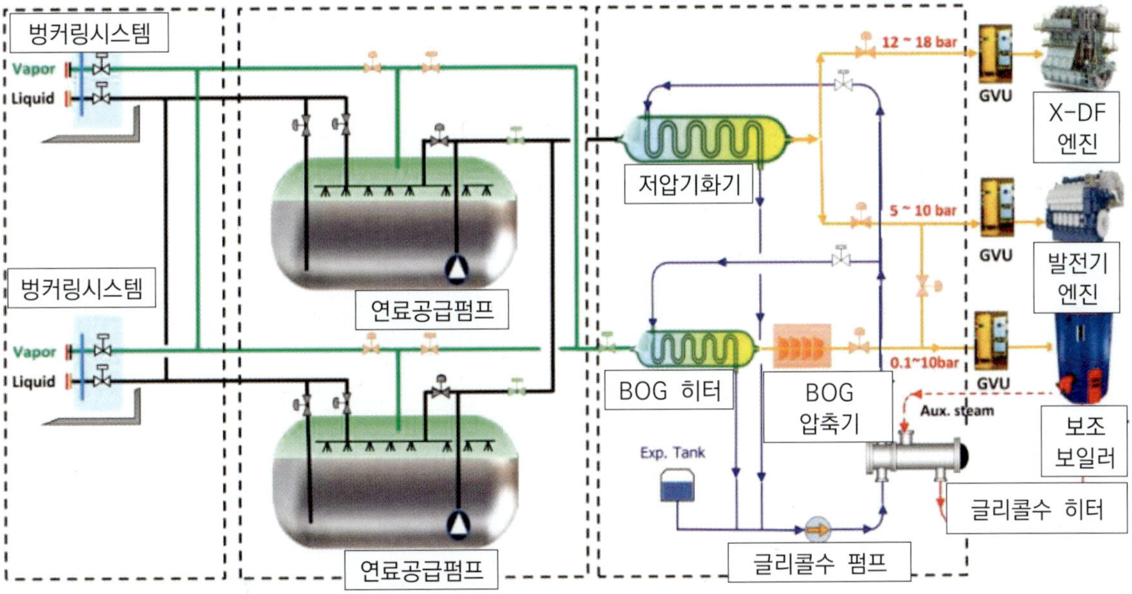

그림 5-26 X-DF 엔진용 저압 가스 연료공급시스템(FGSS) 계통도

(3) 가스밸브트레인(GVT) 및 가스밸브유닛(GVU)

가스밸브트레인(GVT, Gas Valve Train)은 ME-GI 엔진에 고압 가스를 안전하게 필요한 양 만큼 공급하기 위해 제어밸브와 차단•블리드(배출)밸브 등 안전 장치들을 묶어 시스템으로 작동하도록 만든 밸브시스템이다. 가스밸브유닛(GVU, Gas Valve Unit)은 발전기 엔진과 보조 보일러에 저압 가스를 공급하는 밸브시스템을 말한다. GVT는 메인 엔진에 고압 가스를 공급하므로 정밀 제어가 필요하며, 위험 상황 발생 시에 적절한 가스 공급 차단 절차 등 복잡한 시스템으로 구성하기 때문에 트레인이라는 단어를 사용하였으며 유닛은 트레인보다 단순한 시스템을 말한다.

GVT와 GVU는 폭발의 위험성이 있는 가스의 흐름을 제어하는 장치이므로, 다음과 같이 IGF 코드에 의한 위험 안전 설계 적용과 필요한 안전 장치들을 설치해야 한다.

① GVT룸과 GVU룸을 만들어 밀폐시킨다.

② GVT•GVU와 엔진 사이의 가스공급라인은 이중구조배관으로 설치한다.

③ 가스 누출 등 위험 상황 발생 시에 설치된 이중차단밸브 및 블리드밸브(Double Block and Bleed Valve)를 통해 차단밸브를 자동으로 닫고 블리드밸브를 열어 가스 연료를 벤트를 통해 대기 중으로 배출시킨다.

④ GVT룸•GVU룸과 이중구조배관의 내부와 외부 배관 사이의 공간은 시간당 30회 공기 교환 용량을 각각 갖고 있는 2개의 기계식 통풍시스템을 설치한다.

⑤ 위험 상황 발생과 유지 보수 등 필요 시에 엔진과 GVT•GVU 사이의 연료공급라인을 불활성화 질소 가스를 공급하여 산소 5% 미만으로 만들어 화재 발생을 억제시킨다. 연료공급라인에 있는 잔존 가스 연료와 질소 가스는 벤트마스트를 통해 대기 중으로 배출시킨다.

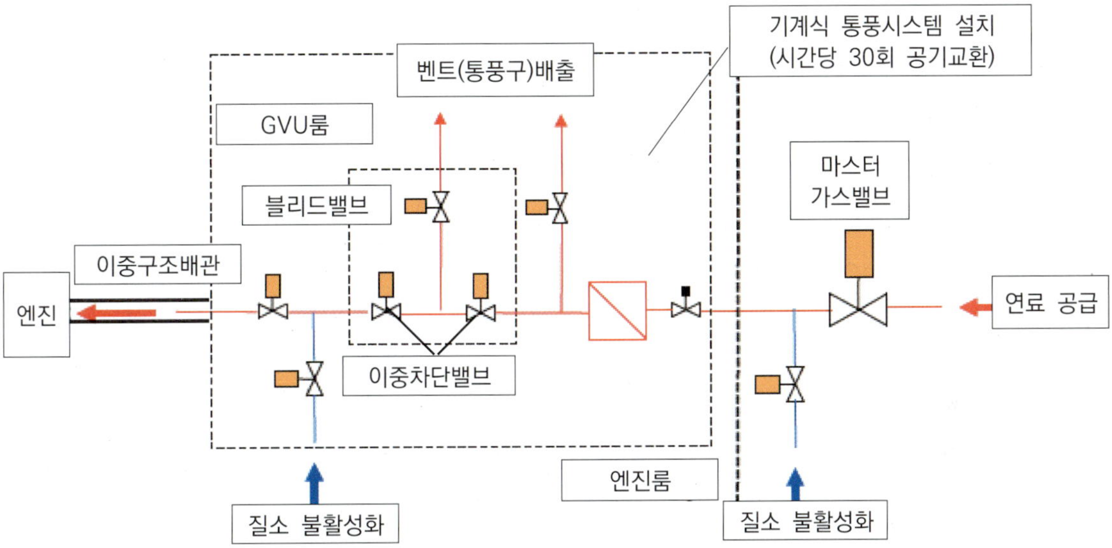

그림 5-27 가스밸브유닛 계통도 개념도

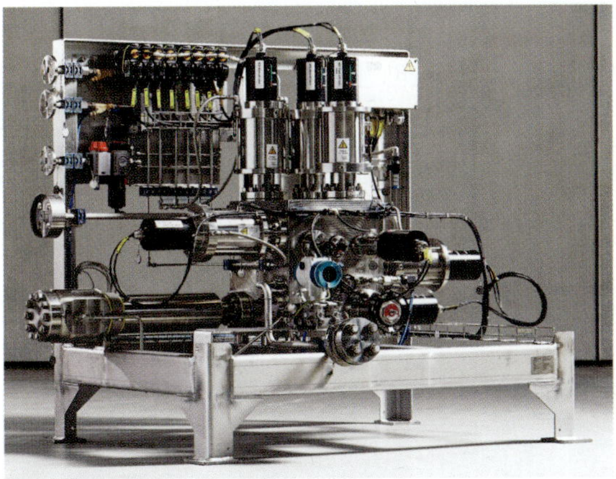

그림 5-28 가스밸브트레인(왼쪽) 및 가스밸브유닛(오른쪽)

(4) FGSS 통합제어시스템

FGSS 통합제어시스템은 엔진 연료 공급, 연료탱크, FGSS 및 벙커링 등에 관한 가스 누출 감지, 압력, 온도, 가스 유량, 질소불활성화시스템, 화재 감시 및 통풍시스템 작동 등의 정보와 종합적인 운전 상태를 실시간으로 모니터링하여 사전에 설정된 프로세스에 따라 제어한다. 그래픽 화면으로 제공하며 비정상 상황 발생 시에 알람과 차단밸브 작동 또는 비상 정지를 위한 수동 원격 ESD(Emergency Shutdown)시스템이 작동되도록 설정한다. 이러한 ESD시스템은 엔진제어룸과 연료준비룸 등 압축기 펌프와 연료공급시스템을 설치한 공간에 설치한다.

연료탱크 연결부, 압축기 및 기화기 등 연료 공급 배관 라인, 벤트 덕트, GVT 및 GVU 등 누출 가스가 쌓일 수 있는 곳에 가스 탐지 센서를 영구 설치하여 최저폭발한계(LEL) 20%의 가스 농도에서 알람을 울리도록 설치한다. 2개의 가스 센서에서 최저폭발한계(LEL) 40% 가스 농도가 탐지되면 자동차단밸브 및 블리드밸브 등의 안전 장치가 작동되도록 제어해야 한다. 가스 공급 배관 라인과 연결된 벤트 덕트 공간에서는 최저폭발한계의 30%에서 알림을 울리고 안전 장치는 최저폭발한계의 60%에서 작동되어야 한다. 또한, 화재 발생 시에도 마찬가지로 안전 장치가 작동되어야 한다.

연료탱크 내부, 압축기 및 기화기 등 연료 공급 배관 라인, GVT 및 GVU 등 압력 가스가 공급되는 주요 부위에 압력 센서를 설치하여 압력을 상시적으로 모니터링해야 하며 최대허용압력에 도달하기 전에 알람을 울려야 한다. 특히 연료탱크 내부에서 허용 압력이 초과하였을 때 압력배출밸브가 자동으로 열려 압력을 줄이는 상태에 대해서도 모니터링해야 한다.

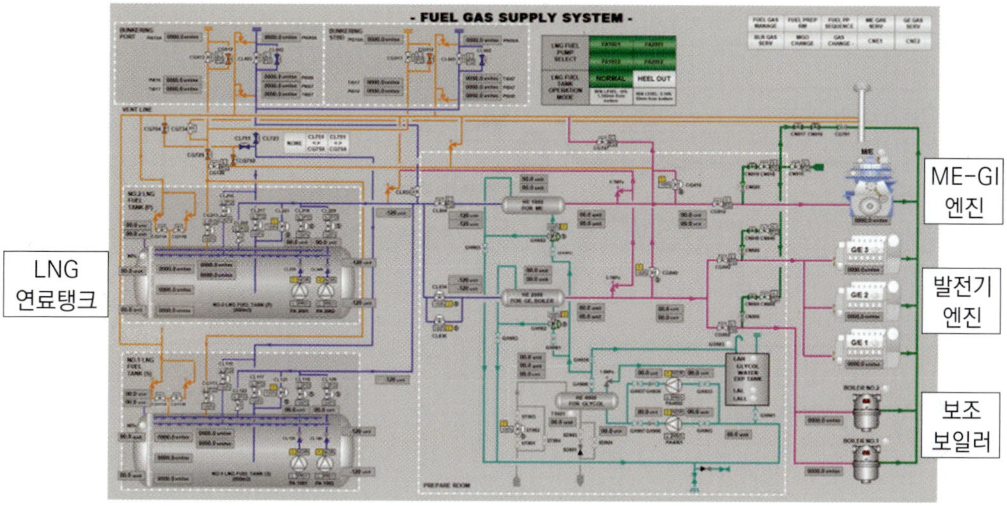

그림 5-29 FGSS 통합제어시스템 화면

5.4.4 LNG 벙커링시스템

LNG 벙커링시스템은 LNG 연료탱크에 LNG를 공급하는 시스템이다. 육상 벙커링스테이션, 육상 이동식 벙커링 트럭 또는 벙커링 전용 선박을 통해 이루어진다. -162℃ 극저온의 LNG가 공급되어 매우 위험하므로 벙커링 안전 규정을 준수하면서 작업하는 것이 중요하다.

LNG 연료탱크의 충전 한계는 탱크의 최대 허용 액체 부피이며 95%를 초과해서는 안된다. 기화로 인한 압력 증가의 위험과 증발 가스 배출량을 줄이기 위함이다. LNG 연료탱크에는 압력배출밸브가 설치되어 있으며 설정 압력보다 높게 상승하면 밸브를 열어 압력을 낮추며 압력이 적정 수준으로 돌아오면 밸브를 닫는다. 압력배출밸브에서 배출된 증발 가스는 벤트마스터를 통해 대기 중으로 배출시킨다.

LNG 벙커링 탱크에 있는 잠수 펌프 또는 별도의 극저온 펌프의 4~5 bar 압력을 활용하여 벙커링이 이루어지며 LNG 연료탱크의 압력은 벙커링 탱크보다 낮아야 한다. 또한, 펌핑과 이송 과정에서 발생한 증발 가스를 벙커링 탱크로 다시 이송시키는 호스도 설치한다. 비상정지(ESD)시스템은 비상시 벙커링을 차단하기 위해 설치된다. 일반적으로 ESD시스템은 수동 또는 자동으로 활성화되며 벙커링 작업 전에 LNG 벙커링시스템과 LNG 연료탱크에 설치된 ESD시스템의 정상 작동 여부를 점검해야 한다.

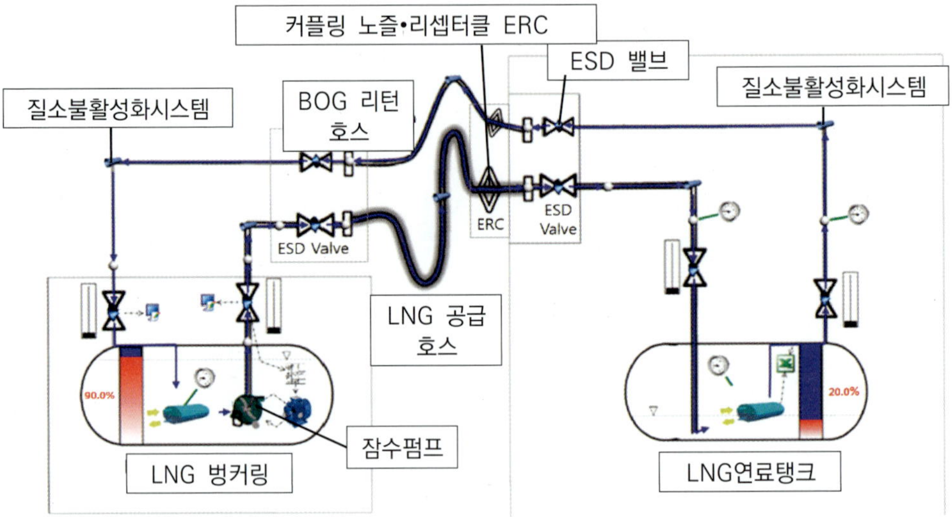

※ ESD 밸브 : Emergency Shutdown Valve, ERC : 비상해제커플러(Emergency Release Coupler)

그림 5-30 벙커링시스템 개념도

LNG 벙커링에서 LNG를 공급하는 출구인 커플링 노즐(Coupling Nozzle)과 연료탱크에서 LNG를 공급받는 입구인 리셉터클(Receptacle) 장치 연결에서 2가지 안전 기능을 확보해야 한다. ①연결 중에 호스 등에 외부 힘이 가해지면 커플링 노즐과 리셉터클이 분리되면서 양쪽의 내부 차단밸브가 자동으로 닫히도록 해야 한다. ②비상정지(ESD) 상황에서 커플링 노즐과 리셉터클을 자동으로 분리해 가스 누출과 벙커링시스템의 손상을 방지하는 비상해제커플러(ERC, Emergency Release Coupler)를 설치해야 한다.

- 외부 힘 발생 시에 커플링 노즐과 리셉터클 자동 분리 및 자동 공급 차단 기능
- 가스 누출과 벙커링시스템 손상 방지 비상해제커플러(ERC) 설치

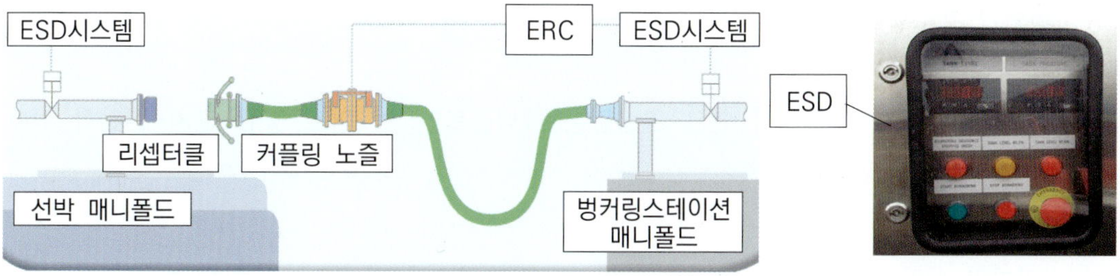

그림 5-31 벙커링시스템의 커플링 노즐과 리셉터클 연결 개념도 및 ESD 버튼 장치

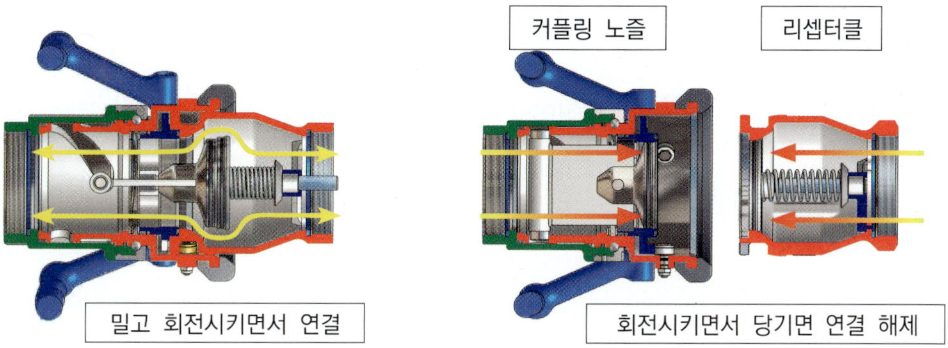

그림 5-32 벙커링시스템의 커플링 노즐과 리셉터클의 연결과 해제

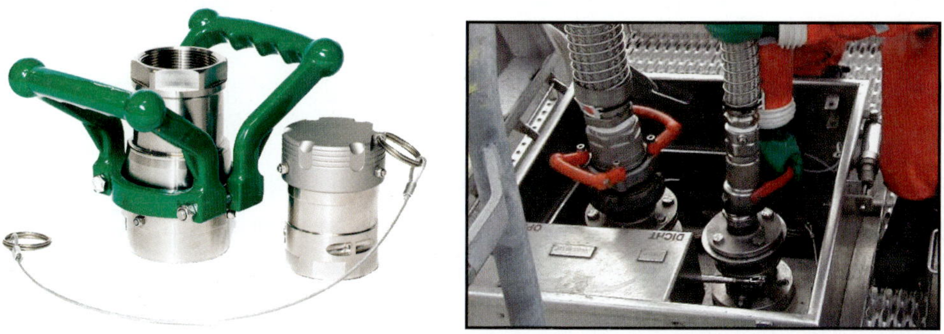

그림 5-33 벙커링시스템의 커플링 노즐과 리셉터클 설치

벙커링 프로세스는 다음과 같다.

① 벙커링 장치와 선박에서 연료 공급받는 매니폴드 간의 연료 공급 절차에 관한 상호 호환성을 확인한다.

② 보안 및 안전 구역을 설정한다.

③ 벙커링 장치와 선박 매니폴드[18] 간의 통신, 모니터링 및 ESD 링크 연결

④ 공급업체에서 연료탱크의 압력과 온도를 점검한다.

⑤ 공급업체 벙커링스테이션의 커플링 노즐과 선박 매니폴드의 리셉터클을 연결한다.

⑥ 벙커링시스템 배관 라인에 질소 가스를 공급하여 불활성화 조치를 수행하고(산소 5% 미만) LNG 증발 가스로 퍼지(Purge)하여 배관 라인을 청소한다. 벙커링스테이션과 선박의 필요 배관 라인에 각각 실시한다.

⑦ 공급 관련 모든 라인을 LNG 또는 증발 가스로 적당 시간 냉각시킨 후에 LNG 벙커링을 실시한다.

⑧ 연료탱크 수위, 압력, 온도 및 이송 속도를 모니터링하고 LNG 연료탱크가 -130℃에 이르면 이송 속도를 높인다.

⑨ 연료탱크에 허용 수위 95% 수준까지 공급되면 LNG 이송을 중지시킨다.

⑩ 공급 관련 배관 라인에 질소 가스를 공급하여 잔류 LNG를 제거하고 불활성화 조치를 수행한다.

⑪ 벙커링 장치와 선박 매니폴드 간의 통신, 모니터링 및 ESD 링크를 분리한다.

벙커링 시간은 짧을수록 안전성과 효율성이 좋아지며 증발 가스 발생량이 작아지므로 약 120분 이내로 실행하는 것이 바람직하다. LNG 연료탱크에 85%가 공급되면 유량 감소가 이루어지면서 벙커링 탱크 압력이 증가한다.

그림 5-34와 같이 벙커링할 때에는 안전을 위해 보안 구역, 안전 구역 및 위험 구역을 지정해야 한다. 보안 구역에는 다른 선박, 차량 및 장치 등과 충분한 거리를 두어 벙커링 작업의 방해를 방지하고 다른 사람의 접근을 막아 위험 사고로 인한 부상과 벙커링 작업의 방해가 발생하지 않도록 한다. 보안 구역 범위는 폭발 위험의 영향을 평가하여 정해진다.

18) 매니폴드(Manifold) : 선박 연료를 공급받을 수 있는 여러 개의 밸브 장치이며 벙커링시스템과 연결되는 리셉터클을 설치한다.

IGF 코드에 의한 위험 구역은 벙커링스테이션, 벙커링 호스 연결부 및 선박 매니폴드 등이다. 최소 위험 구역의 크기는 그림 5-34와 같이 위험 구역1은 지름 3 m 거리, 위험 구역2는 위험 구역1에 지름 1.5 m 추가한 구역을 말한다. 이러한 규정은 선박에 설치된 LNG 연료탱크 등 가스 위험 구역에도 적용한다.

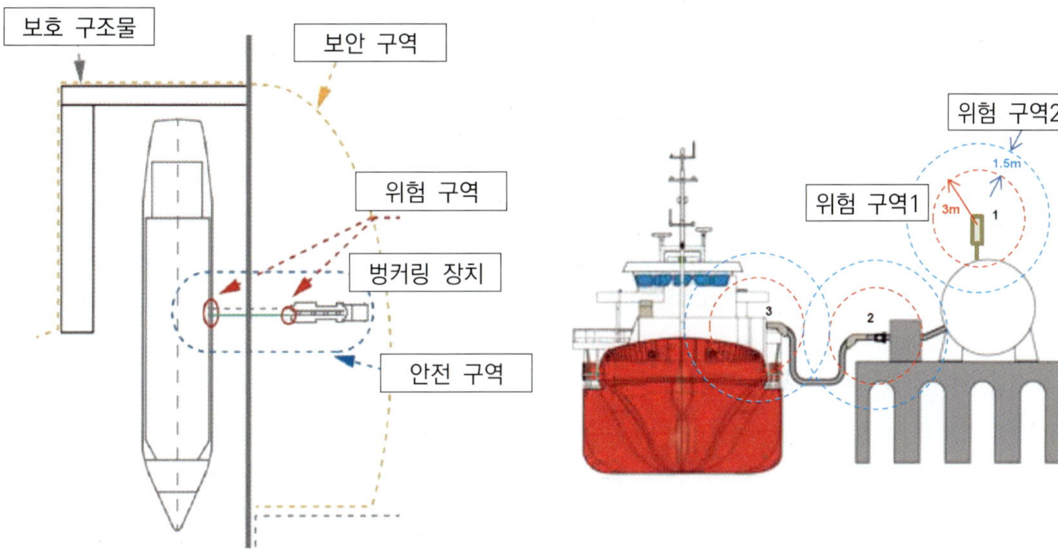

그림 5-34 벙커링 안전 및 위험 구역 지정

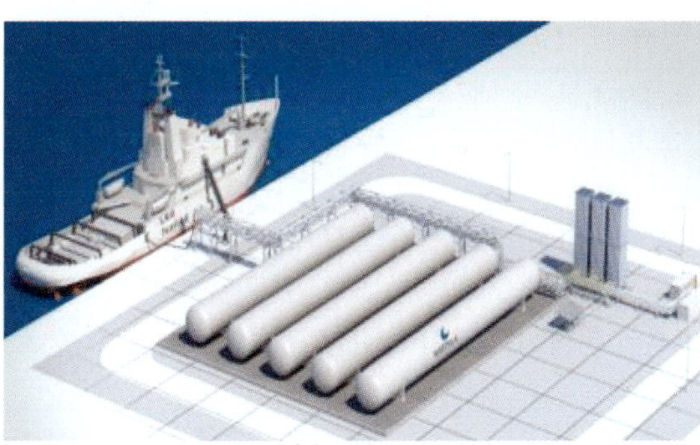

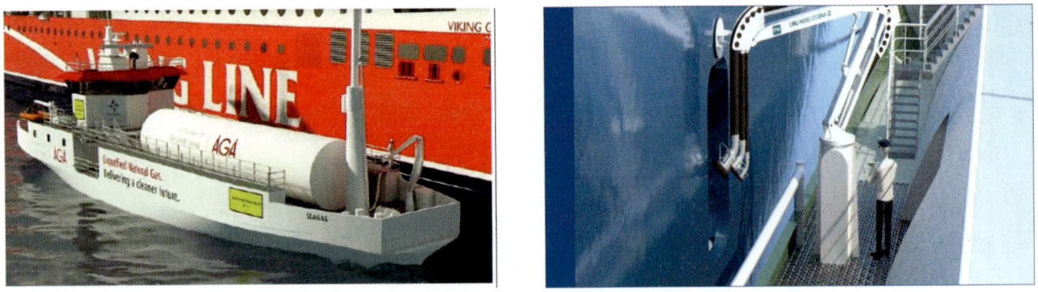

그림 5-35 다양한 벙커링 방식

5.4.5 LNG연료추진선박의 안전시스템 종류 및 설치 장소

LNG연료추진선박은 저인화점연료선박이며 화재 및 폭발 위험에 대해 선박 설계에 적용해야 할 안전시스템은 비상정지시스템, 압력배출밸브, 마스터가스밸브, 이중차단 및 블리드밸브, 질소 불활성화시스템 및 기계식 통풍시스템 등이다. 표 5-7과 같이 선박에서 필요하고 안전한 위치에 설치된다. 마스터가스밸브는 가스 누출 등 비상 상황 발생 시에 수동 또는 자동으로 닫히며 연료 공급을 긴급하게 차단하는 역할을 한다. 이러한 안전시스템은 메탄올연료추진선박과 암모니아연료추진선박 등에도 동일하게 적용한다.

표 5-7 저인화점연료선박의 안전시스템의 종류 및 설치

구분	설치 장소	비 고
비상정지 ESD시스템	• 벙커링, 운항선교, 화물제어실, 선내안전센터, 엔진 제어실, 화재제어실, 연료준비실 출구 근처 등	수동 원격 비상정지
탱크 압력배출밸브와 통풍시스템	• 연료탱크, 연료탱크 압력배출밸브와 통풍 시스템과 연결	설정 압력 초과시 배출, 2개 이상 설치
마스터가스밸브	• 엔진룸, 엔진룸 외부, 운항선교(조타실) 등	비상 상황 발생 등 연료공급 차단
이중차단밸브 및 블리드밸브	• 연료탱크, GVT, GVU 등	차단밸브 2개. 블리드밸브 1개
질소 불활성화시스템 (퍼징, Purging)	• 벙커링, 연료탱크, 연료공급배관 등	질소 가스, 산소 농도 5% 미만

기계식 통풍시스템	• 탱크연결부, 엔진룸, 연료준비실, 이중 구조배관 및 덕트 등	시간당 공기 30회 교환, 이중화(2개 설치)

5.4.6 LNG연료추진선박의 메탄슬립 해결 방안

LNG연료추진선박에서 메탄슬립 발생으로 CO_2 감축이 미흡한 엔진은 저압이중연료엔진(오토사이클)의 2행정과 4행정이다. 특히 4행정의 경우 LNG연료추진선박의 34%(2022년 누계)에 달하는데 HSFO 연료보다 LCA 기준 CO_2 발생이 3% 많으며 더욱 증가한다는 연구 결과가 발표되고 있다. 또한, 표 5-8과 같이 엔진 운전으로 인한 메탄슬립 발생 이외에 불활성화 공정에 의한 배출, 불활성화 질소 제거 및 압축기 샤프트에서의 미미한 누출 등에서 천연 가스가 배출된다. 이러한 문제를 해결하지 않으면 LNG가 친환경연료로서의 효과가 상쇄될 것이다.

LNG연료추진선박에서의 메탄슬립과 천연 가스 배출의 문제를 해결하기 위해 다음과 같은 대책들을 추진하고 있다.

- 엔진 구성 요소 설계 개선과 운전 튜닝 및 EGR 장치 적용
- 샤프트 발전기 설치 및 항만 육상 전력 활용
- 메탄산화촉매 방식 또는 플라즈마감소시스템 설치
- 이중연료엔진별 대책 적용 방안

표 5-8 LNG연료추진선박의 정상 운전 과정에서의 메탄 및 천연 가스 배출

구분	발생 장치	메탄 배출
엔진	메인 엔진, 발전기 엔진, 보조보일러	배기 가스에서 메탄슬립 발생
불활성화 공정 배출	연료탱크, 가스공급배관, 벙커링 공급 배관	안전 작업을 위해 배출
가스 연료에 의한 불활성 가스 제거	연료탱크, 벙커링 공급 배관	안전 작업을 위한 배출
가스 누출	고압 및 저압 압축기 샤프트	압축기 샤프트에서 미미한 누출

(1) 엔진 구성 요소 설계 개선과 운전 튜닝 및 EGR 장치 적용

엔진에서 가스 유입, 흡기 및 배기 밸브 타이밍, 연소 타이밍 및 파일럿 디젤 연료 타이밍을 최적화하는 등 엔진 구성 요소 설계 개선과 운전 튜닝을 통해 메탄슬립을 감축시킬 수 있다. 엔진 제조회사에서 개발이 이루어져 엔진에 적용되고 있다. 저압이중연료엔진에는 이것만으로 부족하고 EGR 장치를 설치하여야 할 것이다.

(2) 샤프트발전기 설치 및 항만 육상 전력 활용

메인 엔진 샤프트 회전을 이용하여 전력을 생성시키는 사프트발전기를 설치하면 4행정의 발전기 엔진 설치 대수와 가동 시간을 줄일 수 있어 메탄슬립을 감축시킬 수 있다. 또한, 선박이 항만에 정박하였을 때 필요한 동력을 선박에서 생산하지 않고 항만 육상 전력을 연결하여 사용하면 그만큼 가스 연료 사용과 메탄 배출이 줄어든다.

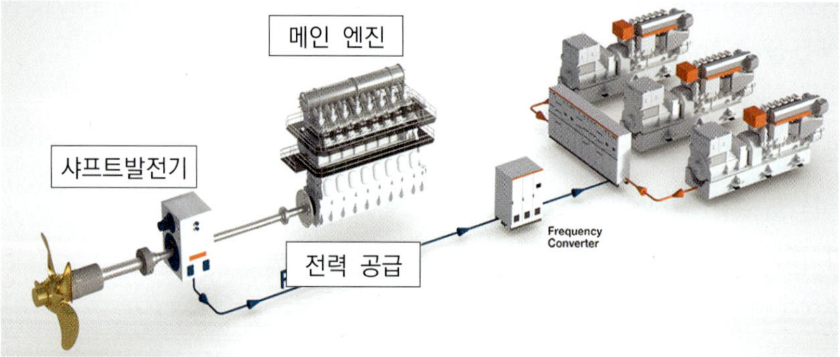

그림 5-36 샤프트 발전기 설치

(3) 메탄산화촉매 방식 또는 플라즈마감소시스템 설치

저압이중연료엔진 4행정의 경우는 (1)과 (2) 항목 적용만으로 부족하다. 현재 연구되고 있는 것은 메탄산화촉매방식(MOC, Methane Oxidation Catalyst)과 플라즈마감소시스템(PRS, Plasma Reduction System)이다. MOC는 팔라듐(Pd) 촉매를 이용하여 배기 가스 메탄과 배출되는 천연 가스를 산소로 산화시켜 CO_2와 물로 전환시키는 후처리 기술이다. 팔라듐 가격과 장치 운전 비용이 비싸 처리 비용이 증가하며 메탄슬립 70% 감축 목표로 현재 선박에 설치하여 실증 운항 중이다.

플라즈마감소시스템(PRS)은 전력을 사용하여 메탄을 CO_2와 물로 변환시키는 장치이며 촉매가 필요 없는 후처리 기술이다. PRS 카트리지에 고전압 전류를 가하면 카트리지 내부에서 전자가 발생한다. 전자는 메탄과 반응하는 수산화 라디칼(OH Radical)을 생성시키고 산화 반응을 통해 메탄이 일산화탄소와 물로 전환된다. 로이드(LR) 선급에서 다프네 테크놀로지(Daphne Technology)의 PRS가 메탄슬립을 약 62% 감축시켰다는 것을 확인한 바 있다. 그러나 PRS 기술은 아직 개발 중이며 선박 운항을 통해 실증되어야 한다.

(4) 이중연료엔진별 대책 적용 방안

저압이중연료엔진 2행정의 경우 비용적인 측면에서 가장 효율적인 방안은 표 5-9와 같이 ①과 ②번의 조합이다. 저압이중연료엔진 4행정의 경우 ①, ② 및 ③메탄산화촉매 방식의 조합일 것이다. 또한, LNG 연료 대신에 바이오LNG를 적용하고 파일럿 디젤 연료도 바이오디젤을 적용하면 비용 측면에서 경제적일 수도 있다. CO_2 배출로 인한 탄소 배출 비용 부담과 탄소 배출 감축 장치 설치와 운영 비용을 고려한 장기적으로 가장 경제적인 방법을 선택해야 할 것이다.

표 5-9 이중연료엔진별 메탄슬립 및 천연 가스 배출 감축 방안

구분	행정	메탄슬립 및 천연 가스 배출 감축 방안
고압이중연료엔진	2행정	• 메탄슬립 발생은 문제 없음 ※ NOx Tier Ⅲ 불만족으로 EGR 또는 SCR 장치 적용 필수
저압이중연료엔진	2행정	• 엔진 구성 요소 설계 개선과 운전 튜닝 및 EGR 장치 적용 • 샤프트 발전기 설치 및 항만 육상 전력 활용 ※ NOx Tier Ⅲ 만족
저압이중연료엔진	4행정	• 엔진 구성 요소 설계 개선과 운전 튜닝 • 샤프트 발전기 설치 및 항만 육상 전력 활용 • 메탄산화촉매 방식 또는 플라즈마감소시스템 기술 적용 ※ NOx Tier Ⅲ 만족

5.5 메탄올연료추진선박

메탄올연료추진선박은 메탄올 연료 특성에 적합하게 이중연료엔진, 연료공급시스템(LFSS), 연료밸브트레인(FVT) 설계가 이루어져야 한다. 벙커링시스템과 안전시스템은 일반적 경우와 유사하므로 여기서는 다루지 않는다. 메탄올연료추진선박의 시스템과 장치 등에 관한 기술들을 정리하여 다음과 같은 순서로 설명한다.

- 메탄올 이중연료엔진
- 메탄올 연료탱크
- 메탄올 연료공급시스템(LFSS) 및 연료밸브트레인(FVT)

5.5.1 메탄올 이중연료엔진

메탄올 이중연료엔진은 MAN-LGIM와 X-DF-M 등이 대표적이다. 둘 다 고압분사방식을 적용하고 있으며, 메탄올 액체 연료를 고압으로 분사시켜 엔진에 공급한다. LNG 이중연료엔진에서의 고압 또는 저압 가스를 공급하는 경우와 다르다. 메탄올은 자연발화온도가 디젤 254~285℃ 대비 464℃로 매우 높고 연소 속도도 느려 LNG 경우처럼 파일럿디젤분사를 약 5% 수준으로 활용한다. 주로 2행정 엔진 중심으로 개발하고 있으며 메탄올 연료 자체가 HSFO보다 NOx 30~50%, SOx 90~95% 감소하는 연료로 메탄슬립이 문제가 되지 않는다.

메탄올 연료공급시스템에 의해 13 bar, 20~50℃ 수준의 메탄올이 엔진에 공급되며, 메탄올고압분사기(Injector)에서 600 bar로 상승시킨다. 고압 연료의 분사는 연료를 미립화 상태로 만들어 최적의 연소 상태를 유지할 수 있고 엔진 연소 효율을 높일 수 있다. 피스톤이 상사점 직전에 도달하면 파일럿디젤고압분사(300~500 bar)가 이루어지고 디젤 자연발화가 먼저 발생한다. 여기에 메탄올고압분사기를 통해 연료를 분사시키면, 디젤 연소 화염에 근접한 메탄올부터 연소가 시작되고 화염 전파를 통해 연료가 모두 연소된다.

X-DF-M 엔진의 경우 엔진 실린더에 3개의 메탄올고압분사기와 3개의 디젤고압분사기를 각각 설치한다. 메탄올의 기화 온도가 65℃이므로 효율적인 연소 제어를 위해 메탄올 온도를 60℃ 이내로 제어해야 한다. 메탄올고압분사기는 13 bar 연료를 600 bar로 만들어 분사시키고 분사 타이밍을 정확하게 실행시킨다.

- 메탄올고압분사기 : 600 bar, 20~50℃

메탄올 이중연료엔진은 시동 및 운항 중에 다음의 2개 모드로 운전할 수 있으며, 엔진 출력 변동을 최소화하면서 모드 변환이 자동으로 전환할 수 있도록 시스템을 설치한다.

① 메탄올 모드 : ECA 지역에서는 NOx와 SOx 배출 규제 만족을 위해 메탄올 모드로 운전할 수 있으며, CO_2 감축을 위해 바이오메탄올을 사용할 수 있다. 메탄올 모드가 종료되면 질소 불활성화 퍼지를 실행하여 연료 배관 라인에서 메탄올을 깨끗이 제거시킨다.

② 디젤 모드 : 엔진에 시동을 걸고 최소 회전 속도에 도달할 때까지는 디젤 모드에서 운전한다. 대양을 운항할 때 연료비 절감을 위해 디젤 모드에서 운전할 수 있다. 메탄올 연료를 사용할 수 없는 경우와 메탄올 연소 시 엔진 운전이 불안정한 경우에도 디젤 모드에서 운전한다.

MAN-LGIM 엔진에서 최근 개발한 특이한 기술은 메탄올과 물을 섞어 분사시키는 것이다. 실린더에서 물-메탄올-디젤의 혼합이 이루어지고, 물 증발과 물방울의 미세 폭발 영향으로 연소 지연으로 인해 연소 온도가 낮아져 혼합 반응이 길어지고 노킹 발생이 줄어든다. 또한, 열효율 향상으로 연료 소비도 줄일 수 있으며 NOx 배출도 줄어들어 Tier III 수준을 만족하는 것으로 나타났다. 이러한 혼합 연료 비율은 물 약 25-40%, 파일럿 디젤 5%, 나머지는 메탄올이다. 메탄올 60% 및 물 40%가 열효율이 가장 우수하다는 연구결과도 있다.

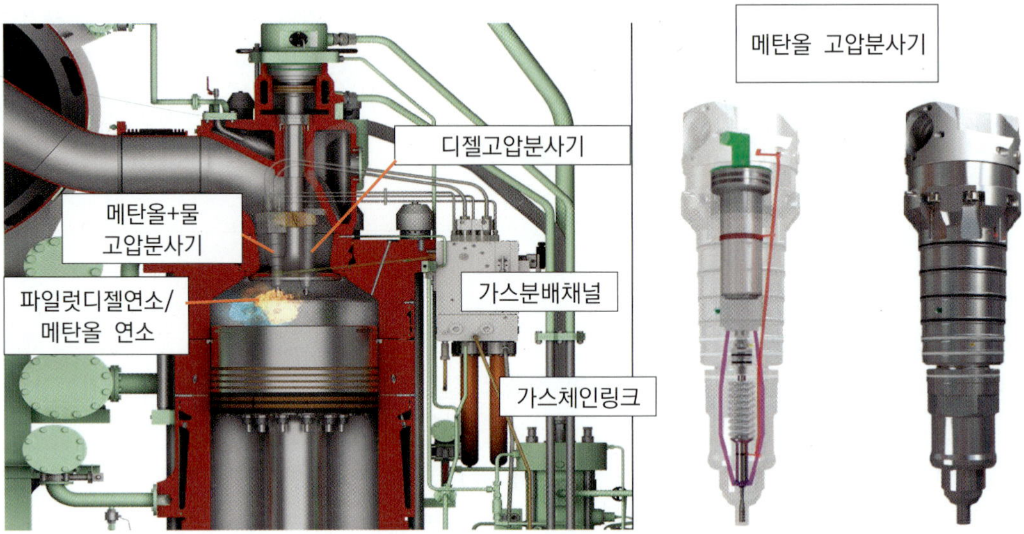

그림 5-37 메탄올 이중연료엔진과 고압분사기

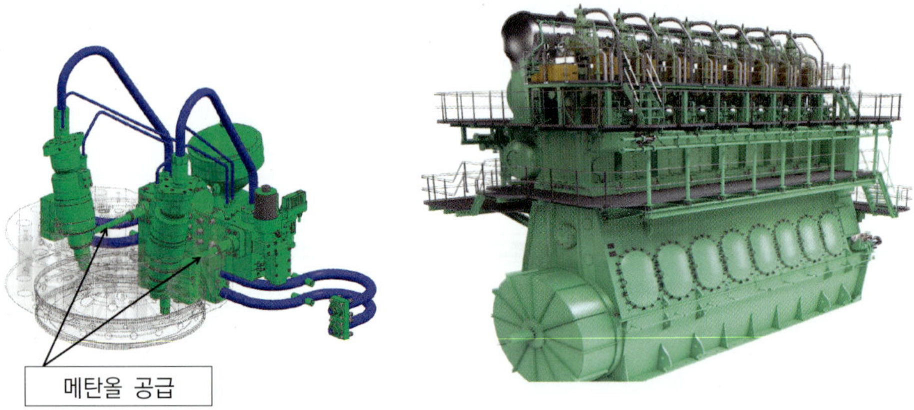

그림 5-38 메탄올 고압분사기 설치 및 이중연료엔진

5.5.2 메탄올 연료탱크

메탄올 연료탱크는 탄소강 또는 오스테나이트계 스테인리스강으로 만든다. 탄소강은 저렴하지만 메탄올이 극성 용매이기 때문에 부식이 발생한다. 탱크에 에폭시 수지 코팅을 할 수는 있지만, 코팅 수명이 7년 미만이고 탱크의 시공이 복잡하고 보수 유지 비용이 발생한다. 스테인리스강은 비싸지만 부식 위험을 크게 줄이고 유지 보수가 필요 없는 재료이다. 사용이 가능한 다른 재료는 부식에 더 강한 듀플렉스 타입 스테인리스강 또는 오스테나이트계 망간강이다.

연료탱크는 메인 탱크와 서비스 탱크가 각각 필요 수량만큼 설치된다. 서비스 탱크는 즉시 쉽게 사용할 수 있는 연료 용량을 저장한 탱크이며, 메인 엔진, 발전기 엔진 및 보조 보일러 등이 최대 연속 정격에서 최소 8시간 동안 운전할 수 있는 용량으로 설계한다. 탱크 하나가 수리 중일 때에 다른 탱크를 통해 연료를 계속 공급할 수 있도록 2개 이상으로 설치한다. 서비스 탱크에 자동 연료 공급 및 정지 기능을 설치하여 일정 용량을 유지토록 한다.

메탄올의 인화점 온도는 11~12℃로 낮아 위험하여 그림 5-39와 같이 메탄올 탱크는 최소 600 mm 보호용 코퍼댐(Cofferdam)으로 둘러싸이도록 설치한다. 코퍼댐은 탱크와 선박 구조 사이에 설치한 빈 공간이며, 메탄올의 독성 및 가연성 증기가 선박 다른 곳으로 누출되는 위험으로부터 보호하기 위해 안전 공간을 설치한 것이다.

- 코퍼댐 설치 : 최소 길이 600 mm

메탄올의 기화 온도는 65℃로 증발 가스가 발생할 가능성이 있으며 이로 인해 탱크 내부 압력이 증가한다. 압력을 일정 수준으로 유지하는 압력배출밸브와 제어되는 통풍시스템을 설치한다. 탱크 내부 압력이 일정 수준을 넘어서면 압력배출밸브가 열리면서 증발가스를 대기 중으로 배출시킨다. 또한, 탱크 내부의 가연성 증기 형성 방지를 위해 지속해서 질소를 공급하여 산소 농도를 5% 미만으로 유지하는 질소 불활성화시스템을 독립적으로 작동하도록 설치한다.

- 압력배출밸브와 통풍시스템 설치
- 질소불활성화시스템 설치

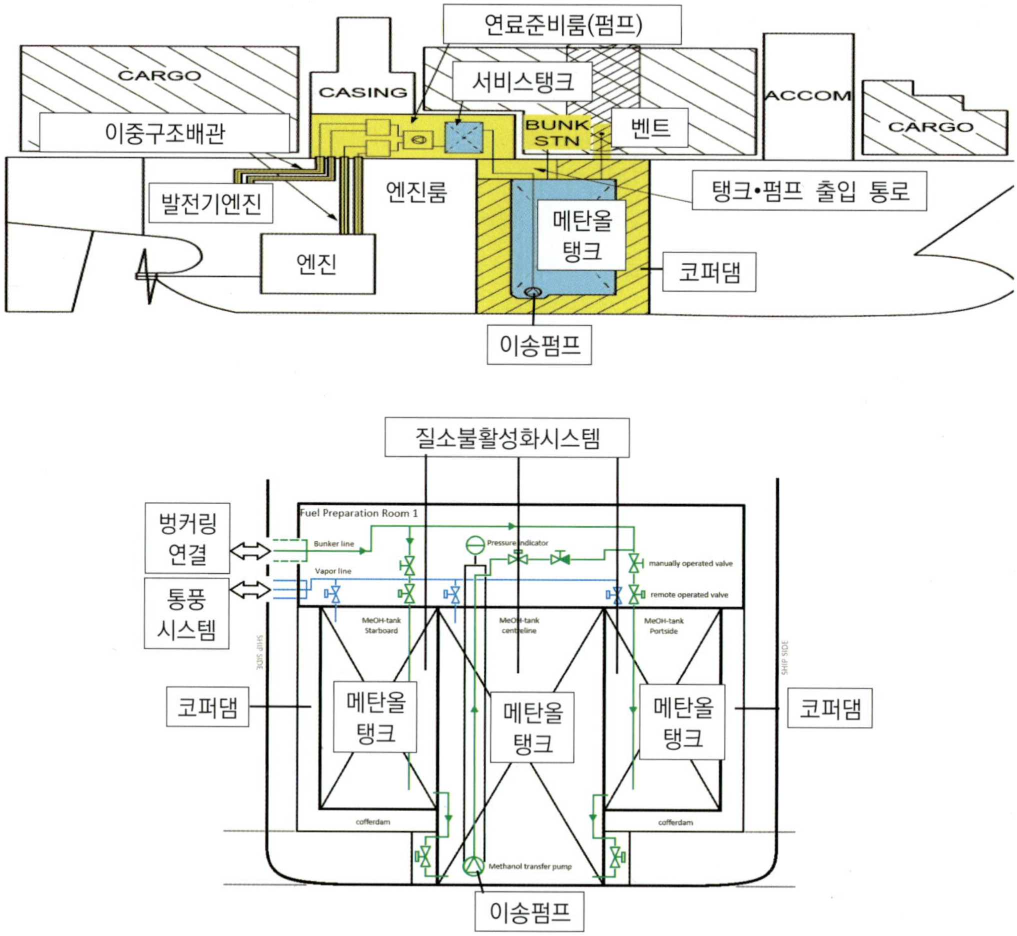

그림 5-39 메탄올 연료탱크 설치 개념도

5.5.3 메탄올 연료공급시스템(LFSS) 및 연료밸브트레인(FVT)

메탄올 연료공급시스템(LFSS, Low Flashpoint Fuel Supply System)은 저인화점 연료를 유량, 압력 및 온도 등 운전 조건에 적합하게 만들어 안전하게 엔진에 공급하는 시스템이다. 연료탱크 외부에 설치한 이송 펌프를 통해 연료를 압력 펌프에 공급하고 펌프에서 최대 10 bar까지 상승시킨 후에 엔진에 공급한다. 여기서는 펌프, 통합제어시스템 등 일반적인 장치에 관한 설명은 생략하고 특별한 성능과 기능 위주로 설명한다.

메탄올 LFSS는 일반 연료공급시스템과 동일한 개념으로 설계한다. 연료는 액체 연료가 들어있는 서비스 탱크에서 끌어오고 펌프에 의해 10 bar 수준의 압력으로 상승시킨다. 다음으로 히터와 냉각기를 적용해서 메탄올고압분사기에서 캐비테이션이 발생하지 않도록 연료 온도를 20~50℃ 수준에서 최적화시켜 공급한다. 캐비테이션 발생은 메탄올 온도가 올라갈수록 증가하므로 온도 최적화가 중요하다.

- 메탄올 연료 공급 조건 : 10 bar, 20~50℃

LFSS에 의해 연료가 적정 압력과 온도가 만들어지면 연료의 공급과 차단 등을 제어하는 연료밸브트레인(FVT, Fuel Valve Trains)을 거쳐 연료를 엔진에 공급한다. FVT는 LNG 연료공급시스템의 가스밸브트레인과 마찬가지로 엔진과 연결되는 배관은 이중구조배관 적용, ESD시스템, 이중차단밸브•블리드밸브, 질소 불활성화 퍼징 및 FVT 룸•이중구조배관•덕트에 관한 기계식 통풍시스템 등을 설치한다.

메탄올 연료공급시스템에서 안전시스템의 종류와 설치는 표 5-7의 저인화점연료선박의 안전시스템의 종류 및 설치 내용과 동일하다. 추가로 설명이 필요한 기능은 다음과 같다.

- 메탄올 연료회수시스템
- 질소 불활성화시스템
- 기계식 통풍시스템
- MAN-LGIM 엔진 물공급시스템

(1) 메탄올 연료회수시스템

엔진에서 메탄올 모드를 중단할 때와 같이 질소 불활성화시스템을 작동시킬 때 FVT 및 LFSS 등 연료 공급 배관 라인의 각각의 장치에서 배출한 메탄올 연료와 질소를 서비스 탱크 또는 추가 잔류 탱크로 이송시켜 저장한다. 이러한 연료를 적절하게 처리하여 재사용함으로써 연료를 절감한다.

(2) 질소 불활성화시스템

메탄올과 암모니아 등 인화점이 낮은 연료를 사용할 때 잔류 연료를 안전하게 청소하거나 제거할 때 화재 위험을 줄여주는 불활성 가스의 사용이 필수적이다. 불활성 가스는 선박에서 만들 수 있으며 공기를 압축해서 질소를 분리하고 저장하여 사용한다.

이러한 질소 불활성화시스템은 벙커링, 연료탱크 압력 유지와 유지 보수, 연료 공급 배관 라인, FVT 및 이중구조배관 등에서 발생하는 메탄올 잔류 연료 제거를 위해 설치한다. 또한, 엔진에서 운전 후, 유지 보수 사전 및 사후 등에도 잔류 연료 제거를 위해 시스템을 작동시킨다. 탱크 또는 연료 공급 배관 라인에 질소를 공급시킬 때 차단 및 블리드(배출)밸브 구성과 폐쇄 가능한 역류 방지 밸브인 체크밸브 설치가 필요하다.

또한, 메탄올 탱크에 질소를 공급하여 탱크 내부 압력을 상승시키는 이유는 메탄올에 압력이 가해지지 않으면 증발 가스가 발생하여 폭발 위험성이 커지기 때문이다. 탱크가 안정적인 상태로 유지되도록 탱크에는 독립적인 질소 불활성화시스템을 설치하여 압력을 상승시키며, 메탄올 탱크에서 연료 누출이 발생하면 코퍼댐에 질소를 공급할 수 있어야 한다.

(3) 기계식 통풍시스템

메탄올 누출 가능성이 있는 연료준비룸, 탱크연결룸 및 FVT룸 등 각 공간에는 기계적 통풍시스템을 설치하며 각각 시간당 최소 30번의 공기 교환 용량을 가지는 최소 2개의 기계식 통풍 팬을 설치한다. 메탄올은 통풍시스템과 벤트마스트를 통해 대기 중으로 배출되며 이중구조배관의 내부와 외부 배관 사이의 공간에도 기계식 통풍시스템을 설치한다.

(4) MAN-LGIM 엔진 물공급시스템

물공급시스템은 MAN-LGIM 엔진에서 NOx를 줄여 Tier III 수준을 충족하기 위해 엔진에 물을 공급하는 장치이며 펌프, 필터 및 압력 센서 등으로 구성한다. FVT를 통해 메탄올과 혼합할 물을 전달하며 물 혼합은 엔진 제어시스템에 의해 이루어진다. 물공급시스템은 가스 안전 구역에 배치하도록 설계한다.

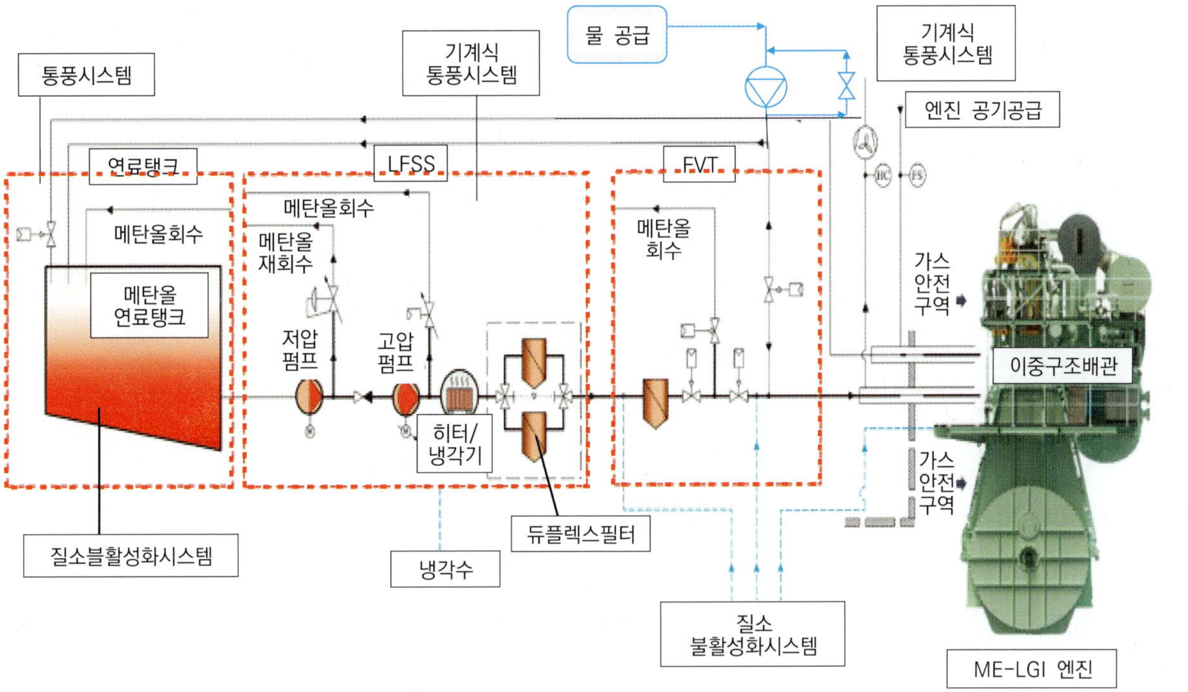

그림 5-40 메탄올 연료공급시스템 개념도

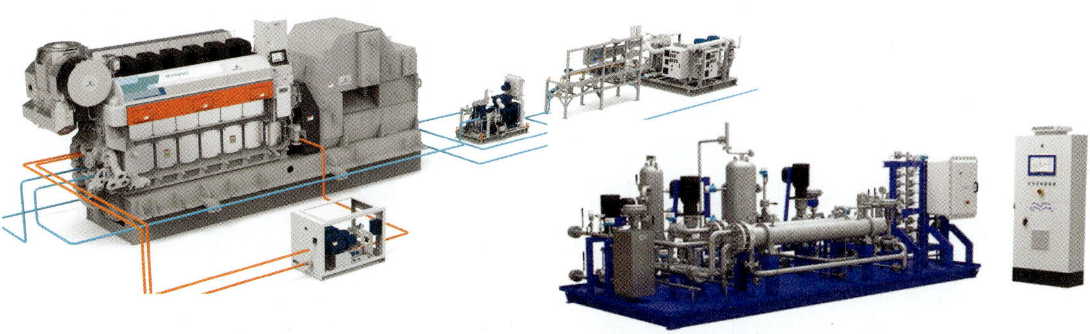

그림 5-41 메탄올 연료공급시스템

5.6 암모니아연료추진선박

암모니아연료추진선박에서 이중연료엔진, 연료공급시스템(LFSS), 연료밸브트레인(FVT) 및 선박 설계 특성 및 해결 과제에 관해 설명한다. 벙커링시스템과 안전시스템은 LNG의 경우와 동일하기 때문에 여기서는 다루지 않고 다음과 같은 순서로 설명한다.

- 암모니아 이중연료엔진엔진 : ME-LGIA, X-DF-A 엔진
- 암모니아 연료탱크
- 암모니아 연료공급시스템(LFSS) 및 연료밸브트레인(FVT)
- 선박의 암모니아 배출 식별 및 처리

5.6.1 암모니아 이중연료엔진 : ME-LGIA, X-DF-A 엔진

암모니아 이중연료엔진은 MAN-LGIA와 X-DF-A가 대표적이다. MAN-LGIA의 경우 첫번째 선박 설치가 2024년이고, X-DF-A는 2025년이다. 암모니아 엔진은 LPG 엔진을 기반으로 고압 분사 방식을 적용하고 암모니아 액체 연료를 고압으로 분사시켜 엔진에 공급한다. 암모니아의 자연발화온도는 657℃로 메탄올 464℃보다 높고 디젤 254~285℃보다 매우 높다. 연소 속도는 매우 느려(화염 속도 암모니아 7 cm/s, 메탄올 50 cm/s, 디젤 86 cm/s) 파일럿디젤분사를 약 5% 수준으로 활용하며 주로 2행정 엔진 중심으로 개발하고 있다. 암모니아 연료는 HSFO보다 SOx는 90~95% 감소하지만, 암모니아 메탄 슬립 발생으로 NOx는 Tier Ⅲ 만족을 위해 EGR 또는 SCR 적용이 필요하다.

암모니아 연료공급시스템에 의해 70~85 bar, 25~55℃ 수준의 암모니아 액체를 엔진에 공급하며, 암모니아 고압분사기(Injector)에서 600~700 bar로 상승시킨다. 고압 연료의 분사는 연료를 미립화 상태로 만들어 최적의 연소 상태를 유지할 수 있고 엔진 효율을 높일 수 있다. 피스톤이 상사점 직전에 도달하면 파일럿디젤고압분사(300~500 bar)가 이루어지고 디젤 자연발화가 먼저 발생한다. 여기에 암모니아고압분사기를 통해 연료를 분사시키며, 디젤 연소 화염에 근접한 암모니아에서 연소가 시작되고 화염 전파를 통해 연료가 모두 연소된다. X-DF-A 엔진의 경우 엔진 실린더에 3개의 암모니아 고압분사

기와 3개의 디젤고압분사기를 각각 설치한다. 암모니아고압분사기는 70 bar 연료를 600~700 bar로 만들어 분사시키고 분사 타이밍을 정확하게 맞추어 분사하도록 제어해야 한다.

- 암모니아 고압분사기 : 600~700 bar, 20~50℃

암모니아 이중연료엔진은 시동 및 운항 중에 다음의 2개 모드로 운전할 수 있으며, 엔진 출력 변동을 최소화하면서 모드 변환이 자동으로 전환되는 시스템을 설치한다.

① 암모니아 모드 : 디젤 모드에서 암모니아 모드로 운전할 때 엔진이 HSFO를 사용하고 있으면 디젤을 공급시키면서 HSFO를 소진한 후에 암모니아 모드로 전환시킨다. 암모니아 모드가 종료되면 질소 불활성화시스템을 작동시켜 연료 배관 라인에서 암모니아를 깨끗이 제거한다. 퍼징된 암모니아는 대기 중으로 배출해서는 안 되며 별도로 수집해서 처리해야 한다.

② 디젤 모드 : 엔진에 시동을 걸고 정격 출력 25%에 도달할 때까지는 디젤 모드에서 운전한다. 대양을 운항할 때 연료비 절감을 위해 디젤 모드에서 운전할 수 있다. 암모니아 연료를 사용할 수 없는 경우와 암모니아 연소 시 엔진 운전이 불안정한 경우에도 디젤 모드에서 운전한다. 특히 언제든지 디젤 모드로 즉시 전환할 수 있는 암모니아트립(AT, Ammonia Trip) 기능을 설치한다.

암모니아 엔진은 디젤 모드와 암모니아 모드 모두에서 배기 가스 후처리 없이 Tier II NOx를 준수한다. 그러나 암모니아는 자연 발화 온도가 매우 높아 연소하지 못할 가능성이 있다. 이로 인해 배기 가스에서 암모니아슬립과 이산화질소(NO_2)가 발생하므로 Tier III를 만족시키지 못한다. 따라서 3.3.3에서 설명한 배기가스재순환장치(EGR) 또는 선택적환원장치(SCR)을 사용해서 두 모드에서 Tier III를 만족시킬 수 있도록 설계해야 한다. 또한, 메탄슬립 감축을 위해 개발되고 있는 플라즈마감소시스템 적용도 가능하다.

엔진 소기 구역, 피스톤 하부 공간 및 크랭크케이스 등에서 누출된 암모니아가 쌓이지 않도록 암모니아 감지기를 설치해야 한다. 운전 중에 배기 라인에서 예기치 않는 미연소 암모니아가 탐지될 경우 암모니아 공급을 차단해야 한다.

5.6.2 암모니아 연료탱크

암모니아 연료탱크는 독성으로 인한 부식과 -33℃에서 증발하므로 가스에 의한 압력 발생에도 견딜 수 있는 탄소합금강 및 킬드탄소강 등으로 만든다. 특히 니켈 함량 5% 이상인 니켈강은 암모니아 부식에 취약하므로 사용이 금지된다.

암모니아 연료탱크는 독립 탱크로 만들며, 표 5-10과 같이 상온가압식, 반저온식 및 저온식 탱크 등이 있다. 상온가압식은 Type-C이며 가장 간단한 방식이다. 암모니아는 상온에서 10 bar 압력을 가하면 액체 상태를 유지하는 특성이 있으므로 압력 17.5 bar, 온도 45℃ 기준으로 설계하며, 구조 재료로 탄소합금강을 사용한다. 용량이 제한되고 비용이 많이 드는 단점이 있다. 가압된 암모니아 누출 발생 시에는 팽창하면서 주변에 결빙을 일으키며 작업자는 동상에 걸릴 위험이 있다.

반저온식은 Type-C이며 압력 5~7 bar, 온도 -10℃ 기준으로 설계한다. 가압식보다 압력이 낮아 탱크 두께가 감소되며 -10℃에 견디는 킬드탄소강을 사용한다. 저온식은 Type-A, B이며 압력 0.7 bar, 온도 -45~50℃ 기준으로 설계한다. 대기압에서 온도가 -10℃ 미만의 경우 완전 2차 방벽을 설치하며, 킬드탄소강을 사용한다. 누출 발생 시 15일 동안 2차 방벽에서의 누출이 억제되도록 설계한다. 암모니아 운반선의 화물창 탱크에는 일반적으로 저온식을 적용한다.

표 5-10 암모니아 연료탱크 종류 및 설계 특성

구분	상온가압식	반저온식	저온식
탱크 방식	Type-C	Type-C	Type A, B (2차 방벽)
설계 온도	45℃	-10℃	-45~-50℃
설계 압력	17.5 bar	5~7 bar	0.7 bar
탱크 용량	800 m^3	3,000~4,000m^3	-
구조 재료	탄소합금강 (KD500)	킬드탄소강 (KL37-M)	킬드탄소강 (KL27, KL37)
코퍼댐	필요 없음	필요 없음	A에는 코퍼댐 필요,

※ 킬드강(Killed Steel) : 녹아 있는 산소를 완전히 제거한 탄소강

암모니아 연료탱크에 관한 주요 선급 규정은 다음과 같다.

① 연료탱크 설계 수명은 선박 설계 수명과 20년 중 큰 것보다 작지 않아야 한다
② 연료탱크 적재 한도는 95%를 넘을 수 없다.
③ 상온가압식 탱크 설계 온도의 상한은 60℃이다.
④ 연료저장시스템의 최대허용설정압력은 10 bar를 초과할 수 있다.
(압력배출밸브의 설정 기준은 45℃, 암모니아 증기 압력 17.8 bar이다)
⑤ 연료탱크의 최대허용사용압력은 최대설정허용압력의 90% 이하여야 한다.
⑥ 21일(IGF 최소 요구 15일) 동안 탱크의 압력을 압력배출밸브 압력 이하로 유지할 수 있어야 한다.
⑦ 연료탱크에 2개 이상의 압력배출장치(밸브)를 설치해야 한다. 최대설정허용압력 이상일 경우 밸브를 열어 압력을 낮춘다.
⑧ 압력배출밸브를 통해 배출되는 암모니아는 암모니아처리시스템으로 보내 처리 후 배출시킨다.
⑨ 연료탱크 충전 시에 질소 불활성시스템을 작동시켜 잔류 암모니아를 제거한다.
⑩ 개방형 갑판에 설치한 연료탱크 노출 부분에 대한 화재 보호를 위해 물 분무시스템을 설치해야 한다.

5.6.3 암모니아 연료공급시스템(LFSS) 및 연료밸브트레인(FVT)

메탄올 LFSS와 마찬가지로 저인화점 연료를 유량, 압력 및 온도 등 운전 조건에 적합하게 만들어 안전하게 엔진에 공급하는 시스템이다. 연료탱크 내부 또는 외부에 있는 저압 펌프에서 20~24 bar까지 상승시키고 고압 펌프로 공급하여 80~85 bar까지 상승시킨 후에 엔진에 공급한다. 암모니아의 효율적 연소를 위해 연료를 적절한 온도로 상승시켜야 하며 히터와 냉각기를 적용해서 연료 온도가 35~45℃ 수준으로 최적화시켜 공급한다.

- 암모니아 연료 엔진 공급 조건 : 80~85 bar, 35~45℃

LFSS에 의해 연료가 적정 압력과 온도가 만들어지면 연료의 공급과 차단 등을 제어하는 FVT를 거쳐 엔진에 공급한다. 이중구조배관 적용, ESD시스템, 이중차단밸브•블리드밸브, 질소 불활성화시스템 및 FVT 룸•덕트에 관한 기계식 통풍시스템 등의 기능을 설치한다.

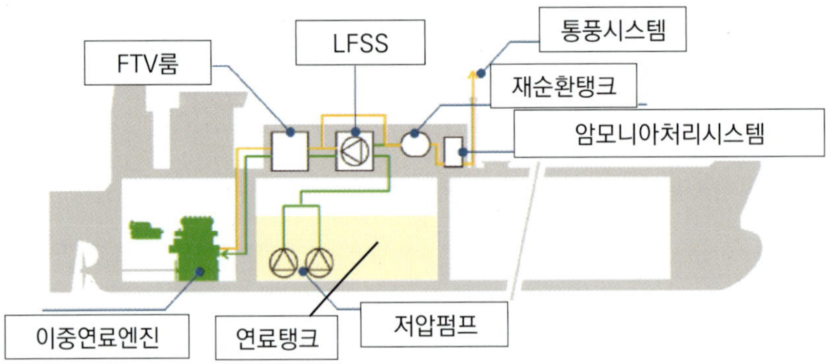

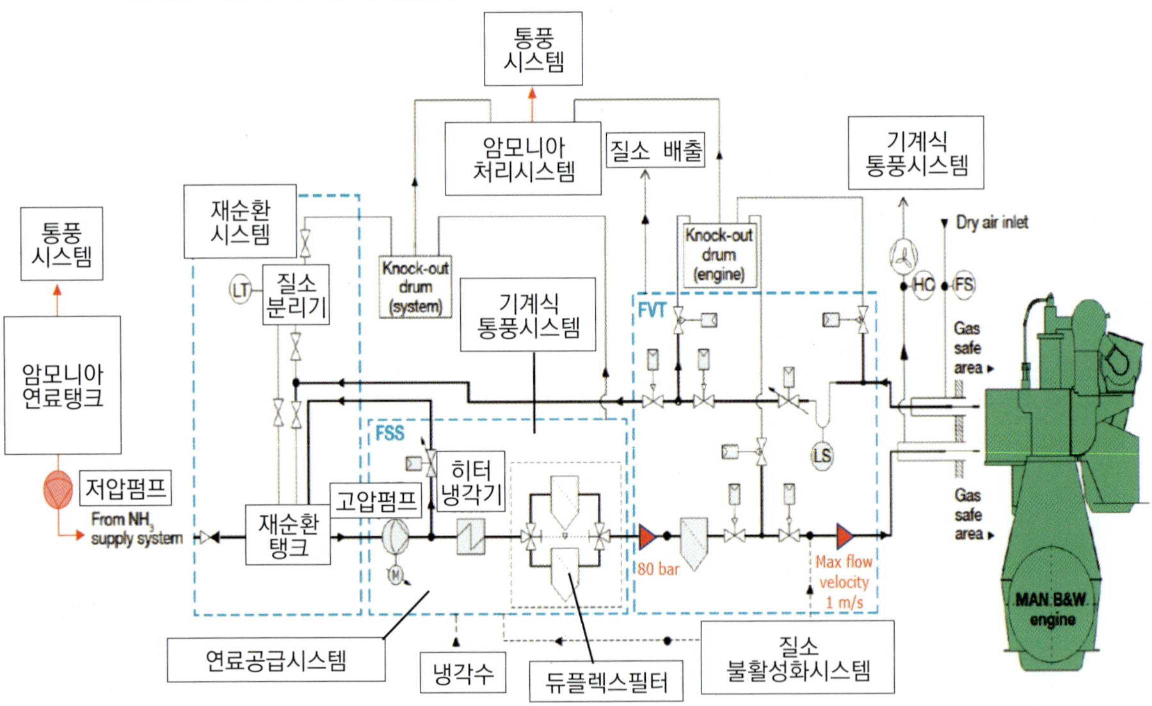

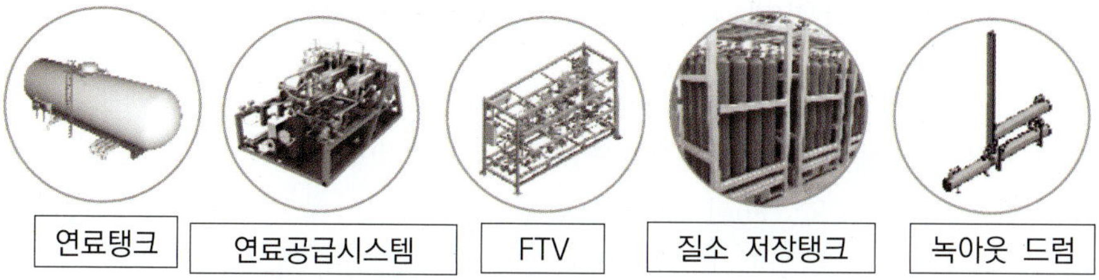

그림 5-42 암모니아 연료공급시스템 개념도

암모니아 연료공급시스템에서 안전시스템의 종류와 설치는 표 5-7의 저인화점연료선박 안전시스템의 종류 및 설치 내용과 동일하다. 암모니아는 액체에서 기체 상태로 전환될 때에 850배로 팽창하며, 암모니아에 관한 허용 가능한 인체 노출 한도는 25~50 ppm 사이로 설정하며 5,000 ppm 농도의 짧은 노출에도 치명적인 유독성 물질이다. 더 체계적이고 구체적인 안전 장치에 관한 추가 설계 및 설치가 필수적으로 이에 대해 다음과 같은 순서로 설명한다.

- 연료 공급 배관 라인에 관한 이중구조배관 적용
- 암모니아처리시스템(Ammonia Processing System)
- 암모니아재순환시스템
- 질소 불활성화시스템
- 기계식 통풍시스템
- 암모니아 감지기
- 암모니아 오염수 빌지시스템
- 물분무시스템(Water Spray System)
- 개인 보호 장비 및 오염 제거 샤워기

(1) 연료 공급 배관 라인에 관한 이중구조배관 적용

암모니아는 독성이 강해 누출 위험을 최소화해야 한다. LNG•메탄올에서는 FVT와 엔진 사이의 배관만 이중구조배관을 적용하였으나, 암모니아는 그림 5-43과 같이 벙커링스테이션과 연료준비룸(FPR, Fuel Preparation Rooms) 사이, 암모니아재순환시스템과 FPR 사이, FPR과 탱크연결공간(TCS, Tank Connection Spaces) 사이, TCS와 엔진 사이 및 TCS와 암모니아처리시스템 사이 등의 배관은 이중구조배관을 적용한다. 이러한 이중구조배관은 연료 공급 배관 라인에서 암모니아의 누출 시 가스 유출을 방지한다. 연료를 처리하는 데 필요한 모든 장비는 전용 FPR에 배치하며, 탱크 연결 장치들은 TCS에 설치한다. 연료준비룸 또는 탱크연결공간 등에는 가스 누출로 인한 기계식 통풍시스템을 설치하므로 이중구조배관이 필요 없다.

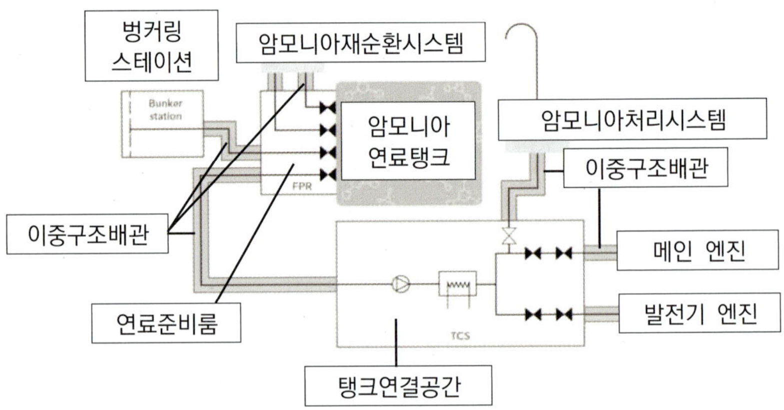

그림 5-43 암모니아 이중구조배관 설치 개념도

(2) 암모니아처리시스템(Ammonia Processing System)

암모니아 연료의 경우 벙커링, 연료탱크, 연료공급시스템 및 FVT 등에 설치한 통풍시스템과 질소 불활성시스템에 의해 발생한 암모니아 액체 또는 증기가 대기 중으로 그대로 배출되는 것을 방지하기 위해 전부 수집하여 저장해야 한다. 이러한 암모니아는 연료탱크, 저압 펌프 및 고압 펌프 부근 등에 설치된 3개의 녹아웃 드럼(Knock out Drum)에 저장시킨다. 드럼에서 암모니아 액체는 질소 분리기를 거치면서 질소가 걸러지고 암모니아 액체에 포함된 산소를 제거하는 탈기 기능이 포함된 산소제거탱크(Deaerator

Tank) 등의 재순환탱크에 저장한다. 암모니아 증기는 물로 채워진 여러 컬럼에 포집되어 농도를 10~25 ppm 이하 수준으로 감축시킨 후에 벤트마스트로 보내 대기로 배출한다. 또한, 통풍시스템에서 25~30 ppm의 암모니아가 감지되면 암모니아처리시스템과 연결해 암모니아를 처리한다.

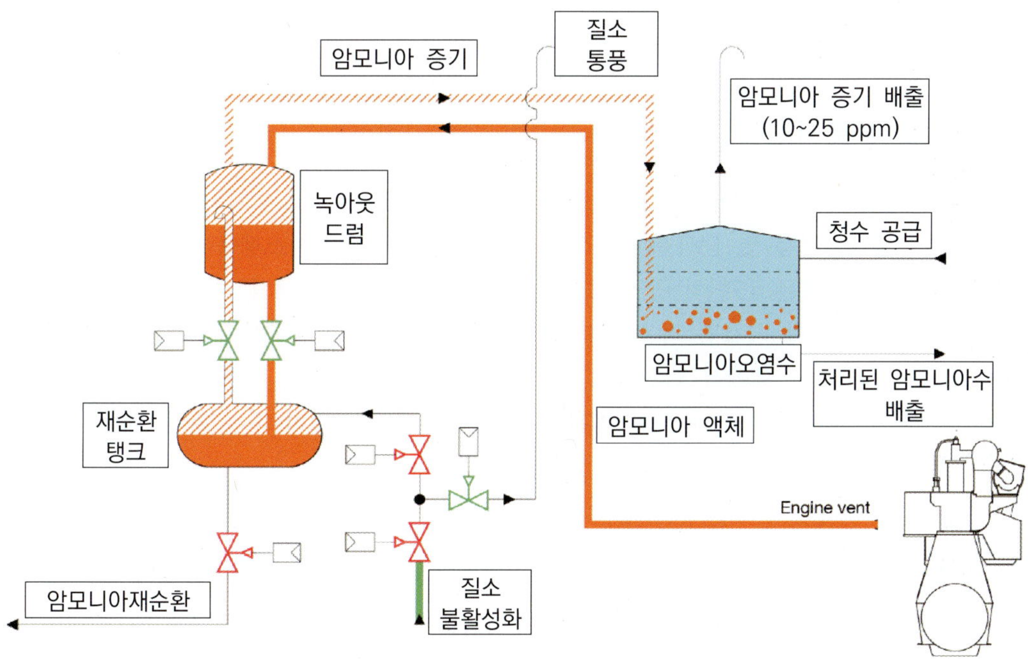

그림 5-44 암모니아처리시스템 개념도

(3) 암모니아재순환시스템

암모니아 연료는 엔진에 과잉으로 공급되며 연소하지 않고 남은 연료는 전용 재순환시스템을 통해 재순환시켜 사용한다. 또한, 엔진에서 암모니아 모드 작동이 중지될 때 암모니아를 회수하여 재순환시스템으로 보낸다. 이러한 암모니아에는 불활성화 조치로 인한 질소가 포함될 수 있으므로 질소 분리기에서 질소를 분리한 후 재순환탱크에 저장한다. 또한, 고압분사기에서 나오는 미량의 밀봉 오일이 포함될 수 있으며 이러한 암모니아 경우 별도의 작은 서비스탱크에서 수집한 뒤에 육상에서 처리할 수 있다.

(4) 질소 불활성화시스템

질소 불활성화시스템은 벙커링, 연료탱크 검사와 유지 보수, 연료 공급 배관 라인, FTV 및 이중구조배관 등에서 발생하는 암모니아 잔류 가스 제거를 위해 설치한다. 또한, 엔진에서 운전 후, 유지 보수 사전 및 사후 불활성화 조치에도 질소를 사용한다. 불활성화 작업 후 미량의 암모니아가 잔류할 수 있으므로 유지 보수 작업 시에는 개인 보호 장비와 방독면을 착용해야 한다.

(5) 기계식 통풍시스템

유독성 암모니아 증기가 퍼지는 것을 방지하기 위해 암모니아 누출 가능성이 있는 연료준비룸, 탱크연결룸 및 FVT룸 등 각 공간에는 기계적 통풍시스템을 설치하며 각각 시간당 최소 30번 또는 45번의 공기 교환 용량을 가지는 최소 2개의 기계식 통풍 팬을 설치해야 한다. 이러한 시스템 작동에서 발생한 암모니아를 대기 중으로 배출해서는 안 되며, 암모니아처리시스템에서 안전하게 처리한 뒤에 벤트마스터를 통해 대기 중으로 배출한다. 이중구조배관의 내부와 외부 배관 사이의 공간에도 감지기 및 기계식 통풍시스템을 설치한다.

(6) 암모니아 감지기

벙커링스테이션, 연료탱크, 탱크연결룸, 연료공급시스템, FVT, 암모니아 배관 주변 덕트, 이중구조배관 사이 공간, 벤트마스트 출구 및 암모니아수 빌지시스템 배관 등 암모니아가 축적될 수 있는 공간에 설치한다. 암모니아 증기 농도가 25~30 ppm에 도달하기 전에 알람을 울리고 150~300 ppm을 초과하는 경우 마스터가스연료밸브를 자동으로 닫아 연료 공급을 차단한다.

(7) 물 분무시스템(Water Spray System)

암모니아는 물에 쉽게 흡수될 수 있으므로 물 분무시스템을 사용하면 누출로 인한 암모니아 구름을 흡수하여 가스 분산 속도를 줄일 수 있고 증기의 농도를 낮출 수 있다. 원격 작동이 가능해야 하며 접근 가능한 구역에 위치해야 한다. 벙커링스테이션, 연료탱크, LFSS 및 FVT 등 암모니아 누출이 가능한 공간에는 물 분무시스템을 설치해야 하며, 25~30 ppm의 암모니아가 감지되면 자동으로 작동된다. 암모니아 장치 내부에는 일부

암모니아가 남아 있을 것이 예상되므로 유지 보수를 수행하는 선원과 엔지니어 보호를 위해 설치해야 하는 필수 시스템이다.

(8) 암모니아 오염수 빌지시스템

벙커링 스테이션, 연료탱크의 탱크연결룸 및 물 분무시스템 등 암모니아 오염수가 배출될 가능성이 있는 배수구에서 암모니아 오염수를 수집하고 별도 서비스 탱크에 저장하기 위해 독립적인 폐쇄형 빌지 시스템을 설치한다. 암모니아 오염수는 위험 물질이므로 선박 외부로 배출을 할 수 없으며 육상에서 별도의 절차에 따라 폐기해야 한다.

(9) 개인 보호 장비 및 오염 제거 샤워기

벙커링 작업에 관련된 사람들과 암모니아 노출이 위험할 수 있는 공간에서 작업하는 사람들을 위해 적절한 보호 장비를 선택해서 적절한 위치에 설치해야 한다. 큰 앞치마, 긴 소매의 특수 장갑, 적절한 신발, 내화학성 소재의 작업복, 꽉 끼는 고글 또는 안면 보호대 등 안전 보호 필수품들을 제공해야 한다. 보호복과 장비는 신체의 어떤 부분도 노출되지 않도록 모든 피부를 덮어야 한다. 호흡기 및 눈 보호구 등 개인 보호 장비들은 선박 탑승자 전원이 사용할 수 있도록 배치해야 한다.

가스감지경보기는 선원이 오염된 공간에 들어가지 않도록 경고하는 방식으로 배치해야 한다. 통풍 및 벤트마스트의 배출 시에 개방형 갑판에서 경보를 울려 선원에게 경고해야 한다. 암모니아가 있는 공간에 들어가 작업을 하려면 전면 마스크가 포함된 독립형 공기 호흡 장치를 포함하여 적절한 신체 보호를 제공하는 안전 장비를 착용해야 한다.

선원 또는 엔지니어가 암모니아 증기에 노출되었을 때는 시간이 매우 중요하다. 피부나 눈에 닿으면 조직 손상이 빠르게 발생하므로 즉시 안전한 장소로 옮기고 최소 15분 동안 노출된 부위를 물로 씻어내는 것이 필수적이다. 암모니아는 입은 옷도 냉동시킬 수 있으므로 물로 해동시킨 후에 옷을 벗어야 한다. 그렇지 않으면 광범위한 피부 손상이 발생할 수 있다. 암모니아 배관 라인이 지나가는 아래 공간 근처에 오염 제거 샤워기 및 눈 세척제를 설치해야 한다.

- 오염 제거 샤워기 설치 : 벙커링 스테이션, 탱크연결공간 출구, 연료준비룸 출구 및 엔진룸 내부

그림 5-45 개인 보호 장비 및 오염 제거 샤워기

5.6.4 선박의 암모니아 배출 식별 및 처리

친환경연료 중에서 가장 위험한 연료가 암모니아이며 유독성으로 인해 선원들에게 심각한 손상을 입힌다. 유독성을 잘 이해하고 암모니아의 배출과 누출이 발생하면 식별 처리와 조치에 관한 안전시스템을 개발하여 선박에 적절하게 설치해야 한다. 이에 대해 다음과 같이 설명한다.

- 암모니아 유독성
- 선박의 암모니아 배출 식별 및 처리

(1) 암모니아 유독성

암모니아는 액체에서 기체 상태로 전환될 때에 850배로 팽창하며 5,000 ppm 농도의 짧은 노출에도 치명적인 유독성 물질이다. 암모니아에 관한 허용 가능한 인체 노출 한도는 25~50 ppm 사이이며 300 ppm 이상의 농도에 노출되면 위험하다. 암모니아 연료 배관 라인이 지나가는 공간에서 25~30 ppm의 농도가 감지되는 경우 알람을 울려야 하고 150~300 ppm에서는 연료 공급을 차단시키는 적절한 안전시스템이 작동되도록 설치해야 한다.

표 5-11 암모니아 노출 농도의 영향

인체 영향	공기 중 암모니아 농도(부피 기준)
불쾌한 냄새	5 ppm
눈 자극과 호흡기 자극	6~20 ppm
두통, 메스꺼움, 식욕 감퇴	40~200 ppm
눈•귀•코•목의 심한 자극, 짧은 노출 시 지속적인 영향 없음	400~700 ppm
위험한 수준, 30분 미만 노출에도 치명적	2,000~3,000 ppm
심각한 부종, 교살, 질식 및 급속 사망	5,000~10,000 ppm

(2) 선박의 암모니아 배출 식별 및 처리

암모니아연료추진선박 설계에서 가장 중요한 핵심 사항은 암모니아 배출원 및 누출원에 관한 완벽한 식별과 누출 발생 시에 위험을 최소화하기 위한 안전시스템을 개발하여 설계에 적용하는 것이다. 조선소, 선급 및 해운 회사, 엔진 등 제조회사에서 이러한 시스템을 개발하기 위해 노력 중이다. 선박에서 암모니아 연료가 흐르는 배관 라인과 모든 공간에서의 배출 및 누출을 식별하는 방식을 정리하여 나타내면 다음의 4개 경우와 같다.

① 개방된 지역의 암모니아 배출 및 누출

- 암모니아 연료탱크 압력배출밸브 열림
- 연료공급시스템 질소 불활성화, 통풍과 블리드밸브 배출
- 연료준비룸의 통풍구, 탱크연결공간, 이중구조배관 사이 공간
- 개방된 구역의 벙커링스테이션의 매니폴드

② 밀폐된 공간에서의 암모니아 배출 및 누출

- 연료준비룸
- 탱크연결공간
- FVT룸 및 이중구조배관 사이 공간

③ 정상 작동 조건에서 암모니아 배출

- 연료준비룸 통풍구에서 제어된 배출
- 안전 조치를 취한 배출구 청소(질소 불활성화) 및 통풍
- 안전 조치에는 가스 감지, 경보, 연료 공급 차단 및 암모니아 처리 포함

④ 긴급 상황에서의 암모니아 배출

- 연료탱크 근처의 화재와 같은 비상 상황에서 통제되지 않은 배출
- 유해한 암모니아 농도로 선박 전체를 덮을 수 있는 대규모 배출

이러한 식별을 기준으로 처리하는 방식은 암모니아 액체와 증기를 구분하여 처리하는 것이며 그림 5-46과 표 5-12와 같다. 식별과 처리 방식을 기준으로 암모니아 안전시스템을 종합적으로 설계해야 하며, 각종 안전시스템을 장소별로 필요한 장치와 시스템들을 선정하여 설치한다. LNG와 메탄올연료추진선박보다도 더 미세하고 구체적인 접근 방식이 필요하다.

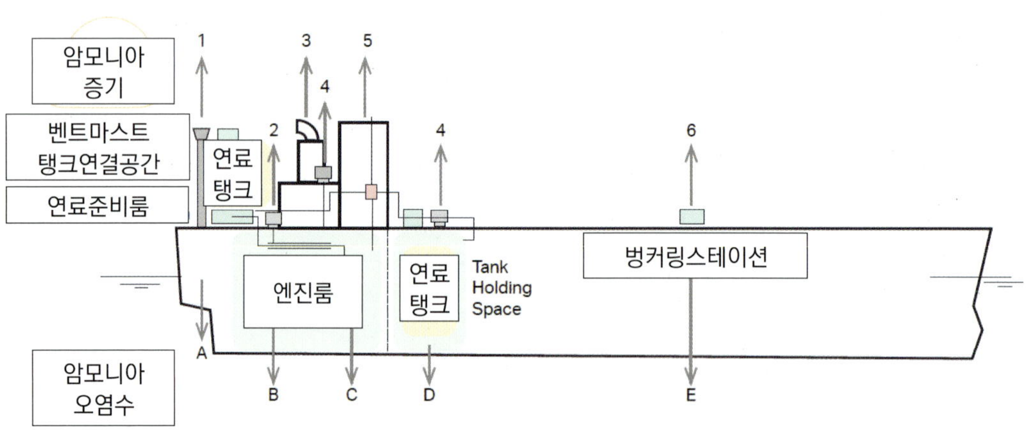

그림 5-46 암모니아연료추진선박의 암모니아 배출 및 누출원 개념도

표 5-12 암모니아연료추진선박의 암모니아 배출 및 누출원

구분		장소	배출 또는 누출원
암모니아 증기	1	벤트마스터	연료탱크 압력배출밸브, 암모니아처리시스템
	2	이중구조배관의 통풍시스템	엔진룸 배관, 엔진룸~벙커링스테이션 배관
	3	암모니아슬립	엔진, 발전기엔진, 보조보일러, 압축기
	4	밀폐 공간 통풍시스템	기계룸, 연료공급시스템 공간(연료준비룸)
	5	장치	가스감지기, 열량계, 교정가스
	6	벙커링스테이션	호스연결/분리, 커플링, 비상정지시스템
암모니아 오염수	A	갑판 물분무시스템	개방형 갑판에 있는 연료탱크 및 배관에서의 누출
	B	암모니아처리시스템	메인엔진, 발전기엔진, 보조보일러, 압축기
	C	열교환 흐름	열교환기 튜브/플레이트
	D	밀폐공간 빌지시스템	물분무시스템이 설치된 독립탱크, 배관, 밸브 등의 누출
	E	암모니아오염수 저장탱크	벙커링 호스/커플링 노출, ESD시스템 배출

연습문제

1. 친환경연료추진선박 개요에 대해 설명하라.

2. IMO IGC 코드(Code)에 대해 설명하라.

3. IMO IGF 코드(Code)에 대해 설명하라.

4. LNG 이중연료엔진에 대해 설명하라.

5. LNG 이중연료엔진의 가스모드, 가스・디젤 모드 및 디젤 모드에 대해 설명하라.

6. LNG 이중연료엔진의 종류와 메탄슬립에 대해 설명하라.

7. LNG Type-C 탱크에 대해 설명하라.

8. LNG MEGI 엔진 고압・저압 가스 연료공급시스템에 대해 설명하라.

9. LNG X-DF 엔진용 저압 가스 연료공급시스템에 대해 설명하라.

10. LNG 가스밸브트레인(GVT) 및 가스밸브유닛(GVU)에 대해 설명하라.

11. LNG FGSS 통합제어시스템에 대해 설명하라.

12. LNG 벙커링시스템에 대해 설명하라.

13. LNG연료추진선박 안전시스템의 종류 및 설치에 대해 설명하라.

14. LNG연료추진선박의 메탄슬립 해결 방안 중 엔진 구성 요소 설계 개선과 운전 튜닝 및 EGR 장치 적용에 대해 설명하라.

15. LNG연료추진선박의 메탄슬립 해결 방안 중 샤프트발전기 설치 및 항만 육상 전력 활용에 대해 설명하라.

16. LNG연료추진선박의 메탄슬립 해결 방안 중 메탄산화촉매 또는 플라즈마감소시스템 설치에 대해 설명하라.

17. LNG연료추진선박의 메탄슬립 해결 방안으로서 이중연료엔진별 대책 적용 방안에 대해 설명하라.

18. 메탄올 이중연료엔진에 대해 설명하라.

19. 메탄올 이중연료엔진의 메탄올모드, 메탄올 • 디젤 모드 및 디젤 모드에 대해 설명하라.

20. 메탄올 연료탱크에 대해 설명하라.

21. 메탄올 연료공급시스템에 대해 설명하라.

22. 메탄올 MAN-LGIM 엔진 물공급시스템에 대해 설명하라.

23. 암모니아 이중연료엔진에 대해 설명하라.

24. 암모니아 이중연료엔진의 암모니아모드, 암모니아•디젤 모드 및 디젤 모드에 대해 설명하라.

25. 암모니아 연료탱크에 대해 설명하라.

26. 암모니아 연료공급시스템에 대해 설명하라.

27. 암모니아 연료공급시스템 중 암모니아처리시스템에 대해 설명하라.

28. 암모니아의 개인 보호 장비 및 오염 제거 샤워기에 대해 설명하라.

29. 선박의 암모니아 배출 식별 및 처리에 대해 설명하라.

CHAPTER 6

연료전지추진선박 및 하이브리드전기추진선박

6.1 연료전지추진선박 개요

6.2 LNG • 메탄올 • 암모니아 등 친환경연료전지추진선박

6.3 수소연료전지추진선박

6.4 하이브리드전기추진선박

6.5 연료전지추진선박의 경제성

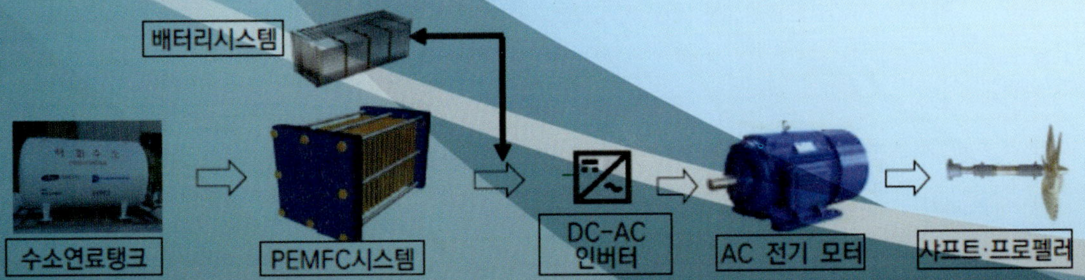

CHAPTER 6

친환경연료를 연료전지에 공급하여 생산한 전기로 추진하는 연료전지추진선박과 이중연료엔진에 발전기를 결합한 발전기세트에서 발생한 전기로 추진하는 하이브리드전기추진선박에 대해 설명한다. 이들 선박은 전기 동력으로 추진하는 공통점을 가진다.

연료전지추진선박에서 연료전지추진시스템의 종류, 연료전지추진선박의 특성 및 제약조건을 정리하여 기술한다. 연료전지(Fuel Cell)의 작동 원리 및 특성, 선박에 적용이 가능한 SOFC[19] 및 PEMFC[20] 연료전지와 생산한 전기 에너지를 효율적으로 통합하여 관리하고 제어하는 연료전지•배터리 하이브리드시스템에 대해서도 설명한다.

친환경연료전지추진선박 중 LNG, 메탄올, 암모니아 등을 연료로 사용하는 SOFC시스템의 BOP 운전시스템을 살펴본다. 또한, 고압수소 또는 액화수소를 연료로 사용하는 수소연료추진선박에 관한 700 bar 고압수소연료탱크, 액화수소연료탱크, PEMFC시스템의 BOP 운전시스템, 수소 벙커링(충전)시스템, 수소연료전지추진선박, 액화수소운반선 건조사례 및 수소연료전지추진선박 개념 설계 사례를 기술한다.

하이브리드전기추진선박에 관해서는 하이브리드전기추진시스템의 종류, 발전기의 작동원리와 종류, 하이브리드전기추진시스템의 통합 제어와 운항 모드 개념, 전력계통의 종류와 사례에 관해 기술한다. 마지막으로 수소연료전지추진선박과 디젤엔진추진선박의 건조비와 운항비를 비교하여 설명한다.

- 연료전지추진선박 개요
- LNG•메탄올•암모니아 등 친환경연료전지추진선박
- 수소연료전지추진선박
- 하이브리드전기추진선박
- 연료전지추진선박의 경제성

19) SOFC(Solid Oxide Fuel Cell) : 고체산화물 연료전지
20) PEMFC(Polymer Electrolyte Membrane Fuel Cell) : 고분자전해질 연료전지

6.1 연료전지추진선박 개요

연료전지추진선박의 핵심 구성시스템과 3개의 연료전지추진시스템 개념에 관해 설명한다. 선박에서 연료전지를 적용할 때 필수적으로 이해해야 할 특성과 한계를 살펴본다. SOFC와 PEMFC 연료전지에 관한 특성과 장단점을 비교하고 선박에 적용된 실적과 향후 방향성에 관해 설명한다. 연료전지추진선박의 추진에 필요한 전기 동력 공급시스템인 연료전지•배터리 하이브리드시스템의 개념 및 구성장치, 배터리시스템, 컨버터(Converter) 및 인버터(Inverter), 변압기(Transformer), 배전반(Switchboard), 전력관리시스템(PMS), 연료전지 통합제어시스템 및 에너지관리시스템(EMS)으로 구분하여 기술하고, IMO의 연료전지시스템 설치 가이드 라인(2022)에 관해서도 설명한다. 이에 대해 다음과 같은 순서로 설명한다.

- 연료전지추진선박의 개념
- 연료전지추진시스템의 종류 및 특성
- 연료전지추진선박의 특성 및 제약 조건
- 연료전지의 종류 및 특성
- 연료전지•배터리 하이브리드시스템
- 연료전지추진선박의 안전시스템

6.1.1 연료전지추진선박의 개념

연료전지추진선박은 연료전지에 LNG, 메탄올, 암모니아 또는 수소 등 친환경연료를 공급하여 전력을 생산하고, 전기 모터를 회전시키고 연결된 샤프트와 프로펠러를 회전시켜 추진하는 선박을 말한다. 일반적인 선박의 엔진 추진 방식보다 추진시스템이 복잡하고 운전 조건이 까다롭다. 그러나 연료전지는 전기화학적 반응으로 전기를 생산하여 높은 효율을 가지며, NOx와 SOx 배출이 없고, CO_2 발생도 아주 적은 매우 친환경적인 전력 발생 장치이다.

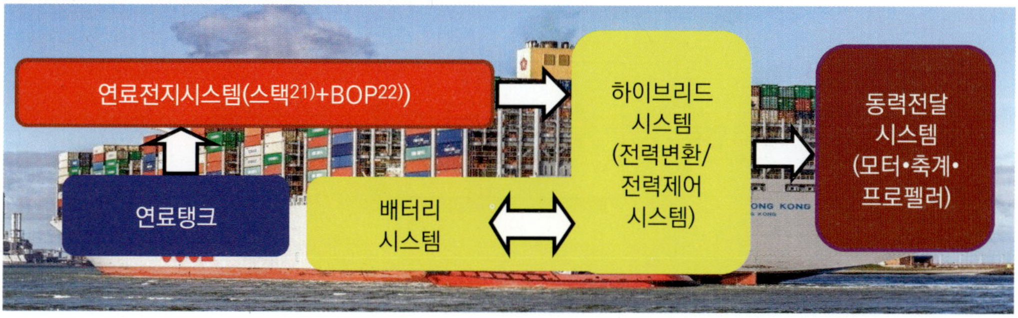

그림 6-1 연료전지추진선박의 주요 구성시스템

연료전지추진선박의 주요 구성 시스템은 다음과 같다. 여기서는 모터, 축계 및 프로펠러 등 동력전달시스템에 대해서는 다루지 않는다.

- 연료탱크
- 연료전지시스템
- 배터리시스템
- 연료전지•배터리 하이브리드시스템
- 동력전달시스템

① 연료전지시스템 : 연료전지는 스택과 BOP 운전시스템으로 구성하며, 그림 6-2와 같이 친환경연료와 공기 등의 연료를 연료전지에 공급하면 전기화학적 반응이 연속적으로 이루어지면서 전기, 열 및 물을 발생시킨다. 선박의 출력 요구에 따라 적절하게 연료를 공급하여 필요한 품질의 전력을 생산한다. 그림 6-4는 현대 넥쏘 수소 자동차에 들어가는 95 kW 연료전지시스템이다. 이것을 선박에 10개 설치하면 950 kW의 발전 용량을 확보할 수 있다. 연료전지를 선박에 적용할 때에는 필요한 발전 용량에 해당하는 상용화된 연료전지시스템을 패키지로 구매하고 이를 연결시켜 설치한다. 이러한 연료전지시스템 패키지를 선박에 적용하기 위해서는 선급의 승인을 받아야 한다.

---

21) 스택(Stack) : 연료와 공기를 공급받아 전기를 발생시키는 장치이다. 단위 셀들을 용량만큼 쌓아서 전기를 발생시키고 기계적 강도를 가지도록 구성하여 만든 것이 스택이다.

22) BOP(Balance Of Plant) : 연료전지 운전시스템이며, 연료공급시스템, 전력변환장치 및 통합제어 시스템 등으로 구성한다.

그림 6-2 연료전지의 개념도

② 배터리시스템 : 연료전지 운전 초기에는 전기화학적 반응이 느려 선박 시동에 필요한 전력을 만들지 못하며 연료전지 운전에도 전력 공급이 필요하다. 연료전지에서 생산된 일부 전력을 저장하거나 선박의 최고 출력 발생 시 부족할 수 있는 전력을 공급하기 위해 선박에 배터리를 설치하여 배터리 저장 전력을 사용해서 연료전지의 단점을 보완한다. 연료전지추진선박에 필수적인 시스템이다.

③ 연료전지•배터리 하이브리드시스템 : 선박의 필요 출력에 대응해 연료전지시스템과 배터리시스템 간의 전력 부하 배분을 효율적으로 제어하고 연료전지의 잉여 전기를 배터리에 충전하는 기능을 수행하므로 하이브리드시스템이라고 한다. 연료전지와 배터리 부하 평준화를 통해 전체 효율을 최적화 하도록 통합제어시스템을 개발하여 적용해야 한다. 또한, 연료전지에서 생산한 전기는 상대적으로 낮은 전압의 직류(DC)이다. 선박의 전기 모터는 연료전지보다 높은 전압이 필요하고 대부분 교류(AC)에서 작동한다. AC 전기 모터의 필요 전력 사양에 따라 전압을 맞추고 DC를 AC로 바꾸는 전력변환 기능도 수행한다.

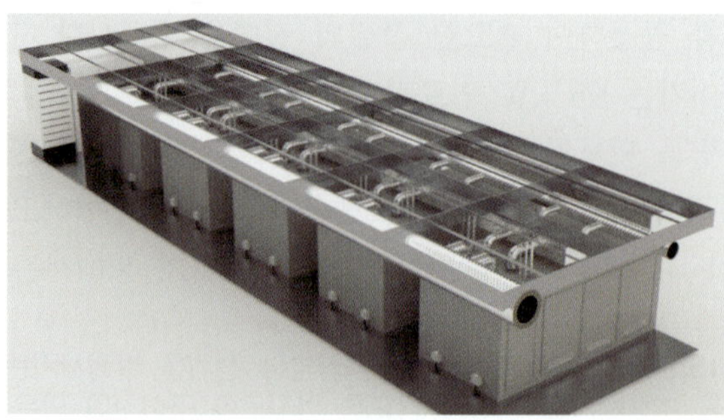

그림 6-3 연료전지 스택 및 연료전지시스템

그림 6-4 현대 넥쏘 수소 자동차 연료전지시스템

6.1.2 연료전지추진시스템의 종류 및 특성

연료전지추진시스템은 연료전지시스템, 배터리시스템과 연료전지•배터리 하이브리드시스템으로 구성한다. 이러한 시스템의 종류는 그림 6-5와 같이 3개로 구분할 수 있으며 이에 대해 개념적으로 이해하는 것이 필요하다.

① 친환경연료-SOFC-배터리 하이브리드시스템 : 고체산화물 연료전지인 SOFC는 고온에서 작동하며 LNG, 메탄올 또는 암모니아 등 친환경연료 사용이 가능한 연료전지이다. 친환경연료와 공기를 약 800℃ 수준으로 가열해서 SOFC에 공급하여 DC(직류)를 생산하고 DC-AC 인버터로 AC(교류)로 변환시킨 후 AC 전기 모터에 적절한 전력을 공급하여 추진하는 시스템이다.

② 친환경연료-수소생산-PEMFC-배터리 하이브리드시스템 : 고분자전해질 연료전지인 PEMFC는 순수 수소를 사용하는 연료전지이다. 수소는 주로 LNG 등의 원료를 약 500℃ 분해기(Craker)에 공급하여 수소를 만들고 정제시킨 순수 수소와 공기를 PEMFC에 공급하여 DC를 생산하고 DC-AC 인버터로 AC로 변환시켜 AC 전기 모터에 적절한 전력을 공급한다.

③ 수소-PEMFC-배터리 하이브리드시스템 : 순수 수소와 공기를 PEMFC 연료전지에 공급하여 DC를 생산하고 DC-AC 인버터로 AC로 변환시켜 AC 전기 모터에 적절한 전력을 공급한다.

①, ②의 시스템은 ③보다 비용이 많이 들어가고, 선박 적용을 위한 연구 개발이 진행 중이다. 기술적인 완성도가 떨어지며 상용화가 미흡하다. 개념적인 설계 수준에 머물고 있으며 다양한 연구들이 진행되고 있다. ③의 경우 출력 용량이 적은 단거리•내륙 선박 위주 여객선과 페리 등의 선박에서 운항 실증이 많아 기술적인 완성도가 높다. 디젤엔진 추진선박보다 건조 및 운항비가 비싸 실용적이지 못한 단점이 있다.

- LNG•메탄올•암모니아 등 친환경연료-SOFC-배터리 하이브리드시스템
- LNG•메탄올•암모니아 등 친환경연료-수소생산-PEMFC-배터리 하이브리드시스템
- 수소-PEMFC-배터리 하이브리드시스템

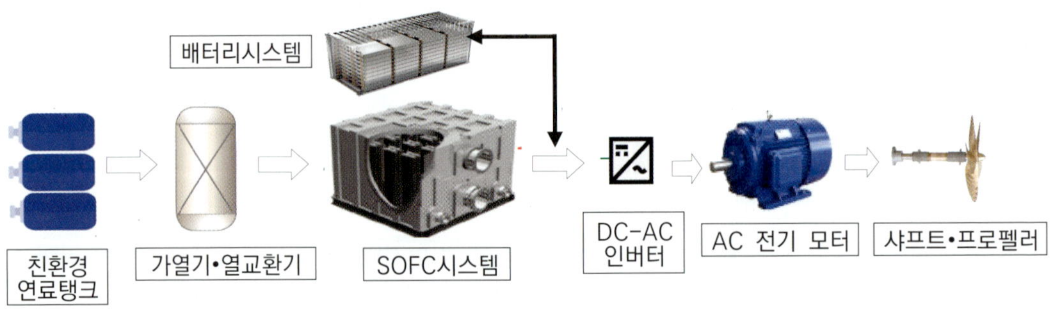

친환경연료-SOFC-배터리 하이브리드시스템

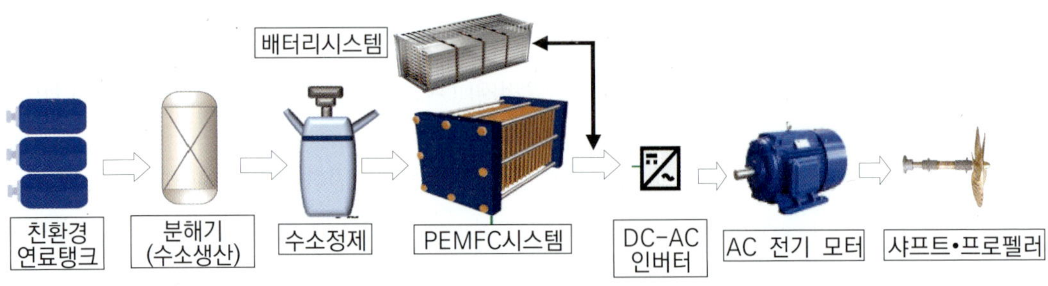

친환경연료-수소생산-PEMFC-배터리 하이브리드시스템

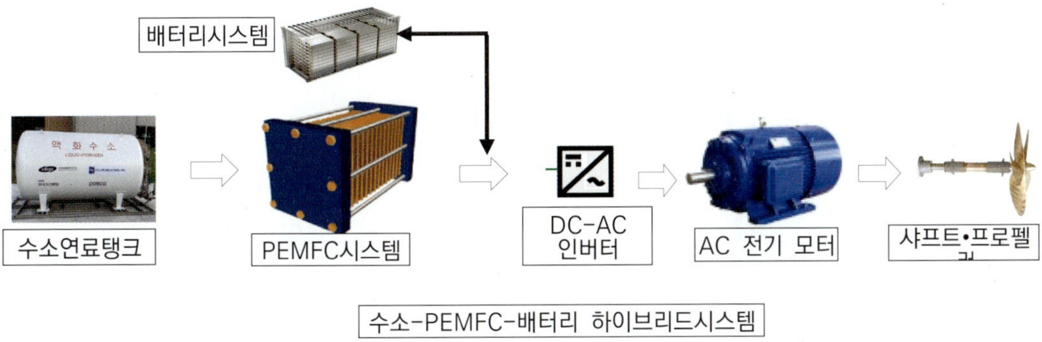

그림 6-5 연료전지추진시스템의 개념도

6.1.3 연료전지추진선박의 특성 및 제약 조건

연료전지추진선박은 기존의 디젤엔진추진선박과는 다른 복잡한 연료전지와 배터리 등과 관련한 장치와 기술들을 적용한 선박이다. 특히 연료전지의 특성, 효율 및 제약 조건들을 고려해서 선박의 추진시스템을 설계해야 한다. 이러한 선박을 설계하고 건조할 때 고려해야 할 제약 사항이 많다. 이에 대해 다음과 같은 순서로 설명한다.

- 연료전지의 출력 특성
- 연료전지의 출력 발생 속도 지연
- 해양 환경에서 연료전지시스템의 내구성 부족
- 운항 지속성 및 위험 평가 필요
- 건조 및 운항 비용 증가

(1) 연료전지의 출력 특성

연료전지의 출력은 디젤엔진과 가솔린엔진과 다르다. 그림 6-6과 같이 HSDI(High-Speed Direct Injection) 고출력 디젤엔진은 정격 출력(Rated Power) 100% 가까운 구간에서 효율이 가장 높아진다. 연료전지는 정격 출력의 20~40%일 때가 최대 효율을 나타내고 정격 출력에 가까이 갈수록 효율이 급격히 떨어진다. 연료전지를 선박에 적용할 때 출력 수요에 따른 연료전지 용량을 계산하는 방식과 최적 효율로 운전하는 방식이 다르다는 것을 명확하게 인식할 필요가 있다.

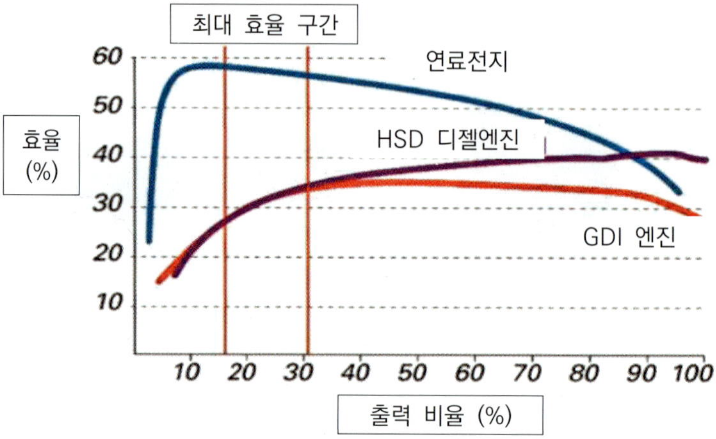

그림 6-6 연료전지, 디젤 및 가솔린 엔진 출력 비교

그림 6-7은 80 kW 정격 용량을 가진 PEMFC의 전력 발생과 효율의 관계를 보여준다. 이 경우 최대 효율은 약 64%이며, 최적 출력은 46 kW(최대 용량의 약 60%), 효율은 61%이다. 용량의 약 13~63% 넓은 구간에서 60% 이상의 효율이 나타난다. 효율이 낮은 10 kW 미만에서 연료전지 작동은 비효율적이므로 배터리 전력을 사용하는 것이 바람직하다.

이러한 특성을 가진 PEMFC를 선박에 적용할 때 연료전지 소요 정격 용량은 선박 평균 소요 전력에 최적 전력인 용량의 약 60% 수준을 기준으로 정할 수 있다. 예를 들어 선박 평균 필요 출력이 100 kW 이라면 연료전지 발전 용량은 146 kW(100 kW/0.6)로 단순하게 계산할 수 있다. 여기에 배터리 용량, 전력변환 손실 5~10% 및 해상 환경 여건에 따른 해상 마진(Sea Margin) 15~20% 등을 추가로 고려해서 연료전지의 발전 용량을 정한다.

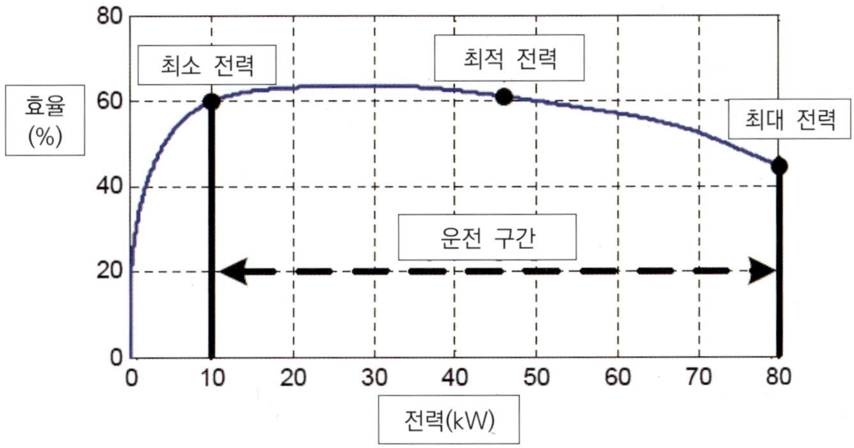

그림 6-7 PEMFC의 전력 발생별 효율 추이

(2) 연료전지의 출력 발생 속도 지연

운전 온도가 80℃ 내외인 PEMFC의 경우 시동 후 전력이 발생하는 시간은 10초, 800℃ SOFC의 경우 15~30분이 소요되어, 연료전지의 종류에 따라 출력 발생 속도에 큰 차이를 보인다. 또한, 선박 운전 과정 중 시동과 외부 부하의 갑작스러운 변화에 대응하기 위해서는 배터리(출력발생 속도 10초 이하) 또는 출력 반응 속도가 빠른 슈퍼커패시터가 필요하다. 배터리의 경우 10초 이하이기 때문에 시동과 외부 부하의 갑작스러운 변화에 대응하기 위해 배터리 또는 더 성능이 우수한 슈퍼커패시티[23]가 필요하다. 그러나 연료전지 출력 발생 속도가 느린 것은 심각한 결함이 아니며 배터리 설치 등을 통해 해결할 수 있다. 디젤엔진추진선박도 엔진 시동을 걸 때에 일반적으로 수십 분에서 몇 시간의 대기가 필요하다.

23) 슈퍼커패시티(Supercapacity) : 초고용량 급속 충•방전 장치로 리튬이온 배터리보다 전력 밀도가 커 고속 충전이 가능하나 배터리보다 매우 비싸 제한적으로 사용한다.

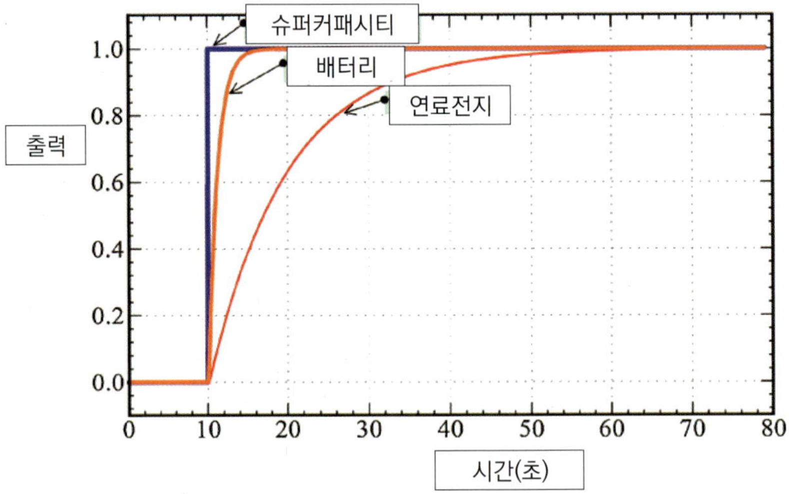

그림 6-8 PEMFC 연료전지, 배터리 및 슈퍼커패시티의 시동 후 출력 추이

(3) 해양 환경에서 연료전지시스템의 내구성 부족

연료전지시스템의 내구성(기대 수명)은 연료전지 성능 감소로 인한 교체 시기를 정하는 기준이며, 이로 인해 교체 비용이 발생한다. 선박용 디젤엔진은 운항 조건이 가혹한 경우를 제외하고 일반적으로 정기적인 유지 보수를 통해 선박 수명인 약 25년 동안 교체 없이 사용하도록 개발한다. 선박 용도별 운항 조건에 따라 디젤엔진의 운전 기대 수명은 다르다. 페리 여객선은 수명이 25년일 경우 30,000시간(300일 x 4시간 x 25년), 일반 어선은 10,000~20,000시간이다. 대양 운항 대형 선박용 디젤엔진의 경우 100,000~200,000시간이다(300일 x 24시간 x 25년 = 180,000시간).

그러나 자동차용 PEMFC 연료전지 수명은 약 5,000시간에 불과하고, SOFC의 경우 선박 운항 조건에서 수명에 관한 검증이 이루어지지 않고 있다. 선박 수명 기간에 연료전지를 1번 이상 교체해야 하는 상황이다. 일반적으로 선박은 열악한 해상에서 운항하므로 기대 수명이 육상에서보다 상당히 짧아질 것으로 예상한다. 특히 해수 염분은 연료전지 효율과 내구성을 떨어뜨릴 수 있으므로 공기를 통해 연료전지에 유입되지 않도록 설계에 반영해야 한다.

(4) 운항 지속성 및 위험 평가 필요

연료전지추진선박에 관한 운항 지속성은 용도에 맞게 지속해서 운항할 수 있느냐는 근본적인 문제이다. 고장이 발생하였을 때 즉시 수리가 가능하도록 기술자와 부품들을 준비하고 조달해야 한다. 연료전지시스템은 구성 부품의 수도 많고 공급도 원활하지 않고 기술도 체계화되어 있지 않으며, 전문 기술자가 부족하여 고장 발생 시 유지 보수에 상당한 시간이 소요될 것이다.

위험 평가는 수소 누출로 인한 화재와 폭발 위험에 관한 것이다. PEMFC의 경우 순수 수소를 사용하므로 LNG, 메탄올 및 암모니아보다 폭발 위험이 증가한다. 위험 요소별 수소 누출, 확산 시뮬레이션 및 실험 등을 통한 위험 평가와 그에 따른 안전시스템 설치가 필수적이다.

(5) 건조 및 운항 비용 증가

연료전지추진선박의 수명주기 평준화 총원가가 일반적인 디젤엔진추진선박보다 약 1.5~2배 높아 선박 건조와 운항 경제성이 미흡한 것으로 나타난다. 표 6-1과 같이 3,100 TEU 컨테이너선(26 MW)에서 건조비 및 운항비를 반영한 수명주기 평준화 총원가(Levelized Cost)는 수소연료전지추진선박이 디젤엔진추진선박보다 2배 높고, 1,200명 승객 페리선(124 Car, 4.5 MW)의 경우 수소연료전지추진선박은 디젤엔진추진선박보다 1.5배 높은 것으로 산정되었다. 수명주기 평준화 총원가에 대해서는 6.5.2를 참조한다.

표 6-1 미국 아르곤 국립연구소 산정 선박 연료별 수명주기 평준화 총원가 비교

구분	단위	디젤엔진 추진선박	LNG엔진 추진선박	수소연료전지 추진선박
3,100 TEU 컨테이너선 (26 MW)	$/TEU-km	1.66 (100)	1.48 (89)	3.34 (201)
페리 (1200명 124 car 4.5 MW)	$/승객	0.69 (100)	0.76 (110)	1.03 (149)

6.1.4 연료전지의 종류 및 특성

연료전지는 다양한 종류가 있으며 여기서는 선박에 적용하였을 때 경쟁력이 있는 SOFC와 PEMFC 연료전지에 관해서 설명한다. 전기화학적 반응으로 전기를 생산하는 연료전지에 관한 작동 원리와 특성, SOFC와 PEMFC의 핵심 장치인 스택의 구성 부품의 구조와 종류, 특성 및 장단점에 관해 살펴본다. 연료전지가 선박에 적용된 실적과 향후 어떻게 적용할 것인지에 대해서도 정리한다. 이에 대해 다음과 같은 순서로 설명한다.

- 연료전지의 작동 원리
- 연료전지의 작동 특성
- 연료전지의 종류
- SOFC 연료전지
- PEMFC 연료전지
- SOFC와 PEMFC의 특성 및 장단점 비교
- SOFC와 PEMFC의 선박 적용 방향

(1) 연료전지의 작동 원리

PEMFC 연료전지는 아노드(Anode, 연료극), 캐소드(Cathode, 공기극) 및 전해질(Electrolyte)로 구성한다. 그림 6-9, 그림 6-10 및 그림 6-11과 같이 연료극에 연료인 수소를 공급하면 수소가 분해되어 수소양성자(Proton, H^+)와 전자(Electron)가 발생한다. 이온인 양성자는 전해질을 통과할 수 있지만, 전자는 통과하지 못하고 연료극과 공기극을 연결하는 외부 도선을 통해 전자가 흐르면서 전류가 발생한다. 전해질을 통과한 양성자는 공기극에 공급한 공기 중의 산소와 공기극으로 이동한 전자와 결합하여 열과 물을 발생시킨다.

- 연료전지 : 전기화학 반응을 통해 전자를 생성시키고 전자가 흐르면서 전류 발생
- 전자 이동 = 전류 흐름 = 전기 발생

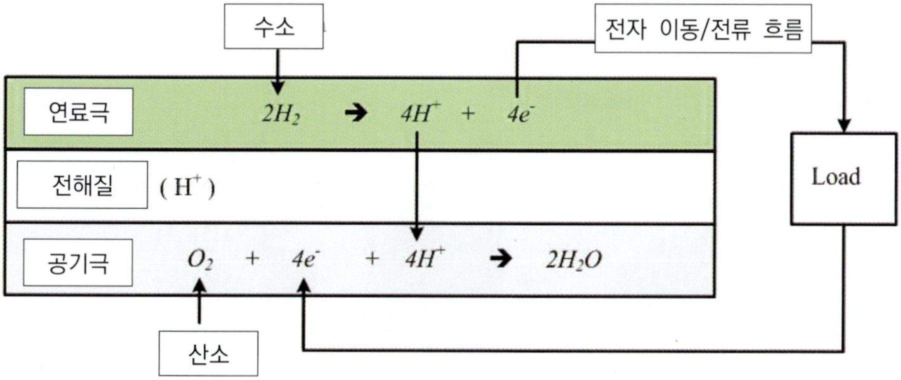

그림 6-9 PEMFC의 전기화학 반응식과 전류 흐름 개념도

연료전지 작동의 핵심은 이러한 전기화학적 반응이 연속적으로 이루어지도록 전자는 전해질을 통과하지 못하게 절연체 재질로 만들면서 외부 전도체(도선)를 통해 공기극으로 이동시키고 이온인 양성자는 전해질에서만 통과하게 만드는 것이다.

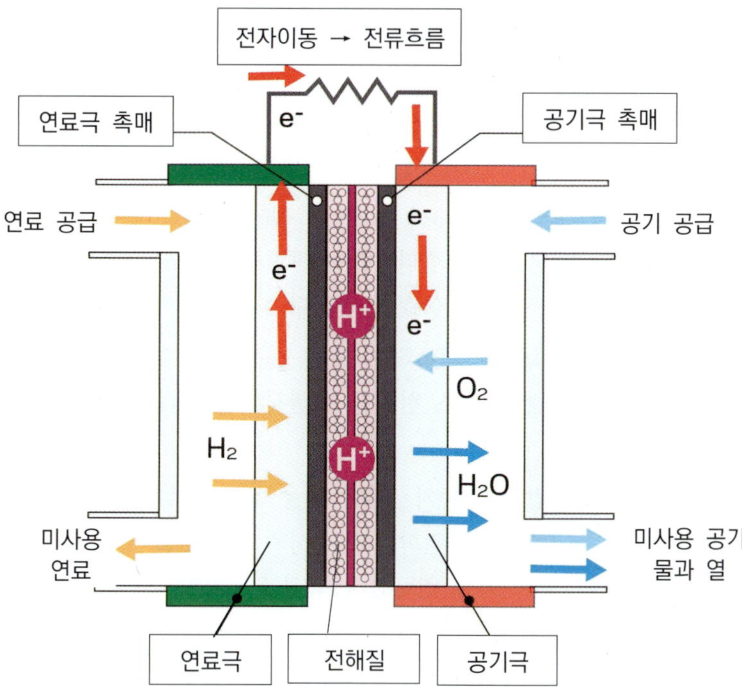

그림 6-10 PEMFC의 전기화학 반응 개념도 1

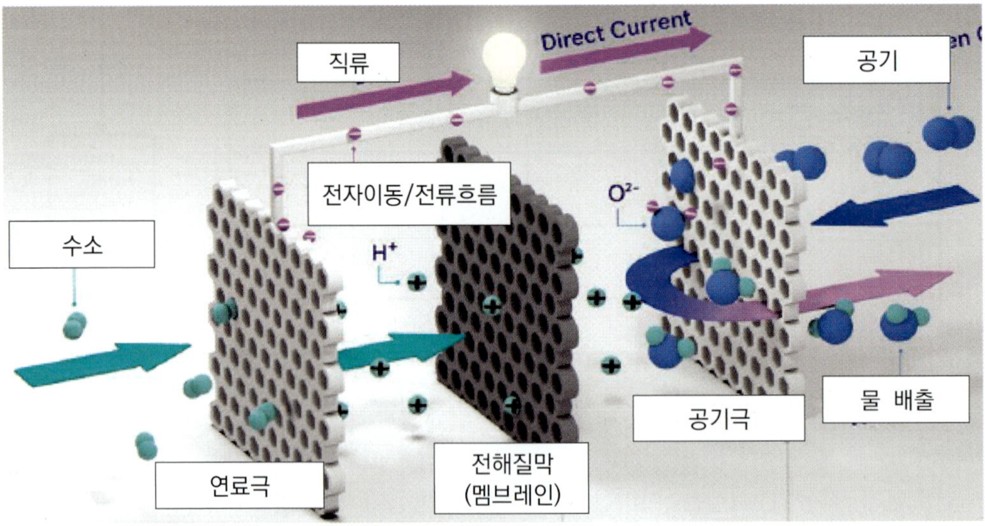

그림 6-11 PEMFC의 전기화학 반응 개념도 2

(2) 연료전지의 작동 특성

일반적으로 연료극-전해질-공기극 각 하나씩으로 구성된 연료전지 단위 셀에서 생성되는 전류는 상당히 적은 수준이다. 전류 생산을 증가시키는 방법은 다음과 같다.

① 연료전지는 연료극, 공기극 및 전해질 등 단위 셀(Cell)의 반응면과 경계면 등 표면적 넓이에 비례하여 전류 발생이 증가한다. 반응 면적을 늘리고 연료와 공기 접촉을 쉽게 하도록 연료극과 공기극을 다공성 물질로 만든다.

② 연료극과 공기극의 반응 속도를 가속하는 촉매 사용이 필수적이다. 촉매에 의한 빠른 전기화학 반응은 짧은 시간에 많은 전류를 발생시킨다. 연료전지의 성능은 우수한 촉매 사용에 좌우된다.

③ 연료전지의 작동 온도와 압력을 증가시키면 반응 활성화로 전류 생산이 많아진다. 그러나 높은 작동 온도는 연료전지 열화를 발생시켜 내구성을 떨어뜨리며, 높은 압력을 내기 위해 전력이 많이 들어간다. 연료전지 특성에 적합한 최적의 운전 온도 및 압력 조건을 찾아 적용하는 것이 필수적이다.

(3) 연료전지의 종류

연료전지의 종류는 다양하지만 선박 적용에 경쟁력이 있는 연료전지는 고체산화물연료전지(SOFC), 고분자전해질막연료전지(PEMFC)이다. SOFC는 LNG, NH_3 등을 연료로 사용가능하며, 전력 생산 용량이 크므로 수십 MW급 이상의 대형 출력이 가능하다. PEMFC는 순수한 수소를 연료를 사용하며 수소 자동차 및 수소 트럭과 출력 용량이 적은 연안 여객선과 관공선 등에 적용한다.

- 고체산화물연료전지(SOFC) 연료 : LNG, 메탄올 및 암모니아 등
- 고분자전해질막연료전지(PEMFC) 연료 : 순수 수소

연료전지의 종류에 따라 작동 온도가 다르고 전극, 전해질 및 촉매가 달라 전기화학 반응식이 다르다. SOFC와 PEMFC의 전기화학 반응식을 설명하면 다음과 같다.

① SOFC(암모니아 사용 시) : 800℃ 고온 환경에서 공기극의 산소와 전자가 반응하여 산소이온(O^{2-})이 생성된다. 산소이온은 다공성 세라믹 전해질을 통해 연료극으로 이동한다. 고온에서 산소이온은 연료극에서 암모니아와 반응하여 질소, 수증기 및 전자를 발생시키고 공기극으로 전자가 흐른다. 고온의 열을 재활용하면 효율을 높일 수 있다.

② PEMFC : 80~90℃ 환경에서 연료극의 수소는 전자와 수소이온(H^+)으로 분해된다. 수소이온은 고분자 전해질막을 통해 공기극으로 이동하고 산소와 반응하여 물과 열을 발생시킨다. 전자는 연료극에서 공기극으로 흐른다. 작동 온도가 낮아 반응 촉진을 위해 백금 촉매 사용이 필수적이다.

표 6-2 연료전지 전극에서의 전기화학 반응식

종류	아노드(연료극)	캐소드(공기극)
SOFC (암모니아)	$2NH_3 + 3O^{2-} \rightarrow 2N_2 + 3H_2O + 6e^-$	$O_2 + 2e^- \rightarrow 2O^{2-}$ (산소이온)
PEMFC (순수 수소)	$H_2 \rightarrow 2H^+ + 2e^-$	$\frac{1}{2}O_2 + 2H^+ + 2e^- \rightarrow H_2O$

(4) SOFC 연료전지

SOFC는 연료극, 전해질, 공기극, 인터커넥트(Interconnect) 및 실란트(Sealant) 등 다양한 부품을 복잡하게 구성한 스택으로 이루어져 있다. PEMFC와의 차이는 비싼 백금 촉매를 사용하지 않고 상대적으로 저렴한 니켈 촉매를 사용하므로 연료의 분해를 위해 매우 높은 고온이 필요하다. 전해질, 연료극과 공기극 등의 구성 부품들은 고온에 잘 견디는 세라믹 소재를 사용한다. 이에 대해 다음과 같은 순서로 설명한다.

- 스택의 구성 부품 종류
- SOFC의 특성 및 장단점

가) 스택의 구성 부품 종류

SOFC 스택은 전기화학 반응을 통해 전기를 발생시키는 매우 복잡하고 민감한 구성 부품으로 이루어져 있다. 800℃ 고온에서 운전하므로 열에 강한 재료와 구성 장치들을 적용한다. 성능이 우수한 스택을 설계하기 위해 이러한 구성 부품들의 종류와 특성들을 이해해야 한다. 성능을 유지하면서도 원가가 저렴한 재료들과 구성 부품들이 개발되고 있다.

스택은 그림 6-12, 그림 6-13 및 그림 6-14와 같이 구성하며 핵심 부품인 셀(Cell)은 일반적으로 연료극 레이어(Layer)-전해질-공기극 레이어 등으로 구성한다. 이러한 셀에 연료와 공기가 흐르는 경로 흐름과 기계적 강도를 제공하는 인터커넥트(Interconnect)를 추가하여 셀 패키지 단위를 구성한다.

스택의 용량에 적합하게 셀 패키지를 쌓은 다음에 가스 누출을 방지하기 위한 실란트, 스택 양쪽에 발생한 연료전지의 전류를 모아 송출하는 전류 수집기(Current Collector), 열전달을 방지하는 인슐레이션 플레이트(Insulation Plate) 및 엔드 플레이트(End Plate)로 마감한다. 엔드 플레이트는 스택의 구조적 강도와 가스 누출을 방지하는 기계적 강도를 제공한다. 스택의 구성 부품은 다음과 같이 나타낼 수 있다.

- 셀: 연료극 레이어-전해질-공기극 레이어
- 셀 패키지: 인터커넥트-셀-인터커넥트
- 스택: 엔드 플레이트-인슐레이션 플레이트-전류수집기-실란트-셀 패키지---셀 패키지-실란트-전류 수집기-인슐레이션 플레이트-엔드 플레이트

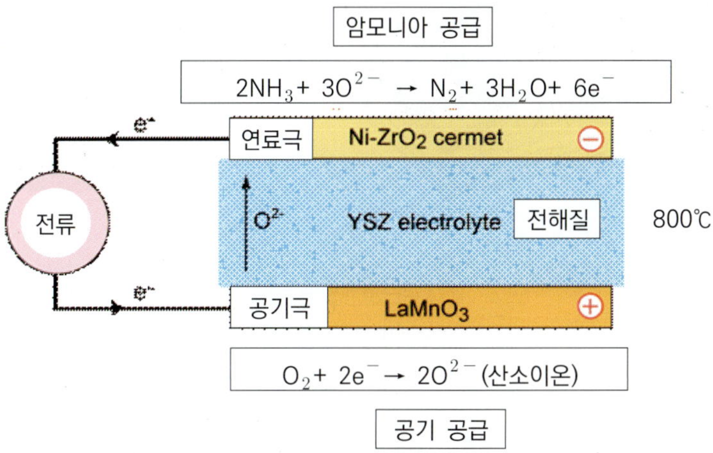

그림 6-12 SOFC 스택의 셀 개념도

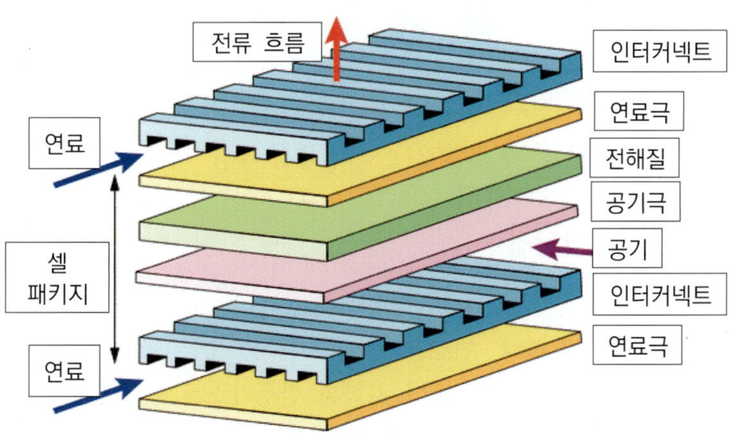

그림 6-13 SOFC 스택의 셀 패키지 구성 개념도

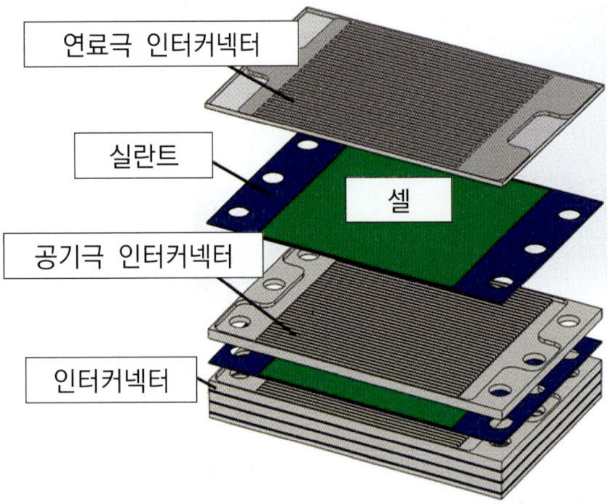

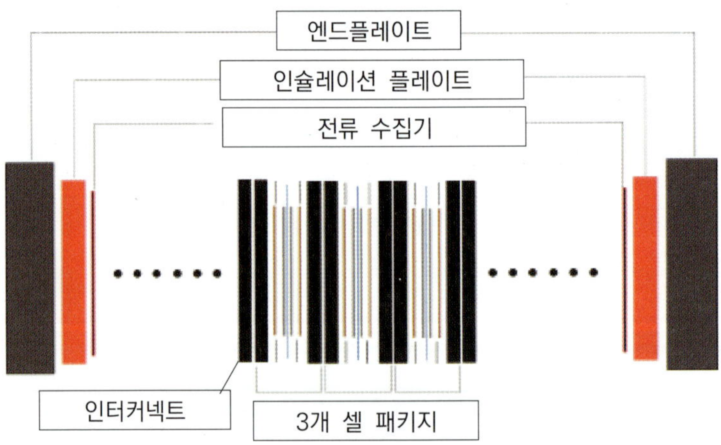

그림 6-14 SOFC 스택의 구성 부품 개념도

나) SOFC의 특성 및 장단점

표 6-3과 같이 전해질로 이트리아 안정화 지르코니아(YSZ, Yttria-Stabilized Zirconia) 등 다공성 세라믹을 사용한다. 연료는 LNG, 메탄올 또는 암모니아를 800℃에서 개질 또는 반응시켜 만든 수소와 CO 등이 포함된 합성가스를 연료로 사용한다. 촉매로 연료극에는 다공성 나노 분말인 니켈-이트리아 안정화 지르코니아(Ni-YSZ)[24], 공기극에는 산화물 세라믹인 란탄스트론튬망가나이트(LSM)[25] 재료를 사용한다.

24) Ni-YSZ : Nickel-Yttria Stabilized Zirconia

SOFC는 수십 MW 대용량 열병합발전용으로 사용한다. 전력 밀도는 0.2~0.8 W/cm^2으로 상당히 우수하며 전기 효율은 60%이다. 수명은 고정식에서 40,000시간 미만이다. 제조 원가는 고정식 1,544~1,866 $/kW 수준이며, 최근 기술 개발로 제조 원가가 상당히 하락하여 경쟁력을 확보하고 있고 가장 주목받고 있는 연료전지이다.

SOFC는 LNG, 메탄올 및 암모니아 등의 연료를 적용할 수 있다. SOFC는 시동 속도가 가장 길고 운전 온도가 가장 높다. 최근 운전 온도를 약 550℃로 낮추는 것을 목표로 연구 개발이 이루어지고 있으며, 수명 증가, 재료비 감소 및 운전 지속성 측면에서 매우 중요하다.

(5) PEMFC 연료전지

PEMFC 스택은 순수 수소와 공기를 연료로 사용하여 전기화학 반응을 통해 전력을 발생시키는 장치이다. 그림 6-15와 같이 고분자 전해질인 멤브레인 전극 접합체(MEA, Membrane Electrode Assembly), 가스킷(Gasket), 바이폴라 플레이트(Bipolar Plate), 전류 수집기, 인슐레이션 플레이트 및 엔드 플레이트 등으로 구성한다. MEA는 고분자 전해질인 멤브레인(Membrane), 연료극•공기극 촉매층(Catalyst Layer)과 가스 확산층(GDL, Gas Diffusion Layer)으로 이루어져 있다. 이에 대해 다음과 같은 순서로 설명한다.

- 스택의 구성 부품 종류
- PEMFC의 특성 및 장단점

가) 스택의 구성 부품 종류

스택은 그림 6-15와 같이 구성하며 제품은 그림 6-16과 같다. 핵심 부품인 셀은 일반적으로 전기화학적 반응이 발생하는 GDL-연료극 촉매층-멤브레인-공기극 촉매층-GDL로 구성한 MEA와 가스 누출을 방지하기 위해 MEA를 밀폐시키는 가스킷을 결합시켜 만든다. 이러한 셀에 수소, 공기와 냉각수가 흐르는 다양한 경로와 기계적 강도를 제공하는 바이폴라 플레이트를 추가하여 셀 패키지를 구성한다.

---

25) LSM : Lanthanum Strontium Manganiter

스택은 용량에 적합하게 셀 패키지를 쌓은 다음에 스택 양쪽에 발생한 연료전지의 전류를 모아 공급하는 전류 수집기, 열전달을 방지하는 인슐레이션 플레이트와 엔드 플레이트로 구성한다. 스택의 구성 부품은 아래와 같이 나타낼 수 있다.

- MEA: GDL-연료극 촉매층-멤브레인-공기극 촉매층-GDL
- 셀: 가스킷-MEA-가스킷
- 셀 패키지: 바이폴라 플레이트-가스킷-MEA-가스킷-바이폴라 플레이트
- 스택: 엔드 플레이트-인슐레이션 플레이트-전류수집기-셀 패키지-셀 패키지-셀 패키지--전류 수집기-인슐레이션 플레이트-엔드 플레이트

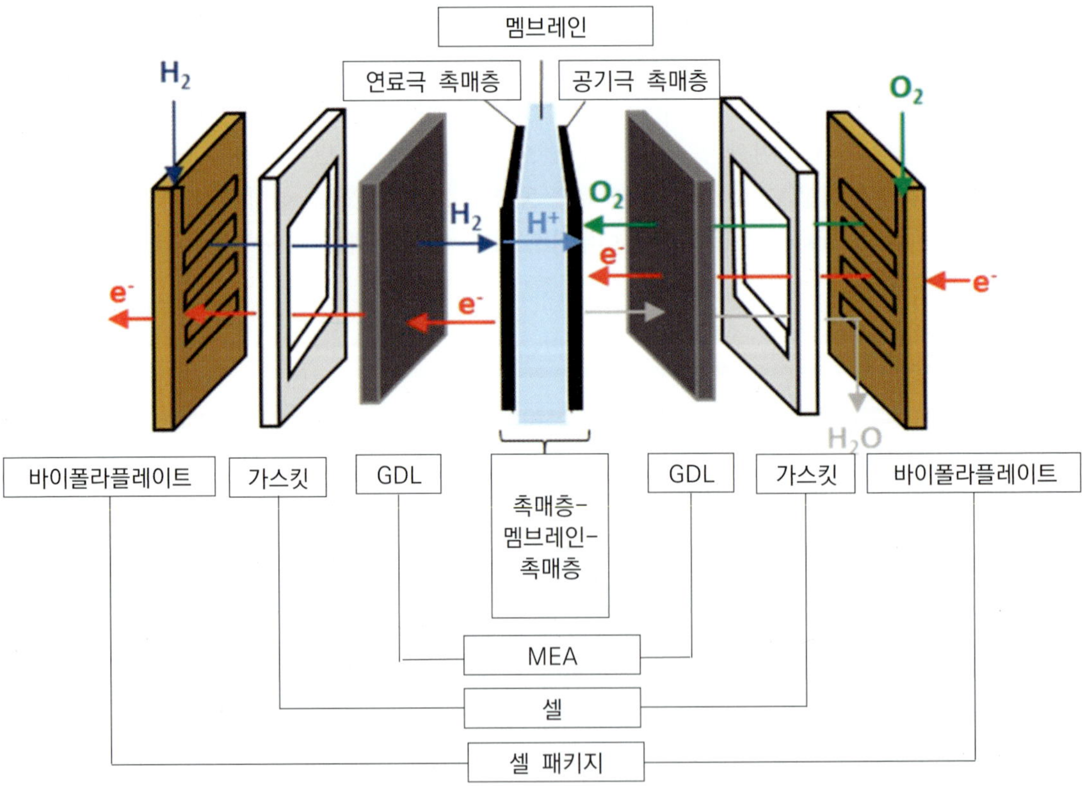

그림 6-15 PEMFC 스택의 구성 부품 개념도

그림 6-16 PEMFC 제품

나) PEMFC의 특성 및 장단점

전해질인 고분자전해질막은 표 6-3과 같이 듀폰(DuPont)이 개발한 나피온(Nafion) 멤브레인을 일반적으로 사용한다. 나피온의 이온 전도 성능 유지를 위해 높은 수준의 상대 습도(약 68%)가 필요하다. SOFC 연료전지보다 낮은 온도(80~90℃)에서 운전하므로 반응 활성화가 우수한 백금 촉매를 사용한다. 연료극에는 CO에 강한 백금 루테늄(PtRu)을 사용하기도 한다. 백금 사용량을 최대한 줄일 수 있는 나노 기반의 백금 합금 촉매 개발이 중요하다.

연료는 순수 수소를 사용해야 하며 불순물을 걸러내기 위한 필터 적용이 필수적이다. 전력 밀도는0.1~2.5 W/cm^{2}으로 연료전지 중에서 매우 우수하여 장치 설치 공간의 크기가 가장 작으며, 전기 효율은 60%이다. 수명은 육상 고정식에서 40,000~50,000시간, 자동차에서 5,000시간이다. 제조 원가는 열병합발전에서 1,762~2,670 $/kW, 차량용 76~185 $/kW이다. 자동차에서 수요 증가로 제조 원가가 하락하고 있는 추세이다. PEMFC는 운전 온도가 낮아 일반 재료를 사용할 수 있으며 시동 시간이 다른 연료전지보다 빠른 장점이 있다.

(6) SOFC와 PEMFC의 특성 및 장단점 비교

표 6-3 SOFC와 PEMFC의 특성

구 분	SOFC	PEMFC
운전 온도	800℃	80~90℃
전해질	다공성 세라믹(YSZ)	나피온 멤브레인
촉매(연료극, 공기극)	Ni-YSZ, LSM	Pt,/PtRu, Pt
연료	암모니아, 메탄올, 천연 가스	수소
이온	O^{2-}	H^+
설치 용량	수십 MW급	MW급
전력 밀도(W/cm^2)	0.2~0.8	0.1~2.5
전기 효율 (LHV)	60%	60%
수명(시간)	〉 40,000 h	고정식 40,000~50,000 h 자동차 5,000 h
제조 원가 (열병합발전) (자동차)	1,544~1,866 $/kW -	1,762~2,670 $/kW (76~185 $/kW)
과제	고온 열화, 열파괴	고가 촉매 및 전해질

표 6-4 SOFC와 PEMFC의 장단점

종류	장점	단점
SOFC	• 우수한 전력밀도 • 다양하고 저렴한 연료 사용 • 저렴한 촉매 사용 및 우수한 제조 원가 • 가장 높은 열병합발전 효율 • 대용량 열병합 발전 우수한 경쟁력	• 가장 높은 운전온도 • 가장 긴 시동 시간 • 고온 열화로 구성 부품 내구성 취약 • 고온 운전으로 열회수시스템 적용 필수
PEMFC	• 가장 높은 전력밀도 • 높은 수준의 전기효율 • 가장 낮은 제조 원가(차량용) • 가장 높은 기술 성숙도 • 가장 낮은 운전 온도 • 가장 빠른 시동 시간 • 차량용에 최적	• 비싼 백금 촉매 사용 • 가습과 물 관리 필요 • 순수 수소와 산소 사용 • CO와 황에 취약 • 차량용 수명 증가 필요

(7) SOFC와 PEMFC의 선박 적용 방향

지난 22년 동안 전 세계적으로 연료전지추진선박 건조 프로젝트가 37개 이상이 추진되었으며, PEMFC와 SOFC 등의 연료전지가 적용되었다. 대부분 내륙 및 해안 근처에서 운항하는 운하 보트, 관광 보트, 여객선, 자동차 페리 등과 같은 단거리 및 내륙 선박 위주 선박이었다. 출력 용량이 적은 중소형 선박에는 대부분 PEMFC를 적용하고 있다. 중대형 선박 일부에 SOFC 적용을 검토하고 있지만, 선박 상용화에는 시간이 더 필요한 상황이다.

표 6-5와 같이 대양을 운항하는 중대형 선박의 필요 전력 출력은 수십 MW 수준이다. 보조발전기 및 비상발전기 대체용으로 적용 가능한 연료전지는 SOFC이고 MW급의 경우 PEMFC도 적용이 가능하다. 표 6-6과 같이 2~3 MW급 연료전지추진선박에 관한 운항 검증이 이루어지면 여객선과 자동차 페리의 추진 동력 및 중대형 선박에서 보조발전기를 대체하는 용도로 적용이 가능할 것이다. 연료전지추진시스템은 선박의 기존에 없는 새로운 시스템과 새로운 기술 영역으로 선박에 본격적으로 적용하기는 쉽지 않다.

- SOFC : 중대형 선박(크루즈, 여객선, 페리 등) 발전기와 보조발전기 대체
- PEMFC : 중소형 선박(관광선, 관공선, 내륙선, 여객선, 페리 등) 발전기와 보조발전기 대체

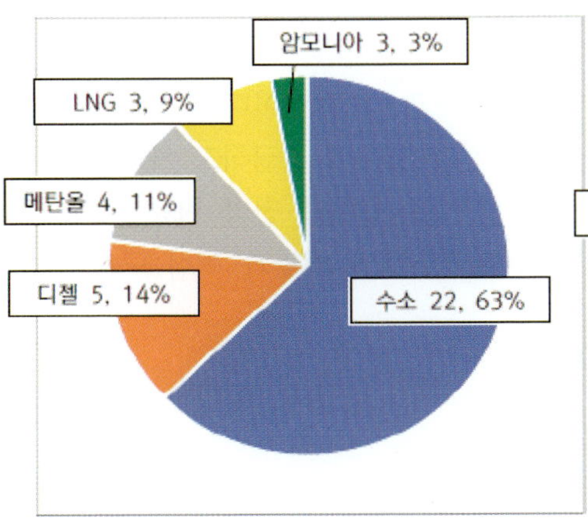

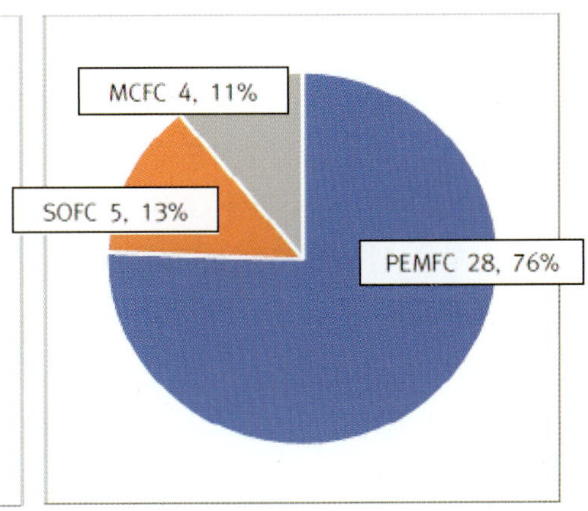

그림 6-17 연료전지추진선박의 연료전지 적용 실적(2000년 이후 37개 프로젝트)

표 6-5 대형 선박 및 중소형 전기추진 선박의 발전 용량 현황

선박	발전기	발전용량	발전 총용량	비고
대형LNG선 (150,000 m^3)	메인 발전기 비상발전기	11 MW 3대 5.5 MW 1대 0.85 MW 1대	39.35 MW	전기추진선박
중형 탱커 (108,000 DWT)	보조발전기	0.87 MW 3대 0.25 MW 1대	2.86 MW	펌프 등
소형선 (260 GT)	발전기 보조발전기	1.58 MW 1대 0.32 MW 1대	1.9 MW	전기추진선박

표 6-6 연료전지추진선박의 최근 프로젝트 현황

프로젝트	기간	연료전지 용량	연료전지 종류	선박 용도
HYSEAS Ⅲ(영국)	2018-2022	600 kW	PEMFC	RoPax Ferry
HIMET(영국)	2021-2022	500 kW	PEMFC	Ferry
ShipFC(노르웨이)	2020-2024	2 MW	SOFC(암모니아)	Offshore Vessel
HyShip(노르웨이)	2021-2024	3 MW	PEMFC	RoRo

6.1.5 연료전지 • 배터리 하이브리드시스템

연료전지추진선박의 핵심은 연료전지•배터리 하이브리드시스템이다. 선박의 출력에 적절하게 최적의 효율을 발생하도록 필요한 전력을 전기 모터에 공급하고 제어하는 시스템이다. 선박의 전체 에너지를 효율적으로 관리하여 연료 소비와 전력 변동을 최소화하고 안전한 운항을 달성하는 기능도 수행한다. 이러한 시스템의 개념과 핵심 구성 장치들에 대해 다음과 같은 순서로 설명한다.

- 연료전지•배터리 하이브리드시스템 개념
- 배터리시스템
- DC-DC 컨버터(Converter) 및 DC-AC 인버터(Inverter)
- 변압기(Transformer)

- 배전반(Switchboard)
- 전력관리시스템(PMS, Power Management System)
- 연료전지시스템 통합제어시스템
- 에너지관리시스템(EMS, Energy Managememt System)

(1) 연료전지 • 배터리 하이브리드시스템 개념

연료전지•배터리 하이브리드시스템은 연료전지추진선박에 필요한 전력을 효율적으로 생산하고 공급하면서 최대 효율을 달성하도록 통합 제어하는 시스템이다. 이러한 시스템은 그림 6-18과 같이 전력을 생산하는 연료전지시스템, 배터리시스템과 이러한 각 발전시스템의 전력을 관리하는 전력관리시스템(PMS), 컨버터•인버터와 변압기 등 전력변환장치, 생산한 전력을 모아서 분배하는 AC-BUS와 AC 배전반, 선박 전체의 에너지를 통합적으로 모니터링하고 제어하는 에너지관리시스템(EMS)으로 구성한다.

그림 6-18과 같이 선박의 추진 부하(Propulsion Loads)와 보조 부하(Auxiliary Loads) 각각에 전력을 공급하는 프로세스는 다음과 같다. 연료전지시스템과 배터리시스템을 병렬로 연결하고 직류(DC)를 생산한다. DC는 DC-DC 컨버터를 통해 필요 부하의 전압으로 상승시킨다. 그다음에 DC-AC 인버터를 사용해 DC를 AC로 변환시켜 AC-BUS에 공급하고 AC-배전반을 통해 전력을 필요한 곳에 안전하게 공급한다.

추진 부하를 담당하는 AC 전기 모터는 선박의 추진 속도에 맞추어 회전 속도를 조절하며, 주파수와 전압을 동시에 변경시키는 효율적 제어 방식을 적용한다. 모터는 AC-DC 컨버터와 DC-AC 인버터를 활용해 회전 속도를 제어할 수 있는 AC를 공급받는다. 자세한 사항은 6.4.2 (1) 나) 항을 참조한다. 보조 부하는 선박의 기계 장치, 항해용 장비 및 거주구 등에 필요한 전력 부하이므로 변압기와 주파수 변환장치를 통해 각각의 장치에 따른 적합한 전압과 주파수를 맞춘 후에 공급한다.

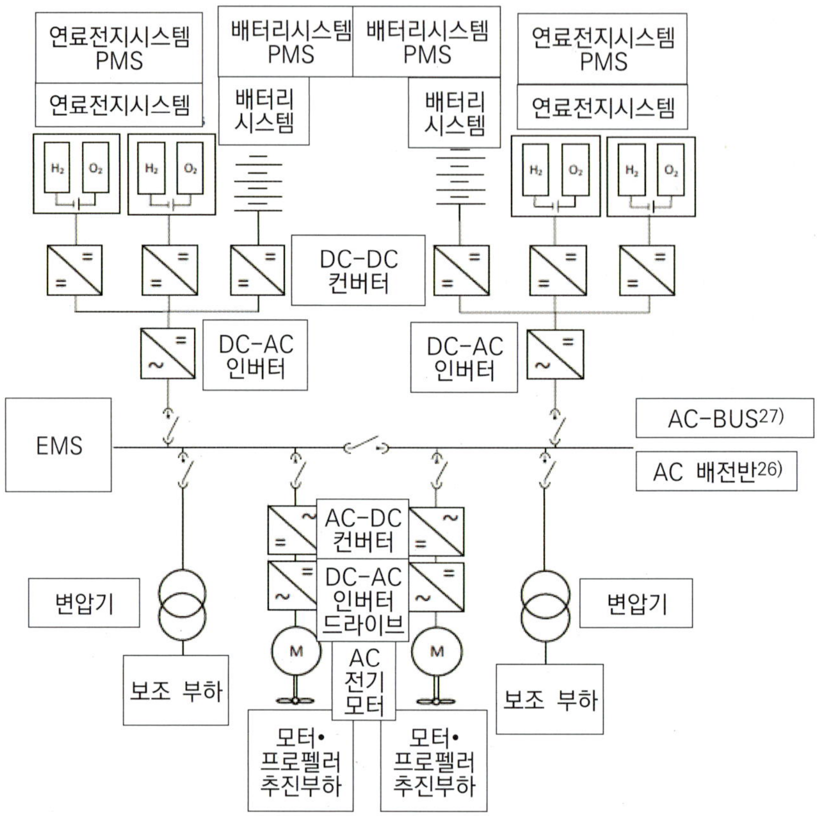

그림 6-18 연료전지-배터리 하이브리드시스템의 전력계통 개념도

(2) 배터리시스템

배터리시스템은 일반적으로 전기 에너지를 충전하였다가 필요한 용도와 시간에 따라 충전한 전기를 방전시켜 사용하는 시스템이다. 수소 자동차, 버스 및 연료전지추진선박 등에 연료전지와 같이 사용하는 배터리시스템은 연료전지를 시동시킬 때 또는 연료전지의 발생 전력이 부족할 때 전력을 공급하는 역할을 한다. 또한, 연료전지에서 발생한 일부 전력을 배터리에 충전시킨다. 배터리시스템은 가격이 비싸고 저장 용량이 제한되어 있으며 수명이 짧고 화재 위험도 상당히 있는 단점이 있으므로 배터리의 특성을 잘 파악하여 효과적으로 사용할 필요가 있다.

---

26) 배전반 : 전력을 필요한 장치에 분배해주고 안전한 공급을 위해 전력계통을 감시•제어•보호하는 장치이다.
27) AC-BUS : 일정한 전압을 가진 교류가 공통으로 흐르는 배선 회로를 말한다.

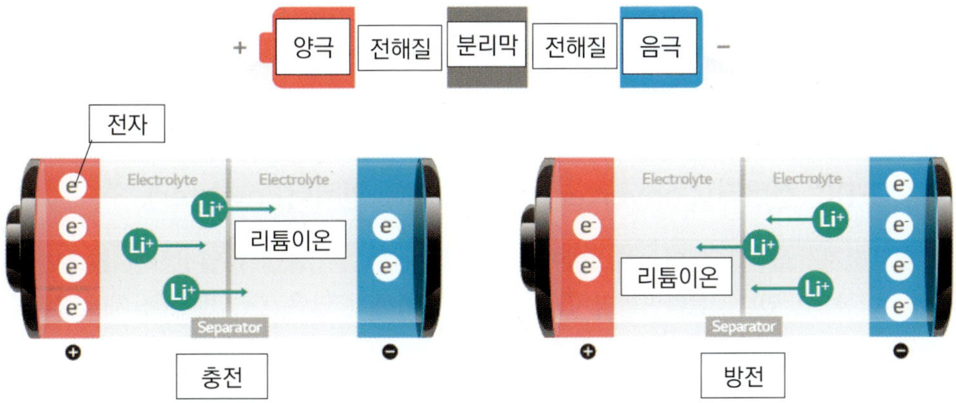

그림 6-19 리튬이온 배터리 구성 및 충•방전 개념도

선박에는 리튬이온 배터리를 사용하며, 그림 6-19와 같이 양극, 음극, 전해질 및 분리막으로 구성한다. 양극은 리튬이온을 발생시키는 리튬산화물로 만들며, 음극은 리튬이온을 저장할 수 있는 다공성 탄소(흑연)로 만든다. 전해질은 양극과 음극 사이에 설치하며 리튬이온을 이동시키는 유기질 액체이다. 분리막은 양극과 음극의 접촉을 분리하며 전자는 차단하고 리튬이온은 통과시킬 수 있는 폴리에틸렌으로 만든다.

배터리 충•방전 원리는 그림 6-19와 같다. 외부 전기를 연결해 배터리를 충전할 때, 양극(+)의 리튬산화물은 양전하의 리튬이온과 음전하의 전자로 분리되며, 리튬이온은 전해질과 분리막을 거쳐 음극 다공성 탄소층의 미세 기공에 저장된다. 음극에서 리튬이온의 양전하가 많아지면 음전하인 전자는 전하의 균형을 맞추기 위해 외부 회로를 따라 음극으로 끌려가 저장되므로 전기가 충전된다. 음극에서 리튬이온과 전자는 흑연과 결합하여 이온성 흑연 화합물로 저장된다. 반대로 외부 부하로 연결해 배터리를 방전시키면 음극의 이온성 흑연 화합물에서 리튬이온과 전자가 분리되어 양극으로 이동하면서 전기가 발생하고 방전된다.

양극을 구성하는 반응에 우수한 활성화 물질인 리튬산화물의 적용과 리튬 비율이 증가할수록 배터리 성능에 중요한 용량과 전압이 상승하므로 활성화 물질의 개발이 매우 중요하다. 음극인 다공성 탄소는 많은 이온을 저장할 수 있지만, 충전과 방전 과정이 반복되면서 다공성 구조 변화로 저장 이온의 수가 줄어들어 배터리 수명이 단축된다. 최근 차세대 고성능 음극재와 양극재에 관한 연구가 이루어지고 있다.

배터리의 수명은 일반적으로 완전 충•방전 사이클(주기) 회수로 정의되며, 정격 용량의 80%에 도달하는 사이클을 말한다. IEEE 1188-2005 표준은 80% 미만으로 떨어지면 배터리 교체를 권장하고 있다.

(3) DC-DC 컨버터(Converter) 및 DC-AC 인버터(Inverter)

연료전지시스템과 배터리시스템에서 발생하는 DC는 전압이 일정하지 않으며 필요 전압과 다를 수 있다. 전력변환장치는 전압이 일정하지 않은 DC 발생 장치에 전압을 일정하게 만들어주고, 필요 전압에 적합하도록 상승시키는 변압 기능도 있다.

전력변환장치는 그림 6-20과 같이 AC-DC와 DC-DC 컨버터 및 DC-AC와 AC-AC 인버터가 있다. 연료전지시스템과 배터리시스템에 주로 사용하는 전력변환장치는 단방향(Unidirectional) 승압(Booster) DC-DC 컨버터, 양방향(Bidirectional) DC-DC 컨버터 및 DC-AC 인버터 등이다.

- 컨버터(Converter) : DC → DC, AC → DC
- 인버터(Inverter) : DC → AC, AC → AC

① 단방향 승압 DC-DC 컨버터 : 연료전지에서 발생한 DC는 전압이 낮다. 전기 모터와 공기 압축기 등과 같이 높은 전압에서 작동하는 장치에 적합하게 연료전지 DC를 단일 방향으로만 승압(전압 상승)시키는 장치이며 연료전지와 연결한다.

② 양방향 DC-DC 컨버터 : 배터리 전력을 방전할 때 높은 전압으로 변환시켜 전기 모터에 전력을 공급하고, 충전할 때 연료전지의 전압을 배터리 전압에 적합하게 강압(전압 하락)시키는 장치이며 배터리와 연결한다.

③ DC-AC 인버터 : DC-DC 컨버터에서 전압을 상승시킨 DC를 AC로 변환시키는 장치이다.

연료전지시스템과 배터리시스템에서 DC가 발생하므로 AC 전기 모터를 작동시키기 위해 DC를 AC로 변환시키는 DC-AC 인버터를 사용한다. 인버터는 모터 제어에 필요한 최적 품질의 전력을 공급한다.

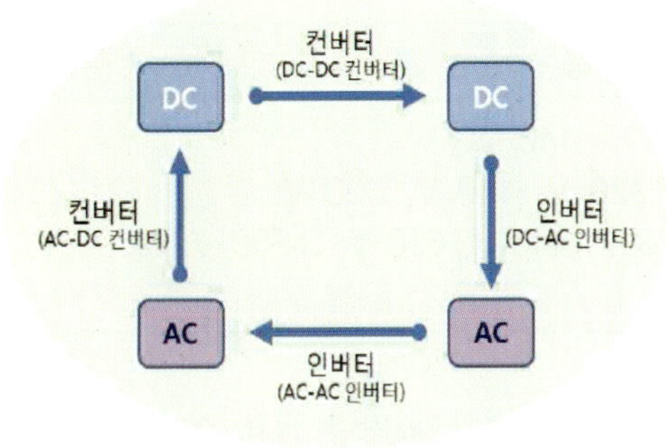

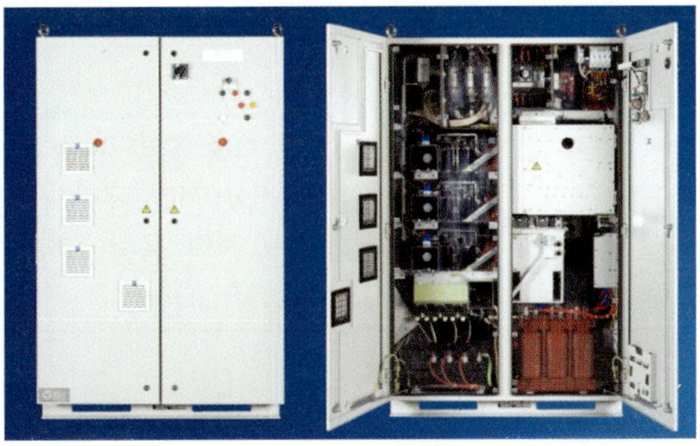

그림 6-20 전력변환장치 개념도

(4) 변압기(Transformer)

변압기 원리는 1, 2차 코일 수를 변경하는 것이며, 1, 2차 전압의 차이는 코일 수에 비례한다. 그림 6-21과 같이 1차 코일보다 2차 코일 수가 많으면 승압 적으면 강압이라 한다. 변압기는 1, 2차 코일과 공통의 강철 코어로 구성되어 있으며, 1차 코일에 1차 전압의 AC가 흐르면, 코어 내부에 AC 자속이 발생하고, 2차 코어와 연결되며, 그 결과로 상호 유도 기전력이 유도되어 2차 전압이 된다.

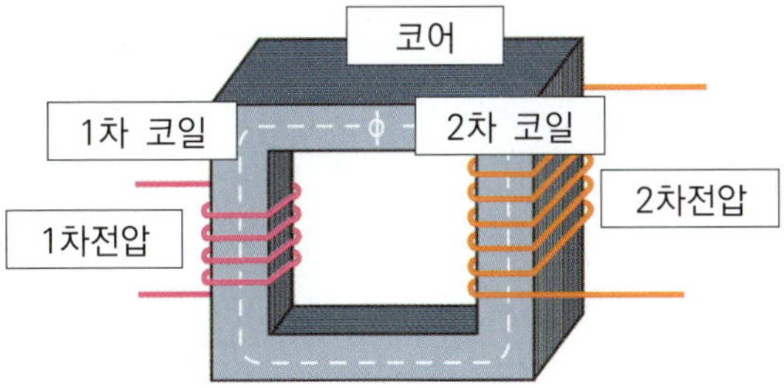

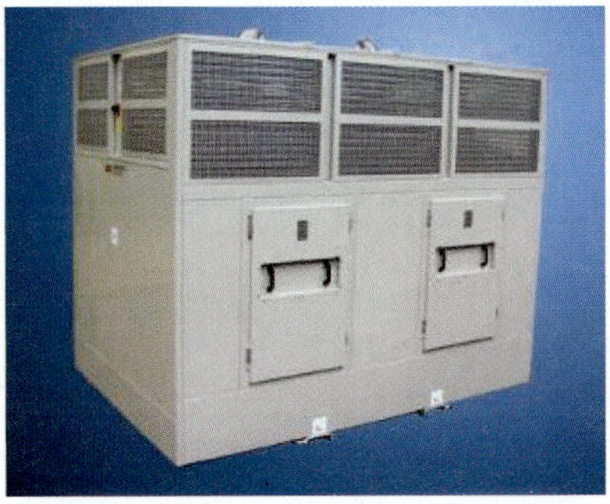

그림 6-21 변압기 원리

표 6-7 선박의 소요 전력 용량과 사용 전압 범위

구분	내용
AC 전력계통	① 1 MW 전력 용량 선박 : 220 V, 440 V ② 1~15 MW 전력 용량 선박 : 220 V, 440 V, 690 V ③ 20 MW 전력 용량 선박 : 220 V, 440 V, 690 V, 3,300 V, 6,600 V, 11,000 V

선박에서 사용되는 전압은 표 6-7과 같이 선박 크기와 용도에 따라 필요 전압의 차이가 크다. 사용하는 전압의 범위는 220 V, 440 V, 690 V, 3,300 V, 6,600 V 및 11,000 V 등 다양하다. 이러한 전압의 변동에 따라 필요한 전압으로 변환시키는 장치가 변압기이며 선박 전력계통에 널리 사용된다.

(5) 배전반(Switchboard)

배전반은 선박에서 생산한 전력을 필요한 곳에 안전하게 분배하도록 제어하는 장치이다. 단락(합선) 등의 위험 상황에서 특정 회로를 차단하거나 복원하는 역할을 한다. 과전류를 차단하는 과전류 계전기(Over Current Relay), 단락 보호 퓨즈 및 회로 차단기와 같은 안전 장치들이 포함되어 있다. 일반적으로 전압이 1,000 V 이하일 경우 저압 배전반이라 하고, 그 이상의 경우 고압 배전반이라 한다.

대형 선박의 정격 전압은 AC 6,600 V, 50 Hz 또는 60 Hz이며, 발전기 용량은 11~40 MW, 단락이 발생하였을 경우 배전반이 견딜 수 있는 최대 단락 전류는 10~28 KA이다. 배전반에서 정격 전압 및 단락 전류가 중요하며 단락 전류 12 KA는 단락 전류 12 KA(12,000 A)가 순간적으로 흐를 때 전력을 차단할 수 있는 용량의 차단기를 설치해야 한다는 것을 의미한다.

표 6-8 선박 종류별 발전기 용량 및 단락 전류

구분	10,000 TEU 컨테이너선	셔틀 탱커	LNG선
정격 전압	AC 6,600 V	AC 6,600 V	AC 6,600 V
발전기 용량	11 MW	12~15 MW	30~40 MW
단락 전류	12~12 KA		28 KA 초과

그림 6-22 고압 배전반

(6) 전력관리시스템(PMS, Power Management System)

연료전지시스템 또는 배터리시스템의 전력 발생을 제어하는 전력관리시스템은 선박의 전체 에너지를 제어하는 에너지관리시스템(EMS)에 필요한 전력을 안전하게 공급하는 기능을 수행한다. 연료전지시스템의 PMS는 수요에 따라 연료전지에 연료를 공급하여 전력을 생산하며, 효율 향상과 내구성 확보를 위해 정격 용량의 80%까지만 작동하도록 제한하는 역할도 한다. 또한, 연료전지 전압 및 전류 등 전력 발생과 온도 상태를 모니터링한다. 배터리시스템의 PMS는 배터리 전압, 전류 등 충•방전 및 온도 상태를 모니터링하고 내구성 확보를 위해 충•방전 조건을 용량의 20~80%로 제한하는 역할도 한다.

(7) 연료전지시스템 통합제어시스템

연료전지시스템 통합제어시스템은 연료전지시스템 전체 효율을 최적화하여 부하 변동에 따라 필요 전력을 제공하고, 이를 위해 그림 6-23과 같이 각종 유량, 압력 및 온도 등 센서를 설치하고 입수된 제어 변수들을 조절하여 제어한다. 특히 SOFC 시스템은 약 800℃의 온도에서 운전되므로 PEMFC보다 출력 변동에 관한 반응 속도가 상당히 느리다. 1,000℃ 이상을 초과할 경우 스택 구성 부품들이 열화로 인한 균열 또는 박리와 금속 부품 및 실란트 등에 관한 손상이 발생하여 스택 전체의 내구성이 취약해지고 고장이 발생한다. 통합제어시스템에서 가장 중요한 목표는 출력 변화에 대응하는 스택 전압과 운전 온도를 최적으로 제어하는 것이며 연료전지 수명을 위협하는 요소들을 제거하는 것이다.

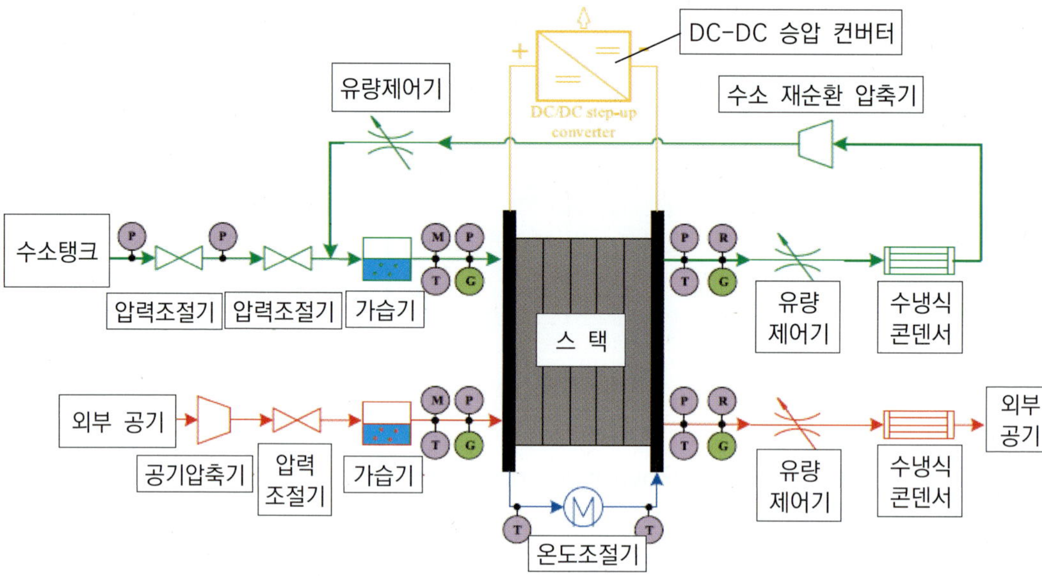

P 압력센서, T 온도센서, R 상대습도 센서, M 질량 유량계, G 가스 구성 측정 센서

그림 6-23 PEMFC 연료전지 센서 설치 사례

이를 위해 ①출력 변동에 빠른 대응을 위해 연료와 공기가 부족하지 않도록 효율적으로 공급하여 시스템 전체의 최적화를 실현하고, ②스택 온도를 제어 범위 내로 유지하며, ③스택 연료 입구에서의 연료 농도 유지를 제어하는 통합제어시스템들을 구축해야 한다. 이러한 운전 조건 변수들에 관한 복합적인 최적 운전 조합인 모델 예측 컨트롤러인 MPC (Model-Based Predictive Control)를 개발하고 적용해야 할 것이다.

통합제어시스템은 그림 6-24와 같이 운전 상태를 실시간으로 모니터링하여 그래픽 표현 화면에 제공한다. 표 6-10 IMO의 연료전지시스템 설치 가이드 라인(2022)에 따라 비정상 발생 시에 알람을 울리도록 설정한다.

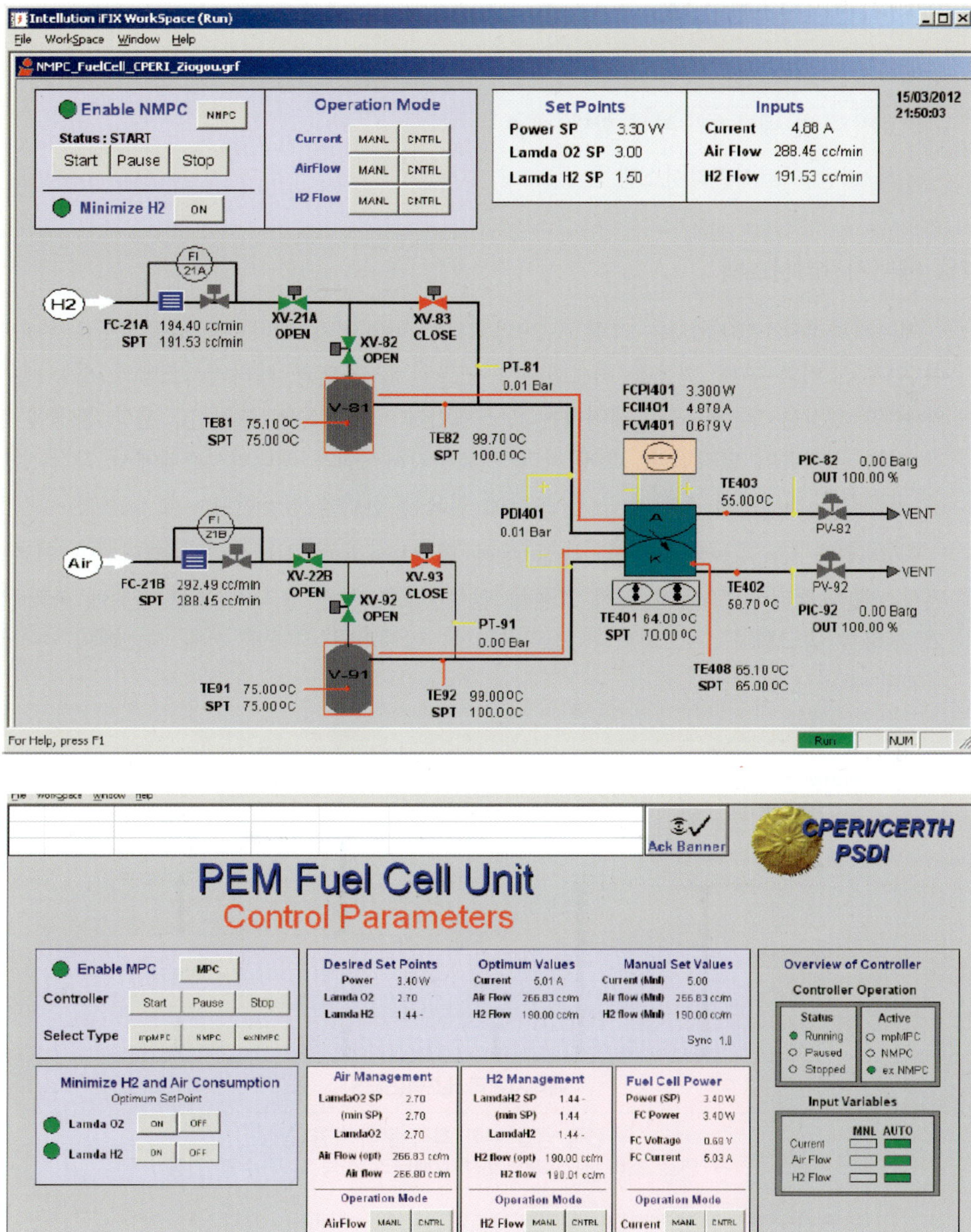

그림 6-24 PEMFC 통합제어시스템 화면 사례

(8) 에너지관리시스템(EMS, Energy Management System)

- 에너지관리시스템
- 연료전지 및 배터리의 부하 할당 개념
- 규칙 기반 에너지관리시스템

가) 에너지관리시스템

에너지관리시스템(EMS)은 그림 6-25와 같이 선박 전체 에너지를 효율적으로 관리하여 연료 소비와 전력 변동을 최소화해서 연료전지시스템과 배터리시스템의 성능 유지와 수명 연장을 달성하도록 제어하는 시스템이다. 선박 운전 조건 및 운항 환경에 따라 전력 소요량이 달라진다. 그에 따라 연료전지시스템과 배터리시스템에서 각각 얼마를 공급받을 것인가를 정하여 전기 모터에 필요한 전력을 공급한다.

이를 위해 EMS는 전력 생산, 추진 부하 및 보조 부하 상태를 모니터링하여 연료전지시스템과 배터리시스템이 최적 효율을 달성하도록 운전 규칙의 우선 순위에 따라 출력 부하를 공급한다. 과도하거나 낮은 전압이 발생하면 분리해 전체 시스템의 손상을 방지할 수 있도록 한다.

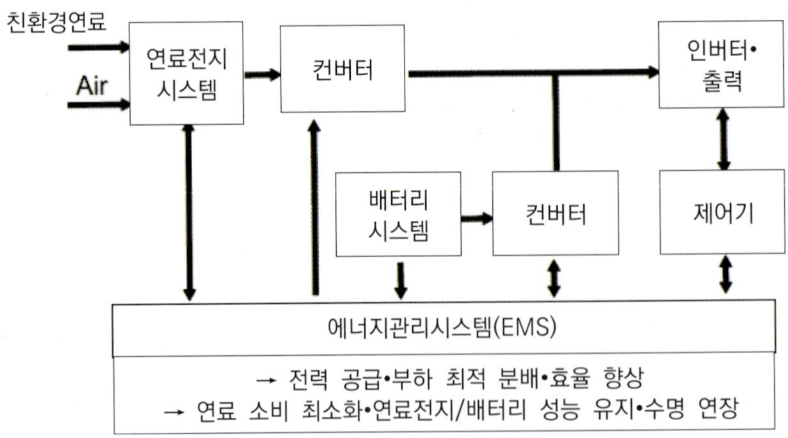

그림 6-25 연료전지-배터리 하이브리드시스템의 에너지관리시스템 개념도

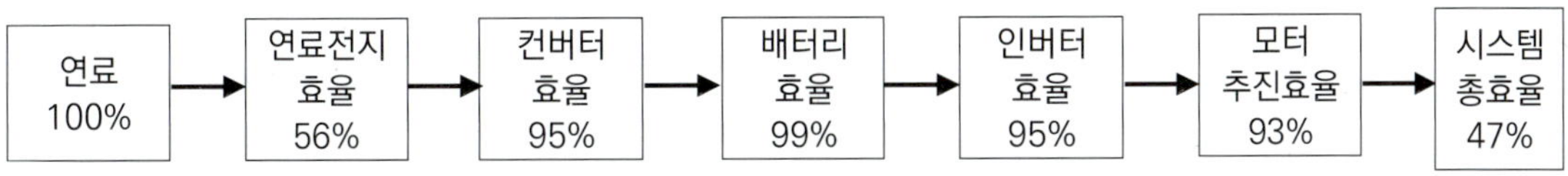

그림 6-26 연료전지-배터리 하이브리드시스템의 에너지 흐름과 총효율

연료전지-배터리 하이브리드시스템의 경우 그림 6-26과 같이 연료에서 시작하여 연료전지와 배터리를 거쳐 전력변환 효율과 모터 추진 효율을 포함한 시스템 총효율은 약 47% 수준이다. 시스템 설계에서 적용한 구성 장치의 종류와 특성에 따라 효율이 달라지므로 시스템 총효율은 달라질 수 있다.

나) 연료전지 및 배터리의 부하 할당 개념

에너지관리시스템의 기능에서 연료전지와 배터리의 전력 부하 할당은 매우 중요하다. 선박의 출력 요구에 따라 필요한 전력을 어디서 공급할 것인가에 대해 최적 효율 실현과 시스템의 수명 연장에 적합한 최적화 운전 규칙에 따라 에너지관리시스템을 제어한다.

그림 6-27은 연료전지와 배터리에 관한 하이브리드 운전 개념이다. 일반적인 운항에서는 필요 전력 부하에 대해 연료전지 생산 전력으로 이루어지다가 선박 속도를 올려 필요 부하가 연료전지만으로 부족할 때에는 배터리의 충전 전력을 방전시켜 추가로 공급한다. 속도를 줄여 연료전지 생산 전력이 남을 때는 먼저 배터리에 충전시키고 그래도 남으면 연료전지 생산 전력을 줄인다. 시동을 걸 때에는 배터리의 전력을 사용한다. 이러한 방식으로 연료전지와 배터리의 부하 할당이 이루어진다.

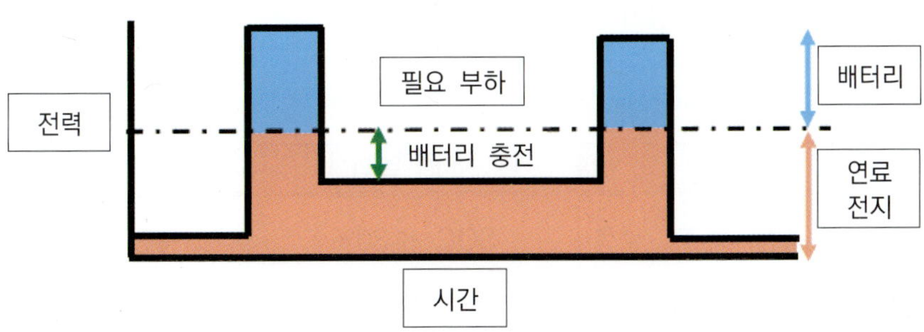

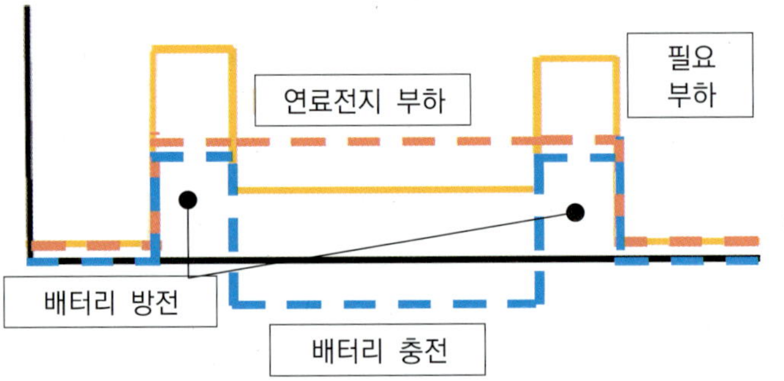

그림 6-27 연료전지와 배터리 하이브리드 작동 개념도

다) 규칙 기반 에너지관리시스템

에너지관리시스템의 여러 가지 제어시스템 중 규칙 기반 제어 시스템에 대해 설명한다. EMS 규칙 기반 제어는 연료전지-배터리 하이브리드 시스템에 일반적으로 사용되며, 연료 소비 절감 및 연료전지와 배터리의 열화를 억제할 수 있는 운전 조건에 관한 규칙을 설정하여 적용한다. 연료전지의 효율과 수명 연장은 급격한 부하 변동 억제에 달려있으므로 출력 변동을 최소화하는 규칙을 만들고 배터리에 관한 적정 충•방전 비율에 관한 규칙을 만들어 적용한다.

표 6-9는 부하 분배 최적화, 연료전지와 배터리 성능 유지 및 수명 연장을 위해 부하 분배와 배터리 충전 비율(SOC, State of Charge)에 따른 연료전지와 배터리의 운전 규칙을 사례로 나타낸 것이다. 연료전지의 열화 방지를 위해 적정 최대 부하는 정격 부하의 80%로 적용하고, 배터리의 충전 범위는 최소 50~최대 80%로 제한할 수 있다. 이러한 운전 규칙은 장치들의 수명을 연장시킨다.

표 6-9 규칙 기반 제어 모델 사례

필요 부하	SOC 범위	배터리 작동	연료전지 작동
필요 부하+배터리 충전 ≤ FC 출력	SOC ≤80%	충전	필요 부하+ 배터리 충전 부하
필요 부하 ≤ FC 출력	SOC 〉 80%	충•방전 없음	필요 부하
필요 부하 ≥ FC 출력	50% ≤ SOC 〈 100%	방전	적정 최대 부하
필요 부하 ≥ FC 출력	SOC 〈 50%	방전 없음	적정 최대 부하

6.1.6 연료전지추진선박의 안전시스템

표 6-10은 IMO가 2022년에 발표한 선박에 연료전지시스템을 설치할 때 규정한 가이드 라인 중에서 안전과 관련한 중요한 사항을 정리한 것이다

표 6-10 IMO의 연료전지시스템 설치 가이드 라인(2022)

구분	내용
기능 요구 사항	1. 연료전지룸은 폭발성, 인화성 또는 독성 가스 농도의 의도하지 않은 축적을 방지하도록 구성해야 한다. 2. 연료전지룸은 화재나 폭발로 인해 용납할 수 없는 전력 손실이 발생하거나 다른 구획의 장치가 작동하지 못하는 상황이 발생하지 않도록 배치하고 위치해야 한다.
연료전지룸 개념 및 배치	1. 연료전지시스템은 모든 부하 및 작동 조건에서 스택을 즉시 격리하고 전원을 차단할 수 있어야 한다. 연료전지시스템은 자동 운전으로 설계해야 하며 시스템의 안전한 작동에 필요한 모든 모니터링 및 제어 시설을 갖추고 있어야 한다. 2. 연료전지룸은 연료 누출을 안전하게 억제할 수 있도록 설계해야 하고, 적절한 누출감지시스템을 제공해야 하며, 상부 장애물 구조를 없애고 단순한 기하학적 모양을 만들어 수소 축적을 방지하도록 설계해야 한다.
연료 전지룸 대기 제어	1. 연료전지룸의 보호는 통풍(벤트) 또는 불활성화를 통해 달성할 수 있다. 2. 연료전지룸에는 잠재적으로 누출된 연료 가스의 밀도를 고려하여 전체 공간에서 저압을 유지하기 위해 효과적인 기계적 통풍시스템을 설치해야 한다. 3. 연료전지룸의 환기율은 최대 누출 시나리오에서 평균 가스/증기 농도를 LEL의 25% 미만으로 희석하기에 충분해야 한다. 4. 연료전지룸의 통풍 덕트는 다른 공간의 용도로 제공해서는 안된다. 5. 연료전지룸의 환기를 위해 2개 이상의 기계 팬을 설치해야 하며 1개의 팬이 손실되더라도 100% 성능을 제공해야 한다. 100% 환기 용량도 비상전원에서 공급해야 한다. 6. 팬 1개가 고장 난 경우 다른 팬으로의 자동 전환 기능을 제공하고 알람으로 경고해야 한다. 7. 연료전지룸에서 환기 또는 저압 손실이 발생하는 경우 연료전지시스템 운전을 자동으로 종료시키고 연료 공급 차단이 이루어지도록 제어해야 한다.
화재 방지를 위한 연료전지룸 불활성화	1. 연료전지룸의 대기 제어를 위해 불활성화가 가능하도록 해야 한다. 2. 불활성화에 의한 보호는 불활성화 또는 불활성화될 때 연료전지룸에 들어갈 수 없는 경우이며 밀봉을 유지하여 인접 공간으로의 불활성 가스 누출을 방지해야 한다.

	3. 불활성화시스템은 화재안전시스템 FSS Code 15장 및 IGF Code 6.13 및 6.14를 준수해야 한다. 4. 불활성화 매체의 압력은 항상 양호한 상태로 유지되고 모니터링해야 한다. 5. 연료전지룸에 불활성화 배출이 시작된 후 불활성화제를 배출하기 위한 기계적 통풍 장치를 설치해야 한다.
화재 안전	1. 연료전지룸에서 가스 축적 및 폭발 가능성에 대해 다음 중 하나 이상을 포함할 수 있는 완화 장치로 최소화되어야 한다. ①반응을 개시하기 전에 연료전지시스템을 퍼징(불활성화 조치)한다. ②종료 후 필요에 따라 퍼징한다. ③연료전지시스템에서 고장 모니터링을 제공한다. ④연료전지에 공급되는 공기와 연료에 관한 오염을 모니터링한다. ⑤압력 및 온도를 모니터링한다.
알람 및 안전 시스템	1. 가스 또는 증기 농도가 20% LEL 이상인 연료전지룸에서 가스•증기가 감지될 경우 알람을 발생시켜야 한다. 2. 연료전지룸에서 가스 또는 증기 농도가 40% LEL 감지가 되면 연료전지시스템을 종료하고 점화원을 차단해야 하며 누출을 차단하는 데 필요한 모든 밸브가 자동으로 닫혀야 한다. 3. 비상정지버튼이 작동되면 연료전지룸으로 연료 공급을 차단하고 연료전지룸 내부의 전원을 차단해야 한다. 4. 연료전지룸에서 화재 감지가 되면 연료 공급의 자동 차단과 분리가 이루어져야 한다.

6.2 LNG • 메탄올 • 암모니아 등 친환경연료전지추진선박

친환경연료전지추진선박의 전기 동력 공급시스템인 SOFC-배터리 하이브리드시스템은 그림 6-28과 같다. LNG, 메탄올 또는 암모니아를 저장하고 SOFC시스템에 연료를 공급하는 친환경연료탱크, 친환경연료로 전력을 생산•공급하는 SOFC시스템, SOFC시스템과 배터리시스템을 이용하여 선박 출력에 최적인 전력을 전기 모터에 제공하는 SOFC-배터리 하이브리드시스템(Hybrid System) 등 크게 3개 시스템과 각각의 하위시스템으로 구성한다. 주요 장치들에 대해 앞에서 설명하였기 때문에 여기서는 SOFC시스템 개요 및 SOFC BOP 운전시스템에 관해 설명한다.

- SOFC시스템 개요
- SOFC BOP(Balance of Plant) 운전시스템
  - 연료 공급•가열•재순환시스템
  - 공기 공급•가열시스템
  - 물 공급•재활용시스템

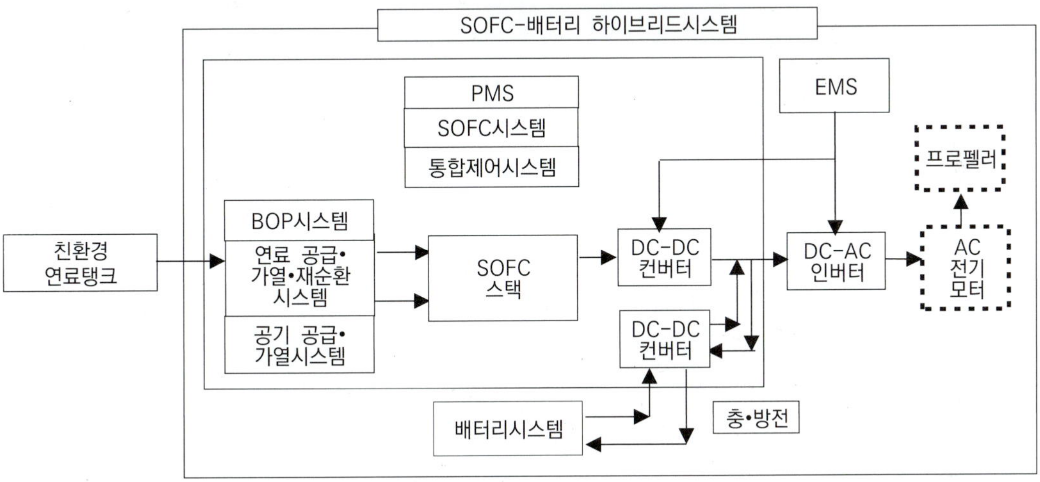

그림 6-28 친환경연료전지추진선박 SOFC-배터리 하이브리드시스템의 개념도

6.2.1 SOFC시스템 개요

SOFC시스템은 전기를 생산하는 스택과 스택에 연료와 공기를 가열시켜 공급하고 스택에서 발생한 전기를 적절한 전압으로 변환시키는 컨버터, 센서 및 통합제어시스템 등으로 구성하는 BOP(Balance of Plant) 운전시스템으로 이루어져 있다. SOFC시스템은 800℃ 고온에서 작동되므로 고온 유지에 많은 에너지가 소요되고 수명이 짧을 가능성이 있어 고온에 견디는 재료를 사용해야 한다. 고온 운전에 큰 비용이 들어가는 비싼 시스템이다. 또한, SOFC시스템은 스택과 BOP 운전시스템 등 복잡한 부품, 시스템과 장치들을 결합해 작동하며, 최적화된 제어시스템을 개발하여 운전해야 한다. 선박용 SOFC시스템의 기술 개발은 아직 여러 가지로 미흡하다.

그림 6-29 30 kW SOFC시스템

그림 6-29는 천연 가스를 연료로 사용하는 30 kW SOFC시스템이다. 천연 가스 개질기(Reformer)를 통해 수소가 많이 포함된 합성가스를 SOFC에 공급하여 전기를 생산한다. 암모니아를 연료로 사용할 경우 개질기를 가열기(Burner)와 열교환기(Heat Exchanger)로 대체하여 구성하며 시스템 구성은 전반적으로 유사하다.

SOFC시스템의 경우 PEMFC시스템과 다르게 시동시스템 설치가 필수적이다. SOFC 스택은 800℃ 고온에서 운전하므로 사전에 예열을 시켜야 한다. 시동을 걸 때 LNG, 메탄올 또는 암모니아 등의 연료를 필터와 필요 시 탈황 장치를 거쳐 가열기(Burner)에 공급한다. 공기와의 연소를 통해 열을 발생시키고 열교환기에 공급하여 스택을 예열시킨 후에 전력을 생산한다.

SOFC는 전력 출력이 필요가 없더라도 운전을 정지할 수 없고 최소 출력을 유지해야 하며, 잉여 전력 발생 시에 배터리에 저장한다. 또한, 출력 20% 변경 시에 걸리는 시간은 100 kW 30분, 250 kW의 경우 45분이 소요될 정도로 반응 속도가 매우 느리므로 SOFC시스템의 운전 및 제어의 안정성 유지를 위해 배터리 용량을 적절하게 키워야 한다.

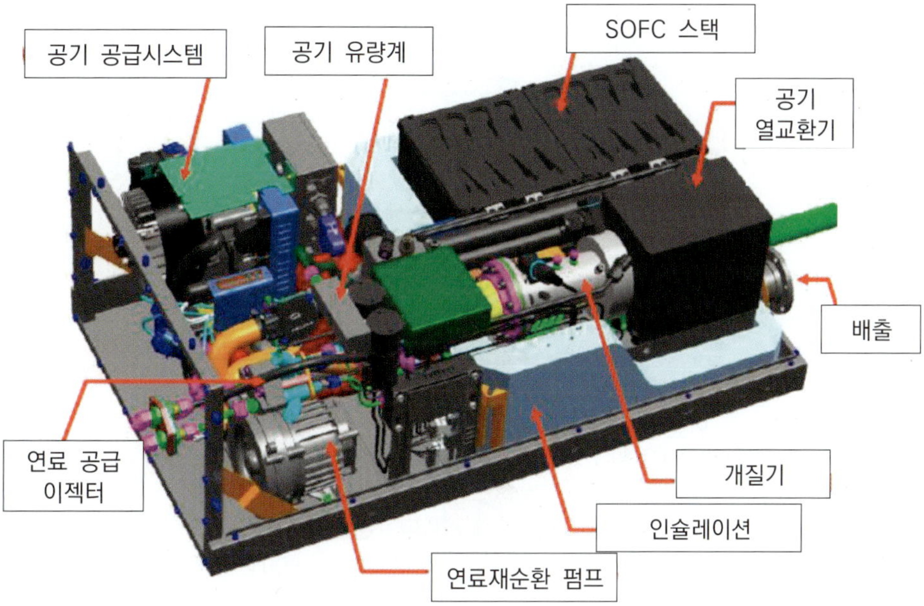

그림 6-30 3.5 kW SOFC시스템 개념도

6.2.2 SOFC BOP(Balance of Plant) 운전시스템

BOP 운전시스템은 SOFC 스택에 반응 효율이 우수한 조건을 가진 연료와 공기를 효과적인 최적화 기술을 적용하여 공급시켜 전력을 발생시키는 시스템이다. 스택에 가장 적합한 상태의 연료와 공기를 공급해주고 남은 것을 재활용하여 효율을 향상시키는 공정 기술과 필요한 핵심 장치들에 관한 이해가 필요하다. 또한, 이러한 운전 조건들을 지속해서 유지하도록 센서를 설치하여 온도와 압력들을 상시 감시하고 안전하게 제어하는 통합 제어시스템 구축도 중요하다. 여기서는 연료로 암모니아와 천연 가스를 사용하는 경우를 같이 설명한다. BOP 운전시스템 중에 연료 공급 관련한 핵심 공정 및 장치들에 대해 다음과 같은 순서로 설명한다.

- 연료 공급•가열•재순환시스템
- 공기 공급•가열시스템
- 물 공급•재활용시스템

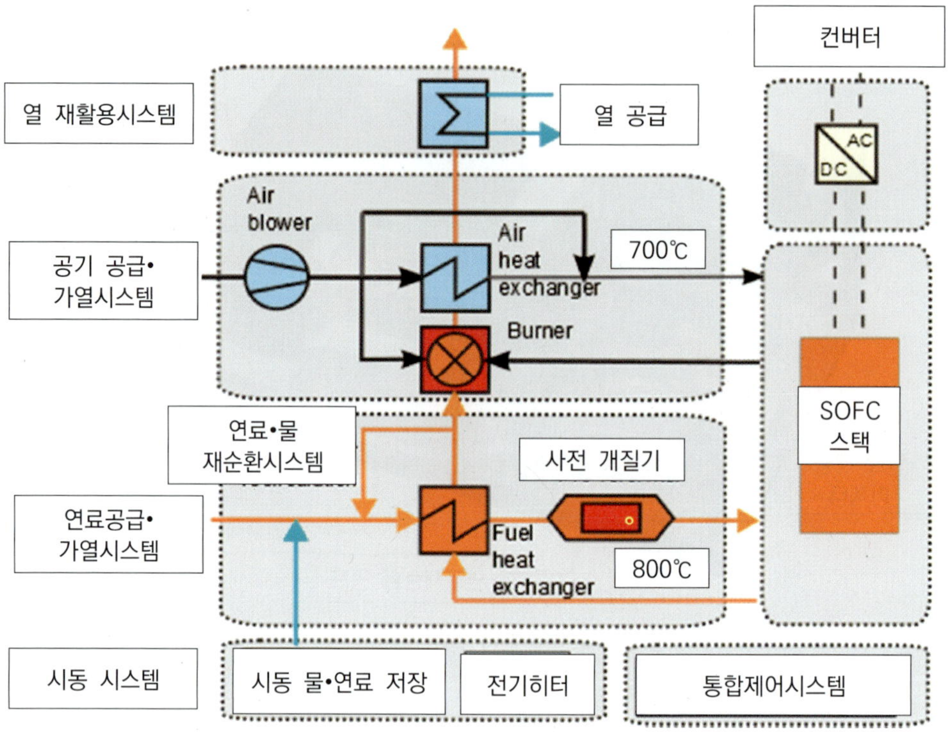

그림 6-31 SOFC시스템 개념도

(1) 연료 공급 • 가열 • 재순환시스템

연료가 암모니아일 경우 스택 성능을 저하하는 황 등의 불순물을 제거하고 열교환기 또는 가열기로 800℃ 고온으로 가열시킨 후에 스택에 공급한다. 천연 가스의 경우 촉매 수증기 개질 또는 촉매 부분 산화 개질 공정을 통해 수소가 많이 포함되어 반응 효율이 우수한 합성 가스를 만들어 스택에 공급한다. 반응 후에 남은 연료를 다시 재순환시켜 효율을 향상시킨다.

(2) 공기 공급 • 가열시스템

공기는 블로어(송풍기)를 통해 공급하며 온도 차로 인한 열응력을 방지하기 위해 고온의 스택 공기극에 공급하기 전에 히터 또는 열교환기를 통해 스택 운전 온도에 가깝게 가열시킨다. 스택에서 발생하는 열을 흡수하기 위해 스택의 공기 입구와 출구 사이에 작은 온도 차이가 필요하다. 열교환기는 주변 공기 온도와 스택 온도 차이를 고려해 열전달 계수가 높으며 소형화가 가능한 플레이트핀 열교환기를 사용한다.

(3) 물 공급·재활용 시스템

천연 가스를 연료로 사용할 때는 수증기 개질기를 설치하며 물(수증기) 공급이 필요하다. 수증기:탄소 최적 비율에 따라 필요한 물의 양을 계산할 수 있다. 시동을 걸 때 스택에서 수증기가 생성되지 않으므로 외부 공급이 필수적이며 장치 설치 비용이 들어간다. 물은 배기 가스의 수증기를 응축하여 재활용할 수 있다. 이렇게 저장된 물을 펌프로 공급하고 탈이온화 장치로 정화하고 증발 기능도 있는 저렴한 장치를 사용할 수 있다.

6.3 수소연료전지추진선박

수소연료추진선박은 전 세계적으로 건조와 운항 실적이 다수 있어 암모니아연료추진선박보다 기술적인 검증은 이루어졌다. 그렇지만 항만에서 수소 충전소 구축이 미흡하고 선박용 연료탱크, PEMFC시스템 및 PEMFC-배터리 하이브리드시스템 기술 개발이 아직 미흡한 실정이며, 건조비와 운항비도 비싸 친환경 선박 등 특정 목적 이외에 적용하기는 쉽지 않다.

각 국가별로 연안 및 내륙 운송에서 친환경선박에 관한 요구가 날로 커지고 있으며, 2030년 이후에는 수소연료전지추진선박에 관한 건조와 운항이 많아질 것으로 기대한다. 기존 선박과는 다른 새로운 기술 영역과 시스템들과 장치들이 많이 포함되어 있고, 앞으로는 이러한 기술에 관한 지식과 이해가 필수적이다. 이러한 사항에 대해 다음과 같은 순서로 설명한다.

- 수소연료전지추진선박 개요
- 700 bar 고압수소연료탱크
- 액화수소연료탱크

- PEMFC시스템
- 수소 벙커링(충전)시스템
- 수소연료추진선박 및 액화수소운반선 건조 사례
- 수소연료전지추진선박의 개념 설계 사례

6.3.1 수소연료전지추진선박 개요

수소를 연료로 추진하는 선박은 수소를 이중연료엔진에서 연소시키는 방식과 순수 수소를 연료전지시스템에 공급하는 방식이 있다. 이에 관한 시스템 개념에 대해 다음과 같은 순서로 설명한다.

- 수소연료추진시스템 개요
- 수소 이중연료엔진 및 LNG•수소 혼소 이중연료엔진
- 수소연료전지추진선박의 시스템 구성도

(1) 수소연료추진시스템 개요

수소연료추진선박에 설치할 수 있는 수소연료추진시스템은 이중연료엔진에서 직접 수소를 연소시켜 동력을 얻는 수소 이중연료엔진추진시스템과 PEMFC 연료전지를 선박에 설치하는 PEMFC-배터리 하이브리드추진시스템이 있다. 선박에 관한 수소 이중연료엔진 시스템은 선박 엔진 제조 회사에서 개발 중이고, 아직은 기술적인 완성도가 떨어지며 상용화가 미흡하다. 또한, LNG•수소 혼소 엔진 개발을 완료하고 실증 테스트가 이루어지고 있지만, 선박에 관한 본격적인 적용에 검증 시간이 더 필요하다.

그림 6-32 수소이중연료엔진 시스템 개념도

(2) 수소 이중연료엔진 및 LNG • 수소 혼소 이중연료엔진

수소 이중연료엔진은 수소와 디젤 연료를 연소시켜 회전 동력을 얻는 엔진이다. 그림 6-33과 같이 기존의 이중연료엔진에다 수소 연소 특성을 고려하여 수소에 적합한 연소 조건을 최적화시켜 엔진에 공급한다. 다른 이중연료엔진과 마찬가지로 운전은 수소 모드와 디젤 모드로 이루어진다. 엔진 시동은 디젤 연료로만 운전한다. 디젤 모드에서는 기존 엔진 운전 조건과 같다. 수소 모드로 운전할 때 수소 연료 공급 조건과 연료 비중을 얼마로 하느냐는 엔진 제조 회사마다 달라진다. LNG 연료와 같이 수소를 고압과 저압으로 엔진에 공급할 수 있다. 어느 것이 더 효율적인지에 관한 연구가 진행 중이다. 그리고 LNG•수소 혼소 이중연료엔진도 개발 중이다.

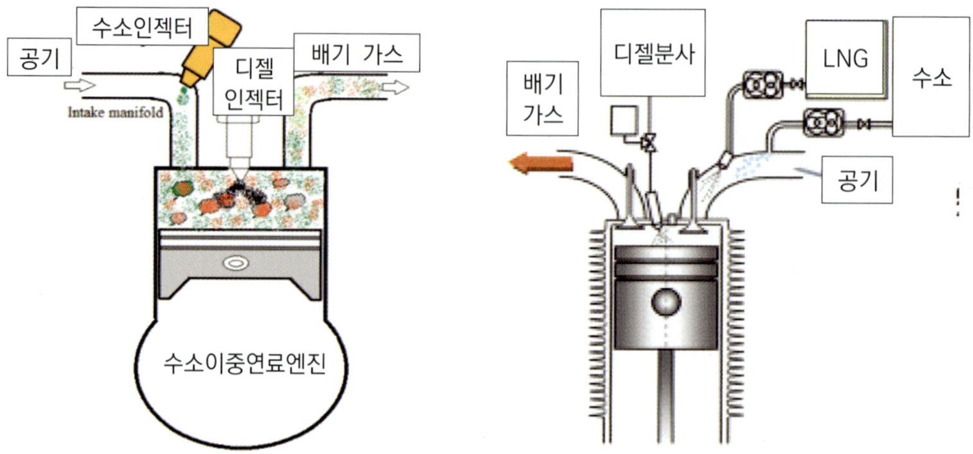

그림 6-33 수소 이중연료엔진(왼쪽)과 LNG • 수소 혼소 이중연료엔진(오른쪽) 개념도

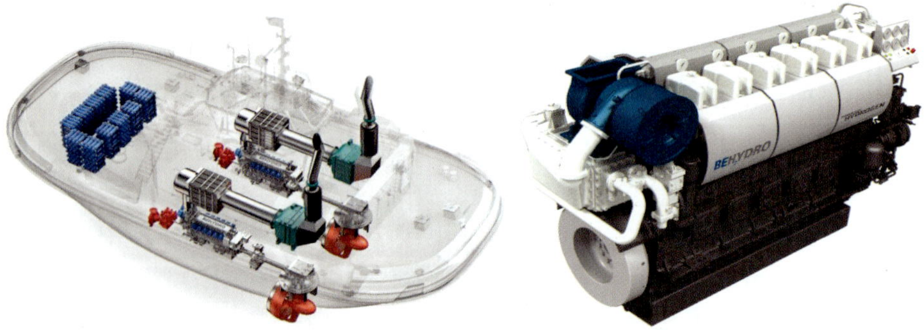

그림 6-34 선박용 1MW 수소 엔진

수소는 자연발화온도가 500~577℃로 친환경연료 중에서 가장 높아 자연발화는 어렵고 파일럿디젤고압분사를 통한 자연발화 또는 점화플러그를 이용한 점화가 필요하다. 또한, 수소의 효율적인 연소를 위해 수소인젝터를 통한 분사 방식을 선택한다. 수소는 디젤보다 화염 속도가 4배 빠르고 가연성 범위가 4~75%로 넓은 특성이 있어 연소시키기에는 매우 까다로운 연료이다.

수소 이중연료엔진 개발에서 극복해야 할 어려운 장애 기술은 조기 점화와 역화(Back Fire) 현상 억제이다. 조기 점화는 수소가 엔진 연소실의 핫스팟이나 잔류물에 의해 쉽게 점화될 수 있기 때문에 발생하며, 제어되지 않은 연료 점화가 조기에 이루어지는 현상이다.

이로 인해 심각한 노킹 현상이 발생하며 기계적 엔진 고장이 발생할 수 있고, 비효율적이고 불규칙한 엔진 운전과 출력 손실을 발생시킨다. 역화 현상은 엔진의 연료 흡입 밸브가 열리면 수소-공기 혼합물이 연소실로 들어가는데 이때 연소실 화염이 흡입 밸브로 가서 거기서 연소가 발생하는 현상이다. 역화는 연료의 흡입시스템에 파손 피해를 줄 수 있다.

수소 이중연료엔진의 경우 연소 온도가 높아 NOx가 발생하며 Tier Ⅲ를 만족시키기 위해 SCR시스템 설치가 필요하다. MAN 엔진 회사는 수소 연료 사용을 통해 배기 가스에서 발생하는 CO_2를 50~80% 수준으로 감축시킬 수 있을 것으로 발표하였다.

(3) 수소연료전지추진선박의 시스템 구성도

수소연료전지추진선박은 그림 6-35와 같이 연료인 순수 수소를 저장하고 PEMFC시스템에 연료를 공급하는 ①수소 연료탱크, ②수소를 연료로 전력을 생산•공급하는 PEMFC 시스템, ③PEMFC시스템과 배터리시스템을 이용하여 선박 출력에 따른 최적인 전력을 전기 모터에 제공하는 PEMFC-배터리 하이브리드시스템(Hybrid System) 등 3개 시스템과 각각의 하위시스템으로 구성한다.

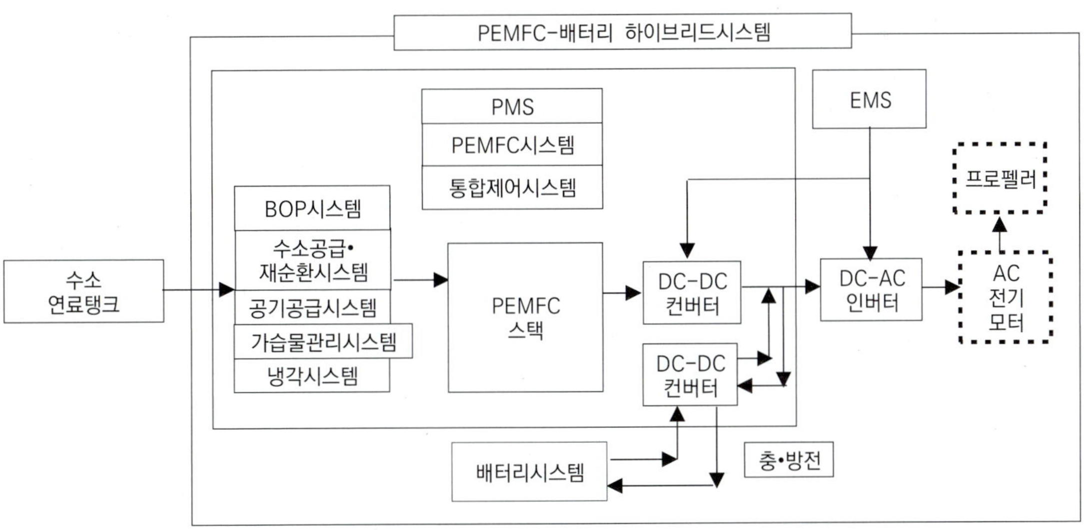

그림 6-35 PEMFC-배터리 하이브리드시스템 구성 장치 개념도

6.3.2 700 bar 고압수소연료탱크

수소는 기체로 저장하기에는 매우 큰 탱크가 필요하며 이를 줄이기 위해 수소를 압축시켜 저장한다. 수소 자동차, 버스, 트럭 및 소형 선박에는 350 bar 또는 700 bar 고압수소연료탱크를 사용한다. 수소를 저장하고 연료전지시스템에 공급하기 위한 탱크, 계통도와 구성 장치들에 대해 다음과 같은 순서로 설명한다.

- 압축 수소 특성
- 고압수소연료탱크의 종류
- 700 bar 고압수소연료탱크 개념
- 700 bar 고압수소연료탱크 사양
- 700 bar 고압수소연료탱크의 계통도 및 주요 구성 장치

(1) 압축 수소 특성

기체를 저장하는 수단으로 널리 사용되는 것이 압축이다. 압축으로 수소 밀도를 높여 에너지 용량을 늘린다. 수소는 압력이 올라갈수록 부피당 중량이 커지며 더 많은 수소를 저장할 수 있다. 선박의 경우 에너지가 많이 필요하여 그에 따라 수소 필요량이 커지므로 700 bar로 압축해서 저장한다.

부피당 압축 크기별 저장량을 나타내는 수소 밀도를 살펴보면, 온도 20℃, 1 bar에서 0.084 kg/m^{3}이며, 350 bar 24.0 kg/m^3, 700 bar 39.2 kg/m^3, 1,000 bar 50.0 kg/m^{3}이다. 수소를 고압으로 압축할 때에 많은 에너지가 들어가는데, 수소를 690 bar 압력으로 만들 때 수소 보유 에너지(LHV[28])의 9.5%, 345 bar의 경우 8.5%가 들어간다.

(2) 고압수소연료탱크의 종류

고압수소연료탱크는 제조 방식에 따라 TypeⅠ, TypeⅡ, TypeⅢ 및 TypeⅣ 등 4개 종류가 있으며, 대부분 원통형 실린더 구조를 사용한다. 선박에 많이 사용하는 700 bar 고압수소연료탱크는 단위 면적당 수소를 가장 많이 저장할 수 있는 TypeⅣ이며, 탄소섬유에폭시복합재(탄소섬유강화플라스틱) 구조로 만든다.

---

28) LHV(Lower Heating Value) : 일반적인 저위 에너지양을 의미하며, 총 발열량에서 연소 중에 포함된 수분의 증발열을 뺀 것이다.

- Type Ⅰ : 강철 또는 알루미늄으로 제작
- Type Ⅱ : 강철 또는 알루미늄 + 유리섬유수지복합재
- Type Ⅲ : 알루미늄 라이너 + 탄소섬유수지복합재(또는 탄소섬유에폭시수지복합재)
- Type Ⅳ : 고밀도 폴리머 라이너 + 탄소섬유에폭시수지복합재

① Type Ⅰ : 강철 또는 알루미늄으로 만들기 때문에 가장 무겁지만, 다른 방식보다 저렴하다. 튜브 트레일러, 수소 충전소 및 압축천연 가스(CNG, Compressed Natural Gas) 탱크에 적용한다. 보통 300 bar의 압력으로 사용하고, 상대적으로 용량이 크지 않고 저렴한 탱크가 필요한 곳에 사용하며 제조 원가가 가장 저렴하다.

② Type Ⅱ ; 경량화를 위해 내측에 얇은 금속재 라이너(Liner)를 사용하고, 주요 구조재로 가벼운 유리섬유수지복합재를 적용한다. Type Ⅱ는 무거운 Type Ⅰ 단점을 보완하여 경량화한 것이며 저렴한 탱크가 필요한 수소 충전소에 사용한다. 압력은 200 bar 수준이고 450 bar까지 증가시킬 수 있으며 제조 원가가 상대적으로 저렴하다.

③ Type Ⅲ ; Type Ⅱ보다 경량화를 달성하기 위해 가볍고 얇은 알루미늄 라이너에 유리섬유보다 더 강한 탄소섬유수지복합재를 적용한다. Type Ⅲ는 보통 350 bar에서 사용하며 700 bar도 개발되었다. 알루미늄 라이너로 인해 수소 투과 차단 성능이 가장 우수하다. 밀폐된 공간에 탱크를 배치할 경우 수소 누출로 인한 폭발 위험이 있는 곳에 사용하고, 중소형 선박에 적용할 수 있지만 제조 원가가 가장 비싸다.

④ Type Ⅳ ; Type Ⅲ보다 우수한 경량화를 위해 금속을 전혀 사용하지 않고 고밀도폴리머(HDPE, High Density Polyethylene)로 만든 라이너에 매우 강한 탄소섬유에폭시복합재를 적용한다. Type Ⅳ는 가장 경쟁력이 있는 탱크이며, 고밀도폴리머라이너가 완벽하게 수소 투과를 차단하지 못해 미량의 수소 누출이 발생한다. 700 bar 탱크가 자동차, 버스 및 선박에서 이미 상용화되었으며 큰 용량이 필요한 튜브 트레일러와 트럭 등에 적용한다.

표 6-11 고압수소연료탱크 종류

TYPE Ⅰ	TYPE Ⅱ	TYPE Ⅲ	TYPE Ⅳ
강 또는 알루미늄	금속재 라이너 + 유리섬유 복합재	알루미늄 라이너 + 탄소섬유수지복합재	고밀도 폴리머 라이너 + 탄소섬유에폭시수지 복합재

(3) 700 bar 고압수소연료탱크 개념

700 bar 고압수소연료탱크는 순수한 수소를 700 bar에서 저장하고 연료전지에 안전하게 필요한 양의 수소를 공급하는 장치들로 구성한다. 안전성 확보가 매우 중요하며 구성 부품들은 수소 취화로 재료 특성이 변화하지 않으면서 수소 투과가 발생하지 않는 재료를 사용한다. 또한, 화재 발생 또는 수소 누출 등의 폭발 위험 상황을 감지하여, 수소 공급을 차단하고 탱크 내부의 수소를 긴급하게 배출시키는 안전 장치들을 설치한다.

고압수소연료탱크에서 수소 누출은 폭발로 이어지기 때문에 매우 위험하다. 이러한 위험에 대응한 안전성 확보 개념은 다음과 같다.

① 높은 강도 및 안전성 기준을 충족하도록 탱크를 설계한다.

② 탱크에 수소 투과를 방지하기 위해 고밀도폴리머라이너를 사용하고, 정상적인 운전 압력의 225%(안전 계수 2.25)까지 견딜 수 있도록 탱크 구조를 설계한다.

③ 탱크가 누출될 모든 경우를 감지하기 위해 수소감지센서는 탱크 주변에 배치하며, 누출이 감지되면 즉시 안전 밸브를 닫아 수소 공급을 차단한다.

④ 탱크에서 심각한 누출이 발생하면 탱크 내부의 수소를 긴급하게 대기 중으로 배출시킨다.

700 bar TypeⅣ 탱크는 그림 6-36과 같이 고압을 견디는 강도를 가진 탄소섬유에폭시수지복합재로 만든 원통형 복합재 탱크, 수소 투과를 차단하고 수소 취성을 억제하기 위해 탱크 내부에 설치되는 고밀도 폴리머라이너, 탱크에 부착되는 밸브 장치들을 연결시키는 보스(Boss), 탱크 곡면 부위 돔(Dome)과 돔 보강, 탱크 끝 부위를 밀폐시키는 엔드 플로그(End Plug) 및 탱크에 바로 연결하여 수소 연료를 적절하고 안전하게 저장하고 공급하는 탱크연결밸브패키지 등으로 구성한다.

- 원통형 복합재 탱크
- 고밀도폴리머라이너
- 보스•돔•돔 보강
- 엔드 플러그
- 탱크연결밸브패키지

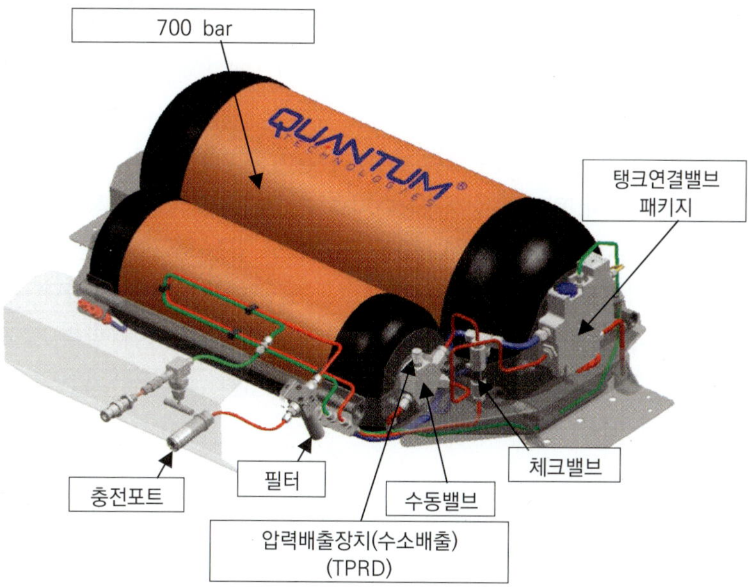

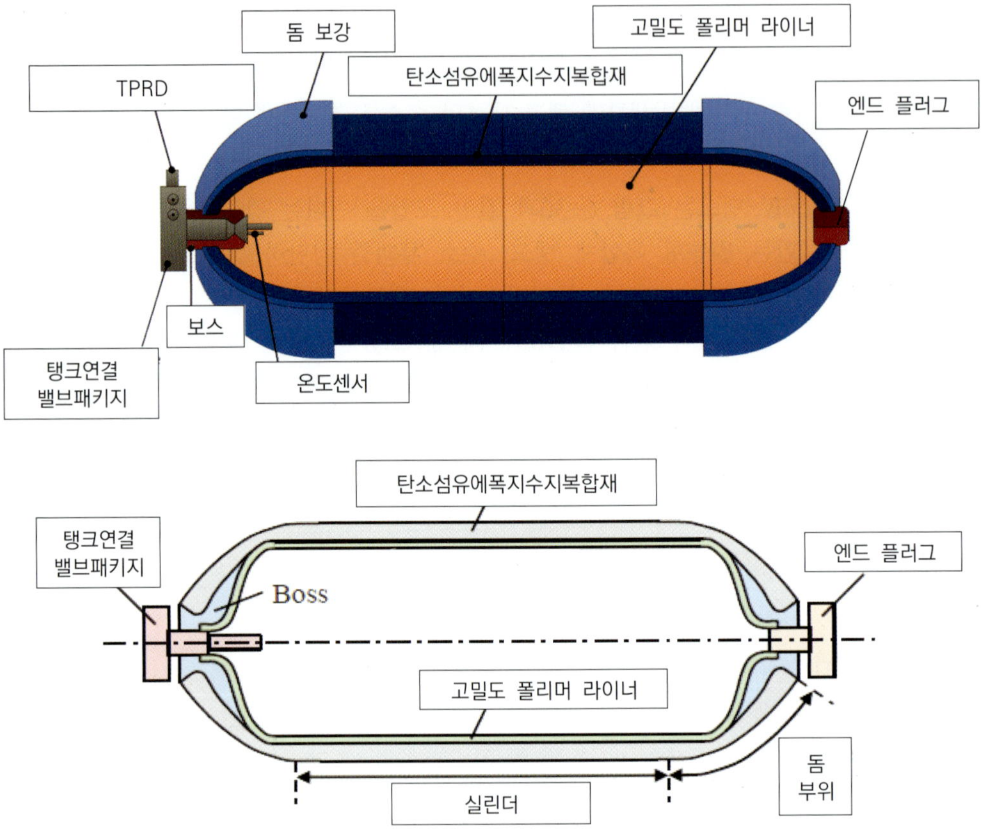

그림 6-36 700 bar 고압수소연료탱크 개념도

700 bar TypeⅣ 수소연료탱크는 그림 6-37과 같이 필라멘트 와인딩(Filament Winding) 전용 자동 제조 장치에서 탄소섬유에폭시수지로 만든다. 필라멘트 와인딩은 탱크에 경사로 감는 헬리컬 와인딩(Helical Winding)과 직각으로 감는 후프 와인딩(Hoop Winding) 등이 있으며, 후프 와인딩 두께가 내부 압력 하중을 견디는 역할을 한다. 복합재를 만들 때 헬리컬과 후프 와인딩 각도 및 헬리컬과 후프 와인딩 순서에 따라 강도가 달라지고 중량도 감소할 수 있다. 따라서 와인딩 각도와 순서의 조합인 와인딩 패턴(Winding Pattern)의 최적화가 매우 중요하다.

그림 6-37 필라멘트 와인딩 패턴과 전용 자동 제조 장치

(4) 700 bar 고압수소연료탱크 사양

700 bar 고압수소연료탱크에 관한 기본 사양 사례는 표 6-12와 같다.

표 6-12 미국 에너지부 자동차용 고압수소연료탱크 기본 사양

구분	사양	내용
사용압력 (Nominal Pressure)	350, 700 bar	
최대 충전 압력	350 bar : 438 bar 700 bar : 875 bar	충전시 사용 압력 125%
최소 탱크 압력	20 bar	Quantum 제시
수소 사용 용량	5.6 kg	1회 충전시 자동차 563 km 주행
탱크 용량	350 bar : 258ℓ 700 bar : 149ℓ	최소 탱크 압력 반영 용량
안전 계수	2.25	ISO/TS 15869
길이/지름 비율(L/D)	3.0	Quantum 제시
탄소섬유 종류	Toray T700S	Quantum 제시
탄소섬유 인장강도	2,550 MPa	Toray 데이터
돔 형상	지오데식(Geodesic)	
복합재 두께	350 bar : 14.7 mm 700 bar : 25.9 mm	

탱크 라이너 두께	5 mm HDPE(TypeⅣ) 7.4 mm Al(TypeⅢ, 350 bar) 12.1 mm Al(TypeⅢ, 700 bar)	Quantum 제시
라이너 수명주기	5,500 사이클	SAE J 2579
탱크 보호 적층	1 mm 유리섬유	Quantum 제시
돔 부위 충격 보호	10 mm Foam	Quantum 제시

(5) 700 bar 고압수소연료탱크의 계통도 및 주요 구성 장치

고압수소연료탱크의 경우 수소 누출로 인한 폭발 위험성이 있어 안전 장치가 포함된 계통도 구성이 매우 중요하다. 계통도는 그림 6-39와 같이 탱크연결밸브패키지, 통합압력레귤레이터블록, 벙커링(충전) 리셉터클(Receptacle) 및 탱크 용량•압력의 정보를 자동차 제어장치와 충전소에 제공해주는 탱크 제어장치(무선 적외선 통신 포함) 등 크게 4개 장치로 구분할 수 있다.

탱크연결밸브패키지는 연료전지 전력 생산에 필요한 수소 유량을 조절하여 공급한다. 탱크 1기당 1개씩 설치하고 내부에는 오염방지필터, 과류방지밸브, 솔레노이드밸브 및 체크밸브를 설치하며, 필터와 과류방지밸브 사이에 수동조작장치(Manual Override)를 설치한다. 통풍시스템과 연결시킨 압력배출밸브와 온도 센서를 설치하고 외부의 압력 센서와 연결한다.

통합압력레귤레이터블록은 수소 압력을 5 bar까지 내려서 연료전지에 공급한다. 내부에 레귤레이터, 수동연료배출장치(Manual Defuel Valve & Defueling)와 자동차단밸브를 설치한다. 또한, 레귤레이터 다음에 외부에 있는 압력 센서와 압력배출밸브를 블록에 연결한다.

계통도와 관련된 주요 장치들의 기능은 다음과 같다.

① 솔레노이드밸브(Solenoid Valve) : 연료탱크 가까이에 설치하며 연료전지에 공급하는 수소 공급 유량을 전기적으로 자동 제어하는 밸브이다.

② 레귤레이터(Regulator, 압력조절장치) : 700 bar 고압수소를 연료전지 스택 운전에 필요한 5 bar 수준으로 압력을 대폭 낮추어 공급하는 기능을 수행한다.

③ 온도감응식 압력배출장치(TPRD, Thermally Activated Pressure Relief Device) : 탱크 주위 온도가 108~110℃까지 올라가면 탱크에 있는 수소를 신속하게 배출하는 안전 장치이다. 탱크에는 1개 이상의 TPRD를 반드시 설치해야 한다. 글라스벌브 TPRD는 110℃ 이상이 되면 벌브에 있는 액체가 팽창하고 벌브가 파괴되면서 TPRD가 열린다. 탱크에 반드시 설치해야 하는 안전 장치이다.

④ 과류방지밸브(EFV, Excess Flow Valve) : 수소 배관 파손 등으로 과다한 수소 흐름이 발생하였을 때 탱크 내부의 수소가 한꺼번에 배출되는 것을 자동으로 제한하는 장치이다. 과다 배출로 인한 부품 파손과 사람에 관한 손상 위험을 줄여준다.

⑤ 자동차단밸브(Automatic Shut-off Valve) : 정상 상태에서는 항상 열려 있다가 화재 및 수소 누출 발생 시에 원격으로 수소 공급을 완전히 차단하는 밸브이다.

⑥ 체크밸브(Check Valve) : 수소 역류 흐름을 차단하는 밸브이며, 충전 리셉터클과 가까운 배관 라인에 설치한다.

레귤레이터

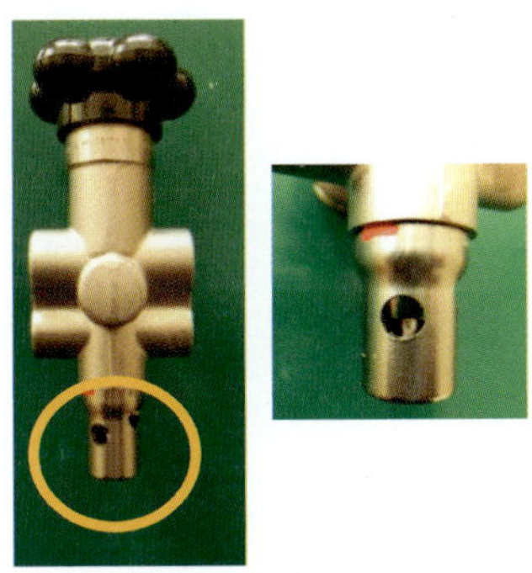
글라스벌브 TPRD

체크 밸브

그림 6-38 레귤레이터 • 글라스벌브 TPRD • 체크 밸브

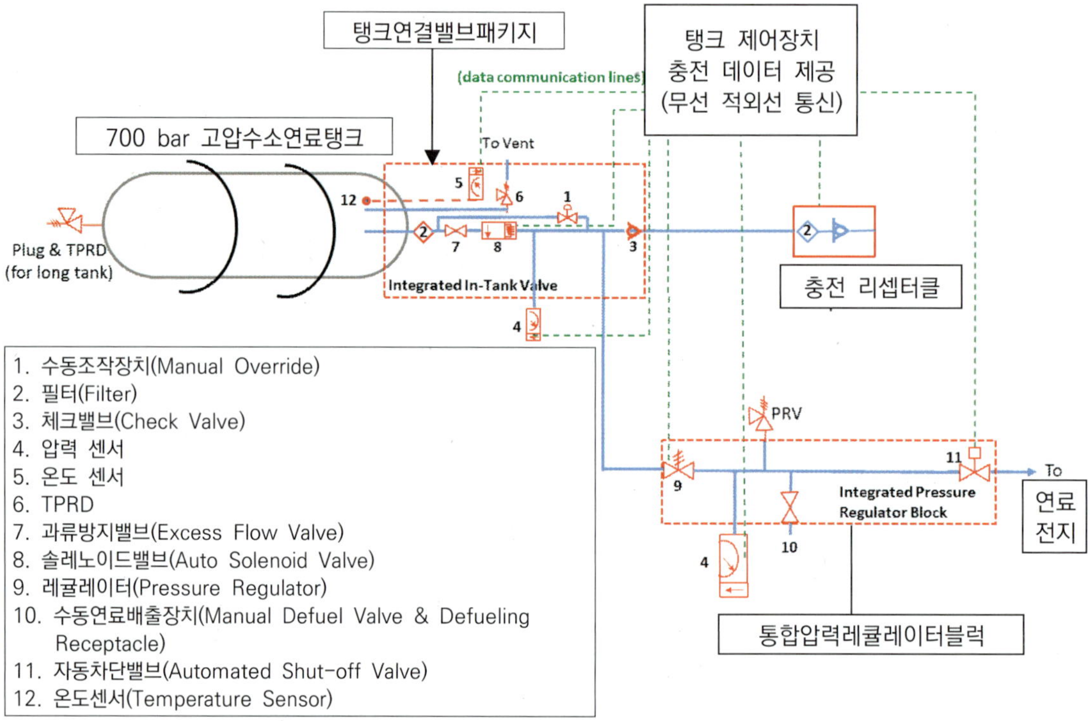

그림 6-39 700 bar 고압수소연료탱크의 계통도 및 구성 장치

6.3.3 액화수소연료탱크

수소 에너지를 가장 많이 저장하는 방법은 −253℃에서 액화시켜 액화수소로 저장하는 것이다. 부피당 수소 저장량은 700 bar의 경우 39.2 kg/m^{3}이지만 액화수소는 이보다 1.8배 많은 70.8 kg/m^{3}이다. 그러나 액화수소를 만들 때 수소 보유 에너지의 약 30~38%가 들어가는 단점이 있다. 수소트럭, 수소선박과 같이 대용량이 필요할 때는 액화수소 저장이 효율적이다.

액화수소를 대량으로 일정 기간 저장하고 공급하는 것은 매우 어렵고 고난도의 복합 기술이 필요하다. 극저온 유지를 위해 특별한 단열재를 사용해야 하고 단열 성능이 우수한 이중구조 진공단열에 관한 연구 개발이 필요하다. 또한, 화재 발생 또는 액화수소 누출 등의 폭발 위험 상황을 감지하여 액화수소 공급을 차단하는 안전 장치들에 관한 설치도 필요하다. 이에 대해 다음과 같은 순서로 설명한다. 액화수소연료탱크 기술 위주로 설명하며 대용량의 액화수소저장탱크에도 적용할 수 있다.

- 액화수소연료탱크의 내부 기화 현상 및 온도 상승
- 액화수소연료탱크의 구조 개념
- 극저온 단열재의 종류 및 특성
- 액화수소연료탱크의 사양•계통도 및 주요 구성 장치

(1) 액화수소연료탱크의 내부 기화 현상 및 온도 상승

액화수소연료탱크에서 위험한 상황은 액화수소가 기화하여 탱크 설계 허용 압력 이상으로 상승하는 것이다. 이를 억제하고 제어하는 안전 장치의 설치가 매우 중요하다. 액화수소가 탱크 내부에서 기화되는 현상은 그림 6-40과 같다. 대기 외부 열 유입으로 탱크 내부에서 액화수소가 이동하는 대류가 발생한다. 대류에 의해 탱크 윗부분으로 상승한 액화수소가 기화된다. 기화 수소는 탱크 윗부분의 외부 열유입으로 빈 공간에서 대류되면서 기화열이 발생하고 추가적인 기화를 발생시킨다.

탱크 외부 열 유입과 이동 중 슬러싱(Sloshing)으로 인한 열 발생을 방지하고 대류 억제를 위해 이중구조진공단열시스템을 개발하여 적용하는 것이 효율적이다. 탱크 셀을 내부와 외부 셀 등 이중구조로 만들고 셀 사이를 진공으로 만들면서 성능이 우수한 단열재를 진공 내부에 설치한다.

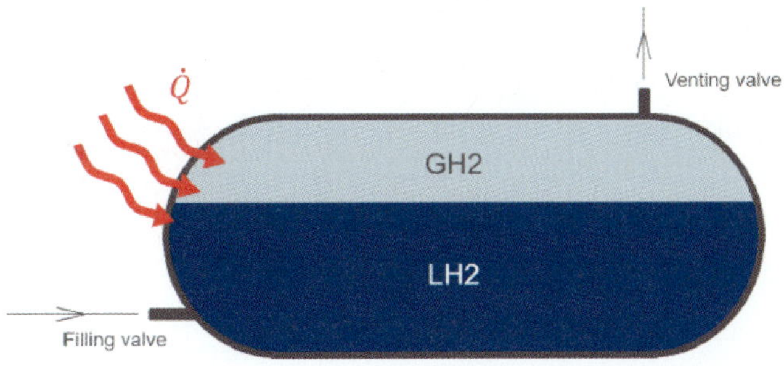

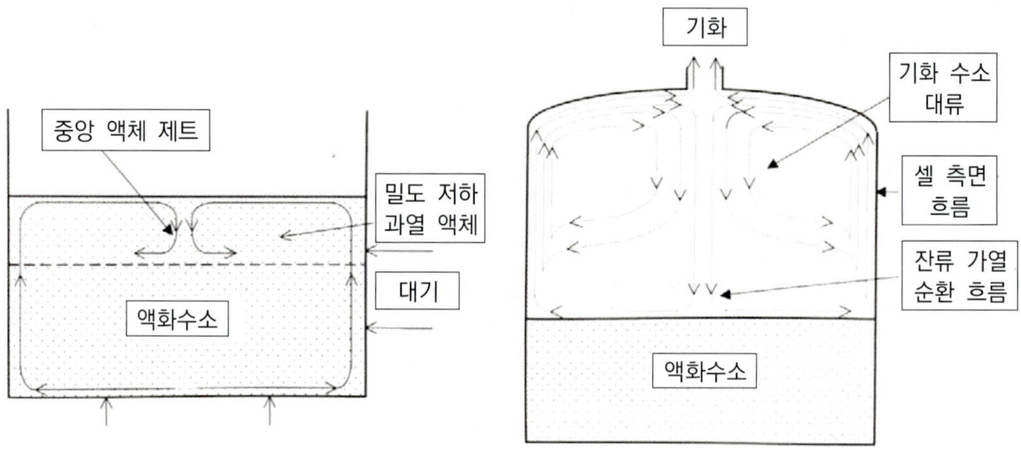

그림 6-40 극저온 저장탱크 자연 대류 기화

(2) 액화수소연료탱크의 구조 개념

액화수소는 극저온에서 저장하므로 일반적인 단열시스템으로 기화 억제에 한계가 있다. 미국 나사는 이러한 문제를 극복하기 위해 대용량의 액화수소저장탱크에 이중구조진공단열시스템을 적용하였다. 그림 6-41과 같이 탱크를 이중 셀 구조로 제작하고 그사이 공간을 진공으로 만들었다. 진공 공간에 펄라이트 또는 글라스버블 등 단열재를 넣어 단열 성능을 높였다.

대부분 극저온 액화용 저장탱크는 이중구조진공단열시스템을 기본으로 선택하고 있으며, 대표적인 것이 듀어(Dewar) 방식이다. 일반적으로 0.1 millitorr(10^{-4} torr[29])) 이하의 중진공 압력을 많이 사용한다. 진공을 만들고 유지하기 위해 진공 펌프 등 각종 장치들을 다양하게 사용하며 많은 에너지와 비용이 들어간다.

29) 토르는 진공 압력을 나타내는 단위이며, 1 torr = 1,000 millitorr = 0.0013 bar이다.

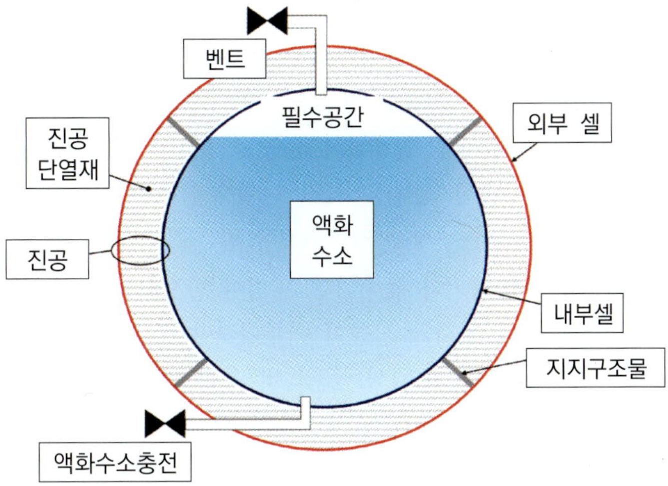

그림 6-41 액화수소연료탱크의 이중구조진공단열시스템 개념도

저온진공압력(CVP, Cold Vacuum Pressure) 레벨에 대해 표 6-13과 같이 분류할 수 있다. 액화수소연료탱크에 적용하는 진공 레벨은 대용량의 경우 저진공 레벨, 중소 용량은 중진공 레벨을 적용한다. 진공 레벨에 따라 단열 성능이 크게 달라진다. 중진공 레벨 이상에서는 우수한 성능을 가진 단열재를 사용해야 하며 비용이 많이 들어간다. 용도와 효과를 고려한 경제성을 계산하여 적정한 진공 레벨과 단열재를 선택해야 한다.

표 6-13 진공 압력 레벨의 분류

구 분	진공 레벨(millitorr)	비 고
저진공(Low Vacuum)	1,000 ~ 1	대용량 탱크
중진공(Medium Vacuum)	〈 1 ~ 0.001	중소 용량 탱크
고진공(High Vacuum)	〈 0.001 ~ 1 x 10^{-5}	특수한 용도

(3) 극저온 단열재의 종류 및 특성

액화수소연료탱크 또는 액화수소저장탱크에 사용하는 극저온 단열시스템은 기본적으로 기화를 억제하는 것이다. 단열재 두께와 밀도는 연료 저장 용량에 큰 영향을 미친다. 열전도율(Thermal Conductivity)과 열유속(Thermal Flux, Heat Flux)이 낮고 열저항(Thermal Resistance)이 우수한 성능을 가진 단열재를 사용하면 두께를 줄일 수 있고, 밀도가 낮은 단열재를 사용하면 무게가 가벼워진다.

극저온 단열시스템 내부에 공기가 들어가면 결빙이 발생하며 이로 인한 손상이 우려되므로 공기가 들어가지 않도록 설계와 시공이 이루어져야 한다. 최종적인 단열재의 선정은 단열 성능, 내구성, 제조 및 설치 편의성, 운영 및 유지 보수 비용 등을 고려해서 결정한다. 이러한 단열재에 대해 다음과 같은 순서로 설명한다.

- 폴리우레탄폼(Polyurethane Foam)
- 강화 폴리우레탄폼(Reinforced Polyurethane Foam)
- 팽창 펄라이트(Expanded Perlite)
- 글라스버블(Glass Bubble)
- 에어로젤(Aerogel)
- MLI(Multilayer Insulation, 다층단열재)
- 극저온 단열재의 장단점 비교

가) 폴리우레탄폼(Polyurethane Foam)

폴리우레탄폼은 가볍고 저렴하며 제조가 간단하여 널리 사용되는 단열재이다. 다른 단열재보다 열전도율이 높아 동일한 단열 성능을 내기 위해 두께가 두꺼워지고 부피도 커지는 단점이 있다. 독자적인 단열재로 사용하기 어렵고 단열 성능이 매우 우수한 다층단열재인 MLI 등과 결합하여 설계하면 필요한 단열 성능을 확보하면서 탱크 제조 비용을 줄일 수 있는 단열시스템을 개발할 수 있다.

그림 6-42 경질 폴리우레탄폼

경질 폴리우레탄폼(Rigid Polyurethane Foam)은 그림 6-42와 같으며 폐쇄 셀 플라스틱이다. 단열 보드 또는 블록 폼의 형태로 공장에서 만들며, 사용 용도에 맞게 블록 폼으로 절단하여 사용하거나 공기 투과 방지 및 기계적 손상 방지 등을 위해 폼 양쪽 표면에 알루미늄 포일(Foil) 및 복합재 필름 등 유연한 구조적 강성을 가진 물질들과 결합한 샌드위치 패널로 만들어 사용할 수 있다.

나) 강화 폴리우레탄폼(Reinforced Polyurethane Foam)

강화 폴리우레탄폼은 폼에 유리 섬유를 넣어 밀도와 기계적 강도를 강화한 것이다. 그림 6-43은 GTT MARK-Ⅲ LNG선 화물창에 적용된 강화폴리우레탄폼이다. 밀도 133 kg/m^3, 두께 270(100+ 170) mm, 기화율 0.15~0.125% (170,000 m^3 LNG선)이다.

강화 폴리우레탄폼은 단열 성능이 떨어져 두께가 매우 두꺼워지므로 액화수소연료탱크 단열재로 적용하기 어렵다. 반면 강도가 강해져 내구성이 좋아지므로 이중구조와 진공, MLI 다층단열재 등과 같이 병행해서 사용한다면 액화수소연료탱크에도 적용이 가능한 복합 단열시스템을 개발할 수 있을 것이다.

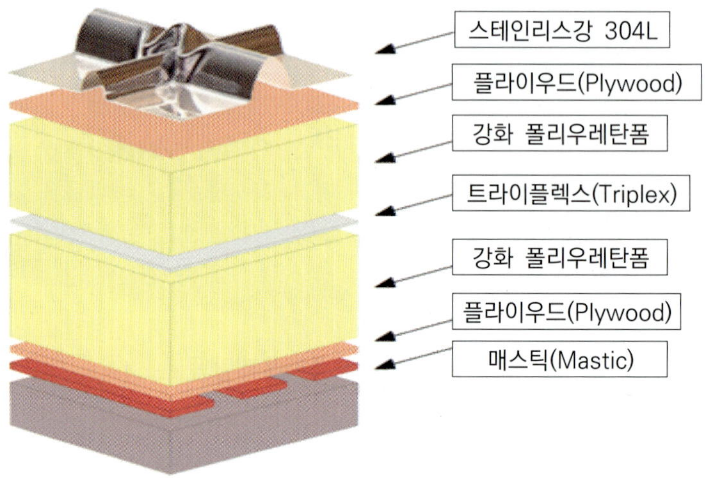

그림 6-43 LNG선 화물창 GTT MARK-Ⅲ 단열시스템 개념도

다) 팽창 펄라이트(Expanded Perlite)

팽창 펄라이트 분말 단열재는 미국 나사의 3,200 m^3 구형 액화수소저장탱크 이중구조진공 공간에 채워 진 단열재로 지난 60년 동안 사용되었고 진공 레벨은 10~15 millitorr 수준이었다. 나사는 2022년 신규로 설치한 탱크에 기화로 인한 손실을 줄이기 위해 단열 성능이 우수한 글라스버블로 대체하였다. 펄라이트 분말은 오래될수록 팽창과 수축으로 인한 특정 부위에서 침전이 발생하여 균질한 분포가 흐트러져 장기적으로 단열 성능이 떨어지는 단점이 있다.

그림 6-44 펄라이트 암석, 분쇄 펄라이트 및 팽창 펄라이트 분말

라) 글라스버블(Glass Bubble)

글라스버블은 유리 충전재이며 다양한 크기를 가진 미세한 빈 공간 유리 구이다. 복사열 전달을 줄이기 위해 카본 블랙과 이산화티타늄으로 코팅하여 사용한다. 단열 성능, 내구성, 중량 및 부피 감소 측면에서 팽창 펄라이트보다 효과적이고 경제적이다. 탱크 용량을 늘리거나 탱크의 설치 공간을 줄일 수 있다. 유리 구형으로 진동이나 팽창 및 수축으로 인한 뭉침과 침전이 발생하지 않는 등 탱크 노후화가 진행되어도 단열 성능은 그대로 유지된다. 극저온 냉각 사이클링을 견딜 수 있는 견고한 강도를 가지고 있으며, 극저온 충전 중에 가해지는 힘도 견딘다.

미국 나사의 최신 액화수소저장탱크는 그림 6-46과 같이 용량 4.700 m^3, 외부 지름 25.3 m의 새로운 액화수소저장탱크에 넣을 충전 단열재로 그림 6-45와 같은 글라스버블을 적용하였으며 하루 기화율은 0.04%(2,271 ℓ), 최대 허용 내부 압력은 6.2 bar이다. 팽창 펄라이트의 하루 기화율 0.0625%보다 크게 향상되었다.

그림 6-45 미국 나사 신규 액화수소저장탱크에 사용된 글라스버블

그림 6-46 미국 나사 신규 액화수소저장탱크(4,700 m^3)

마) 에어로젤(Aerogel)

에어로젤은 이산화규소(SiO_2)와 대부분 공기로 구성되어 있어 중력이 작용하지 않을 정도로 매우 가볍고 미세한 다공성(〈100 nm) 고체이다. 에어로젤 기반 단열재는 극저온 단열, 내화 부식 방지 및 심해용 파이프 단열 등 여러 가지 제품이 개발되어 사용된다. 에어로젤 입자(Beads), 블랭킷(Blanket) 및 멜라민(Melanmine) 등 복합재료 또는 MLI 다층단열재와 같이 사용한다. 블랭킷으로 만들 때 열전도율이 상승하지만 깨지기 쉬운 에어로젤을 유연하고 안정적으로 사용하는 방법이다.

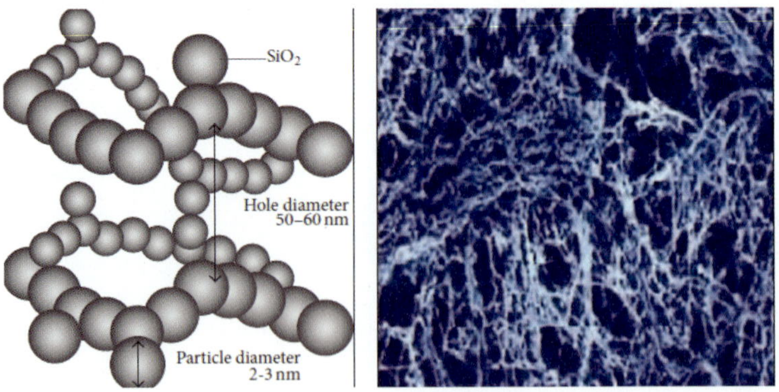

그림 6-47 에어로젤 기공(Hole Diameter) 및 입자 크기(Particle Diameter)

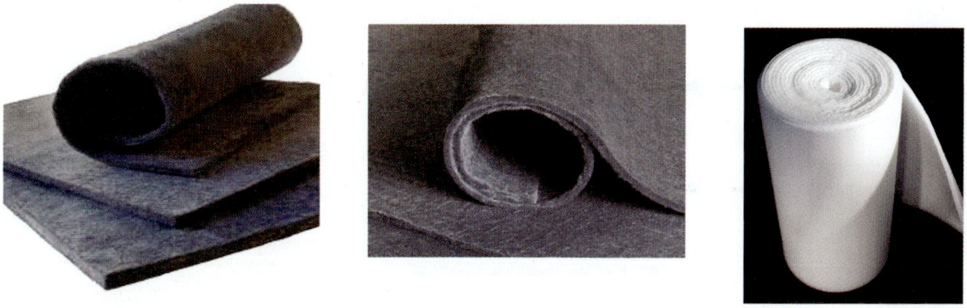

그림 6-48 에어로젤 블랭킷 단열재 제품 사진

바) MLI(Multilayer Insulation, 다층단열재)

미국 나사는 우주 추진체와 인공 위성의 극저온 단열재로 진공 환경에서 단열 성능이 매우 우수한 여러 가지 MLI 단열재를 개발하여 적용하였다. MLI는 그림 6-49와 같이 반사판(Reflection)과 스페이서(Spacer) 간의 교대층(레이어, Layer)으로 이루어져 있는 블랭킷(Blanket)이다. 반사판은 진공 구조에서 발생하는 열복사를 효과적으로 차단하고 스페이서는 반사판 간의 공간을 확보하여 반사판에서 발생하는 열전도에 의한 열전달을 억제하는 역할을 수행한다.

반사판은 매우 가벼운 폴리에스테르 필름에 반사율이 높은 알루미늄 코팅을 한 마일라(Aluminized Mylar), 또는 캡톤 폴리이미드(Kapton Polyimide)를 주로 사용한다. 스페이서는 열전도율이 매우 낮은 폴리에스터(Polyester) 또는 데크론(Dacron) 또는 폴리머(Polymer) 등 그물 부직포(Spunbond)를 사용하며, 단열 공간을 확보하고 반사판인 마일라 사이의 접촉과 밀착을 방지하므로 단열 성능을 향상시킨다. 이러한 MLI 단열재는 사용 용도와 필요 단열 성능에 따라 교대층(레이어)의 패턴, 레이어 밀도, 레이어 수 및 두께를 적절하게 조합하여 설계•제조한다.

MLI 단열재가 최대 성능을 내기 위해 1 millitorr 이하의 중진공 레벨 유지가 필수적이다. 단열재의 성능은 두께가 두꺼워질수록 우수하며, 일반적인 레이어 수는 60층(레이어)에 두께 25.4 mm이다. MLI 단열재는 기존 스페이서 재료의 특성과 재봉 봉합 제작으로 교대층 간의 접촉을 제어하기 어려워 일정 기간이 지나면 교대층의 밀착이 발생하여 단열 성능이 저하된다. 이를 방지하려면 교대층을 결합할 때 스페이서 공간이 잘 유지되는 구조 설계를 적용하고 가장자리, 이음새 및 설치 절차를 포함하여 적절하게 밀봉해야 한다.

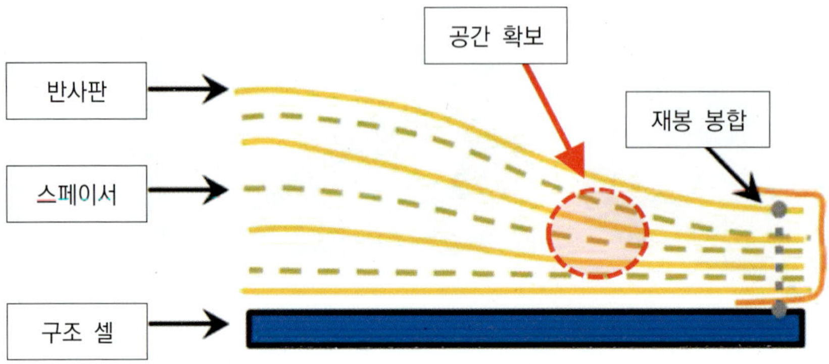

그림 6-49 일반적인 MLI 다층 개념도

MLI는 인공위성 단열재로 사용하고 있으며 은색으로 보이는 것은 마일라이고 금색은 캡톤 폴리이미드이다. 그림 6-50은 인공 위성에 적용한 MLI 사례이다. 외부 레이어로 캡톤 필름을 적용하였으며 필름 외부면에는 전도성을 확보하기 위해 인듐 주석 산화물 코팅(ITO, Indium Tin Oxide)하였고 내부면은 알루미늄 코팅을 하였다. 그다음 레이어는 내부면에 알루미늄 코팅을 한 마일라 필름을 설치하였다. 그다음 양면 알루미늄 코팅한 마일라는 10층, 스페이서는 다크론 그물 11층을 각각 교대로 구성하였다. 내부 레이어는 외부와 내부에 알루미늄 코팅한 마일라를 설치하였다.

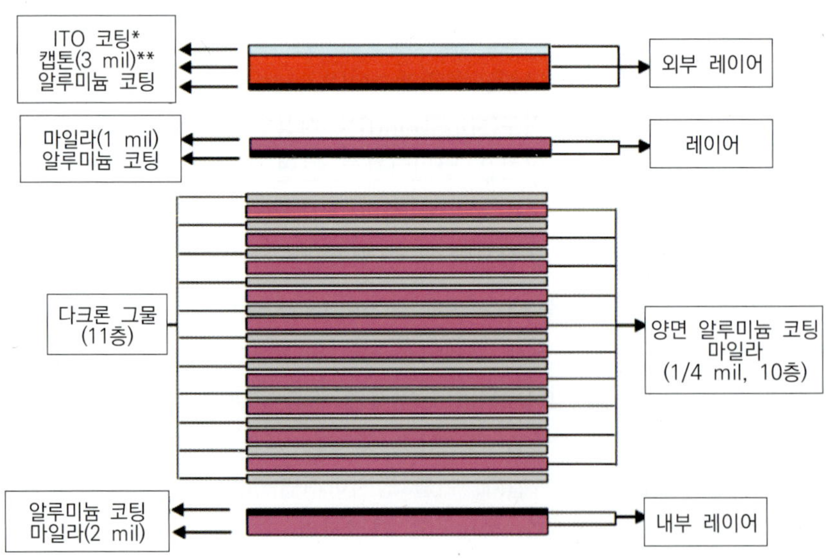

그림 6-50 위성용 MLI 설계 사례

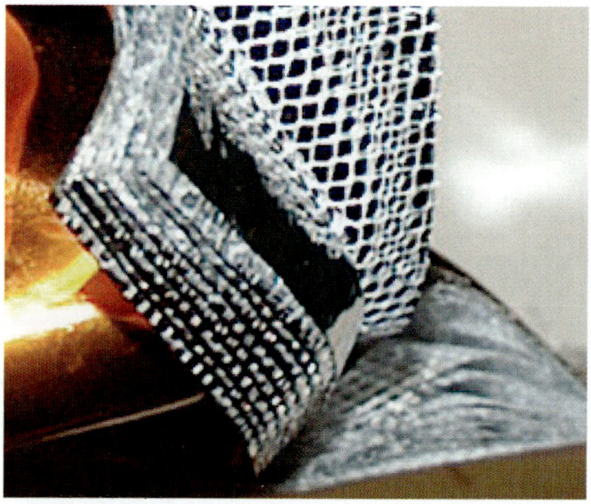

그림 6-51 인공 위성에 적용된 사례

그림 6-52 MLI 단열재

사) 극저온 단열재의 장단점 비교

대용량 액화수소저장탱크는 중진공 레벨 이상을 유지하기가 까다롭고 비용도 많이 들어 저진공 레벨에서 운영된다. 여기에 가장 적합한 단열재는 가격과 유지 비용이 저렴한 글라스버블이며 그다음이 에어로젤, 경질 폴리우레탄폼 순서이다. 에어로젤은 단열 성능보다 가격이 비싸고, 폴리우레탄폼은 단열 성능이 저조하여 두께가 너무 두꺼워져 탱크 용량이 줄어드는 단점이 있다. 단기간 사용하는 우주발사체용 극저온연료탱크 단열재로 단열 성능은 저조하지만 저렴한 폴리우레탄폼을 적용한다.

중소용량 탱크의 경우 중진공 레벨에서 운영하고 여기에는 비싸더라도 단열 성능이 우수한 MLI 계통 다층단열재를 사용한다. 이러한 주요 단열재에 관한 장단점을 표 6-14에 정리하였다.

표 6-14 극저온 단열재의 장단점 비교

구분	장점	단점
폴리우레탄폼	• 저렴한 제조 원가, 제조•설치 용이 • 가장 가벼운 단열재 • 안정적인 구조 형상 유지 • 외부압력에 관한 기계적 강도 유지 • 진동과 충격에 강함 • 정기 유지 보수 필요 없음 • 다른 단열재와 결합 사용 가능	• 성능 저조로 단열재 매우 두꺼움 • 박리 및 균열 등 손상 발생 • 노후화 내구성 미흡 • 수소 취성, 가스 및 수분의 투과 • 공기 응축으로 인한 결빙 발생 • 가연성 재료로 화재 발생 위험
팽창 펄라이트	• 저렴한 제조 원가, 제조•설치 용이 • 약간의 압축 하중에 견딤 • 불연성 재료	• 가장 무거운 단열재 • 균일하지 못한 충전, 외부 압축 및 노후화 등 침전으로 단열 성능 저하 • 공기 응축으로 인한 결빙 발생 • 보수 유지 애로
글라스버블	• 균질적인 분포 및 장기적인 성능 유지 • 밀도 낮아 탱크 크기•중량 감소 • 일정의 기계적 강도와 내구성 보유 • 불연성 재료 • 펄라이트 대비 기화량 46% 감소 • 설치용이 및 MLI 결합 사용 가능 • 대용량 탱크용 경쟁력 있음	• 펄라이트보다 비싼 제조 원가 • 외부 압력 및 유동에 의한 손상 가능 • 중진공에서 상대적 단열 성능 미흡
에어로젤	• 저진공 단열 성능 우수(100 millitorr) • 취급 및 설치 용이 • 수소취성과 습기에 강함 • 불연성 재료 • MLI와 결합 사용 가능	• 비싼 재료비•가공비(제조 공정 복잡) • 제조성의 인체 유해 물질(눈•피부•호흡•소화 기관) • 기술 성숙 미흡 및 기계적 강도 취약 • 노화로 인한 구조적 취성 발생
MLI	• 중진공 레벨에서 단열 성능 최고 • 중진공 중소형 탱크 경쟁력 있음 • 우주발사체 적용 사례 풍부	• 비싼 제조 원가 • 중진공 유지비용 과다 • 노후화로 단열 성능 유지 애로

	• 불연성 재료 • 다른 단열재와 결합 사용 가능 • 중소형 탱크용 경쟁력 있음	• 기계적 강도없어 외부 압력에 의한 단열 성능 저하 및 탱크 셀 두께 증가 • 열충격 및 진동에 단열 성능 저하 • 습기 많은 외부 환경에 부적합

(4) 액화수소연료탱크의 사양 • 계통도 및 주요 구성 장치

- 액화수소연료탱크의 구조 재료 종류 및 특성
- 액화수소연료탱크의 사양 사례
- 액화수소연료탱크의 계통도
- 극저온 압력배출밸브
- 파열 디스크
- 이중구조진공단열(Double Wall Vacuum Insulation) 배관

가) 액화수소연료탱크의 구조 재료 종류 및 특성

액화수소는 −253℃ 극저온 상태에서 저장하며, 안전한 저장을 위해 극저온에서의 기계적 특성, 수소 취성, 열전도율과 열유속 등의 특성을 고려하여 스테인리스강, 알루미늄 합금강, 티타늄 합금강 및 탄소섬유수지복합재 등의 구조 재료에서 주로 선정한다. 이러한 재료들은 극저온에서 항복 강도가 증가하고 온도가 상승할수록 강도가 감소하는 경향을 보인다.

- 스테인리스강(Stainless Steels)
- 알루미늄 합금강(Aluminum Alloys)
- 티타늄 합금강(Titanium Alloys)
- 탄소섬유수지복합재(Carbon Fiber Reinforced Plastics)

특히 스테인리스강의 경우 극저온에서 항복 강도, 인장 강도 및 탄성 계수가 증가하고 피로 강도와 내구성도 좋아진다. 또한, 수소 취성에 강하고 용접 용이성과 내식성을 가지고 있어 액화수소연료탱크의 일반적인 구조 재료로 사용한다. 알루미늄 합금강은

가볍다는 장점이 있어 항공기와 우주 발사체 등에 사용한다. 티타늄 합금강은 강도는 가장 강하지만 재료비가 비싸고 특수 용접 등 제조 비용이 상대적으로 높은 단점이 있다. 탄소섬유수지복합재는 고압수소연료탱크에 주로 사용하고 항공기와 우주발사체용 액화수소연료탱크로 개발 중이며 상용화를 위한 연구개발이 더 필요하다. 액화수소연료탱크 또는 액화수소저장탱크 설계에서는 구조 재료 선정보다 단열시스템 설계와 단열재 선택이 더 중요하다.

나) 액화수소연료탱크의 사양 사례

액화수소연료탱크를 설계할 때에 극저온에 견디는 재료와 구조를 적용하고, 극저온용 주요 구성 장치와 액화수소를 기화시키는 히터 또는 열교환기를 배치한다. 극저온 단열 성능 확보를 위해 적절한 진공 수준을 유지하는 이중구조 탱크와 이중구조 배관 라인을 배치하고, 필요에 따라 특별히 개발된 MLI 다층단열재를 진공 내부에 설치하면 단열 성능을 향상시킬 수 있다.

미국 에너지부가 개발한 5.6 kg과 10.4 kg 자동차용 액화수소연료탱크의 사양은 표 6-15와 같다. 탱크 셀은 이중구조로 제작하며 내부 셀 두께는 3mm 알루미늄, 외부 셀은 2 mm 스테인리스강으로 설계하였다. 셀 간격은 25~38 mm이며, 그 속에 MLI 다층단열재를 배치하고 0.01 millitorr 진공을 유지한다.

표 6-15 미국 에너지부 개발 자동차용 액화수소연료탱크 사양

구 분	사 양
사용 용량	5.6 kg(168 ℓ), 10.4 kg(311 ℓ)
사용 압력	정상 4 bar, 최대 6 bar
탱크 울라지(Ullage)	7.5%(액화수소 기화 열팽창을 고려한 탱크 내부 필수 빈 공간 비율)
탱크 셀 재료 셀 두께	내부 셀 알루미늄 6061-T6, 외부 셀 스테인리스강 304 내부 셀 3.0 mm, 외부 셀 2.0 mm, 이중 진공 구조
외부•내부 셀 간격 탱크 단열	25~38 mm 40레이어 진공 다층단열재(Vacuum Multilayer Insulation) : 마일라 반사판, 데크론 스페이서, 진공 레벨 0.01 millitorr

다) 액화수소연료탱크의 계통도

액화수소연료탱크는 극저온 환경에서 안전한 액화수소 벙커링(충전)과 수소 연료 공급에 적합한 극저온 구성 장치들을 사용한다. 계통도의 개념도와 구성 장치는 그림 6-53과 같다. 벙커링을 위한 극저온 커플링, 각종 안전 장치들이 포함된 탱크연결밸브 패키지, 제어밸브, 압력배출밸브, 열교환기, 파열 디스크 및 레귤레이터 등을 설치한다. 운송 수단의 특성과 회사의 핵심 기술 내용에 따라 밸브, 안전 장치 및 센서들의 배치가 달라질 수 있다. 계통도의 주요 구성 장치들은 다음과 같다.

- 극저온 압력배출밸브
- 파열 디스크
- 이중구조진공단열(Double Wall Vacuum Insulation) 배관

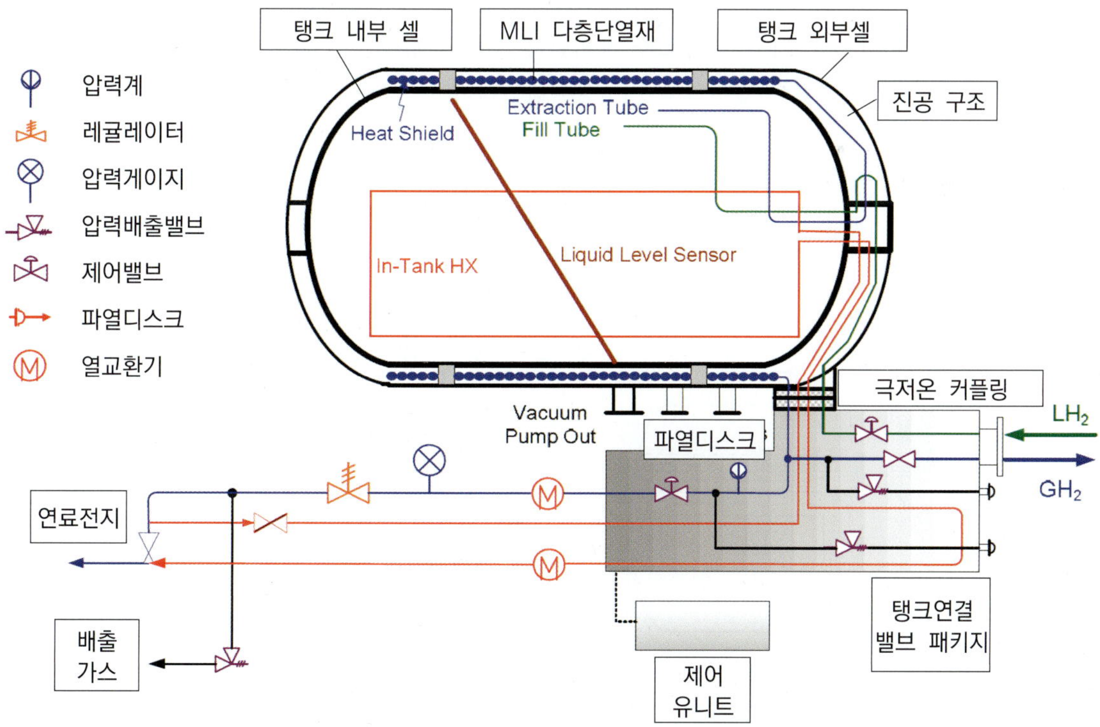

그림 6-53 미국 에너지부 개발 자동차용 액화수소연료탱크의 계통도 개념도

라) 극저온 압력배출밸브

탱크 내부에서 액화수소가 기화되면 매우 빠른 속도로 확산되고 압력 증가로 나타난다. 또한, 열이 가해지면 액화수소는 물보다 23배 더 빠른 속도로 팽창한다. 허용 압력 이상이 되었을 때 수소 가스를 배출하게 만들지 않으면 다른 구성 장치에서 파손이 발생한다. 그림 6-54와 같이 이러한 압력 증가에 대비해 적절하게 설계하여 적용한 압력배출밸브(Pressure Relief Valve)와 파열 디스크(Rapture Disc) 등 수소 가스를 필요에 따라 배출시키는 안전 장치의 설치가 필수적이며, 외부로 배출하기 위해 통풍 장치와 연결시킨다.

대표적인 수소 배출 안전 장치는 그림 6-55와 같은 극저온용 압력배출밸브이다. 연료전지시스템 운전 중에 최대 허용 압력을 초과할 때에 압력배출밸브를 열어 수소 가스를 배출시키며, 액체와 기체 등 2상 흐름에서도 사용할 수 있다. 이러한 밸브는 극저온 환경에서 견디고, 외부와의 충돌에도 안전하며 수소 배출이 방해받지 않는 위치에 설치한다. 액화수소연료탱크를 충전할 때에 적절한 비율의 빈 공간(자동차의 경우 7.5%) 이상으로 채우지 않도록 제어한다. 가득 채우면 압력배출밸브에 액화수소가 혼입되어 과도한 압력 발생으로 비정상적인 작동을 일으킬 수 있다.

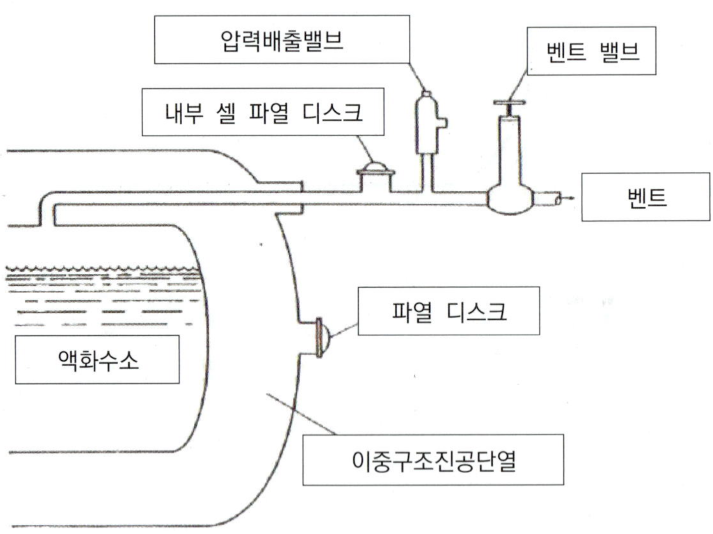

그림 6-54 액화수소연료탱크 압력배출밸브, 파열 디스크 및 벤트(통풍구) 장치 설치 개념도

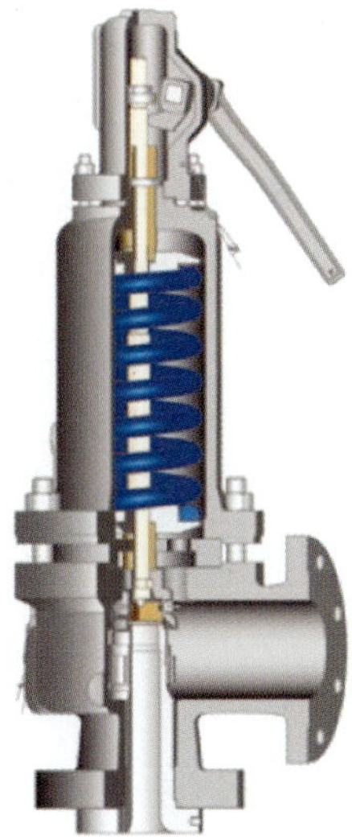

그림 6-55 극저온 압력배출밸브 개념도(기체 • 액체 2상)

마) 파열 디스크

압력배출밸브가 작동이 안 될 경우 수소 가스를 긴급하게 배출시키는 장치가 그림 6-56과 같은 파열 디스크이다. 일정 압력, 온도 및 인장 강도에서만 파손되게 설계한다. 파열되었을 경우 파열 조각들이 시스템 내부에서 퍼져 다른 고장으로 이어지지 않도록 보호 장치를 같이 제공한다. 작동 원리는 그림 6-56과 같이 볼록한 면에 일정 압력 이상이 가해지면 파열판이 커지면서 파열되고 탱크 내부의 수소 가스가 긴급하게 외부로 배출된다. 간단하고 안정적이며 매우 빠르게 작동하는 안전 장치이다. 디스크는 작은 충격에도 손상되므로 설치할 때에 세심한 주의가 필요하다. 파열되면 재사용할 수 없으며, 반드시 교체해야 한다.

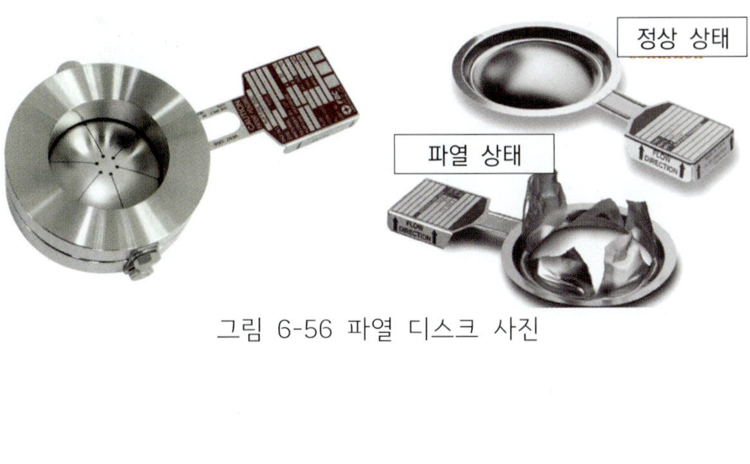

그림 6-56 파열 디스크 사진

바) 이중구조진공단열(Double Wall Vacuum Insulation) 배관

액화수소 배관 라인에서 액화수소가 이동할 때에 그림 6-57과 같이 외부 열전달에 의해 기화 수소 가스가 발생하며 액화수소와 같이 이동한다. 배관에는 기화로 인한 액체 위의 기화층과 또한, 액체층 아래에 얇은 기화 막이 나타난다. 이러한 현상은 액화수소의 원활한 이동과 공급을 방해하므로 이를 억제하기 위해 우수한 단열시스템을 적용해야 한다. 배관 라인에서 기화를 줄이고 수증기 응축으로 인한 배관 외부에 결빙 발생까지 방지하기 위해 액화수소연료탱크와 마찬가지로 배관 외부와 내부에 스테인리스강으로 이루어진 이중구조진공단열시스템을 적용한다.

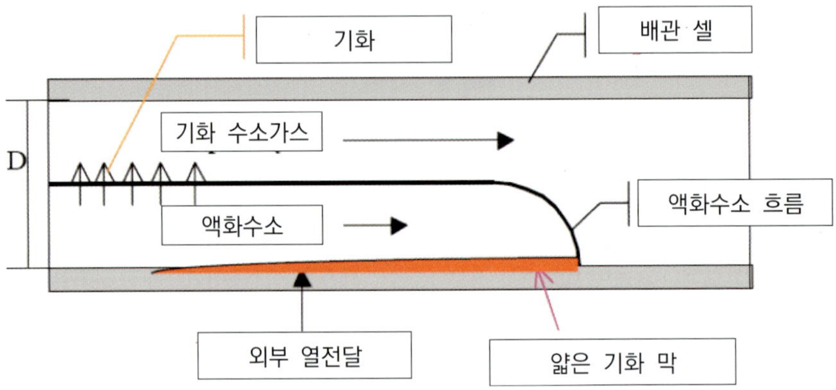

그림 6-57 액화수소 배관 흐름 개념도

그림 6-58 이중구조진공단열 배관 및 플렉시블 배관(Flexible Pipe)

6.3.4 PEMFC시스템

PEMFC시스템은 80~90℃의 비교적 낮은 온도에서 작동하므로 반응 촉진을 위해 성능이 우수하지만 비싼 촉매를 사용한다. 순수 수소를 사용하는 PEMFC의 특성상 적정 온도 유지와 적절한 수분 공급에 매우 민감한 시스템이다. 또한, PEMFC시스템은 스택과 BOP 운전시스템 등 복잡한 부품, 시스템과 장치들을 결합해 작동시키며 최적화된 제어시스템을 개발하여 운전해야 한다. 선박용 PEMFC시스템 기술은 선박 운항을 통해 검증되고 있다. 이러한 기술에 대해 다음과 같은 순서로 설명한다.

- PEMFC시스템의 특성
- PEMFC BOP(Balance of Plant) 운전시스템
- PEMFC시스템 사양 사례

(1) PEMFC시스템의 특성

PEMFC시스템은 전기를 생산하는 스택과 스택에 수소와 공기 연료를 공급하고 냉각시키고, 스택에서 발생한 전기를 적절한 전압으로 변환시키는 컨버터, 센서 및 통합제어시스템 등으로 구성하는 BOP 운전시스템으로 이루어져 있으며 각종 구성 장치는 그림 6-59와 같다. PEMFC시스템은 순수한 수소를 사용하기 때문에 SOFC시스템보다는 시동시간이 빠르다.

스택 운전 온도가 증가하면 스택 발생 전압이 상승하지만 90℃ 이상으로 온도가 높아지면 멤브레인에 가습이 안 되어 오히려 성능이 떨어진다. 스택의 적정 온도 유지와 가습관리가 매우 중요하다. 스택 공기극에서 생성된 과도한 물은 산소 공급을 방해하여 성능손실을 발생시킨다. 수분 공급과 과잉 물 발생의 상충하는 현상이 발생하므로 물의 균형이 잘 이루어지도록 적절하게 관리하는 것이 중요하다. 또한, 효율 향상을 위해 스택에서 반응하고 남은 수소를 재순환시켜야 한다.

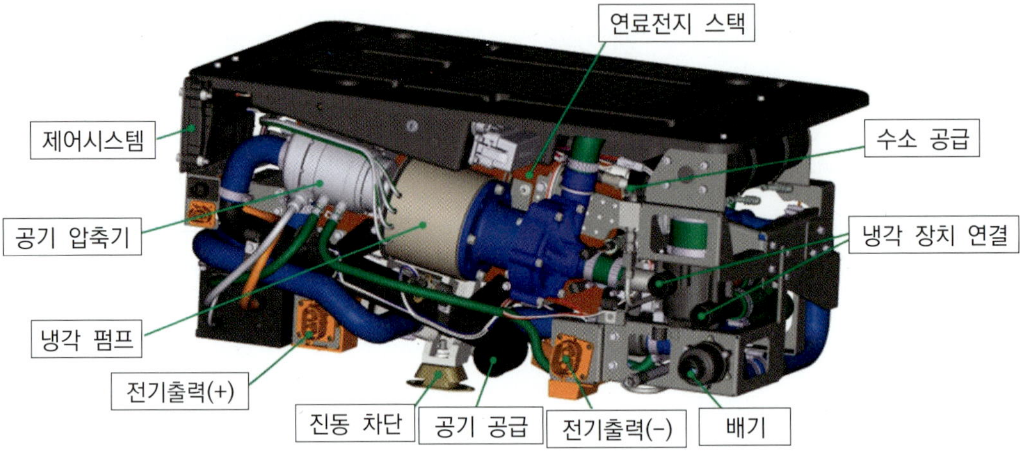

그림 6-59 PEMFC시스템 사례

(2) PEMFC BOP(Balance of Plant) 운전시스템

BOP 운전시스템은 PEMFC 스택에 반응 효율이 우수한 조건을 가진 연료와 공기를 효과적인 최적화 기술을 적용하여 공급시켜 전력을 발생시키는 시스템이다. 스택에 가장 적합한 상태의 연료와 공기를 공급해주고 남은 것을 재활용하여 효율을 향상시키는 공정 기술과 필요한 핵심 장치들에 관한 이해가 필요하다. 또한, 이러한 운전 조건들을 지속해서 유지하도록 센서를 설치하여 온도와 압력들을 상시 감시하고 안전하게 제어하는 통합 제어시스템 구축도 중요하다. 이러한 연료 공급과 핵심 공정 및 장치들에 대해 다음과 같은 순서로 설명한다.

- 수소 공급 및 재순환시스템(Recirculation System)
- 공기 공급시스템 및 가습•물관리 시스템
- 냉각시스템(Coolant System)

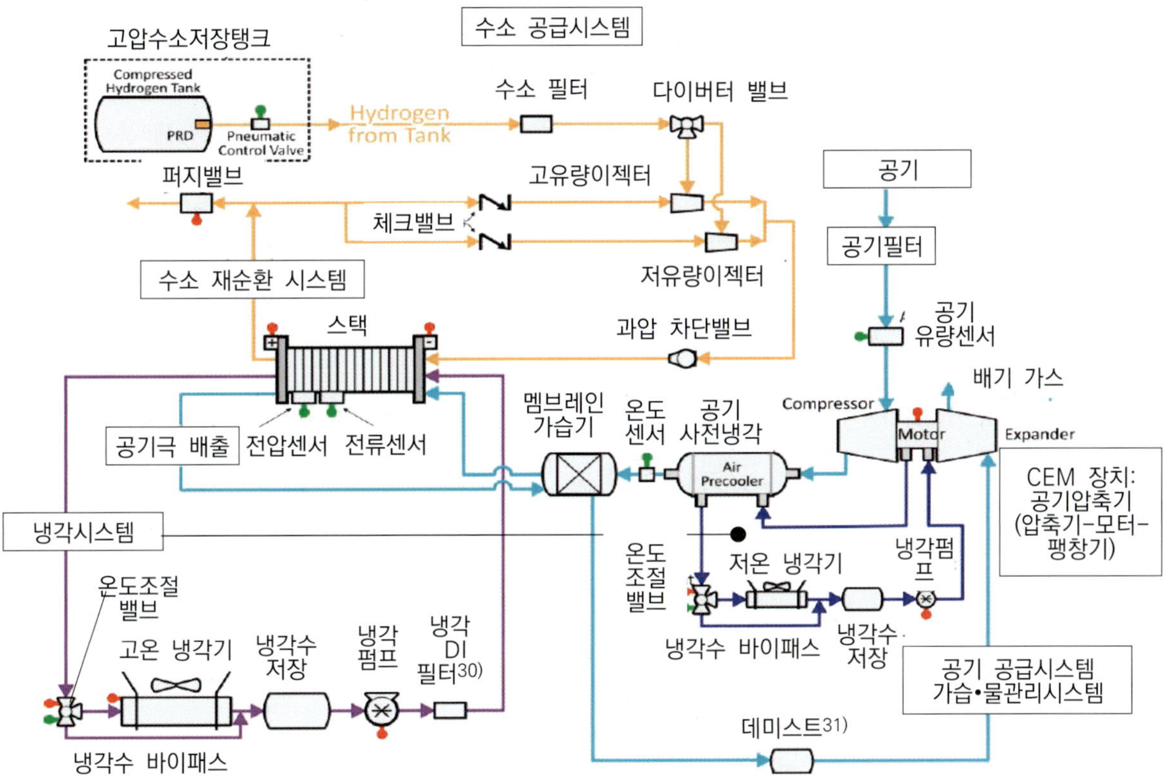

그림 6-60 PEMFC시스템 계통 개념도

가) 수소 공급 및 재순환 시스템(Recirculation System)

탱크에 저장한 수소를 적절한 온도와 압력으로 지속해서 스택 연료극에 공급하며, 남은 수소를 재순환시켜 스택에 다시 공급하는 시스템이다. 그림 6-60의 경우 탱크 수소를 스택 연료극에 공급하는 프로세스는 다음과 같다. 먼저 필터를 통해 불순물을 걸러내고 이젝터의 좁은 노즐 통과로 분사시켜 스택 운전 압력인 1.5~2.7 bar로 조정한다. 다음으로 과압 흐름을 방지하는 과압차단밸브(Over-Pressure Cut-off Valve)를

30) DI 필터 : Deionization Filter, 냉각수에 있는 이온을 제거하기 위한 탈이온화 필터이다. 냉각수가 순환되는 동안 이온이 계속 침출된다. 냉각수의 낮은 전기 전도도 유지와 연료전지 단락을 방지하기 위해 냉각수에서 이온을 제거하는 필터가 필요하다.

31) Demister : 공기 중의 불순물을 포집하여 걸러내는 장치이다.

거쳐 수소를 스택에 공급한다. 스택 출력 크기에 따라 고유량 이젝터(A)와 저유량 이젝터(B) 경로로 구분하여 공급한다.

수소 재순환 이젝터 시스템 개념도는 그림 6-61과 같다. 스택 반응 후에 남은 수소를 흡입한 다음 고유량 이젝터(A) 또는 저유량 이젝터(B)의 좁은 노즐을 통해 분사시켜 스택에 공급한다. 이러한 이젝트는 수소를 재순환시키는데 동력이 필요하지 않아 전력 소비, 무게 및 부피를 줄이며 유지 보수 비용도 줄일 수 있는 장점이 있다.

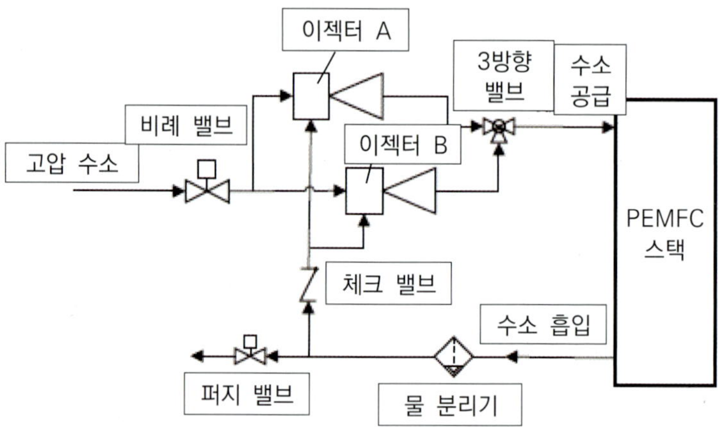

그림 6-61 수소 재순환 이젝터 시스템 개념도

나) 공기 공급시스템 및 가습·물 관리시스템

공기 공급시스템은 스택 운전에 필요한 공기를 최적으로 설정한 유량, 압력, 온도 및 상대 습도로 스택 공기극에 공급하는 시스템이다. 외부 공기를 흡입하여 불순물을 제거한 이후 그림 6-62와 같은 압축기와 팽창기가 같은 모터에서 작동되는 CME(Compressor Motor Expander) 장치의 공기 압축기를 통해 스택의 운전 조건인 2~2.5 bar로 상승시킨다. 다음으로 사전 냉각기에서 55℃로 맞춘 후에 멤브레인 가습기를 통과시켜 상대 습도(Relative humidity) 약 68% 상태로 만들어 스택 공기극에 공급한다.

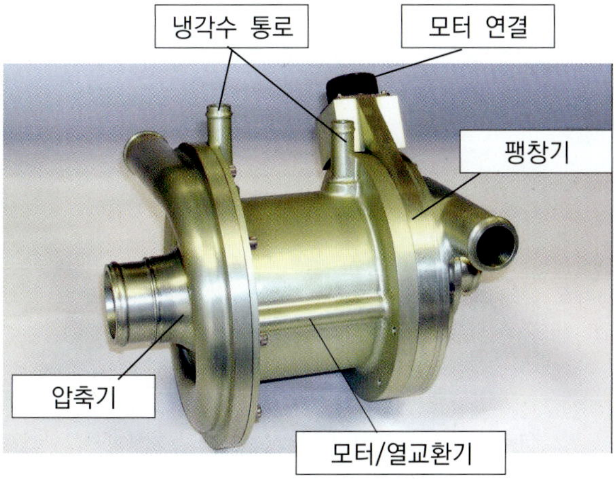

그림 6-62 하니웰 CME 장치

가습•물 관리시스템은 공기극에서 생성된 물을 회수하여 가습으로 재활용하는 방식이며, 효율적인 스택 운전을 위해 가습과 물에 관한 공급과 순환이 균형을 이루도록 관리하는 시스템이다. 공기극에서 수분이 많이 함유된 공기를 멤브레인 가습기에 제공하여 외부에서 흡입한 건조한 공기에 필요한 수분을 공급한다.이러한 시스템은 스택의 성능 향상과 유지에 가장 중요한 요소이므로 공기와 물 공급 및 순환을 최적화하여 운전하는 제어시스템을 개발하여 특별하게 관리해야 한다.

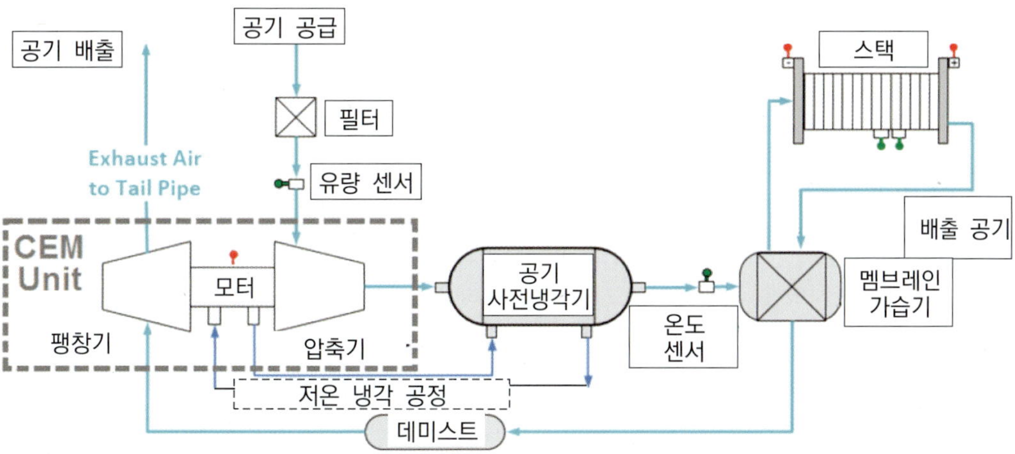

그림 6-63 공기 공급시스템 및 가습 • 물관리시스템 개념도

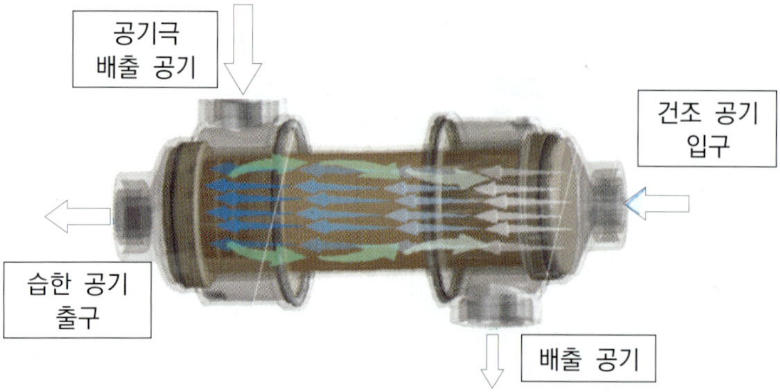

그림 6-64 관형 멤브레인 가습기 사례

다) 냉각시스템(Coolant System)

스택의 운전 온도를 80~90℃ 수준으로 유지하는 시스템이다. 스택에서 나오는 고온 냉각수를 냉각시켜 스택으로 공급하는 고온 냉각시스템과 공기극에 공급하는 공기를 사전에 냉각시키고 공기 압축기를 냉각시키는 저온 냉각시스템이 있다. 냉각시스템은 각각 냉각 펌프, 냉각수 필터, 냉각수 저장, 냉각기 및 온도 조절 밸브 등으로 구성한다. 스택의 경우 운전 온도가 증가하면 활성화 손실과 저항 손실이 낮아져 스택 성능 향상으로 전압이 상승한다. 반면에 온도가 더 높아지면 수분 증발로 스택 멤브레인이 건조해지면서 성능이 떨어진다. 스택의 적정 온도 유지 관리는 스택 성능과 수명 향상에 매우 중요하다.

(3) PEMFC시스템 사양 사례

미국 에너지부가 제시하는 자동차, 버스와 트럭의 PEMFC시스템과 자동차 PEMFC 주요 구성 장치 사양을 정리하여 표 6-16에 나타내었다.

표 6-16 미국에너지부의 자동차, 버스와 트럭 PEMFC시스템 사양

구분	단위	자동차(2025)	버스(2025)	트럭(2025)
순출력(Net System Power) 총출력(Gross System Power)	kW	80 89	160 192	275 348
전력 밀도(Power Density)	mW/cm^3	803	713	644
셀 전압 셀 수 셀 면적 셀 면적 작동 비율	V 개 cm^2 %	0.65 346 292 0.65	0.65 800 337 0.65	0.66 1,600 338 0.65
스택 온도(냉각수 출구 온도)	℃	92	94	94
운전 압력	bar	2.5	2.5	2.5
최대 효율	%	70	70	70
저온 시동(-20℃) 저온 시동 온도	초 ℃	5 -30	5 -30	5 -30
시스템 출력 전압	V	225	528~760	560~760
내구성(Drive Cycle)	시간	5,000	25,000	25,000

6.3.5 수소 벙커링(충전)시스템

고압수소 또는 액화수소를 선박의 연료탱크에 벙커링(충전) 하는 과정에서 누출에 따른 폭발 위험이 크기 때문에 안전 프로세스를 정립하고 안전 장치들을 설치해야 한다. 고압수소를 충전하는 방식과 액화수소를 충전하는 방식은 다르다. 수소 벙커링 수요가 많지 않아 항만에 고압수소 또는 액화수소 충전소 설립이 어려우며 수소 벙커링 선박 개발이 필요하다. 수소 벙커링시스템에 대해 다음의 순서로 설명한다.

- 700 bar 고압수소 벙커링(충전)시스템
- 액화수소 벙커링(충전)시스템

(1) 700 bar 고압수소 벙커링(충전)시스템

- 고압수소 충전시스템의 프로세스 개념
- 고압수소 충전시스템의 프로토콜
- 충전시스템의 주요 구성 장치

가) 고압수소 충전시스템의 프로세스 개념

고압수소 충전시스템은 고압수소를 수소 자동차, 수소 버스, 수소 트럭 및 수소 선박 등의 연료탱크에 안전하게 충전하는 시스템이다. 기본적인 충전 프로세스는 그림 6-65와 같다. 수소생산플랜트 또는 석유화학플랜트에서 생산한 수소를 인근으로의 이동을 위해 고압수소로 만든 후에 튜브 트레일러(180 bar)에 운송하여 항만의 수소 충전소에 공급하거나 직접 선박에 충전할 수 있다. 수소 충전소 또는 수소 벙커링 선박에서 압축기로 연료탱크 필요 압력 700 bar 이상으로 올려 중압·고압탱크(350 bar~1,000 bar)에 저장하였다가 디스펜서(Dispenser, 충전기)를 통해 고압수소를 선박의 수소연료탱크에 충전할 수 있다.

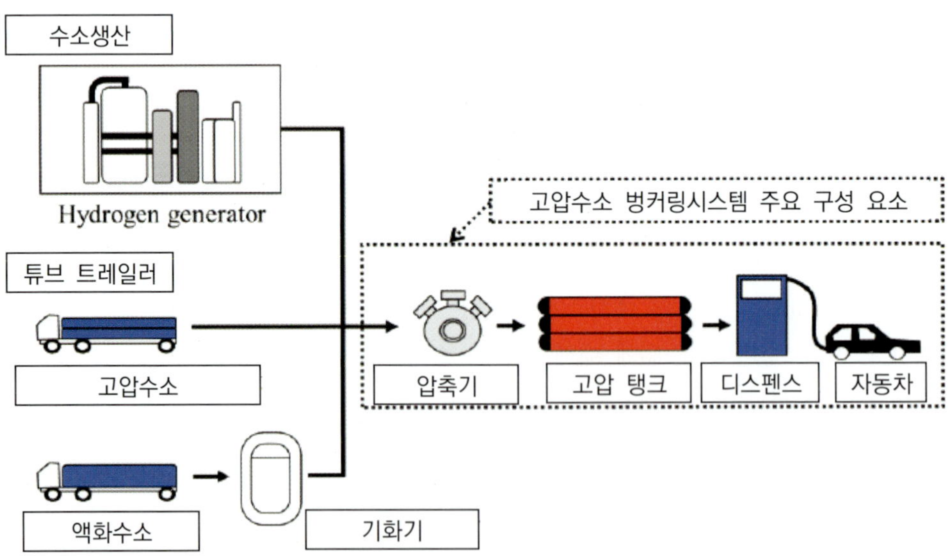

그림 6-65 고압수소 벙커링(충전)시스템 프로세스 개념도

나) 고압수소 충전시스템의 프로토콜

선박에 설치된 700 bar 고압수소연료탱크에 수소를 충전하는 방식은 미국 국제자동차엔지니어협회인 SAE(Society of Automotive Engineers)에서 개발한 수소 자동차에 관한 충전 프로토콜(Protocol)인 SAE J2601을 적용할 수 있다. 프로토콜은 3~5분 이내로 연료탱크에 5~7 kg의 고압수소를 충전하도록 개발하였으며, 대부분 수소 충전소에 사용하고 있다. 여기에서 요구하는 충전 기술 조건은 표 6-17과 같다. 수소 충전 시는 이러한 운전 조건들을 충족하도록 필요한 각종 장치들을 설치해야 한다.

가장 중요한 프로세스는 고압수소연료탱크의 내부 온도를 제어하기 위해 고압수소를 사전에 -40℃로 냉각시켜 충전하는 방식이며 이를 표준 충전 프로토콜로 정하고 있다. 충전을 할 때는 연료탱크의 잔량 압력이 일반적으로 100~200 bar 수준이다. 수소 충전소에서 디스펜서 리셉터클(Receptacle)의 좁은 구멍을 통해 연료탱크에 800 bar 이상의 고압수소를 빠르게 충전시키면, 탱크 내부 압력과 온도가 급격히 상승하여 탱크 라이너에 피로 손상이 발생하여 내구성을 떨어뜨린다. 이를 방지하기 위해 충전할 때에 연료탱크 내부 온도가 85℃ 이하여야 한다고 규정하고 있다.

표 6-17 SAE J2601 수소 자동차 충전 기술 조건

구 분	내 용
최소~최대 수소 온도	-40℃~85℃
최대 유량(Maximum Flow Rate)	60 g/s = 216 kg/h, 미국 에너지부 2030년 목표 133 g/s
충전 시간(Fueling Time) 충전율 범위(Charge Rate)	3분(T40~H70*) 차량 탱크 90%~100%(700 bar, 15℃)
충전 통신 인터페이스	통신 : 차량은 통신을 통해 탱크 압력•온도 등 정보 제공 비통신 : 차량은 탱크 압력을 제공
충전소 제어 요소	고압수소의 사전 냉각 -40℃ 충전 평균 압력 정보 제공 충전 완료 압력과 밀도 정보 제공

※ T40 : 사전 냉각 수소 온도 -40℃, H70 : 디스펜서 호스 압력 700 bar

이를 위해 디스펜서 앞 공정에 -40℃의 사전 냉각기(열교환기)를 설치하고 여기에 고압수소를 통과시켜 공급한다. 냉각기는 연료 충전 시작 30초 이내에 최소 -17.5℃로 냉각시켜야 하며, -33~-40℃ 사이로 온도가 떨어지지 않도록 적절히 제어해야 한다. 또한, 충전소 주변 온도가 높으면 충전 시간을 늘리는 등 탱크 내부 온도 상승에 따라 충전 속도를 적절히 조절해야 한다.

다) 충전시스템의 주요 구성 장치

수소 자동차용 수소 충전소에서 적용하는 시스템 구성 장치들을 중심으로 설명한다. 그림 6-66과 같이 냉각시킨 고압수소를 자동차 연료탱크에 충전시키는 디스펜서(Dispenser) 하우징, 일정 힘 이상이 발생하면 호스와의 연결을 밀봉 상태로 안전하게 분리시키는 브레이크어웨이(Breakaway)•커플링(Coupling), 짧은 시간에 필요 유량만큼 탱크에 충전하도록 설치하는 노즐(Nozzle), 호스(Hose), 통신 장치 및 비상 시에 자동 또는 수동으로 가동을 중지시키는 비상정지장치 등으로 구성한다.

- 디스펜서 하우징
- 브레이크어웨이(Breakaway) · 커플링(Coupling),
- 노즐(Nozzle)•호스(Hose)•통신 장치

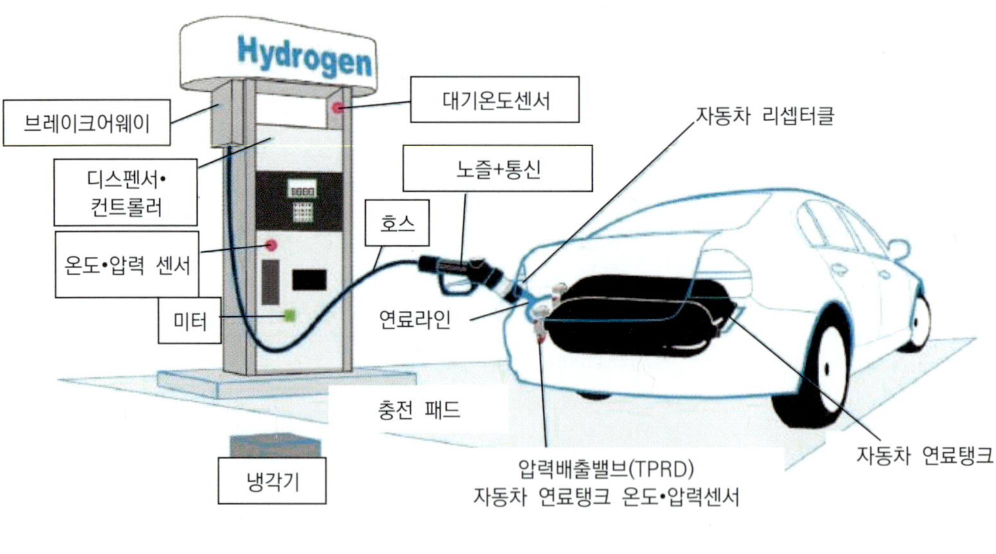

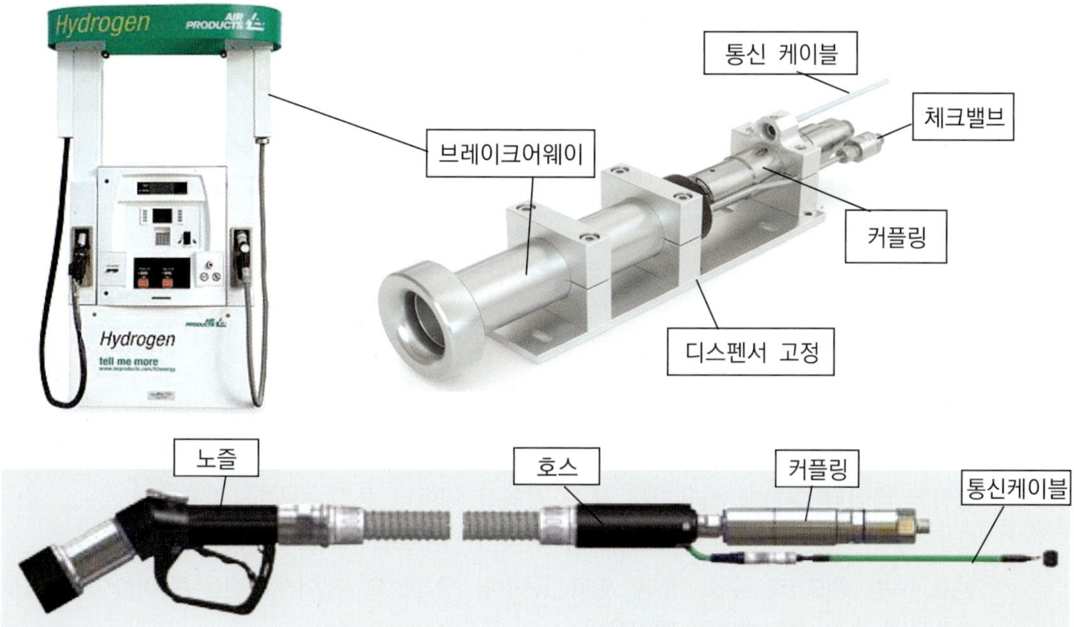

그림 6-66 디스펜서 주요 부품 구성

노즐은 그림 6-67과 같이 자동차 연료탱크 입구인 리셉터클과 다른 도구를 사용하지 않고 연결되거나 분리되어야 하며, 충전 시에는 이탈이 되지 않도록 안전한 매칭(Matching) 커넥터(Connector) 구조로 만든다.

그림 6-67 디스펜서 노즐과 자동차 리셉터클 연결

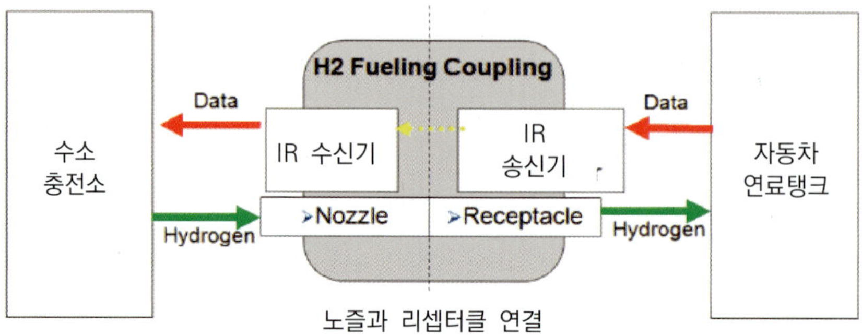

그림 6-68 충전 무선 통신 개념도

충전 시에 무선 통신 장치를 작동해야 하며, 노즐을 리셉터클에 연결시키면 자동차의 IR 송신기에서 노즐의 IR 수신기로 충전에 필요한 통신 데이터를 전송한다. 짧은 범위의 데이터 교환에 사용되는 무선 적외선 데이터 통신 방식을 적용한다. 통신 데이터는 차량 번호, 탱크 용량, 리셉터클 유형, 연료 공급 명령, 측정 압력, 측정 온도, 충전소 주변 온도 및 수소 충전 온도 등이다. 충전소의 제어시스템은 이러한 데이터를 활용하여 충전 프로세스를 제어한다.

(2) 액화수소 벙커링(충전)시스템

- 트레일러에 의한 액화수소 충전
- 과냉각 액화수소 충전(Subcooled Liquid Hydrogen Fuelling) 프로토콜
- 액화수소 충전 디스펜서 및 노즐

가) 트레일러에 의한 액화수소 충전

액화수소는 그림 6-69와 같은 액화수소 트레일러에 의해 공급받을 수 있다. 트레일러의 저장 용량은 40 m^3(약 2,800 kg)이며 1~12 bar 상태로 운송한다. -253℃를 유지하기 위해 이중구조진공단열시스템을 적용하고 진공 공간에는 저렴한 펄라이트 단열재를 사용한다.

그림 6-70과 같이 트레일러에서 선박 연료탱크에 액화수소를 충전하는 방식은 2가지이다. 연료탱크 압력은 2~8 bar 수준인데, ①자연적 기화 또는 소형 열교환기를 통

한 기화로 탱크 내부 압력을 높여 압력 차이로 충전한다. 충전 시간이 길고 과다한 압력 증가 발생을 억제하기 위해 압력배출장치의 설치가 필요하다. ②적절한 극저온 압력 이송 펌프를 사용한다. 펌프 구매비, 전력비 및 유지 보수 비용이 들어간다.

그림 6-69 액화수소 트레일러

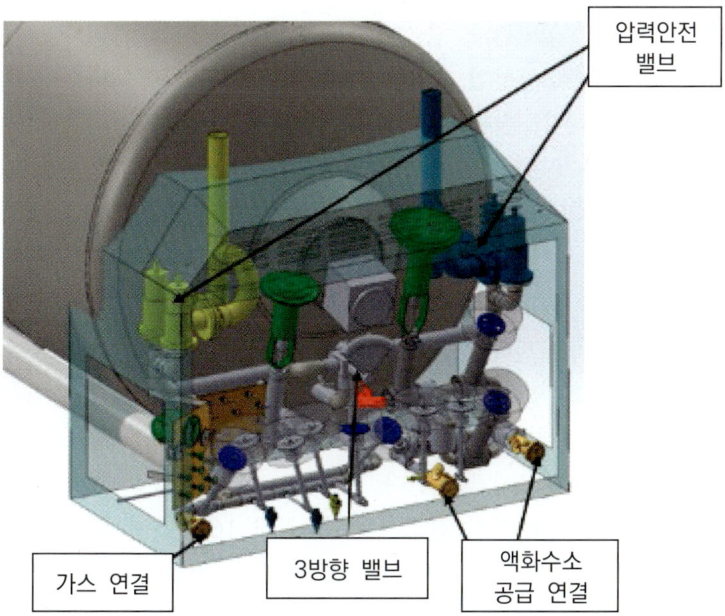

그림 6-70 액화수소 트레일러와 충전 액화수소연료탱크 연결 장치

나) 과냉각 액화수소 충전(Subcooled Liquid Hydrogen Fuelling) 프로토콜

액화수소 충전프로세스에 대해 선박용 표준 프로토콜로 개발된 것은 없으며, 자동차용으로 개발된 사례로 설명한다. 충전프로세스는 충전 사전 준비, 충전, 충전 완료 후 테스트 등 크게 3단계로 구분할 수 있다. 사전 준비 단계는 액화수소 트레일러를 자동차 근처에 정차시키고 디스펜서 노즐 캡을 열어 자동차의 리셉터클과 연결하고 디스펜서 연료 공급 버튼을 누른다. 연료 공급을 시작하기 전에 공기 유입을 방지하는 질소 퍼지와 수소 누출 테스트를 실시한다. 연료탱크의 압력이 4~10 bar 범위에 있는 것을 확인하고, 10 bar를 초과할 경우 벤트(통풍구)을 통해 액화수소를 배출시키는 감압시스템을 작동시킨다.

충전은 3단계로 이루어진다. 1단계는 탱크 용량에 최대 10~20%를 충전시키는 방식이다. 전체 배관 라인과 연료탱크가 냉각될 때까지 50~100 kg/h 속도로 충전한다. 배관 라인과 연료탱크 내부 온도가 -249.3~-246.7℃에 도달하면, 2단계로 충전 속도 400 kg/h를 적용하여 빠르게 충전한다. 3단계는 연료탱크 압력이 14 bar에 도달하면, 충전 속도를 최대 10~20%까지 감소시킨 후 최대 16 bar에 도달하면 충전을 완료한다. 디스펜서에 있는 충전 완료 버튼을 누르면 빨리 종료할 수 있다. 충전 완료 이후 질소 퍼지와 수소 누출 테스트를 실시한다. 그 이후 트레일러 디스펜서 노즐과 자동차 리셉터클과의 연결을 해지하고 노즐을 디스펜서에 부착시킨다. 이러한 액화수소 충전

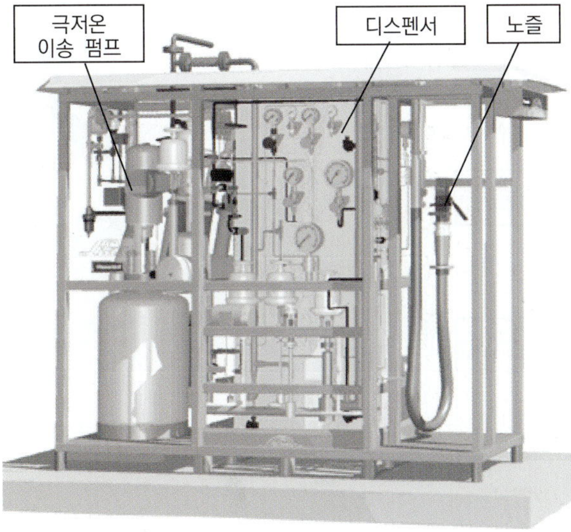

그림 6-71 액화수소 디스펜서 장치

방식은 자동차에서 아직 표준 프로토콜로 정립하지 못하고 있으며 선박용 개발을 위한 연구가 필요한 상황이다.

다) 액화수소충전 디스펜서 및 노즐

액화수소 충전 디스펜서 호스와 노즐은 기화 손실을 방지하기 위한 이중구조진공단열시스템을 적용해 고압수소용보다 크고 무겁다. 또한, 호스 길이가 0.5 m보다 짧아야 하고, 호스와 연료탱크를 극저온 냉각 상태로 만든 후에 본격적인 충전이 이루어진다.

그림 6-72 액화수소 디스펜서 노즐과 자동차 리셉터클 연결

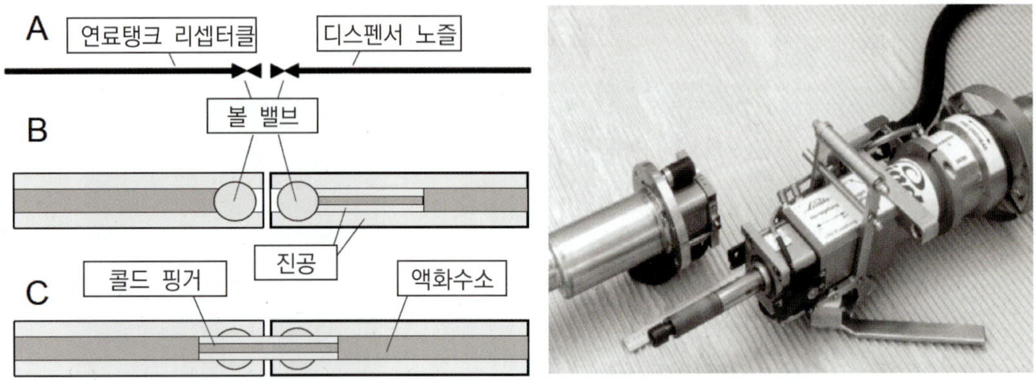

그림 6-73 액화수소 충전의 연료탱크 리셉터클과 디스펜서 노즐 연결

그림 6-73은 액화수소 충전을 위해 자동차 연료탱크 리셉터클과 디스펜서 노즐을 연결하는 방식을 보여준다. A, B 그림에서 양쪽 모두 맨 끝에 볼 밸브를 설치한다. 양쪽 노즐은 이중구조진공단열시스템을 적용하고 디스펜서 내부에는 액화수소와 기화수소를 회수하기 위한 통로가 있는 진공 구조의 콜드 핑거 장치를 설치한다. C 그림과 같이 콜드 핑거를 연료탱크 리셉터클에 밀어 넣고 난 후 양쪽에 있는 볼 밸브가 열리면서 충전을 시작한다.

콜드 핑거는 충전 흐름에서 진공 단열을 보장하여 외부 열 유입을 방지하고, 공기 유입으로 인한 결빙으로부터 충전 연결 부위를 보호하는 기능을 한다. 연료탱크에 공기가 유입되는 것을 방지하기 위해 양쪽 끝의 볼 밸브를 열기 전에 두 밸브 면 사이의 틈에 질소 또는 헬륨 가스를 넣는 퍼지 공정을 적용한다.

6.3.6 수소연료전지추진선박 및 액화수소운반선 건조 사례

- MF Hydra 프로젝트
- 액화수소운반선

(1) MF Hydra 프로젝트

노르웨이에서 세계 최초 액화수소 카페리(승객 292명, 차량 80대)가 2021년 7월에 건조 완료되어 해운사인 올레드(Norled)에 인도되었다. 이 프로젝트에 노르웨이 정부, 액화수소생산과 저장 관련 최종 사용자와 운송 회사들이 참여하였다.

선박 사양을 살펴보면, 표 6-18과 같이 길이 82.4 m, 총톤수 2,628 GT이다. PEMFC 400 kW, 배터리 1.36 MWh를 사용하여 9 노트로 운항한다. 액화수소연료탱크는 Type-C, 용량은 80 m^3(최대 3.8톤)으로 15일에 한 번씩 충전한다. 고압수소보다 연료 충전 불편을 많이 개선하였다.

액화수소 연료가 운항에 필요한 총 에너지의 50%를 담당하고 나머지는 배터리가 수행한다. 예비 전력으로 디젤 발전기 800 kW를 설치하였으며 유지 보수에만 사용한다. 수소는 폭발 위험이 크므로 액화수소연료탱크와 PEMFC시스템을 선박의 개방된 상부 갑판에 배치하였다.

에너지를 절감하기 위해 자동화된 통합 에너지관리시스템, PEMFC 제어 및 안전 관리 시스템도 설치하였다. 연료탱크 하루 기화율은 0.5~0.6%(Linde)로 높은 편이며, 액화수소 충전 장치를 특별히 개발하여 적용하였다. 선박에 빠르고 안전하게 액화수소를 충전하기 위해 그림 6-76과 같이 항만 부두에 액화수소 충전 전용 타워를 10 m 높이로 설치하였다.

표 6-18 MF Hydra 선박 사양

<table>
<tr><th>구 분</th><th>사 양</th><th>연료전지 및 기계장치</th><th>사 양</th></tr>
<tr><td>길이(Length over all)
폭(Breadth)
깊이(Depth)</td><td>82.4 m
17.5 m
4.1 m</td><td rowspan="3">디젤 발전기(Generator)
PEMFC 연료전지
배터리
액화수소연료탱크
(Liquid Hydrogen Tank)</td><td rowspan="3">880 kW
400 kW
1.36 MWh
C형 80 m^3, 3.8톤
(1 day 150 kg)</td></tr>
<tr><td>총톤수(Gross Tonnage)</td><td>2,628</td></tr>
<tr><td>속도(Speed)
여객/차량</td><td>9.0 Knots
292명/80대</td></tr>
</table>

그림 6-74 MF Hydra Ship

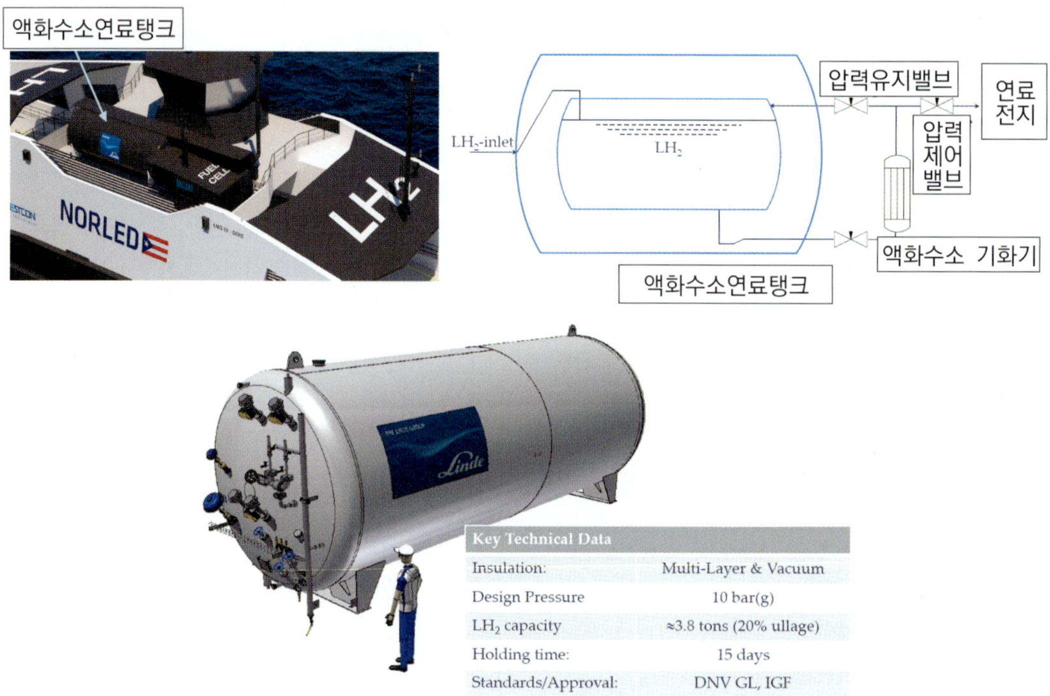

Key Technical Data	
Insulation:	Multi-Layer & Vacuum
Design Pressure	10 bar(g)
LH_2 capacity	≈3.8 tons (20% ullage)
Holding time:	15 days
Standards/Approval:	DNV GL, IGF

그림 6-75 MF Hydra 액화수소연료탱크(Linde)

그림 6-76 MF Hydra 액화수소 충전 타워 및 액화수소 트레일러

(2) 액화수소운반선

가와사키 중공업의 액화수소운반선의 사양은 표 6-19와 같이 길이 116 m, 총톤수 8,000 GT, 속도 13 노트이다. 수소연료전지추진방식을 적용하지 않았고 디젤발전기전기추진시스템으로 추진한다. 액화수소저장탱크 용량은 1,250 m^3이다.

그림 6-77 가와사키 중공업의 액화수소운반선(Suiso Frontier)

표 6-19 Suiso Frontier호 선박 사양

구 분	사 양	엔진 및 액화수소 탱크	사 양
길이(Length over all) 폭(Breadth) 깊이(Depth)	116 m 19 m 10.6 m	디젤 발전기 전기 모터 액화수소저장탱크 (Liquid Hydrogen Tank)	1,320 kW x 3 1,360 kW x 2 1,250 m^3
총톤수(Gross Tonnage)	8,000		
속도(Speed)	13 Knots		

가와사키는 액화수소저장탱크 설계에서 -253℃의 온도와 부피가 1/800로 감소한 극저온 액화수소를 안전하게 9,000 km 해상 운송하도록 3개 기술적인 사항들을 중심으로 설계하였다.

① 탱크의 자연적인 증발 가스(BOG) 발생에도 내부 압력을 안전한 수준으로 유지한다.

② 탱크 셀, 배관과 탱크 지지 구조물 등에 관한 극저온 냉열의 영향을 최소화한다.

③ 항해 중 액화수소가 출렁일 때 발생하는 충격에 탱크 손상이 발생하지 않도록 구조적으로 안전한 설계를 개발하여 적용한다.

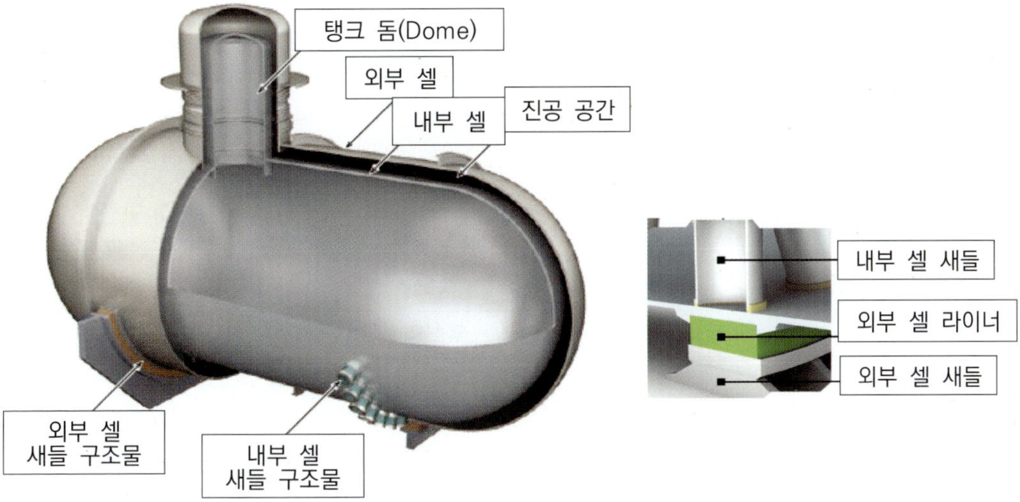

그림 6-78 액화수소저장탱크 구조

이를 위해 선박 선체와 독립된 압력탱크인 IMO Type-C 방식을 적용하였다. LNG보다 10배 높은 단열 성능이 필요하므로 내부와 외부 셸로 이루어진 이중구조진공단열시스템을 채택하였다. 셸의 재질은 오스테나이트 스테인리스강이다. 셸 사이에 GFRP(Glass Fiber Reinforced Plastics)로 만든 특수 새들 구조물(Saddle Structure)을 설치하여 내부 셸의 극저온 액화수소에 의한 수축과 팽창 및 외부 셸의 대기 온도 등에 의해 발생하는 변화를 흡수하도록 하였다. 액화수소 배관 라인도 단열 성능 유지를 위해 스테인리스 재질의 이중구조배관과 진공 보닛(Bonnet) 밸브를 적용하였다. IGC 코드와 IMO의 대량 액화수소 운송에 관한 임시 권장 사항을 충족하였다. HAZID 위험 평가를 실시하였으며 NK 선급 규정을 만족시켰다.

6.3.7 수소연료전지추진선박 개념 설계 사례

미국 샌디아 연구소는 그림 6-79와 같이 액화수소•배터리•디젤 하이브리드전기추진시스템을 적용한 해양연구선의 교체 선박(SRV, Sproul Replacement Vessel)에 관한 개념 설계를 추진하여 2021년에 발표하였으며. 표 6-20은 이러한 선박의 기본 사양이며 선체 재질은 알루미늄이다.

표 6-20 SRV 기본 사양

구분	사양	구분	사양
선박 길이(LOA)	125 feet	Thruster	2대 x 375 kW
폭(Breadth)	34 feet	Bow Thruster	150 kW
깊이(Depth)	14 feet	보조 부하	70 kW
흘수(Draft)	10 feet	디젤 발전기	1,185 kW(3대 x 395 kW)
총톤수	〈 300	연료전지	800 kW(4대 x 200 kW)
액화수소연료탱크	15 m^3(1,009 kg)	속도	최대 11, 정상 10 Knots
운항 거리	2,400 해리(nm)	운항일	10 일

SRV는 300 m 이상 깊이의 해저 연체 동물 과학 탐사, 수중 음파 탐지를 위한 계류 및 견인 작업, AUV(Autonomous Underwater Vehicle)를 통한 비디오 조사와 근해 데이터 수집 등의 측량 조사 등에 관한 연구 조사 활동이 이루어지며 연간 34회, 약 92일 동안 운항한다.

그림 6-79 SRV 프로젝트

이러한 SRV에 관한 개념 설계 결과를 아래와 같은 순서로 설명한다.

- 액화수소연료탱크 및 연료전지룸 배치
- 액화수소연료탱크 사양
- 탱크 연결장치룸
- 액화수소 충전 장치 및 충전 프로세스
- 수소가스공급장치
- 수소 배출 벤트(통풍구) 장치
- PEMFC-배터리-디젤 발전기세트 하이브리드전기추진시스템의 전력계통 개념
- 위험 지역 지정

(1) 액화수소연료탱크 및 연료전지룸 배치

액화수소연료탱크의 배치는 충돌로 인한 위험 방지를 위해 선박 폭에서 20% 내부에 설치하도록 규정하고 있으며 이를 고려하여 그림 6-79 아래 그림과 같이 선박 갑판(Deck)의 조종실 뒷부분에 배치하였다. 연료전지룸은 그림 6-80 아래 그림과 같이 갑판 아래에 디젤엔진 뒷부분에 배치하였다.

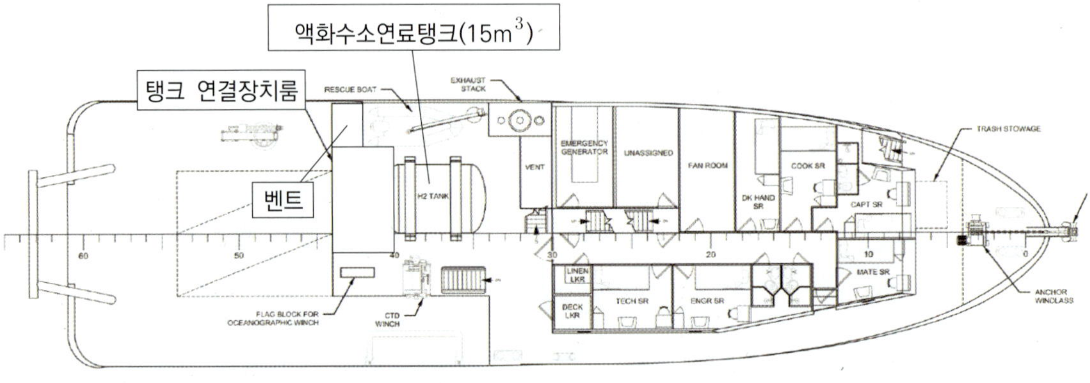

액화수소연료탱크 설치 평면도

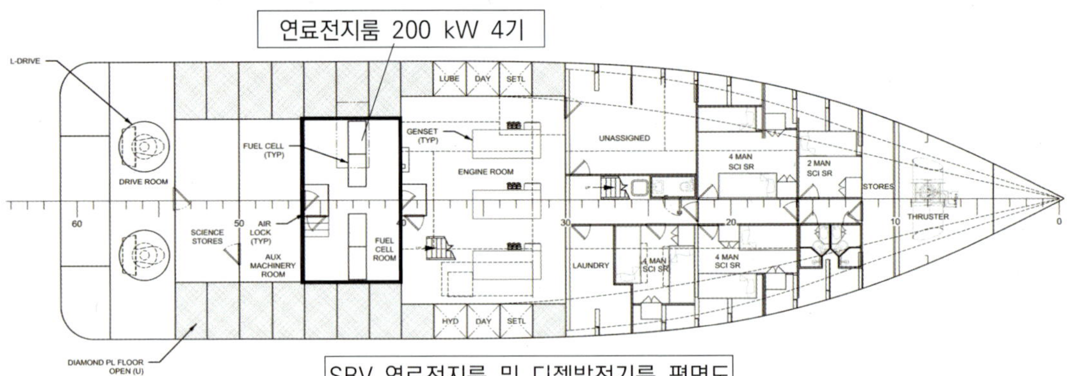

SRV 연료전지룸 및 디젤발전기룸 평면도

그림 6-80 SRV 액화수소연료탱크 및 연료전지룸 배치

(2) 액화수소연료탱크 사양

액화수소연료탱크는 IMO Type-C 독립 탱크로서 이중구조진공단열시스템을 적용하였다. 주요 사양은 표 6-21과 같으며 단열재로 100 mm 미네랄 울을 적용하였다. 탱크 압력배출밸브의 배출 압력은 8.97 bar이며, 일반적인 압력 수준은 6.9 bar이다.

표 6-21 액화수소연료탱크 주요 사양

구분	내용	구분	내용
탱크 Type	IMO Type-C 독립 탱크	구조 재료	오스테나이트계 스테인리스강
부피/중량 외경/높이/폭 설계 최대 허용 압력	15 m^3/15 tons 2,500/2,800/2,800 mm 8.97 bar	단열 구조 단열재	이중구조/고진공 100 mm 미네랄 울

(3) 탱크 연결장치룸

액화수소연료탱크 뒷부분에 탱크 연결장치룸을 만들어 탱크 제어와 액화수소 기화와 공급을 처리하는 장치들을 한 공간에 설치하였다. 유지 보수와 수소 누출 처리 시의 방화 보호를 위해 A-60[32]급 방화재 2 mm 설치를 반영하도록 설계하였다. 또한, 전등은 방폭 LED를 설치하였으며 수소 가스를 감지하거나 기밀 문이 제대로 닫히지 않는 경우 알람 신호를 보내도록 설계하였다.

연결장치룸에 설치된 주요 장치들은 다음과 같다.

① PBU(Pressure Build-up Unit) : 탱크에서 소량의 액화수소를 공급받아 기화시켜 탱크로 공급하여 탱크 내부를 운전 압력인 6.9 bar로 일정하게 유지하면서 액화수소를 기화기로 공급하는 기능을 수행한다. 수소공급배관 압력은 최대 10.34 bar를 초과하지 않도록 제어한다.

② 기화기 : 100℃ 글리콜 물(Glycol water)을 이용한 셸 튜브 열교환기로 액화수소를 기화시켜 정확한 유량(60 kg/h)과 0℃의 수소를 만들어 수소가스공급장치(GSU, Gas Supply Unit)를 거쳐 연료전지에 공급하며 이를 위해 원심 순환 펌프 2개를 설치한다.

③ 탱크 차단밸브 : 수소 누출이 발생하면 즉시 원격으로 작동하는 수소공급 차단밸브이며, 연료전지 유지 보수 시에도 활용한다.

④ 탱크와 수소배출배관 연결 장치 : 액화수소 누출과 수소 가스 축적 방지를 위해 탱크 압력배출밸브와 벤트마스트와 연결된 수소배출배관을 연결한다.

32) A60 : 선박 화재 발생 시에 60분간 930℃ 이상의 화염에도 방화 성능을 유지해야 한다는 IMO 규격이다.

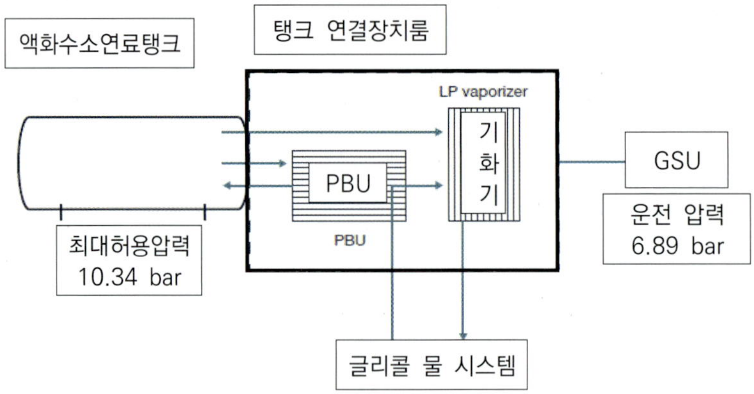

그림 6-81 탱크 연결장치룸 개념도

⑤ 탱크와 충전 배관 연결 장치

⑥ 마스터가스밸브 연결 : 연결장치룸에서 수소 공급의 비상 정지에 사용하며, 연료전지가 작동하지 않으면 수소 공급을 차단하고 벤트로 배출시킨다.

⑦ 질소공급배관 연결 : 퍼지 불활성화를 위한 질소를 공급하는 배관이다.

⑧ 탱크 안전밸브, 수소 센서, 압력 및 온도 센서 설치 등

(4) 액화수소 충전 장치 및 충전 프로세스

액화수소연료탱크의 최대 저장 용량은 746 kg이며, 액화수소 트레일러(약 4,000 kg)로 충전한다. 충전 시간은 호스 연결 플랜지 등 장치 준비, 연결 및 분리 등에 약 1~2시간 소요된다. 충전 배관은 이중구조진공단열시스템으로 만들고 구조 재료는 스테인리스강 316/316L을 사용한다. 충전 장치 사양은 유량 공급 25 m^3/h, 충전 압력 20 bar, 배관 지름은 DN32(외부 42.2 mm, 내부 32.5 mm, 두께 4.85 mm)로 설계한다.

액화수소 충전 호스는 일반적으로 단열을 위해 거리가 짧으며, 항만 부두의 트레일러에서 선박의 충전 리셉터클까지 연결하기에 충분하지 않다. 따라서 그림 6-82와 같은 이동식 로딩 암(Loading Arm)를 통해 충전하는 것이 바람직하다.

로딩 암에 의한 선박과 트레일러 사이의 액화수소 벙커링(충전) 프로세스는 다음과 같다.

① 충전과 관련된 모든 장비의 안전 점검을 수행하며 감지와 알람 시스템, 비상정지장치와 통신시스템의 테스트를 실시한다.

② 부두에 있는 로딩 암을 선박의 충전 리셉터클에 연결한다.

③ 액화수소 트레일러를 로딩 암에 연결하고 트레일러에서 액화수소 충전을 위해 압력을 증가시킨다.

④ 충전배관밸브를 선박 벤트마스트에 연결하고 트레일러의 냉각 수소 가스를 충전 호스와 배관을 통해 벤트마스트로 배출시킨다. 충전 배관의 오염 가스를 제거하고 액화수소의 충전을 위해 충전 배관을 냉각시키기 위함이다.

⑤ 충전 배관이 충분히 냉각되면 선박의 리셉터클과 트레일러 디스펜서 노즐을 연결시켜 액화수소의 충전을 시작한다.

⑥ 충전 시에 적절한 압력이 유지되도록 제어하며, 충전이 완료되면 냉각 수소 가스를 이용해 액화수소를 탱크에 최대한 밀어 넣는다. 배관에 남아 있는 액화수소는 벤트마스트로 배출시킨다.

⑦ 선박의 리셉터클과 트레일러의 디스펜서 노즐을 분리한다. 그런 다음 충전 배관의 액화수소를 벤트 마스트로 배출시키고 충전 배관과 호스를 감압시킨다.

⑧ 충전 리셉터클을 고정시키고 로딩 암과의 연결을 끊는다.

⑨ 충전 배관에 질소를 공급하여 불활성화시키고 수소 가스는 벤트마스트를 통해 배출시킨다.

그림 6-82 이동식 로딩 암 충전 장치

(5) 수소가스공급장치

수소공급배관은 그림 6-83 위 그림과 같이 탱크 연결장치룸에서 탱크와 마스터가스밸브로 연결하며 연료전지룸에 인접한 별도의 기밀 박스 내부의 수소가스공급장치(GSU)로 연결시킨다. GSU에서 수소공급배관과 연료전지룸과 연료전지 모듈 배관을 연결한다. GSU 배관에 압력배출밸브와 블리드(배출)밸브를 설치하여 최대 허용 압력을 초과하여 수소가 공급되지 않도록 한다. GSU 박스는 위험 구역으로 별도 출입문을 설치하지 않는다. 박스에 관한 유지 보수가 필요한 경우 수소공급배관에 질소를 공급시켜 불활성화한 후에 박스를 열게 되며, 그러한 경우 GSU 박스는 위험 공간이 아니다.

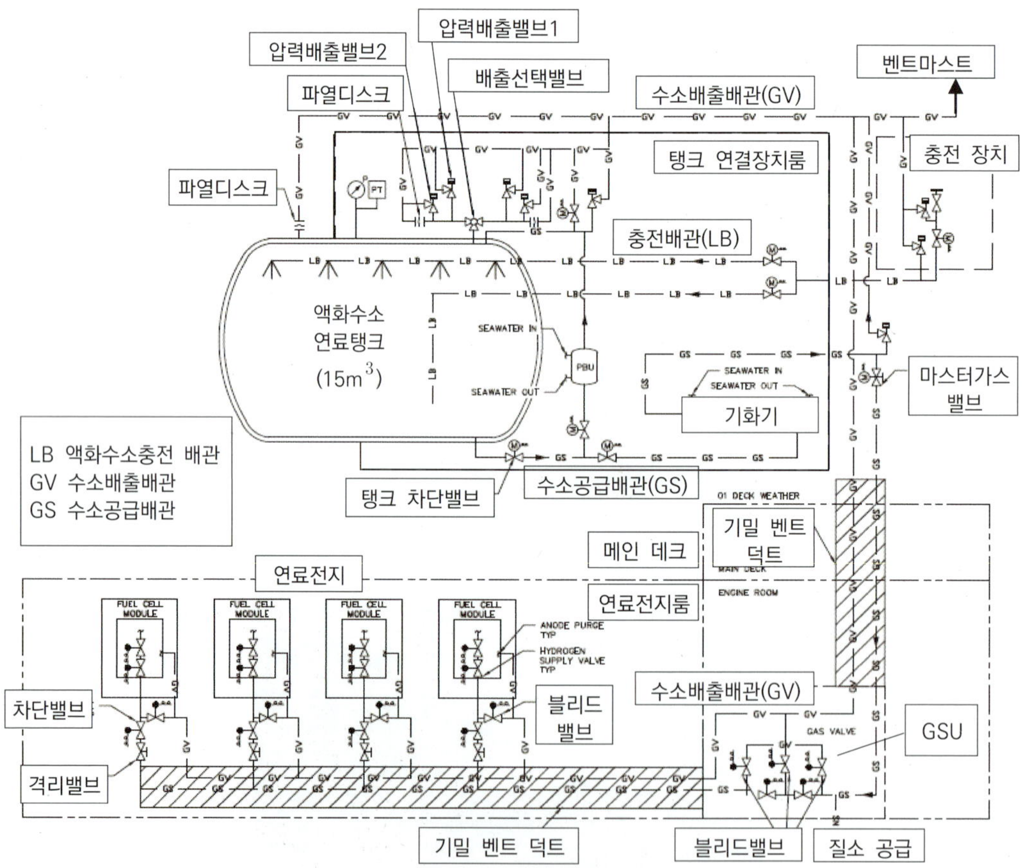

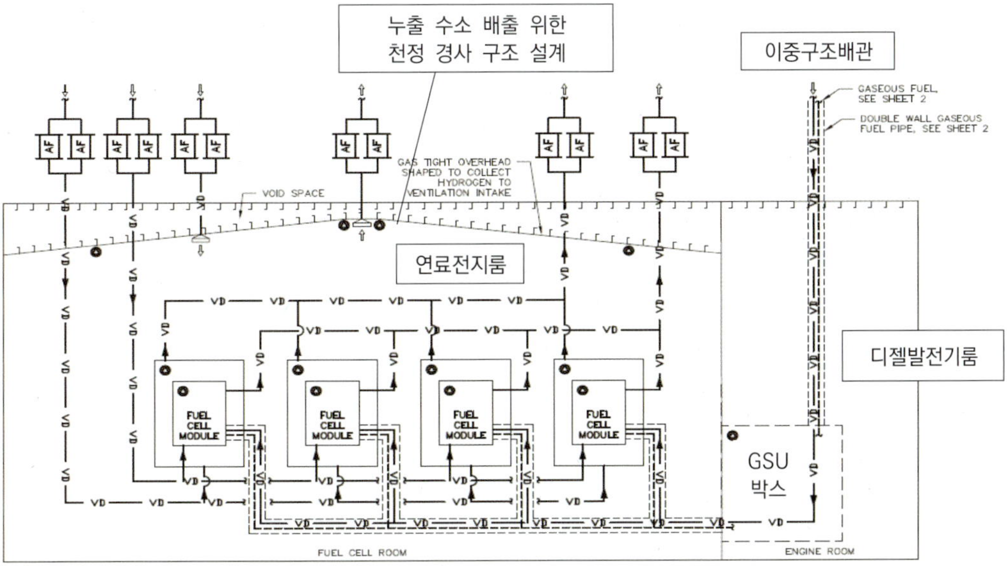

그림 6-83 탱크와 연료전지 연결 계통도 및 연료전지룸 개념도

(6) 수소 배출 벤트(통풍구) 장치

수소공급배관의 압력배출밸브와 블리드밸브 등에서 배출되는 수소와 질소는 벤트 배관을 통해 벤트마스트로 보내져 외부로 배출하며, 모든 벤트 배관은 벤트마스트와 연결시킨다. 이러한 벤트 장치들은 잠재적인 발화원에서 4.5 m, 작업 갑판 6 m 또는 벤트 흡입구에서 10 m 이상 충분히 멀리 떨어져 설치한다. 벤트마스트는 조타실 뒤의 수소 벤트 위에, 선박에서 가장 높게 설치한다.

그림 6-83 아래 그림과 같이 연료전지룸 천정 중앙에 벤트 기능이 중단되지 않도록 기계식 강제 팬을 이중으로 설치한다. 팬의 용량은 천연 가스 규정과 마찬가지로 해당 공간에서 시간당 30회 공기 교환이 이루어지도록 설계한다. 또한, DNV-GL 요구 사항에 따라 천장 구조를 장애물 없이 중앙으로 경사지게 설계하여 수소가 특정 장소에서 축적되지 않도록 한다.

연료전지의 배관 라인 모든 곳에 수소 누출을 방지하도록 기밀 벤트 덕트를 설치한다. 덕트 내부에 시간당 30회 공기 교환이 이루어지도록 기계식 강제 팬을 이중으로 설치한다. 연료전지 운전 종료, 충전 및 수소 누출 알람이 발생하면, 안전을 위해 배관 라인에 잔류한 수소는 벤트마스트를 통해 외부로 배출시킨다.

(7) PEMFC-배터리-디젤 발전기세트 하이브리드전기추진시스템의 전력계통 개념

SRV의 출력을 위해 PEMFC 200 kW 4대, 리튬이온 배터리 100 kWh 1대, 디젤발전기 395 kW 3대가 그림 6-84와 같이 연료전지룸과 디젤발전기룸에 각각 배치한다. 연료전지 발생 전압은 350~720 V이며 DC-AC 인버터를 통해 배전반에 480 V AC를 공급하며, AC-DC 컨버터와 DC-AC 인버터를 통해 추진기에 AC 전력을 공급한다. 펌프 및 조명 등을 위한 보조 부하도 보조 배전반을 통해 480 V AC를 공급한다. 720 V AC가 필요한 기계 장치를 위해 변압기를 설치한다.

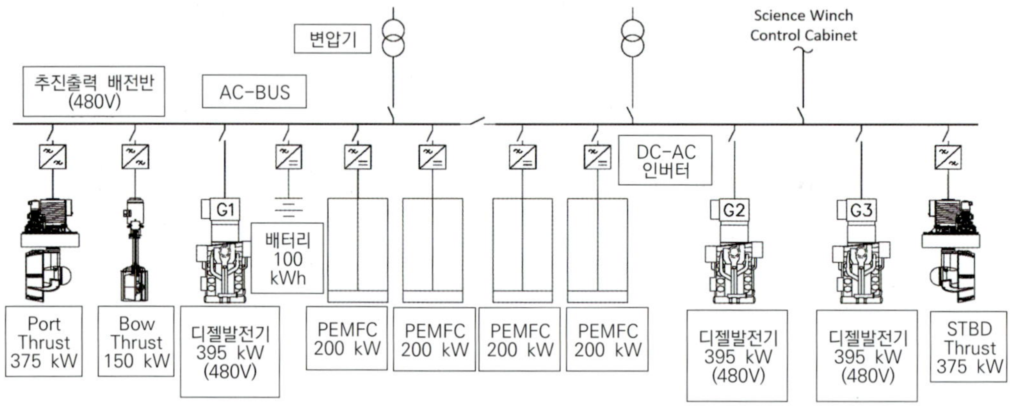

그림 6-84 SRV 하이브리드전기추진시스템의 전력계통 개념도

(8) 위험 지역 지정

선박에서 수소 가스를 연료로 사용 시에 위험 지역의 지정과 해당 지역에 설치한 전기 장치 또는 발화원 장치에 대한 안전 대책을 반영해야 한다. 위험 지역은 인화점이 60℃ 미만인 폭발성 가스인 수소가 필요량 이상으로 존재하거나 존재할 것으로 예상되는 지역을 말한다. 수소 누출로 인한 폭발 위험이 예상되는 지역에 발화원이 되는 전기 장치 등의 설치를 제한하는 것이다.

그림 6-85는 SRV의 위험 구역을 3D로 표현한 것이며 5곳을 위험 지역으로 지정하였다. 충전 장치는 개방된 갑판에 설치해야 하며 거주구, 화물 작업 및 제어시스템에 관한 차폐 보호벽을 설치해야 한다. 선박의 운항 중에는 충전 배관에서 수소를 제거하고 연료 탱크까지 불활성 가스인 질소로 채워서 가연성 위험이 존재하지 않도록 하는 관리해야 한다. 벤트마스트 위험 지역은 벤트 출구 위 4.5 m 반경이다.

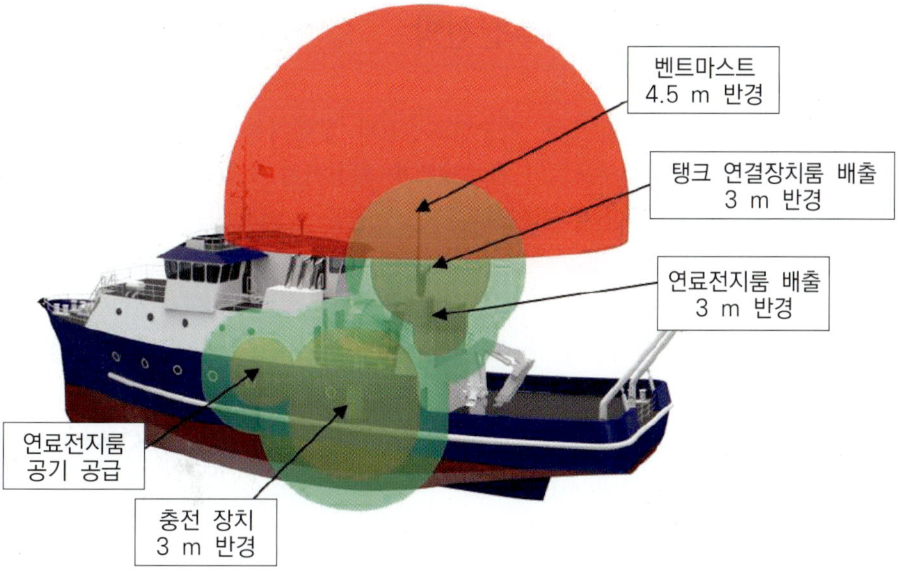

그림 6-85 SRV 위험지역 5곳 지정

누출 수소는 벤트 배관을 통해 벤트마스트로 배출시키며, 연료전지룸의 배관은 수소 누출 방지를 위해 이중구조배관으로 설계한다. 수소 누출, 화재 발생 및 벤트 장애 등 비정상적인 조건이 발생하였을 때, 연료전지룸의 모든 장치에 관한 전원과 수소 공급을 자동으로 차단하는 비상정지장치를 연료전지룸에 설치한다.

6.4 하이브리드전기추진선박

전기추진선박은 디젤엔진 또는 이중연료엔진과 발전기를 결합한 발전기세트에서 생산한 전력으로 모터를 돌려 샤프트와 프로펠러를 회전시켜 추진한다. 또는 배터리만의 전력으로 추진하는 선박을 말한다. 하이브리드란 효율을 높이기 위해 2개 이상의 서로 다른 전력 발생 장치를 결합한 것을 의미한다. 하이브리드전기추진선박은 발전기세트, 배터리 또는 연료전지 등의 전력 생산 장치를 결합하여 만든 전력으로 추진하는 선박을 말한다. 일반적인 디젤엔진추진선박보다 건조비와 운항비가 더 많이 들어가지만, 친환경선박이라는 측면에서 크루즈선과 여객선 등에서 적용하고 있다.

여기서는 하이브리드전기추진시스템의 종류와 장단점, 통합 제어와 운항 모드 개념, 전력계통 종류 및 특성에 대해 설명한다.

- 하이브리드전기추진선박 개요
- 하이브리드전기추진시스템의 통합 제어 및 운항 모드 개념
- 하이브리드전기추진시스템의 전력계통 종류 및 특성

6.4.1 하이브리드전기추진선박 개요

하이브리드전기추진선박은 하이브리드전기추진시스템으로 추진하는 선박이며, 발전기세트 또는 배터리 등의 전력 발생 장치들을 직렬 또는 병렬로 연결하여 생산한 전력으로 추진하는 선박이다. 이러한 선박은 기계적인 배치가 유연하여 효율적인 공간 설계가 가능하며, 환경오염 물질과 CO_2의 감축이 가능하여 친환경선박으로 평가되고 있다. 여기에서 다음과 같은 순서로 설명한다.

- 전기추진시스템
- 직렬 하이브리드전기추진시스템
- 병렬 하이브리드전기추진시스템
- 하이브리드전기추진시스템의 장단점
- 발전기(Generator)

(1) 전기추진시스템

대부분 크루즈선의 경우 선박의 추진 전력 부하보다 승객을 위한 전력 부하가 많이 필요하고 편안한 운항을 위해 소음 진동 감축이 중요하다. 그림 6-86과 같은 디젤엔진 또는 이중연료엔진-발전기(발전기세트) 전기추진시스템을 적용한다. 또한, 연안 및 특수 선박과 같이 다양한 속도와 특수한 용도로 운항하는 선박도 이러한 시스템을 적용한다.

발전기세트 전기추진시스템은 그림 6-86과 같이 발전기 세트에서 생산한 AC를 AC 전기 모터에 공급하여 추진하는 시스템이다. 기존의 디젤엔진추진시스템과 비교해서 NOx 21%, SOx 88% 및 CO_2 10% 감축할 수 있지만, NOx Tier Ⅲ 만족을 위해 SCR 설치는 필수적이다. 장기적으로 IMO의 CO_2 감축 목표 달성을 위해서는 이중연료엔진 적용과 친환경연료 적용을 고려해야 한다.

그림 6-87의 배터리 전기추진시스템은 배터리에 충전된 전력을 방전시켜 DC를 공급하고 DC를 DC-AC 인버터를 통해 AC로 변환시킨 후 AC 전기 모터에 공급하여 추진하는 시스템이다. 배터리의 충•방전 기능을 활용하므로 NOx, SOx 및 CO_2 배출량을 크게 줄일 수 있으나 배터리 가격이 비싸 연안 선박에 주로 적용한다. 선박에 배터리를 적용할 경우 항만에 배터리 충전소를 별도로 설치해야 한다. 블루와 그린에너지 등 친환경 전력을 공급해야 CO_2 감축이 가능하며 그렇지 않으면 감축은 제한적이다.

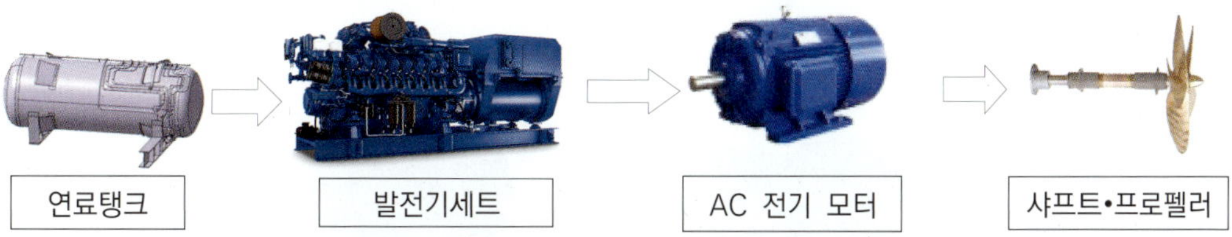

그림 6-86 이중연료엔진-발전기(발전기세트) 전기추진시스템 개념도

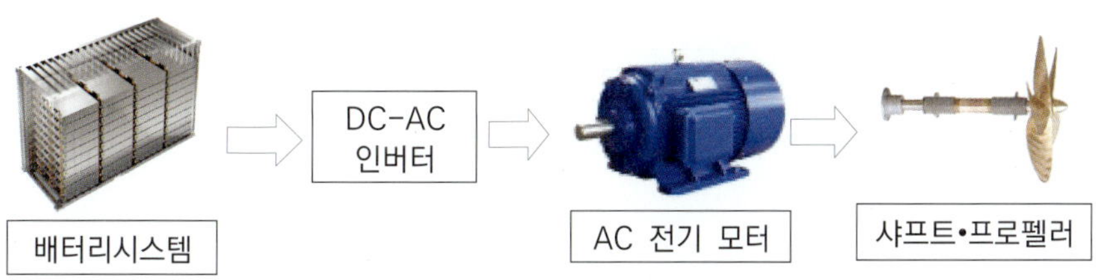

그림 6-87 배터리 전기추진시스템 개념도

(2) 직렬 하이브리드전기시스템

직렬 하이브리드전기시스템은 그림 6-88과 같이 ①이중연료엔진과 발전기를 결합한 발전기세트에서 AC 전력을 생산하고, ②배터리에 충전된 DC 전력을 DC-AC 인버터를 통해 AC로 변환시켜 AC 전기 모터에 공급하여 추진하는 시스템이다. ③선박의 운전 조건에 따라 발전기세트에서 생산한 전력 일부를 배터리에 충전시킬 경우 발전기세트에서 생산한 AC를 AC-DC 컨버터를 적용하여 DC로 변환시킨 후에 배터리에 저장시킨다. ④선박에서 출력을 높일 경우 부족한 전력에 대해 배터리 전력을 활용하므로 전체 효율을 향상시킬 수 있다.

하이브리드전기추진시스템에서 배터리를 사용하는 장점은 ①짧은 시간 내에 필요한 전력을 공급할 수 있고, ②긴급한 최대 출력 부하 대응으로 안정적인 전력 제어를 달성시키고, ③발전기세트의 고장에 대비한 예비 전력을 확보하며, ④발전기세트가 부담하는 출력 부하에서 최적의 연료 소비 효율을 달성하게 만들고, ⑤환경오염 물질과 CO_2를 감축하는 운항이 되도록 부하를 탄력적으로 제공하는 용도로 활용할 수 있다. 또한, ⑥항만에서 배터리를 충전시켜 연료 소비를 줄일 수 있다.

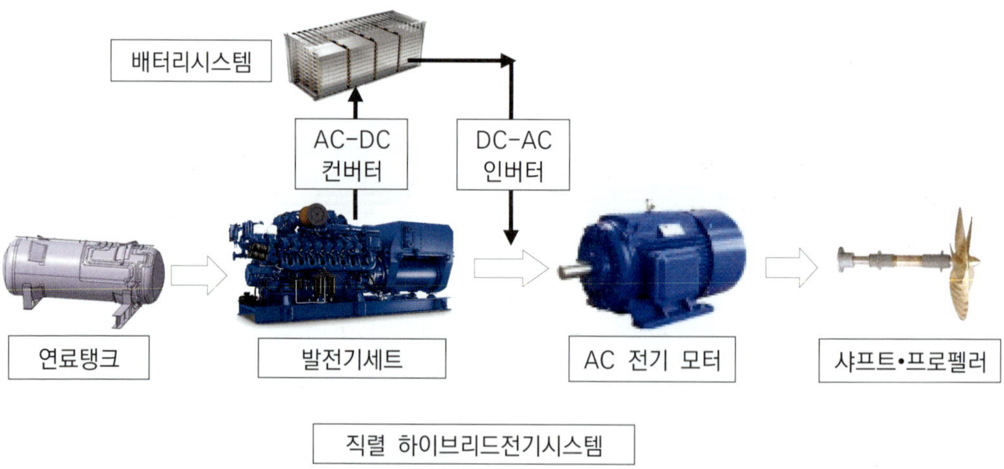

그림 6-88 직렬 하이브리드전기시스템 개념도

(3) 병렬 하이브리드전기추진시스템

병렬 하이브리드전기시스템은 그림 6-89와 같이 ①메인 엔진인 이중연료엔진의 회전 동력을 기계적으로 제어하는 기어박스와 연결하고, ②배터리시스템에 충전된 DC 전력을 DC-AC 인버터로 AC로 변환시키고 AC 모터에 공급하여 추진하는 시스템이다. ③선박의 운전 조건에 따라 기어박스의 회전력 일부를 발전기로 보내 AC 전력을 생산하고 AC-DC 컨버터를 사용하여 DC로 변환시킨 후에 배터리에 저장시킬 수 있다. ④선박에서 출력을 높이면 부족한 전력에 대해 배터리 전력을 활용하므로 전체 효율을 향상시킨다.

병렬 구성이 직렬보다 복잡하지 않고 전력변환 손실이 적으며 일정한 속도 유지가 가능해 효율이 우수하다. 선박의 메인 엔진인 이중연료엔진과의 기계적인 연결은 기어박스를 통해 이루어진다. 기어 박스는 메인 엔진에서 발생하는 높은 회전 속도를 프로펠러에 적합한 최적의 속도로 줄이는 장치이며 자동차의 트랜스미션 기능을 수행한다. 여기에 배터리 전력을 활용할 수 있도록 AC 모터-발전기를 설치하여 선박 추진 성능과 효율을 최적화할 수 있다.

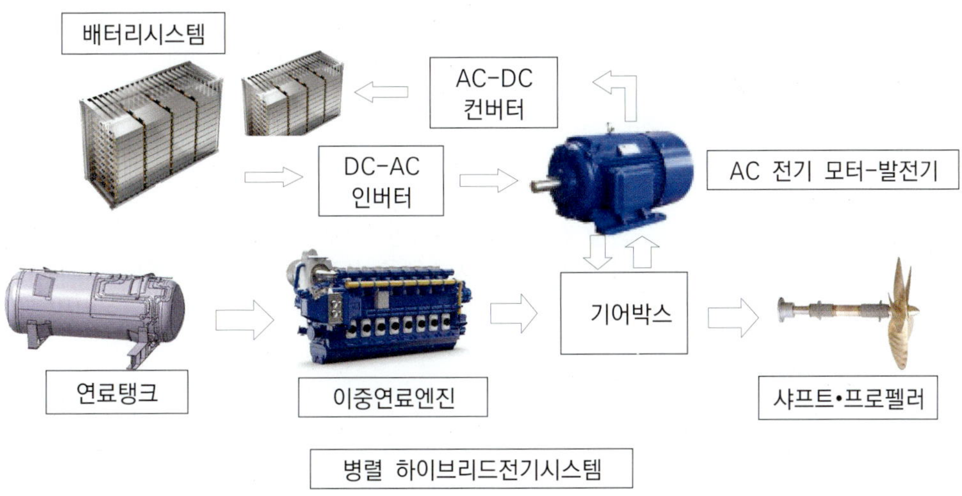

그림 6-89 병렬 하이브리드전기시스템 개념도

(4) 하이브리드전기추진시스템의 장단점

표 6-22 하이브리드전기추진시스템의 장단점

구분	내용
장점	• 선박의 추진 부하와 보조 부하 모두 전력에너지로 충당하므로 통합적인 에너지관리가 쉽다. • 전기 모터의 반도체 소자에 의한 효율적인 제어로 정확한 속도 구현과 빠른 속도 응답 등 조종 성능이 우수하다. • 출력에 따라 발전기 또는 배터리 운전 조정이 가능하므로 연료소비를 줄일 수 있다. • 출력 발생과 전력분배 및 제어 등에 관한 이중화와 분산배치로 운항 안전성을 향상시킨다. • 배터리 추가 등 하이브리드시스템 적용이 가능하고 탄소 배출 및 오염물질 감축이 가능하다. • 기계적 부품과 구성 장치가 줄어들어 설치 공간이 감소하고 유지보수비도 줄어든다. • 진동소음의 감소로 편안한 운항이 필수적인 크루즈선에 대부분 적용한다.
단점	• 전기추진시스템 효율은 90~92%로 디젤엔진 96~98%인데 비해 떨어진다. • 전기로 제어되므로 장치와 시스템 간의 전류, 전압과 주파수를 동기화시키는 것이 중요하다. • 시스템과 장치 설치비가 디젤엔진추진시스템보다 비싸다. • 배터리에 관한 화재 안전성 확보가 중요하다. • 전력 과부하로 인한 전체 정전 현상인 블랙아웃(Blackout)이 발생할 가능성이 있으므로 전력 이중화 안전시스템을 설계에 반영해야 한다.

(5) 발전기(Generator)

전류는 그림 6-90과 같이 전압이 일정한 직류(DC), 전압의 크기가 주기적으로 변화하는 단상 교류(AC) 및 120°의 위상 차이로 3개의 단상 교류를 흐르도록 결합시킨 3상 교류가 있다. 직류(DC)는 송전선이 길어지면 저항 때문에 전압이 낮아지는 문제가 있다. 교류는 변압기를 이용하여 전압을 자유롭게 바꿀 수 있는 장점이 있어 현재 모든 국가에서는 전기를 교류로 공급하고 있다. 선박에서도 전력으로 작동하는 기계 장치들은 대부분 3상 교류를 사용하고 있다. 교류 발전기는 기계의 회전 에너지를 전기 에너지로 변환시키는 발전 장치이며, 효율이 높은 3상 교류를 만드는 장치이다.

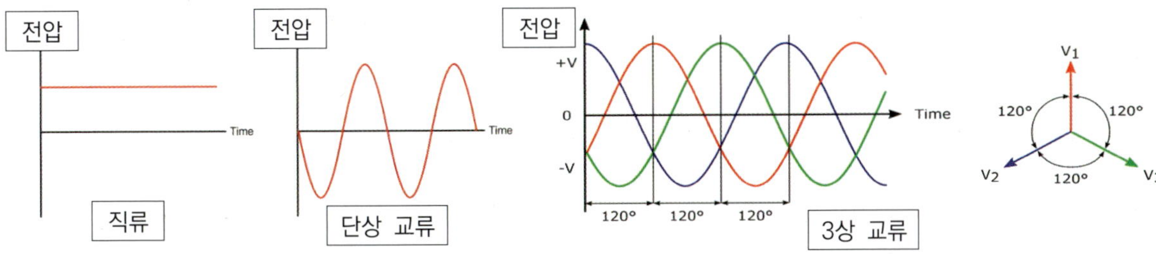

그림 6-90 직류, 단상 교류 및 3상 교류 파형

발전기에서 3상 교류를 발생시키는 원리는 그림 6-91과 같다. 권선 도체 코일 L1, L2, L3를 각 120° 차이로 설치하고 중앙에 있는 자석을 시계 방향으로 회전시킨다. 자석이 L1 코일을 지나면 L1 코일에서 L1 단상 교류가 발생하고, L2 코일을 지나면 L2 단상 교류, L3를 지나면 L3 단상 교류가 발생하면서 3상 교류가 만들어진다.

발전기의 자석을 회전시키는 동력은 디젤엔진 또는 이중연료엔진에서 공급받는다. 3상 발전기는 전력 공급 손실이 적고, 단상 발전기보다 중량이 감소하고 직류 발전기보다 신뢰성과 가격이 저렴한 장점이 있다. 반면에 전자파와 고조파[33]가 발생하며 저항으로 인한 전력 손실과 배터리에 전기를 저장할 때 직류로 변환시켜야 하는 단점이 있다.

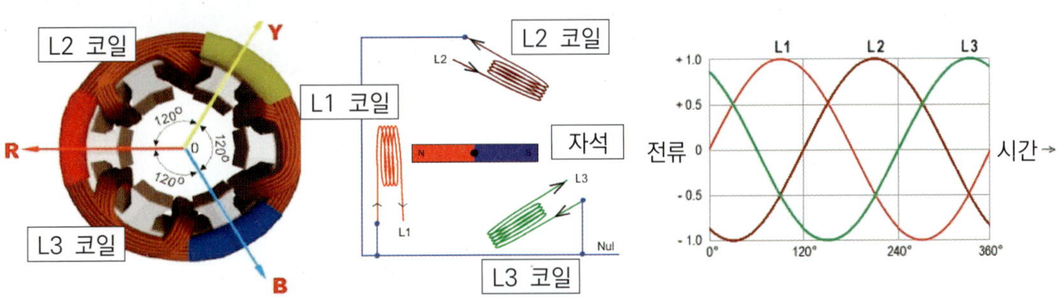

그림 6-91 발전기의 3상 교류 발생 원리

33) 고조파(Harmonic) : 기본 주파수 성분의 배수가 되는 파를 말하며 발생 시에 전압 주파수가 찌그러드는 왜곡 현상이 발생하고 부품 고장을 일으킨다.

발전기는 중앙에 있는 자석을 영구 자석(Permanent Magnet)으로 사용하는 영구 자석 3상 발전기와 전기 코일을 만들어 전기를 공급하여 전자석으로 사용하는 3상 동기식(Synchronous) 발전기가 있다. 영구 자석 발전기는 동기식 발전기보다 설치 공간 약 20% 감소, 중량 약 30% 감소 및 연료비를 최대 4% 절감하는 효과가 있지만, 가격이 비싸며, 일반적인 선박에서는 동기식 발전기를 많이 사용한다.

발전기에서 전력 생산을 늘리기 위해 회전자(Rotor) 또는 L1, L2, L3 등의 고정자(Stator)의 지름을 크게 하거나 길이를 길게 하거나 회전 속도를 높인다. 그러나 지름을 크게 하면 원심력 때문에 속도를 늘릴 수 없고, 길이를 길게 하면 진동이 발생하여 속도를 늘릴 수 없다. 고조파도 발생할 수 있으므로 이들의 조건을 적절히 조합하여 최적인 구조를 갖도록 설계한다. 또한, 회전에 의한 열이 많이 발생하여 효율과 수명에 영향을 끼치므로 적절한 온도 유지를 위해 냉각기와 통풍 장치를 배치하는 것이 중요하다.

그림 6-92 3상 동기식 발전기

그림 6-93 발전기세트(디젤엔진+발전기)

6.4.2 하이브리드전기추진시스템의 통합 제어 및 운항 모드 개념

하이브리드전기추진시스템의 출력 제어 기능은 매우 중요하며 전력을 효과적으로 안전하게 통합 제어하는 시스템과 장치들을 설계하여 설치해야 한다. 발전기세트와 배터리를 활용하여 선박을 운항하는 운항 모드에 대해서도 설명한다.

- 하이브리드전기추진시스템의 통합 제어 개념
- 하이브리드전기추진시스템의 운항 모드 개념

(1) 하이브리드전기추진시스템의 통합 제어 개념

- 전류•전압 및 주파수 동기화
- 전압과 주파수에 의한 출력 정밀 제어
- 하이브리드전기추진시스템의 통합제어시스템 및 에너지관리시스템(EMS)

가) 전류 • 전압 및 주파수 동기화

하이브리드전기추진시스템은 일반적으로 복잡한 AC와 DC 전력계통 장치들로 구성한다. 여러 대의 발전기세트에서 불규칙한 전압을 발생시키고, 발전기에서 AC, 배터리에서 DC 등 다른 종류의 전류를 발생시키고 전압도 다르다. 선박의 추진 부하와 보조 부하와 관련해서 다양한 시스템과 기계 장치 및 전기 장치들을 연결되어 있다. 각 시스템과 장치마다 AC 전압과 주파수 및 DC 전압이 다르다.

하이브리드전기추진시스템은 이러한 선박의 모든 부하에 안전하고 효율적인 전력 공급과 통합 제어를 위해 AC와 DC를 서로 변환시키는 전력변환장치와 전압을 맞추는 변압기(또는 자동전압조정장치), 주파수를 맞추는 주파수변환장치를 이용하여 전력계통 구성 장치들에 대해 DC 전압 또는 AC 전압과 주파수를 반드시 동기화시킨 후에 전력을 공급해야 한다.

- 시스템과 장치에 관한 전력 공급 : DC 전압 또는 AC 전압•주파수 동기화 필수

나) 전압과 주파수에 의한 출력 정밀 제어

하이브리드전기추진시스템에서 선박의 출력과 속도를 제어하는 장치가 AC 전기 모터이며, 모터의 속도를 제어하는 장치가 모터 인버터이다. 그림 6-94와 같이 모터 인버터 내부에 AC-DC 컨버터, 정류기 및 DC-AC 인버터를 설치한다. 모터에 AC를 공급하기 전에 AC-DC 컨버터를 통해 DC로 변환시키고 정류기를 통해 찌그러짐이 없는 안정적인 DC로 만든다. 이렇게 정류시킨 DC는 DC-AC 인버터를 통해 AC로 변환시킨다. 이때 전력 반도체를 이용하여 AC 전압과 주파수를 선박의 요구 출력에 따라 변경시켜 모터의 회전 속도를 정밀하게 제어한다. 선박에 적용하는 대용량 모터의 경우 안정적이고 효율적인 제어를 위해 전압과 주파수를 동시에 변환시키는 방식이 유리하다. 이러한 전력변환과정을 통해 우수 품질의 AC를 모터에 공급하므로 부품 고장을 줄이고 내구성도 향상시킨다.

- AC 전기 모터 출력 정밀 제어 : DC-AC 인버터에 의한 AC 전압과 주파수 동시 변경

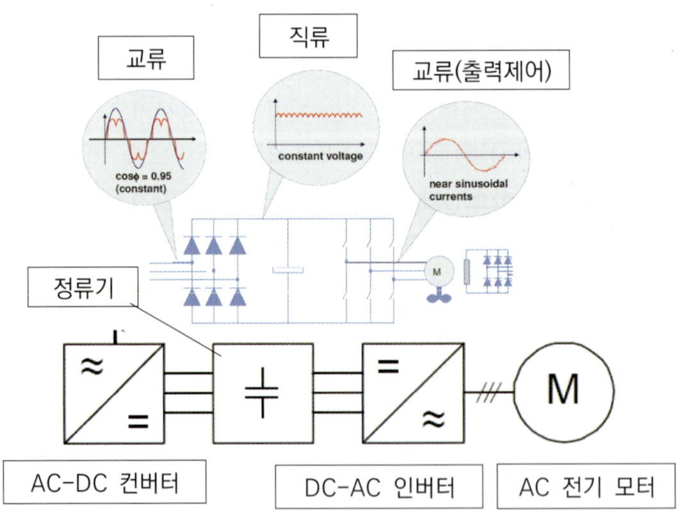

그림 6-94 AC 전기 모터의 인버터 개념도

다) 하이브리드전기추진시스템의 통합제어시스템 및 에너지관리시스템(EMS)

하이브리드전기추진시스템의 발전기세트, 배터리, 배전반, 전력변환장치 및 AC 전기 모터 등 전력계통 장치들에 관한 운전 상황을 종합적으로 모니터링하고, 부하 변동에 따라 발전시스템의 각 장치들의 출력과 효율 특성을 결합하여 시동, 정지 및 급가속 등의 복잡한 운전 조건에 따라 적절하고 유연한 전력을 공급하는 통합제어시스템를 개발하여 설치해야 한다. 선박 조타실 및 엔진 제어실 또는 로컬 통합제어시스템을 필요한 장소에 설치한다.

또한, 6.1.5 (8) 항과 같이 하이브리드전기추진시스템에 관한 에너지관리시스템도 개발하여 설치해야 한다. 발전기세트와 배터리 등 안전한 운전, 연료 소비 최소화 및 배터리 열화 방지와 수명을 늘리는 부하 할당과 운항 조건 변수들에 관한 복합적인 최적 조합을 찾아 에너지관리시스템에 적용해야 한다.

이러한 통합제어시스템과 에너지관리시스템의 효율적 운영을 위해 입력 및 출력 변수에 관한 엄격한 제약 조건을 충족하면서 선박 전체 에너지관리시스템의 제어를 최적화할 수 있는 모델 예측 컨트롤러를 개발하고 적용해야 할 것이다.

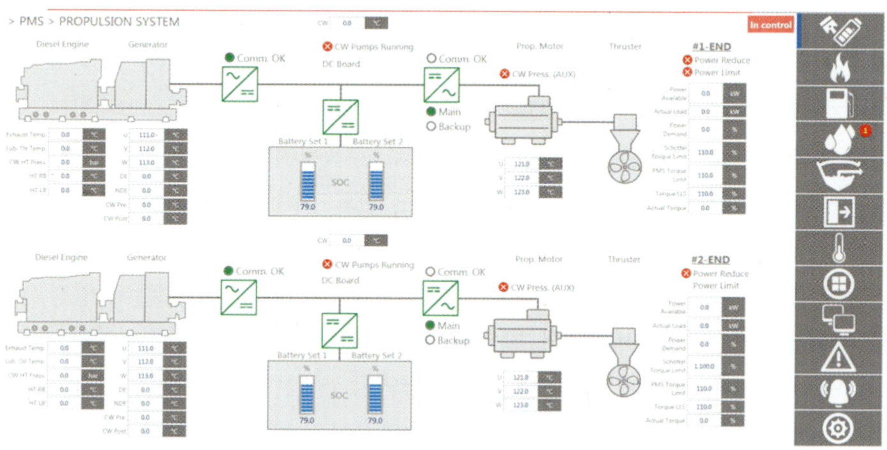

그림 6-95 하이브리드전기추진시스템의 통합제어시스템 사례

(2) 하이브리드전기추진시스템의 운항 모드 개념

하이브리드전기추진시스템에 관한 운항 모드 개념은 5가지로 구분할 수 있으며 다음과 같다.

- 배터리 모드
- 발전기 모드
- 발전기 출력 및 배터리 방전 모드
- 발전기 출력 및 배터리 충전 모드
- 항만 배터리 충전 모드

① 배터리 모드 : 배터리 모드는 선박이 항만에 입항 전 대기 상태와 입•출항을 위한 항만 내 운항, 또는 배출 통제 구역(ECA)에 운항할 때에 배터리 충전 전력만으로 운항하는 모드이며, 발전기세트 등 다른 발전 장치들의 가동은 중지시킨다. NOx, SOx 및 CO_2를 크게 감축시킬 수 있는 모드이다.

② 발전기 모드 : 발전기세트의 발생 전력으로만 운항하는 모드이며, 오염 배출 규정이 엄격하지 않는 지역에서 운항할 때에 적용하는 일반적인 운항 시의 모드이다.

③ 발전기 출력 및 배터리 방전 모드 : 파도가 몰아치는 황천 운항 시와 정상 운항 시에 최대 출력이 필요할 때는 발전기 전력만으로 부족하여 배터리의 충전 전력을 방전시켜 운항하는 모드이다. 출력 부하의 배분은 연료 소비 최소화 및 배터리 수명 연장 등의 목표를 달성하기 위한 제어 규칙 등에 따라 운항한다.

④ 발전기 출력 및 배터리 충전 모드 ; 배터리가 방전되어 충전 수준이 일정 수준 이하로 떨어질 때는 발전기세트에서 발생한 일부 AC 전력을 DC로 변환시켜 배터리에 저장한다. 전기 효율을 높이는 데 필요한 모드이다.

⑤ 항만 배터리 충전 모드 : 선박이 항만에 정박하였을 때 항만에 설치한 배터리 충전소를 활용하여 선박의 배터리를 충전시킨다. 선박의 연료 소비를 줄이는 장점이 있다.

6.4.3. 하이브리드전기추진시스템의 전력계통 종류 및 특성

하이브리드전기추진시스템은 전력의 수요에 따라 전력을 생산하여 적합하게 필요한 전력을 공급해주어야 한다. 전력계통은 이러한 전력의 수요와 공급이 이루어지도록 관련 시스템과 장치들을 연결한 전력망이고 네트워크이다. 여기서는 AC, DC, AC-DC 혼합 전력계통 방식과 전력계통 개념 사례에 대해 다음과 같은 순서로 설명한다.

- 전력계통의 종류와 특성
- 발전기세트의 전력계통 개념
- 발전기세트-배터리의 전력계통 개념

(1) 전력계통의 종류와 특성

전력계통은 전기를 생산하고 변환시켜 분배하고 소비하는 각종 시스템과 장치들을 유기적으로 결합하여 하나의 시스템으로 구성한 것이다. 선박에서 수시로 변화하는 전력 수요에 대해 전력 생산력을 확보하고 수요와 생산의 균형을 유지하는 관리 기능을 수행한다. 또한, 생산한 전력을 수요 장치까지 원활하게 공급하면서 정해진 전압과 주파수로 변환시키고 유지하게 제어해서 전력계통을 효율적으로 운영하고 추진 부하와 보조 부하에 우수 품질의 전력을 공급하는 기능도 수행한다.

전력 생산과 공급에서 하나의 장치 또는 배선에 문제가 발생하면 반드시 다른 장치와 배선을 통해 전력을 공급할 수 있도록 이중화해서 설치해야 한다. 또한, 고장이 발생할 때 신속하게 차단 또는 우회해서 전력을 공급할 수 있는 안전 및 제어시스템을 설치해야 한다.

하이브리드전기추진선박에서 전력을 생산하는 장치와 전력을 공급받아 작동하는 장치들의 특성이 다르므로 효율적이고 일관성 있는 전력계통의 설계가 필요하고, 그에 따라 적절한 전력변환장치들과 안전 장치들을 설치한다. 하이브리드전기추진선박의 경우 AC 전력계통이 일반적이며, 필요에 따라 DC 전력계통 또는 DC-AC 혼합 전력계통 방식을 적용한다. 이에 대해 다음의 순서로 설명한다.

- AC 전력계통 방식
- DC 전력계통 방식
- DC-AC 혼합 전력계통 방식

가) AC 전력계통 방식

AC 전력계통은 대부분 하이브리드전기추진선박에서 적용하고 있다. 그림 6-96 왼쪽 그림은 AC 전력계통을 단순하게 나타낸 것이다. 발전기세트에서 생산한 특정 전압과 주파수를 가진 AC를 AC-BUS[34](전력망과 연결)에 공급한다. AC 배전반을 거쳐 컨버터, 인버터, 변압기 및 주파수변환장치 등을 적절하게 사용하여 추진 부하와 보조 부하 장치들에 적합한 전압과 주파수를 가진 AC를 공급한다.

AC 전력계통 방식은 선박에 일반적으로 널리 사용되고 있으며 안전하고 품질이 우수한 장치들을 싸게 구입할 수 있다. 차단기 등의 기술 성숙으로 전반적으로 계통 운영이 안전하다는 장점이 있다. 전력계통의 안정적인 운영을 위해 전압과 주파수를 모두 모니터링하고 제어해야 하고, 고조파 왜곡(Harmonic Distortion) 발생을 제거하기 위한 고조파 필터를 설치해야 하는 단점이 있다.

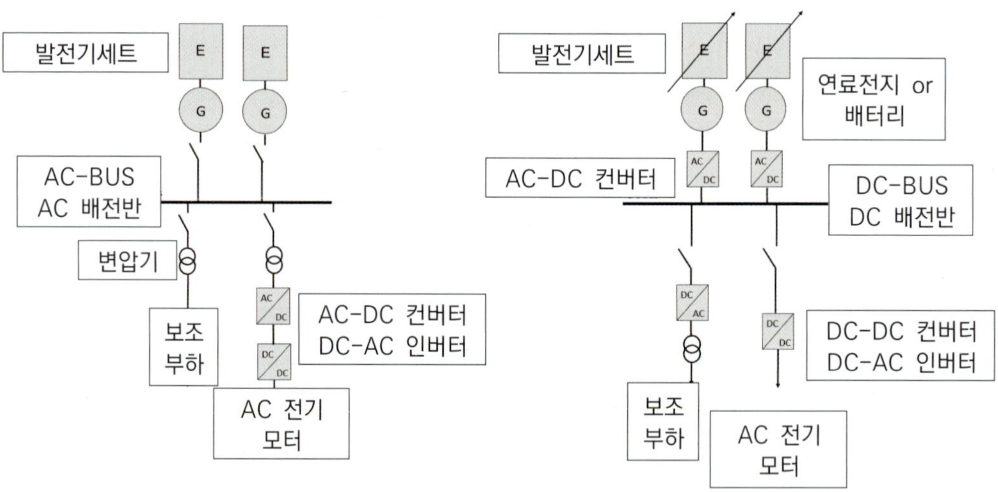

그림 6-96 AC 전력계통(왼쪽)과 DC 전력계통(오른쪽) 개념도

---

34) BUS : 전력을 공급하고 배분하는 상호 연결된 통로를 의미하며, 생산한 전력을 필요한 곳에 공급하기 위해 전압과 주파수 등을 동기화시킨 후에 BUS로 공급한다.

나) DC 전력계통 방식

DC 전력계통은 선박에서 연료전지와 배터리를 적용할 경우 해당 장치에서 DC가 발생하며, 이러한 DC 전력의 공급을 위해 사용하는 전력계통이다. 그림 6-96 오른쪽 그림과 같이 연료전지 또는 배터리 등에서 발생한 DC를 DC-BUS에 공급한다. 발전기세트에서 만든 AC 전력은 AC-DC 컨버터를 통해 DC로 변환시켜 DC-BUS에 공급한다. DC 배전반을 거쳐 전력변환장치 등을 적절하게 사용하여 추진•보조 부하 장치들에 적합한 AC를 공급한다.

DC 전력계통은 AC보다 ①단순한 구성으로 전기 효율이 약 10% 향상된다. ②DC 전압의 주파수가 0이기 때문에 주파수와 전압을 모두 고려해야 하는 AC보다 전력 제어와 부하 공급이 용이하다는 장점이 있다. 전류 차단과 분리를 시키는데 필요한 DC 차단기의 상용화가 부족하고 DC 배전반 등 DC 관련 장치비가 비싸다는 단점이 있다.

다) DC-AC 혼합 전력계통 방식

그림 6-97과 같이 연료전지-배터리 하이브리드시스템의 경우 DC-AC 혼합 전력계통 방식을 적용한다. 연료전지와 배터리에서 생산한 DC를 DC-DC 컨버터를 통해 전압을 맞춘 뒤에 DC-BUS에 공급한다. DC-AC 인버터를 통해 AC-BUS에 전력을 공급한다. AC 배전반을 거쳐 전력변환장치 등을 적절하게 사용하여 추진•보조 부하 장치들에 적합한 AC를 공급한다.

선박에서 연료전지와 배터리를 효율적으로 사용하기 위해 DC 전력계통이 적합하다. 그러나 일반적으로 AC 전력계통을 선호하므로 DC 계통과 AC 계통의 장점을 활용한 혼합 전력계통 방식을 사용할 수 있다. DC 및 AC 배전이 모두 존재하기 때문에 통합 전력 제어가 복잡하고 어려워진다.

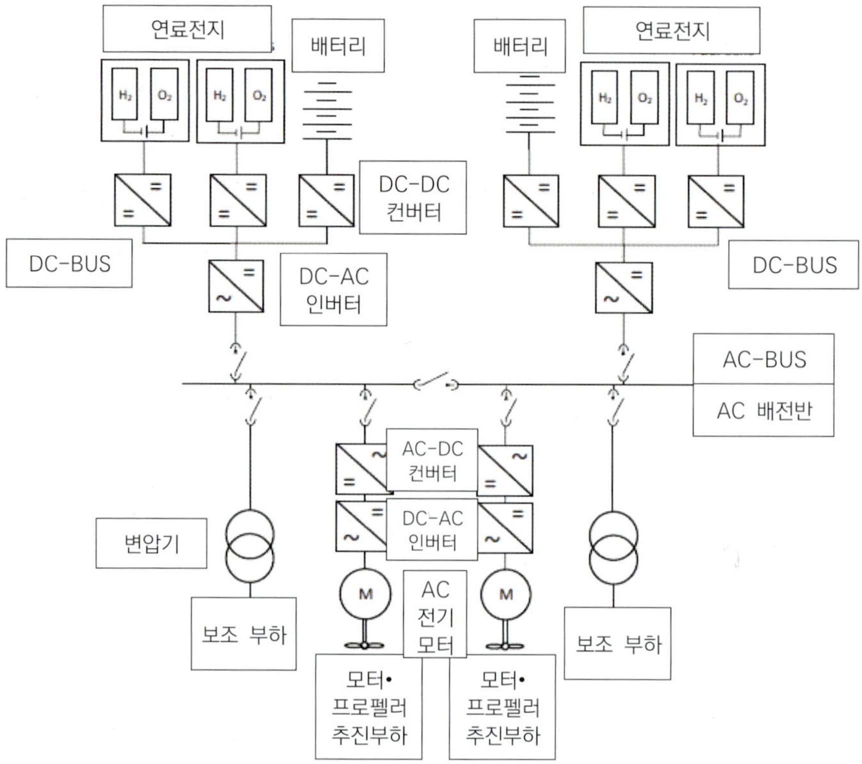

그림 6-97 연료전지-배터리 하이브리드시스템의 DC-AC 혼합 전력계통 개념도

(2) 발전기세트의 전력계통 개념

발전기세트 전기추진시스템의 일반적인 전력계통 구성 장치는 그림 6-98과 같다. 발전기세트를 통해 생산한 AC 전력은 AC-BUS로 보내지고 AC-BUS와 연결된 AC 배전반을 통해 필요한 시스템과 장치에 적합한 전력을 공급한다.

전기추진시스템은 전력을 생산하고 프로펠러에 회전력을 공급하는 시스템과 장치 및 전력계통의 설계가 중요하다. 또한, 전력을 변환시키는 컨버터와 인버터에서 찌그러진 이상한 주파수가 발생하는 고조파 왜곡 현상이 발생하여 시스템과 장치의 성능을 떨어뜨리고 손상을 입힐 수 있다. 고조파를 제거하는 필터 장치를 설치해야 한다.

- 구성 장치 : 발전기세트, AC-BUS, AC 배전반, 변압기, 컨버터, 인버터 및 AC 전기 모터 등
- 고조파 왜곡 발생 : 고조파 제거 필터 설치

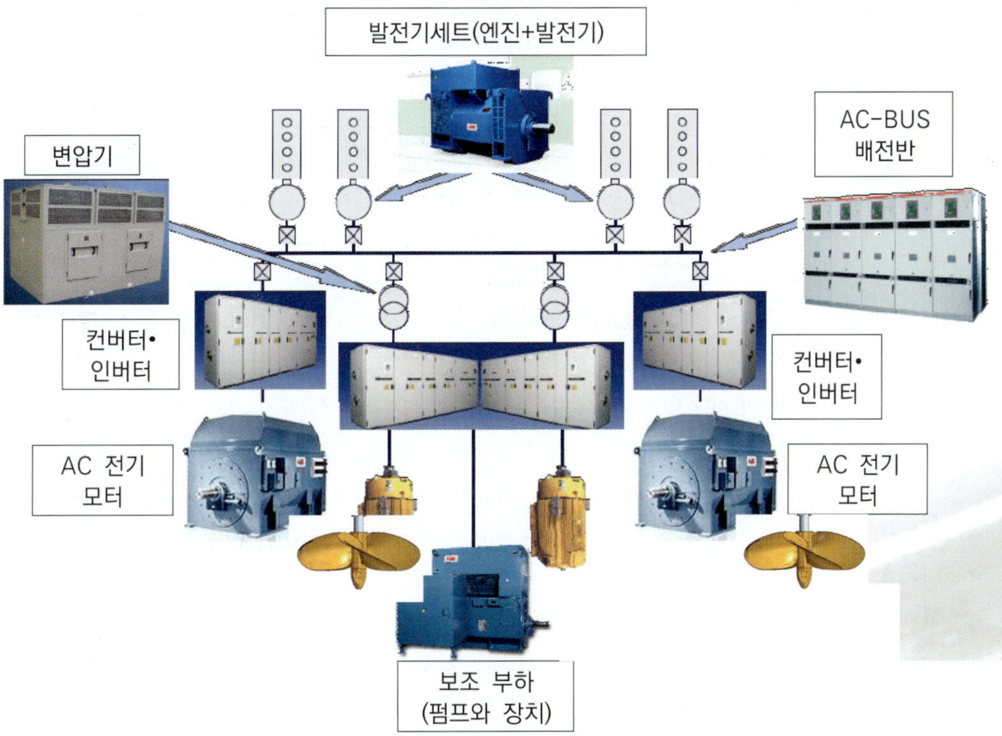

그림 6-98 발전기세트의 전력계통 개념도1

그림 6-99는 발전기세트 발전 용량이 15.1 MW(3,780 kW x 4대)인 해양특수선박(Offshore Supply Vessel)에 관한 발전기세트 전기추진시스템의 전력계통도이다. 발전기세트에선 690 V, 90 Hz의 AC가 만들어진다. 이 선박은 880 kW, 1.2 MW, 5 MW 및 5 MW 등의 총 13 MW 용량 4개의 추진기와 AC 모터를 설치하였다.

- 발전기 1대 용량 : 3,780 kW, 4,200 KVA(3,780 kW/0.9, 실제로 사용되는 유효 전력 비율 90%)

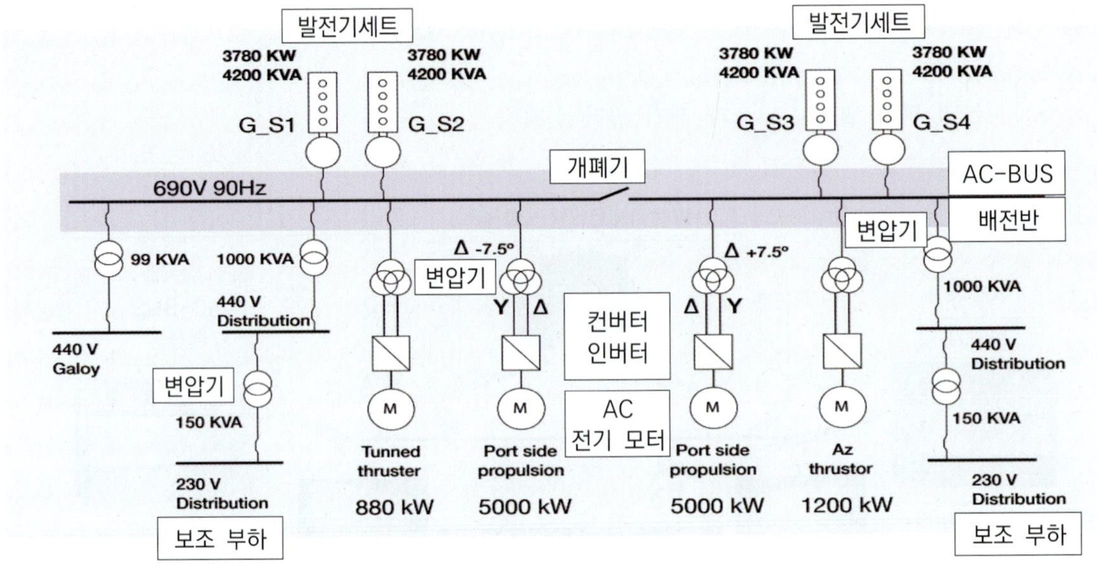

그림 6-99 발전기세트의 전력계통 개념도

발전기세트에서 생산한 AC 690 V, 90 Hz의 전력은 AC-BUS로 보내지고 AC 배전반에서 추진 부하와 보조 부하에 전력을 공급한다. 추진 부하의 경우 변압기를 통해 AC 전기 모터에 적합한 전압으로 만든 후 AC-DC 컨버터와 DC-AC 인버터를 적용하여 AC를 공급한다. 보조 부하는 변압기를 통해 발전기세트에서 생산한 AC 690 V 전압을 변압기로 440 V, 또는 230 V로 변환시켜 시스템과 장치에 공급하며, 주파수가 60 Hz의 경우 주파수변환장치를 통해 변환시킨 후에 공급한다.

그림 6-100은 발전기세트 전력계통 설치 개념도이며, 각 시스템과 장치들이 연결된 것을 보여준다. 여기에는 고조파 필터, 원격 제어 및 모니터링•제어시스템 등에 관한 연결 방식과 배치가 나타나 있다.

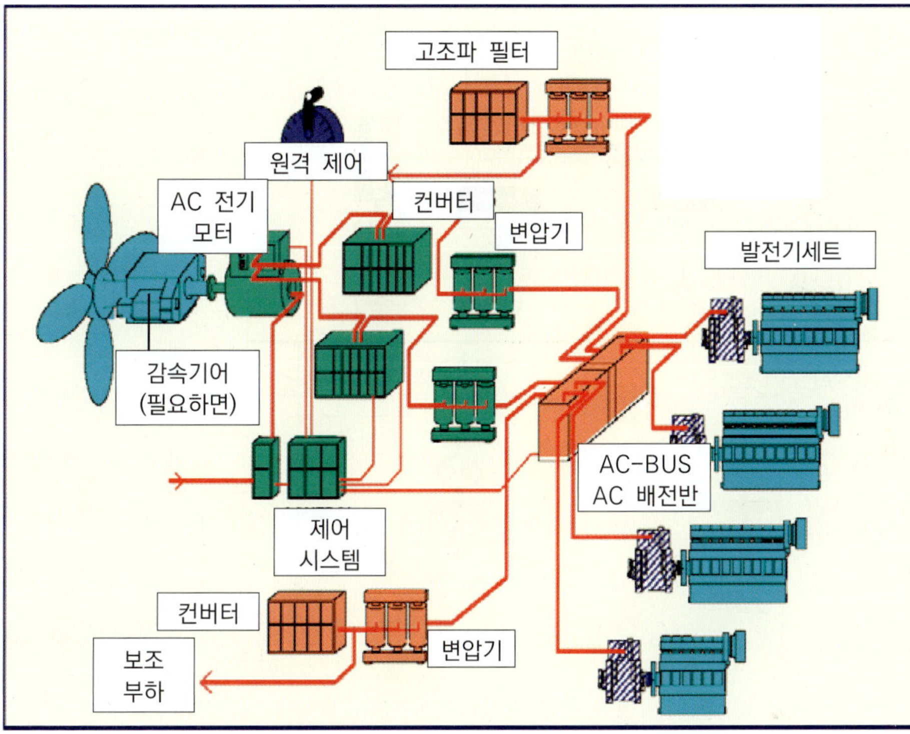

그림 6-100 발전기세트의 전력계통 설치 개념도

(2) 발전기세트-배터리의 전력계통 개념

하이브리드전기추진시스템의 일반적인 경우가 발전기세트와 배터리를 결합한 것이다. 그림 6-101은 발전기세트 발전 용량 3.2 MW(1,600 kW x 2대)와 배터리 용량 500 kWh(1시간 동안 500 kW 발생)를 설치한 예인선(Tug-Boat)의 전력계통도 사례이다.

발전기세트에서 생산한 AC 690 V, 50 Hz의 전력은 AC-DC 컨버터에 의해 DC로 변환되어 DC-BUS에 공급한다. 배터리에서 생산한 DC는 DC-DC 컨버터를 통해 전기 모터의 690 V 전압으로 맞춘 후에 DC-BUS로 공급한다. 추진 부하의 경우 DC 배전반에서 공급받은 DC 690 V를 DC-AC 인버터를 통해 AC 690 V로 변환시킨 후에 AC 전기 모터에 공급한다. 보조 부하도 DC 배전반에서 공급받은 DC 690 V를 DC-AC 인버터를 통해 AC 690 V로 변환시키고, 변압기를 통해 440 V, 또는 230 V로 변환시키며, 주파수가 60 Hz 장치의 경우 주파수변환장치를 통해 변환시킨 후에 공급한다.

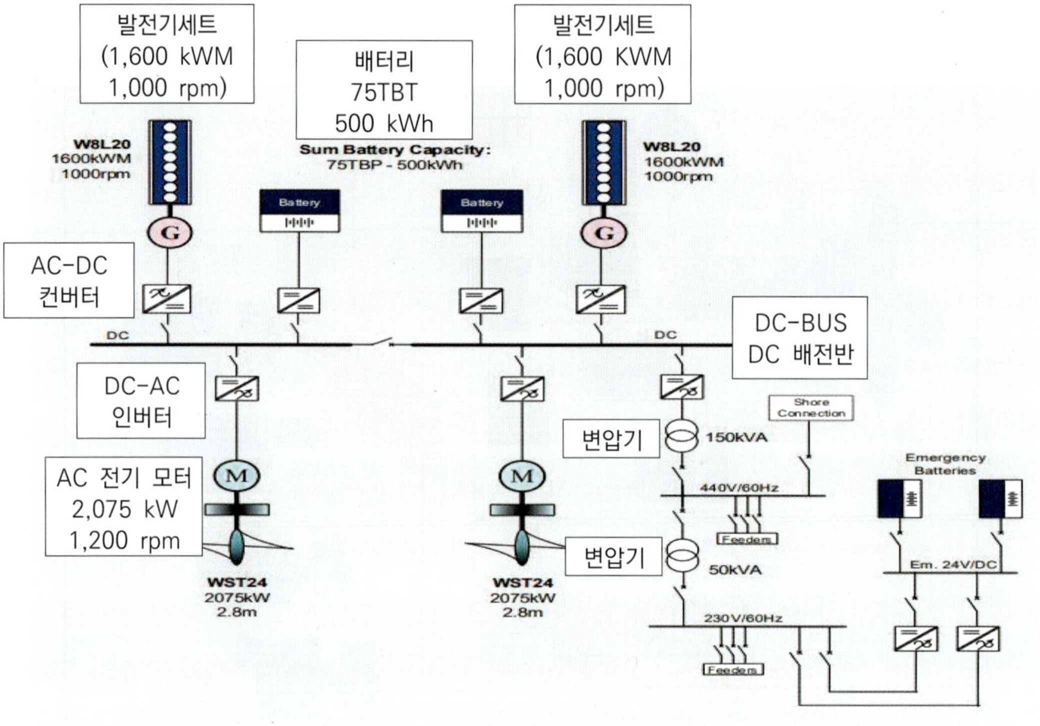

그림 6-101 예인선 발전기세트+배터리의 전력계통 개념도 2

발전기세트-PEMFC-배터리 하이브리드전기추진시스템에 관한 전력계통 개념은 6.3.7 (7) 항의 설명을 참조한다.

6.5 연료전지추진선박의 경제성

연료전지추진선박의 경우 디젤엔진추진선박보다 건조비와 운항비가 많이 들어 원가 경쟁력이 떨어진다. 기술 개발과 시장 확대 등으로 연료전지시스템과 수소 가격이 지속해서 하락할 가능성이 있으며 원가 경쟁력도 점차 개선될 것으로 보인다. 이러한 원가 경쟁력 평가를 위해 LCA(Life Cycle Cost Analysis, 수명주기비용분석) 방식의 수명주기 연간 평준화 총원가인 TCO(Total Cost of Ownership)를 계산하여 비교한다. TCO는 선박 건조비, 즉 자본 투자비(CAPEX, Capital Expenditure)와 운항비(OPEX, Operating Expenditure)의 합을 말한다. 선박 건조비는 선박을 건조할 때 투자한 총비용에 선박의 수명주기(예를 들면 20년)로 나눈 값이며, 수명주기 연간 평준화(또는 균등화) 선박 건조비이다. 운항비는 선박 운항 시에 발생하는 연료비, 유지 보수 및 소모품 등에 관한 매년 평균값인 수명주기 연간 평준화 운항비를 계산하여 적용한다.

- TCO = 수명주기 연간 평준화 선박 건조비 + 수명주기 연간 평준화 운항비

여기서는 노르웨이 고속 여객선에 관한 TCO 총원가 분석 사례로 설명한다. 수소연료전지추진선박(수소 선박)과 디젤엔진추진선박(디젤 선박)과 바이오디젤엔진추진선박(바이오디젤 선박)에 관한 경제성 평가 연구이다. 100 명의 승객을 태우고 플로리(Florø)에서 하루 209 km를 최대 28 노트(Knots), 평균 23 노트로 운항하는 탄소섬유수지복합재 페리 사양과 운항 실적을 적용하여 평가하였다. 이에 대해 다음과 같은 순서로 설명한다.

- 원가 산정 기준
- 수명주기 선박 운항 연간 평준화 총원가 평가

6.5.1 원가 산정 기준

선박의 원가 산정 기준은 표 6-23과 같으며 환율은 9 NOK/$ 및 10 NOK/EUR, 내부 수익률은 8%를 적용하였다(NOK 노르웨이 화폐 단위).

표 6-23 고속여객선 원가 산정 기준

구분		내용	비고
수소 연료전지 추진선박	연료전지	• 용량 : 1.2 MW (PEMFC 120 kW x 10대) • 구매비 : 252,000 NOK (28,000$)	선박용 : 21,000 NOK/kW (2,333 $/kW)
	수소 연료비	• 45 NOK/kg(5 $/kg)	전력가격 : 0.3 NOK/kWh
	연료탱크	• 250 bar • 용량 450 kg(1.5 일 사용) • 구매비 13,600 NOK/kg (1,511 $/kg)	탱크 150 kg 용량 3기 수명 20,000 h
디젤엔진 추진선박	디젤엔진	• 디젤엔진 : 1.2 kW • 보조발전기 : 2 x 30 kW • 연료 소비량 : 0.21 kg/kWh • 효율(LHV) : 40.6%	디젤엔진 총비용 : 16백만NOK(1,481 $/kW)
	디젤 연료비	• 6.28 NOK/ℓ	
	연료탱크	• 용량 : 4,000 ℓ	
DC-DC 컨버터 구매비		• 3백만NOK	2,500 NOK/kW
추진시스템 구매비		• 6백만NOK	모터 2개, 속도제어 변환장치

6.5.2 수명주기 연간 평준화 총원가 평가

수소 선박, 디젤 선박 및 바이오 디젤 선박에 관한 경제성 평가를 위해 수명과 내부 수익률을 반영해서 표 6-24와 같이 선박 총건조비와 연간 평준화 선박 건조비를 계산하였다. 표 6-25와 같이 연간 연료비•유지보수비•수수료 등을 계산하고 여기에 표 6-24의 연간 평준화 선박 건조비를 더하여 수명주기 연간 평준화 총원가를 계산하였다.

수소 선박의 총건조비는 표 6-24와 같이 64.3백만NOK(7.1백만$), 디젤 선박은 45.0백만NOK(5.0백만$)로 계산되었으며, 총건조비에서 수소 선박이 디젤 선박보다 42.9% 높게 나타났다. 연료비, 유지보수비 및 수수료 등 연간 운항비는 표 6-25와 같이 수소 선박의 경우 7.26백만NOK (0.81백만$), 디젤 선박 4.92백만NOK(0.55백만$), 바이오디젤 선박 6.32백만NOK(0.70백만$)로 계산되었으며 수소 선박이 디젤 선박보다 1.48배 수준으로 매우 높게 나타났다.

수명주기 연간 평준화 총원가는 표 6-25와 같이 수소 선박의 경우 12.58백만NOK(1.40백만$), 디젤 선박 9.81백만NOK(1.09백만$), 바이오디젤 선박 10.685백만NOK(1.19백만$)로 계산되었으며, 수소 선박이 디젤 선박보다 1.28배, 바이오디젤 선박보다 1.18배 높은 것으로 나타났다.

표 6-24 고속여객선 선박 총건조비 및 수명주기 연간 평준화 선박 건조비(백만NOK)

구분		수명	총건조비	연간 평준화 선박 건조비
디젤엔진 추진선박	기타 선박 건조비	20년	24.0	2.44
	디젤시스템 영구 설치 디젤시스템 분해성 부품 디젤엔진 잔존 가치	20년 8,000 h = 3.6년 -	8.00 8.00 -4.00	0.815 1.705 -0.987
	전력변환장치 및 전기 모터	20년	9.0	0.917
	계	20년	45.0 (7.5 백만$)	4.89
수소 연료전지 추진선박	기타 선박 건조비	20년	24.0	2.44
	연료전지 영구 설치 연료전지 분해성 부품 수소연료탱크	20년 20년 20,000 h = 9.1년	12.6 12.6 6.12	1.28 2.00 0.623
	전력변환장치 및 전기 모터	20년	9.0	0.917
	계	20년	64.3 (7.1 백만$)	7.26 (0.8 백만불)

표 6-25 고속여객선 수명주기 연간 평준화 총원가(백만NOK)

구분		수소연료전지 추진선박 (PEMFC)	디젤엔진 추진선박	바이오디젤엔진 추진선박
연간 연료비	디젤 연료비	-	2.01	3.84
	수소 연료비	3.49	-	-
	NOx 세금 CO_2 세금	- -	0.196 0.432	0.196 -
	계	3.49	2064	4.04
연간 유지보수비	청소 갑판 장치 일반 유지비 윤활유 안전시스템 예비 페리 임대	0.025 0.150 0.500 - 0.200 0.200	0.030 0.150 0.850 0.100 - 0.400	0.030 0.150 0.850 0.100 - 0.400
	연료전지 보수	0.250	-	-
	계	1.33	1.53	1.53
연간 수수료	선박 수수료 보증보험 항만요금	0.100 0.400 -	0.250 0.300 0.200	0.250 0.300 0.200
	계	0.500	0.750	0.750
연간 연료비•유지보수비•수수료 계(a)		5.32	4.92	6.32
연간 선박 건조비(b)		7.26	4.89	4.89
수명주기 선박 운항 연간 평준화 총원가(a+b)		12.58 (1.40백만$) (128)	9.81 (1.09백만$) (100)	11.21 (1.25백만$) (114)

연습문제

1. 연료전지추진선박의 개념에 대해 설명하라.

2. 연료전지추진시스템의 종류 및 특성에 대해 설명하라.

3. 연료전지추진선박의 특성 및 제약 조건에 대해 설명하라.

4. 연료전지의 작동 원리와 작동 특성에 대해 설명하라.

5. SOFC 연료전지에 대해 설명하라.

6. PEMFC 연료전지에 대해 설명하라.

7. SOFC와 PEMFC의 특성 및 장단점 비교에 대해 설명하라.

8. SOFC와 PEMFC의 선박 적용 방향에 대해 설명하라.

9. 연료전지 • 배터리 하이브리드시스템 개념에 대해 설명하라.

10. 배터리시스템에 대해 설명하라.

11. 연료전지시스템의 전력관리시스템과 통합제어시스템에 대해 설명하라.

12. 연료전지추진선박의 에너지관리시스템에 대해 설명하라.

13. 연료전지추진선박의 안전시스템에 대해 설명하라.

14. 친환경연료전지추진선박 SOFC-배터리 하이브리드시스템의 개념에 대해 설명하라.

15. SOFC BOP 운전시스템에 대해 설명하라.

16. 수소연료전지추진선박의 시스템 구성에 대해 설명하라.

17. 고압수소연료탱크의 종류에 대해 설명하라.

18. 700 bar 고압수소연료탱크 개념에 대해 설명하라.

19. 700 bar 고압수소연료탱크의 계통도 및 주요 구성 장치에 대해 설명하라.

20. 액화수소연료탱크의 내부 기화 현상 및 온도 상승에 대해 설명하라.

21. 액화수소연료탱크의 구조 개념에 대해 설명하라.

22. 극저온 단열재의 종류 및 장단점에 대해 설명하라.

23. 액화수소연료탱크의 구조 재료 종류 및 특성에 대해 설명하라.

24. 액화수소연료탱크의 주요 구성 장치에 대해 설명하라.

25. PEMFC BOP 운전시스템에 대해 설명하라.

26. 700 bar 고압수소 벙커링(충전)시스템에 대해 설명하라.

27. 액화수소 벙커링(충전)시스템에 대해 설명하라.

28. 수소연료전지추진선박의 위험 지역 지정에 대해 설명하라.

29. 전기추진시스템에 대해 설명하라.

30. 직렬과 병렬 하이브리드전기추진시스템에 대해 설명하라.

31. 하이브리드전기추진시스템의 장단점에 대해 설명하라.

32. 하이브리드전기추진시스템의 통합 제어 개념에 대해 설명하라.

33. 하이브리드전기추진시스템의 운항 모드 개념에 대해 설명하라.

CHAPTER 7

선박 에너지 효율 향상

CHAPTER 7

IMO의 탄소 배출 감축 목표를 달성하기 위한 단기적인 조치로 EEDI•EEXI(3.3.3 항 참조)와 CII(3.3.4 항 참조)의 규제를 만들어 실행하고 있다. EEDI•EEXI는 선박의 에너지 효율성 강화에 중점을 둔 지표이고, CII는 운항에 들어가는 연료 소비량을 감축시키는 지표이다. 이러한 규제 지표를 만족시키기 위해 엔진의 연료 소비가 최적인 출력 조건으로 운항해야 하고 결과적으로 운항 속도를 감소시켜야 하는데, 이 경우는 선박 운항 시간이 길어져 해운 회사와 화주에게 부담이 된다.

선박의 전체 에너지 효율 향상과 탄소 배출 감축에 대해 연료 절감뿐만 아니라 선체, 프로펠러, 시스템 및 운항 등 모든 분야에서 효과적인 기술들을 개발하고 적용하는 최선의 노력이 필요하다. 해운 회사 경영진의 정책 의지와 조선소의 대안 제시 등 상호 협력이 필수적이다. 또한, 이러한 기술 적용에는 큰 비용이 들어가므로 선박 종류와 운항 경로별로 비용과 수익 계산을 통한 투자 타당성을 세밀하게 검토한 후에 적용해야 할 것이다. 이러한 에너지 효율 향상 기술에 대해 다음과 같은 순서로 설명한다.

- 선박 에너지 효율 향상 개요
- 선체 효율 향상
- 프로펠러 효율 향상 및 에너지 절감 고정 장치를 통한 향상
- 기계 및 전기시스템 효율 향상
- 운항 최적화
- 풍력 및 태양광 에너지 활용
- 선박 에너지 효율 향상 종합
- 선박 에너지 효율 향상 통합 프로세스

7.1 선박 에너지 효율 향상 개요

선박에 관한 에너지 효율 향상 개념도는 그림 7-1과 같다. 선체의 에너지 효율 향상을 위해 형상 최적화와 경량화, 선체 도장과 선체 정기 청소, 공기윤활시스템 등에 관한 기술을 설명하고, 프로펠러 효율 및 에너지 절감 고정 장치를 통한 효율 향상과 가변속도 발전기와 폐열회수시스템 등 기계•전기시스템 효율 향상에 관해 기술한다. 아울러, 풍력 에너지와 태양광 발전을 선박에 적용하는 방식과 선박 운항 최적화 기술들에 관해 설명한다.

연료 에너지를 100%로 간주할 때 선박의 에너지 손실 발생 개념도는 그림 7-2와 같으며, 선박의 종류와 운항 조건에 따라 다르다. 연료 에너지 중에 샤프트 회전 동력에 43%가 전달되고 배기 가스 27%, 열 30%의 에너지 손실이 발생한다. 샤프트 회전 동력 43%에서 추진 동력에 28%, 프로펠러 손실 13%, 트랜스미션(변속 기능) 손실로 2%가 발생한다. 연료 에너지의 28%만이 선박의 추진 동력이 된다는 의미이다. 추진 동력 28%에서 16%는 선체 마찰 저항을 극복하는 데 사용된다.

그림 7-2는 선박에서 에너지 손실이 어디에서 얼마나 발생하는지, 어디에서 절약할 수 있는지에 관한 특정 사례를 보여준다. 이것은 선체 마찰, 배기 가스 및 열에서 가장 많은 에너지 손실이 발생한다는 것을 보여준다. 선체 마찰을 줄이는 선체 코팅과 선체 정기청소, 공기윤활시스템은 에너지 효율 향상의 잠재력이 우수하다. 배기 가스와 열 등 폐열은 에너지 손실의 57%를 차지하므로 고려해야 할 중요한 요소이다. 프로펠러 관련 손실도 에너지 절감을 위한 기회가 될 수 있다는 것을 보여준다.

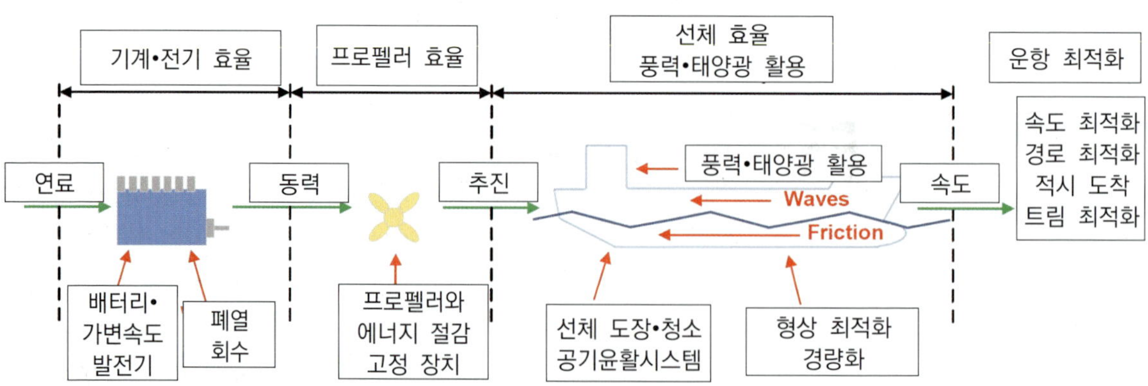

그림 7-1 선박 에너지 효율 향상 개념도

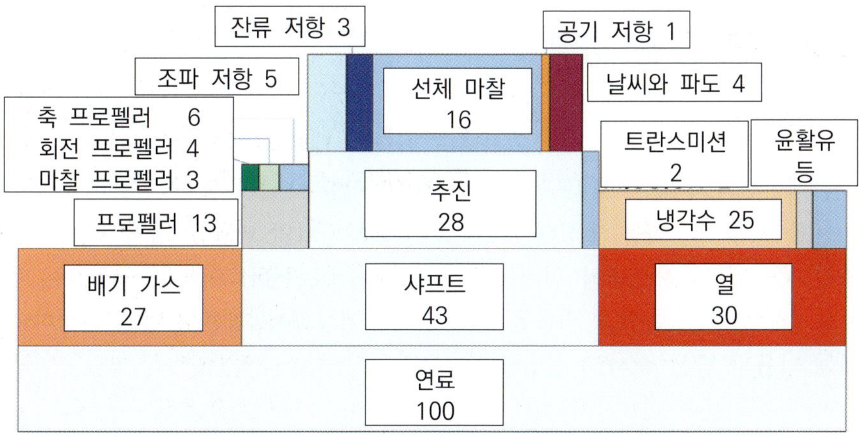

그림 7-2 선박 에너지 손실 발생 개념도

표 7-1은 선박의 에너지 효율 향상 방안과 그에 따른 연료 절감률 기대 수준을 보여준다. 항목별로 기대 수준이 비슷하므로 여러 가지를 동시에 고려해서 적용해야 한다. 과거에 집중적으로 효율을 향상해서 기대 수준이 낮은 항목보다, 최근에 부상한 공기윤활시스템, 풍력 에너지 활용 및 운항 최적화에 대해 적극적으로 검토할 필요가 있다.

표 7-1 선박의 에너지 효율 향상 방안

구분	연료 절감률 기대	내용
선체 효율 향상	2~25%	선체 형상최적화, 경량화, 선체 도장과 선체 정기청소, 공기윤활시스템 등
프로펠러 및 고정 장치 향상	3~10%	프로펠러 최적화, 프로펠러 전부•후부 고정 장치 등
기계•전기시스템 향상	3~15%	가변속도 발전기, 폐열회수시스템 등
운항 최적화	2~20%	운항 최적화, 에너지 최적화 등
풍력•태양광 활용	5~35%	풍력보조추진장치 또는 태양광 설치

7.2 선체 효율 향상

선체로 인한 에너지 손실을 최소화하려면 선박의 대형화와 더불어 선박 설계 단계에서 CFD 시뮬레이션과 선박 수조 모형 실험을 통해 저항에 관한 모든 정보를 종합적으로 판단해서 선체 형상 최적화를 달성해야 한다. 선체 경량화와 마찰 저항을 최소화할 수 있는 선체 도장과 공기윤활시스템의 설치도 적극적으로 검토한다. 이러한 개선에는 비용이 따르므로 설계자는 효율 향상과 비용을 종합적으로 고려해서 개선 사항을 반영하여야 한다. 이에 대해 다음과 같은 순서로 설명한다.

- 선박 대형화와 에너지 효율 향상
- 선체 마찰 저항 및 선체 형상 최적화
- 선체 경량화
- 선체 도장 및 선체 정기 청소
- 공기윤활시스템(Air Lubrication System)

7.2.1 선박 대형화와 에너지 효율 향상

해운 회사들은 선박의 운항비 감축과 화물 운반 경쟁력 향상을 위해 선박 대형화를 전략적으로 추진해왔다. 특히 해운 회사 간의 컨테이너선의 대형화 경쟁은 치열하게 전개되었고 현재도 추진 중이며, 이러한 대형화는 선박의 에너지 감축에 기여한다. 그림 7-3은 컨테이너선에 관한 운반 화물의 톤마일당 연료 소비량(g/tonne-nm[35])을 TEU 단위의 용량으로 나타낸 것이며, 운항 속도 22.5 노트, 화물 운반량 단위는 평균 7톤/TEU를 적용하였다.

컨테이너선에서 대형화로 인해 연료 소비량이 대폭으로 절감된 결과를 보여준다. 대형화 효과는 연료 소비량이 4,500 TEU보다 8,000 TEU에서 약 25%, 8,000 TEU보다 12,500 TEU에서 약 10% 감소하였다. TEU당 선박 총건조비도 4,500 TEU보다 8,000 TEU에서 약 15% 절감된다. 규모의 경제성이 반영된 대형화 효과로 인한 결과이다. 또한,

35) 1 tonne-nm : 화물 1톤을 1해리 이동함을 의미한다. 1 nm(Nautical mile, 해리) = 1,852 m

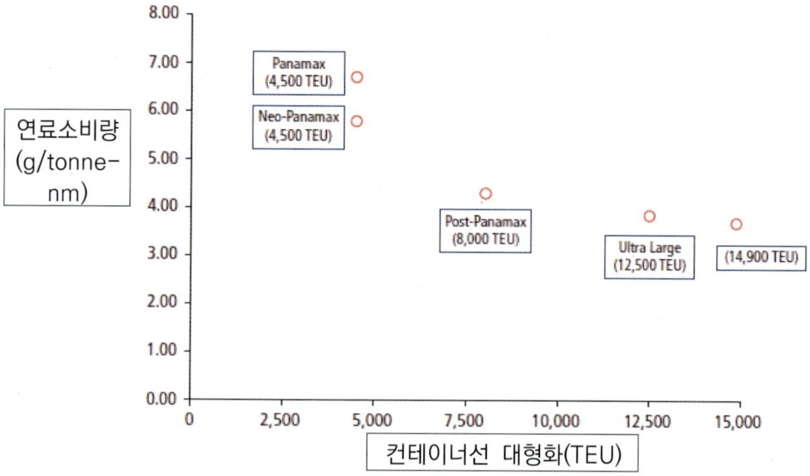

그림 7-3 컨테이너선의 대형화에 따른 연료 소비량 감축 그래프

4,500 TEU 컨테이너선에서 속도 1 노트를 줄이면 연료 소비량이 12~15% 줄어드는 등 속도 감소가 에너지 효율 향상 효과가 더 크므로 화물 운반 기간 등을 고려한 운항 속도 최적화도 중요하다.

7.2.2 선체 마찰 저항 및 선체 형상 최적화

- 선체 마찰 저항
- 선체 형상 최적화

(1) 선체 마찰 저항

선박 저항에서 선체와 물 사이의 점성 효과에 의한 점성 저항이 가장 크고 점성 저항의 대부분이 마찰 저항이며, 속도가 증가하면 조파 저항이 커진다. 그림 7-4는 일반적인 대형 상선의 저항 곡선을 보여준다. 선체 에너지 효율 향상에서 마찰 저항을 줄이는 것은 효과적인 방법이다.

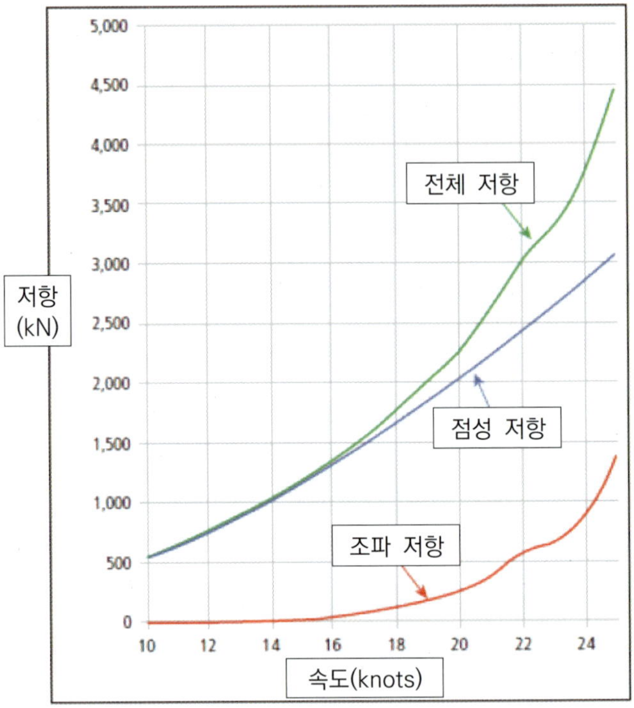

그림 7-4 대형 선박의 일반적인 저항 곡선

그림 7-5와 같이 탱커와 컨테이너선은 점성 저항(마찰 저항)이 총 저항의 약 70~90%를 차지한다. 점성 저항은 벌크선이나 탱커 같은 저속으로 운항하는 선박일수록 증가하는 반면, 속도가 빠른 컨테이너선에서는 조파 저항의 비율이 증가한다. 컨테이너선의 조파 저항 비중은 통상 운항속도 기준으로 약 20~30% 수준이다.

선체 마찰 저항을 줄이기 위해 선체 표면을 지나가는 물이 균일하게 흐르도록 하고, 프로펠러 후미에서 발생하는 물 흐름의 분리와 와류 및 캐비테이션 현상을 억제시키고 균일하게 흐르도록 설계한다.

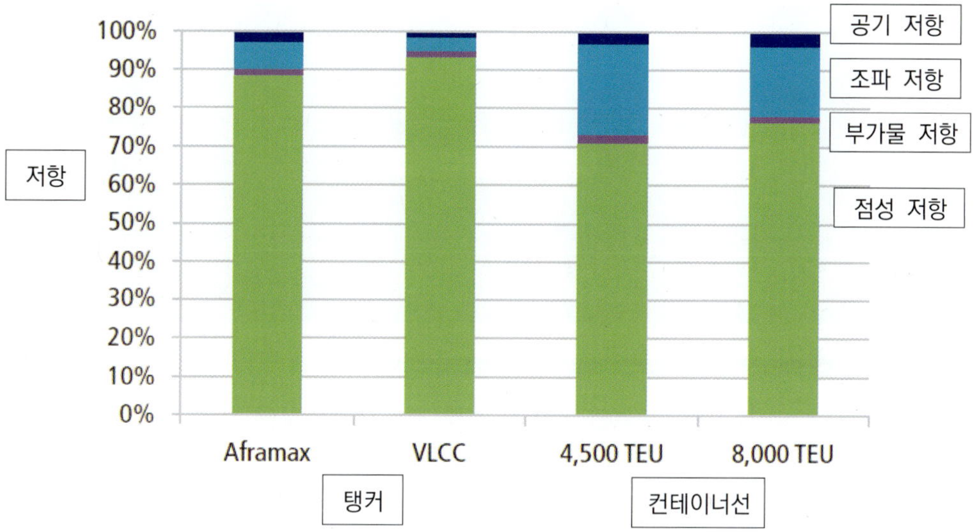

그림 7-5 탱커 및 컨테이너선의 저항 구성 요소

(2) 선체 형상 최적화

선체 형상 최적화의 연료 절감률 기대 수준은 약 2~20%이다. 선체 형상 최적화를 효율적으로 추진하기 위해 전산유체역학(CFD)을 사용한다. 조선소에서 과거에 설계한 선체 형상을 디지털화하여 모델링하고 선박의 종류와 크기별 선체 형상 CFD 기준 모델을 만든다. 이러한 모델에 운항 지역에 관한 유체 흐름과 운항 조건에 따른 시뮬레이션을 만들어 저항 값을 예측한다. 그동안 조선소가 확보한 선박 종류와 크기별 모형 실험 저항 값과의 비교를 통해 선체 형상 CFD 기준 모델을 향상하여 신뢰성을 향상시킨다.

선박의 수주에 따라 발주처의 요구 조건을 반영하여 선체 형상 CFD 기준 모델에서 선체 형상을 변경시킨 CFD 시뮬레이션 경우의 수를 만들어 컴퓨터에서 실행시킨다. 그 결과로 부터 최적의 저항 값을 가지는 몇 개의 선체 형상 CFD 모델을 선정하고, 이들 모델에 관한 선박 모형 실험을 통해 산출한 저항 값을 비교하여 최적화한 선체 형상을 선택한다. 이러한 저항 예측 값은 선박 건조 후 시운전을 통해 검증한다.

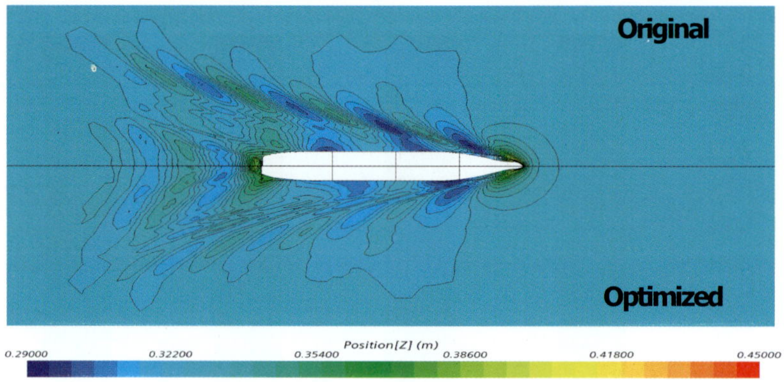

그림 7-6 CFD 이용 선체 접촉 파형 계산 사례

그림 7-6은 선박의 선수 선형의 변화에 따른 최적 선형을 도출하기 위해 CFD를 이용하여 선체와 접촉되는 파형을 계산한 것으로, 파형 해석에 따른 성능 평가를 통하여 선형을 최적화하는 과정의 사례를 보여준다. CFD 시뮬레이션과 선박 모형 실험을 통한 최적화에 상당한 비용이 들어가고 작업 기간도 필요하다. 이러한 비용은 일회성이며 선박의 수명주기 동안 충분한 효과가 발생하므로 선체 형상 최적화는 장기적으로 에너지 효율 향상과 비용 감소에 효과적인 방안이다.

7.2.3 선체 경량화

선체 경량화의 연료 절감률 기대 수준은 약 10%로 선체 경량화는 건조비와 운항비 둘 다 줄일 수 있는 매우 효과적인 방안이다. 대형 선박의 중량 감소는 화물 운반량을 증가시켜 운항 수익도 향상시킨다. 고속추진선박의 경우 가벼운 비철 재료를 적용하여 연료 소비를 많이 줄일 수 있다.

이러한 선체 경량화를 위해 고장력강(HTS, Higher Strength Steel)을 사용한다. 그림 7-7은 선박의 고장력강 사용 비율에 따른 선체 중량 감소 비율을 나타낸다. 선박에서 고장력강을 10% 추가하여 사용하면, 중량을 1.5~2%까지 줄일 수 있고, 화물 적재량은 0.2~0.3% 증가하며, 화물 운반 톤당 연료 소비를 0.2~0.5%까지 줄일 수 있는 효과가 발생한다. 선박에서 강재를 가장 많이 사용하는 탱커의 경우 최근 고장력강 적용 비중은

30~60%, 벌커선 50~70%, 컨테이너선 40~60% 수준이다. 선체 경량화는 대형 선박의 대양 운항 시에 선체 진동으로 운항 안전성이 저하할 수 있으므로 이러한 현상의 억제를 위한 구조 설계 개선과 조종 성능 향상을 추진해야 한다.

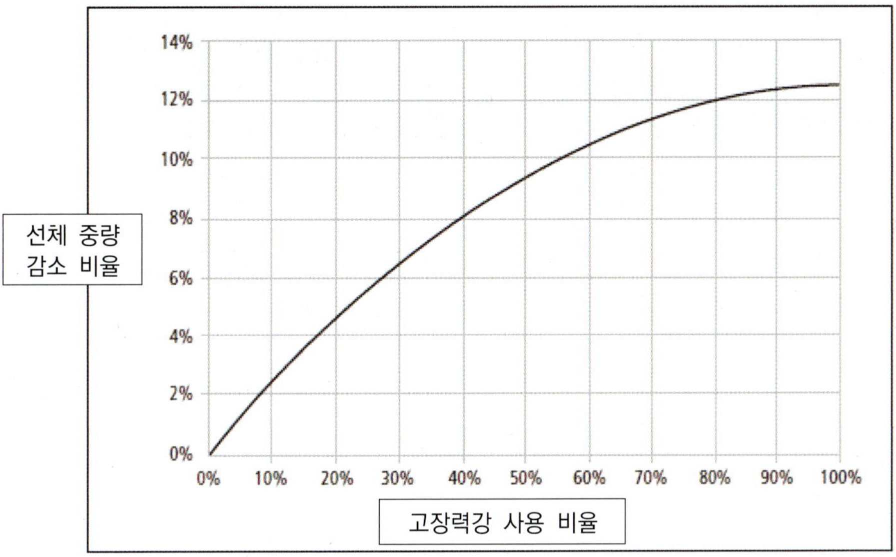

그림 7-7 선박의 고장력강 사용 비율에 따른 선체 중량 감소 비율

7.2.4 선체 도장 및 선체 정기 청소

선체 도장의 연료 절감률 기대 수준은 약 1~4%이다. 선체의 표면 거칠기는 마찰 저항에 큰 영향을 미친다. 선체 표면에서 도장 결함이 발생하고 해양 생물이 많이 성장하면 표면 거칠기가 나빠져 저항이 증가한다. 선박이 바다에 잠기는 흘수선 아래의 선박 전체에 도장 작업을 실시하여 표면을 매끈하게 만들어 마찰 저항을 적게 만든다. 선체 부식을 방지하며, 따개비와 홍합 같은 해양 생물의 성장을 억제시키는 방오 성분을 함유하면서도 유해하지 않는 친환경 도장 종류인 무독성 친환경 방오 도료와 저마찰형 방오 도료 등을 적용한다. 이러한 특수 도료 적용에 비용이 들지만, 유지 보수 비용 감소 등의 효과가 있다.

그림 7-8 선체 침수면 청소 작업과 청소 로봇

선체 정기 청소의 연료 절감률 기대 수준은 약 1~5%이다. 대부분 선박은 5년을 주기로 선박을 도크 또는 육지에 올려 선체가 드러난 상태에서 선급으로부터 정기 검사를 받는다. 그때 선체 도장 상태를 점검하고 부착된 해양 생물을 제거하는 등 선체 도장 보완과 선체 침수면 청소를 한다. 그러나 선체 도장은 시간이 지남에 따라 매끈함의 상실로 연료 소비가 증가할 수 있다. 항만에서 선체 침수면에 관한 다이버의 직접 관찰과 연료 소비 모니터링을 통해 선체 성능 저하를 확인하고 정기적으로 선체 청소를 실시해야 한다. 선체 도장 성능을 유지하면 그렇지 않을 경우보다 최대 5%의 연료 절감 효과가 발생한다. 이러한 일상적인 선체 확인과 정기적인 유지 보수 작업을 통해 선박의 마찰 저항과 연료비를 감소시킨다.

7.2.5 공기윤활시스템(Air Lubrication System)

공기윤활시스템의 연료 절감률 향상 기대 수준은 5~25%이다. 공기윤활시스템은 선박의 마찰 저항을 줄이기 위해 선체 바닥에 공기를 주입하는 것이다. 이러한 기술 적용으로 에너지 절감의 효과도 있지만, 시스템을 설치하고 운영할 때 설치비와 유지 보수 비용도 발생하는 단점이 있으므로 투자 타당성을 잘 판단해서 설치해야 한다. 이러한 공기윤활시스템은 다음과 같이 2개 종류가 있다.

- 공기 버블(Air-Bubble) 및 에어 카펫
- 에어 캐비티 시스템(Air Cavity System)

(1) 공기 버블(Air-Bubble) 및 에어 카펫

공기 버블(기포)은 선체 바닥의 평평한 표면에 압축기로 압축 공기를 공기 분사구(인젝터 노즐)에 공급하여 미세 기포(0.1~1 mm 내외)로 분사시켜 마찰 저항을 줄인다. 대형 선박에 적용하여 효과를 검증받은 기술이다. 기포가 커지면 난류에서 변형되기 쉬우므로 효과적인 기포의 크기는 마이크로 버블이며, 0.1 mm 이하이다. 적절한 조건에서 기포가 선체 바닥에 퍼지면 하나의 큰 에어 카펫이 형성된다. 바닥이 평평한 벌크선은 선수에 분사구를 하나만 배치하고, 여객선과 같이 평탄한 면이 적으면 선수, 중간 및 선미 등에 3개의 분사구를 배치하도록 설계한다. 기포는 발생하고 흐르면서 함께 확장하고 합쳐지기 때문에 분사구에서 멀어질수록 효과가 감소한다.

선체의 긴 길이에 충분한 미세 기포를 공급하고 유지하는 제어 기술이 중요하며, 선박 운항 조건에 적합한 분사구 형상과 위치 및 수를 적절하게 배치해야 한다. 미세 기포 생성과 유지에 공기 압축기, 배관 라인 및 공기 분사구 등 장치의 설치와 운전 제어에 에너지가 추가로 들어가고 비용도 발생하지만, 비용보다 효과가 더 커 적용을 확대하고 있다.

삼성중공업에서 LNG선에 개발하여 적용한 공기 버블의 공기 분사구 배치 개념은 그림 7-10과 같다. 공기 분사구는 13.0ST와 14.5ST에 배치하였고, 선체 바닥을 덮는 공기층 면적은 선체 침수 표면적의 8.0~10.6% 수준, 공기층 두께는 8~24mm로 형성되게 공급하였다. 마찰 저항 최대 감소율은 10.6%로 나타났다. 에너지 절감을 위해 공기 윤활 성능이 유지되는 범위 내에서 공기층 두께를 최소화해야 한다. 폭 방향으로 분사구 개수를 증가시켜 공기층 두께를 적정 수준으로 조절함과 동시에 공기층이 덮는 면적을 최대한 확장시키는 과정을 통해 최적화를 달성한다.

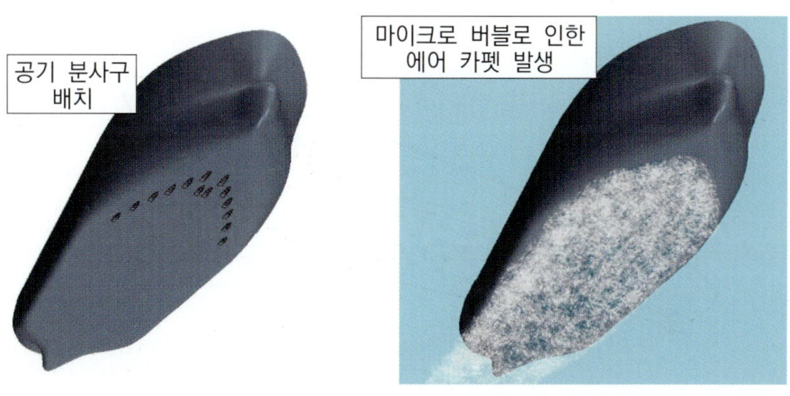

그림 7-9 선박의 마이크로 버블 개념도

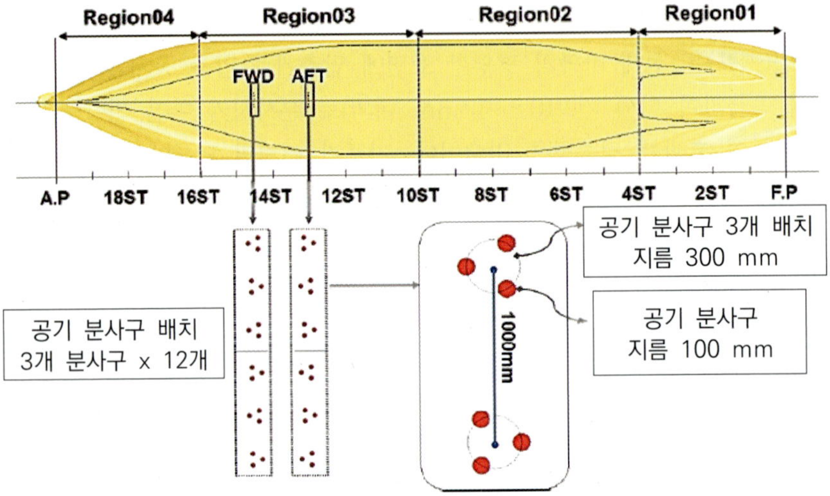

그림 7-10 LNG선 공기윤활시스템 배치 개념도

(2) 에어 캐비티 시스템(Air Cavity System)

에어 캐비티 시스템은 물에 잠기는 선체 바닥의 평평한 침수 표면에 적절한 공기를 공급하여 얇은 공기층(Air Layer)을 형성시켜 마찰 저항을 줄인다. 선박 속도가 증가하면 공기층의 안정적인 유지가 어려워져 효과가 감소한다. 선체 하부가 평편한 U자형 선박에는 효과가 있지만 V자형에는 떨어지며, 호수같이 잔잔한 운항 지역에 효과가 있다. 아직은 선박 운항을 통한 검증이 더 필요한 기술이다.

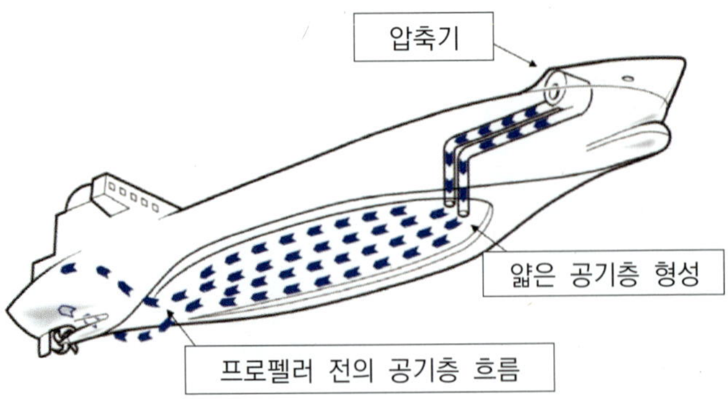

그림 7-11 선박의 에어 캐비티 시스템 개념도

7.3 프로펠러 효율 및 에너지 절감 고정 장치를 통한 향상

선박의 선체 형상과 운항 속도에 최적화된 프로펠러 형상과 날개수를 적용하여, 에너지 효율을 향상시킨다. 또한, 선박의 프로펠러와 방향타(Rudder)에 부착하는 고정 장치를 설치하여 프로펠러 주변의 물 흐름을 균일하게 흐르게 만들어 연료 소비를 줄이고 있다. 이에 대해 다음과 같은 순서로 설명한다.

- 프로펠러 효율 향상
- 포드형(Pod Type) 및 아지무스(Azimuth) 프로펠러
- 프로펠러 전부 고정 장치(Pre-Swirl Stator)
- 프로펠러 후부 고정 장치(Post-Swirl Stator)

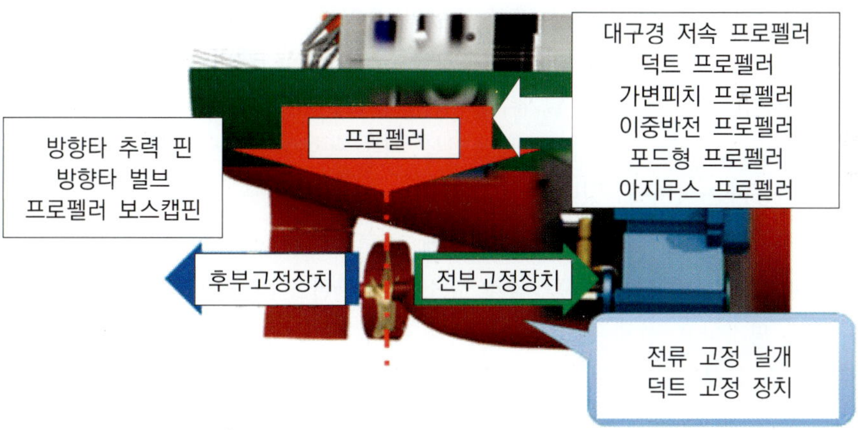

그림 7-12 프로펠러 효율 및 에너지 절감 고정 장치 개념도

7.3.1 프로펠러 효율 향상

프로펠러 효율 향상의 연료 절감률 기대 수준은 약 3~10%이다. 선박의 종류와 운항 특성에 따라 대구경 저속 프로펠러, 덕트 프로펠러, 가변피치 프로펠러 및 이중 반전 프로펠러(Contra-Rotating Propeller) 등을 선택하여 에너지 효율을 향상시킨다.

- 대구경 저속 프로펠러
- 덕트 프로펠러(Duct Propeller)
- 가변피치 프로펠러(CPP, Controllable Pitch Propeller)
- 이중 반전 프로펠러(Contra-Rotating Propeller)

(1) 대구경 저속 프로펠러

프로펠러는 일반적으로 날개수가 적고 더 크고 느린 속도로 작동시키는 것이 효율이 높다. 날개수가 적으면 날개 간의 간섭 영향이 줄어들지만 날개에 걸리는 힘이 커져 강도를 강화해야 하고, 프로펠러에 심각한 손상을 발생시키는 캐비테이션[36]이 발생하기도 한다. 캐비테이션을 줄이기 위해 날개수를 증가시키고 있으며 날개수가 4~5개를 적용하는 대형 선박이 많다. 운항 속도가 빨라 출력을 매우 높여야 하는 대형 컨테이너선에서 6개의 날개를 적용하는 경우도 있다.

선박 설계자는 선박의 대형화와 고속화에 따른 효율 높은 프로펠러 개발을 추진해야 한다. 프로펠러 형상과 날개수 등 설계 요소들에 관한 CFD 시뮬레이션과 프로펠러 모형 시험을 통해 평가하고 선체 형상과 진동 및 선박 속도 등과 종합하여 운항 조건에 최적인 프로펠러를 선정하여 연료 소비를 줄인다.

표 7-2 대형 선박 종류별 날개수 적용

날개수	적용 선박
3~4개	벌크선, 석유화학 제품운반선, 탱커, LNG선, 소형 LNG선
5개	LNG선, 대형 컨테이너선
6개	초대형 컨테이너선

36) 캐비테이션(Cavitation) : 프로펠러 회전에 따라 날개에서 발생한 기포가 압력을 받아 터지면서 충격파가 발생하는 현상을 말한다.

(2) 덕트 프로펠러(Duct Propeller)

덕트 프로펠러는 원통형 덕트 안에서 회전하는 프로펠러이며, 프로펠러 끝에서 발생하는 회전력의 손실을 방지하고 추진력으로 활용하므로 효율을 향상시킨다. 일반적으로 선박 운항 속도가 15 노트 이하의 저속에서 효율이 높게 나타나며 고속으로 갈수록 효과가 떨어진다. 예인선(Tug Boat)과 같이 예인력이 크게 필요한 선박 또는 저속으로 운항하면서 지름이 작은 프로펠러를 설치하는 선박에 주로 사용한다.

덕트 프로펠러의 가속형은 예인선에 사용하고 감속형은 캐비테이션 소음을 줄일 수 있으므로 군함에 사용한다. 선박의 운항 목적과 속도에 맞게 덕트의 형상을 선택하며, 속도가 빠를 경우 더 짧고 작은 덕트를 사용한다. 일반적으로 덕트 길이는 지름의 1/2 수준이다. 덕트에 의해 발생한 흐름에 최적으로 작동하는 프로펠러를 적용해야 하고, 날개 끝 와류에 의한 캐비테이션이 발생할 수 있어 덕트 위치를 잘 선정해야 한다. 덕트는 때때로 선박을 조종하기 위한 방향타 대신에 사용할 수도 있다.

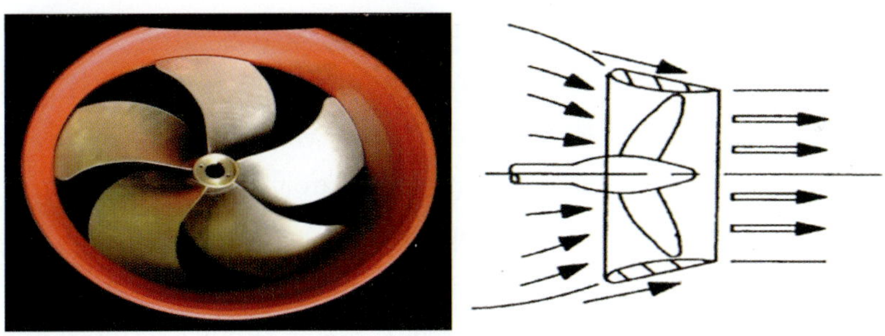

그림 7-13 가속형 덕트 프로펠러

(3) 가변피치 프로펠러(CPP, Controllable Pitch Propeller)

선박에는 일반적으로 고정피치 프로펠러(FPP, Fixed Pitch Propeller)를 적용한다. 피치는 프로펠러가 1회전하였을 때 유체를 밀어내는 거리를 말하며, 피치 길이를 키우면 선박이 앞으로 나아가는 거리가 길어진다. 가변피치 프로펠러는 그림 7-14와 같이 프로펠러 각 날개를 피치제어허브에 연결하고 유압식으로 날개를 회전시켜 다양한 운전 조건에 적합한 피치로 변경하는 방식이며, 프로펠러가 회전하는 동안에도 피치 변경이 가능하다.

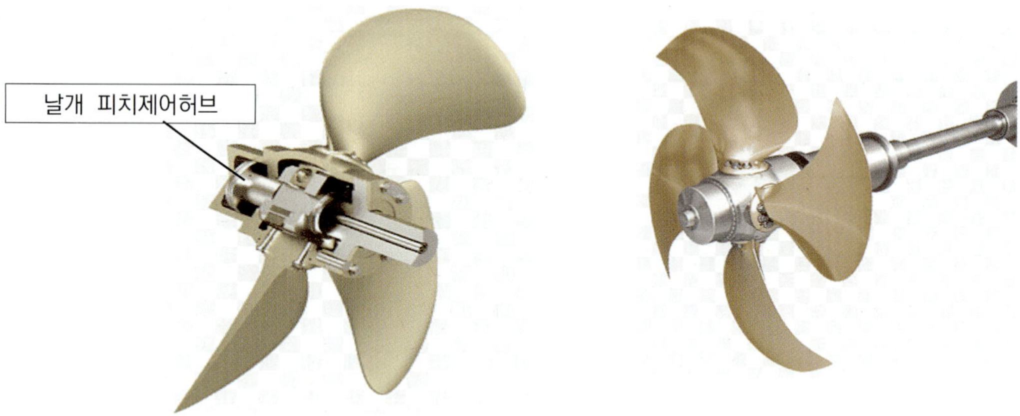

그림 7-14 가변피치 프로펠러

일반 선박에서는 FPP보다 CPP가 효율이 낮지만 다양한 기상 조건이나 자동 위치 제어 등 까다로운 운항 조건을 가지는 선박에서 효율을 향상할 수 있다. 메인 엔진을 항상 같은 방향으로 돌리면서 프로펠러 날개의 피치 조정으로 전진, 정지 및 후진 기능이 가능하고, 저속 운항 시에도 효율을 향상할 수 있다. 자동 피치 조정 기능을 사용하면 해상 상태와 무관하게 메인 엔진의 과부하 운전 없이 최적 출력 운전이 가능하다. CPP는 일정한 회전 속도로 작동하는 샤프트발전기(Shaft Generator)와 함께 설치한다.

프로펠러에 피치제어허브장치를 수용하기 위한 공간을 설계해야 하고 샤프트 구조가 복잡해지며, 초기 설치비와 보수 유지 비용이 비교적 비싼 단점이 있다. 군함, 여객선, 예인선, 트롤 어선, 도선 및 소해정 등 운항 조건을 심하게 변경하는 선박에 효과적이다.

(4) 이중 반전 프로펠러(Contra-Rotating Propeller)

이중 반전 프로펠러는 공통 샤프트에 서로 반대 방향으로 회전하는 2개의 프로펠러를 설치하는 방식이다. 앞쪽 프로펠러가 회전하면 추진력과 동시에 추진에 기여하지 않는 측면 방향 힘이 발생한다. 뒤쪽 프로펠러를 반대 방향으로 회전시켜 측면 방향 힘을 추력으로 회수하면서 에너지 효율을 약 6~7% 향상시킬 수 있다. 이중 반전 프로펠러는 뒤쪽 프로펠러가 앞쪽보다 지름이 작고 날개수는 많게 설계한다. 일반적으로 앞쪽 및 뒤쪽 프로펠러 날개수는 각각 4개와 5개이다.

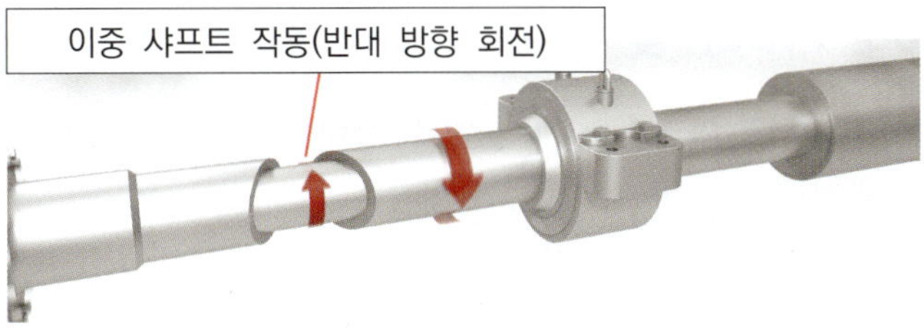

그림 7-15 이중 반전 프로펠러의 이중 샤프트 작동 개념

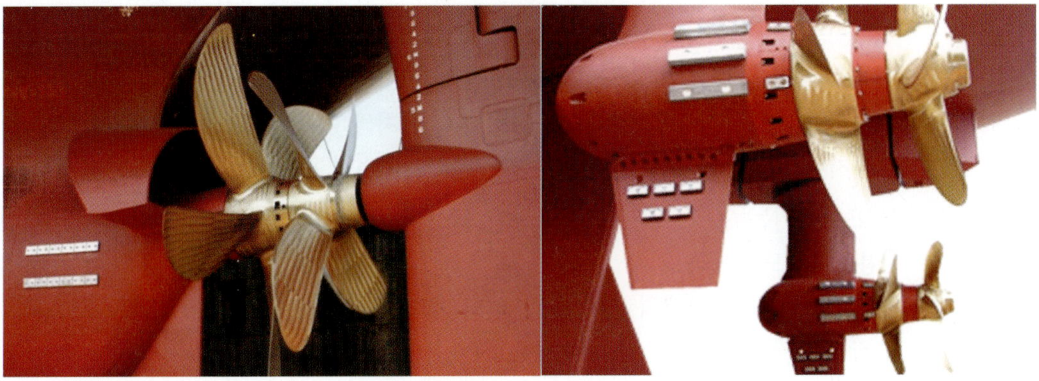

그림 7-16 기존 이중 반전 프로펠러(왼쪽) 및 포드형 이중 반전 프로펠러(오른쪽)

이중 반전 프로펠러는 약 1500~2000 rpm에서 운전하는 소형 고속선에 적용해 왔으며, 매우 긴 샤프트를 가지는 대형 선박에서는 기계적 배치와 작동이 복잡하고 설치비가 비싸며 유지 보수비도 많이 들어 적용하지 않았다. 그림 7-16 오른쪽과 같이 전기 모터를 내부에 설치한 포드형 이중 반전 프로펠러를 적용하면 최대 15~20%의 효율 향상이 가능하고 캐비테이션 발생 억제와 소음이 작은 장점이 드러나면서 크루즈선 및 대형 여객선에서 사용이 확대되고 있고 벌크선과 탱커에도 적용할 수 있는 반면, 투자비와 운영비가 비싸므로 투자 타당성 검토 이후에 적용해야 한다.

7.3.2 포드형(Pod Type) 및 아지무스(Azimuth) 프로펠러

포드형 프로펠러는 포드 내부에 전기 모터를 설치하고 프로펠러를 직접 구동하는 방식이다. 아지무스 프로펠러는 동적 포지셔닝(DP, Dynamic Positioning) 기능이 있어 파도의 이동 흐름에 제자리에서 회전하면서 고정 위치를 유지하는 특수 목적의 프로펠러이다.

포드형 프로펠러는 최근 10년 동안 크루즈선, 대형 여객선, 쇄빙 탱커•LNG선, 해양 연구선 및 RoPax 등에 널리 사용하고 있다. 프로펠러 자체 회전으로 추진 방향을 선회하므로 조종 성능과 출력 변동에 따른 기동성이 매우 우수하며 방향타가 필요 없다. 추진 전기 모터를 선박 내부에 설치하지 않고 선박 후미의 포드 내부에 설치하기 때문에 진동과 소음이 대폭 줄어들고 캐비테이션 현상도 감소한다. 엔진룸 공간 감소로 구획 배치가 쉬운 장점이 있으나 포드형 도입에 따라 프로펠러 장치의 복잡성과 중량이 증가하고, 장치 구매비, 설치비 및 보수 유지비가 증가한다.

아지무스 프로펠러는 동적 포지셔닝 기능이 필요한 드릴십과 해양 특수 선박 및 예인선 등에 사용한다. 드릴십의 경우 안전한 시추 작업을 하기 위해 고정 위치를 오랫동안 유지해야 한다. 프로펠러 자체의 회전으로 선회할 수 있어 방향타가 필요 없으며, 덕트 프로펠러의 장점도 활용할 수 있다.

그림 7-17 포드형 프로펠러

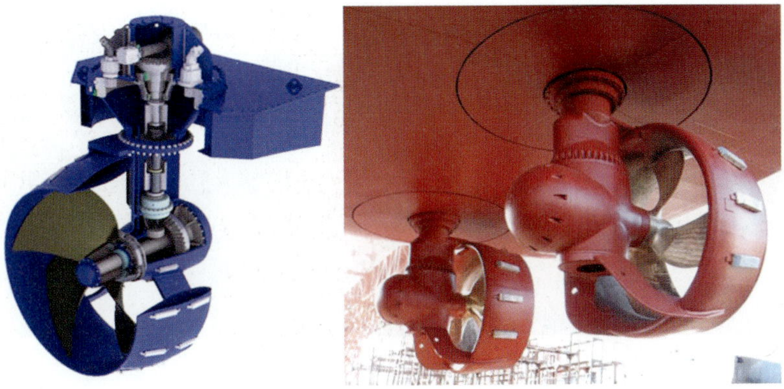

그림 7-18 아지무스 프로펠러

7.3.3 프로펠러 전부 고정 장치(Pre-Swirl Stator)

프로펠러 전부 고정 장치는 프로펠러 앞에 여러 개의 고정 날개 구조물 또는 덕트 고정 장치를 설치한 것이며, 연료 절감률 기대 수준은 약 2~6%이다. 이러한 고정 장치는 프로펠러 회전 방향과 반대 방향의 소용돌이 흐름을 만들어 프로펠러에 보내고 이러한 효과로 프로펠러를 지난 최종 흐름을 곧게 펴게 흐르도록 만들면서 효율을 향상시킨다. 프로펠러 이후 유속의 흐름이 불균일하면 효율이 떨어진다.

- 프로펠러 전부 고정 날개
- 프로펠러 전부 덕트 고정 장치

(1) 프로펠러 전부 고정 날개

프로펠러 전부 고정 날개는 그림 7-19와 같이 프로펠러에 유입되는 유체 흐름을 원활하게 흐르도록 변경시켜 얻은 추진력으로 샤프트의 추진 동력 공급을 감소시키며, 이러한 고정 날개와 프로펠러와의 상호 작용의 효과가 효율 향상의 원리이다. 고정 날개는 저항을 생성하기 때문에 설치 이후 얻은 추가 추진력이 저항보다 높은 경우에만 적용하며, 저속 운항하는 탱커와 벌크선보다 고속으로 운항하는 대형 컨테이너선에 효과적이다.

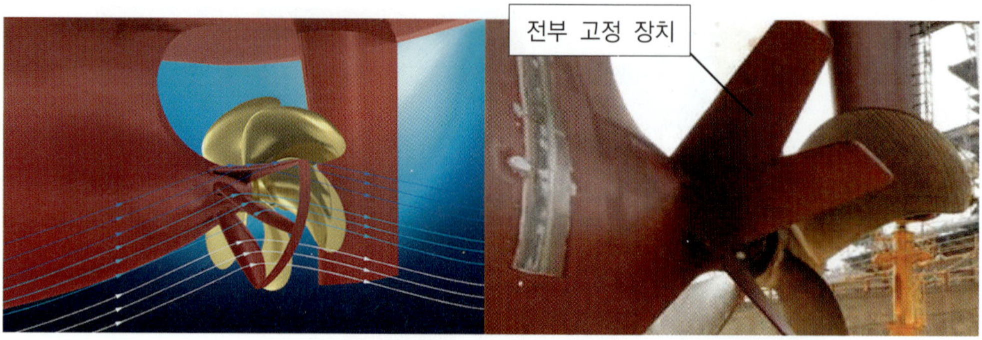

그림 7-19 프로펠러 전부 고정 장치

(2) 프로펠러 전부 덕트 고정 장치

그림 7-20은 프로펠러 전부 덕트 고정 장치를 설치한 것이며, 운항 속도가 느린 탱커와 벌크선에 적합하다. 덕트는 고정 장치에 원활한 유체 유입을 공급하여 사전 고정 장치의 효율성을 증가시키며 가속 흐름으로 인한 추가 추진력도 발생시킨다. 이러한 장치는 선박에 선체-덕트-고정 장치-프로펠러로 구성하며 각 구성 요소가 상호 작용하기 때문에 설계가 상당히 복잡해진다.

그림 7-20 프로펠러 전부 덕트 고정 장치

7.3.4 프로펠러 후부 고정 장치(Post-Swirl Stator)

프로펠러 후부 고정 장치의 연료 절감률 기대 수준은 약 2~6%이다. 방향타 벌브, 방향타 추력 핀 및 보스 캡 핀 등과 같은 에너지 절약 기술과 함께 선박에 통합하여 적용하면 효율을 훨씬 높이고 조종 성능이 좋아지고 진동도 감소한다. 이에 대해 다음과 같은 순서로 설명한다.

- 방향타 추력 핀(Rudder Thrust Fin)
- 방향타 벌브(Rudder Bulb)
- 프로펠러 보스 캡 핀(Propeller Boss Cap Fin)

(1) 방향타 추력 핀(Rudder Thrust Fin)

방향타 추력 핀은 방향타에 수직으로 설치한 타원형 형상의 핀으로 프로펠러의 회전 손실 에너지를 유용한 추진력으로 변환시켜 에너지를 절감하는 방식이다. 방향타 추력 핀은 회전식 방향타에 적용할 수 없으며, 회전할 경우 유체 흐름을 최적화할 수 없고 핀 손상이 발생할 수 있다. 유체 흐름에 의한 핀 손상이 발생하지 않도록 핀의 성능에 적합한 구조적 강도를 확보하도록 설계한다.

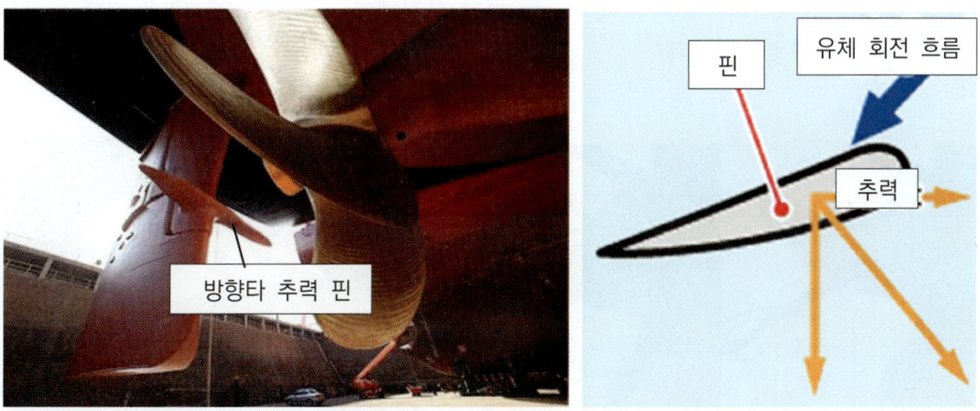

그림 7-21 방향타 추력 핀

(2) 방향타 벌브(Rudder Bulb)

방향타 벌브는 프로펠러에 매우 가깝게 벌브 형상 구조물을 방향타에 만들어 설치한 장치이다. 프로펠러 뒤의 유체 흐름 수축으로 발생하는 소용돌이 흐름을 제거하고 방향타로 흐르는 흐름을 곧게 펴주면서 효율을 향상하는 방식으로, 고속선의 방향타에 발생하는 캐비테이션 현상을 줄여 방향타의 수명을 연장시킨다.

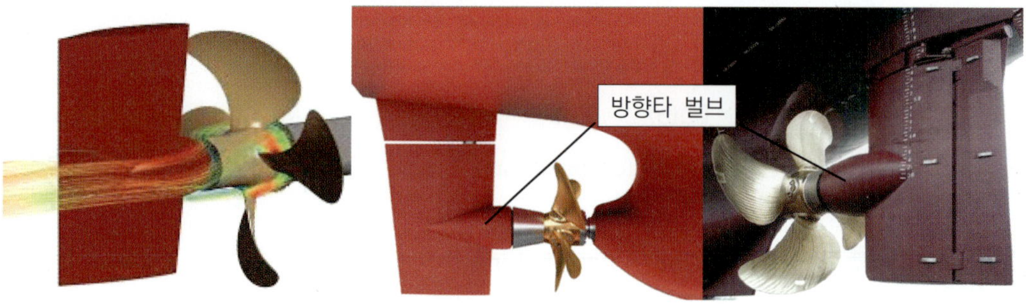

그림 7-22 방향타 벌브

(3) 프로펠러 보스 캡 핀(Propeller Boss Cap Fin)

프로펠러 보스 캡 핀은 약 3,000척의 선박에 설치한 장치이며 에너지 절감에 효과적이다. 프로펠러 날개의 유체 흐름 속도 차이로 인해 프로펠러 보스 캡 뒤에 많은 소용돌이가 발생한다. 보스 캡에 작은 핀들을 설치하면 프로펠러 뒤의 흐름을 곧게 펴져 흐르도록 만들면서 효율을 향상시킨다.

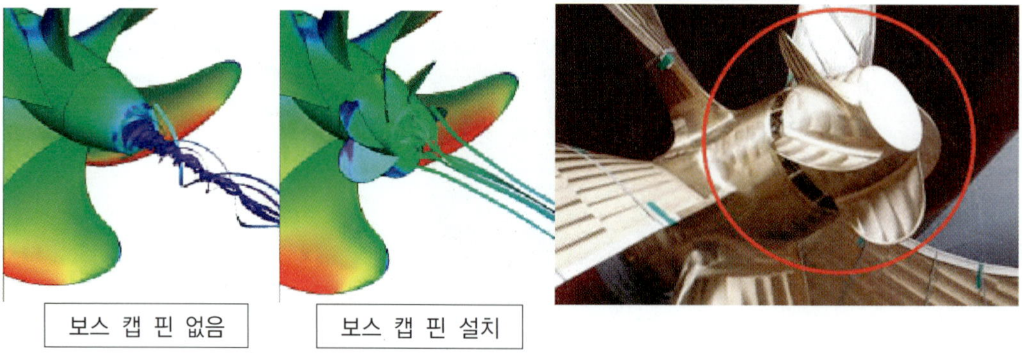

그림 7-23 프로펠러 보스 캡 핀

7.4 기계 및 전기시스템 효율 향상

디젤엔진의 연료 효율은 현재 기술 상태에서 대략 43~55%로 나타나며, 연료 에너지의 절반이 디젤엔진에 의해 기계 또는 전기 에너지로 변환되어 선박의 추진 부하와 보조 부하에 사용한다. 앞에서 친환경연료와 이중연료엔진, 연료전지추진시스템과 하이브리드전기추진시스템에 대해 설명하였기 때문에 여기서는 선박 종류와 크기별 추진동력시스템의 연료 효율과 그 외의 샤프트 발전기와 가변속도 발전기 및 폐열회수시스템 등 주요 에너지 절감 방안에 대해 다음의 순서로 설명한다.

- 선박 종류와 크기별 추진동력시스템의 연료 효율 비교
- 샤프트 발전기 및 가변속도 발전기
- 폐열회수시스템(WHRS, Waste Heat Recovery System)

7.4.1 선박 종류와 크기별 추진동력시스템의 연료 효율 비교

선박에는 디젤엔진, 가스 터빈 및 스팀 터빈 등 다양한 추진동력시스템을 적용할 수 있다. 디젤엔진추진시스템은 프로펠러와 같은 속도로 회전하므로 변속기 손실이 최소화되고, 최대 약 300 rpm의 낮은 속도이면서 부하 변동이 작은 연속 운전에서 효율이 높아 대부분 선박에서 적용하고 있다. 군함처럼 특수 목적 선박의 경우에는 빠른 고속 기동을 위해 효율이 떨어지지만 가스 터빈 엔진을 사용한다.

표 7-3 엔진 속도별 적용 선박 현황

구분	저속 엔진	중속 엔진	고속 엔진
적용 선박	일반 대형 상선	여객선, 카페리, 어선	쾌속선, 특수선, 군함
rpm	120 이하	400~1,000	1,200 이상
엔진 효율 특성	디젤엔진, 엔진과 프로펠러 rpm이 동일하여 효율이 높다.	디젤엔진 또는 디젤발전기전기추진시스템	디젤엔진•가스엔진 결합, 순항 시 디젤엔진 운전 고속시 가스터빈 운전

표 7-4 선박 크기 및 엔진 종류별 연료 효율 현황

열효율	소형 선박	중형 선박	대형 선박
저속 디젤엔진	~47%	~50%	~53%
중속 디젤엔진	~43%	~47%	~50%
가스 터빈	-	~32%	~35%
가스터빈 복합 사이클	-	-	~40%
스팀 터빈	-	-	~32%

7.4.2 가변속도 샤프트발전기 및 가변속도 발전기

- 가변속도 샤프트발전기
- 가변속도 발전기

(1) 가변속도 샤프트발전기

고정속도 샤프트발전기는 그림 7-24와 같이 메인 엔진 샤프트에 연결하여 샤프트의 회전력으로 전기를 발생시킨다. 메인 엔진이 일정한 회전 속도(rpm)로 운전해야 하며, 이를 위해 가변피치 프로펠러(CPP)와 함께 사용하며 중속 디젤엔진에 적합하다. 저속 디젤엔진에서 고정속도 샤프트발전기를 사용하는 경우 별도 기어변속장치인 기어박스를 설치해야 하며 기어변속효율은 일반적으로 약 92%로 에너지 손실이 발생한다.

그러나 가변속도 샤프트발전기를 사용하면 주파수 제어가 가능해 일반적으로 출력 75~100% rpm에서 고정피치 프로펠러(FPP)와 함께 사용할 수 있고 가변속도 샤프트발전기의 효율은 81~88%이다. 선박에서 1대의 디젤 발전기세트를 1대의 가변속도 샤프트발전기로 대체할 수 있는 경우 비용을 절감할 수 있다. 비용과 수익에 관한 투자 타당성 검토가 이루어진 후에 적용할 필요가 있다.

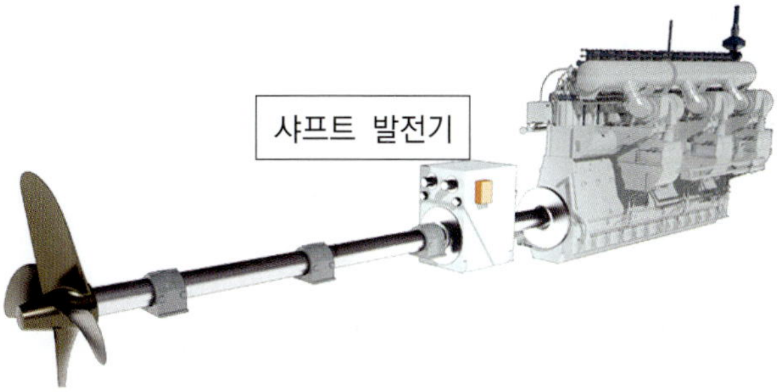

그림 7-24 샤프트 발전기 설치 개념도

(2) 가변속도 발전기

디젤 발전기세트는 전력 부하에 필요한 고정 주파수(50 Hz 또는 60 Hz)의 교류(AC)를 생산하기 위해 800 rpm 또는 1,800 rpm 등 고정 속도로 회전한다. 선박의 출력 요구에 적합하게 속도를 변경할 수 있는 메인 엔진과 달리 고정속도 발전기는 고정 속도 운전으로 낮은 출력에서 연료 소비와 환경오염 물질의 배출이 많아지고 구성 부품들에 관한 마모도 많이 발생한다.

가변속도 발전기를 적용하면 이러한 비효율을 개선할 수 있으며 연료 절감률 기대 수준은 약 3~10%이다. 그림 7-25는 고정속도 발전기와 가변속도 발전기 간의 출력 비율별 전기 출력(kWh)당 연료 소비(g) 비교 그래프이다. 고정속도 발전기는 낮은 출력에서 연료 소비가 급증하고 출력이 50% 이상이 되면 연료 소비가 줄어든다.

6,800 TEU와 13,100 TEU 컨테이너선의 경우 선박 운항 시간의 19% 수준에서 발전기 정격 출력의 50~60%로 운전하였으며, 여기에 가변속도 발전기를 적용하면 약 7%의 연료 절감이 가능하다는 시뮬레이션 연구 결과도 발표되었다. 가변속도 발전기는 설치비와 유지 보수비가 많이 들어가므로 선박의 전기 부하 공급 평가를 반영한 투자 타당성 검토가 필요하다.

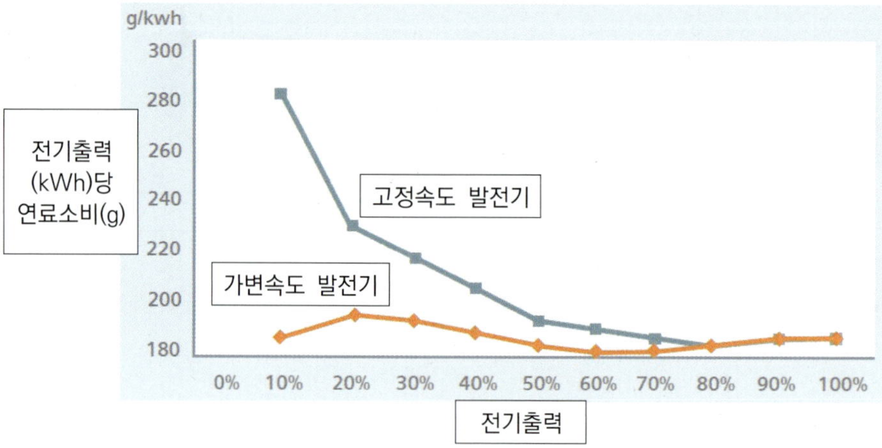

그림 7-25 가변속도 디젤 발전기의 전기 출력(kWh)당 연료 소비 그래프

7.4.3 폐열회수시스템(WHRS, Waste Heat Recovery System)

폐열회수시스템의 연료 절감률 기대 수준은 약 2~6%이다. 선박의 연료 연소에 의해 발생한 에너지의 50% 이상이 샤프트의 회전 동력으로 사용되지만, 나머지는 배기 가스 및 폐열로 인한 에너지 손실이 발생한다. 폐열회수시스템은 배기 가스에서 발생하는 200~400℃ 열을 약 50% 회수하여 배기 가스터빈 또는 스팀터빈을 작동하여 전력을 발생시킨다. 배기 가스로 버려지던 열로 전력을 생산하여 디젤 발전기 발전 용량을 대체하므로 에너지 효율을 향상시킨다. 엔진에서 발생하는 폐열은 엔진 냉각수시스템에 의해 난방 및 온수 용도로 활용한다.

선박용 엔진 제조사인 MAN은 이코노마이저(Economizer)를 설치하여 배기 가스 열로 스팀을 만들어 전력을 생산하는 STG(Steam Turbine Generator)와 배기 가스 리시버로부터 배기 가스를 전달받아 발전하는 PTG(Power Turbine Generator) 및 그림 7-26과 같이 이러한 2개 시스템을 같이 설치한 복합시스템을 제시하고 있다. WHRS는 메인 엔진 출력이 낮으면 효과가 없으며, STG의 에너지 효율 향상은 출력 30% 이상일 때 약 4~8%, PTG는 출력 40% 이상일 때 약 3~5%, 복합시스템은 출력 30% 이상일 때 약 9~11% 수준으로 나타난다.

그러나 최근 STG 사례 연구에서, 정격 출력 90% 되어야 효율이 4.7%에 이르고 폐열 회수율은 약 1.7~4.7% 수준으로 나타나 정밀한 효과를 검증한 이후에 설치하는 것이 필요하다. PTG는 초대형 엔진과 같이 출력이 높아야 하고 배기 가스터빈이 매우 커지며 낮은 부하에서 배기 가스량이 부족해 발전 효율이 떨어진다. WHRS는 발전 용량과 운전 조건에 따라 효율이 달라질 수 있으며, 설치비와 유지 보수비가 많이 들어가므로 투자 타당성 검토를 세밀하게 해야 하며, 메인 엔진 용량이 20 MW 이상이 되어야 타당성이 나올 것으로 보인다.

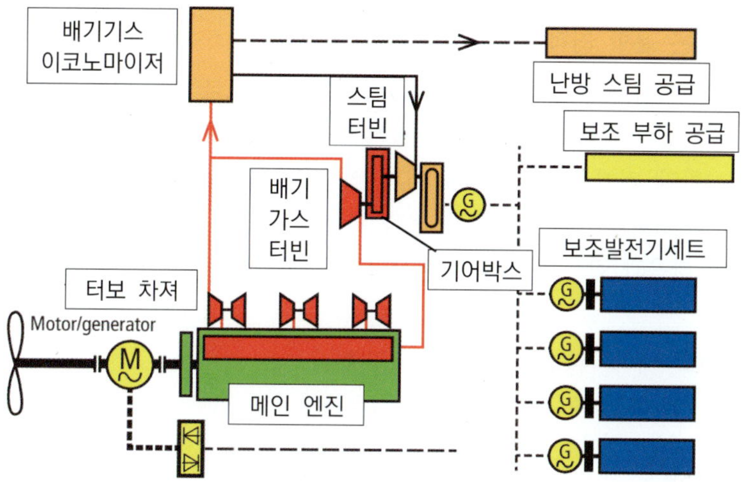

그림 7-26 STG+PTG 폐열회수시스템의 운전 개념도

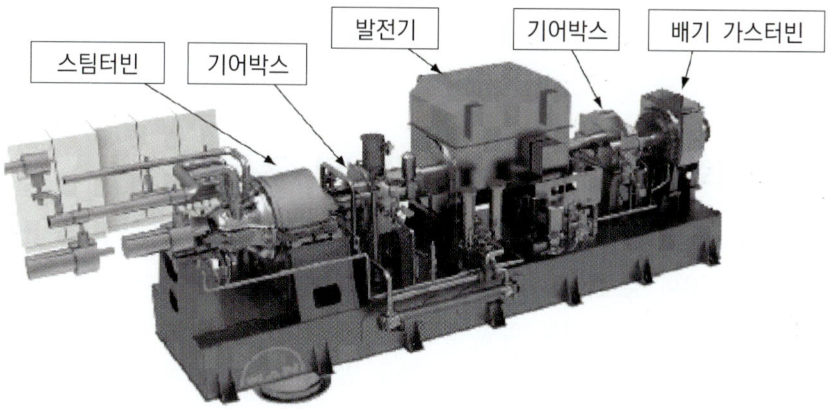

그림 7-27 STG+PTG 폐열회수시스템

7.5 운항 최적화

IMO는 에너지효율관리계획(SEEMP)을 선박마다 수립하여 실행하도록 규정하고 있다(3.3.5 항 참조). 에너지 효율 향상을 위한 선박 관리와 연료유 소비 데이터 수집 및 탄소집약도 지표인 CII 규정을 준수토록 계획과 실행을 평가하는 규정이며, 이러한 에너지 효율 목표 달성은 운항 최적화를 통해 실현할 수 있다.

선박의 운항 최적화는 선박 전체 에너지를 효율적으로 관리하는 에너지관리시스템을 구축하고, 연료 소비 감축에 큰 효과가 있는 운항 속도 최적화, 기상 예보를 활용한 운항 경로 최적화, 항만 적기 도착에 따른 대기 정박 손실 최소화 및 선체 저항을 줄이기 위한 선박 트림 최적화와 정박 시 육상 전력 활용 등의 에너지 효율 향상을 통해 이루어진다. 이에 대해 다음과 같은 순서로 설명한다.

- 운항 최적화 에너지관리시스템(EMS) 구축
- 운항 속도 최적화
- 기상 예보 활용 운항 경로 최적화
- 항만 적기 도착(Just in Time Arrival)
- 운항 트림 최적화
- 항만 정박 시 육상 전력 활용

7.5.1 운항 최적화 에너지관리시스템(EMS) 구축

운항 최적화 에너지관리시스템의 연료 절감률 기대 수준은 약 2~20%이다. 에너지관리시스템은 추진 부하와 보조 부하 상태를 모니터링하여 연료 소비와 전력 변동을 최소화하도록 디젤엔진과 보조발전기를 작동시켜 에너지 효율을 향상시킨다. 선박의 운항 경로에 최적인 운항 속도에 따른 부하 배분 규칙을 만들어 효율적으로 부하를 공급하는 EMS를 구축한다.

또한, 선박 운항 최적화를 위해 전자해도정보시스템(ECDIS[37]), GPS(Global Positioning System) 데이터와 연료 소비 모니터링시스템, 운항 속도 최적화, 기상 예보 활용 경로 최적화, 적기 도착 및 선박 트림 최적화 등에 관한 각종 데이터를 분석하고 통합하여 최적 운전 조합인 모델 예측 컨트롤러(MPC)를 개발하여 에너지관리시스템(EMS)에 적용해야 할 것이다.

이러한 EMS는 운항 데이터의 수집과 분석을 통해 지속해서 에너지 효율을 향상시키는 체계적인 프로세스를 담고 있다. 운항 중에 발생하는 위험과 기회를 식별하고 가장 효율적이고 안전하고 적절한 운항 조건들을 자동으로 선택할 수 있도록 개발해야 한다. 장기적으로는 EMS를 업그레이드하여 빅데이터 구축과 인공지능형 운항 최적화시스템을 개발하여 적용하는 것이 효과적이라 할 수 있다.

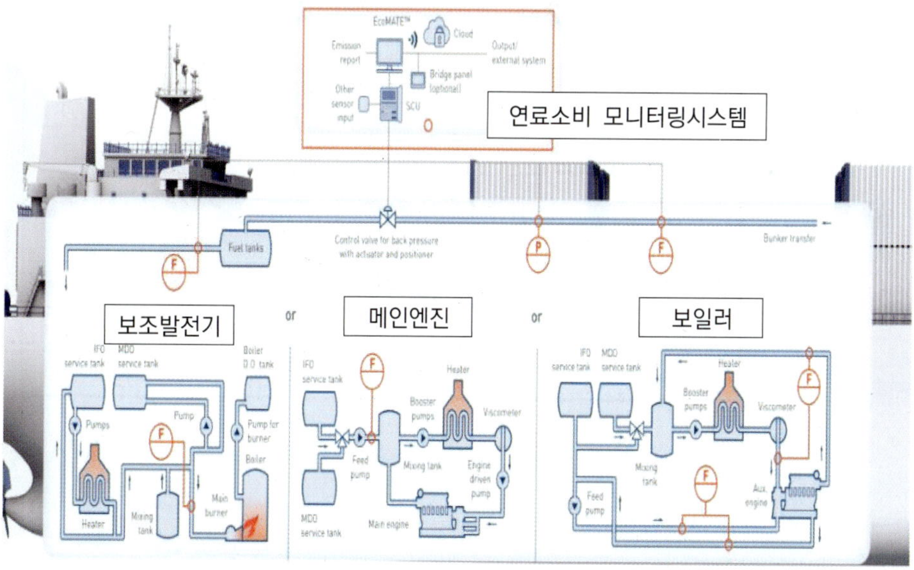

그림 7-28 선박 연료 소비 모니터링시스템 개념도

37) 전자해도정보시스템(ECDIS, Electronic Chart Display & Information System) : 전자 해도, 위치, 선박 항로 계획 및 감시, 속력, 수심, 항해 기록 및 알람 기능 등을 종합하여 컴퓨터 모니터에 표시한 시스템이다.

7.5.2 운항 속도 최적화

운항 속도 최적화의 연료 절감률 기대 수준은 약 0~20%이다. IMO EEXI와 CII 규정 만족을 위해 기존 선박의 경우 약 20~30% 속도 감소가 필수적인 대책이다. 운항 속도를 대략 10% 감소시키면 연료 소비가 약 20% 이상 감소하고, 20% 감소시키면 연료 소비는 약 45%가 감소된다. 연료 가격이 높을 때는 속도 감소가 해운 회사의 수익 향상에 필수적인 대책이다.

그림 7-29는 8,000 TEU 컨테이너선에 관한 속도별 운항 거리(해리, nm)당 연료 소비량을 보여준다. 속도가 17 노트 이상에서 연료 소비량이 급격히 증가하며, 연료 소비만을 고려한 경제적 운항 속도는 17 노트 수준으로 보인다. 그림 7-30은 선박 크기 및 속도별 운항 거리(해리)당 운항비를 나타낸다. 선박 속도가 9~11 노트 구간에서 운항 거리당 운항비가 최소되는 것을 보여준다. 이처럼 선박의 크기와 용도에 따라 연료 소비량과 운항비 등을 최소화하는 속도 구간을 평가하여 운항 속도 최적화를 달성한다.

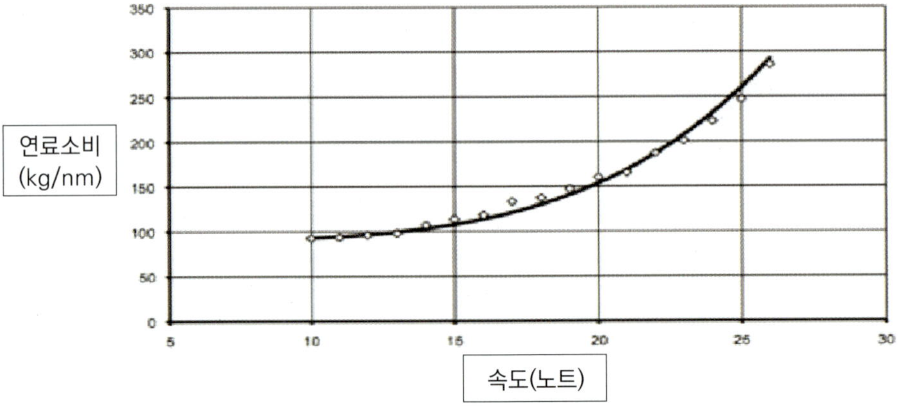

그림 7-29 8,000 TEU 컨테이너선의 속도별 운항 거리(해리)당 연료 소비량

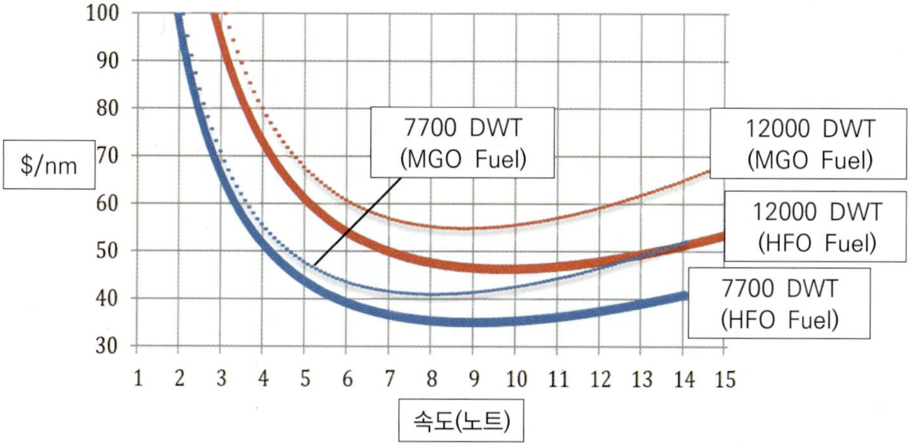

그림 7-30 선박 크기 및 속도별 운항거리(해리)당 운항비

그러나 해운 회사들은 운항비를 최소화하기 위해 운항 속도를 줄이기는 어렵다. 탱커의 경우 일반적으로 합의한 속도로 운항하도록 계약을 하고 목적지인 항만에 도착하는 일정과 시간이 정해진다. 항만 터미널에 늦게 도착하여 화물 하역에 대기 시간이 발생하면 정박료를 지불해야 한다. 또한, 정기 화물선의 경우 속도를 줄이면 선박을 추가로 투입해야 하는 부담이 발생하고, 결과적으로 해운 회사의 지속적인 경영에 악영향을 미친다. 따라서 연료 소비량과 운항비 등에 관한 최소화를 추구하면서, 해운 회사의 운반 화물 특성과 운항 경로에 가장 경제적이고 수익을 많이 내며 운항 경쟁력을 확보할 수 있는 운항 속도를 정립하는 것이 바람직한 운항 속도 최적화이다.

7.5.3 기상 예보 활용 운항 경로 최적화

기상 예보 활용 운항 경로 최적화의 연료 절감률 기대 수준은 약 2~4%이다. 운항 중에 예상되는 바람 및 파도 등 기상 예보를 고려하여 가장 안전한 항로와 정시 도착을 제공하는 최적 항로를 선택하는 것이다. 기상 예보 정보, 전자 해도 및 기상 예측 시뮬레이션 소프트웨어를 통합 패키지로 결합하면, 운항 위험을 최소화하면서 안전하고 최적의 운항 경로를 찾을 수 있다.

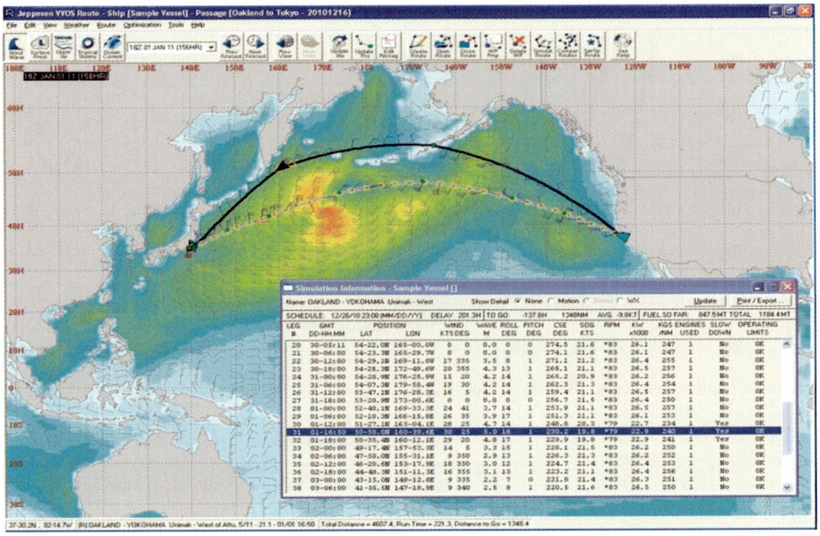

그림 7-31 기상 예보 활용 운항 경로 최적화

운항 경로에 관한 선박의 기상 관측, 현재 위치 및 해당 위치의 기상 예보는 항상 정기적으로(하루 2회 이상) 업데이트한다. 3~5일 사이의 기상 예보는 일반적으로 신뢰할 수 있는 정보이며, 14일 기상 예보 정보도 제공받아 참고한다. 선박 자체적으로 해면과 상부에서의 기압 측정, 위성 데이터 수집, 과거 기상 패턴과 글로벌 파도 모델을 현재 조건과 일치시키고 이를 사용하여 운항 경로에서 해상 상태를 예측하는 기상 예측시스템에 적용한다. 특히 선박 운항에 큰 영향을 미치는 폭풍에 관한 예상 경로, 심각도 및 지속 시간과 폭풍에 따른 선박의 운항 영향과 속도 감속 등에 관한 시뮬레이션 기능도 같이 적용하면 효과적이다. 기상 조건이 속도와 항만 도착 일정에 악영향을 미치는 대형 컨테이너선의 경우 이러한 시스템의 운영은 필수적이다.

7.5.4 항만 적기 도착(Just in Time Arrival)

항만 적기 도착의 연료 절감률 기대 수준은 약 1~5%이다. 해운 회사는 계약에 의거 화주의 요구 일정에 적합하게 정해진 항만에 도착하여 화물을 하역해야 하고 다른 계약에 따라 화물을 적기에 실어 항만에서 출발해야 한다. 일반적으로 항만 화물 하역 및 적재 과정에서 지연이 발생하고 선박이 항만 근처에서 배회하거나 정박지에서 장기간 대기하는 상황이 자주 발생한다.

그림 7-32와 같이 항만에 계획된 시간에 도착하기 위해 선박은 최대 속도로 운항한다. 항만에서 적체 대기가 발생하는 경우 당초 계획대로 도착하면 대기 시간이 발생한다는 정보를 운항 중에 항만 터미널 운영자로부터 통보받는다. 선박 운항 책임자는 화주와 항만 운영자와 협의하여 운항 속도를 줄여 대기 시간만큼 늦게 도착하게 함으로써, 저속 운항으로 인한 연료 감축과 대기로 인한 비용을 줄일 수 있으며, 정박 대기 시간 중에 많이 발생하는 환경오염물질과 탄소 배출도 줄일 수 있다. 미국 항만에서는 작업 교대 중간에 선박이 도착하는 경우 교대 근무가 변경될 때까지 정박하지 못하는 경우가 발생하기도 한다. 화물 운반 계약서에 이러한 적기 도착에 관한 조정 규정을 넣고 그에 따라 비용과 수익을 나누면 서로에게 이익이 될 것이다.

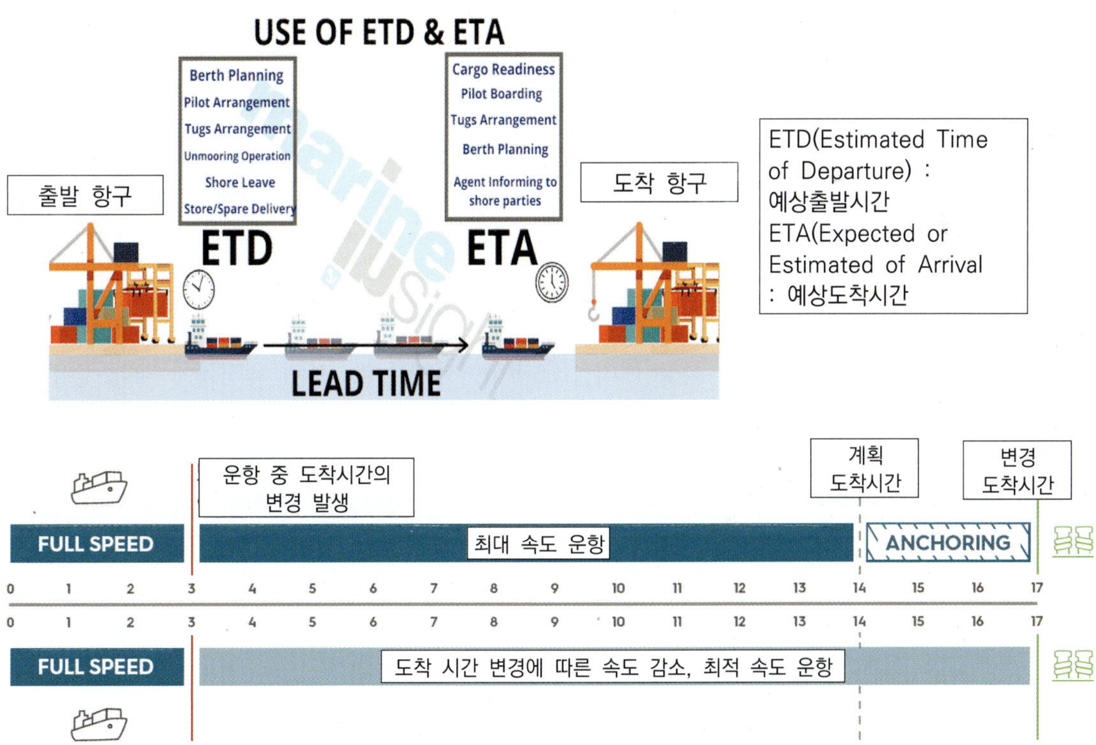

그림 7-32 항만 적기 도착 개념도

7.5.5 운항 트림 최적화

운항 트림 최적화의 연료 절감률 기대 수준은 약 1~2%이다. 선박에서 트림은 그림 7-33과 같이 선체가 물에 세로 방향으로 경사져서 떠 있는 상태를 말한다. 트림은 물에 잠기는 깊이인 선수 흘수[38](Draft)와 선미 흘수의 차이를 나타낸다. 선수 트림(Trim by Bow)은 양(+)의 값을 가지는 트림으로 선수 흘수가 선미 흘수보다 물에 더 잠겨있다는 것을 나타내고 선미 트림은(Trim by Stern)은 음(-)의 값을 가진다.

- 트림 = 선수 흘수 - 선미흘수

트림 최적화는 선박의 화물 적재 상태와 운항 속도에 따라 선박에 일정한 트림을 주고 운항하므로 선체 저항을 최소화해 연료 소비를 절감하는 방식이다. 컨테이너선과 자동차 운반선과 같이 화물을 가득 채운 상태가 아니라 부분 적재로 자주 운항하는 경우 연료 절감 효과가 높게 나타난다. 선박은 조파 저항 감소와 복원성 향상을 고려하여 약간의 선미 트림 상태에서 운항하는 것이 일반적이나, 어떤 컨테이너선 연구에서는 18 노트, 선수 트림 1m 운항 조건에서 저항이 2.6% 감소한 CFD 연구 결과가 있다. 최근 연료 절감의 중요성이 강조되고 있어 저항 감소를 위한 트림 최적화는 선형 설계 시에 고려 요인이 되기도 한다. 크루즈선은 승객의 승선감이 중요하기 때문에 트림 최적화 효과가 그다지 중요하지 않다.

컨테이너선과 자동차운반선은 트림 최적화 시뮬레이션 소프트웨어를 활용하여 최적의 트림이 나오도록 항만에서 화물 배치를 조정하면서 싣는다. 트림 최적화에 대해 상용화된 전문 소프트웨어 패키지를 사용할 수 있고, 해당 선박에 관한 CFD 시뮬레이션, 모형 시험, 실선 테스트 및 선박 운항 데이터를 기반으로 머신 런닝(Machine Learning) 방식을 통해 화물 적재 상태와 운항 속도에 따른 최적 트림 테이블을 만들어 사용할 수도 있다.

---

38) 흘수(Draft) : 선체가 물에 잠겨 있는 부분의 높이, 선체 바닥에서 수면까지의 수직 거리를 의미한다. 모든 선박은 선수와 선미에 20 cm 간격으로 흘수 눈금을 숫자로 표시하고 있다.

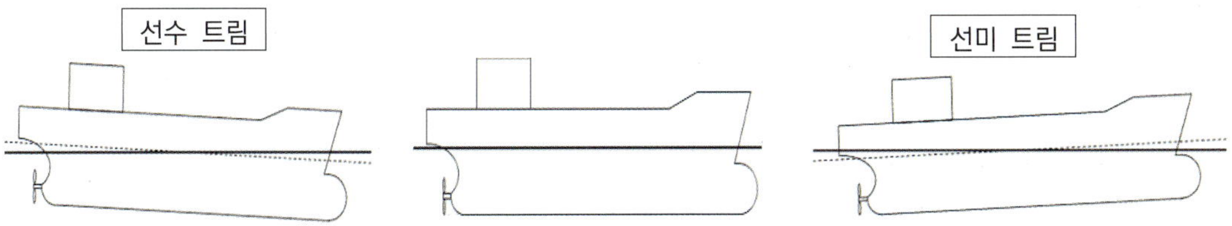

그림 7-33 선박 선수 트림 및 선미 트림 최적화 개념

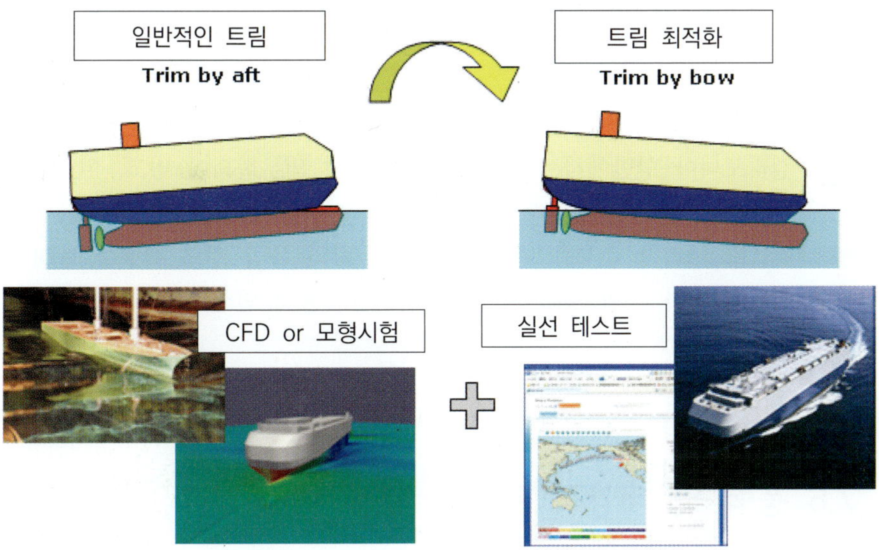

그림 7-34 선박 트림 최적화 개념도

7.5.6 항만 정박 시 육상 전력 활용

선박이 항만에 정박 시에 화물의 하역 또는 적재와 관련한 기계 및 전기 장치들의 운전, 거주구 냉난방 등에 필요한 전력은 선박의 보조발전기 작동을 통해 공급한다. 항만에서 제공하는 육상 전력을 활용하면 연료 소비를 감소시키고 환경오염물질, 진동과 소음도 줄일 수 있으며, CO_2 배출을 약 6% 감축할 수 있는 효과적인 방법이다. 선박 설계 시에 이러한 육상 전력을 공급받아 사용할 수 있도록 관련한 전력공급장치를 반영하고, 육상에서 440 V•690 V 저전압과 6,600 V•11,000 V 고전압에 이르기까지 선박에 필요한 전력을 공급받는다.

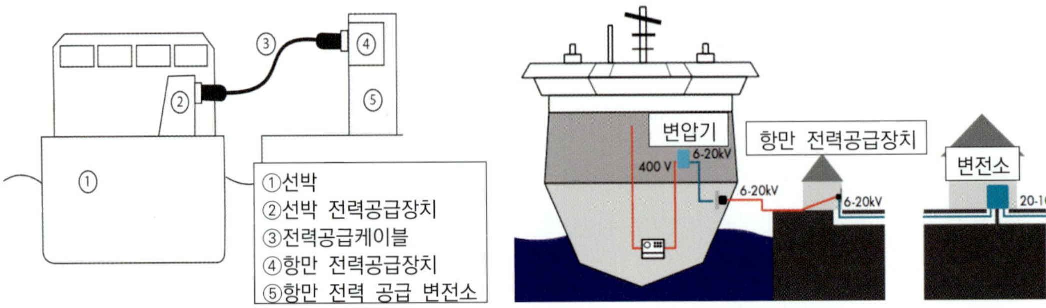

그림 7-35 항만 정박 선박의 육상 전력 활용 개념도

전 세계 항만은 이러한 육상 전력 공급 변전소를 갖추도록 정책적인 투자를 추진하고 있다. 미국 캘리포니아 항만에서는 육상 전력 활용이 의무화되어 있고, EU는 2035년부터 모든 EU 항만에 대해 선박 정박 시에 육상 전력 공급 장치를 연결하도록 규정하였으며, 다른 국가들도 이러한 추세를 따르고 있다. 선박의 육상 전력 활용을 촉진하기 위해 공급받는 전력을 저렴하게 제공하고 항만이용료 인하 등의 인센티브도 필요하다.

7.6 풍력 및 태양광 에너지 활용

선박 운항 시에 풍력의 추진력을 활용하는 풍력보조추진장치(Wind Assisted Propulsion)를 설치하거나 태양광을 설치하여 발생시킨 전력을 사용하면 연료 소비와 탄소 배출을 대폭 감축시킬 수 있다. 태양광은 넓은 면적이 필요하므로 풍력 활용에 관한 관심이 증가하고 있으며, 풍력보조추진장치의 연료 절감률 기대 수준은 약 5~35% 수준으로 에너지 효율 향상에 매우 효과적이다. 표 7-5는 선박에서 활용 가능한 풍력보조추진장치를 나타내며 풍력 연의 경우 그 효과가 떨어지므로 설명하지 않는다. 여기서는 다음과 같은 순서로 설명한다.

- 풍력 로터 세일(Rotor Sail) 방식
- 풍력 윙 세일(Wing Sail) 방식
- 태양광 활용

표 7-5 선박의 풍력보조추진장치의 종류

구분	개념
로터 세일	원통형 수직 기둥을 세워 회전시켜 바람에 따른 압력 차이인 매그누스 효과로 발생하는 추진력을 활용하는 장치
윙 세일	현대적인 돛 구조물을 설치하여 바람의 추진력을 활용하는 장치
연	패러글라이딩 형태의 연을 설치하여 바람의 추진력을 활용하는 장치

7.6.1 풍력 로터 세일(Rotor Sail) 방식

플레트너 로터(Flettner Roter)는 그림 7-36과 같이 매그누스(Magnus) 효과가 발생하는 회전하는 원통형 실린더에 바람이 흐를 때 발생하는 추진력을 활용하여 연료 소비를 줄인다. 대형 선박에 적용하는 로터 지름은 3~4 m 수준으로 기계적으로 회전하는 대형 실린더이며 선박의 갑판에 설치한다. 측면 바람에서 작동시키며 바람과 선박의 속도에 따라 로터의 회전 속도(0~180 또는 250 rpm)를 조절하며 추진력은 풍속과 회전 속도에 정비례하여 발생한다. 역풍 또는 순풍에서 추진력을 얻을 수 없으며 바람 방향이 80~90° 구간에서 효과적이다. 태풍 또는 악천후에서 로터는 저항 항력이 발생하지만 세일 돛보다 상대적으로 작다.

로터 세일의 구조 재료는 일반적으로 유리섬유수지복합재 또는 강도가 강한 탄소섬유수지복합재로 만든다. 갑판에 여러 개의 로터 세일을 설치할 때 상호 간섭 현상이 발생하지 않도록 적절하게 떨어져 배치하여야 하며, 실린더 지지 구조물과 회전을 위한 하부 베어링, 전력공급장치 및 원격제어시스템을 설치한다.

로터 세일 방식은 그림 7-37과 같이 바이킹 그레이스(Viking Grace) 크루즈선에 설치되었다. 대형 탱커 및 벌크선의 경우 설치할 수 있는 갑판 공간이 넓어 기존 선박에도 설치할 수 있다.

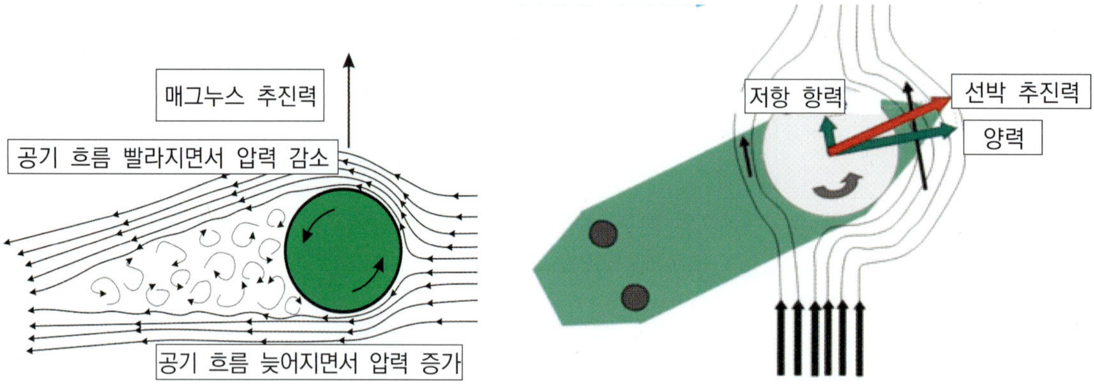

그림 7-36 매그누스 효과와 선박 추진력 발생 개념도

그림 7-37 선박의 로터 세일 설치 사례

7.6.2 풍력 윙 세일(Wing Sail) 방식

윙 세일은 항공기 날개와 비슷한 형상의 대형 날개 돛을 선박의 갑판에 수직으로 설치한다. 항공기 날개의 공기역학적 양력 원리에 따라 작동하며, 선박 운항 시의 바람 특성에 양력이 많이 발생하도록 날개 형상을 만든다. 바람 센서를 사용하여 바람의 속도와 방향을 감지하고 돛을 자동으로 늘리거나 줄이거나 회전시키며, 불리한 바람 조건에서 돛을 접어 무게 중심을 낮추는 등 자동 운전시스템을 적용한다.

윙 세일의 일반적인 크기는 높이 20~37 m, 너비 8~20 m 수준이다. 갑판에 2개 이상 설치할 경우 가시성이 나빠지므로 안전 운항에 간섭이 발생하지 않도록 배치해야 한다. 윙 세일 구조 재료는 일반적으로 유리섬유수지복합재 또는 탄소섬유수지복합재로 만든다. 지지 구조물과 돛을 펴고 접기 위한 유압 펌프와 회전 모터 등의 장치들과 원격제

그림 7-38 선박의 윙 세일(MOL Wind Challenger) LNG선(왼쪽)과 벌크선(오른쪽) 설치 사례

어시스템을 설치한다. 대형 탱커, 벌크선, LNG선 및 크루즈에 이르기까지 다양한 선박에 설치하여 연료 소비를 절감할 수 있다.

7.6.3 태양광 활용

태양광 발전장치는 크루즈, 여객선, 자동차 운반선, 벌크선 및 탱커와 대형 선박과 통근 페리, 강 보트 및 관광선과 같은 소형 선박에 설치할 수 있다. 태양광은 연료 소비 감축비보다 설치 비용이 비싸 투자 타당성이 없으므로 상업용 선박에 적합하지 않고 특수 목적의 소형 선박에만 사용할 수 있다. 태양광은 나쁜 날씨와 밤에는 작동하지 못하기 때문에 전력 생산에 한계가 있고 전력 밀도가 낮아 설치 공간이 많이 필요하며 패널이 해수 염분에 취약한 단점이 있다.

그림 7-39 선박의 태양광 설치 사례

7.7 선박 에너지 효율 향상 종합

표 7-6에서 선박에서 연료 소비를 절감할 수 있는 유망한 기술 항목을 정리하여 나타내었다. 선체에서 공기윤활시스템의 경우 비용은 들어가지만 절감률에 관한 기대가 높게 나타나 유망한 기술로 보인다. 프로펠러는 기술 성숙과 더불어 대부분 적용하고 있는 사항으로 추가 절감 기대 수준은 그다지 높지 않다. 기계•전기시스템에서 가변속도 발전기와 폐열회수시스템은 상당한 절감 효과가 있다고 나타나지만, 비용이 많이 들기 때문에 설치에 대한 투자 타당성 검토가 필요하다.

운항 최적화는 에너지관리시스템과 운항 속도 최적화에 관한 절감 기대 수준이 높다. 에너지관리시스템에 빅데이터 구축을 통한 지능형 AI시스템을 개발하여 적용하면 효과가 더 커질 것이다. 운항 속도 최적화는 IMO의 규정과 해운 회사의 경영 전략과의 통합적인 투자 타당성 검토 등의 전략적 평가가 필요하다. 풍력 에너지 활용은 비용은 많이 들지만 절감률이 높게 나타나므로 유망한 기술 중의 하나이다.

해운 회사는 선박을 발주할 때 선박의 특성과 운항 조건에 따라 에너지 효율 향상 항목을 식별하고, 항목별로 조선소에 투자 타당성 평가를 요청해서 적용 여부를 판단하는 프로세스를 운영하는 것이 필요하다. 조선소에게 에너지 효율 향상 항목을 제시하도록 요구하는 것도 바람직한 방법이다.

표 7-6 선박의 에너지 효율 향상 종합

에너지 효율 향상 항목		연료 절감률 기대 수준	비용 수준	기술 수준
선체	선체 형상 최적화	2~20%	낮음	성숙
	선체 경량화	10%	중간	성숙
	선체 도장	1~4%	낮음/중간	성숙
	선체 정기 청소	1~5%	낮음	성숙
	공기윤활시스템	5~25%	중간/높음	중간
프로펠러	프로펠러 효율 향상 대구경 저속, 덕트, 가변피치, 이중 반전, 포드형 및 아지무스	3~10%	낮음/중간	성숙
	프로펠러 전부 고정 장치	2~6%	낮음/중간	성숙
	프로렐러 후부 고정 장치	2~6%	낮음/중간	성숙

기계•전기 시스템	가변속도 발전기	3~10%	중간	성숙
	폐열회수시스템	3~15%	중간/높음	중간
운항 최적화	운항 최적화 에너지관리시스템	2~20%	낮은	중간
	운항 속도 최적화	0~20%	낮음	성숙
	기상 예보 활용 경로 최적화	2~4%	낮음	성숙
	항만 적기 도착	1~5%	낮음	성숙
	운항 트림 최적화	1~2%	낮음	성숙
	항만 정박 시 육상 전력 활용	-	낮음	중간
풍력• 태양광	풍력보조추진장치	5~35%	낮음/증간	중간
	태양광	0~1%	중간/높음	중간

7.8 선박 에너지 효율 향상 통합 프로세스

선박의 전체 에너지 효율을 향상하기 위해 선박에서 에너지를 많이 사용하는 시스템과 장치에 관한 깊은 기술적 이해가 필요하다. 선박의 종류와 운항 경로에 따라 효과가 큰 에너지 효율 향상, 환경오염물질 및 탄소 배출 감축 항목으로 식별하고, 항목별 비용과 수익에 대한 투자 타당성 검토를 거친 후에 계획 수립, 실행 및 평가하는 반복적인 관리 프로세스가 필요하다.

이를 위해 선박의 전체 에너지 효율과 관련한 성능 지표들을 지속적으로 모니터링해서 에너지 효율 향상과 관련된 담당자와 경영자들에게 적절한 정보를 제공해 주어야 한다. IMO는 해운 회사에게 선박 에너지효율관리계획(SEEMP)을 규정하고 성능 모니터링 프로세스와 통합하여 운영할 것을 제시하고 있다. 이에 대해 다음과 같은 순서로 설명한다.

- 선박 성능 모니터링 통합 운영
- 선박 에너지효율관리계획(SEEMP) 프로세스

7.8.1 선박 성능 모니터링 통합 운영

기존 선박의 성능 모니터링은 엔진의 연료 소비와 선체 저항 및 프로펠러 모니터링과 운항 최적화에 집중하고 있다. 성능 모니터링 통합 운영은 위의 항목뿐만 아니라 운항과 기상 데이터, 메인 엔진과 보조발전기 운전 요소 데이터, 각종 기계와 전기시스템 운전 데이터, 화물 하역과 적재에 관한 모니터링 등 선박의 각종 성능 데이터를 수집하고 기능들을 모니터링하며, 다양한 최적화 제어시스템들을 통합하여 운영하는 것을 말한다. 선박 전체 관점에서 에너지 효율 향상에 관한 성능 지표들을 체계적으로 통합하여 선박 운항 책임자와 해운 회사 선단 관리자가 명확하게 인식할 수 있는 정보로 표현하여 제공해야 할 것이다.

이러한 성능 모니터링을 위해 데이터 수집, 저장, 분석 및 보고 방법 등의 정보 제공 프로세스를 구체적으로 설정해야 한다. 그리고 제공받은 정보를 기반으로 향상 방안을 식별하고 실행 여부를 결정하며 해당 실행에 관한 책임자를 선정하고 사후 결과를 평가하는 등 체계적인 관리시스템을 구축하여야 한다.

7.8.2 선박 에너지효율관리계획(SEEMP) 프로세스

IMO는 선박 운영 에너지 효율을 체계적으로 향상하기 위해 SEEMP 규정을 만들어 운영 중이다. SEEMP는 개별 선박마다 만들어야 하고 선박 소유자와 운영자가 선박 운영의 각 단계에서 에너지 효율을 최적화하기 위한 운영 프로세스를 구축하고 실행할 것을 규정하고 있다. SEEMP는 다음과 같은 관리 4단계를 통해 개별 선박의 에너지 효율을 향상시킨다.

- 계획 단계
- 실행 단계
- 모니터링 단계
- 자체 평가 및 향상 활동 피드백 단계

(1) 계획 단계

계획 단계에서 핵심 기능은 현재 선박 및 선단의 에너지 효율을 평가하고 새로운 개선 항목을 발굴하고 평가하여 실행 여부를 선택하는 것이다. 선박의 에너지 목표와 해운 회사의 경영 방침과 목표에 따라 다양한 세부 실행 사항을 수립한다. 또한, 선박 선원과 선단 관리자에 관한 에너지 효율 향상을 위한 훈련과 책임 의식 함양 교육을 실시한다. 담당자들이 에너지 효율 향상 목표를 인식하고 지속적인 향상 프로세스에 참여하도록 해야 한다. 특히, 메인 엔진과 보조발전기, 기계와 전기시스템 등 실질적인 향상에 기여하는 전문적인 선원들에게 중요하다. 표 7-7은 계획 단계에서 수행해야 할 주요 업무이다.

표 7-7 계획 단계 주요 업무

구체적인 계획 업무	실제 관리 계획
• 해운 회사 선대와 선박별 에너지 사용 평가 • 선박, 선단 및 회사의 에너지 효율과 향상 목표 설정 • 에너지 절감 조치의 평가 및 선택 • 선박과 선단의 에너지 효율 향상에 필요한 새로운 프로세스 및 장치 변경 계획 • 성능 모니터링 및 측정을 위한 도구 식별 및 개발 • 전체 SEEMP 초안 작성	• 기업과 선박별 목표 정의 • 에너지 효율 향상에 관한 설명과 실행 방법 • 성능 평가 내용 정의, 모니터링 계획과 성능 분석 방법에 관한 설명 • 새로운 에너지 효율 향상을 식별하고 실행하기 위한 단계 개요

(2) 실행 단계

실행 단계는 선정한 개선 사항에 대해 수행 절차, 실행 업무 내용 및 조직에 관한 역할과 책임을 명확히 정의하고 각 개선 항목별로 시작 및 종료 날짜를 정한다. 또한, 실행 단계에서 발생하는 향상 업무의 성과 측정 및 평가를 실시하고, 진행 과정에서 잘한 것과 못한 것, 향후 보완해야 할 사항들을 기록하고 보관하여 지속적인 개선에 좋은 정보를 제공한다.

(3) 모니터링

모니터링 단계는 에너지 효율 향상 실행 항목과 관련한 데이터의 지속적인 수집을 의미한다. 데이터의 정량적 평가를 위해 핵심성과지표(Key Performance Indicator)를 정의하며 에너지효율운항지수(EEOI[39])도 그 중의 하나이다. 데이터 수집과 분석, 내부 수행 모니터링과 벤치마킹 추진 등은 모니터링 업무의 효율을 향상시킨다. 이러한 모니터링을 통해 얻어지는 자동화된 데이터 기록, 기존 선박 운항 일지 및 보고 문서들과 결합하여 문서 자동화 보고시스템을 만들어 선원들의 문서 작성 업무를 줄여야 한다.

(4) 자체 평가 및 향상 활동 피드백 단계

자체 평가의 목적은 계획된 실행 단계와 실행의 효과를 평가하는 것이다. 선박 및 선단 전체 모니터링을 통해 수집된 데이터를 사용하여 에너지 효율 향상 업무에 관한 자체 평가 절차를 개발하고 주기적으로 수행해야 한다. 이를 통해 성능 지표와 계획에 관한 성과 검토 및 관찰된 성능에 관한 원인과 결과를 분석하여 향후 성능 향상을 위한 정보를 피드백한다.

자체 평가 및 향상 활동 피드백 업무는 담당자뿐만 아니라 경영자의 핵심 업무로 경영자들이 이러한 업무에 많이 참여할수록 에너지 효율 향상 성과는 더욱 커질 수 있다. 에너지 효율 향상에 관한 회사의 정책 수립, 정량적 목표 설정, 에너지 효율 기술 및 운영에 따른 수익 창출은 경영자들이 해야 할 핵심 업무이다.

---

39) EEOI(Energy Efficiency Operational Indicator) : 에너지효율운항지수이며, 1톤의 화물로 1해리 운반할 때 발생하는 CO_2 배출량이다.

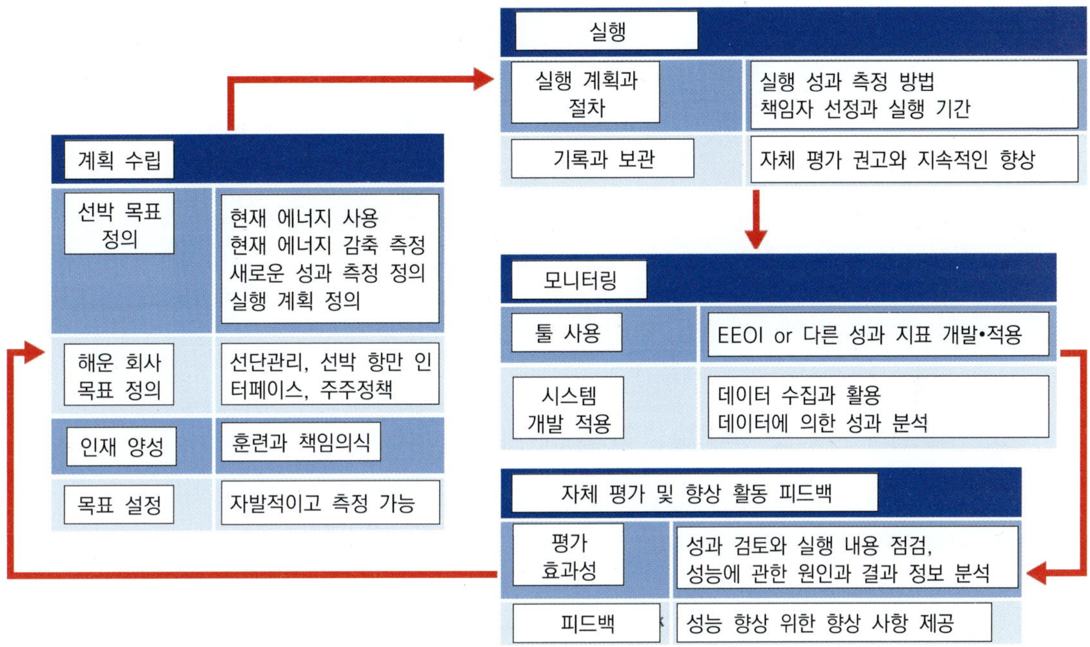

그림 7-40 SEEMP 4단계 지속적 에너지 효율 향상 프로세스

연습문제

1. 선박 에너지 효율 향상 개요를 선박 에너지 효율 향상 개념도의 그림과 함께 설명하라.

2. 선박 대형화와 에너지 효율 향상에 대해 설명하라.

3. 선체 마찰 저항 및 선체 형상 최적화에 대해 설명하라.

4. 선체 경량화에 대해 설명하라.

5. 선체 도장 및 선체 정기 청소에 대해 설명하라.

6. 공기윤활시스템에 대해 설명하라.

7. 프로펠러 대구경 저속 프로펠러에 대해 설명하라.

8. 덕트 프로펠러에 대해 설명하라.

9. 가변피치 프로펠러에 대해 설명하라.

10. 이중반전 프로펠러에 대해 설명하라.

11. 포드형 및 아지무스 프로펠러에 대해 설명하라.

12. 프로펠러 전부 고정 날개에 대해 설명하라.

13. 프로펠러 전부 덕트 고정 장치에 대해 설명하라.

14. 방향타 추력 핀에 대해 설명하라.

15. 방향타 벌브에 대해 설명하라.

16. 프로펠러 보스 캡 핀에 대해 설명하라.

17. 선박 종류와 크기별 추진동력시스템의 연료 효율 비교에 대해 설명하라.

18. 샤프트 발전기 및 가변속도 발전기에 대해 설명하라.

19. 폐열회수시스템에 대해 설명하라.

20 운항 최적화 에너지관리시스템(EMS)에 대해 설명하라.

21. 운항 속도 최적화에 대해 설명하라.

22. 기상 예보 활용 운항 경로 최적화에 대해 설명하라.

23. 항만 적기 도착에 대해 설명하라.

24. 운항 트림 최적화에 대해 설명하라.

25. 항만 정박 시 육상 전력 활용에 대해 설명하라.

26. 선박의 풍력 에너지 활용에 대해 설명하라.

27. 선박의 태양광 활용에 대해 설명하라.

28. 선박 에너지 효율 향상 통합 프로세스에 대해 설명하라.

CHAPTER 8

스마트자율운항선박

8.1 스마트자율운항선박 개요

8.2 스마트 성능

8.3 자율운항 성능

8.4 레이더 • 영상 센서와 통신시스템

8.5 사이버 보안시스템

8.6 운항 빅데이터 및 운항 인공지능(AI)

8.7 자율운항선박의 해외 및 국내 기술 개발 현황

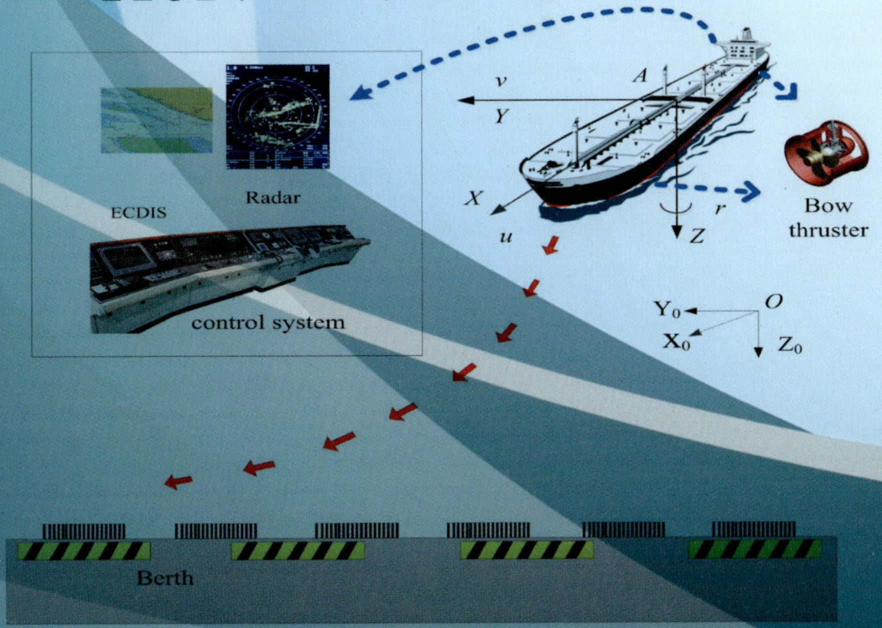

CHAPTER 8

친환경연료추진선박과 다른 이슈인 스마트자율운항선박(Smart & Autonomous Ship)은 디지털 기술, 스마트 성능, 자율운항 및 인공지능 기술을 선박 운항에 적용하여 해운 회사들의 탄소 배출 감축, 경제 운항, 안전 운항 및 운항 이익 극대화를 실현시킬 수 있는 미래형 최첨단 선박이다. 안전 운항과 운항 최적화에 관한 모든 기능을 스스로 알아서 탐지하고 판단하고 조치하는 선박을 말한다.

자율운항선박 개발은 진행형이며 완전한 기능 구현을 위해 많은 연구 개발이 이루어지고 있다. 현재 수준은 자율운항 핵심 기능을 부분적으로 개발하여 선박에 설치한 후에 운항을 통한 실증을 추진하고 있으며, 일부 제한 항로에서 시범적인 상업 운항이 이루어지고 있다.

이러한 스마트자율운항선박의 개념은 1장에서 제시한 그림 1-4와 같으며, 스마트와 자율운항 성능에 인공지능 기능을 통합시킨 선박을 말한다. 스마트 성능에서 엔진•추진시스템(3.3.3 에너지효율지수, 7.3 프로펠러) 및 에너지관리시스템 최적화(7.5.1), 운항 속도 최적화(7.5.2), 운항 경로 최적화(7.5.3)에 관해서는 앞에서 설명하였고, ⑤운항 디지털 트윈(9.5.3)에 관해서는 9장에서 설명한다. 여기서는 ①스마트 성능에서 고장 진단 사전 예측, 원격 유지 보수 관리 및 선단 관리를 설명하고, ②자율운항 성능, ③레이더•영상 센서•통신 시스템, ④사이버 보안시스템, ⑥운항 빅테이터 및 운항 인공지능(AI)에 관해 기술한다. 이에 대해 다음과 같은 순서로 설명한다.

- 스마트자율운항선박 개요
- 스마트 성능
- 자율운항 성능
- 레이더•영상 센서와 통신시스템
- 사이버 보안시스템
- 운항 빅테이터 및 운항 인공지능(AI)
- 자율운항선박의 해외 및 국내 기술 개발 동향

8.1 스마트자율운항선박 개요

- 스마트자율운항선박 정의
- 자율운항선박 정의

8.1.1 스마트자율운항선박 정의

한국산업기술기획평가원(KEIT)은 스마트선박에 대해 "이해당사자들과 연결되어(Connected) 정보와 서비스를 제공하고, 스스로 원격(Remote)으로 진단하고 관리함으로써(Monitoring & Maintenance) 최적의 에너지 효율로(Efficient) 안전하게(Safe) 자율 또는 무인 운항하는 선박과 이를 위한 ICT[40] 인프라를 다함께 포함하는 개념이다"라고 정의한다.

스마트선박과 자율운항선박은 출발점이 다르다. 스마트선박은 디지털 기술을 도입하여 탄소 배출 감축과 경제적 운항 실현에 집중한 선박이다. 자율운항선박은 사람의 실수에 의한 해상 사고를 방지하는 안전 운항, 선원 최소화와 선단 관리 최적화를 통한 운항 이익 실현에 중점을 둔 선박이다. 출발 목적은 다르지만, 최근 이 둘의 기능을 통합시키고, 운항 디지털 트윈 및 인공지능 기술을 도입하여 더 발전시킨 개념으로 스마트자율운항선박을 말하고 있다. 이러한 기술은 계속 진화하고 있다.

---

40) ICT(Information and Communication Technology) : 정보와 통신 기술의 2가지 요소를 포함한 개념으로 데이터, 지식 및 콘텐츠 같은 정보를 스마트폰, 컴퓨터 및 인터넷 등 통신을 통해 주고받는 모든 기술을 말한다.

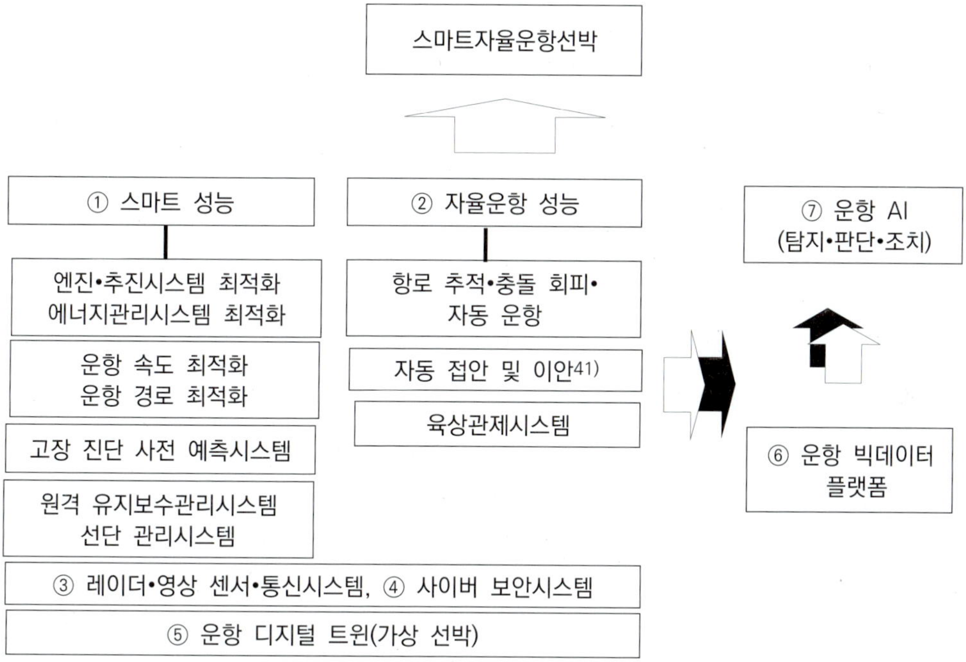

그림 8-1 스마트자율운항선박 개념도

8.1.2 자율운항선박 정의

한국선급(KR)은 자율운항선박(MASS, Maritime Autonomous Surface Ship)에 관해 자율화시스템을 통해 의사결정을 지원하고 선박의 제어 및 관리의 전체 또는 일부를 자율화시스템이 대신할 수 있는 선박이며, 유인, 무인 또는 원격으로 운항할 수 있는 선박이라고 정의하고 있다. 해상에서 사람의 개입 없이 또는 최소한의 개입으로 안전하게 운항하는 선박을 말한다. 이러한 MASS에 대해 다음과 같이 설명한다.

- IMO와 한국선급의 MASS 자율화 단계
- 한국선급의 자율운항선박 기본 요건
- 자율운항선박과 현존 선박 비교

41) 접안은 선박을 항만 안벽에 정박시키는 작업이고, 이안은 안벽을 벗어나게 하는 작업을 말한다.

(1) IMO와 한국선급의 MASS 자율화 단계

IMO는 자율운항선박을 센서, 소프트웨어 및 통신시스템을 사용하여 운항, 충돌 방지 및 선박의 작업과 기능을 수행하기 위해 사람의 개입이 거의 또는 전혀 없이 작동하는 상업용 선박이라고 정의한다. MASS의 목적은 단순히 자율적으로 운항하는 선박 자체를 만드는 것이 아니라, 그림 8-2와 같이 선박 운항의 안전성, 효율성과 신뢰성의 고도화를 통한 해운 회사의 지속적인 이익 극대화를 달성하는데 있다. 대양과 연안을 운항하는 선박에 관한 안전한 운항, 충돌 회피 및 항만 접안•이안 등 자율운항 기능을 효과적으로 제어하는 것이 핵심 기술이다.

IMO는 선박 운항에 관해 선원의 역할을 누가(원격 제어 또는 시스템) 대신 하느냐를 기준으로 구분하면서 4단계 자율운항을 제안하였다.

① 1단계 : 일부 자동화된 프로세스 및 의사 결정 지원을 제공한다. 선원은 선상시스템과 기능을 운영하고 제어한다. 일부 작업은 자동화될 수 있으며 때로는 제어되지 않을 수 있지만 선원이 통제한다.

② 2단계 : 선원이 승선한 원격 제어 선박이며, 선박은 다른 위치에서 통제되고 운영되지만 선원이 승선한다.

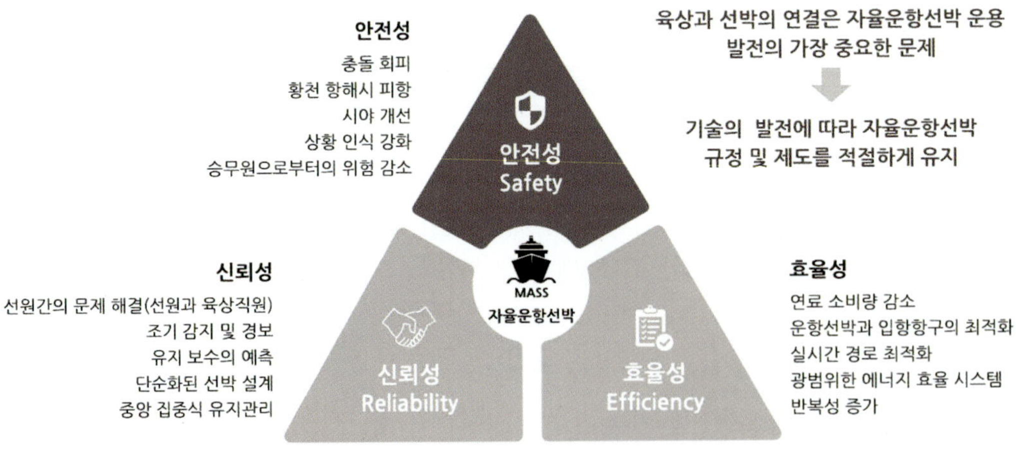

그림 8-2 자율운항선박의 목적

그림 8-3 IMO 자율운항선박의 4단계 수준

③ 3단계 : 선원이 승선하지 않은 원격 제어 선박이며, 선박이 다른 위치에서 제어되고 운영되며 선박에는 선원이 없다.

④ 4단계 : 완전 무인자율운항선박이며, 선박 운항은 시스템 스스로 자율적으로 이루어진다.

한국선급은 자율운항선박 지침에서 표 8-1, 표 8-2와 같이 자율운항을 5단계로 구분하고 단계별 자율운항 수준에 대해 정하였다. 데이터 수집 및 분석, 의사결정자 및 실행자로 구분한다.

표 8-1 자율운항의 단계별 수준

단계	데이터수집 및 분석	의사결정	실행
1	시스템 및/또는 운영자(선원)	운영자	운영자
2	시스템/원격	운영자(시스템/원격)	운영자
3	시스템/원격	시스템/원격(운영자 확인)	시스템/원격
4	시스템	시스템(운영자 모니터링)	시스템(운영자 모니터링)
5	완전한 자율 수준	시스템	시스템

표 8-2 자율운항의 단계별 내용

단계	단계별 내용
1	데이터 수집/분석은 운영자(선원) 및 시스템에 의해서 수행될 수 있지만 수집된 정보를 바탕으로 한 의사 결정 및 그 실행은 운영자가 수행한다
2	시스템 또는 선외의 원격운영을 통해서 데이터가 수집/분석되고 그에 따른 의사 결정 및 실행은 운영자가 수행한다. 시스템은 운영자의 의사 결정에 대하여 운영자를 지원한다. 시스템 또는 선외로부터의 원격운영을 통해서 운영자의 의사 결정을 지원한다
3	시스템 또는 선외의 원격운영을 통해서 데이터가 수집/분석되고 그에 따른 의사 결정 및 실행도 시스템 또는 원격운영에 의해 수행된다. 단, 시스템에 의한 의사 결정에 대한 운영자의 확인이 반드시 요구되며, 운영자 확인이 선행되지 않을 경우 해당 의사결정 사항을 철회한다. 시스템 고장 시 또는 원격운영이 원활하지 않은 경우 운영자의 대응이 필요하다.
4	시스템의 의해서 데이터가 수집/분석되고 그에 따른 의사 결정 및 실행도 시스템에 의해 수행된다. 시스템에 의한 의사 결정 및 그 실행에 대한 정보를 운영자가 항시 모니터링 한다. 비정상 운용 시나리오(시스템 고장 등)에 대하여 시스템의 대응이 가능하다.
5	완전한 자율수준으로서 데이터 수집/분석, 의사 결정 및 실행 등 모든 기능이 시스템에 의해 수행되며 운영자는 비상상황을 모니터링 한다. 비정상 운용 시나리오(시스템 고장 등)에 대하여 시스템의 대응이 가능하다.

(2) 한국선급의 자율운항선박 기본 요건

한국 선급은 자율운항선박이 해상에서 운항할 때에 기본적으로 갖추어야 할 데이터 수집 및 분석 시스템, 자율운항시스템, 통신시스템, 선외지원시스템 및 기타 요건 등 요구조건에 대해 다음과 같이 정리한다.

① 데이터 수집 및 분석 시스템 : 자율운항선박이 안전하게 운항할 수 있도록 해상 물체와 선박 등 충돌, 해상 환경과 관련된 외부 상황 및 선박의 운항과 운동과 관련된 내부 상황을 적절히 인지하도록 데이터를 수집하고 분석해야 한다. 사전에 정의된 위험이 탐지되면 경보를 울려야 한다. 메인 엔진과 발전기 및 축계에서 작동 상태 및 건전성에 대한 정보를 수집하고 분석할 수 있어야 하며, 하나 이상의 CCTV 시스템에 의한 시각적 모니터링을 제공하여야 한다.

② 자율운항시스템 ; 선외지원시스템에 내장된 소프트웨어 및/또는 선외지원시스템의 명령에 따라 적절하게 선박 및 장비를 제어해야 한다. 선박이 계획된 항로에서 벗어나게 되면 이를 운영자에게 통보하여야 하고 해당 편차가 정해진 한계를 벗어나게 되면 경보를 보내야 한다. 선박 주변에 식별된 모든 선박에 대한 자동 회피 기술이 적용되어야 한다. 비상제어시스템을 갖추고 있는 선박은 잠재적으로 선박의 안전을 위협할 수 있는 상황을 신뢰성 있는 방법으로 관리할 수 있어야 한다. 운영자가 승선하지 않는 경우 선박과 선외지원시스템 간 연결이 사전 정의된 시간을 초과하여 끊어지면 사전 정의된 안전 절차가 실행되어야 한다.

③ 통신시스템 : 통신 회선은 자율운항선박과 자율화시스템을 안전하게 제어할 수 있는 적절한 범위와 대역폭과 신뢰성을 충분히 갖추고 있어야 하며, 데이터 품질은 정상 조건 및 예측 가능한 비정상 조건에서 요구되는 자율 수준 및 기능에 적합해야 한다. 원격 제어 시 선외 운영자는 제어 행위와 실제 선박 반응 간 지연을 발생시키는 통신 대기 시간을 인지할 수 있어야 한다. 대기 시간이 미리 정의된 한계를 초과할 경우 운영자에게 경고를 주어야 한다. 기동, 제어, 비상 신호 또는 안전 기능을 제공하는 시스템에 대한 경고는 시스템의 모든 작동 모드에서 다른 데이터보다 우선해야 하며 분명히 구별되어야 한다. 운영자가 승선하지 않는 경우 통신 회선에 예상치 못한 치명적 손실 또는 장애가 발생하면, 사전 정의된 안전 절차가 실행되어야 한다. 전송 프로토콜은 인정된 국제 표준에 따라야 한다. 위성 통신 공급자는 국제해사위성기구(IMSO)에 의해 인정되어야 한다.

④ 선외 지원시스템 : 자율운항선박의 안전한 운항과 효율적 기능을 위해 선외 운영자에게 데이터 수집 및 분석과 관련된 정보를 제공하여야 한다. 운용 중 발생 가능한 위험 상황에 대하여 자율운항선박을 통제할 수 있는 기능을 제공하여야 한다. 본선 및 자율운항선박 운항에 참여하는 기타 의사결정 주체(예, VTS[42], 항만 당국, 해운사 등)와의 통신 수단을 제공해야 한다. 시스템 고장 시 운영자에게 청각 및 시각적 경보가 제공되어야 하며, 자율/원격 제어 하에서 설비에 대하여 제시되는 경고는 선원 및 선외 운영자에게 요구되는 대응 유형에 따라서 명확하게 구별 가능하고 범주화되어야 한다. 제어시스템은 인적 요소를 반영하여 설계되어야 한다. 통제 장치는 쉽게 식별할 수 있어야 하며, 그 기능, 조작 방법 및 중요도를 반영하여 논리적인 방식으로 배열되어야 한다.

---

42) VTS(Vessel Traffic Service) : 해상교통관제서비스를 의미하며, 선박 교통의 안전과 효율성을 확보하고 해양 환경을 보호하기 위하여 통항 선박의 동정을 관찰하고 운항 안전 정보를 제공하는 서비스를 말한다. 해양경철청은 전국 19개 VTS센터를 운영하고 있다.

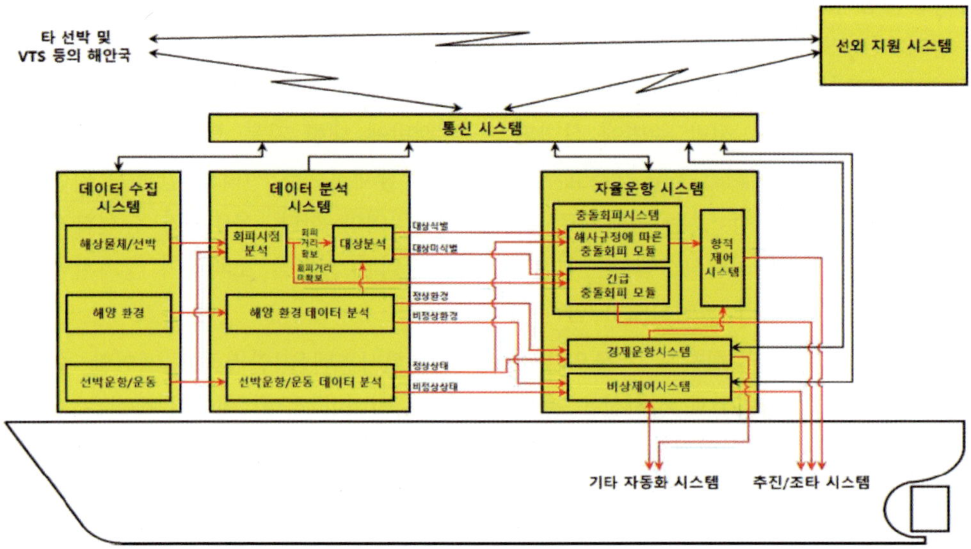

그림 8-4 한국선급의 자율운항선박 기본 요건

⑤ 기타 요건 ; 자율화시스템은 자격과 경험을 갖춘 적절한 수의 직원에 의해 안전하게 운용되어야 한다. 안전과 기술적 문제를 포함한 전 운용 시나리오에 대하여 요구되는 교육 훈련 이수 여부와 적합한 수준의 자격, 숙련도, 경험 및 건강 상태가 확인되어야 한다. 시스템 고장에 따른 예방적 유지 관리 체계가 도입되어야 한다.

(3) 자율운항선박과 현존 선박 비교

자율운항선박은 현존 선박보다 선박 건조비가 많이 들어가고 아직까지 운항 안전성과 신뢰성 검증을 위한 실증 연구와 제한적인 시범 운항에 머물러 있다. 해운 회사는 효과가 큰 자율운항 기능부터 단계별로 적용하려고 할 것이다. 자율운항 기능 구축에 많은 노력과 비용이 들어가지만 구현해 놓으면 표 8-3과 같은 효과가 발생하여 장기적으로 운항 효율화를 크게 향상시킬 것이다.

표 8-3 자율운항선박과 현존 선박의 비교

기술	구분	자율운항선박	현존 선박
운항 및 제어 기술	방향	경제•안전운항, 원격 제어, 자율운항 등 운항 제어 기술의 적용	
	내용	• 상황인지, 판단, 조치 등 인공지능 구축으로 자율안전운항 가능 • 기상, 경로, 연료소비 등 경제운항 가능 • 육상관제센터에서 모니터링, 원격 제어 및 조종 가능	• 항해사의 보조적 의사결정 지원 • 경제운항에 대해 항해사 결정 • 선박 위치, 상태, 정보 등 원격 모니터링 가능
유지 보수 기술	방향	예측기반 원격•자가진단 유지보수 기술의 적용	
	내용	• 빅데이터와 AI에 의한 예측 기반 원격•자가진단 수행 • 예측기반 유지 보수 점검 수행 • 로봇 및 드론 등 무인 원격 유지보수 가능	• 기술자 점검 및 진단 수행 • 정해진 주기에 따른 유지 보수 • 인력 투입을 통한 직접적 유지 보수 작업 수행

자율운항선박의 장점은 다음과 같다.

① 선박 운항 안전성 향상 : 자율운항시스템은 사람의 관리 소홀로 인한 사고 발생을 줄일 수 있다. 선원이 피로 및 기타 요인으로 인해 위험한 상황을 간과하여 판단력이 저하될 수 있으며, 이러한 사고를 줄이기 위해 자율운항시스템의 적용이 필요하다.

② 선원의 업무량 감소 : 선박의 목표 항로를 유지하기 위해 수동 방향타 조작의 작업량이 줄어들어 선원이 주변 지역을 관찰하는 데 더 많은 노력을 기울일 수 있다. 자율운항선박은 선원의 감시 업무 부담을 많이 줄여준다.

③ 선원 부족에 대한 대응 : 선원의 일은 매우 힘들어 젊은 구직자가 줄어들고 있다. 특히 연안 항해의 경우 노령화 선원이 많기 때문에 선원 부족이 심각해질 것이다.

④ 운항 비용 절감 : 자율운항선박이 실현되면 선원 인건비와 복리후생비 및 기타 부대비용을 줄일 수 있다. 줄어든 선원 거주 공간에 화물 적재를 늘릴 수 있다.

8.2 스마트 성능

스마트자율운항선박의 스마트 성능은 항해사의 경험에 따라 차이가 발생하는 운항 방식을 표준화하고 운항 정보의 실시간 운항 정보 수집과 분석을 통해 운항 최적화와 경제성을 향상시킨다. 추진과 전력 계통의 에너지 정보, 메인 엔진과 프로펠러 등의 출력과 운전 정보에 관한 모니터링, 고장 진단 사전 예측, 원격 유지 보수 관리 및 선단 관리를 통해 최적의 상태로 선박이 운용될 수 있도록 지원한다. 7장에서 설명한 속도와 경로 등에 관한 운항 최적화는 다루지 않는다. 여기서는 다음과 같은 순서로 설명한다.

- 고장 진단 사전 예측시스템
- 원격 유지보수관리시스템
- 선단 관리시스템(Fleet Management System)

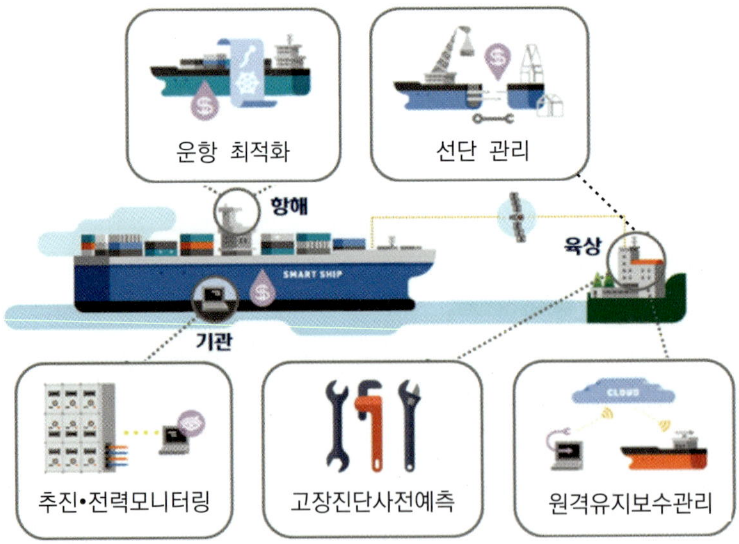

그림 8-5 자율운항선박의 스마트 성능

8.2.1 고장 진단 사전 예측시스템

선박 운항 효율화를 가장 저해하는 치명적인 상황은 선박 운항 중지이다. 메인 엔진 또는 발전기 등 선박 운항 중지를 발생시키는 고장은 갑자기 발생하는 것은 아니다. 기계 및 전기 장치는 장기간 연속적으로 작동시키면 노후화로 인해 자연스럽게 고장이 발생한다. 선박 주요 장치에 적절한 센서를 부착하고 장기간 수집된 데이터와 각종 장치에 대한 부품 고장 사례를 연결시켜 수학적 또는 통계적 분석 방식을 적용하면 효과적인 고장 패턴을 찾을 수 있고 각 장치에 대한 고장 진단 사전 예측이 가능해진다.

이러한 데이터와 패턴을 학습시키면 고장 예측 인공지능 기능도 개발할 수 있다. 장치를 구성하고 있는 부품들에 다양한 센서를 설치하면 각 센서 데이터 간의 관계도 파악할 수 있어 예측 기능을 강화할 수 있다. 수집된 데이터 양은 많고 잡음 및 중복 정보가 포함될 수 있으므로 유효한 데이터를 찾아내는 기술도 필요하다.

선박에 필수적으로 개발해서 우선적으로 적용해야 하는 장치는 메인 엔진이다. 그림 8-7과 같이 온도•압력•연비•출력 등 엔진 정보를 실시간으로 모니터링하고, 센서에서 발생한 각종 데이터를 분석해 상태를 진단하고 고장을 예측하는 선박엔진고장예측시스템을 개발해서 설치한다. 각 장치의 작동 중에 센서에서 위험 수준의 값이 나오면 자동 알림 기능으로 경고 메시지를 띄우고 문제가 된 부품과 발생 원인까지 알려줘 즉각 조치할 수

그림 8-6 선박의 고장 진단 사전 예측 기능 개념도

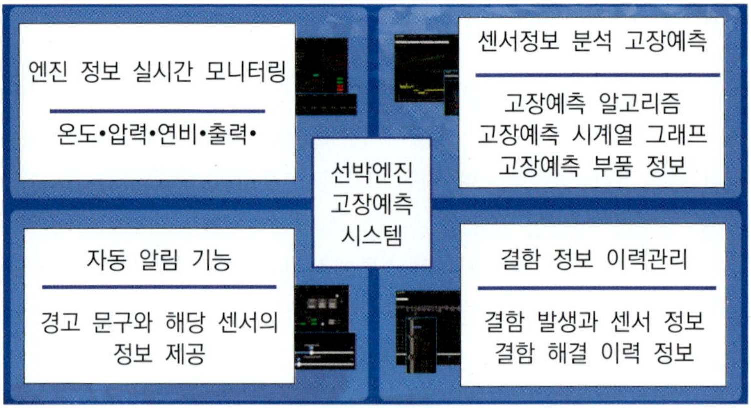

그림 8-7 선박엔진고장예측시스템의 주요 기능

있도록 구축한다. 이러한 시스템은 결함 발생과 조치에 대한 이력관리도 가능하다. 그림 8-8은 선박 운항 중에 메인 엔진에 대한 고장 예측 알람이 발생하면 위성 통신을 통해 고장에 대한 정비 정보를 제공받아 정상 운항시키는 개념을 보여준다.

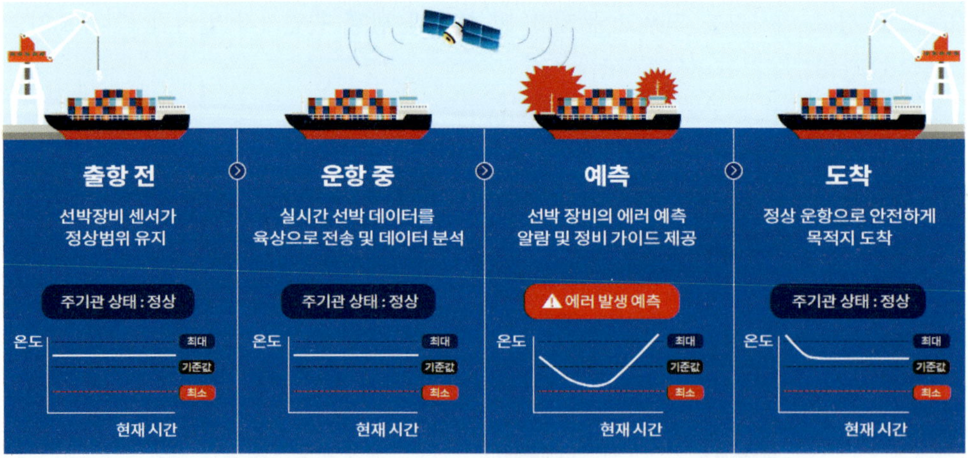

그림 8-8 선박 장치 고장 예측과 조치 개념도

고장 진단 사전 예측을 위한 불량 데이터 수집에 관한 사례를 살펴본다. 디젤 엔진을 장기간 연속적으로 운전하면 노후화로 인해 실린더에서 점화가 발생하지 않는 착화 불량(Misfiring)이 발생한다. 착화 불량은 엔진 성능 저하, 불완전 연소에 따른 오염 물질 배출, 샤프트 손상 및 과도한 진동 발생 등 치명적인 고장을 일으킬 수 있다. 그림 8-10은 4행정 6기통의 엔진(800 rpm)에서 플라이휠의 정상 회전 속도(rpm) 패턴과 착화 불량으로 인한 불량 회전 속도 패턴을 보여 준다. 착화 불량은 크랭크축에 미세한 회전 속도 변동을 일으키고 연결되어 있는 플라이휠 회전 속도에도 영향을 미친다. 이러한 불량 데이터 패턴과 엔진 부품 고장 사례를 연결시켜 분석하면 고장 사전 예측에 유효한 데이터를 얻을 수 있다.

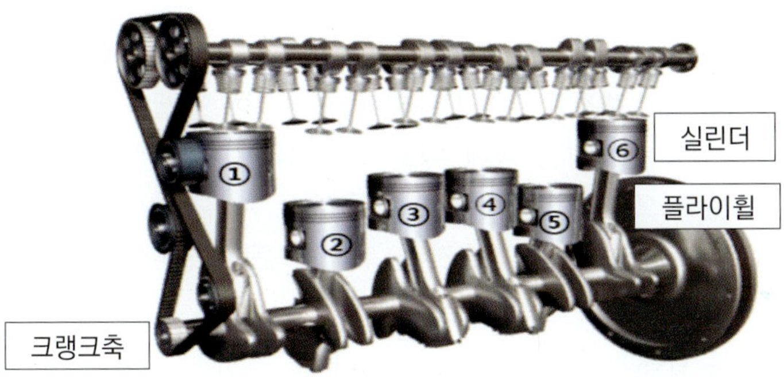

그림 8-9 4행정 6기통 디젤 엔진(800 rpm)의 크랭크축과 플라이휠

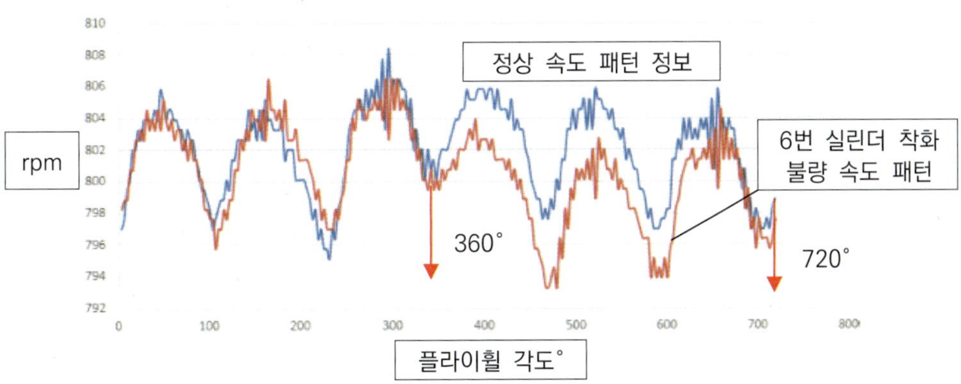

그림 8-10 디젤 엔진의 플라이휠 회전 속도 패턴

8.2.2 원격 유지보수관리시스템

원격 유지보수관리시스템(RMMS, Remote Maintenance Management System)은 해상에서 운항 중인 선박의 메인 엔진, 발전기 및 센서 등 장치의 상태를 선박 내부와 육상에서 실시간으로 감시하고, 고장 유무를 판단하여, 필요 시에 육상에서 원격으로 유지 보수하여 선박 가동률을 향상시키는 시스템이다.

RMMS에 해당 선박 정보, 장치별 보수 유지 회사 및 각종 장치와 부품에 관한 자재 정보 등에 관한 데이터베이스를 체계적으로 구축한다. 장치와 부품 종류, 모델 번호 등으로 계층화해서 분류하고, 고장 모드와 영향 분석, 질의 응답(Q&A), 체크리스트, 수리 이력, 상태 정보 및 예방 정비 등 각종 보수 유지 업무에 필요한 정보를 제공한다.

RMMS에 장치, 부품 및 센서 등의 유지 보수 관련 정보를 실시간으로 수집하고 분석하여 선원 기술자에게 선박의 고장에 관한 유지 보수 조치를 실행하도록 지원한다. 운항 중 기술자가 자체적으로 해결할 수 없는 알람과 고장이 발생하고 육상 기술자의 승선이 어려울 경우, 인공위성 통신망을 통해 해운 회사 육상 A/S 센터의 원격 유지보수관리시스템과 연결하여 원격 모니터링, 진단, 조치 등의 보수 유지 업무를 수행한다. 필요한 경우 선박이 정박하는 다음 항구에 기술자와 부품을 준비하였다가 도착하는 즉시 보수 작업을 실시하도록 지원한다.

이러한 RMMS는 선박과 해운 회사 A/S 센터 및 조선소 A/S 센터에 설치하여 운용하고 글로벌 A/S 회사 등과 유지 보수 업무에 관한 정보를 상호 제공한다. 필요 시에 육상 기술자를 선박의 특정 시스템에 접근하게 함으로써 기술자가 직접 선박에 승선하지 않고도 보수 업무를 수행하도록 한다. 이해 당사자들이 RMMS 정보를 같이 조회하면서 화상을 통한 협업 회의를 통해 문제를 빨리 해결할 수 있도록 지원한다.

원격 유지보수관리시스템의 장점은 다음과 같다.

① 운항 일정 준수 : RMMS는 선박이 바다에 있는 동안 장치에 관한 알람 발생과 오작동을 육상 A/S 센터를 통해 정확하게 진단할 수 있으므로 필요한 보수 작업을 위해 다음 항구에서 준비할 시간을 확보하여 적기 보수 작업 완료율을 크게 높인다.

② 유지 보수 시간 단축 : 육상 A/S 센터는 장치에 대한 데이터를 수집하고 성능을 추적하고 있어, 이상한 작동 발생 시에 빨리 문제를 진단하여 보수 업무를 실행한다.

③ 유지 보수 비용 절감 : 육상에서 원격으로 오작동을 진단하여 바로 조치하고, 부품을 교체할 필요가 없는 경우 기술자를 승선시키지 않고 해결할 수 있어 비용이 절감된다.

④ 유지 보수 예방 대응 : 장치 보수 유지 관련 데이터와 이력 정보를 저장하고 해당 정보를 주기적으로 점검함으로써 오작동이 발생하기 전에 예방할 수 있다. 이러한 정보를 활용하여 부품과 소모품에 관한 재고 최적화를 달성하고, 고장 진단 사전 예측 기능과 연결하여 예비 검사를 실시함으로써 고장 발생을 줄인다.

선박의 사이버 보안을 위해 원격 유지보수관리시스템을 육상에서 원격으로 접근할 시에 사용자 인증과 선박 연결, 해당 장치와 유지보수 기능 선택과 상세 기능 제공을 단계별로 실행한다.

① 사용자 인증 ; 선박의 원격 접속 여부를 결정하는 단계이며, 등급에 따라 유지보수를 위한 모니터링 기능 또는 진단 기능의 접근 권한을 제한한다.
② 선박 연결 ; 접속하고자 하는 선박을 선택하고 실제적인 연결을 수행하는 단계이며, 인증된 사용자에 따라 접속 가능한 선박을 지도 상에 표시한다.
③ 유지보수 기능 선택과 상세 기능 제공 ; 인증을 거친 후에 선박과 연결되면 유지 보수해야 하는 특정 시스템을 선택하여 업무를 수행한다.

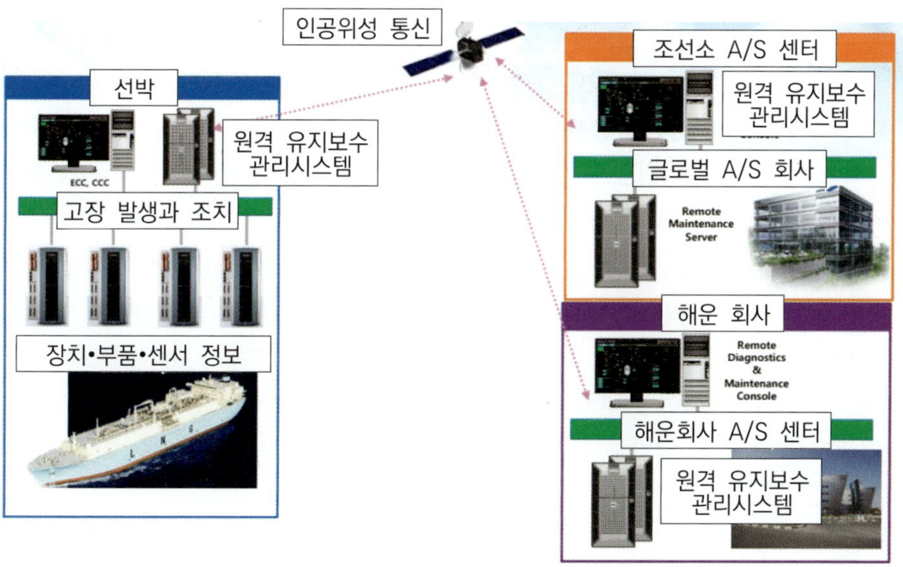

그림 8-11 선박 원격 유지보수관리시스템의 연결 개념도

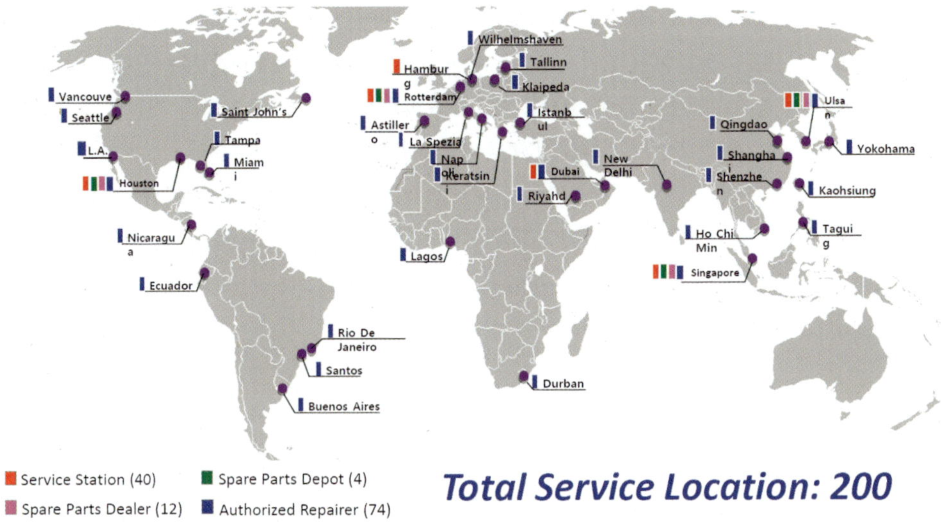

그림 8-12 원격 유지보수관리시스템의 글로벌 A/S 체계 사례

8.2.3 선단 관리시스템(Fleet Management System)

선단 관리시스템은 해운 회사가 보유하고 있는 모든 선박의 운항 업무를 최적화하고 체계적으로 통제하도록 설계한 시스템이다. 해운 회사의 육상 선단 관리 전문 조직에 시스템을 설치하고 관리자와 담당자를 두어 운영한다. 해운 회사의 선단 관리 서버(컴퓨터 시스템)와 선박에 설치한 관리 서버를 인공위성 통신망으로 연결하여 운항 정보를 실시간으로 제공받을 수 있게 시스템을 구축한다.

해운 회사 소속 모든 선박에 관한 실시간 모니터링, 운항 계획과 최적화, 유지 보수 관리, 연료 소비 분석, 선원 관리, 해양 규정 준수, 화물 적재 및 하역 관리, 각종 보고와 문서 관리 및 이해 관계자와 소통과 협업 등의 선단 관리 업무를 효율적으로 수행할 수 있게 해준다. 이러한 활동을 통해 연료 소비와 운항비를 줄이는 운항 최적화를 달성함으로써 해운 회사의 운항 이익을 향상시킨다.

③ IMO 규정 준수 보장 : IMO EEXI 및 CII와 같은 새로운 복잡한 선박 규정 요구 사항을 수작업으로 관리하면 오류와 벌금이 발생할 수 있다. 선단 관리시스템은 이러한 규정 준수 추적 및 보고를 자동화하여 선단에 있는 모든 선박이 글로벌 및 해당 국가 지역 규정을 준수하도록 지원한다.

④ 선박 성능 개선 사항 조치 용이 : 관리해야 할 선박이 많아질 경우 선박 모니터링에 더 많은 시간이 소요되고 시급한 문제를 식별하기가 어려워진다. 시스템에서 자동적으로 문제 보고서를 작성하게 하고 운항 효율이 저하되는 원인도 찾아 제공하면 개선 업무 처리가 쉬워진다.

선단 관리시스템의 핵심 정보의 시각화를 위해 대형 모니터 또는 대형 TV 등에 표시하는 대시보드(Dash Board) 화면을 개발하여 운영하면 효율적이다. 대시보드에는 선박 개요, 엔진 진단 및 성능, 배기 가스 관리, 선체 및 프로펠러 상태, 속도, 연료 소비량, 물류 효율성, 배송 시간 및 배송의 정확성 등을 포함할 수 있다. 선단 관리자와 담당자는 선박 상태를 평가하고 대시보드를 보고 직접 즉각적인 조치를 취하고 정보에 따른 의사 결정을 내릴 수 있다.

(Source : ABB)

그림 8-14 선단 관리시스템의 대시보드 운영 사례

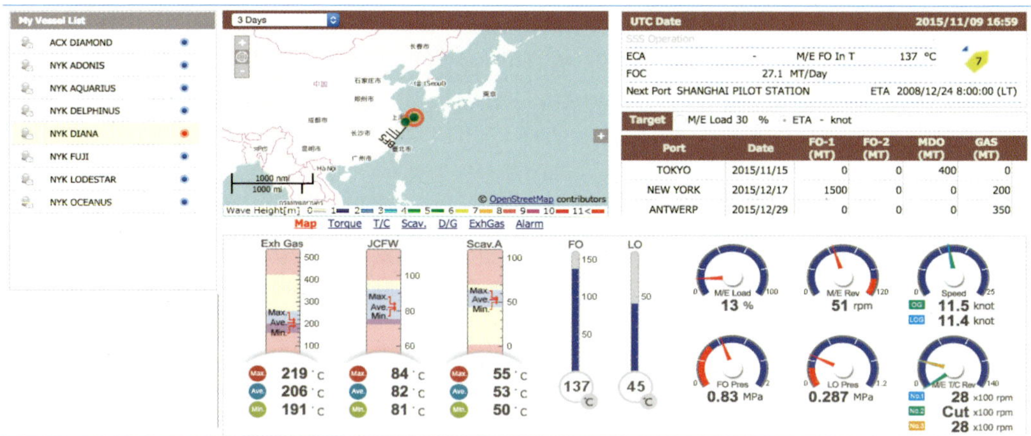

그림 8-15 선단 관리시스템의 대시보드 화면 사례

8.3 자율운항 성능

IMO는 선박 운항에서 선원의 역할을 누가 하느냐에 따라 자율운항 수준을 구분하고 있다. 현재의 자율운항 관련 국제 규정은 완전한 무인 자율운항보다는 선박의 감시와 기타 의무 수행을 위한 최소한의 선원으로 운항하는 것을 의미한다. 자율운항 수준이 높아질수록 선원의 개입이 줄어들지만, 선원은 자율화된 기능을 지속적으로 모니터링하고 만족스럽게 작동하지 않을 경우 즉시 개입해서 통제 기능을 수행해야 한다. 자율운항은 시스템으로 운항 제어가 이루어지는 것을 말하며, 이를 위해 필요한 핵심 기술은 항로 추적•자동 충돌 회피•자동 운항, 자동 접안 및 이안, 육상관제시스템 등이며, 이들을 통합시킨 자율운항제어시스템을 개발해야 하며, 이러한 기술들에 관한 연구 개발과 상용화 제품이 만들어지고 있다. 이에 대해 다음과 같은 순서로 설명한다.

- 자율운항선박과 무인운항선박
- 항로 추적•자동 충돌 회피•자동 운항
- 자동 접안(Auto Berthing)과 이안(Auto Unberthing)
- 육상관제시스템(실시간 원격 제어)

8.3.1 자율운항선박과 무인운항선박

자율운항선박은 선원이 탑승하지만 선원의 개입 없이 자동으로 운항하는 자율운항제어 시스템을 설치한 선박이다. 다양한 형태의 센서를 이용하여 선박의 위치를 추적하며, 이동하는 항로 주변 해상의 장애물을 인식하고 해당 장애물과 충돌 위험이 있는지 여부를 판단한다. 충돌 위험이 있는 경우 장애물을 회피하는 조치를 취한 후 목적지를 향해 적절한 항로로 복귀하는 운항 제어 행위가 시스템으로 이루어진다.

무인운항선박은 선원 없이 운항하는 선박이다. 자율운항제어시스템이 설치되어 있거나, 육상관제센터 위치에서 원격으로 사람이 자율운항제어시스템과 통신망을 통해 선박에 제어 명령을 내리고 그에 따라 운항하는 선박을 말한다. 이러한 선박에 선원은 없지만 승객과 화물을 실을 수 있다. 원격 육상관제센터와의 통신 지연과 중단될 수 있는 가능성을 고려해야 한다. 자율운항제어시스템을 설치하지 아니하고 방향타와 프로펠러 등의 작동과 관련된 운항 명령을 전송하여 원격으로 조종하는 선박도 무인운항선박으로 분류할 수 있다.

자율운항과 무인운항의 핵심 기술은 장애물을 피하면서 일정한 속도로 정해진 항로 운항, 선박 속도의 변경, 연안에서 정박 상태로 전환, 접안 부두에 계류, 정박 상태에서 운항 상태로 전환, 승객 또는 화물을 인수하는 등 다양한 유형의 작업을 사람의 개입 없이 처리하는 것이다. 항만에서 승객의 탑승과 하선, 화물의 적재와 하역 작업 등에서 항만 관제 센터와 필요 장비 사용과의 협력을 위한 기능도 필요하다. 단순히 선박 한 척이 아니라 다양하고 많은 선박에 적용이 가능해야 한다. 자율운항선박과 무인운항선박은 이러한 기능을 모두 갖추어야 한다.

8.3.2 항로 추적 • 자동 충돌 회피 • 자동 운항

- 항로 추적 및 상황 인식
- 자동 충돌 회피와 자동 운항

(1) 항로 추적 및 상황 인식

운항 최적화 실현을 위해 항로를 선택하고 항상 선박의 위치와 방향을 GPS와 센서로 추적한다. IMO는 SOLAS 협약을 통해 전자해도표시장치(ECDIS)와 항로를 추적하고 항로 계획에 따라 자동으로 운항하는 항적제어시스템(TCS, Track Control Systems)을 설치하도록 규정하고 있다. ECDIS와 TCS로 항로 추적을 수행하며 TCS 기능은 선박 자동조종장치(Autopilot)에 설치되어 있다.

선박 사고의 최대 원인은 충돌이며 항해사의 불충분한 감시가 거의 절반을 차지한다. 충돌 위험이 있는 선박과 장애물을 정확하게 빨리 식별하는 것이 가장 중요하다. 항해사가 인지하지 못한 상황에서도 레이더, 영상 센서 및 선박자동식별시스템(AIS[43]) 등의 탐지 정보를 시스템이 자동으로 인식하여 선박 항로 주변에 있는 운항 선박, 해상 고정물, 어망, 부표 및 부유물 등 장애물을 탐지하고 인식하여 필요한 경우 위험 알람을 울리고 항해사 또는 시스템이 대처하도록 한다. 이러한 기능은 선박에 이미 설치한 ECDIS, TCS 및 AIS 등의 연결을 통해 수행하고 있다.

상황 인식은 주변에서 일어나는 일을 인식하고, 현재에 어떤 상황인지, 미래에 어떤 상황이 될 것인지 예측하는 것으로 정의할 수 있다. 선박의 운항 속도, 위치, 항로, 운동 모니터링, 수심, 바람, 해류, 기상 예보 등 운항 정보를 모니터링하면서, 운항 중에 발생할 위험 상황을 인식하고 알람을 울려주고 위험이 무엇인지 식별해주는 기능이다. 기존 탐지 장치로는 자율운항에 필요한 상황 인식 정보가 부족하다. 자율운항을 감시하는 육상관제센터에서 상황 인식 오류가 발생할 수도 있다. 레이더, 3D 탐지 장치인 라이다(LiDAR, Light Detection and Ranging) 및 카메라 영상 기능을 통합하여 상황 인식 오류가 발생하지 않는 자율운항용 상황인식시스템을 개발해서 적용해야 한다.

국제해상충돌예방규정(COLREG[44])에 따른 장애물 탐지를 위한 센서 성능과 회피 방식에 관한 규정을 지켜야 한다. 센서는 중간 거리(1km 미만)에서 표준 컨테이너 크기의 장애물이 떠 있거나 부분적으로 물에 잠긴 것을 감지해야 한다. 센서는 또한 짧은 거리(약 수 백m)에서 구명 뗏목이나 물 속에 있는 사람을 감지할 수 있어야 한다. 장애물이 발견된 후 충돌을 피하는 데 필요한 거리도 장애물의 크기와 다가오는 속도에 따라 달라진다. 결과적으로 센서가 장애물을 감지해야 하는 거리가 변경되고 그에 따라 센서에 필요한 성능이 달라진다.

---

43) AIS(Automatic Identification System) : 선박 자동추적시스템으로 주변 선박들에 대한 선박 식별과 추적, 위치, 항로 및 속도 정보를 제공한다. 이러한 AIS 정보를 ECDIS를 통해 시각화하여 나타낸다.

44) COLREG(Convention on the International Regulations for Preventing Collisions at Sea) : 선박이 운항 중에 충돌을 회피하기 위해 취해야 할 조치에 대한 규정이다.

그림 8-16 전자해도표시장치(왼쪽)와 자동조종장치(오른쪽)

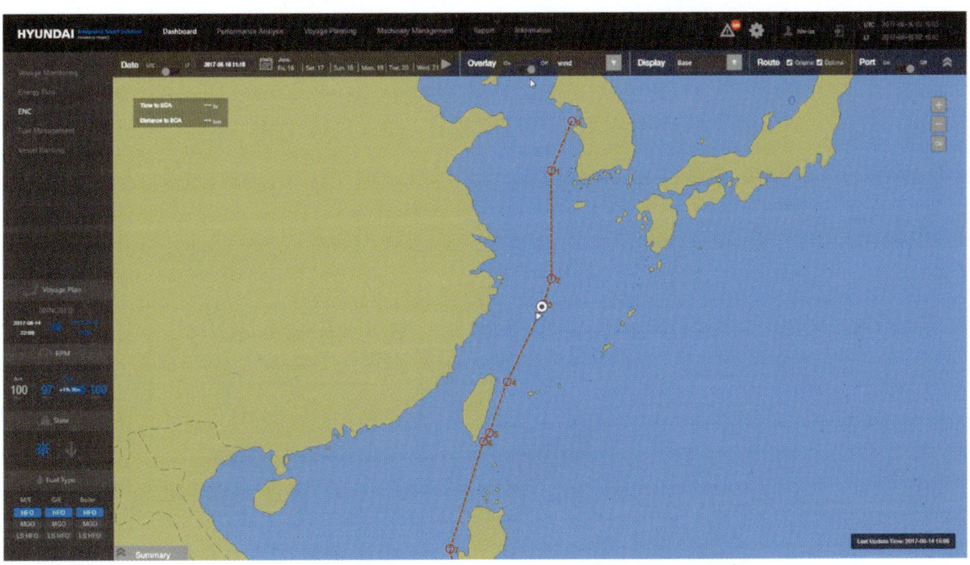

그림 8-17 선박 전자해도표시장치의 운항 경로 추적

(2) 자동 충돌 회피와 자동 운항

충돌은 선박에 치명적인 사고이고 해상 오염까지 발생시킨다. 자율운항에서 가장 중요한 핵심 기능이 자동 충돌 회피이고 주변 정보를 통합하여 정확하고 신뢰성이 높은 자동충돌회피시스템을 개발하고 적용해야 한다. 항해사는 자신의 선박 항로와 다른 선박들 간의 상대적 미래 관계를 예측하고 자신의 선박이 선택해야 할 항로를 결정하여 운항한다. 이러한 숙련된 업무 처리 방식을 알고리즘으로 만들어 자동 충돌 회피 기능을 구현한다.

자동 충돌 회피 기능의 원리는 그림 8-18과 같다. 선박 운항 중에 충돌 위험을 식별하고 알람이 울리면, 시스템에서 ①다른 선박에 관한 항로, 거리, 속도 및 항로 방향각의 데이터를 입수하여, ②충돌 위험 영역과 충돌하지 않는 접근 영역을 계산하고, ③충돌 회피 영역으로 운항하면서 충돌을 회피한다. 실제로는 혼잡한 항로 주변에는 다양한 선박들이 운항 중에 있고 다양한 충돌 위험 상황이 발생하므로 복잡한 위험 상황에서 회피 영역을 찾아 운항시키도록 개발해야 한다.

자동 충돌 회피 기능은 항해사의 판단 오류를 감소시키고 눈으로 확인이 어려운 야간이나 가시성이 낮은 기상 조건에서 판단력을 향상시키므로 충돌 사고 방지에 기여한다. 이러한 기능은 선박의 자동조종장치의 항로 제어 모드(TCS 기능 실행 모드)에 충돌 회피 알고리즘을 개발하여 적용하고 ECDIS에 연결시켜 가시적으로 표시하는 것이 가장 적절한 방안으로 보인다.

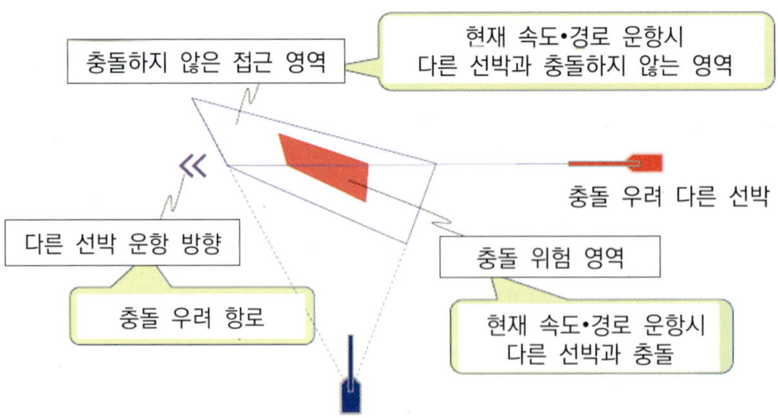

그림 8-18 충돌 위험 영역과 충돌하지 않는 접근 영역 개념도

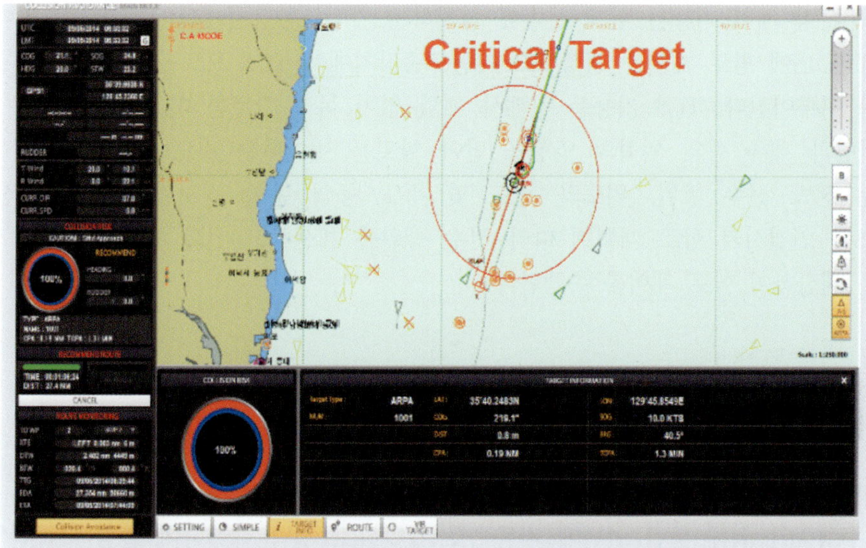

그림 8-19 전자해도표시장치에 표시된 충돌 위험 발생 사례

그림 8-20 전자해도표시장치와 충돌 회피 운항 사례

자동 운항 제어 기능은 현재 선박에 설치하는 자동조종장치에서 실행할 수 있다. 항해사가 ECDIS에 항로 계획을 생성하고 자동조종장치에서 TCS 모드를 선택하면 자동 운항 제어가 이루어진다. TCS 기능은 항해사 개입 없이 목적 항로를 따라 운항하도록 제어하며, 바람과 해류 등의 외력의 영향을 받아 항로를 벗어나는 것도 잡아준다. 이를 위해 TCS는 선박 선수 방위, 위도와 경도 및 속도 등의 운항 정보를 측정하는 장치들과 ECDIS를 연결시켜 항로 계획에 따라 선수 방위를 계산하고 선회 구간에서는 최적의 선회율을 계산하여 항로 제어를 수행한다.

8.3.3 자동 접안(Auto Berthing)과 이안(Auto Unberthing)

선박이 항만에서 화물을 적재하고 하역하거나 또는 승객을 승선시키고 하선시키는 업무를 수행하기 위해 항만 안벽에 자동으로 정박하고 정박 해제하여 출항하는 작업은 자율운항에서 중요한 기능이다. 접안 작업은 좁은 항만에서 저속으로 세밀한 조종이 필요하고 바람과 조류와 같은 외부 환경 영향을 받으면서 항만에 정박하고 있는 선박이나 운항 중인 선박으로 인해 고려해야 하는 요인이 많다.

선박을 안전하게 정박하기 위해 항만에 관한 지식과 경험이 풍부한 전문 도선사, 항해사 및 선박을 정박 안벽까지 이동시키기 위한 예인선이 필요하다. 선박 접안은 항해사가 부담스러워하는 위험한 작업이다. 종종 사고가 발생하고 때때로 치명적인 사고로 이어질 수 있다. 선박의 접근 오류나 심각한 기상 조건으로 인해 선박과 정박 안벽 모두에 손상을 입힐 수 있고 오염 피해도 발생시킬 수 있다. 따라서 이러한 도선사와 예인선의 도움 없이 선박을 자동으로 접안시키기 위해 정확도와 신뢰도가 높은 자동 접안 기능을 개발해야 한다. 선박을 정박 안벽에서 분리시키는 이안 기능은 접안의 반대이고 상대적으로 용이하므로 여기서는 자동 접안 기능 위주로 설명한다.

자동 접안 기능은 선박의 항만 접근 방식을 보다 효과적으로 세밀하게 자동으로 제어하고, 발생 위험에 자동적으로 대응함으로써 사고를 줄일 수 있는 핵심 기능이다. 접안 작업은 크게 3단계로 이루어진다. ①선박은 방향타로 정박 항로 계획에 따른 정박 접근 방향으로 변경한다. ②선박 속도를 적절하게 감속시킨다. ③적절한 시간에 메인 엔진을 정지시키고 선박을 정박지로 이동하여 정박시킨다. 선박이 저속으로 정박 안벽에 접근하면 수심이 낮아 방향타의 기능이 저하되므로 선박 제어가 쉽지 않다.

그림 8-21 선박의 예인선을 활용한 항만 안벽 정박 모습

자동 접안은 GPS, ECDIS, 레이더, 라이다 및 카메라 등의 위치, 방향, 상대 방위, 정박까지의 거리, 선박 횡속도, 선회 각속도와 영상 데이터 등을 활용하여 실행시킨다. 최종 정박 지점을 향해 거리에 따라 운항 방향 각도와 속도를 적절하고 세밀하게 제어하는 것이 핵심 기능이다. 선박이 선회를 하기 위한 최소한의 수심이 필요하고 이를 자동적으로 확인해야 한다.

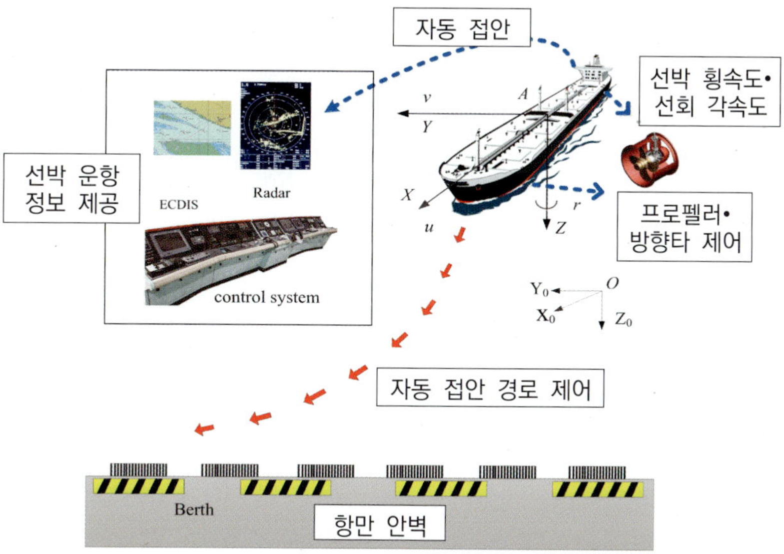

그림 8-22 선박 자동 접안 개념도

자동 접안의 정확성과 신뢰성을 높이기 위해 그림 8-23과 같이 현재 선박 위치와 정박까지의 거리를 여러 구역으로 세분화하고 구역마다 적합한 제어 알고리즘 또는 최적 제어를 개발하여 적용함으로써 자동 접안 작업을 안전하고 효율적으로 수행할 수 있다. 자동 접안을 위한 제어 신호 전송이 단절되지 않도록 제어 알고리즘에 반영해야 한다. 인공지능 학습을 통해 알고리즘은 정교하게 개발하고 수많은 시뮬레이션과 실선 적용 테스트를 통한 충분한 검증이 이루어져야 한다.

자동 접안 제어의 핵심 기능에 관해 그림 8-23과 같이 4개의 모드 제어로 나누어 설명할 수 있다.

① 자동 접안 경로 추적 모드 : 선박 초기 위치에서 안벽과 평행한 각도로 운항하다가 정박 방향으로 부드럽게 선회하고 미리 계획한 경로에서 일정 거리 앞의 목표 지점에 도달시키는 모드이다. 간단한 기하학적 수학 계산으로 이루어지는 작업이다. 방향타와 프로펠러를 적절하게 제어한다.

② 자동 접안 알고리즘 모드 : 바람, 조류와 수심 등의 영향을 파악하여 선박 속도를 정밀하게 안정적으로 줄이는 핵심 구간이다. 도선사의 지식과 경험과 예인선의 기능을 알고리즘으로 만들어 적용하여 정확도와 신뢰도를 높인다.

③ 선회 모드 : 선박을 안벽에 정박하기 위해 안벽과 평행한 각도로 선회시켜 제어한다. 안전을 위해 방향 각도의 변화를 적절하게 제어하는 것이 중요하다. 선박 속도가 매우 느리므로 선회하기 위해 스러스터(Thruster) 프로펠러가 필요하다. 중대형 선박은 제어가 어렵기 때문에 평행 접근 방식을 사용한다.

④ 자동 접안 정지 모드 : 선박이 정해진 안벽 위치에 정박하면 자동 정박 기능을 정지한다.

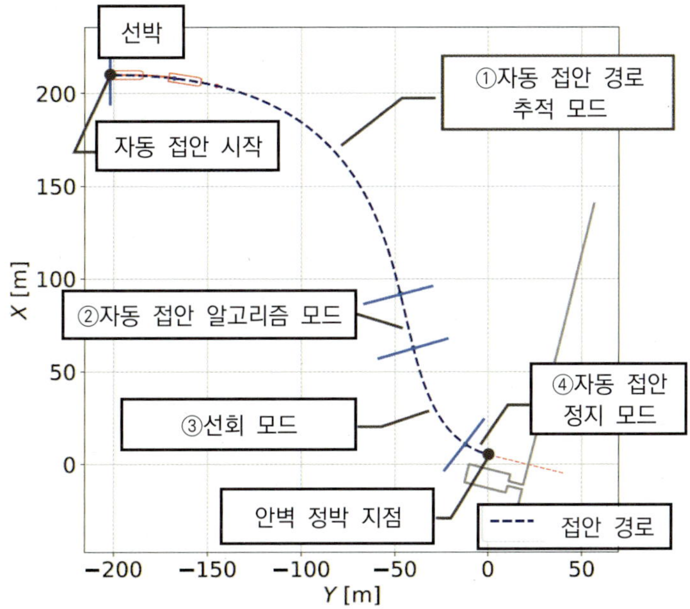

그림 8-23 선박 자동 접안 4단계 모드 개념도

8.3.4 육상관제시스템(실시간 원격 제어)

육상관제시스템은 다수의 자율운항선박과 무인운항선박을 모니터링하고 원격으로 제어할 수 있는 시스템이며 육상관제센터에 설치하여 운영한다. 육상관제센터는 IMO 규정을 준수하면서 자율운항선박에 대한 안전하고 효율적인 운항을 지속적으로 유지하는 업무에 중점을 둔다. IMO는 육상 관제 운영 표준, 사이버 보안 조치, 운영자에 대한 훈련 요구사항 및 선박 운항의 최소한의 안전 기준인 SOLAS 규정을 준수하도록 요구한다. 드론 또는 무인 항공기와 잠수함과 같은 다양한 영역에서 실제로 적용하고 있는 자율 또는 원격 제어시스템 기능과 관련 장치의 배치, 조직 및 인력 운영 방식 등을 벤치마킹하여 육상관제시스템과 육상관제센터를 구축할 수 있다. 이에 대해 다음과 같은 순서로 설명한다.

- 육상관제센터의 역할
- 육상관제센터 운영자의 필수 역량
- 운영자의 교육과 시뮬레이터 훈련

(1) 육상관제센터의 역할

육상관제센터는 다수의 자율운항선박의 운항 상황을 원격으로 모니터링하며, 필요 시에 육상 실시간 원격 제어시스템을 통해 특정 선박의 자율운항에 개입하여 필요한 조치를 원격으로 수행한다. 예상치 못한 상황 발생 시 관제 센터 운영자(관제사 또는 운영자)가 운항에 개입한다. 육상관제센터의 주요 역할은 다음과 같다.

① 상황 모니터링과 운영자 개입 상황 인식 : 육상관제센터는 자율운항선박 전체의 운항 상황을 파악하고 ECDIS에 표시한다. 1개의 모니터링 화면에 1명의 운영자가 여러 척의 선박을 모니터링할 수 있다. 운영자는 정상 운항 상황, 주의를 요하는 상황 및 원격 제어가 필요한 비상 상황 등을 모니터링하고, 문제 발생 가능성에 주목하면서 감시한다.

② 육상 원격 제어 실행 : 원격 제어가 필요하게 되면, 선박이 처한 비상 상황에 대한 정보와 빠른 시간에 조치할 수 있는 방안에 관한 의사 결정 정보를 시스템으로부터 제공받아 원격 제어를 수행한다.

③ 비상 상황 개입 : 운영자가 아무 때나 임의로 개입할 수 있는 것은 아니다. 충돌 회피가 불가피한 상황, 충돌 회피 대응이 필요한 상황, 항로 이탈 상황, 선주 요청과 선단 관리가 필요한 경우에 개입한다.

④ 이해 당사자와 소통 : 항만과 항만 교통 기관과 소통과 협업을 유지하고 필요한 경우 운항 승인 및 면제를 얻어야 한다. 또한, 항로 운항 안전 규정 요구 사항을 사전에 인식하고 그에 따라 조치해야 한다.

⑤ 자율 운항 업무 개선 지속 추진 : 운항과 관련한 자율운항 기능 개선, 물류 지원, 원격 유지 보수 등 선박 운항 신뢰성과 운항 중지 최소화를 위해 정기적인 시스템 점검 및 업데이트를 수행한다.

⑥ 위험 평가 점검 및 개선 추진 : 위험 평가는 안전과 환경에 영향을 미칠 수 있는 잠재적이고 불확실한 위험을 사전에 식별하고 분석하여 안전 대책을 실행하는 업무이다. 자율운항과 운영자 업무에서 발생할 수 있는 기술적 결함, 사람 오류 및 악천후 조건에 이르기까지 모든 위험이 평가 대상이며, 위험 허용수준 범위 내에서 선박을 통제할 수 있다는 것을 검증한다.

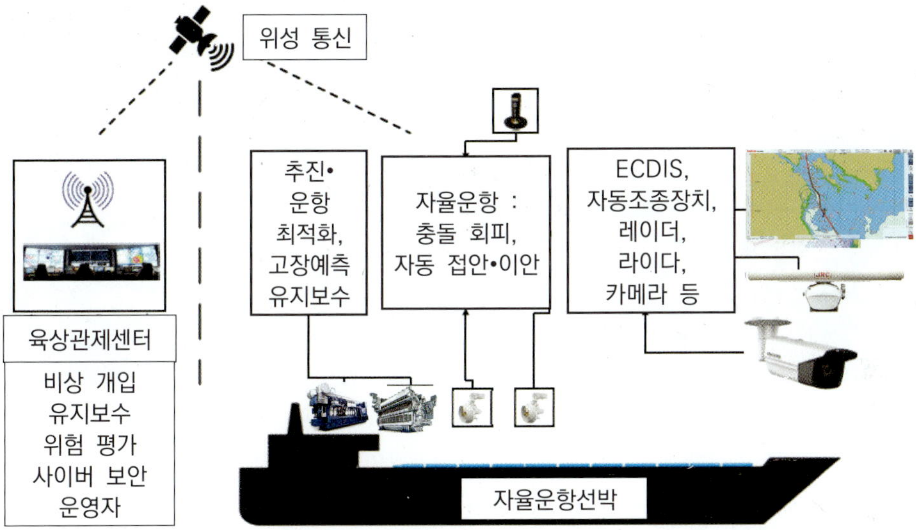

그림 8-24 육상관제센터와 자율운항선박 연결 개념도

⑦ 사이버 보안 : 해킹 등의 통신망 침투로부터 육상관제센터와 자율운항선박의 통신망을 보호하기 위해 사이버 보안 체계 구축과 점검 및 지속적인 강화 조치를 적극적으로 추진해야 한다.

⑧ 자격을 보유한 운영자의 채용과 운영자에 대한 관제 업무 훈련으로 관제 업무 효율을 향상시킨다. 감시자의 업무 오류 평가를 통해 감시 오류를 줄이는 개선 활동을 추진한다.

그림 8-25는 NTNU(Norwegian University of Science and Technology) 육상 관제 연구소 구축 사례이다. 운영자 2명이 모니터링하고 제어할 수 있도록 설계되었다. 전면 벽에는 2개의 75인치 터치스크린, 감사자용 49인치 모니터를 설치하였다. 운영자와 선원 또는 승객, 다른 선박 및 항만 교통 기관과 통신하는 데 필요한 입력 장치와 마이크 스피커와 전력 공급 중단에 대비한 백업 전원 공급 장치도 설치하였다. 운영자와 관제 시스템과의 상호 작용에 관한 자세한 소리와 비디오 녹화를 하고 운영자의 모니터링 업무 스트레스 수준에 관한 생체 인식 데이터도 수집하도록 구축하였다.

그림 8-25 육상관제센터 구축 사례

(2) 육상관제센터 운영자의 필수 역량

단거리 항로를 운항하는 페리의 경우 운영자는 자동 접안과 이안 작업을 동시에 관리해야 한다. 운항 기간이 긴 화물선의 경우 운항에 대한 직접적인 개입을 줄이면서 지속적인 모니터링에 중점을 둔다. 운영자는 항해사 역할을 하는 운항 운영자, 기관사 등의 역할을 하는 기술 운영자 및 서버•통신•IT 등 시스템 운영자로 구분하여 운영한다.

운항 운영자는 일상적인 운항 업무, 선박 항로 모니터링과 필요에 따른 항로 조정, 선박이 계획된 항로를 안전하게 자율운항하는 업무를 담당한다. 기술 운영자는 선박의 메인 엔진과 기계 장치와 전기 장치 등 모든 기술 시스템에 관한 기술적인 운전 상태를 모니터링하고 자율운항 기능이 제대로 작동되도록 유지하는 업무를 담당한다. 시스템 운영자는 센터의 서버와 통신과 IT 시스템이 안전하고 결함 없이 효율적으로 운영되도록 관리한다. 이러한 핵심 기능에 대한 명확한 업무 분장과 책임자 선정은 육상 관제 업무의 평가, 책임 구분과 효율 향상에 매우 중요하다.

운영자는 선박의 상태를 모니터링하고 개입이 필요할 때 통제권을 넘겨받아 발생 문제를 조치하는 대응 역량을 가져야 한다. 운영자는 선장이나 항해사와 같은 높은 수준의 전문 역량을 요구하지 않지만, 자율운항과 원격 제어 기술에 대한 전문 지식이 필요하고, 해상 환경에서 자율운항이 어떻게 작동하는지에 대한 기본 사항을 이해해야 한다. 자율운항에 개입하려면 지식과 경험뿐만 아니라 어느 정도의 필수적인 전문 역량도 필요하다. 운영자가 가져야 할 전문 역량 5가지는 다음과 같다.

① 자율운항제어와 육상관제시스템에 관한 이해 : 인간과 기계가 함께 일할 때, 인간과 기계가 어떻게 작동하는지 이해해야 최상의 결과를 얻을 수 있다. 선박에 설치한 자율운항 관련 시스템과 장치에 대한 기본 지식, 제어시스템에 대한 이해, 알람과 비상 상황 처리에 대한 충분한 지식이 있어야 한다.

② 시스템 운영 진단과 문제 해결 협력사와의 협업 : 선박 추진과 자율운항제어시스템을 운영하고 제어할 수 있는 기술을 가지고 있어야 하고 시스템 운영 진단과 발생 문제 해결을 위해 전문 협력사와 협업할 수 있는 역량이 있어야 한다.

③ 운항 장치와 컴퓨터•통신시스템 이해 : 레이더, ECDIS 및 자동조종장치의 기능을 이해하고 표시되는 정보를 읽고 해석하는 지식이 있어야 한다. 컴퓨터와 통신망에 대한 전문 지식을 갖추어야 한다.

④ 해상 안전 규정과 운항에 대한 이해 : 감사자가 원격으로 제어할 경우 안전한 운항에 대한 규정과 선박 메인 엔진, 발전기, 프로펠러와 방향타 등 선박 운항에 대한 기본적인 지식이 있어야 한다.

⑤ 항만과 항만 교통 기관과의 소통 : 자율운항과 관련한 이해 관계자들과 협력하여 비상 대응 업무를 조율해내는 의사 소통 역량이 필요하다.

(3) 운영자의 교육과 시뮬레이터 훈련

운영자는 업무 분장에 따라 선박 선원과 유사한 역량을 보유해야 하고 비상 상황 처리 업무 등의 숙련도 향상을 위해 지속적인 교육과 훈련이 필요하다. 비상 대응 절차와 이를 빠르고 효과적으로 구현할 수 있는 지식, 자율운항제어시스템, 육상관제시스템 및 운항 규정에 대한 전문 지식을 교육시켜야 한다. 필요 운항 기술, 관제 업무, 위기 관리 및 국제 해양 규정에 대한 기본적인 지식과 역량을 갖춘 자격증 제도를 운영하고 자격증을 가진 사람들을 고용하는 것도 관제 업무의 효율 향상에 필수적이다.

다양한 운항 조건에서 발생하는 관제 대응 시나리오 기능을 설치한 시뮬레이터에 의한 실습 훈련이 필수적이다. 예상치 못한 문제에 신속하게 대응하고, 긴박한 압박 속에서 절차와 정보에 입각한 의사 결정을 내리고 소통하고 협업하는 훈련이다. 운영자에 대한 비상 대응 역량도 평가할 수 있다. 훈련을 통해 운영자는 운항 계획부터 화물 적재 및 하역에 이르기까지 모든 작업에 관한 지속적인 관제와 발생할 수 있는 기술적 비상 대응 역량을 확보할 수 있다.

그림 8-26 선박 조타실 시뮬레이터 구축 사례

8.4 레이더·영상 센서와 통신시스템

자율운항선박에 정확하고 명확한 상황 인식 정보를 제공해주는 장치가 레이더•영상 센서이며, 이에 대한 이해가 필요하다. 자율운항선박을 육상에서 실시간으로 제어하기 위해서는 그에 적합한 디지털 양방향 무선 통신망이 구축되어야한다. 기존 선박의 아날로그 무선 통신망은 데이터 전송 속도가 느려 적용할 수가 없다. 인공위성 통신망은 비싸며, 최근 저렴한 저궤도 위성 통신망과 LTE 통신망이 개발되어 자율운항선박에 적용이 가능하다. 선박 내부의 각종 중요 데이터 교환에 표준 통신 프로토콜을 적용한 통합네트워트로 연결시켜 실시간 자율운항 원격 제어 무선 통신이 가능하도록 해야 한다. 이에 대해 다음과 같은 순서로 설명한다.

- 레이더•영상 센서 장치
- 자율운항선박과 통신망
- 해상 GMDSS(Global Maritime Distress and Safety System) 통신망
- 인공위성 통신망과 원•근거리 통신망
- 선박 내부 통합네트워크

8.4.1 레이더 • 영상 센서 장치

자율운항선박에서 운항 상황 인식을 수행하기 위해 정밀한 위치 정보를 제공해주는 위성항법시스템(GNSS, Global Navigation Satellite System) 수신기, 선박 자세와 방향 및 속도를 측정하는 관성측정장치(IMU, Inertial Measurement Unit), 인간의 눈 기능을 구현하는 시각 센서(RDB 카메라), 오디오 센서(마이크) 및 원격 감지용 센서(RADAR 및 LiDAR)의 4가지 센서를 사용한다.

자율운항 기능에 필요한 모든 정보를 제공하기에 충분한 한 가지 센서는 없다. 특정 센서로 탐지할 수 없는 표적물을 다른 센서로 감지할 수 있고, 다른 센서의 탐지 정보를 교차 검증할 수 있어 정확성을 높인다. 레이더와 여러 영상 센서의 정보를 통합하여 선박 운항 주변 환경에 대한 포괄적인 3D 상황을 구현해야 안전한 운항이 가능하다. 이러한 센서들을 통합한 다중센서통합인식시스템을 개발하여 적용하면 상호 보완 탐지와 상황 인식 성능이 크게 향상되고 자율운항 기능을 성공적으로 수행할 수 있을 것이다. 자율주행 자동차와 무인항공기 기반의 원격 감지에 적용하고 있으며 선박용 개발도 이루어지고 있다. 레이다와 주요 영상 센서 장치는 다음과 같다.

① 레이더(RADAR, Radio Detection and Ranging) : 총 톤수 300톤 이상의 선박에 파장이 짧고 주파수가 높아 근거리 물체를 명확히 탐지할 수 있는 X-Band 레이더(파장 3.2 cm, 주파수 9,375 MHz)를 설치하도록 의무화하고 있다. S-Band보다 해상도가 높아 이미지가 선명하다. 원거리 탐지용인 S-Band 레이더(파장 102 cm, 3,000 MHz)는 총톤수가 3,000톤 이상인 선박에 설치하고 약 40 km 거리를 탐지할 수 있으며 악천후 기상 조건에서 효과적이다.

② 라이다(LiDAR, Light Detection and Ranging) : 300 m 미만의 단거리 표적물까지의 거리를 측정하는 장치이다. 짧은 레이저 신호를 보내고 광 펄스와 반사된 광 펄스 사이의 시간 경과를 기록하여 측정한다. 라이다는 다중 레이저 빔을 사용하여 물체 주변의 공간을 3D로 스캔할 수 있고 표적물의 속도를 측정할 수 있다. 레이더가 선박 주변 150 m의 물체를 인지하지 못하는 사각지대가 발생하는데 라이다의 근거리 정보는 매우 유용하다.

③ 카메라 : 카메라는 영상을 촬영해 표적물을 식별한다. 카메라에는 단일렌즈모노 카메라, 두개 렌즈를 사용하여 3D 정보를 얻는 스트레오 카메라, 증강 현실 이미지를 생성시키는 3D RGB 카메라 등이 있다. 여러 대의 특수 카메라를 이용하면 인간의 시야 범위 내에 있는 장애물을 감지하고 추적할 수 있어 라이다 등 기존 탐지 기술의 한계를 보완할 수 있다.

④ 오디오 센서 : 마이크는 다양한 유형의 선박을 탐지, 분류, 위치 파악 및 추적할 수 있고 메인 엔진 등 선박에서 발생하는 소리를 인지할 수 있다.

레이더, 라이다 및 카메라 등 영상 센서의 장단점은 표 8-5와 같다. 레이더는 상대적으로 넓은 빔 폭 주파수 안테나를 사용하기 때문에 멀리 있는 표적물 탐지에 유리하지만, 표적물의 작은 구조적 세부 사항을 식별하기가 어렵다. 라이다는 레이저를 기반으로 하기 때문에 매우 좁고 잘 준비된 빔을 가지고 있어 상세한 표적물을 재구성할 수 있으나 강수량과 같은 기상 현상에 매우 취약하고 장거리 식별이 어렵고 가격이 비싼 단점이 있다.

표 8-5 주요 영상 센서 장치의 장단점 비교

구분	장점	단점
레이더	• 전파를 이용하므로 긴 거리(~37 km)의 표적물 탐지와 속도 측정의 정확도 높다. • 악천후 조건에 원거리 인식이 가능하다. • 선박의 기본 설치 장치이다.	• 해상도가 낮기 때문에 작은 표적물을 식별하기 어렵다. • 다른 레이더 신호와의 간섭 영향이 발생한다.
라이다	• 레이저를 이용하므로 표적물 식별이 용이하고 거리 측정이 매우 정확하다. • 주변 환경에 대한 고화질 3D 모델링이 가능하다.	• 최대 300 m 이상 거리 측정이 어렵다. • 악천후에서 식별 기능이 저하한다. • 시스템 오작동, 소프트웨어 결함에 취약하다. • 가격이 비싸다.
카메라	• 사람 눈과 같은 모양과 색상 구분이 용이하다. • 물체를 빠르게 식별한다. • 적외선카메라는 야간에도 탐지가 용이하다. • 가격이 저렴하다.	• 악천후에서 식별 기능이 저하된다. • 표적물과의 거리 측정 기능이 없다.

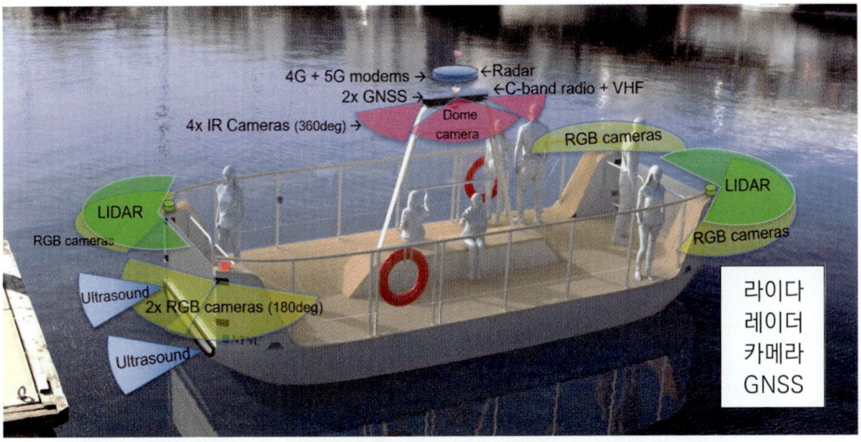

그림 8-27 자율운항선박 영상 • 센서 설치 개념도

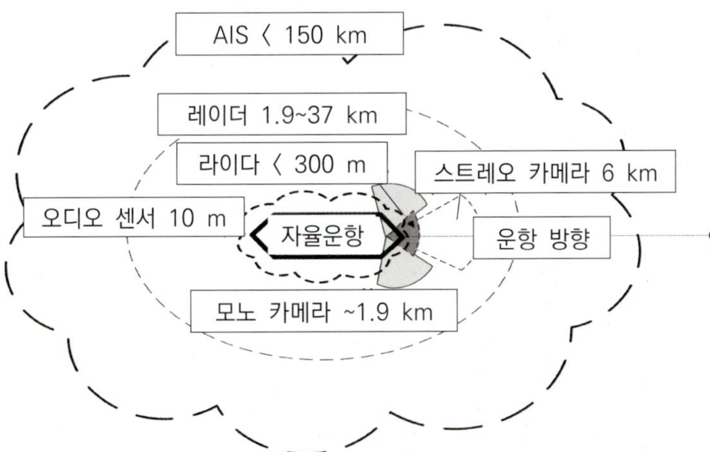

그림 8-28 자율운항선박 영상 센서 거리 측정 한계 개념도

그림 8-29 크루즈선 레이더 설치 사례

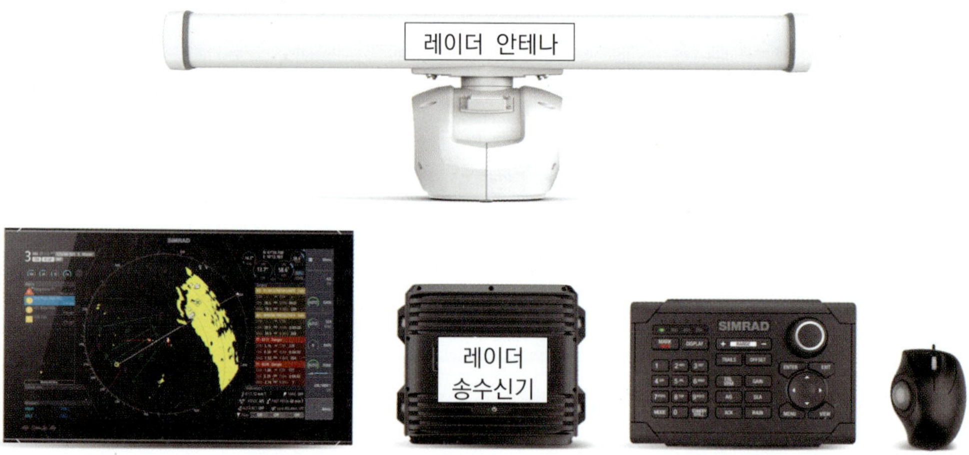

그림 8-30 X-Band 레이더 장치 사례

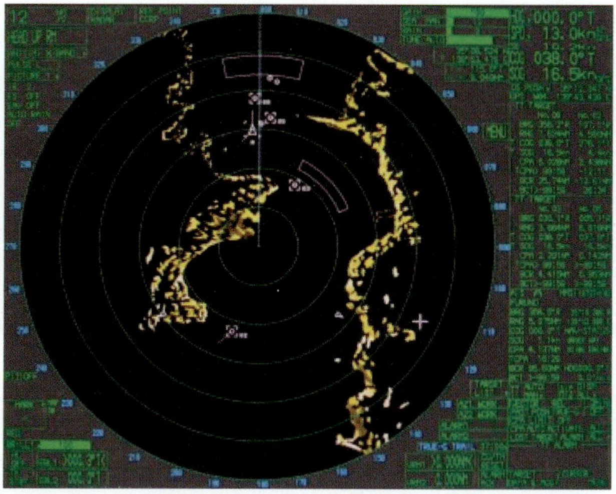

그림 8-31 레이더 화면 사례

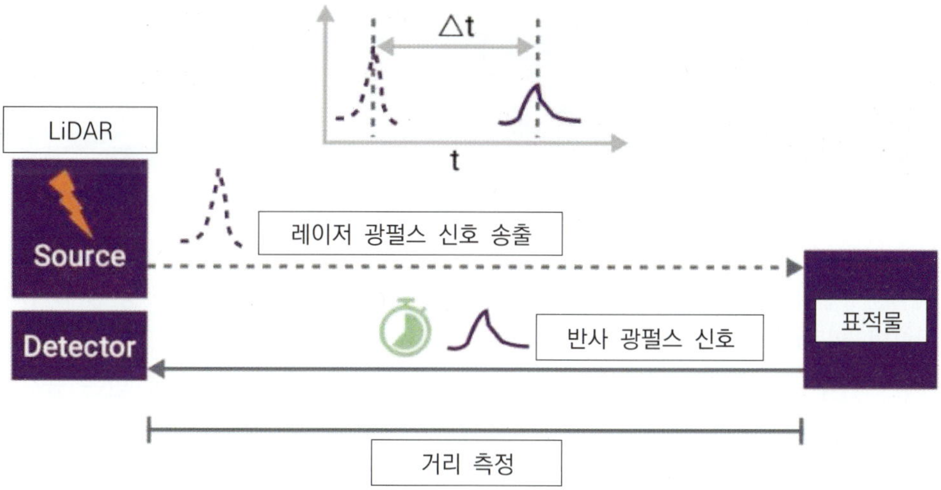

그림 8-32 라이다 거리 측정 개념도

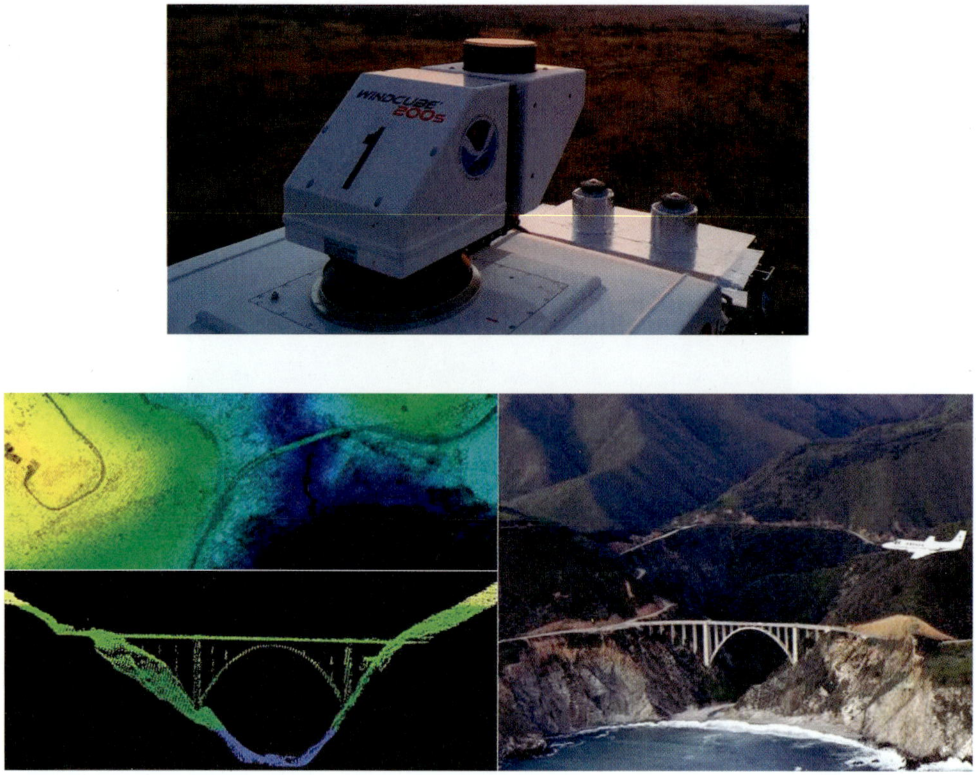

그림 8-33 라이다와 주변 공간 스캔 이미지

자율운항선박에 선수 1대, 선미 1대, 오른쪽에 2대 및 왼쪽에 2대 등 총 6대 카메라를 설치하면 일종의 촬영 돔을 형성시켜 360도 주변 상황 이미지를 얻을 수 있다. 그림 8-34는 선박 주변을 전체적으로 볼 수 있도록 6대 카메라를 활용하여 만든 증강 현실 이미지이다. 제한된 공간을 가진 항로 주변에서 자율운항 할 때 주변 장애물에 대한 인식을 높일 수 있는 중요한 기술이다.

그림 8-34 실제 선박(왼쪽)과 카메라 6대 연결 360° 재구성 이미지(오른쪽)

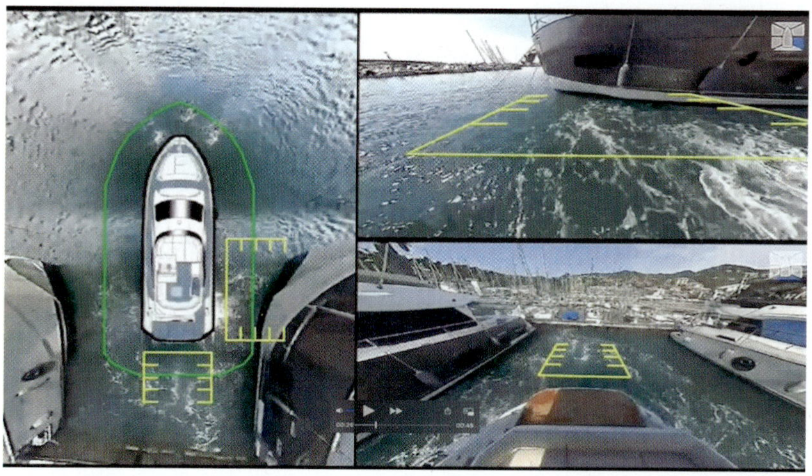

그림 8-35 자율운항선박 접안 필요 시각적 화면 정보 제공

8.4.2 자율운항선박과 통신망

자율운항선박은 실시간 원격 제어가 이루어지므로 선박 내부와 외부와의 통신 기술이 무엇보다 중요하다. 선박과 육상 관제 통신에 활용 가능한 통신은 ①데이터 통신 지원, ②충돌 회피와 자동접안•이안 지원, ③음성 통화 지원, ④호출 지원 등의 요구 조건을 만족시켜야 한다. 또한, ⑤선박 간 데이터와 음성 통신 지원, ⑥선박 간 호출 지원, ⑦필요시에 선대 운용(드론포함)과 공공 선박 운영 등의 서비스도 고려해야 한다.

선박의 기존 통신망에서 아날로그 초단파(VHF/UHF), MF(중단파), 단파(HF)는 데이터 전송 속도가 느려 자율운항선박에 적용할 수 없다. 인공위성은 통신비 부담이 매우 크다. 자율운항선박의 통신망을 위해 3GPP[45] LTE(모바일 네트워크) 4G와 5G 및 와이파이(Wifi) 등 다양한 초고속 무선 통신망 기술을 적용해야 한다.

현재 통신 기술로는 자율운항선박에 필수적인 완전한 양방향 통신망 구축이 어렵고 통신비도 많이 들어간다. 현재까지 개발된 여러가지 통신 장치와 기술을 복합적으로 연결하여 사용해서 안전한 자율운항에 필수적인 다중복합통신망 구축이 필수적이다. 실시간 데이터 전송 속도 변동, 전송 지연 및 통신 단절 등의 문제를 해결해야 하는 기술적인 과제가 있다. 선박 외부 통신은 무선 통신망으로 이루어지며, 내부 통신은 유선 통신망으로 구축하며 최근 무선통신망 적용을 확대하고 있다.

한국선급(KR)의 자율운항선박 지침에 따른 통신시스템의 기본 요건은 다음과 같다.

① 통신 회선은 자율운항선박과 자율화시스템을 안전하게 제어할 수 있는 적절한 범위와 대역폭, 신뢰성을 충분히 갖추고 있어야 하며 데이터 품질은 정상 조건 및 예측 가능한 비정상 조건에서 요구되는 자율수준 및 기능에 적합해야 한다.

② 정상 조건 및 예측 가능한 비정상 조건에서 요구되는 통신 네트워크 용량, 신뢰성, 가용성, 유지보수성, 안전성 및 보안성능이 고려되어야 한다. 성능은 무선 데이터 통신, 개인 데이터 통신 및 활용되는 공용 데이터 통신의 가변성 및 취약성을 고려하여야 한다. 통신 네트워크 구조는 간섭, 성능 저하 및 장애에 대하여 충분한 복원성을 제공하여야 한다.

45) 3GPP(3rd Generation Partnership Project) : 전세계 이동통신 사업자와 표준화 단체 등이 참여하고 있는 국제 이동통신표준화기구이다. 3세대 이동통신 표준 개발을 위해 설립한 국제기구이다. 4G, 5G, 6G를 개발한다.

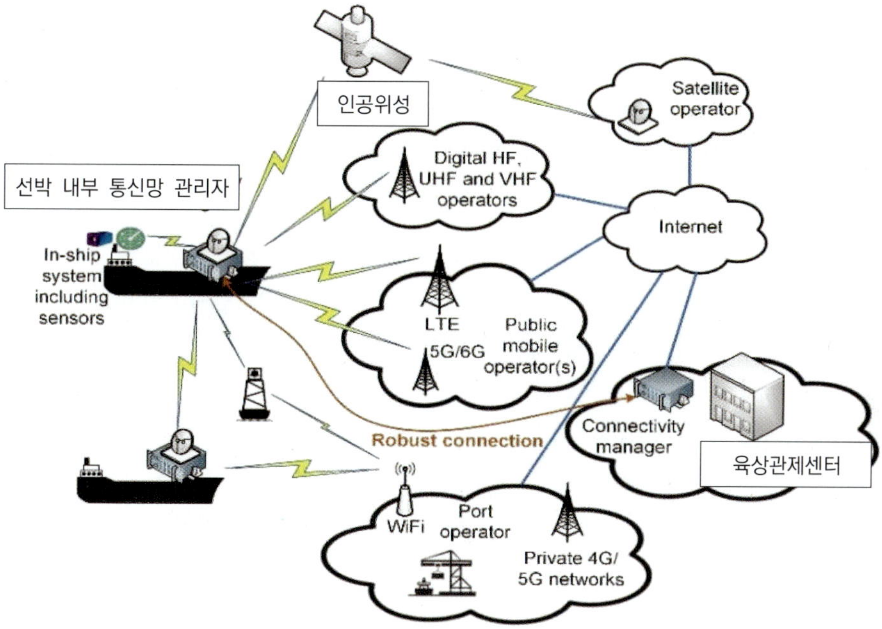

그림 8-36 자율운항선박의 복합 통신망 연결 개념도

③ 선외지원시스템과 선박 간(또는 다수의 선박 간)의 통신 오류를 방지하기 위해 안전한 데이터 관리 프로토콜을 개발하고 데이터 링크를 적절히 인코딩 및 암호화하여 간섭을 방지하여야 한다.

④ 외부 통신에 대하여 장애가 발생할 경우 중요 데이터를 전송하기 위한 백업 절차가 실행되어야 한다. 장애 발생 시 주 통신 경로와 백업 경로 간 자동 전환이 이루어져야 하며 이에 대한 경고 알림이 운영자에게 제공되어야 한다. 주 경로와 백업 경로로서 각각 독립적인 통신시스템이 사용되어야 한다. 다만, 통신시스템에 단일 고장이 발생하더라도 자율운항선박과 자율화시스템을 안전하게 제어할 수 있는 경우에는 그러하지 아니 한다.

⑤ 순환 중복 검사(Cyclic Redundancy Check) 또는 이와 동등한 수용 가능한 방법을 적용하여 데이터의 전송 완료를 확인하기 위한 전송 제어 수단이 설계되고 제공되어야 한다. 손상된 데이터가 감지되면 허용 가능한 전체 응답 시간을 유지할 수 있도록 재시도 횟수를 제한해야 한다.

⑥ 필수적으로 요구되는 통신 네트워크 성능 요건 및 데이터 품질 요건이 운용계획서 상에 정의되어야 한다.

⑦ 원격 제어 시 선외 운영자는 제어 행위와 실제 선박 반응 간 지연을 야기하는 통신 대기 시간을 인지할 수 있어야 한다. 대기 시간은 운용 중 지속적으로 표시되어야 하며 대기 시간이 미리 정의된 한계를 초과할 경우 운영자에게 경고를 주어야 한다.

⑧ 선외지원시스템에 주기적으로 제공되는 데이터 유형과 전송 간격 및 제어 모드 변경 시(예: 자율운항 → 원격 제어) 그에 적합하게 변경되어야 한다. 필요한 경우, 항만 등 연안 해역에서 교통량이 많은 상황에서는 육상 기반 통신 네트워크를 사용하여 최대한의 가용성과 최소 대기 시간을 제공할 수 있어야 한다.

⑨ 모든 데이터는 우선 순위로 식별되어야 하며 전송 소프트웨어는 데이터의 우선순위를 고려하여 설계되어야 한다. 기동, 제어, 비상 신호 또는 안전 기능을 제공하는 시스템에 대한 경고는 시스템의 모든 작동 모드에서 다른 데이터보다 우선해야하며 뚜렷이 구별되어야 한다.

⑩ 무선 데이터 통신 링크에 의존하는 필수 서비스를 제공하기 위해 지속적으로 작동해야 하는 기능에는 수용 가능한 시간 내에 조치를 취할 수 있는 대체 수단이 있어야 한다.

⑪ 네트워크는 링크 자체의 장애를 감지하고 링크에 연결된 노드에서 데이터 통신 장애를 감지해야하고 통신 장애 감지 시 적절한 경고 알림이 제공되어야 한다.

⑫ 통신시스템은 권한이 부여된 인원만 접속할 수 있도록 설계되어야 한다.

⑬ 전송 프로토콜은 인정된 국제 표준에 따라야 하고 위성 통신 공급자는 국제 해사 위성기구(IMSO)에 의해 인정되어야 한다.

⑭ 통신 네트워크 및 시스템은 다음의 국제 표준 요건을 준수해야 한다.
- IEC 61850-90-4, IEC 61162, IMO MSC.252(83) 등

8.4.3 해상 GMDSS(Global Maritime Distress and Safety System) 통신망

해상을 운항하는 선박은 조난 대응 및 안전 운항을 위한 IMO의 GMDSS 규정에 의한 조난 경보용 무선통신장치들을 의무적으로 설치해야 한다. 전 세계 해역을 A1, A2, A3 및 A4 등 4개의 영역으로 구분하고 각 영역별로 설치해야 하는 무선통신장치들을 규정하고 있다. 이러한 아날로그 무선 통신망은 디지털 양방향 통신 기능이 없고 데이터 전송 속도도 느려 자율운항선박과 육상관제제어 적용이 어렵다.

① 해역 A1 : 해안에서 약 20~30 해리(37~56 km) 영역에서 운항하는 경우 지속적인 디지털선택호출(DSC)[46] 경보가 가능한 하나 이상의 VHF 무선통신장치를 설치해야 한다.
- 설치 장비 ; VHF(DSC) 및 NAVTEX(Navigational Telex)[47] 수신기(해상•기상•조난신호 정보를 수신하기 위한 운항 텔렉스)

② 해역 A2 : 해안에서 최대 100 해리(185 km) 영역이다.
- 설치 장비 : VHF(DSC), MF(DSC), NAVTEX

③ 해역 A3 : A1과 A2 영역을 제외하고 지속적인 경보가 가능한 인마샛(INMARSAT[48])-C 또는 이리듐(Iridium) LT-3100S 정지 궤도 위성 범위 영역으로 전 세계적인 영역(북위 70°도~남위 70°)이다.
- 설치 장비 : VHF(DSC), MF(DSC), NAVTEX, INMARSAT, MSI(Maritime Safety Information)

④ 해역 A4 : A1, A2 및 A3 이외의 영역이다. 위도 70도의 북극과 남극 영역이다.
- 설치 장비 : MF/HF(DSC), VHF(DSC), NAVTEX

46) 디지털선택호출(Digital Selective Calling) : 선박에서 선박으로, 선박에서 해안으로, 해안에서 선박으로 사전 정의된 디지털 메시지를 보내기 위한 표준으로 VHF, MF/HF에서 실행되는 조난 채널이다.
47) NAVTEX ; 운항 및 기상 경보, 예보 및 긴급 해상 안전 정보를 선박에 전달하기 위한 국제 자동화 서비스이다.
48) INMARSAT : 양방향 데이터 및 메시지를 제공하는 글로벌 모바일 위성통신시스템이다. .

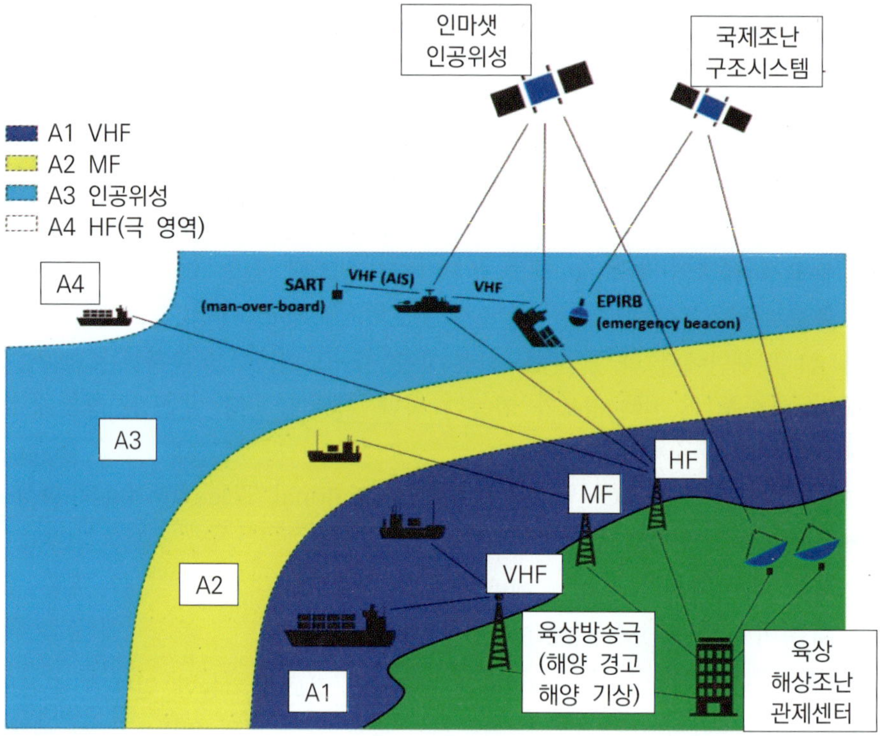

그림 8-37 GMDSS 4개 영역과 무선 통신망 개념도

표 8-6 선박 HF • VHF 통신 특성

무선통신장치 종류	MF(중파대역)	HF(단파대역)	VHF(초단파대역)
	Medium Frequency Radio	High Frequency Radio	Very High Frequency Radio
주파수 대역	0.3~3 MHz	3~30 MHz	30~300 MHz
무선 통신 거리	10 m~1 km	최대 500~1,000 km	최대 120 km
데이터 전송 속도	0.1 Kbps[49)]	0.1 Kbps	9.6 Kbps

49) Kbps : 초당 1천비트(Bit) 데이터를 전송한다는 것을 의미한다.
Mbps : 초당 1백만비트 데이터를 전송한다는 것을 의미한다.

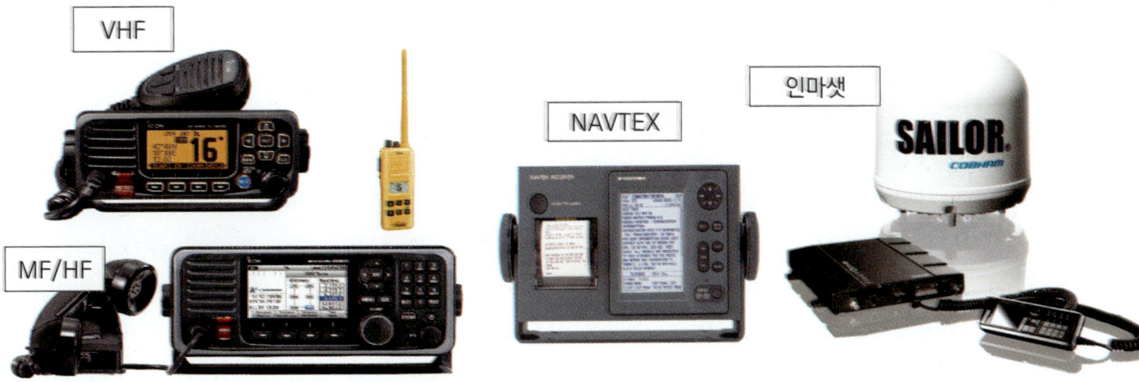

그림 8-38 GMDSS 주요 통신 송수신 장치

8.4.4 인공위성 통신망과 원·근거리 통신망

- 인공위성 통신망(Satellite Communication Network)
- AIS와 ASM 무선 통신망
- VDES 무선 통신망
- 해상 LTE-M(4G)과 5G•6G 무선 통신망
- 자율운항선박의 다중해상무선통신장치

(1) 인공위성 통신망(Satellite Communication Network)

대양 운항 선박에 사용 중인 4세대 인마샛-C 인공위성 통신망은 심각하고 임박한 위험에 처했을 때 육상 기지국에 조난 경보를 보내는 용도와 선박과 해운 회사의 육상관제센터 간 음성, 텔렉스, 팩스, 전자 메일 및 컴퓨터 간 메시지와 데이터를 주고 받는 통신망으로 사용한다. 적도 1대, 인도양 1대, 대서양 2대 등 정지 궤도에 있는 4개의 위성으로 서비스를 제공한다. 통신 범위는 선박이 항해할 수 없는 극지방을 제외하고는 전 세계 지역에서 가능하다.

각 선박에는 인공위성 호출을 수신하기 위한 고유한 번호가 있다. 음성 통신은 유선 전화에서 장거리 전화를 거는 것과 유사하고 그룹 통화도 가능하다. 메시지의 경우 텍스트는 먼저 키보드를 통해 모니터에 입력하고 버튼을 누르면 통신이 이루어진다. 통신 속도는 150~432 Kbps이며 자율운항선박과 육상 관제에 사용하기에는 데이터 전송 속도가 느리다.

인마샛은 5세대 위성을 총 5기로 구성하여 고속 광대역 네트워크인 글로벌 익스프레스(GX) 서비스를 제공한다. 전송 속도는 약 5~50 Mbps으로 비행기의 와이파이(WiFi)와 선박의 통신에 사용한다. 데이터 전송량에 따라 통신 사용료가 급격하게 증가한다. 데이터 다운(Down)과 업(Up)이 1 Mbps일 경우 월 1,500$, 4 Mbps일 경우 월 13,380$이다. 인마샛 GX 통신망은 육상 관제에 사용할 수 있지만 데이터 전송량이 많아져 통신비가 크게 증가한다. 데이터 전송량을 최소화할 수 있는 육상 관제가 되도록 필요한 시스템을 개발해야 한다.

최근 저렴한 VSAT(Very Small Aperture Terminal) 인공위성 통신망이 선박에 적용되고 있다. 인공위성 통신에 소형 기지국 운영과 소형 위성 안테나를 이용하여 양방향 통신과 인터넷 서비스를 제공한다. 데이터 전송 속도가 약 4 kbp~16 Mbps로 다양하다는 단점이 있으며 서비스 제공하는 회사에 따라 차이가 발생한다. 월 300 MB 용량 데이터를 사용할 경우 월 사용료는 약 500$ 수준이다. 연안의 LTE 이동 통신망 범위를 넘어서는 해역에 운항 할 때 사용할 수 있다. 우리나라는 KT에서 무궁화 위성을 활용해서 VSAT 서비스를 제공하고 있다.

그림 8-39 인마샛 정지 궤도 인공위성 통신 범위 개념도

그림 8-40 KT의 VSAT 통신망(XWAVE)

(2) AIS와 ASM 무선 통신망

선박의 150 km 이내 원거리 무선 통신망으로는 선박자동식별장치(AIS)가 있다. VHF 대역의 Channel 87(161.975 ㎒)과 Channel 88(162.025 ㎒)을 AIS 전용 주파수로 할당하여 운용 중이다. 선박-선박, 선박-육상 간 데이터 통신으로 선박의 제원, 출항지 및 목적지 등의 정보를 자동으로 송수신할 수 있고, 선박 위치, 속도 및 항로 등의 운항 정보를 자동 송수신함으로써 관제 수단으로 활용이 가능하다. AIS는 2개 채널만 운영하므로 동시에 다수의 선박이 접속할 경우 통신 과부하로 장애가 발생한다. 채널의 데이터 전송 속도가 9.6 Kbps이므로 많은 정보를 주고 받는 것은 불가능하다.

AIS 통신 과부하 문제를 해결하기 위해 AIS 기반에서 특정한 데이터를 전송하는 ASM(Application Specific Messages) 통신이 개발되었다. 기상, 운항 데이터, 선원 수, 정박, 사고 보고 및 항해 경고를 포함하여 안전 관련 특정한 데이터 정보를 전송할 수 있다. 통신 거리는 90 km이며 데이터 전송 속도는 19.2 Kbps이다. AIS와 ASM은 통신 과부하 현상, 데이터 전송 속도가 늦어 자율운항선박과 육상관제제어에 사용하기에는 적합하지 않다.

(3) VDES 디지털 무선 통신망

VDES는 VHF 데이터 교환 시스템(VHF Data Exchange System)이다. 해상 디지털 양방향 선박 통신망으로 차세대 AIS 2.0이라고도 불린다. 해상에서 VHF 대역 무선통신을 통해 선박과 선박, 선박과 항만 교통관제기관 간 AIS, ASM 및 VDE 데이터를 송수신하는 해상 무선통신시스템이다. 지상파 VDES는 VDE-TER이며 VHF의 통신 적용 범위인 해역 A1 영역에 제한된다. 위성 기반 VDES는 VDE-SAT이며, VDES 통신 가능 위성(NorSat-2) 채널을 사용하여 VHF 안테나를 가진 모든 선박과 글로벌 양방향 통신이 가능하다.

표 8-7 AIS • ASM • VDES 통신망 특성

구분	AIS	ASM	VDES
주파수	161.975 MHz 162.025 MHz	161.975 MHz 162.025 MHz	1024. 1084. 1025. 1085. 2024. 2084. 2025. 2085
대역폭	25 KHz	25 KHz	25, 50, 100 kHz
통신 거리	~150 km	~90 km	~90 km(VDE-TER)
데이터 전송 속도	9.6 Kbps	19.2 Kbps	38.4~307.2 Kbps
자율운항 적용	x	x	o

VDES는 AIS보다 빠르게 더 많은 데이터 전송을 제공하고 데이터 통신에 최적화된 네트워크 프로토콜을 통해 메시지를 전송한다. VDES는 AIS 및 ASM을 포함하고 있으며 AIS를 최우선에 두며, 인공위성 업•다운링크 채널을 포함한다. VDES는 양방향 통신이 가능해 자율운항선박과 육상관제센터 간의 데이터 통신 채널로 사용할 수 있다. VEDS는 ECDIS와 직접 연결하여 e-네비게이션(Navigation) 서비스를 제공할 수 있다. VDE-TER의 경우 데이터 전송 속도가 38.4~307.2 Kbps이며 데이터 전송 속도가 느린 단점이 있다.

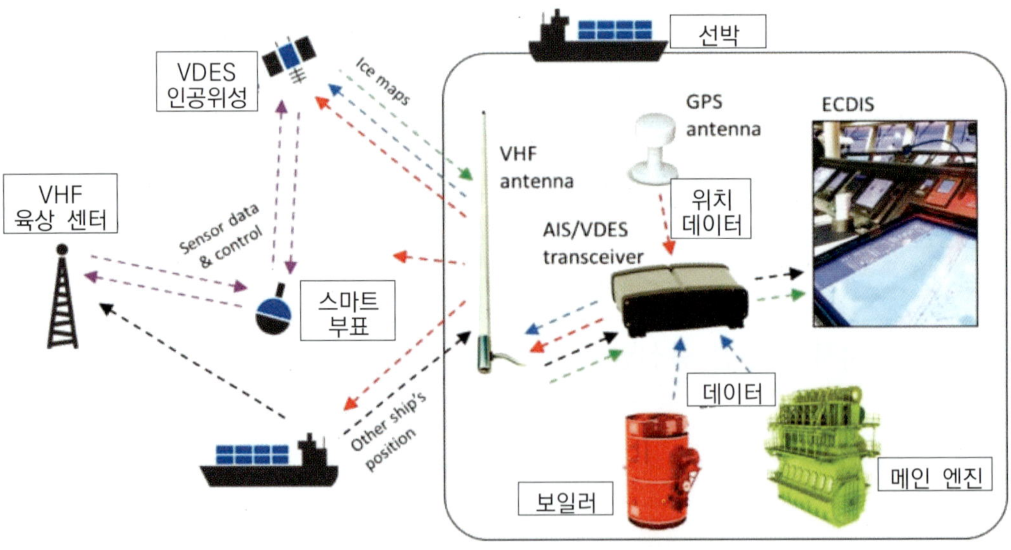

그림 8-41 VDES 해상 디지털 양방향 무선통신 개념도

그림 8-42 AIS/VDES 통신 장치

(4) 해상 LTE-M(4G)과 5G • 6G 무선 통신망

자율운항선박과 육상관제제어는 VDES를 넘어선 초고속 통신망을 필요로 한다. 자율운항에 필요한 라이다 장치의 필요 데이터 전송 속도는 1,500 Kbps(1.5Mpbs), 한국형 e-네비게이션 서비스는 1,560 Kbps으로 VDES의 통신망으로는 수용이 불가능하다. 해상 통신의 현대화, 디지털화 및 자율운항을 위해 LTE 3GPP, LTE 5G와 6G 통신망을 적용하고, 인공위성 통신망과도 통합하기 위한 기술 발전이 진행 중이다. 3GPP는 LTE 기반 4G 국제표준기술을 적용한 통신망으로 3GPP 국제표준단체는 5G 및 6G를 위한 국제표준도 추진 중이다.

우리나라는 평균 10 Mbps 이상의 데이터 전송 속도를 지원하는 세계 최초로 LTE를 기반으로 하는 초고속 해상 무선 통신망 3GPP 4G 통신인 LTE-M(LTE-Maritime)을 2021년에 구축하여 운영 중이며, 공공 안전 통신망 주파수로 할당된 700 MHz 대역을 이용한다. 국가망은 연안으로부터 최대 100 km 해역, 상용망은 최대 200 km를 항해하는 선박에게 지능형 해상교통정보서비스(e-네비게이션)를 제공하기 위한 기반으로서 운영 중이다.

표 8-8 선박 운항 데이터의 필요 전송 속도와 통신망 비교

구분	서비스	데이터 전송 속도 (kpbs)	VDES	LTE-M
레이더•영상 센서	레이더, AIS	100	o	o
	라이다	2,000	x	o
	적외선 카메라	1,000	x	o
	HD 비디오	1,500	x	o
운항 서비스	기상 정보	9.6	o	o
	예인선 계류 조정	100	o	o
	선사 차트 업데이트	100	o	o
	한국 e-네비게이션 서비스	1,560	x	o
상업 서비스	항해 명령	9.6	o	o
	운항 보고서	9.6	o	o
	화물 원격 모니터링	64	o	o
	승객 인터넷 서비스	150	o	o
	텔레비전(스포츠, 연예 등)	1,500	x	o

해안 고지대에 해상 LTE-M 기지국 263개와 기지국과 유선으로 연결한 전국 9개소 통신망 운영센터를 설치하였다. LTE-M은 VHF 대역에서 저속의 데이터 통신만 가능했던 기존 해상 통신과는 달리 광대역 멀티미디어 서비스를 지원한다. 선박에는 LTE-M 신호를 받는 라우터(송수신기)를 설치하면 스마트폰을 이용한 인터넷 서비스를 받을 수 있다. LTE-M 통신이 단절되면 위치 정보가 라우터에 임시 저장되고, 통신이 가능해지면 육상 서버로 전달하여 선박의 이동 경로 정보를 제공한다.

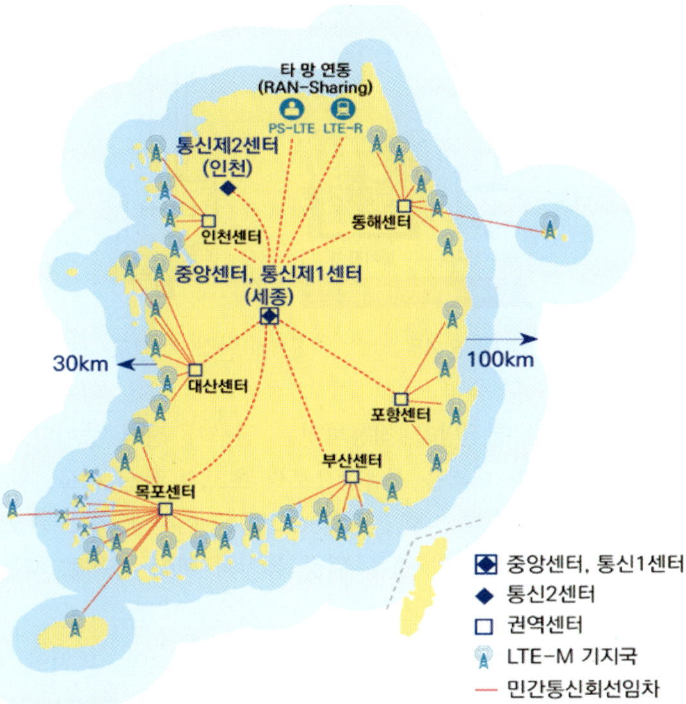

그림 8-43 우리나라 해상 LTE-M 해상무선통신망

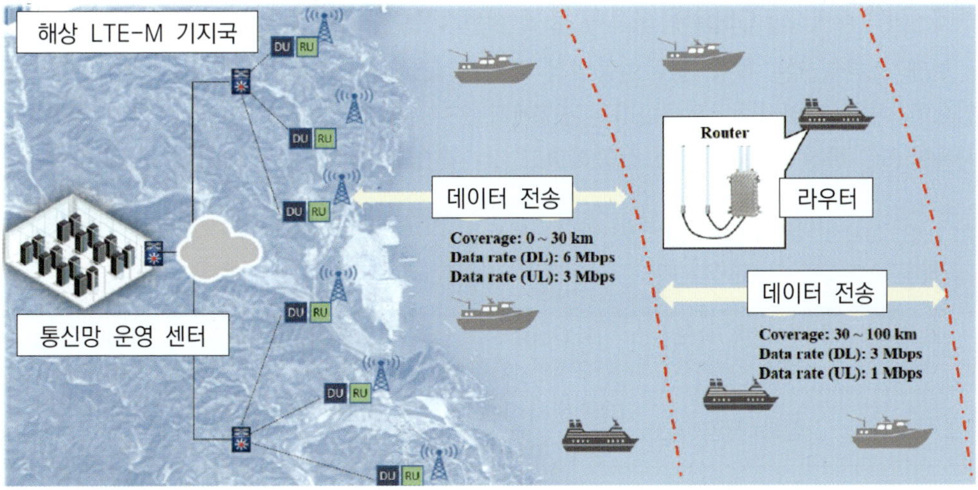

그림 8-44 LTE-M 해상 통신 개념도(DL : Down Load, UL : Up Load)

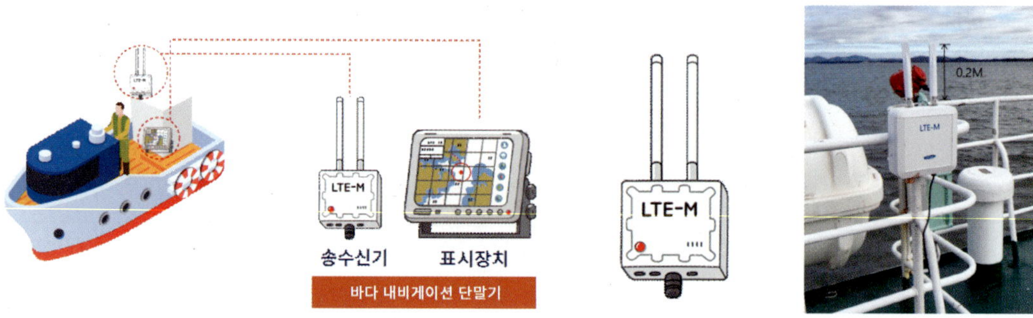

그림 8-45 선박 LTE-M 연결 개념도

해상에 5G(IMT-2020) 통신망을 적용하려는 연구가 진행 중이다. 5G는 LTE-M보다 데이터 전송량이 큰 고주파 대역을 사용함으로써 초고속 통신 속도, 최저 지연 및 초연결 대수로 더 많은 데이터를 더 빠르게 전송할 수 있다. 이론상 최고 속도는 4G의 20배 속도 구현이 가능하다. 대형 선박의 경우 위성 통신의 비싼 사용료 때문에 LTE 통신망에 대한 관심이 높아졌다.

글로벌 자율운항선박과 육상관제제어와 VR•AR•XR•디지털 트윈의 기능을 구현하려면 5G 통신망으로는 역부족이며 6G 통신망 적용이 필수적이다. 6G는 저궤도 위성을 사용하는 전 세계적인 초고속 통신망 기술이다. 대표적인 스페이스X는 스타링크 계획을 통해 2030년까지 전 세계에 42,000개(2024년 6,394개)의 저궤도 위성(340~1,150 km)을 우주에 올려 최대 20 Gbps의 초고속 통신 서비스를 제공할 계획이다.

현재 스타링크는 해상 5G 인공위성 통신서비스(220 Mbps)를 월 5,000$에 제공하고 있으며 아직은 비싸다. 우리나라는 KT에서 35,800 ㎞ 상공에 있는 무궁화 인공위성을 사용한 5G 통신 기술 개발에 성공하였고 장기적으로 6G 기술도 개발을 추진 중이다.

표 8-9 육상의 4G • 5G • 6G 통신망의 특성

구분		4G	5G	6G
초고속 통신	최대 전송 속도 (체감 속도)	1 Gbps (10 Mbps)	20 Gbps (100 Mbps)	1,000 Gbps (1 Gbps)
초저 지연	전송 지연	100 분의 1초 (10 ms)	1,000분의 1초 (1 ms)	10,000분의 1초 (0.1 ms)
초연결	최대 기기 연결수	십만개/km^2	백만개/km^2	천만개/km^2

그림 8-46 스타링크 저궤도 위성과 안테나

(5) 자율운항선박의 다중해상무선통신장치

자율운항선박을 정상적으로 작동하기 위해서는 육상관제센터와의 원활한 통신 연결이 중요하다. 대양으로 운항할 때는 매우 비싼 인공위성 사용이 불가피하지만 100 km 이내 연안에는 비교적 저렴한 LTE 통신을 적용하는 것이 경제적이다. 선박 운항 위치에 따라 통신망을 변경하는 다중해상무선통신장치의 개발과 적용이 필수적이다. 선박 운항 경로와 해당 통신 환경에 맞게 VDES, VSAT 및 LTE 통신망을 자동으로 선택할 수 있다. 자율운항선박이 연안에서 운항할 때는 LTE 통신망을 사용하다가 대양으로 가면 인공위성 통신망과 연결시키고, 다시 연안에 접근하면 LTE 통신망을 적용하는 방식이다. 통신 단절과 지연 없이 지속적으로 적절한 품질의 통신이 유지될 수 있도록 자동으로 전환시킨다.

이러한 시스템의 핵심은 특성이 다른 통신망을 연결시키는 다중해상통신게이트웨이[50)]와 해상광대역통신 단말장치이다. 그림 8-47의 다중해상통신게이트웨이는 VSAT 단말, 해상광대역통신 단말, VDES 게이트웨이 등을 연결시켜 운항 위치에 따라 통신망을 선택하는 역할을 수행한다. VSAT 단말을 통해 위성 통신, 해상광대역통신 단말을 통해 LTE 및 5G를 연결한다.

50) 게이트웨이(Gateway) : 서로 특성이 다른 통신망을 연결하는 관문을 말하며, 다른 언어를 사용하는 사람들 간의 번역기 기능과 유사하다.

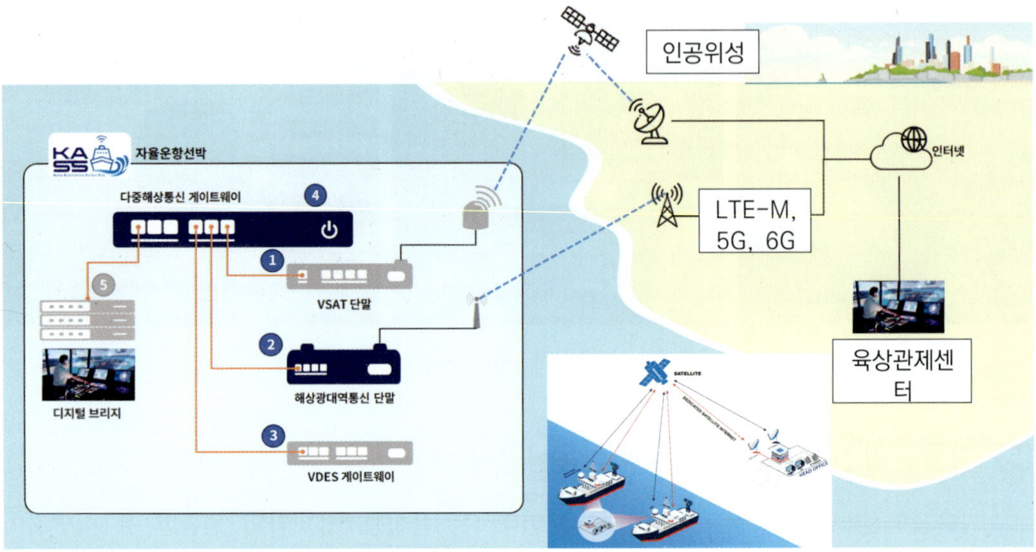

그림 8-47 자율운항선박의 다중해상무선통신장치 적용 개념도

8.4.5 선박 내부 통합네트워크

- 통신 프로토콜의 종류와 특성
- 선박 통신 표준 규정
- 선박 내부 통합네트워크(SAN, Ship Area Network)

(1) 통신 프로토콜의 종류와 특성

다른 언어를 사용하는 참석자가 같은 회의실에서 회의를 할 때 원활한 의사 소통을 하기 위해 한가지 언어로 통일할 필요가 있다. 인간과 마찬가지로 서로 다른 데이터 통신 방식을 가지고 있는 각종 장치와 컴퓨터가 네트워크를 통해 통신하려면 서로 명확하게 인식할 수 있는 동일한 데이터로 변환시켜 사용해야 한다. 이러한 것을 세계 표준으로 정한 것을 통신 프로토콜이라 한다. 예를 들어, 개인이 컴퓨터를 통해 전자 이메일을 보낼 때 다른 사람이 휴대폰으로 이메일을 읽고 답장을 보낸다. 이것은 휴대폰이 컴퓨터와 동일한 통신 프로토콜 표준을 사용하고 있기 때문에 가능하다.

통신 프로토콜은 ①네트워크에 연결하여 통신하는 모든 장치가 동일한 방식과 규칙으로 통신하도록 정한 세계 표준이다. ②서로 다른 유형의 장치가 통신망을 통해 서로 신뢰성 있게 정보를 보내고 받을 수 있다. ③데이터를 네트워크에서 지정한 출발지에서 목적지까지 효율적으로 전송한다. ④데이터 손실이나 중복 또는 오류 없이 순서에 맞게 전송하는 기능을 수행한다. 이에 대해 다음과 같은 순서로 설명한다.

- RS-232/422/485와 NMEA 0183 통신 프로토콜
- CAN(Controller Area Network)과 NMEA 2000 통신 프로토콜
- 이더넷(Ethernet) 통신 프로토콜
- TCP/IP(Transmission Control Protocol/Internet Protocol)

가) RS-232/422/485와 NMEA 0183 통신 프로토콜

컴퓨터의 마이크로프로세스가 모니터 등 외부 장치와 데이터를 포인트 방식으로(Point to Point) 교환하는 유선 통신 방식이며 데이터 비트를 1개의 비트 단위로 외부로 송수신하는 직렬 통신 방식이다. 컴퓨터의 적용 확대에 따라 산업용 통신 프로토콜로 가장 오래되고 널리 사용되고 있는 통신 방식이다. 특히 단거리 지점 간, 저속 유선 데이터 연결에 적합한 산업용 CNC 기계 및 네트워킹 장비에서 사용한다. 선박에서 운항시스템, 전력관리시스템, 자동화시스템에 널리 적용하고 있다.

표 8-10과 같이 RS-232는 전송 속도가 느리고 최대 통신 케이블 길이가 짧으며 수신 통신 장치 수 제한으로 RS 485와 같은 기술 개발이 이루어졌다. 이러한 통신 방식을 선박에 적용하기 위해 개발한 표준 통신 프로토콜이 NMEA[51] 0183이다.

표 8-10 RS-232/422/485 통신 특성

구분	RS232	RS422	RS485
최대 통신 케이블 길이	약 15 m	약 1.2 km	약 1.2 km
최대 통신 속도(12 m)	20 Kbps	10 Mbps	35 Mbps
수신 통신 장치 수	1	10	32

51) NMEA(National Marine Electronics Association) : 미국해양전자협회이며 해양 전자 인터페이스 표준을 제정하는 민간 기관이다.

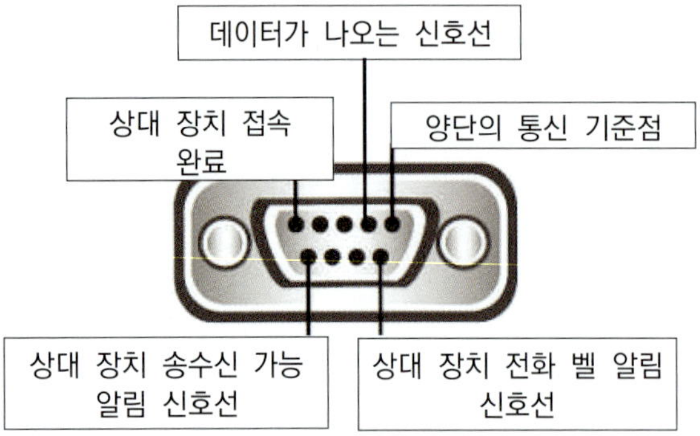

그림 8-48 RS-232의 9 핀 출력(Pin-out) 개념도

나) CAN(Controller Area Network)과 NMEA 2000 통신 프로토콜

RS-232 통신처럼 여러 장치들과의 통신 연결을 위해 많은 선(line)이 필요하고 배선 작업량과 유지 보수도 증가한다. 이러한 불편을 해소하기 위해 여러 통신 장치들을 연결시킬 수 있는 CAN 프로토콜이 개발되었다. 자동차에서 컴퓨터 없이 마이크로 컨트롤러나 많은 장치들과 서로 통신하기 위해 설계된 표준 통신 규격이다. 자동차의 전자제어장치(ECU, Electronic Control Unit)들은 CAN 프로토콜을 사용하여 통신한다. 초기에는 자동차 네트워크용으로 개발되었으나 최근에는 선박과 산업 전 분야에 폭넓게 적용되고 있다.

CAN은 특정 장치가 제공해주는 대로 데이터를 교환하는 것이 아니라 데이터를 받는 장치들이 자신에게 필요한 메시지인지 판단해서 자신에게 필요하면 받고 아니면 무시하는 선별적인 통신 방식이다. CAN은 다양한 오류 감지 기능이 있어 높은 안정성을 보장한다. 에러가 감지되면 자동적으로 해당 메시지를 즉시 재전송하는 기능이 있기 때문에 다른 프로토콜에 비해 오류 회복 시간이 짧은 장점이 있어 각종 제어 장치의 통신에 적용한다. 이러한 CAN 기반 통신 방식을 선박에 적용한 프로토콜이 NMEA 2000이다. 선박에서 운항시스템, 전력관리시스템 및 자동화시스템 등에 적용한다.

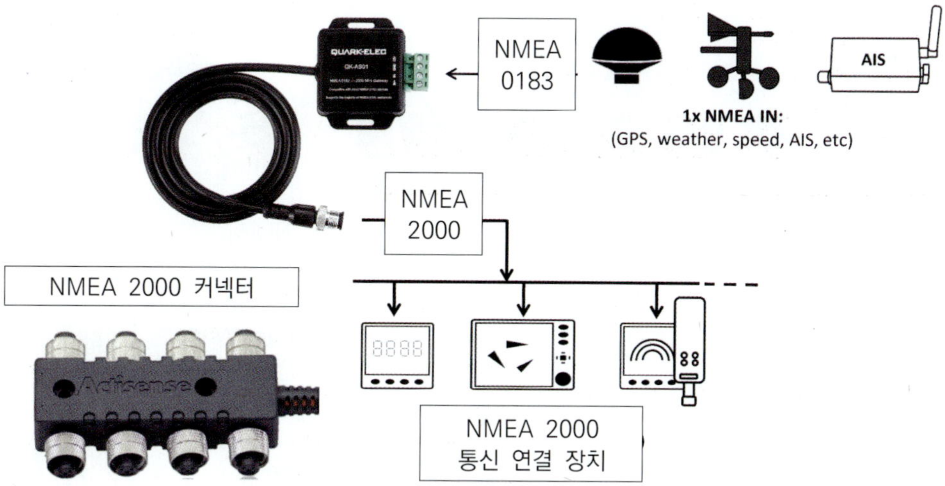

그림 8-49 NMEA 2000 통신 장치 연결 사례

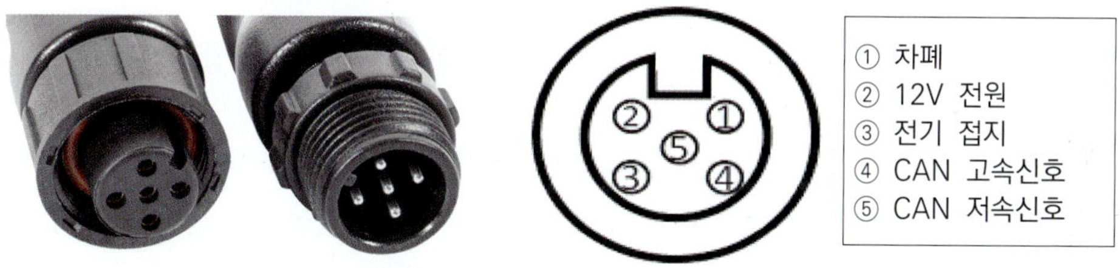

그림 8-50 NMEA 2000 통신 장치 커넥터

다) 이더넷(Ethernet) 통신 프로토콜

대표적인 컴퓨터 네트워크 기술이며 컴퓨터와 다른 장치를 네트워크에 연결하기 위해 개발한 통신 프로토콜 표준이다. 근거리 통신망인 LAN(Local Area Network)과 여러 개의 LAN으로 이루어진 원거리 통신망인 WAN(Wide Area Network)에서 적용하고 있는 유선 통신 방식이다. 컴퓨터 메인 보드에 네트워크 인터페이스 카드인 랜카드가 설치가 되어 있어 이더넷 통신을 한다. 이더넷은 각 장치들에게 고유한 주소를 부여하고 주소를 이용해 상호 간에 데이터를 주고 받는다. 대부분의 와이파이(WiFi) 무선 네트워크도 유선 이더넷 LAN에 연결하여 사용한다.

그림 8-51 이더넷 통신 모뎀과 R45 커넥터

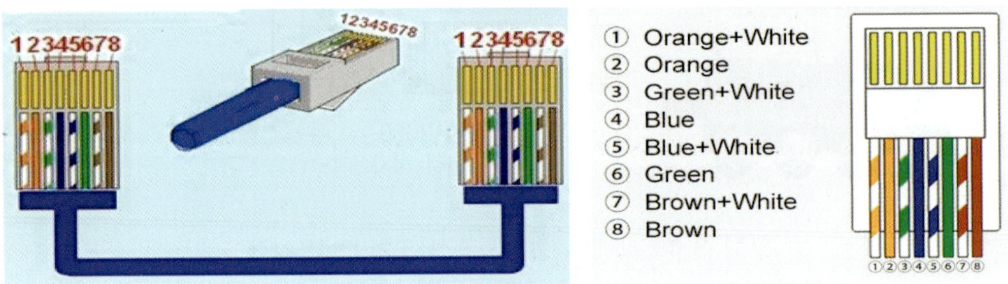

①전송+. ②전송-, ③수신+, ⑥수신+ 신호선

그림 8-52 이더넷 LAN RJ45 T568B 시리즈 커넥터 색상 배치

이더넷 LAN과 WAN 연결에는 차폐와 내구성이 강하고 우수한 신호 전송 성능을 보이는 RJ45 커넥터 방식을 사용하며, 8개의 선을 이용해 간섭이나 손실이 거의 없이 많은 양의 정보를 전송할 수 있다. 최단 시간에 매우 빠른 속도로 정보를 전송하며, 최근 10 m 케이블에서 최대 데이터 전송 속도 100 Gbps를 지원하는 통신 모뎀과 커넥터도 개발되어 적용하고 있다.

라) TCP/IP(Transmission Control Protocol/Internet Protocol)

TCP/IP는 이더넷을 통해 통신하는데 필요한 통신 프로토콜이다. TCP는 가장 일반적인 디지털 인터넷 통신 규칙으로 많은 양의 데이터를 더 작은 패킷(Packet) 단위로 분할하여 네트워크의 장치 간에 전송하는 표준 프로토콜이다. 전송 중에 문제가 발생할 경우 전체 메시지를 다시 보낼 필요가 없도록 메시지를 작은 패킷으로 나누어 전송하는 방식이다. 작은 패킷은 목적지에 도달하면 자동으로 전체 메시지로 재구성된다. 패킷 전송에서 사용된 경로가 정체되거나 사용할 수 없게 되는 경우 다른 경로를 사용할 수 있어 데이터 무결성 전송의 장점이 있다.

IP는 인터넷 연결 네트워크에서 컴퓨터 간에 데이터와 메시지를 교환하기 위해 고유하게 식별할 수 있는 IP 주소를 부여하는 프로토콜이다. IP 주소를 통해 인터넷에 연결되어 있는 여러 장치들과 통신을 주고 받는다. 스마트폰에 할당된 전화번호와 유사한 개념이다.

TCP/IP는 데이터가 네트워크 내에서 의도한 대상으로 전달되도록 함께 작동하는 프로토콜이다. IP는 데이터를 전송해야 하는 장치의 주소(IP 주소)를 가져온다. TCP는 네트워크를 통해 데이터를 전송하고 IP가 정의한 대상 장치에 전송하는 역할을 한다. 이러한 두 기술을 함께 사용하면 장거리에 있는 장치 간의 통신이 가능하므로 가장 효율적인 방법으로 필요한 곳으로 데이터를 전송할 수 있다.

UDP(User Datagram Protocol)는 데이터 전송을 빠르게 하기 위해 연결되어 있는지 또는 수신이 잘되고 있는지 확인하지 않고 전송 상태에 관계없이 지속적으로 전송하는 방식으로서 빠른 응답성이 필요한 동영상 스트리밍 서비스에 적용한다. TCP는 메시지가 대상 장치에 전송 여부를 확인하는 프로세스로 손상된 패킷을 포함한 승인, 연결 시작 등 데이터 제어와 전송을 보장하기 때문에 전송 시간이 상대적으로 길어진다.

(2) 선박 통신 표준 규정

컴퓨터와 인터넷 등에 관련한 통신 기술의 발전에 따라 선박 통신도 과거 VHF 아날로그 통신 방식에서 디지털 방식으로 급속하게 전환되어왔다. 또한, IMO가 선박 운항 시에 발생하는 사고에 관해 육상 선단 관리에도 책임을 있다는 것을 강조함에 따라 육상에서 선박 운항에 관한 실시간 모니터링과 관제에 대한 요구가 증대하면서 선박 내부와 외부를 통신으로 연결시키고 통합시킬 필요성이 제기되었다. 선박의 장치들은 대부분 제조 회사의 고유한 통신 방식을 적용하고 있기 때문에 통합을 위한 통신 프로토콜의 표준 적용이 필요하게 되었다.

국제전기기술위원회(IEC, International Electrotechnical Commission)는 선박의 운항과 기계 장치 및 전기 장치들에 대한 정보들을 취득하기 위해 선박 내부의 각종 장치들에 대한 통신 프로트콜 규격을 표 8-10과 같이 통신 기술의 발전에 따라 순차적으로 제정하고 있다. 선박은 IEC 61162-1(2007년) 기반의 RS 232/422 통신 프로토콜을 적용한 NMEA 0183(2008년) 통신 표준이 채택되었다.

표 8-11 선박 표준 통신 프로토콜 규정

세계 통신 표준	적용 통신 프로토콜	선박 통신 표준
IEC 61162-1 (1995년~)	• RS 232/422 시리얼 데이터 정보 전송(한 방향 전송) • 데이터 전송 속도 4.8 Kbps • 선박 다른 장치간 인터페이스로 가장 널리 사용 중 • 운항 장치들과 무선 통신 장치 디지털 인터페이스 표준 • 10개 물리적 장치 연결, 최대 825자 한번 전송	NMEA 0183 (1995~)
IEC 61162-2 (1998년~)	• IEC61162-1과 동일하나 데이터 전송 속도 개선 38.4 Kbps	NMEA 0183
IEC 61162-3 (2008년~)	• CAN 기반 실시간 제공과 디지털 전송과 속도 크게 개선 • 데이터 전송 속도 250 Kbps(NMEA 0183 52배) • 비디오 데이터 전송 애로	NMEA 2000 (2008년~)
IEC 61162-450 (2011년~)	• 고속 양방향 통신 가능한 이더넷(Ethernet) 기반 연결 TCP/IP, UDP • 데이터 전송 속도 10 Mbps~1 Gbps로 대폭 개선 • 양방향 통신과 ECDIS, 레이더, 비디오 등 큰 용량 데이터 전송	NMEA 2000
IEC 61162-460 (2015년~)	• IEC61162-450에서 안정성과 보안 기능 강화 TCP/IP, UDP • 다른 장치들과의 통신 장애 피해 최소화 • 해킹 및 바이러스 문제 대응과 다른 장치 영향 최소화 • 선박 외부 네트워크 인터페이스 표준화	NMEA 2000

디지털 통신 기술의 발전을 반영한 IEC 61162-3 표준과 이를 기반한 NMEA 2000이 만들어짐에 따라 선박의 추가 통신 표준으로 채택하였다. CAN 기술 기반의 빠르고 다양한 장치와의 실시간 전송이 가능한 디지털 통신 기술이 사용되었다. 그 이후 데이터 전송 속도 10 Mbps~1 Gbp의 인터넷 양방향 고속 통신 기술을 선박에 적용하기 위해 만들어진 IEC 61162-450에 근거한 이더넷 기반 TCP/IP(UDP) 프로토콜과 안정성과 보안 기능을 강화한 IEC 61162-460 표준도 NMEA 2000에 추가로 적용하였다.

표 8-12 선박 주요 시스템과 장치의 적용 통신 프로토콜 현황

표준	적용 통신 프로토콜	선박 통신 표준
통합운항시스템과 통합함교시스템	RS232/422, CAN, TCP/IP	NMEA 0183, NMEA 2000
전력관리시스템	RS232/422, CAN	NMEA 0183
자동화시스템	RS232/422, CAN, TCP/IP	NMEA 0183
선박통합감시제어시스템	RS232/422/485, TCP/IP(UDP)	NMEA 0183, NMEA 2000
레이더	RS232	NMEA 0183
ECDIS	RS232, TCP/IP(UDP)	NMEA 0183, NMEA 2000
AIS	RS232	NMEA 0183
메인 엔진	RS232/422/485, TCP/IP(UDP)	NMEA 0183, NMEA 2000
화물 탱크	TCP/IP(UDP)	NMEA 2000

선박의 레이더, ECDIS와 AIS 등 통합항해시스템과 조타실에 설치된 통합함교시스템, 전력관리시스템, 자동화시스템 및 선박통합감시제어시스템 등의 구성 장치들은 표 8-12와 같이 통신 프로토콜과 선박 통신 표준을 사용되고 있으며 원활하게 정보를 교환한다. 메인 엔진, 발전기, 보일러, 전력제어시스템, 자동화시스템, 기계 장치 및 전기 장치 등은 제조 회사에 따라 제공하는 데이터 형식과 종류가 다르다. 통신 프로토콜은 이들 간의 데이터를 주고 받는 형식을 표준화한 것이다. 자율운항과 육상관제에 있어 통신 표준은 장치 간의 네트워크를 연결시키고 정보를 실시간으로 끊김 없이 교환하는 통신망 효율과 데이터 전송 업무 효율을 대폭 개선시킨다.

(3) 선박 내부 통합네트워크(SAN, Ship Area Network)

선박에 설치된 장치들은 통신 가능한 네트워크로 연결되어 있으며 NMEA 0183과 NMEA 2000 등 선박 표준 통신 프로토콜 적용을 통해 필요한 데이터를 교환한다. SAN은 선박 내부 기계 장치 및 전기 장치 제어를 선원이 직접 수행하지 않고 자동으로 처리하는 선박 자동화에 필수적인 요소이다. 컨테이너선과 크루즈선 등과 같은 대형 선박을

약 20~30명 내외의 선원만으로 운항할 수 있도록 한다. 자율운항과 육상 관제를 위해서도 선박 내부를 통합네트워크로 구성하는 것은 필수적이다.

SAN은 그림 8-53과 같이 선박 내부의 통합항해시스템, 운항관리시스템, 모니터링 알람시스템, 통합함교시스템 및 선원 개인 PC 등을 네트워크로 연결시킨다. 선박이 육상관제센터와 외부와 통신하기 위해 VHF, LTE-M 및 인공위성 통신망을 이용한다. 이러한 다양한 통신망을 선박 내부와 연결시켜 통신하는 입구 통로 역할을 하는 다중해상통합게이트웨이 장치를 개발하여 설치한다. 이를 통해 육상관제센터와 외부에 필요한 정보를 교환하고 인터넷과도 연결한다.

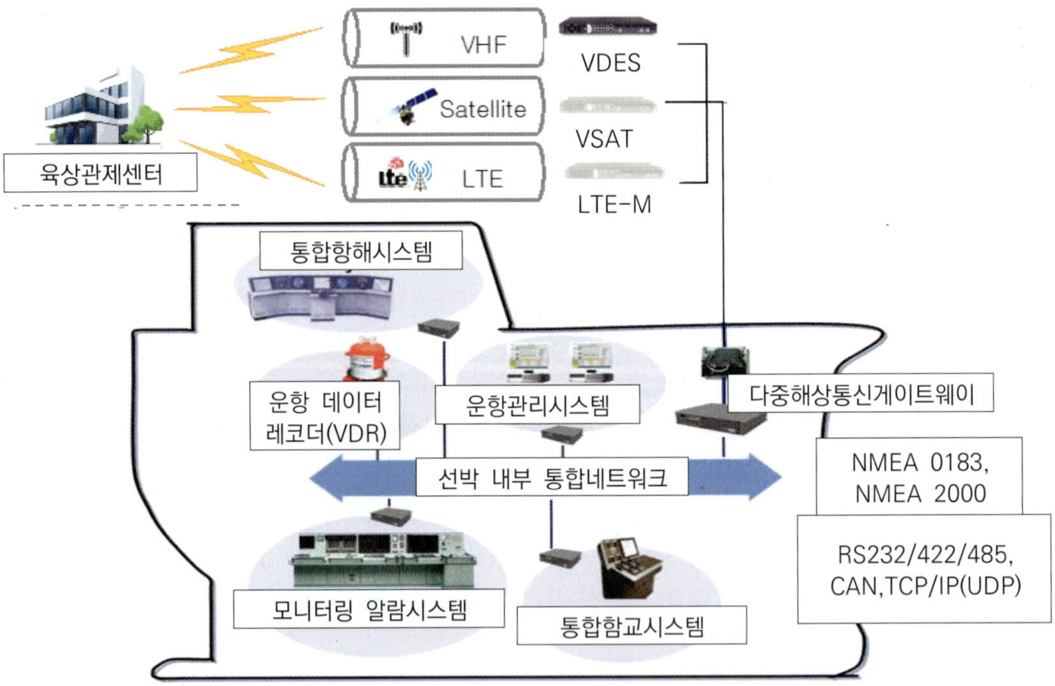

그림 8-53 선박 내부 통합네트워크 개념도

기존 SAN의 통신 속도는 적용 프로토콜에 따라 데이터 전송 속도 차이가 발생한다. 자율운항과 육상 관제제어에 필요한 속도를 보장해주지 못한다. 우리나라는 LTE-M 기반 선박 중심의 선박사물통신(M-S2X, Maritime Ship to Everything) 기술을 개발 중이다. M-S2X는 모든 사물들을 인터넷으로 연결시키는 IoT(Internet of Things)를 적용한 초고속 네트워크 기술이다. 선박의 센서와 장치들을 LTE-M과 호환성을 갖춘 하나의 네트워크로 연결하여 실시간 대량 데이터 교환이 가능한 기술이다. 빅데이터 및 인공지능 등의 기능 구현에도 필수적인 기반 기술이다. 자율운항과 육상관제 및 해양 선박의 인터넷 서비스 수요 등에도 대응하도록 개발 중이다.

NMEA 2000의 이더넷 적용 네트워크에서 편리한 와이파이 무선 통신을 사용할 수 있고 선원의 스마트폰에 운항 모니터링, 알람과 CCTV를 연결시킬 수 있다. 육지와 고립된 생활을 하는 선원들에게 스마트폰을 통한 외부 통화와 인터넷 사용 등 중요한 생활 서비스를 제공한다. 그러나 선박은 금속으로 막힌 밀폐 공간이 많아 통신이 어렵다. 우리나라는 특정 주파수 전파를 금속 표면에 흐르게 하는 표면파 통신 기술을 개발하여 선박 내부 와이파이에 적용 중이다.

8.5 사이버 보안시스템

해킹과 바이러스 등 각종 사이버 공격으로부터 선박시스템과 정보를 보호하는 사이버 보안시스템에 대한 관심이 증대하고 있다. 선박 운항 중에 선원들의 스마트폰 사용 확대 등의 요인으로 인해 외부의 사이버 공격에 취약하다. 사이버 공격으로부터 시스템의 중단 또는 손상으로 인해 발생하는 사고를 줄이고 영향을 완화하는 선박의 사이버 보안 규정과 방식에 대해 다음과 같은 순서로 설명한다.

- 선박 사이버 보안 사고 사례
- IACS 사이버 복원력(Cyber Resilience) UR E26•E27 규정
- 네트워크 방화벽(Firewall) 설치

8.5.1 선박 사이버 보안 사고 사례

선박의 디지털화가 증가하고 최근 선박에서 저궤도 위성을 이용한 인터넷 사용이 확대되고 있으며 선박과 해운 회사들의 네트워크는 해킹 공격에 취약하여 사이버 사고가 증가하고 있다. 특히 랜섬웨어 공격은 파일과 문서 등 가치가 있는 데이터를 암호화해 사용하지 못하도록 만들고 이를 풀어주는 댓가(Ransom)를 지불해야 사용할 수 있다. 머스크 해운 회사는 2017년에 랜섬웨어 공격을 당해 직접적인 이익 감소와 해결 비용 등으로 약 3,000억원의 피해가 발생하였다. 사이버 공격을 당해도 회사 운영에 부정적 영향을 끼칠 수 있어 잘 공개하지 않지만 지속적인 피해가 발생하고 있는 것은 사실이다.

자율운항선박과 육상관제센터의 경우 여러 가지 다른 복잡한 통신망을 사용하기 때문에 사이버 공격에 취약할 수밖에 없다. 선박 내부 네트워크와 연결된 주요 장치도 표 8-14와 같이 통신 보안 상의 취약점이 많다. 운항 신호 조작과 전파 방해, 허위 신호와 무단 액세스가 발생할 수 있으며 접근 통제 관리 부실과 방화벽 미흡 등에 의해 발생한다.

표 8-13 선박과 해운 회사의 주요 사이버 사고 사례

년	회사	사이버 공격	사이버 공격 내용
2017	머스크	악성코드(랜섬웨어)	터미날 운영시스템 3주간 마비, 약 3,000억원 손실
2018	중국 COSCO	악성코드(랜섬웨어)	미주 일부 네트워크 중단
2019	한국 H선사	악성코드(랜섬웨어)	일부 선박의 메인 컴퓨터에 감염
2020	스위스 MSC	악성코드	제네바 본사 데이터 센터 공격
2022	CMA CGM	악성코드(랜섬웨어)	회사 운영시스템, 2주간 네트워크 다운
2022	유럽 선주 4개사	악성코드(랜섬웨어)	감염이후 다크웹에 기업 중요 데이터 공개
2023	DNV 선급	악성코드(랜섬웨어)	선박관리서버 해킹, 고객 70개, 1,000척 선박 영향

표 8-14 선박 내부 네트워크의 보안 취약점

네트워크 연결 장치	보안 취약점
AIS	무선 통신으로 중간에 신호 조작 가능성
GPS	선박 경로 변경 가능, 전파 방해로 선박의 신호 수신 영향
ECDIS	인터넷/USB 다운로드 시 악성 콘텐츠 삽입 등의 공격 가능성
VSAT	소형위성지구국의 경우 허위 신호 및 무단 액세스 가능성
기계 장치 제어시스템	취약한 비밀번호와 부적절한 원격 액세스 지침
관리 네트워크 (인터넷)	접근 통제와 방화벽 미흡, 취약한 비밀번호와 부적절한 원격 액세스 지침, 네트워크 암호화 미흡과 보안문서관리 미흡

8.5.2 IACS 사이버 복원력(Cyber Resilience) UR E26 • E27 규정

국제선급협회(IACS, International Association of Classification Societies)는 선박 사이버 복원력(Cyber Resilience) 규정인 UR(Unified Requirement) E26(2022)과 UR E27(2022)을 발표하였고, 2024년 7월 1일부터 계약되는 선박에 이를 적용한다. 사이버 복원력은 선박의 안전한 운항을 위해 사용되는 운영 기술(Operational Technology)의 중단 또는 손상으로 인해 발생하는 사고를 줄이고 사이버 사고 영향을 완화하는 기능을 의미한다.

UR E26은 미국 국립표준기술연구소(NIST[52])) 프레임워크(Framework)를 적용한 것이다. 사이버 복원력 프로세스를 식별, 보호, 탐지, 대응 및 복구 등 5단계로 구별하여 운영하는 지침과 위험 평가 방식을 제공한다. UR E27은 IEC 62443-3-3과 IEC 62443-4-1의 표준을 적용한 것으로 사이버 복원력을 위한 통신 암호화 기술, 사용자 식별 및 인증 등 최소 요구 사항을 정한다.

52) NIST(National Institute of Standards and Technology) : 미국의 혁신, 보안 및 산업 경쟁력을 촉진하는 미국 상무부 산하기관이다.

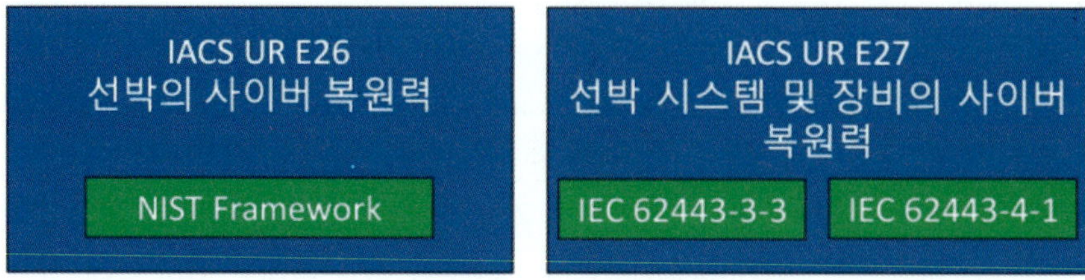

그림 5-54 IACS UR E26 • E27 사이버 복원력 규정

그림 8-55 IACS UR E26 사이버 복원력 개념도

표 8-15 IACS UR E26 사이버 복원력 보안 규정

구분	내용
4.1 식별 (Identify)	사이버 안전 관리를 위한 인적자원의 역할 및 책임을 정의하고, 사이버 공격·위협으로 선박 운항에 위험을 줄 수 있는 시스템, 자산, 데이터 및 기능을 확인한다.
	4.1.1 선내 CBS[53)] 및 네트워크 목록(Inventory) : 선박 수명동안 제공, 최신 유지
4.2 보호 (Protect)	사이버 공격·위협으로부터 선박 운항시스템을 보호하고, 위험 통제 절차와 방안, 사이버 사고에 대비한 비상 계획을 구현한다.
	4.2.1 보안 구역(Security Zones) : 분리와 그룹화 4.2.2 네트워크 보호 안전 장치(Safeguard) : 방화벽 등 4.2.3 안티바이러스, 안티멀웨어, 안티스팸 및 악성코드로부터 기타 보호 4.2.4 접근 통제(Access Control) 4.2.5 무선 통신(Wireless Communication) : 암호화 알고리즘 적용

	4.2.6 원격 접근 통제 및 신뢰할 수 없는 네트워크에서 통신 : 무단 접근과 사이버 보호 4.2.7 모바일 및 휴대용 장치의 사용 : 필요 시 용도 외에 사용 차단
4.3 탐지 (Detect)	선내 사이버 사고 발생을 탐지하고 식별하기 위한 적절한 조치를 개발하고 구현한다.
	4.3.1 네트워크 운영 모니터링 : 지속적인 감시와 오작동 알람 4.3.2 CBS 및 네트워크의 진단 기능
4.4 대응 (Respond)	선내에서 탐지된 사이버 사고에 대한 조치를 취하기 위한 적절한 조치 및 활동을 개발 및 구현한다
	4.4.1 사고 대응 계획(Incident Response Plan) 4.4.2 로컬, 독립 및/또는 수동운전 4.4.3 네트워크 격리(Network Isolation) 4.4.4 최소 위험 조건으로의 대비책(Fallback to a Minimal Risk Condition)
4.5 복구 (Recover)	사이버 사고로 인해 손상된 선박 운항에 필요한 모든 기능 또는 서비스를 복구하기 위한 적절한 조치 및 활동을 개발하고 구현한다
	4.5.1 복구 계획 4.5.2 백업 및 복구 기능(Backup and Restore Capability) 4.5.3 제어된 종료, 리셋(Reset), 롤백(Roll-Back) 및 재시작

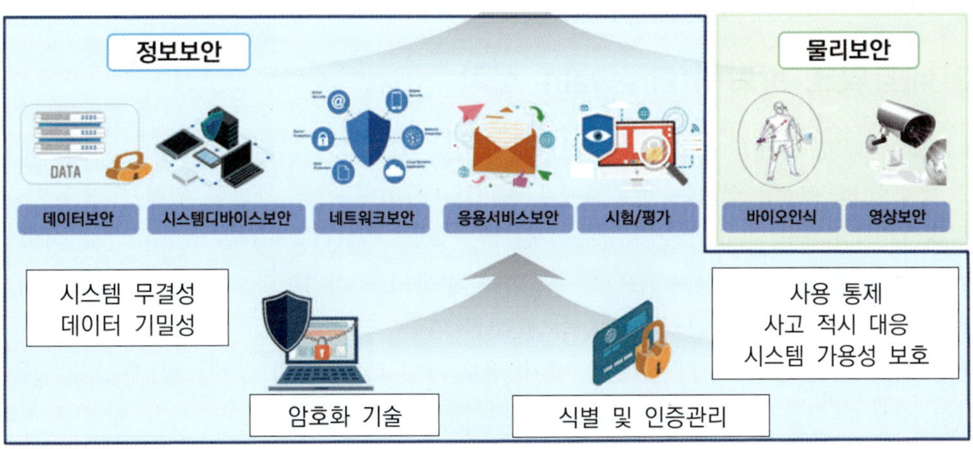

그림 8-56 UR E27 개념도

53) CBS(Computer Based System) : 컴퓨터 기반 시스템으로 선박 내 운영 기술(OT, Operational Technology)

표 8-16 IACS UR E27 세부 요구 사항

구분	요구 사항
식별 및 인증	계정관리, 사용자 식별 및 인증, 패스워드 강화 등
사용 제어	권한 부여, 무선 사용 통제, 감시 로그 생성 및 저장, 감시 처리 실패 대응 등
시스템 무결성 보호	전송된 정보의 무결성을 보호(암호화 통신 등), 악성 코드 보호, 보안 기능 검증 등
데이터 기밀성	정보 기밀성(무선네트워크 암호화), 암호 사용(적절한 암호 알고리즘 적용) 등
사고 적시 대응	허가된 사용자만 읽기 전용으로 감시 로그에 접근
시스템 가용성 보호	사이버 공격 시 중요 기능 유지 및 보호, 시스템 백업, 복구 및 재구성, 비상 전원, 네트워크 및 보안 구성 설정 등
추가 보안 사항	유효하지 않은 로그인 시도를 제한, 신뢰할 수 없는 네트워크 접근 감시되고 제한과 금지, 신뢰 부족 네트워크 통신 시 암호화 메커니즘 적용 등

8.5.3 네트워크 방화벽(Firewall) 설치

선박에 대한 사이버 공격으로 부터 네트워크를 보호하기 위해 물리적인 수단인 네트워크 방화벽(Firewall) 설치는 필수적이다. 선박의 사이버 위험 관리를 위한 개념으로 운영기술(OT, Operational Technology)시스템, 정보 기술(IT, Information Technology)시스템, 선원(Crew)지원시스템으로 구분하여 방화벽을 설치한다. OT는 선박의 기계, 전기 및 추진 장치와 전력관리시스템 등에 관한 알람, 감시 및 제어하는 데이터 사용에 중점을 둔 기술을 말한다. IT는 선박 장치 정보, 소프트웨어, 하드웨어 및 통신 기술을 포함한 정보 처리를 위한 기술이다. 선원지원시스템은 선원들의 스마트폰과 인터넷 서비스를 제공한다.

방화벽은 사전 정의된 규칙을 통해 네트워크에 들어오고 나가는 트래픽을 감시하고 제어하는 논리적 또는 물리적 장벽을 말한다. 가장 간단하고 저렴하며 효과적인 사이버 방어벽이다. 방화벽은 외부로 부터 들어오는 통신망 입구에 설치한다. 선박 운항에 핵심 기능인 OT와 IT시스템을 구별하여 통신망을 구축하고 각각의 입구에 방화벽을 설치한다. 또한, 사이버 침투가 용이한 선원지원시스템에도 방화벽을 설치한다. 각각의 시스템별로 무단 액세스로부터 보호되어야 하며, 항해시스템 등 선박 운항에 민감한 시스템에 설치되어 있는 USB 포트에 대한 액세스와 선박 내부의 무선 통신시스템을 철저히 관리해야 한다.

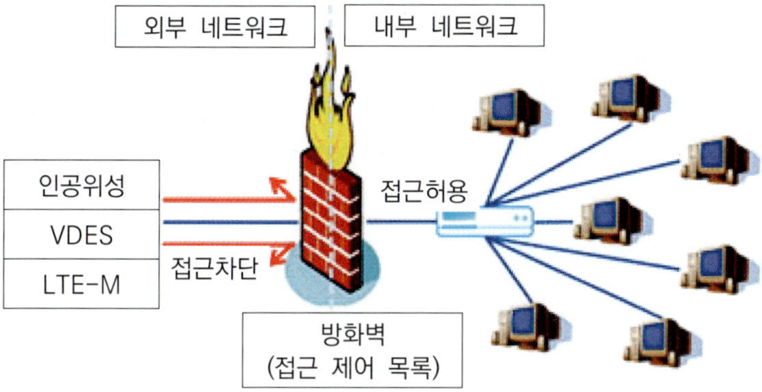

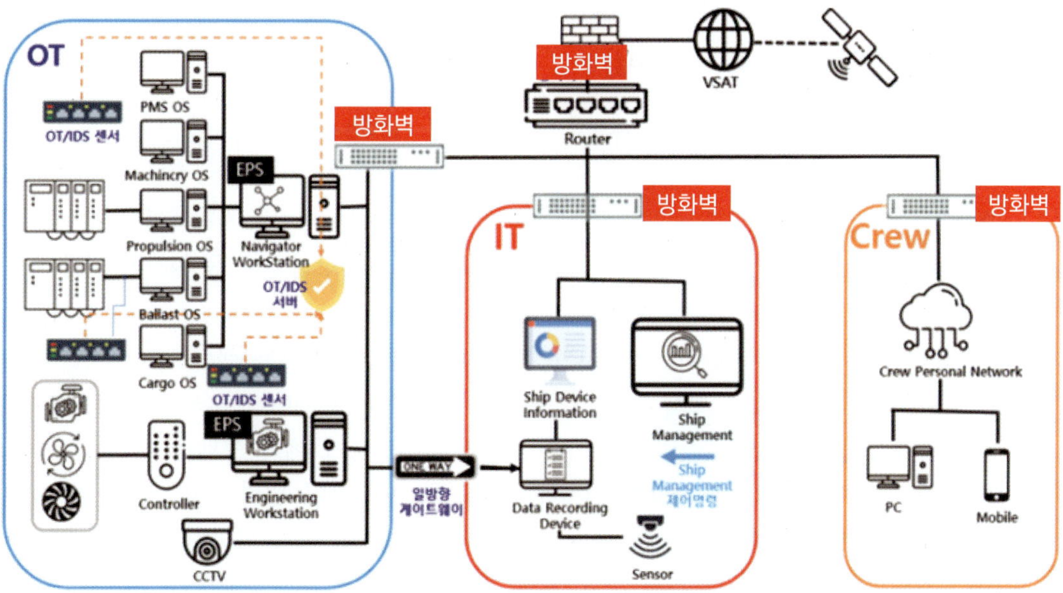

그림 8-57 선박 내부 방화벽 설치 개념도

8.6 운항 빅테이터 및 운항 인공지능(AI)

빅데이터와 인공지능 기술은 자율운항 선박과 육상관제센터 운영에 자율과 지능을 부여하여 모든 기능을 모니터링하면서 발생 문제를 사전에 스스로 탐지하고 판단하고 조치하도록 실행하는 최첨단 디지털 기술이다. 이러한 인공지능 기술들은 발전 단계에 있으며 적용이 가능한 부분부터 시작하여 단계별로 적용하고 있다. 차세대 미래 경쟁력 확보를 위해 체계적으로 필수 기술들을 확보하여 적용해야 할 것이다. 이에 대해 다음과 같은 순서로 설명한다.

- 빅데이터와 인공지능(AI)
- 자율운항선박과 AI 적용
- AI 적용 사례

8.6.1 빅데이터와 인공지능(AI)

자율운항선박의 스마트 성능, 자율운항 성능, 레이더•영상 센서•통신시스템 및 사이버 보안 기능 구현 과정에서 수많은 데이터가 발생한다. 각각의 시스템과 성능 개발 목적에 따라 데이터가 수집되고 분석되고 상호 교환이 이루어진다. 이러한 시스템의 모든 데이터를 빅데이터로 활용하면 보다 지능적으로 운영하는 자율운항선박과 육상관제센터를 구축할 수 있다.

빅데이터는 기존의 방법으로 처리하기 어려운 매우 크고 복잡한 데이터를 분석하여 가치가 있는 새로운 정보를 만들 수 있는 데이터 집합이다. 빅데이터 분석을 통해 업무 효율 향상에 유용한 패턴을 식별하고 이를 학습시켜 AI 초기 예측 모델을 생성하는 학습 알고리즘을 만든다. 여기에 필요한 업무에 대한 예측 데이터를 입력시키면 학습 알고리즘 기능이 개선되어 새로운 데이터에 대한 예측을 수행하는 AI 예측 알고리즘이 만들어진다. AI는 빅데이터 학습을 기반으로 특정 목적 업무를 위해 만들어지며, 자율적으로 주어진 목적 업무를 실행하고 높은 수준의 목표를 달성한다.

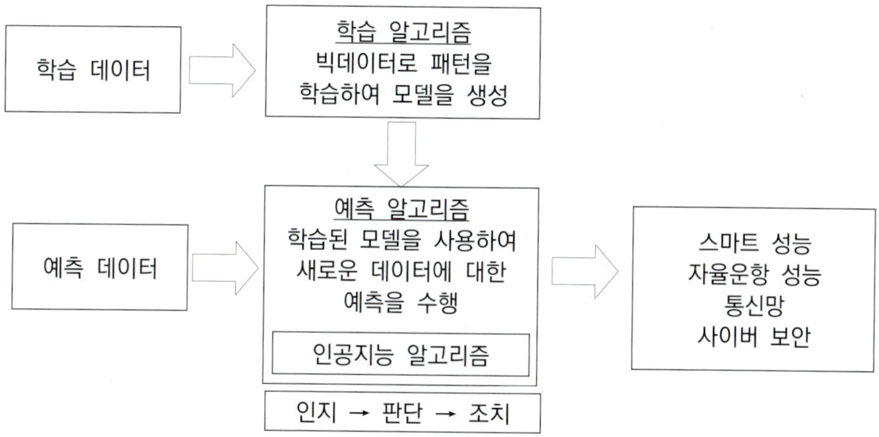

그림 8-58 인공지능 구축 개념도

AI는 인간의 사고 판단 체계를 모방하여 학습과 예측 알고리즘을 통해 추론, 인식, 판단 및 조치 과정을 거친다. 상황을 인지하고 최적의 솔루션을 찾아내고 스스로 해결하는 단계까지 발전하고 있다. 이러한 AI를 자율운항선박과 육상관제센터 업무에 적용하면 높은 수준의 자율운항을 달성할 수 있다. 자율운항 성능 향상을 위해 빅데이터와 AI는 필수적으로 갖추어야 할 시스템이다.

8.6.2 자율운항선박과 AI 적용

AI는 자율운항선박의 안전 운항과 신뢰성 확보를 보장하는 중요한 역할을 한다. 자율운항선박은 탐지와 상황 인식, 판단 및 조치를 모두 AI가 수행해야 하며, 조치 결과를 선원 또는 육상관제센터에에 통보하는 수준까지 발전시켜야 한다. 표 8-14와 같이 AI는 각 기능별로 개발하여 선박에 안전하게 적용해야 하지만, 아직은 부분적인 기능에서 제한적으로 사용하고 있다. AI 기능이 개발될수록 완전한 자율운항이 가능해질 것이다. 그러나 AI 단점은 학습하지 못한 상황이 발생하였을 때 안전 운항이 불확실해지므로 사람이 계속 감시해야 한다. AI가 이러한 불확실한 상황에 놓이게 될 때 스스로 사람에게 그 사실을 알리는 방법을 학습시켜야 한다.

표 8-17 자율운항선박의 AI 적용

구분		AI 기능 개발 내용
스마트 성능	고장 진단 사전 예측	• 지능형 고장 진단 및 예측시스템(엔진, 발전기, 펌프 등) 개발
	원격 유지 보수 관리	• 지능형 원격 유지 보수 맞춤형 서비스 개발
	선단 관리	• 지능형 연료비와 탄소 배출 감축 항로 결정 • 지능형 안전 항로 판단 알고리즘 개발
자율운항 성능	항로 추적	• 지능형 최적 항로 운항과 속도 제어시스템 개발
	자동 충돌 회피	• 지능형 해상 부유물 상황 인식 알고리즘 개발 • 지능형 레이더/라이다/카메라 등 상황 인식 통합 알고리즘 개발 • 충돌 회피 인지/평가 및 경로 생성 알고리즘 개발
	자동 접안과 이안	• 지능형 자동 접안 제어 알고리즘 개발
	육상관제시스템	• 지능형 원격 제어 솔루션 개발
영상 센서	라이다•카메라	• 자능형 CCTV 통합안전관제솔루션, 360° 영상 제공
통신시스템		• 지능형 자율운항 제어 연결 보장 및 지연 대응 알고리즘 개발
선박 내부 통합네트워크		• 지능형 네트워크 자동화 및 최적화로 성능 향상
사이버 보안시스템		• 지능형 보안 위협 탐지 및 대응 알고리즘 개발

자율운항선박에서 AI 적용 확대는 안전 사고 발생 시에 책임을 누가 질 것인가, 보험 처리는 어떻게 할 것인지, 항만 교통 관제에 어떻게 반영해야 할 것인지에 관한 많은 해결 과제를 갖고 있다. 자율운항과 AI에 대한 감시 표준화, 통신 장애 처리 절차 및 사이버 보안 등과 같은 문제를 해결해야 한다.

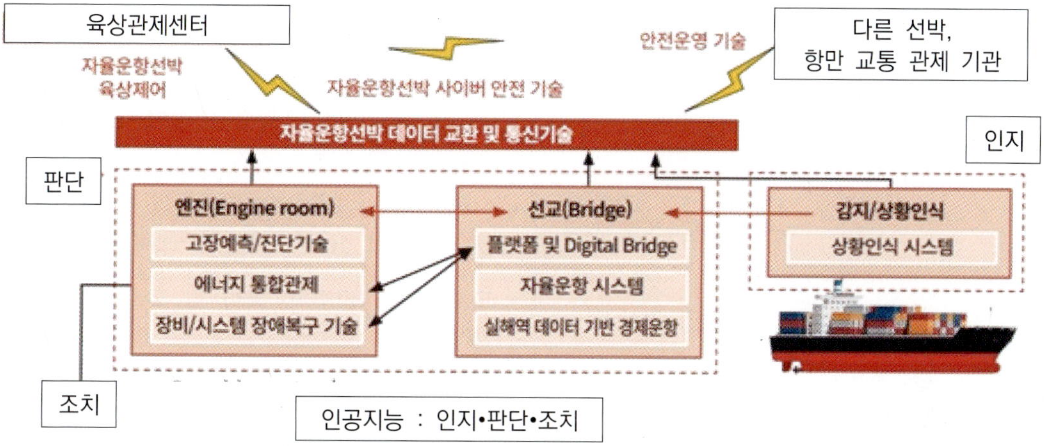

그림 8-59 자율운항선박에 적용된 AI 개념도

8.6.3 AI 적용 사례

- 자율운항선박 적용 AI 개발 사례
- 메인 엔진 상태 진단 예측 기술 개발 사례
- 해운 회사와 선급의 AI 적용 사례

(1) 자율운항선박 적용 AI 개발 사례

한국전자통신연구원 주관으로 자율운항선박을 위한 운항 관제 인공지능시스템 원천 기술 개발 과제를 추진하여 2020년에 연구 결과를 발표하였다. 여기서는 선박 외부와 내부의 상태 변화 데이터를 지속적으로 수집하고 통합적으로 분석하여 선박의 근거리 안전 항로와 원거리 안전 항로 정보를 생성시키는 AI에 대해 설명한다.

표 8-18과 같이 해상 환경 정보, 선박 운항 정보 등 입력 정보를 데이터화해서 전송하고, 해상 기상과 선박 동특성 데이터베이스에서 안전 경로 생성에 필요한 해상 환경 정보를 분석하여 추출하며, 선박의 운항 및 상태 조건을 활용하여 선박의 복원성과 동특성 정보(동요각과 가속도 등)를 산출한다. 이러한 정보를 활용하여 근거리•원거리 안전 항로를 생성시킨다.

표 8-18 해양 기상 • 선체 동특성 기반 안전 항로 AI 시스템 기능

구분		내용
입력 정보 처리	해상 환경 정보처리	• 수신한 파향, 파고, 파주기, 풍향, 풍속 등 실시간 데이터 전송
	선박 운항 정보 처리	• 선박시스템으로부터 흘수와 선속 등 운항정보를 입력받아 실시간 처리 및 데이터화
데이터베이스 운용	해양 기상	• 파향, 파고, 파주기, 풍향 및 풍속 등 데이터 저장 관리
	선체 동특성	• 선박의 복원성과 동특성 정보(동요각, 가속도 등)를 산출
안전 항로 정보 생성	근거리 안전 항로	• 복원 안전성 평가, 운동 안전성 평가, 선체·파랑 동조 위험성 평가 • 산출된 운항 안전 정보 데이터 제공
	원거리 안전 항로	

선박 외부와 내부 정보를 단순하게 수집하여 저장하는 수준을 넘어 항해사의 숙련된 전문 지식을 학습시켜 항해사의 역할을 지능적으로 수행하는 알고리즘을 만들어 최적 안전 운항 정보를 스스로 생성, 검증 및 관제할 수 있는 기술을 개발하였다. 안전 항로를 제공하는 항해지원시스템으로 활용이 가능하다.

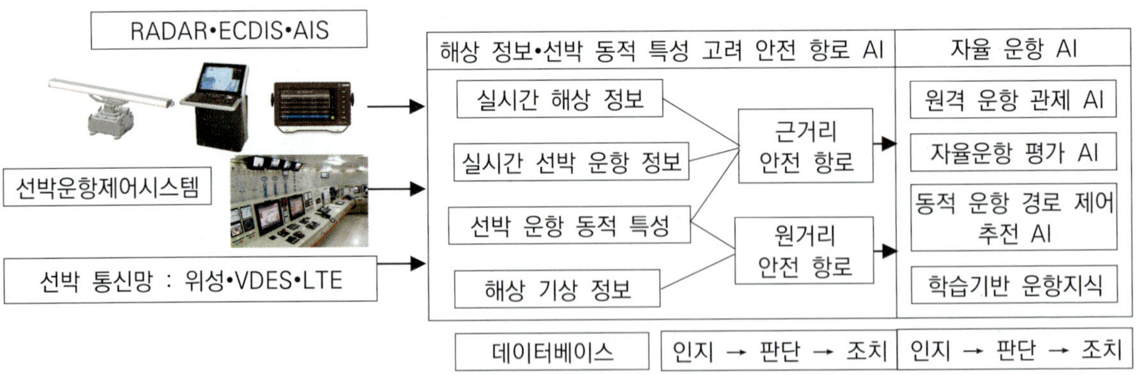

그림 8-60 자율운항선박의 AI 기반의 안전 항로 경로 생성 개념도

(2) 메인 엔진 상태 진단 예측 기술 개발 사례

한국선급은 AI 기반 엔진 상태 진단 예측 기술을 개발하였다. 엔진에서 발생하는 고장 모드를 분류하고 이에 대한 원인과 고장 현상을 분석하였다. 엔진의 기존 모니터링 시스템 외에 추가적으로 실린더 내부 연소 상태 계측 센서, 진동 특성 센서 및 초고속 카메라 등 다양한 시스템을 추가하였다. 각 고장 모드를 실제로 구현하면서 고품질의 빅데이터를 확보하였다.

고장 모드 모사 실험을 통해 확보한 정상 및 비정상 상태 데이터, 실린더 압력과 진동 데이터 및 운전 데이터 병합을 통해 알고리즘 개발에 필요한 데이터 패턴을 생성하였다. 엔진 고장 시 하나의 데이터만 변화를 보이는 것이 아니라 다수의 데이터가 동시다발적인 변화가 나타내므로 각 고장 모드별로 데이터의 패턴 변화를 구조적으로 이해하는 것이 필요하다. 대상 장비의 고장 모드를 95% 이상의 정확도로 분류 가능한 알고리즘을 도출하였다.

표 8-19 메인 엔진 고장 모드 현황

고장 모드	고장 현상	고장 모드	고장 현상
1	배기가스 누설	6	배기 가스 흐름 불량
2	연료 분사량 저하	7	소기 압력 저하
3	배기가스 유동 저항 증가	8	연료분사 및 배기밸브 타이밍 불량
4	연료 기포, 노킹 발생	9	노즐 누유
5	연료 크랭크케이스 누출	10	

(3) 해운 회사와 선급의 AI 적용 사례

AI는 선박의 많은 업무를 향상시키고 개선할 수 있는 잠재력을 가지고 있다. IMO, 해운 회사, 조선소 및 선급은 AI 기술 적용에 점점 더 많은 관심을 보이고 있다. 해운 회사들은 안전 운항과 고장 진단 사전 예측과 위험 물질 관리시스템에 AI를 우선적으로 적용하고 있다. 인명 위험 사고와 선박 파손 손실과 해양 환경에 해를 끼칠 수 있는 사고를 예방하고, 사전 예측을 통한 유지 보수 강화를 통해 선박 가동율을 향상시키며, 위험 물질 해상 운송과 관련된 위험을 체계적으로 관리하는 업무가 매우 중요하기 때문이다. 해운 회사들과 선급은 중요한 핵심 업무를 중심으로 단계적으로 AI 적용을 확대할 것이다.

표 8-20 해운 회사와 선급의 AI 적용 사례

구분		내용
머스크 (Maersk)	AI 기반 위험 관리시스템	• 선박 성능, 항로와 운항 환경 조건 등 선단 선박의 데이터를 분석한다. • AI는 다양한 실시간 데이터와 과거 데이터를 분석하여 선박 성능 및 운항 패턴을 감시하고 이상 징후를 식별하여 선박 기계적 결함과 운항과 관련된 위험을 예측하고 완화할 수 있도록 지원한다. • AI 적용 효과 ① 지속적인 데이터 통합을 통해 예측 기능이 향상되었다. ② 사전 예방적 유지 관리를 통해 운영 효율성을 개선시킨다. ③ 사고 및 관련 비용을 감소시킨다.
셸 (Shell)	AI 기반 안전 운항지원 시스템	• 일기 예보, 해상 상태 정보, 선박 성능 지표 등 여러 소스의 데이터를 통합하여 선박 운영자에게 실시간 의사 결정 지원을 제공한다. • AI 시스템은 잠재적인 항해 위험을 예측하고 불리한 조건을 피하기 위한 최적의 경로를 추천한다. • AI 적용 효과 ① 경로 최적화가 향상되어 연료를 절약하고 배기가스 배출을 줄인다. ② 까다로운 해상 환경에서 안전성을 높이고 사고 위험을 줄인다. ③ 실시간 위험 예측을 통한 의사결정을 개선시킨다.
하팍 로이드 (Hapag- Lloyd)	AI 기반 위험 물질 관리시스템	• 센서와 데이터 분석을 사용하여 위험 물질의 취급 및 보관이 안전 규정을 준수하는지 확인한다. • AI 알고리즘은 데이터를 지속적으로 분석하여 규정 준수 프로토콜의 이상을 감지한다. • AI는 과거 데이터를 분석하여 잠재적인 위험 물질 사고를 예측하고 시정 조치를 취한다. • AI 적용 효과 ① 실시간 모니터링 및 조기 위험 감지를 통해 안전성을 강화한다. ② 국제 안전 규정 준수가 개선된다. ③ 위험 물질과 관련된 사고가 감소한다.
DNV-GL	AI 기반 예측 유지 보수시스템	• 엔진, 펌프 및 운항 장비를 포함한 선박시스템에서 데이터를 수집하고 분석한다. 데이터에 머신 러닝 모델을 적용하여 장비 고장을 예측하고 유지 관리 작업을 권장한다. • 실시간 모니터링 기능은 선원이 마모의 조기 징후를 감지하여 적시 유지 관리를 지원한다. • AI 적용 효과 ① 실시간 모니터링이 향상되어 기계 작동 중지 시간이 줄어든다. ② 적시 유지 보수를 통한 장치의 수명이 연장된다. ③ 선박 다른 기능에 확장 가능한 솔루션이 제공된다.

8.7 자율운항선박의 해외 및 국내 기술 개발 현황

- 해외 기술 개발 현황
- 국내 기술 개발 현황

8.7.1 해외 기술 개발

자율운항선박의 기술 개발은 유럽연합의 무닌(MUNIN) 프로젝트(2012~2015년)에서 본격적으로 시작하였다. 자율운항선박과 육상 제어에 관한 제어 개념을 정립하고 육상의 운영자가 실행하는 개념을 제안하였다. 기존 운항시스템의 센서 데이터와 적외선 카메라를 결합하여 선박의 감시시스템, 경로를 자율적으로 운항하는 시스템, 선박 엔진 자동화 시스템 및 육상 관제 센터에 대한 개념을 정립하였다.

상업 운항하고 있는 자율운항선박은 야라버크랜드(Yara Birkeland)이다. 2022년부터 3명의 선원으로 상업 운항 중이다. 선박의 자동 접안 및 자율운항 기능은 작동 중이며, 선박 계류는 수작업으로 이루어진다. 2024년 현재 AI 상황인식시스템에 대한 실증 테스트가 진행 중이다.

일본은 2022년에 컨테이너선에서 790 km 왕복 운항으로 자율운항 기능을 실증하였다. ①선박의 자율운항 기능을 제어하는 선박의 자율운항시스템, ②원격 선박 처리 기능을 포함하여 육상에서 선박을 모니터링하고 지원하는 육상관제시스템, ③선박과 육상 간의 안정적인 통신을 가능하게 하는 통신시스템에 대한 실증테스트가 이루어졌다. 운항 중 자율 운항 비율이 98.5%로 나타났고, 자동 접안과 운항 중 주변 상황 인식을 통한 충돌 회피 기능이 114회 실행되었다. 위성 및 LTE 통신망을 사용하여 끊김 없는 통신을 실현하였다.

중국은 2022년 300 TEU 컨테이너선 자율운항선박을 건조하여 칭다오에서 시범적으로 상업 운항 중이다. 유인 운전, 원격 운전 및 무인 운전의 세 가지 주행 모드를 갖추고 있으며, 지능형 상황 인식, 자율 운항, 지능형 충돌 회피 및 원격 제어 기능을 설치하였다. 2024년에 740 TEU 컨테이너선 2척에 대한 건조를 착수하였고 2026년에 운항을 시작한다. 전천후 자율운항, 무인 조종, 자동 충돌 회피 등 자율운항 기능을 설치하였다.

표 8-21 해외 자율운항선박 개발 프로젝트 현황

구분		내용
MUNIN (~2015)	유럽연합	• 무인선박의 기술적, 경제적, 법적 타당성 조사 • 육상관제제어와 자율운항선박 개념 개발 및 검증
AAWA (~2018)	롤스로이스 (Rolls-Royce)	• 자율운항선박에 관한 경제, 사회/법률/규제/기술 요인 등을 탐구한다. • 자율운항선박 로드맵 발표 • 핀페리(Finferries)에 원격 자율운항 기능 설치 후 검증 (2018)
ReVolt (~2018)	DNV-GL	• 길이 60 m, 단거리 무인 배터리 전기추진선박의 개념 설계이다. • 6해리 운항 범위와 20피트 100개 컨테이너선, 6노트 속도 운항 • 센서 기술, 원격 제어 및 다양한 자동화 기능 개발
Yara Birkeland (~2021)	콩스버그 (Kongsberg)	• 120 TEU 오픈 탑 컨테이너 선박, 자율운항 배터리 전기추진선박이다. • 원격과 자율운항에 필요한 센서 및 장치의 통합 기술 개발 • 2022년 상업 운항, 선원 3명 • 선박의 자동 접안 및 자동 횡단 기능 작동 중, 선박 계류는 수작업, AI 상황인식시스템 실증 테스트 진행 중(2024)
DFFAS (2022)	일본 (NYK 등)	• 2022년 컨테이너선(749GT) 자율운항 기능 실증 완료, 790 km 왕복 운항 : 도쿄~쓰마쓰사카 항만(40 시간), 자율운항 비율 98.5%, 충돌 회피 114회 실행
2022~ 2024년	중국	• 2022년 300 TEU 컨테이너선의 자율운항선박 칭다오에서 시범 상업 운항 중(AI 상황 인식, 자율운항, AI 충돌 회피 및 원격 제어 기능) • 2024년에 740 TEU 컨테이너선 2척 건조 착수, 2026년 운항 시작 (전천후 자율운항, 무인 조종, 자동 충돌 회피 등 자율운항 기능)

그림 8-61 AAWA 핀페리(죄측)와 야라버크랜드(오른쪽) 선박

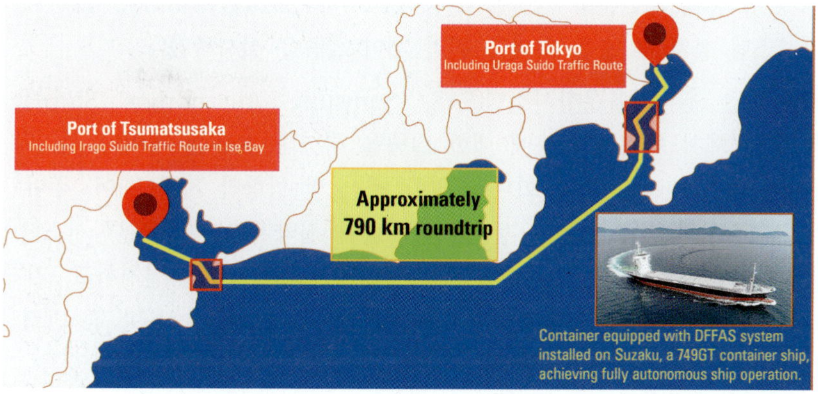

그림 8-62 일본 컨테이너선의 자율운항 기능 실증 완료

그림 8-63 중국 자율운항선박 300 TEU 컨테이너선(왼쪽), 740 TEU 컨테이너선(오른쪽)

8.7.2 국내 기술 개발 현황

우리나라는 HD한국조선해양, 삼성중공업, 한화오션 및 정부 중심으로 자율운항시스템에 관한 기술 개발을 시작하여 현재는 대형 선박에 시스템을 설치하고 국내 및 동남아 항로에서 운항 실증을 적극적으로 추진 중이며 상당한 성과를 달성 중이다.

HD한국조선해양은 2020년에 자율운항시스템 개발 회사인 아비커스(Avikus)를 출범시켰다. 자율운항 2단계에 해당하는 대형 선박용 자율운항시스템인 하이나스(HiNAS)를 상용화해 판매 중이다. 하이나스2.0 은 상황 인지 및 판단을 통해 속도 제어와 충돌 회피 등 선박 스스로 대처하도록 개발하였다. 2022년 LNG선에 하이나스를 설치하고 태평양 운항(1만 km) 중에 자율운항 기능을 실증하였으며, 2024년에 8,000 TEU 컨테이너선에 자율운항시스템 설치 후 충돌 회피와 원격 제어 실증을 실시하였다.

삼성중공업은 원격자율운항시스템(SAS, Samsung Autonomos Ship)을 개발하여 2019년 모형선에서 이러한 기능에 대한 실증을 하였다. SAS는 레이다, AIS와 카메라 영상이 융합된 상황 인지와 충돌 회피를 위한 엔진 및 방향타 자동 제어, 주야간 사각지대 없이 주변을 감시하는 360도 뷰 등 최신 기술이 집약된 원격자율운항시스템이다. 2023년에 거제조선소에서 건조한 15,000 TEU 컨테이너선에 SAS를 설치하고, 거제~대만까지 약 1,500 km를 운항하며 자율운항 기술의 실증을 진행하였다. 운항 중 반경 50 km 이내의 선박, 부표 등 9,000개 이상의 장애물을 정확히 식별하였으며, 충돌 가능 선박에 대해 안전한 우회 항로를 90회 제시하였다. 2024년에는 목포해양대 세계로호에 고도화된 자율운항 알고리즘을 적용한 SAS를 설치하고 목포~필리핀~베트남~대만 운항에서 실증하였다.

한화오션은 2022년에 자율운항시험선 단비(DAN-V)를 건조하고 자체적으로 개발한 자율운항 솔루션인 DS4를 설치한 후에 시흥 R&D캠퍼스의 자율운항선박 관제 센터를 구축하고 다양한 자율운항 실증 시험을 진행 중이다. 단비는 대형 상선을 모사한 자율운항 전용 테스트 선박으로 실제 대형 선박과 유사한 운항 데이터를 확보할 수 있다. 2023년에는 관제 센터로부터 전달된 제어 명령에 따른 엔진과 방향타 등에 대한 원격 제어, 경로 추종 및 충돌 회피 등의 기능을 실증 하였다.

해양수산부와 산업통상자원부가 2020년 발족한 자율운항선박 기술개발사업 통합사업단은 2024년 건조 완료한 포스 싱가포르호(1,800 TEU 컨테이너선)에 자율운항시스템을 설치하고 1년동안 동남아 항로에서 지능항해시스템, 기관자동화시스템 및 사이버 보안 등 선원의 승선 없이 원격 제어로 운항할 수 있는 자율운항 3단계 수준의 실증을 추진 중이다.

표 8-22 국내 자율운항선박 개발 프로젝트 현황

구분	내용
현대중공업	• 2020년 아비커스 설립, 자율운항 2단계 하이나스(HiNAS)2.0 상용화 • 2022년 LNG선에 하이나스2.0 설치 후 태평양 운항(1만 km) 실증 • 2024년 8,000 TEU 컨테이너선에 하이나스2.0 설치 후 충돌 회피와 원격 제어 실증 실시
삼성중공업	• 2019년 3.3m 모형선을 이용한 충돌 회피와 원격 자율운항 기술 검증 실시 • 2020년 300톤급 예인선에 원격 자율운항시스템(SAS)을 설치후, 250 km 떨어진 원격 관제 센터에서 충돌 회피, 원격 제어, 360° 뷰, LTE 통신 기능 등 자율운항 실증 실시 • 2022년 목포해양대 세계로호(9,200GT)에 설치후, 목포~제주도~독도 약 950 km 자율운항 실증, 29회 충돌 회피 실행 • 2023년 15,000 TEU 컨테이너선에 SAS 설치후 거제~대만(약 1,500 km) 남중국해항로에서 운항 실증, 50 km 이내 선박과 해상 장애물 9,000개 인식, 충돌회피 기능 90회 실행 등 • 2024년 목포해양대 세계로호에 설치한 SAS 자율운항시스템 대양 운항 실증 실시
한화오션	• 2022년 자율운항시험선(단비)와 육상관제 센터와 연동해 원격제어, 경로 추종 및 충돌 회피 등 자율운항 솔루션(DS4 Safe Navigation)에 대한 기술적인 검증 실시
정부	• 1800 TEU 컨테이너선(포스 싱가포르호)에 자율운항시스템 설치 후 지능항해, 기관자동화, 사이버 보안 등 핵심 기술 운항 실증 추진 중, IMO MASS 표준에 반영, 2024.9~2025.9 1년간 한국~동남아 항로

그림 8-64 아비커스 자율운항선박(왼쪽)과 8,000 TEU 컨테이너선(오른쪽) 하이나스 실증 선박

그림 8-65 삼성중공업 300톤급 선박 원격자율운항(위)
실증과 세계로호 자율운항 실증(아래)

그림 8-66 한화오션 단비 자율운항선박과 육상 관제 센터

그림 8-67 자율운항선박 기술개발사업 통합사업단의 자율운항시스템 실증 선박

		2024–2025 제품화	2026–2027 상품화	2028–2029 고도화
자율항해	자율항해기술	패키지 기술 검증	화물 자동화 기술 통합	MASS LV3 자율항해 프로토타입 인증
	기술검증 및 실증	선박별 기술 검증	글로벌/연안 테스트 항로 확보	항로별 최적화
자율운용	자율운용기술	SROC 요소 기술검증	통합 원격 제어/관리	MASS LV3 자율운용 프로토타입 인증
	2차 방벽	가상 훈련 기술 검증	원격 운항 디지털 트윈	MASS LV3 디지털 트윈 적용

그림 8-68 삼성중공업 자율운항 기술 개발 로드맵

연습문제

1. 스마트자율운항선박 정의에 대해 설명하라.

2. IMO 자율운항선박 정의에 대해 설명하라.

3. 한국선급의 자율운항선박 기본 요건에 대해 설명하라.

4. 자율운항선박과 현존 선박 비교와 자율운항선박의 장점에 대해 설명하라.

5. 고장 진단 사전 예측시스템에 대해 설명하라.

6. 원격 유지보수관리시스템에 대해 설명하라.

7. 선단 관리시스템에 대해 설명하라.

8. 자율운항선박과 무인운항선박에 대해 설명하라.

9. 항로 추적 및 상황 인식에 대해 설명하라.

10. 자동 충돌 회피와 자동 운항에 대해 설명하라.

11. 자동 접안과 이안에 대해 설명하라.

12. 육상관제시스템의 역할에 대해 설명하라.

13. 육상관제센터 운영자의 필수 역량에 대해 설명하라.

14. 운영자의 시뮬레이터 훈련에 대해 설명하라.

15. 레이더 • 영상 센서 장치에 대해 설명하라.

16. 자율운항선박과 통신망에 대해 설명하라.

17. 해상 GMDSS 통신망에 대해 설명하라.

18. 선박의 인공위성 통신망에 대해 설명하라.

19. AIS와 ASM 무선 통신망에 대해 설명하라.

20. VDES 무선 통신망에 대해 설명하라.

21. 해상 LTE-M(4G)과 5G 무선 통신망에 대해 설명하라.

22. 자율운항선박의 다중해상무선통신장치에 대해 설명하라.

23. 선박 통신 프로토콜의 종류와 특성에 대해 설명하라.

24. 선박 통신 표준 규정에 대해 설명하라.

25. 선박 내부 통합네트워크에 대해 설명하라.

26. IACS 사이버 복원력 UR E26 • E27 규정에 대해 설명하라.

27. 네트워크 방화벽 설치에 대해 설명하라.

28. 운항 빅데이터 및 운항 인공지능(AI)에 대해 설명하라.

29. 자율운항선박과 AI 적용에 대해 설명하라.

30. 자율운항선박 적용 AI 개발 사례, 메인 엔진 상태 진단 예측 기술 개발 사례, 해운회사와 선급의 AI 적용 사례 중 1개를 선택하여 설명하라.

31. 자율운항선박의 해외 기술 개발 동향에 대해 설명하라.

32. 자율운항선박의 국내 기술 개발 동향에 대해 설명하라.

CHAPTER 9

스마트조선소

CHAPTER 9

우리나라 조선소는 친환경스마트선박의 시대 흐름에서 새로운 도전에 직면해 있다. 중국 조선소는 원가 경쟁력 우위를 바탕으로 급속한 양적 성장과 더불어 과거의 저가형 선박 건조에서 벗어나 친환경연료추진선박과 크루즈선 및 해양플랜트선박에 이르기까지 고부가가치 선박 및 모든 종류의 선박에 관한 기술력을 높이기 위해 총력을 기울이고 있다. 낮은 인건비를 강점으로 내세우며 우리나라 조선소를 위협하고 있다. 아울러 건조 생산 기술력과 효율 향상을 위한 최첨단 스마트조선소의 구축을 통한 질적인 성장을 적극적으로 추진하고 있다.

이러한 도전을 물리치기 위해 우리나라 조선소가 구축해야 할 최첨단 무기가 스마트조선소이다. 향후 10년 동안 우리나라 조선소가 중국보다 얼마나 빨리 더 차별화된 스마트조선소를 구축해낼 것인가가 우리나라 조선소의 경쟁력을 지속적으로 확보하고 유지할 수 있는 핵심 이슈가 될 것이다.

이 장에서는 스마트조선소에 관한 정의와 조선소에서의 설계, 자재조달 및 생산 업무를 정리하고 조선소에서의 전사적자원관리(ERP, Enterprise Resource Planning)시스템, 제품수명주기관리(PLM, Product Lifecycle Management)시스템 및 생산실행시스템(MES, Manufacturing Execution System) 등 조선소의 모든 정보시스템을 연결하여 효율적으로 통합•운영하는 전사적통합관리시스템 기술들을 살펴본다. 또한, 최신의 가상 현실(VR[54]), 증강 현실(AR[55]), 확장 현실(XR[56]), 메타버스(Metaverse) 및 디지털 트윈 기술, 빅데이터 및 인공지능(AI, Artifical Intelligence) 기술들을 어떻게 어떤 수준까지 조선소에 적용할 것인지에 대해 살펴본다.

디지털화가 정착되면 영업에서 수주한 선박의 계약 사양과 납기가 결정되면 사람 개입 없이 설계부터 자재조달 및 생산을 통한 선박 인도까지의 업무를 스스로 알아서 계획을 수립하여 실행하는 시스템을 구축할 수 있다. 사람은 시스템이 돌아가는 상황을 모니터링하고 의사결정에 필수적인 부분과 병목 공정과 발생 문제 해결에 집중할 수 있다. 조선소 모든 업무를 스스로 알아서 조치하는 미래 지능형•자율형스마트조선소 구축에 관한 내용에 대해 다음과 같은 순서로 설명한다.

- 스마트조선소의 개념
- 선박 건조시스템

54) VR(Virtual Reality) : 가상의 디지털 환경을 구축하여 실제처럼 느끼게 하는 기술이다.
55) AR(Augmented Reality) : 실제 주변 환경에 가상의 디지털 정보를 투영하여 나타내는 기술이다.
56) XR(Extended Reality) : VR과 AR를 포괄하는 기술이다.

- 스마트조선소의 전사적통합관리시스템 개발과 적용
- 스마트조선소와 VR•AR•XR•메타버스 활용
- 선박과 스마트조선소의 디지털 트윈 적용 방향
- 스마트조선소의 인공지능(AI) 적용 방향

9.1 스마트조선소의 개념

스마트조선소의 개념과 기능 범위는 계속 발전하고 있으며 최근 4~5년 동안 급속히 정립되어 왔다. 우리나라 연구 기관에서 제시한 체계적인 개념을 살펴보고, 우리나라 스마트공장에서 정하는 개념과 범위 설명을 통해 스마트조선소의 수평적•수직적 통합 개념을 나타낸다. 스마트공장 수준별 5단계와 스마트조선소가 달성해야 할 목표 수준을 제시한다. 이에 대해 다음과 같은 순서로 설명한다.

- 스마트조선소의 정의
- 한국형 스마트조선소의 기술 범위
- 우리나라 스마트공장 개요
- 스마트공장의 이해
- 스마트공장의 단계별 수준

9.1.1 스마트조선소의 정의

한국산업기술평가원은 한국형 스마트조선소에 대해 다음과 같이 정의하고 있다. 우리나라 조선소는 숙련된 인력의 경험과 단순 복잡한 작업을 위한 장비의 기계화, 자동화 및 지속적인 생산 공법 개발 등을 통해 경쟁력을 확보하고 있다. 최근 4차 산업혁명의 기술과 기존 생산기술과의 융합은 조선소의 생산 방식을 수작업 및 부분 자동화에서 연결화-자동화-지능화(자율화)-인프라를 지향하면서 원가 절감 및 생산성 향상을 극대화하도록 유도하고 있다. 한국형 스마트조선소는 연결화-자동화-지능화(자율화)-인프라가 유기적으로 융합하여 선박 생산의 획기적 변화를 이루는 일련의 핵심 기반 기술이 구현된 조선소이며, 최종적으로 원가 절감, 생산성, 품질 및 안전을 극대화하는 조선소를 말한다. 또한, 기술과 데이터 중심의 조선소를 지향하며, 공급망에 연계된 연관 기업과의 정보 공유 등 기술과 데이터를 중심으로 생태계를 구축하고자 하는 조선소이다.

스마트조선소의 궁극적인 목표는 조선소의 납기 준수, 원가 절감, 생산성 향상, 품질 향상 및 안전 극대화 등의 경쟁력 우위 목표를 효과적으로 달성하기 위해, ①설계를 포함한 생산•시운전에 이르는 모든 건조 과정, 업무 처리 절차 및 기능을 유기적으로 통합시켜, ②자동화, 디지털 트윈, 빅데이터 및 인공지능(AI)을 실현하고, ③이를 통해 조선소에서 발생하는 모든 업무를 스스로 모니터링하여 탐지하고 판단하고 조치하는 행위가 자율적으로 이루어지는 지능형 스마트제조시스템이 작동하는 조선소를 만드는 것이다.

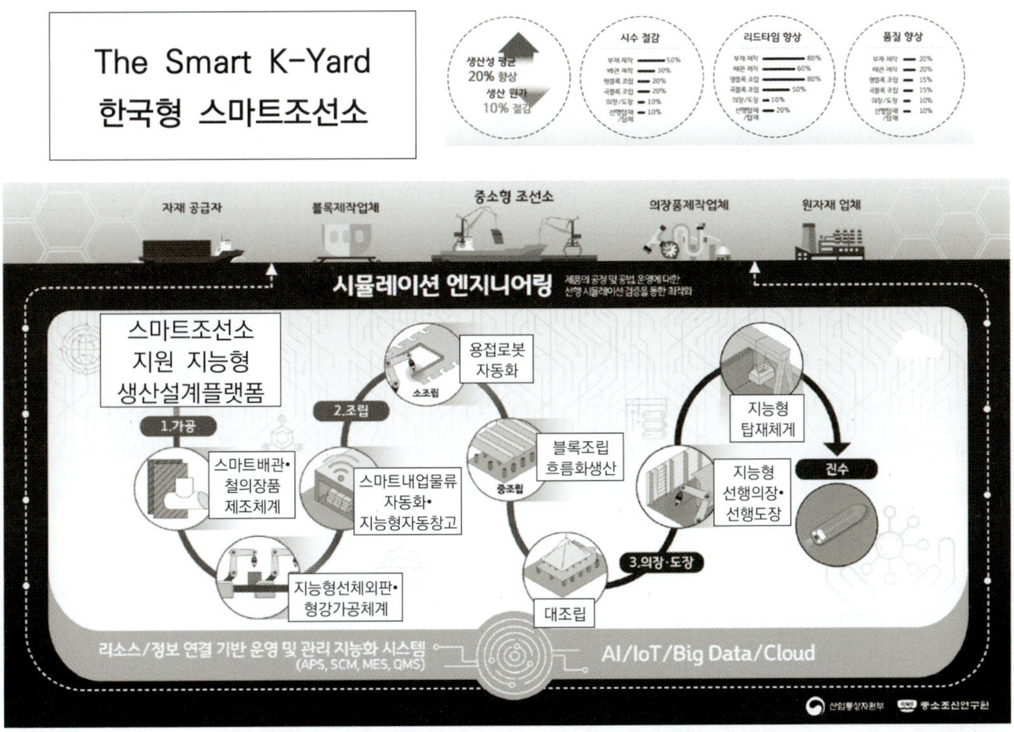

그림 9-1 한국산업기술평가원의 한국형 스마트조선소 정의

9.1.2 한국형 스마트조선소의 기술 범위

한국산업기술평가원은 한국형 스마트조선소의 기술 범위에 대해 연결화, 자동화, 지능화, 자율화 및 인프라에 대해 다음과 같이 설명한다.

① 연결화 : 설계 정보를 포함한 각종 정보가 전사적으로 공유되고 다양한 설계 및 생산 정보들은 사람이 직접 입력하는 방식에서 각종 센서나 이미지 프로세싱 등을 통해 자동으로 수집되고 공유되어야 한다.

② 자동화 : 사람의 개입에 의해 단절되는 정보 및 제품이나 물류의 흐름을 최소화하고 각종 설계, 조달 및 생산 정보의 자동 수집을 위해 스마트공장의 구현에 필수적으로 동반되어야 하는 분야로서 스마트화의 시작이라고 할 수 있다.

③ 지능화•자율화 : 설계 정보를 포함한 다양하게 수집된 각종 정보들을 분석하고 스스로 생산계획과 운영을 최적화하는 다양한 알고리즘과 시뮬레이션 기능이 적용되는 것을 의미하며, 조선소 운영 최적화를 위해 디지털 트윈, 빅데이터 및 AI(시뮬레이션 포함) 기술을 활용하는 것을 포함한다.

④ 인프라 : 스마트조선소를 구현하기 위해 필요한 기반 기술로서, ICT[57]나 IoT[58] 기술 등을 포함하는 개념으로 연결화•지능화를 지원하는 스마트화의 바탕이 되는 영역이다. 한국형 스마트조선소가 구축해야할 미래 조선소는 그림 9-2와 같이 각 공정에 스마트•자동화 물류 및 작업 공정의 자동화•AI화가 구축되어야 한다.

57) ICT : 정보 기술(Information Technology)과 통신 기술(Communication Technology)의 합성어로 정보 기기의 하드웨어 및 기기의 운영과 정보 관리 등에 필요한 기술과 이를 통해 정보를 수집•전달•활용하는 모든 방법을 의미한다. 통신 기술

58) IoT(Internet of Things) : 사물인터넷이며, 사물에 센서를 설치하여 실시간으로 데이터를 주고 받는 기술이다. 스마트폰, 컴퓨터, 가전제품 및 자동차 등 모든 사물이 네트워크로 연결된다는 의미이다.

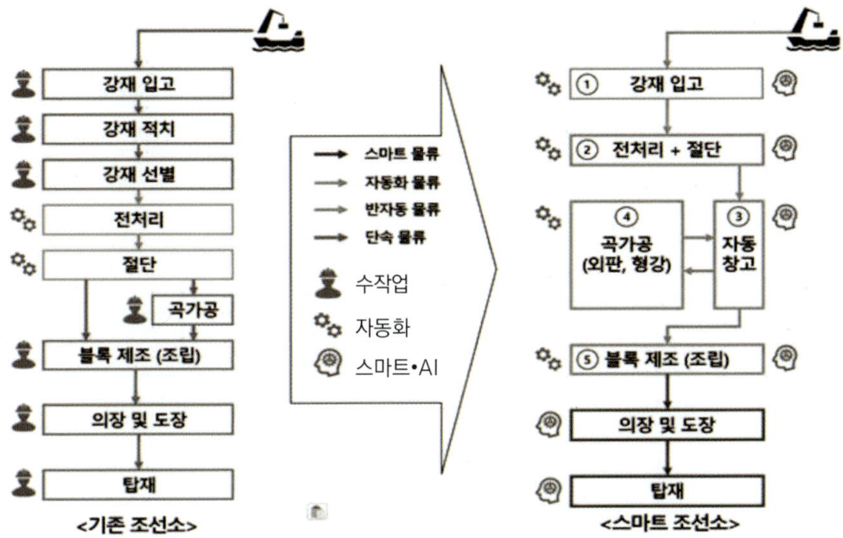

그림 9-2 기존 조선소와 스마트조선소의 물류 흐름과 자동화 • AI 적용 비교

9.1.3 우리나라 스마트공장 개요

스마트제조는 제조가 지능화하는 것으로 정의할 수 있으며, 자동화와는 구별된다. 스마트는 사전적으로 하드웨어, 소프트웨어에 대하여 정보처리 능력을 가지고 있는 것을 의미하며 종래에는 기대할 수 없었던 정도의 정보처리 능력과 지능형이라는 뜻으로 사용한다. 나아가 데이터를 상호연결하여 실시간으로 분석, 예측하고 상황 변화에 적극적으로 대응한다는 점에서 단순한 정보화 혹은 디지털화와도 차이가 있다.

물리적 공간과 가상의 공간을 연결하고 기업의 가치사슬과 비즈니스를 연계하는 사이버 물리적 시스템의 출현은 기존의 자동화에 머물던 제조를 점차 복잡한 최적화 결정까지 가능하게 하면서 지능화로 변화시키고 있다. 스마트공장의 개념은 스마트공장, 스마트제조, 디지털제조, 가상제조, 유연생산시스템, 컴퓨터통합시스템 및 지능화제조시스템 등 유사 의미의 단어들이 사용되고 있어 이에 대한 개념적인 정리와 스마트공장과 관련한 산업 구분이 필요하다.

- 스마트제조의 정의
- 스마트공장 개념과 범위

(1) 스마트제조의 정의

스마트제조에 대한 정의는 관점과 범위에 따라 다양하게 제시된다. 한국산업기술평가원은 스마트제조 R&D 로드맵에서 생산성 향상, 맞춤형 · 혼류 생산(유연화), 품질 예측 및 에너지 절감 등을 위한 ①장치•디바이스, ②첨단기술시스템 융합, ③수직 · 수평 통합 표준•인증을 통한 새로운 제조 생태계로 정의한다.

스마트제조는 본질적으로 기존의 통합생산관리라는 개념으로 제한하기보다는 새로운 제조 생태계로 보아야 하며, 기존 제조 생태계와 다른 유연성, 연결성 및 예측성에서 큰 차이를 가진다. 유연성은 고객 맞춤형 제품 제조를 위한 유연생산시스템을 의미한다. 연결성은 제품, 공정 및 생산 설비가 연결된 초연결 제조시스템이며, 예측성은 지능형 제조시스템을 말하다. 스마트제조는 단순히 유연하고 편리하며 효율성이 높은 제조시스템을 추구하는 것이 아니라 시장 수요 대응을 위한 생산의 유연성, 제조시스템 구성 요소 전반에 걸친 연결성 그리고 지능형 제조시스템의 적용으로 이해해야 한다.

(2) 스마트공장 개념과 범위

스마트제조가 일어나는 공간으로서 스마트공장(Smart Factory)은 제품개발과 가치사슬(Value Chain[59]) 기반 수평적 통합과 공장의 생산 설비(시스템)를 기반으로 전사적통합관리시스템으로 연결시킨 수직적 통합이 이루어지는 공장을 말한다.

① 수평적 통합(또는 가치사슬 통합) : 제품을 사용하는 고객이 원하는 요구 사항을 도출하기 위한 시장 조사 및 제품기획 단계를 거쳐, 고객의 요구 사항을 충족시키기 위한 제품개발 R&D와 설계 단계 및 공정설계 후 높은 품질의 제품을 생산하여 고객에게 적기에 전달하는 모든 과정을 유기적으로 통합시킨 공장을 말한다. 여기에는 제품수명주기관리(PLM), 사이버물리시스템(CPS, Cyber-Physical System), VR, AR, 시뮬레이션, 공급망관리(SCM, Supply Chain Management), 고객관계관리(CRM, Customer Relationship Management) 등의 관리 업무를 포함한다.

② 수직적 통합(생산시스템) : 제품 생산과 관련한 생산 효율화와 원가 절감을 위해 생산관리시스템과 전사적자원관리시스템을 운영하는 공장을 말한다. 여기에는 제품 생산을

---

59) 가치사슬(Value Chain) : 고객에게 가치를 제공하는 프로세스이다. 영업, 설계, 자재조달, 생산 및 시운전 등 선박의 건조 프로세스에서 각각 이루어지는 고객에게 가치를 제공하는 차별화 활동들을 말한다.

위해 사용하는 다양한 설비에서 센서와 디바이스를 통해 공정 데이터를 획득하고 프로그램 제어 기술을 통하여 설비의 제어를 수행하며, 생산 공정을 최적으로 운영하는 생산실행시스템(MES)과 창고관리시스템(WMS, Warehouse Management System), 품질관리시스템, 물류 및 전사적자원관리시스템(ERP) 등을 통합하여 운영하는 공장이다.

지금까지 추진했던 공장자동화의 개념은 수직적 통합으로 공장과 제조의 범위로 볼 수 있으며, 최근 다양해진 고객의 요구 사항에 대응하기 위한 수평적 통합은 공장과 제조에 스마트화와 지능화를 추가하고 있다. 스마트공장에서 다루는 범위는 그림 9-3과 같이 제품기획, 설계, 공정 설계, 생산, 제품 출시의 연결된 가치사슬의 수평적인 통합(연결)과 생산 라인의 센서•디바이스, 제어시스템, MES 및 ERP 등의 수직적 통합(연결) 내용을 모두 포함한다.

- 스마트공장은 고객 요구 사항을 반영하여 제품을 적기에 출시하는 발전된 개념이다.
- 고객의 다양한 요구에 적극적으로 대응하기 위해 수평적 통합과 수직적 통합이 이루어지는 공장을 구축해야 한다.

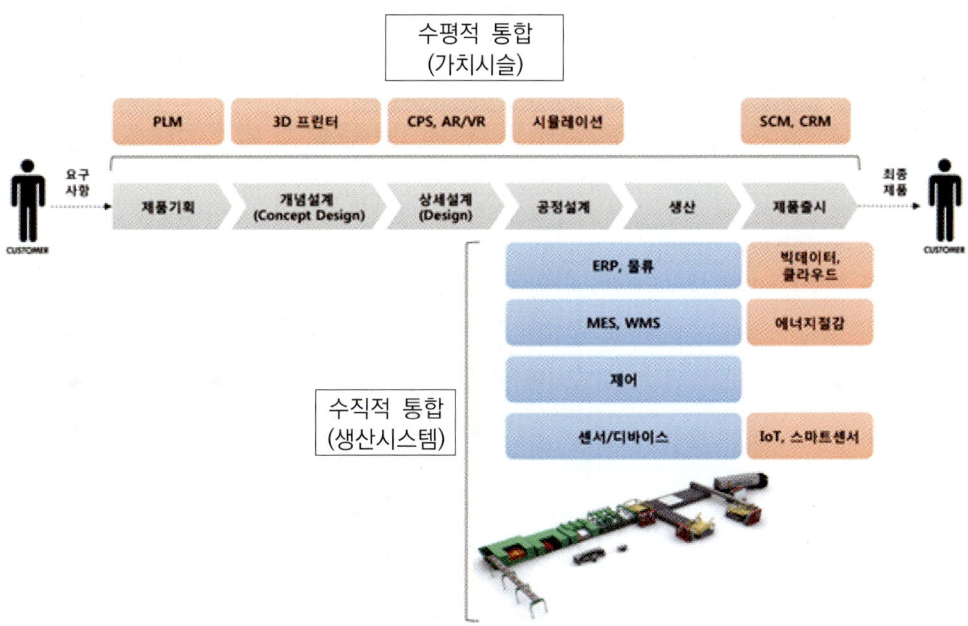

그림 9-3 스마트공장의 수평적•수직적 통합 개념

스마트조선소의 수평적•수직적 통합 개념은 그림 9-4와 같다. 수평적 통합은 다음의 과정을 통해 이루어진다. 고객 요구 사항을 적극적으로 반영하여 선박 수주를 성공시키고, 기본설계와 상세설계를 통해 선박의 성능을 구현하고 생산설계를 통해 생산 공정에 적합한 도면을 만든다. 이러한 도면을 사용하여 선박을 생산하고 시운전을 완료한 후 고객에게 선박을 인도한다. 수직적 통합은 생산시스템의 생산 세부 공정에서 이루어진다. 생산실행시스템에 의해 자재를 적기에 조달하고 가공 공정에서 시작하여 대조립(블록), 선행의장, 도장 및 탑재 공정을 거쳐 시운전 후 선박 건조를 완료한다.

스마트조선소에서 이루어지는 수평적•수직적 통합의 결과로 설계 및 생산 효율 향상, 원가 절감, 설계 및 건조 기간 단축, 작업에서 비효율 제거와 안전 사고 발생 감소, 성능 및 품질 우수 선박 건조와 고객 만족 등에서 다른 조선소보다 차별적인 우수한 성과를 달성할 수 있다. 스마트조선소 구축은 복잡하고 다양한 상황이 발생하는 조선소에서 미래 경쟁력 확보를 위해 반드시 실현해야 하는 핵심 과제이다. 스마트조선소 구축에 많은 시간과 투자가 들어가므로 반드시 투자보다 더 큰 수익이 발생하도록 세밀하고 체계적으로 관리해야 한다.

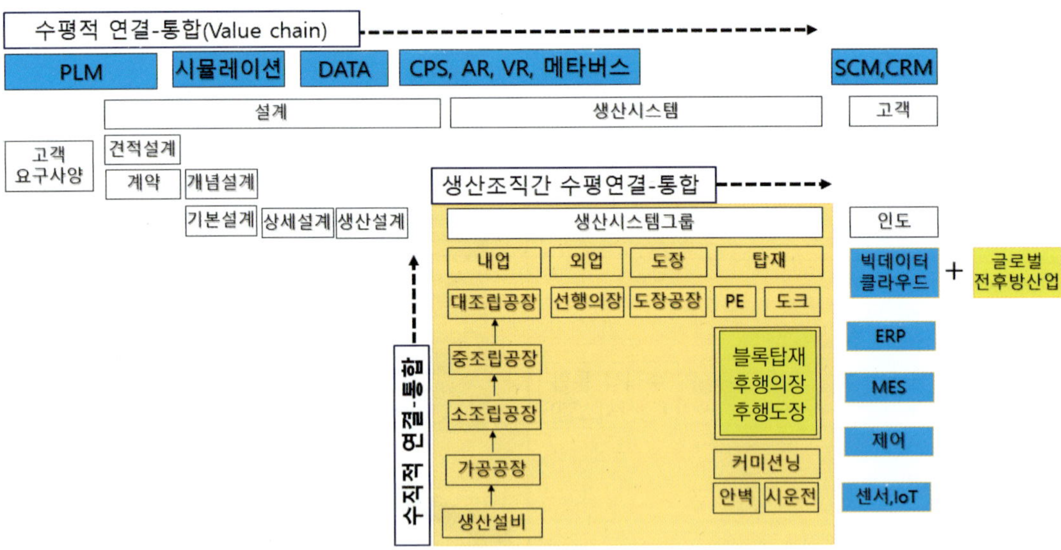

그림 9-4 스마트조선소의 수평적 • 수직적 통합 개념

9.1.4 스마트공장의 이해

스마트공상 및 스마트조선소의 이해를 돕기 위해 표 9-1와 같이 스마트 솔루션, 서비스, 설비로 구분하여 알아야 할 필수 용어를 정리한다.

표 9-1 스마트공정 구성 요소의 용어 정리

<table>
<tr><th colspan="2">구성요소 및 기술</th><th>정 의</th></tr>
<tr><td rowspan="6">솔루션(S/W)</td><td>APS</td><td>• Advanced Planning Scheduling, 생산스케줄링시스템,
• ERP와 MES 두 시스템 간 중간에 위치하여 수요계획, 생산계획과 스케쥴를 관리하는 시스템</td></tr>
<tr><td>ERP</td><td>• 경영 활동 데이터를 통합 관리하는 전사적자원관리시스템</td></tr>
<tr><td>PLM</td><td>• 제품개발부터 폐기에 이르기까지 제품수명주기 전 과정의 데이터 관리를 하는 시스템</td></tr>
<tr><td>SCM</td><td>• 제조업의 전체 공급망을 전산화하여 효율적으로 처리하는 관리시스템</td></tr>
<tr><td>FEMS</td><td>• Factory Energy Management System
• 제조공장의 에너지 이용 효율을 개선하는 공장에너지관리시스템</td></tr>
<tr><td>MES</td><td>• 제조 데이터를 통합하여 관리하는 시스템으로 공장 운영•통제, 품질관리, 창고관리, 설비관리 및 금형관리 등 제조현장에서 필요로하는 다양한 기능을 지원</td></tr>
<tr><td rowspan="4">서비스</td><td>SI</td><td>• System Integration
• 생산현장의 스마트화에 필요한 각종 설비와 솔루션(S/W)을 조합하여 기업이 필요한 기능을 통합적으로 구현하는 서비스</td></tr>
<tr><td>클라우드</td><td>• 스마트공장관련 소프트웨어를 사용자가 자신의 컴퓨터에 설치하지 않고 네트워크를 통해 사용할 수 있고, 데이터 공유•분석이 가능한 온라인 환경을 제공하는 서비스</td></tr>
<tr><td>빅데이터-AI</td><td>• 입고, 생산, 재고, 납기 등 제조현장의 모든 데이터를 수집하고 분석하여 의사결정을 도와주는 데이터 관리 서비스(예:데이터수집 분산처리, 원인분석, 예지분석, 처방분석, 인지분석, 머신러닝 등 데이터 처리 방법론)</td></tr>
<tr><td>보안</td><td>• 생산시스템의 모니터링과 제어, 데이터 분석 등 전 과정에서 기업과 생산현장의 데이터를 보호하는 보안서비스(예: 방화벽, 침입방지, VPN, 접근통제, 통합위험관리 등 종합적인 보안서비스)</td></tr>
</table>

<table>
<tr><td rowspan="6">설비</td><td>VR, AR</td><td>• 가상 현실(VR), 증강 현실(AR), 혼합 현실(MR), 기술을 제조업에 적용하여 효율적인 공정을 구현하거나 제조작업상 추가 정보를 제공하는 등의 서비스를 제공하는 기기</td></tr>
<tr><td>통신
네트워크</td><td>• 무선통신 게이트웨이 : 스마트 단말과 무선통신으로 연결되어 수집된 정보를 통신망에 연결하는 네트워크 장비
• 유선통신 게이트웨이 : 스마트 단말과 유선통신으로 연결되어 수집된 정보를 통신망에 연결하는 네트워크 장비
※ 보안장비: IoT 네트워크의 보안과 관련된 네트워크 장비</td></tr>
<tr><td>스마트센서•머신
비전</td><td>• 소자부품과 각종센서, 통신기술과 영상처리기술 등을 활용해 제조공장의 각종 데이터 측정하는 장치 (예: 공학센서, 바이오센서, 물리센서 등)</td></tr>
<tr><td>IoT기기
및 장비</td><td>• 각종 기기와 장비에 IoT 센서를 탑재하여 데이터의 수집(센싱,전달)과 가시화(모니터링), 설비제어 등을 지원</td></tr>
<tr><td>CPS,
디지털
트윈</td><td>• 물리 시스템과 이를 제어하는 컴퓨팅 요소가 결합된 차세대 네트워크 기반 분산제어 시스템. 공장의 생산설비와 각 공정, 제품의 디지털 모델을 구축하여 사이버세계와 실세계를 실시간 통합하고, 가상공장 시뮬레이션 기능 등을 구현</td></tr>
</table>

9.1.5 스마트공장의 단계별 수준

우리나라 스마트제조혁신추진단에서 정의한 스마트공장의 단계별 수준은 표 9-2와 같다. 스마트공장 수준(단계)은 ICT 기술의 활용 정도 및 역량 등에 따라 5단계로 구분한다. 도입을 원하는 업체에 따라 다양한 형태로 구현이 가능하며, 기업의 투자 여력과 현실에 맞게 점진적(단계적)으로 적용할 수 있다. 미래 스마트조선소의 목표는 Level 5 고도화 단계이다.

표 9-2 스마트공장의 단계별 수준 내용

<table>
<tr><th>단계</th><th>구분</th><th>내용</th></tr>
<tr><td rowspan="2">-</td><td rowspan="2">ICT미적용
스마트공장
미적용</td><td>• 수기작성</td></tr>
<tr><td>• 시스템을 갖추고 있지 못한 상태, Excel 정도 활용</td></tr>
</table>

Level 1~2	기초수준	• 생산정보 디지털화
		• 공장 내 아날로그 생산정보를 디지털화(전산데이터)하는 수준: 바코드, RFID 등으로 생산정보를 수집하고 제품생산단위(LOT) 별로 생산과정 파악 • 제품의 생산 이력 관리
Level 3	중간1수준	• 생산정보 실시간 수집/분석
		• 생산설비, 공정, 자재 및 제품 정보가 실시간 수집/분석되는 수준: 생산정보를 통해 품질분석이 가능하고 생산계획을 세울 수 있음 • 수집/분석한 정보를 이용하여 의사 결정 실시
Level 4	중간2수준	• 시스템을 통한 생산 공정 제어
		• 수집/분석된 생산정보를 토대로 원인과 해결책을 시스템이 스스로 판단하고 실시간으로 제어하여 생산 최적화하는 수준 • 분야별 관리시스템의 상호 실시간 연동, 협력사까지 유기적으로 정보 공유
Level 5	고도화	• 맞춤형 유연 생산, 지능형 자율형 공장
		• IoT•CPS 기반의 완전한 지능형 자율형 공장 • 고객의 요구에 즉시 생산 배송하는 맞춤 서비스 공장

9.2 선박 건조시스템

스마트조선소는 기본적으로 모든 작업들을 수행하면서 대기 시간과 손실 발생을 최소화시키는 생산성이 매우 우수한 체계를 구축해야 한다. 조선소에는 수많은 사람들과 생산설비와 자재들이 복잡하게 얽혀있으며, 작업 순서와 일정이 맞지 않아 공정 혼란과 손실이 어김없이 발생한다. 설계, 생산, 자재조달, 품질 및 안전 등에서 체계적으로 계획을 수립하여 계획대로 실행하고 결과를 평가하고 개선하는 활동을 통해 문제 발생을 최소화시키고 생산성을 향상시킨다.

이러한 효율 높은 스마트조선소를 만드는 통합 관리 단위는 생산 세부 공정이며, 도면출도, 자재조달, 작업장과 인력 배치 등을 연결시킨다. 이러한 생산 세부 공정 분류와 분류 기술에 대해 설명한다. 또한, 설계와 생산단계로 구분하는 선박 건조 프로세스와 후공정인 생산계획에 따라 도면 출도와 자재조달을 연결시키는 개념에 관해 기술한다. 생산 세부 공정에 따라 생산•설계•자재조달 기능을 통합시키는 관리 수준의 차이에 따라 스마트조선소의 생산성이 결정된다. 이에 대해 다음과 같이 설명한다.

- 선박 건조시스템과 생산 세부 공정
- 생산 세부 공정과 그룹테크놀로지(Group Technology)
- 선박 건조 프로세스
- 선박 생산계획과 설계
- 선박 생산계획과 자재조달

9.2.1 선박 건조시스템과 생산 세부 공정

조선산업은 고객과 건조할 선박에 대한 계약을 맺고 계약 사양에 따라 선박 설계와 생산이 이루어지는 전형적인 수주산업이다. 조선소에서 설계, 자재조달 및 생산을 포함하는 선박 건조시스템과 실제 선박 건조가 이루어지는 생산 세부 공정을 이해하는 것이 중요하다. 고객의 수요를 미리 예측하여 표준 제품을 설계하고 생산을 계획하고 판매하는 자동차 및 다른 기계산업과는 차이가 있다. 조선산업은 해운산업의 특정 고객을 대상으로 복잡하고 매우 비싼 제품을 생산하며, 다양한 재료, 부품, 장치, 시스템과 전문 기술을 필요로 하는 기술집약적 산업이다. 특히 고객의 요구를 충족하면서 효율적으로 저렴하게 제품을 생산하는 것도 중요하다. 조선산업과 일반산업과의 차이점은 다음과 같다.

① 영업 형태로서 선박의 건조는 철저한 주문 생산에 의해서 이루어진다
② 선박 건조 계약 이후 계약에 따라 제품 개발, 설계, 자재 조달 및 생산이 이루어진다.
③ 선박 건조 계약 이후 선박이 인도될 때까지 약 1.5~2년 이상으로 길다.
④ 선박 생산은 공장에서 이루어지는 부품 가공, 블록조립, 옥외의 선행의장, 도장공장, 도크(Dock) 블록 탑재, 후행의장, 후행도장 및 진수 이후 시운전 등으로 구분하여 이루어진다.
⑤ 선박 필수 기능을 담당하는 의장시스템에서 선체의장은 계선•계류장치, 하역장치, 화물창 해치커버, 조향장치(조타•조정장치), 구명장치, 방화장치 및 선장배관 등으로 구성한다. 선실의장은 거주구의장과 공기조화시스템 등이다. 기관실의장은 메인 엔진, 프로펠러 및 축계, 보조보일러, 압축기, 펌프, 크레인 및 배관 등이다. 전기의장은 발전기, 배전반, 변압기, 전력관리시스템, 항해•통신시스템 등으로 구성한다.
⑥ 의장시스템은 대부분 선행의장과 탑재 공정에서 설치하며 장치별로 시운전을 통해 성능을 점검해야 하고 선박 인도 후에도 정상 작동이 되어야 한다.

선박을 효율적으로 건조하기 위해 표 9-3과 같이 선박 건조시스템을 크게 강재, 블록, 선박으로 구분하고 각각의 생산 세부 공정으로 분류하여 관리한다. 이러한 구분과 분류는 설계의 생산 도면 작성, 자재조달, 생산 공정 배치 및 생산 조직을 연결시키는 매우 중요한 공통 통합 관리 단위이다. 작업장과 작업자 배치와 작업 기간 등 생산계획은 이러한 생산 세부 공정 단위로 이루어진다. 계획을 수립하고 실행하고 평가하고 계획을 재수립하는 관리시스템의 기준이 된다. 또한, 생산 목표를 수립하고 달성을 촉진하는 생산 조직별로 생산 효율 지표를 관리하는 단위이다. 선행이란 효율 향상을 위해 미리 작업을 한다는 의미이다. 이러한 작업을 후행 공정에서 처리할 경우 작업자가 더 많이 들어가고 작업 시간도 많이 걸린다.

표 9-3 선박 건조시스템의 생산 세부 공정 분류

제품	세부 공정	작업 내용
강재	전처리	입고된 강재에 대하여 이물질을 제거하고, 녹스는 것을 방지하기 위한 도장 수행
	절단	전처리한 강재에 대하여 설계 도면에 따라 절단
	형강	Angle, T-Bar, Collar 등 구조재 조립을 위한 절단과 가공
	곡가공	강판에 압력 또는 열을 주어 곡면 형상의 굽힘 부재 제작
블록	소조립	부재 용접으로 선체 내부재인 거더(Girder) 또는 플로어(Floor) 제작
	중조립	소조립 부재와 가공 부재를 용접하여 선체 중앙부의 평블록, 선수와 선미의 곡블록 제작
	대조립	중조립 블록을 여러개 용접하여 하나의 큰 블록으로 제작
	선행의장	대조립 블록에 배관, 기계장치, 전기장치 등을 설치
	선행도장	대조립 블록에 발생한 부식을 제거하고 도장 작업 수행
	선행탑재	도크•선대에서 탑재하는 블록의 숫자를 줄이기 위하여 대조립된 블록 2~3개를 용접하여 하나의 PE(Pre-Erection) 블록을 만드는 작업
	탑재	도크•선대에서 PE 블록을 순차적으로 올려서 선박을 완성 시키는 작업
선박	후행의장	도크•선대와 안벽에서 선체 내 필요한 파이프, 기계 장치, 전기장치 등을 설치
	후행도장	선박 전체에 대한 도장 작업을 수행
	시운전	장치별 시운전과 선박 해상 시운전

그림 9-5는 선박을 완성하는 과정에서 작업 종류별로 건조시스템의 세부 공정 작업의 흐름을 보여준다. 의장시스템에서 철의장과 배관의 경우 블록 선행의장에서 일부 설치가 이루어지고, 기계와 전기 및 계장장치들은 후행의장 공정에서 설치한다.

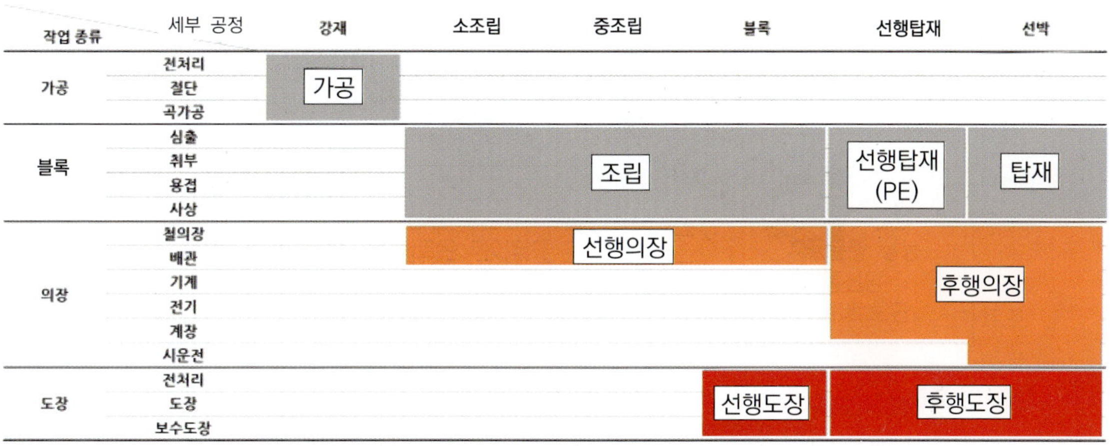

그림 9-5 선박 건조시스템의 작업 종류와 생산 세부 공정

9.2.2 생산 세부 공정과 그룹테크놀로지(Group Technology)

그룹테크놀로지(GT, Group Technology) 또는 FM(Family Manufacturing)은 다품종소량생산 산업에 있어서 생산 효율을 높이기 위하여 제작 과정 중 부품의 형상과 치수 및 제작 등의 유사성에 따라 가공, 용접 및 제작 기술 등을 기준으로 작업 그룹 단위(생산 세부 공정)로 분류한다. 각 그룹별로 최적의 전문 작업장과 가공 기계 또는 용접 장치들을 배치하여 생산성을 높이는 기술이다. 유사 작업 반복으로 작업 준비 및 작업 기간 단축, 기계와 작업자의 유휴 및 대기 시간 단축 등의 생산성 향상 효과를 얻을 수 있다.

그림 9-6은 선체의 평평한 블록을 조립하는 흐름도이다. 조선소에서 이러한 블록을 조립할 때에 적용한 GT 기술은 다음과 같다. ①강판을 직선 절단하는 공정, ②강판에 부재를 조립하는 공정, ③부재를 가공하고 조립하는 공정, ④소조립 블록을 조립하는 공정, ⑤평평한 블록을 조립하는 공정 등을 만들고 각각에 필요한 전문 작업장과 효율 향상에 적합한 자동기계장치를 배치한다.

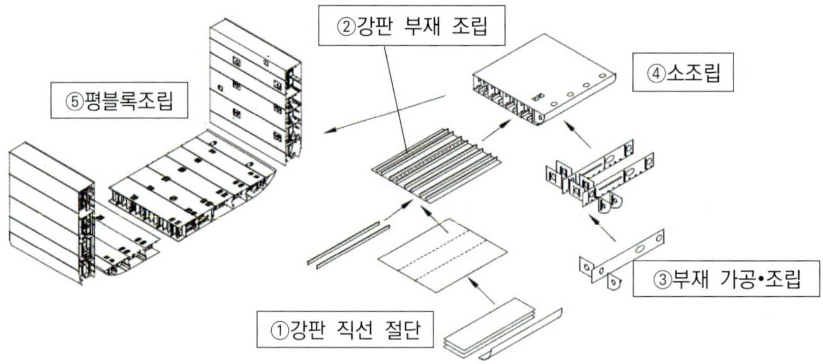

그림 9-6 블록의 조립 흐름도

선박의 모든 생산 세부 공정에서 이러한 GT 기술을 활용하여 다품종소량생산의 비효율성을 극복하고 소품종대량생산에서와 같은 효과를 달성하고 있다. 블록 가공•조립•탑재 작업, 선행•후행 의장작업, 도장작업, 도크작업, 안벽 작업 및 시운전 등 복잡하게 얽혀있는 작업 공정들을 보다 효율적으로 관리하기 위해 GT 분류에 따른 생산 세부 공정에 대한 코딩(coding) 체계인 작업분류체계(WBS, Work Breakdown Structure)를 구축하여 운영한다. 이러한 WBS 코드는 작업자의 작업지시가 이루어지는 작업관리 단위이며, 생산설계 도면 출도 단위 및 자재조달의 생산 공급 단위이다. GT 기술은 설계, 자재조달과 생산 정보를 연결시키고 통합시켜 조선소 전체 운영 최적화를 달성하게 해주는 공정 통합 관리 수단이다.

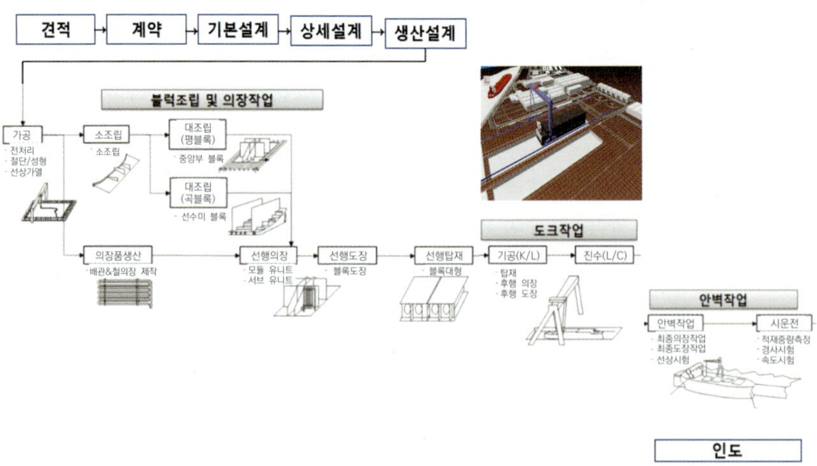

그림 9-7 선박 생산 세부 공정 흐름 개념도

9.2.3 선박 건조 프로세스

선박 건조는 크게 설계와 생산단계로 구분한다. 설계는 견적설계, 기본설계, 상세설계 및 생산설계로 구분하고 견적설계 및 기본설계는 계약서의 사양과 성능을 만족시키기 위한 과정이며, 상세설계는 구조를 설계하는 선체 설계와 각종 장치 및 시스템을 설계하고 배치하는 의장설계로 이루어진다. 여기에서 선박 건조에 필요한 자재, 부품, 장치 및 시스템들의 사양을 결정하고 자재 발주가 이루어진다. 각종 자재는 생산 세부 공정의 작업 시기와 자재조달 기간에 맞추어 발주가 이루어진다. 생산설계에서는 선박을 효율적으로 건조하기 위해 생산시스템의 생산 세부 공정 작업 단위별•작업 시기별로 작업자에게 필요한 작업 도면을 만들어 생산에 출도한다.

생산단계는 가공공장, 소조립공장, 중조립공장, 대조립공장 등 옥내 작업(공장 작업장)에서 대조립 블록을 제작하는 공정과 대조립 블록에 선행의장•선행탑재 등의 작업이 이루어지는 외업(외부 작업장) 작업으로 크게 구분한다. 블록은 도크에서의 탑재 우선 순서에 따라 블록조립과 탑재가 이루어진다. 도크에서 블록탑재와 후행의장(도크 작업)이 완료되면 선체 외판도장(후행도장)을 마무리한 후 선박을 진수시켜 안벽으로 이동시킨다. 안벽 의장작업과 장치와 시스템에 대한 성능 시험(커미셔닝, Commissioning)을 완료한 후 선박 해양 시운전을 통한 운항 시험과 최종 점검을 완료하면 선주에게 인도한다. 이러한 선박 건조 흐름도는 그림 9-8과 같다.

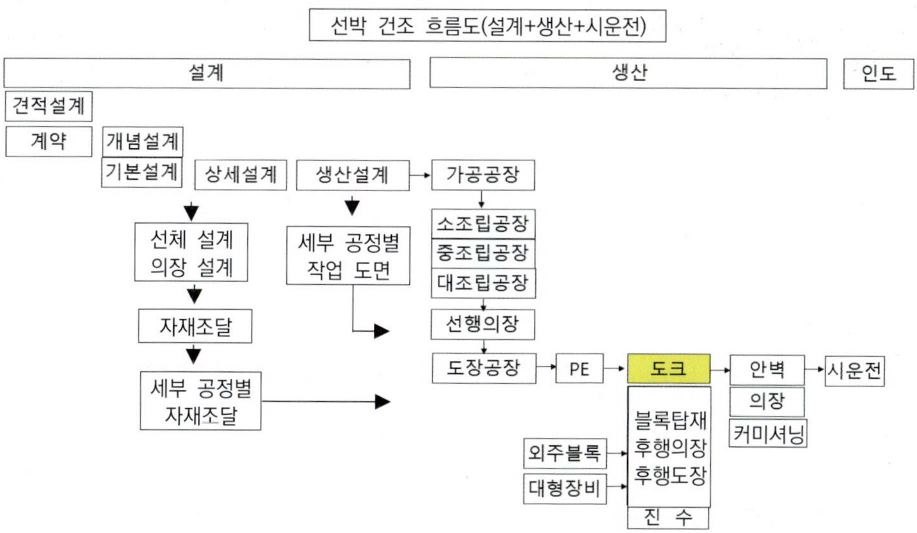

그림 9-8 선박 설계와 생산 공정 흐름도

그림 9-9 선박 건조의 주요 생산 공정

9.2.4 선박 생산계획과 설계

선박을 건조하는 조선소의 생산계획은 대기 시간과 손실 없이 작업 순서 및 작업 일정과 안전 작업에 필요한 도면과 자재를 확보하고 작업장 배정 및 작업자를 배치하며, 보유설비와 자원의 가동률을 높여 생산성을 향상시키는데 있다. 이러한 목표를 달성하기 위해 조선소는 대일정계획, 선행중일정계획, 생산중일정계획, 주간일정계획 및 일일계획 등 생산일정계획을 체계적으로 수립하여 실행한다.

생산에서는 제한된 작업장과 작업자에 관한 효율적 활용을 위해 작업 순서를 정하며, 도크에 설치한 대형 크레인 용량(중량 이동)에 따라 선체를 탑재 단위의 블록으로 분할하는 것과 도크 내부에서의 블록탑재 순서를 정하는 것이 가장 중요하다. 이에 따라 블록별 상세 작업 순서도 정해진다. 이러한 작업 순서에 생산일정계획을 생산 세부 공정과 작업 조직별로 연결시키고 할당하면 실제 작업 지시가 이루어진다. 작업 단위별로 완료 실적을 입력시켜 선박 생산 공정 진도와 생산 효율 등에 관한 계획과 실적 비교와 평가, 계획 재수립 업무가 이루어진다.

생산설계는 이러한 생산 세부 공정 작업에 필요한 도면을 제공해주며, 생산의 일정계획에 적합하게 작업 조직 단위별로 도면을 작성하여 생산에 출도한다. 도면에는 작업에 필요한 자재명세서(생산 BOM)를 표시하고 생산일정계획에 맞게 자재가 작업장에 조달된다.

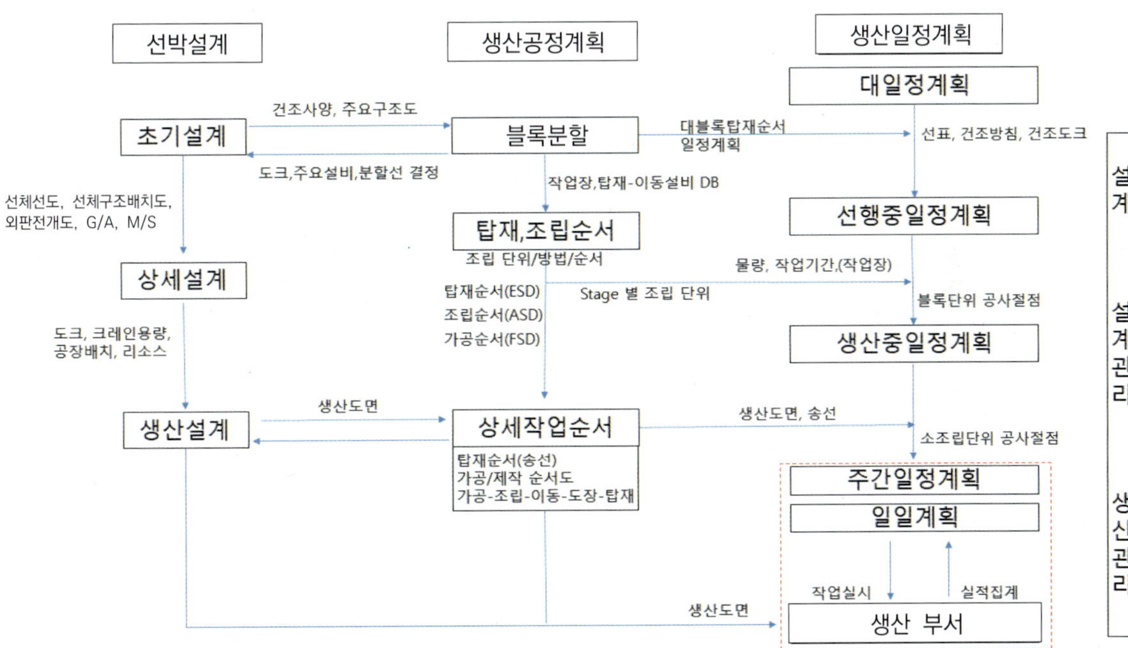

그림 9-10 생산계획과 설계와의 정보 연결

9.2.5 선박 생산계획과 자재조달

선박 생산은 강재 절단과 가공을 시작으로 이루어진다. 생산 세부 공정별 작업장에는 필요한 자재, 생산 도면, 생산 기술 및 작업 기간 등의 정보가 패키지로 작업자에게 제공된다. 메인 엔진 등의 주문 후 조달 기간이 긴 장치들은 초기 설계 단계에서 결정되어 발주되고, 대부분의 강재와 의장품은 상세설계 단계에서 자재 종류와 사양이 정해진다. 선박 생산일정계획에 따른 생산 세부 공정 작업 일정과 자재조달시스템을 연결시켜 자재조달일정계획을 정한다.

이러한 생산계획과 자재조달시스템 간의 정보 연결을 통해 필요한 시기에 필요한 수량의 자재를 작업장에 공급한다. 특히 선행의장에 필요한 배관과 밸브 등의 의장품은 사내 제작과 외부 조달이 병행해서 이루어지고, 블록의 작업 공정에 맞추어 설치해야 할 선행 의장품을 공급받지 못할 경우에는 작업 대기로 인한 손실이 자주 발생하므로 세밀한 자재공급계획 및 조달 관리가 필요하다.

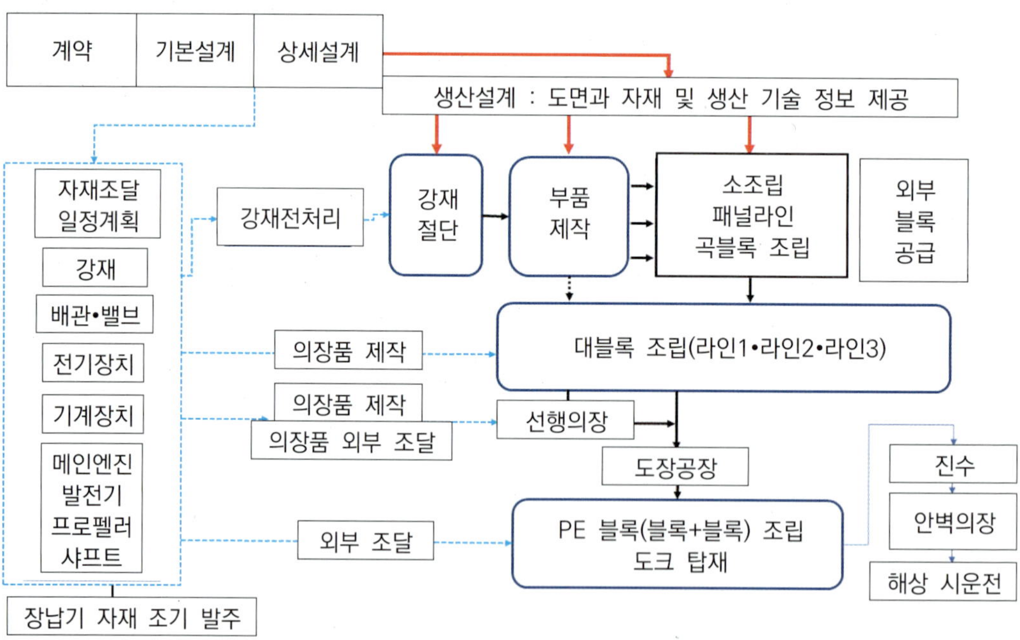

그림 9-11 생산단계별 자재조달 연결 개념도

생산계획에 차질이 발생하는 큰 원인은 작업에 필요한 자재가 적기에 작업장에 도착하지 않는 상황 발생이다. 조선소는 효율적인 자재조달을 위해 자재 특성과 조달 기간에 따라 표준품, 내부 의장품 제작, 외부 의장품 조달로 구분하여 진행한다. 특히 외부 조달에서 표준품이 아닌 주문 제작의 경우 구매부서에서 2~3개 이상 공급업체 간의 입찰과 품질•성능 점검에 수개월이 소요되고, 공급업체를 결정한 후에도 설계•생산 기간도 많이 필요하며, 해외에서 조달할 경우 운송 기간도 약 1개월 이상 걸린다. 자재조달에 장기간이 필요한 의장 품목에 대해서는 상세설계에서 우선적으로 사양을 결정하도록 진행해야 한다.

9.3 스마트조선소의 전사적통합관리시스템 개발과 적용

조선소에는 수많은 사람들이 각각 주어진 목표에 적합하게 업무를 수행하면서 선박 건조가 이루어진다. 수많은 사람, 생산 세부 공정, 생산 작업에 필요한 자재 공급, 업무 수행에 필요한 자금에 관해서도 각각 일일•주간•월간•연간 목표를 부여하고 평가하는 업무가 이루어진다. 이렇게 복잡하게 얽혀있는 업무를 효율적으로 처리하기 위해서는 필요한 곳에 정보를 제공하여 빠르게 실행하게 만드는 정보시스템의 운영이 필수적이다.

컴퓨터의 발전으로 이러한 정보시스템을 구축하여 운영하면서 빠른 납기, 생산성 향상 및 원가 절감의 효과가 발생하였다. 조선소 간 경쟁이 치열해지면서 단순한 정보시스템 구축으로는 대응이 되지 못하였다. 조선소의 핵심 기능인 설계, 자재조달 및 생산 업무 각각의 정보시스템 구축과 이를 효율적으로 통합시킨 시스템의 구축이 점진적으로 이루어졌다. 이에 대해 다음과 같이 설명한다.

- 조선소 정보시스템의 개발과 적용
- 스마트조선소의 전사적통합관리시스템
- 전사적자원관리(ERP)시스템
- 제품수명주기관리(PLM)시스템
- 생산실행시스템(MES)

9.3.1 조선소 정보시스템의 개발과 적용

조선소는 생산성 향상, 설계 및 건조 기간 단축, 비효율 감축 등을 통한 원가 절감 등을 추진하면서 컴퓨터를 이용한 정보시스템의 도입을 추진하였다. 3차원 CAD 기술을 기반으로한 자동 설계시스템을 구축하였으며, 2000년대에 들어서 조선소의 정보 통합 인프라로서 전사적자원관리시스템인 ERP시스템을 적극적으로 도입하였다.

ERP시스템은 영업, 설계, 자재조달, 생산, 원가•회계에 이르기까지 조선소의 전반적인 업무 처리 방식과 절차를 간소하게 하여 정보를 공유하므로 빠르고 정확하게 업무를 처리할 수 있도록 만들었다. 여러 조직이 복합적으로 관련된 업무에서 사전 및 사후 통제를 위한 보고와 승인 업무를 ERP시스템을 통해 이루어지도록 조정함으로써 불필요한 대기시간을 제거하는 역할을 담당하는 전사적자원관리시스템을 구축하였다.

그러나 ERP시스템은 설계 CAD시스템 간의 정보를 데이터로 연결하는데 한계가 발생하였다. ERP시스템의 데이터베이스체계로는 CAD시스템의 설계 도면, 설계 변경, 자재명세서(BOM, Bill of Materials)관리, 설계이력관리, 기술 정보 및 실적 선박 설계 데이터를 수용하지 못하였고, 설계 정보를 생산에 일부분만 제공하는 한계를 보였다.

설계에서 ERP의 이러한 단점을 보완하기 위해 제품수명주기관리(PLM)시스템을 개발하여 도입하였다. 대용량의 설계 데이터 관리를 위한 데이터베이스를 구축하고 생산에 필요한 많은 정보를 제공하며, 선박의 수명주기까지 관리하도록 만들었다. 선박 설계 정보를 따로 저장하고, 설계 정보를 필요한 인력과 조선소의 다른 시스템에 적기에 제공하여 협업 설계를 가능하게 함으로써 설계와 생산 작업 기간을 단축시키는 효과가 있게 되었다. PLM시스템은 선박 설계 도면, BOM, 기술 및 지식 등 설계 정보를 체계적으로 축적하고 ERP와 연동시켜 활용함으로써 설계 업무 효율을 향상시켰다.

ERP시스템은 생산계획 수립•실행 기능에도 한계를 보였다. ERP 자체 기능으로는 조선소의 매우 복잡한 생산 세부 공정관리, 생산계획과 작업계획의 수립•실행과 변경 및 평가, 생산 적기 자재조달 등의 복잡한 관리 업무를 수용하지 못하였다. 조선소 운영에 적합한 생산실행시스템(MES)을 개발하여 ERP와 연동시켜 조선소 생산관리와 작업관리에 적용함으로써 생산 업무 효율을 향상시켰다.

9.3.2 스마트조선소의 전사적통합관리시스템

스마트조신소는 조선소의 모든 정보를 연결하여 통합적으로 운영할 수 있는 데이터베이스 구축과 모든 업무를 유기적으로 연결시켜 통합적으로 운영하는 전사적통합관리시스템 구축이 필수적이다. 전사적자원관리시스템인 ERP시스템에 PLM시스템과 MES를 연결시키면 각각의 시스템이 가진 장점들에 더해 단점들까지 보완할 수 있어 매우 효율적인 전사적통합관리시스템을 구축할 수 있다.

조선소의 설계•생산•자재조달•자원 등에 대한 전사적통합관리시스템 구축은 선박을 건조하는 과정에서 필요한 정보를 신속하게 모든 조직과 담당자와 공유하게 만든다. 이미 발생하였거나 예상되는 문제와 상황 발생에 공동으로 적절하게 대응할 수 있도록 필요한 정보를 제공해주고 진행 상황과 결과를 알려주어 업무 담당자, 관리자 및 경영자들이 즉시 적절한 의사결정을 할 수 있도록 도와준다.

ERP시스템은 선박 수주에서 인도까지의 전사적인 업무 프로세스를 관리하면서 PLM과 MES에 필요한 정보를 제공한다. ERP는 PLM에 설계 정보에 관한 다른 조직의 검토 사항을 제공하여 설계 업무의 오류를 방지하고 설계변경 업무 효율을 향상시킨다. ERP는 생산계획을 통해 MES에 생산량, 생산성 및 생산일정 등 생산 목표를 부여한다.

PLM시스템은 설계 프로젝트 관리, 설계와 생산을 위한 도면과 기술 정보의 관리, 자재명세서(BOM) 관리 및 설계변경관리 등의 기능을 효율적으로 수행하여 설계 정보를 정확하게 제공하고 재활용을 용이하게 함으로써 효율적인 설계와 생산 활동을 지원한다. PLM은 설계 혁신을 만들어 내는 도구이며 ERP에 생산 BOM 정보, MES에 생산에 필요한 설계 정보를 제공한다.

MES는 선박을 생산하기 위한 생산실행시스템이다. 선체 블록 분할, 블록 탑재 순서, 생산 세부 공정관리, 생산일정관리, 작업관리, 설비관리 및 품질관리 등을 포함한다. MES는 ERP에서 생산계획을 지시 받아 실행하고 작업 완료와 생산 목표에 대한 계획과 실적 정보를 ERP에 제공한다. PLM에는 생산일정계획과 변경 등 생산 정보를 제공한다.

ERP•PLM•MES의 통합 장점은 다음과 같다.

① 운영 최적화 실현 : 통합은 각각 시스템이 갖고 있는 기능적 한계를 보완시키고 기능 중복을 방지하므로 각각 시스템에 관한 가치를 향상시키고 공정•효율•품질•안전 업무 향상과 운영 최적화를 달성시킨다.

② 업무 흐름의 간소화 : 설계, 자재조달, 생산 및 자원 간의 업무 병목 현상, 재작업 발생, 불필요한 업무 프로세스 및 기타 비효율 등을 제거하게 해주고, 문제 업무에 대한 조정도 원활하게 이루어진다.

③ 빠른 의사 결정 : 통합은 의사 결정에 필요한 합리적인 데이터를 제공해주고 데이터 기반 의사 결정을 하게 해 높은 신뢰로 더 빠른 실행이 이루어지므로 조선소의 위험을 완화시키고 전반적인 경영 효율을 향상시킨다.

④ 원가 절감 : 통합 운영으로 비용을 절감하고 지속적인 원가 개선을 위한 기반을 구축할 수 있다. 눈으로 보이는 관리를 통해 손실, 중복 작업 및 생산 지연을 방지할 수 있다.

⑤ 수주 경쟁력 강화 : 이러한 통합을 전략적으로 추진하고 신중하게 계획하면서 지속적으로 실행하는 조선소는 경쟁력 우위 확보를 달성하고 다른 경쟁 조선소보다 상당한 이익을 얻을 수 있을 뿐만 아니라, 고객으로 부터 신뢰받는 조선소로 평가받는다.

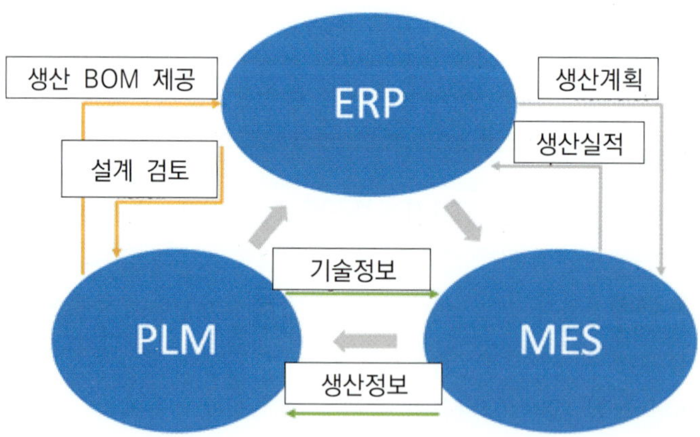

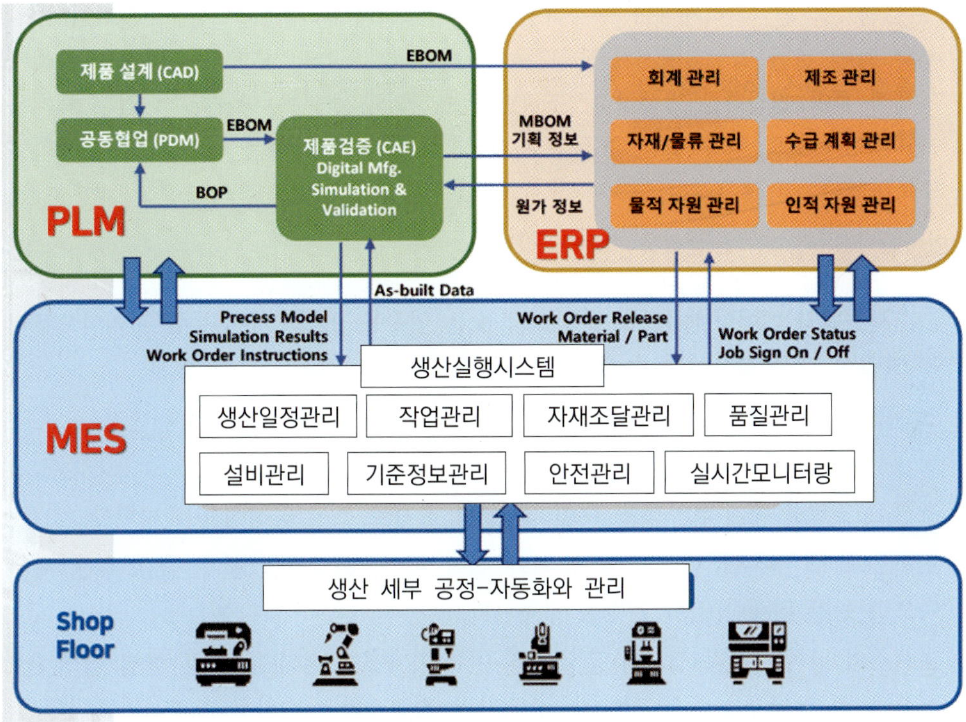

그림 9-12 조선소의 ERP • PLM • MES시스템의 통합 개념도

9.3.3 전사적자원관리(ERP)시스템

조선소 전체에 대한 전사적자원관리시스템인 ERP시스템은 기존의 자재소요계획(MRP, Manufacturing Resources Planning)시스템의 자재조달과 생산 업무를 연결시켜 효율적으로 관리하는 정보시스템에서 발전하여 경영 관점에서 인사, 관리회계(원가), 영업, 설계, 생산, 자재조달, 설비, 품질 및 자원 등 기업 전체 업무에 관한 효과적인 관리와 통제를 수행하고 의사 결정을 할 수 있는 통합정보시스템이다.

국내 조선소는 2004년 이후 ERP를 도입하여 적용하였다. 설계, 자재조달 및 생산부문 등의 업무와 각 부문별 정보시스템을 통합적으로 운영하여 실행계획의 적중률 향상, 업무 조치 기간 단축과 데이터의 정확도와 신뢰도 향상 등 전반적으로 업무 효율을 향상시켰다. 자재 코드와 BOM 정보 표준화, 설계•자재조달•생산 기준 정보의 통합과 표준화 확대, 프로젝트별 원가관리체계를 구축하였다. 영업, 설계, 자재조달, 생산, 관리회계 및 인사 부문 등에 관한 업무실행체계를 구축하고 다른 부문 간의 통합적인 연결을 통해 조선소 전체의 운영 최적화를 달성하고, 조직별 목표관리와 성과를 평가할 수 있는 체계를 구축하였다. 조선소의 원가 절감 활동을 체계적으로 추진하게 하는 원가 경쟁력 강화 기반도 구축하였다.

이러한 ERP시스템의 장점은 다음과 같다

① ERP시스템의 데이터베이스에 조선소의 모든 업무를 연결시키고 통합 관리함으로써 업무 효율을 대폭 향상시킬 수 있다.

② 조선소 부문 간의 필요 정보를 실시간 적기 제공함으로써 업무 실행•변경 지연, 오류 및 손실 방지 효과가 크다.

③ 조선소 조직별 체계적인 목표 수립 및 실적 평가로 조직 공정성을 확보한다.

④ 조선소의 각 부문별 원가 목표 부여와 실적 평가, 전사적인 원가 절감 추진 체계 구축으로 원가 경쟁력 강화 기반을 구축한다.

⑤ 조선소의 납기•생산량•생산성•공정•품질•안전•자재조달•손익•회계 등 핵심 경영 정보의 실시간 적기 제공을 통해 담당자, 관리자와 경영자의 신속하고 효과적이고 신속한 의사 결정을 지원한다.

ERP 적용은 설계, 자재조달 및 생산 활동 등에서 발생하는 많은 데이터를 실시간으로 입력시켜야 하며 입력이 늦어지면 시스템 운영에 차질이 발생할 수 있다. 시스템이 매우 복잡하여 시스템과 기능에 대한 이해와 훈련이 부족할 경우 업무 처리가 지연되는 경우도 발생하고 업무 추진에 시스템 정보를 활용하는 수준도 떨어질 수 있다. 복잡한 ERP의 지속적이고 성공적인 운영과 관리를 위해서는 사용자들에 대한 반복적인 교육과 훈련이 필요하다.

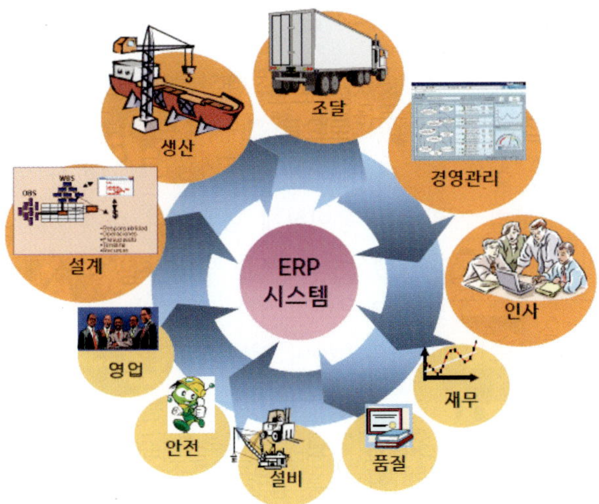

그림 9-13 조선소 ERP시스템 개념도

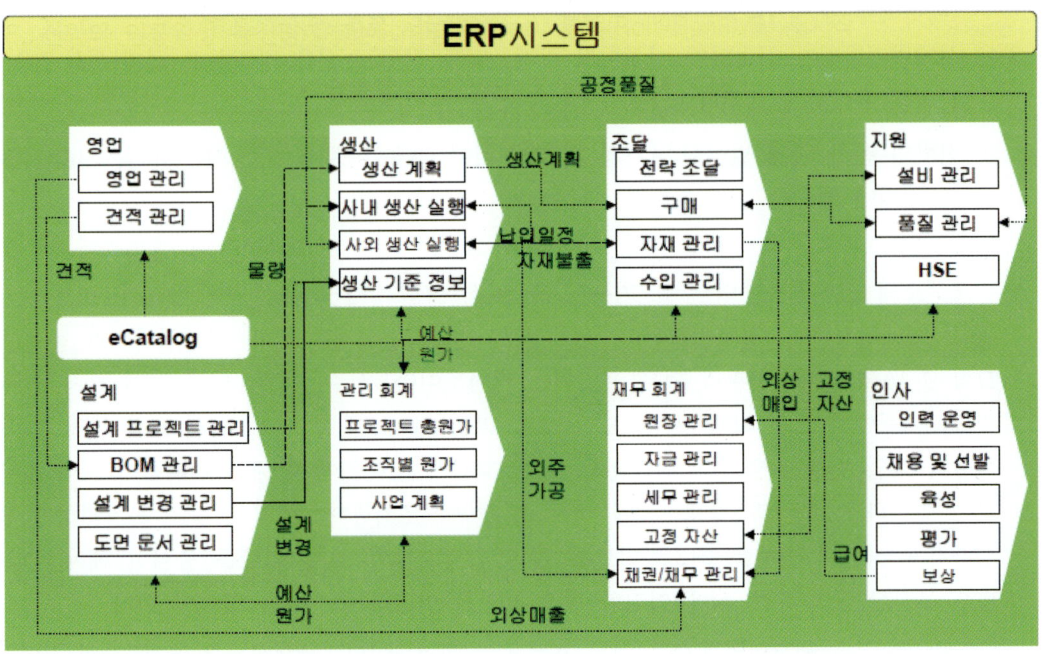

그림 9-14 조선소 ERP시스템의 주요 업무 연결 개념도

9.3.4 제품수명주기관리(PLM)시스템

조선소의 제품수명주기관리시스템인 PLM시스템은 설계 도면, BOM, 설계 변경 및 문서 관리 업무 등 설계 업무 통합데이터베이스를 구축하여 관리하는 설계 업무에 특화된 설계통합관리시스템이다. 설계 활동에서 나온 설계 정보를 모아서 필요한 곳에 정확한 정보를 제공하고 설계 정보의 재활용을 용이하게 함으로써 설계 시간 단축, 설계 오류 감축, 설계 변경 용이 등 설계 업무 생산성을 대폭 향상시킨다. 자재조달, 생산과 원가 등 다른 부문 업무와도 필요한 정보를 제공하고 받는 통로가 된다. PLM은 선박의 수명 기간 동안 관련 설계 도면과 BOM을 유지하여 선박의 운항 중 효율적인 A/S와 사고에 필요한 기술 정보를 제공해준다.

이러한 PLM시스템의 장점은 다음과 같다

① 설계 정보 데이터베이스 구축과 활용으로 설계 업무생산성을 대폭 향상시킨다.

② 설계 부서, 자재조달 부서 및 생산 부서 등 협업 설계 구현으로 설계 시간 단축과 설계 오류를 감축시킨다.

③ 설계변경관리가 신속하게 이루어져 자재조달과 작업 손실을 방지하고 설계•생산 BOM 관리를 용이하게 해준다.

④ 선박의 운항 중에 발생한 A/S와 사고 처리에 필요한 설계 도면, BOM 및 기술 정보를 적기에 제공할 수 있다.

조선소의 PLM시스템의 주요 기능은 표 9-4, 그림 9-15와 같다. 물량관리, 도면•문서관리, 설계변경관리, 설계일정관리, 설계정보관리, 협업설계관리 및 경영현황관리 등이다. 그림 9-16은 설계변경관리 업무 프로세스 개념도이다. 선주, 선급, 다른 설계 부서, 생산 및 품질 등에서 요구 사항 변경, 도면 오류 및 작업 오작 등 설계 변경 요청이 접수되면 생산의 작업 진행이 얼마나 되었는지, 개선 효과가 있는지에 관해 관련자들이 모여 협의하여 변경하고, 생산과 자재조달에 즉시 통보하여 조치한다. 설계 변경은 불가피하게 발생하지만 사전에 발생을 최소화하도록 관련 담당자들이 설계 검토를 충실히 해야 한다. 향후 유사한 선박 수주 시에 이러한 변경 사항을 반영하여 손실을 줄여야 한다.

그림 9-17은 생산협업 BOM 업무 프로세스 개념도이다. 상세설계를 통해 자재 사양을 결정하면 설계 BOM이 만들어진다. 조달 기간이 긴 자재는 자재조달 부서에 전달되어 자

재 발주가 이루어진다. 설계 BOM을 생산 세부 공정별 필요한 자재로 재분류하여 생산 BOM을 만든다. 생산 BOM에 작업 일정을 연결시키고 조달 기간을 고려하면 자재 발주 시점이 정해진다. 생산 작업 지연에는 자재조달 지연이 큰 원인이며, 생산 BOM은 이러한 지연이 발생하지 않도록 관리하는 정보를 실시간으로 제공한다.

표 9-4 조선소 PLM시스템의 주요 기능

관리부분	상세 기능
물량관리	설계 BOM과 생산 BOM 구축과 관리
도면•문서관리	도면•문서 통합관리, 도면•문서 검색
설계변경관리	설계도면 변경관리
설계일정관리	설계 일정 정보, 설계작업 진행현황
설계정보관리	제품 기본 정보, 사양 등 프로젝트별 주요 정보의 통합관리
생산협업관리	BOM 정보 생산 제공, 생산작업일정 연결
협업설계관리	협력사 도면 전송, 외주설계 도면 제공시 도면과 일정의 통합관리
경영현황관리	프로젝트 진행현황, 평가자료 관리

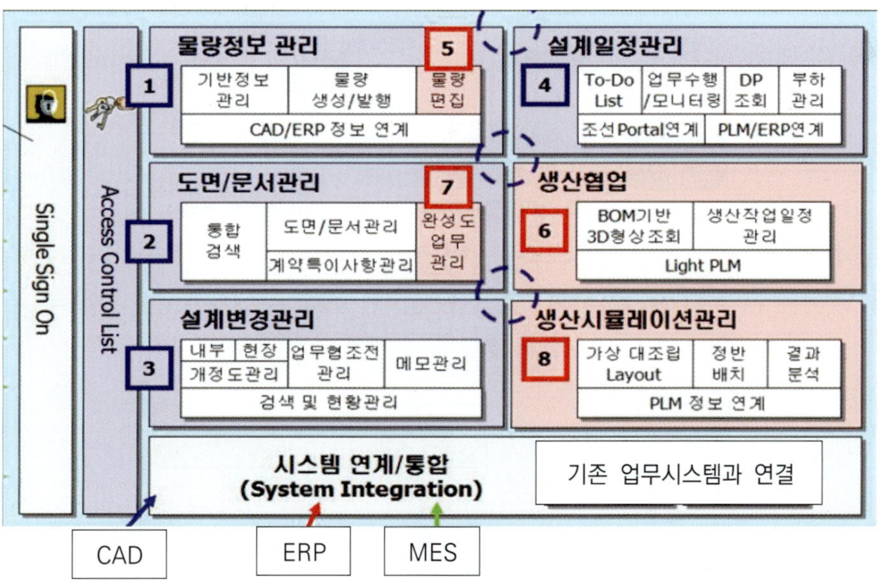

그림 9-15 조선소 PLM시스템의 기능 개념도

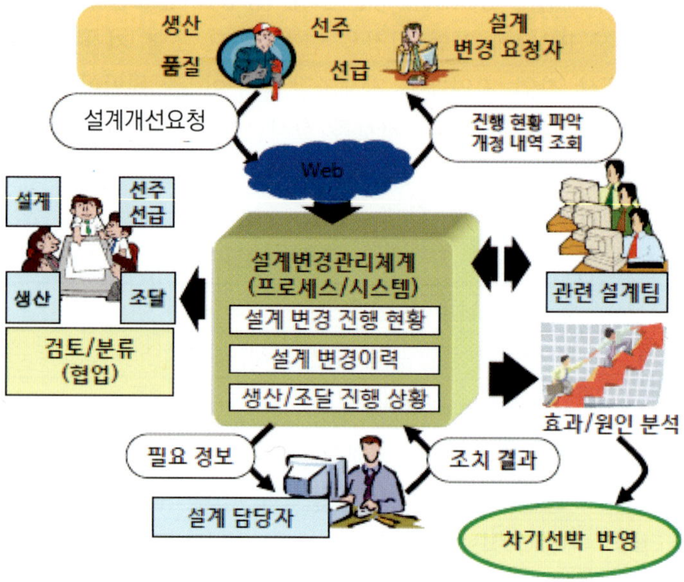

그림 9-16 설계변경관리 개념도

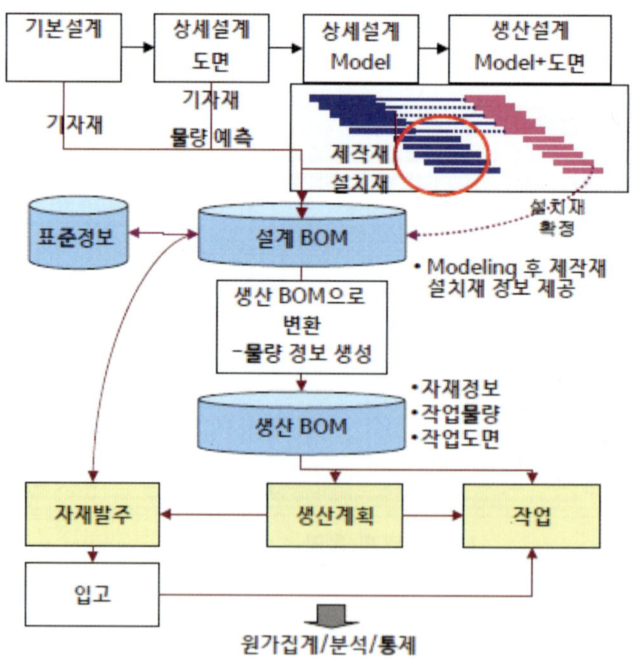

그림 9-17 설계 BOM과 생산 BOM 관리 개념도

9.3.5 생산실행시스템(MES)

생산실행시스템은 생산 업무 통합데이터베이스를 구축하여 조선소의 강재 절단에서 시운전에 이르기까지 선박 생산공정계획과 생산일정계획을 수립하고 실적을 집계하고 평가하여 계획을 재수립하고, 생산 공정 차질 문제를 사전에 찾아내어 비효율이 발생되지 않도록 방지하는 행위 등을 통합적으로 관리하는 생산통합관리시스템이다.

조선소에서 생산실행시스템은 생산전략계획인 최적 선표를 결정하는 것에서 시작한다. 그림 9-18과 같이 영업 전략에 따라 선박 수주가 이루어지면 생산실행시스템 통합데이터베이스 기준 정보를 이용하여 선박 인도 납기를 맞추면서 최저의 원가와 최고의 이익을 발생시키는 동시에 조선소 부하 평준화를 달성하는 최적 선표를 결정하며 이를 바탕으로 장기(2~3년) 생산계획과 그림 9-18과 같이 생산공정계획과 생산실행계획을 수립하고 조직별로 업무 계획도 연결하여 수립한다.

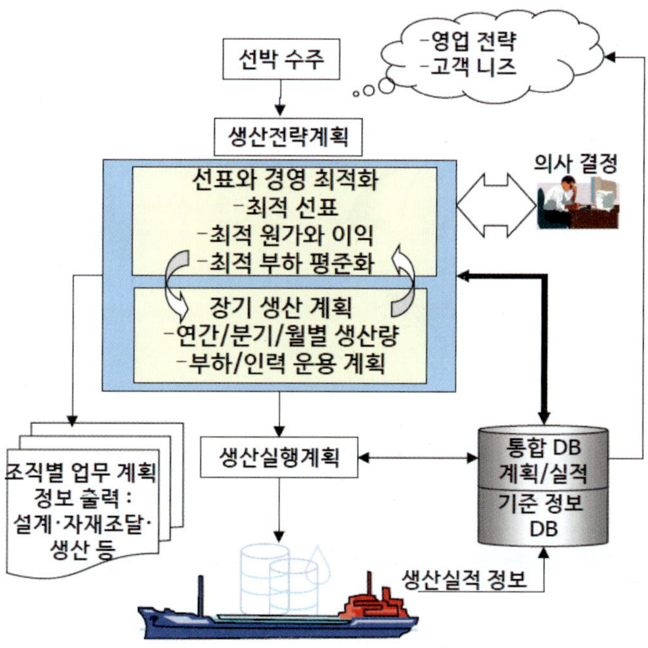

그림 9-18 영업과 생산전략계획 연결 개념도

그림 9-18의 생산일정계획 업무 프로세스와 그림 9-19의 조선소 생산실행시스템 프로세스 개념도와 같이 생산 세부 공정별 생산계획과 월간•주간 일정계획을 수립하여 실행한다. 여기에 설계 도면 출도계획과 자재조달계획을 연결시켜 작업 시작 전에 필요한 도면과 자재를 확보하도록 추진한다. 문제가 발생하면 생산, 설계 및 자재조달 담당자가 협의하여 각각의 일정을 조정하여 반영한다. 생산에서 작업 대기와 재작업 등의 비효율은 여기에서 발생하므로 작업 전에 문제를 찾아내어 해결하는 것이 중요하다.

생산일정계획에 따라 작업자에 대한 작업 지시가 이루어지고 작업 실행과 검사 후에 다음 공정으로 인계함으로써 작업을 완료한다. 완료 실적을 통합데이터베이스에 입력시키면 생산 실적과 공정 진도 실적이 실시간으로 나타난다. 생산계획과 실적에 대한 평가와 생산계획 재수립에 활용한다. 생산 조직별 생산량, 생산성, 품질 및 안전 등 정량적 업무 목표에 대한 달성율이 자동적으로 실시간 모니터링되므로 합리적이고 공정한 생산 조직 평가 정보가 제공된다.

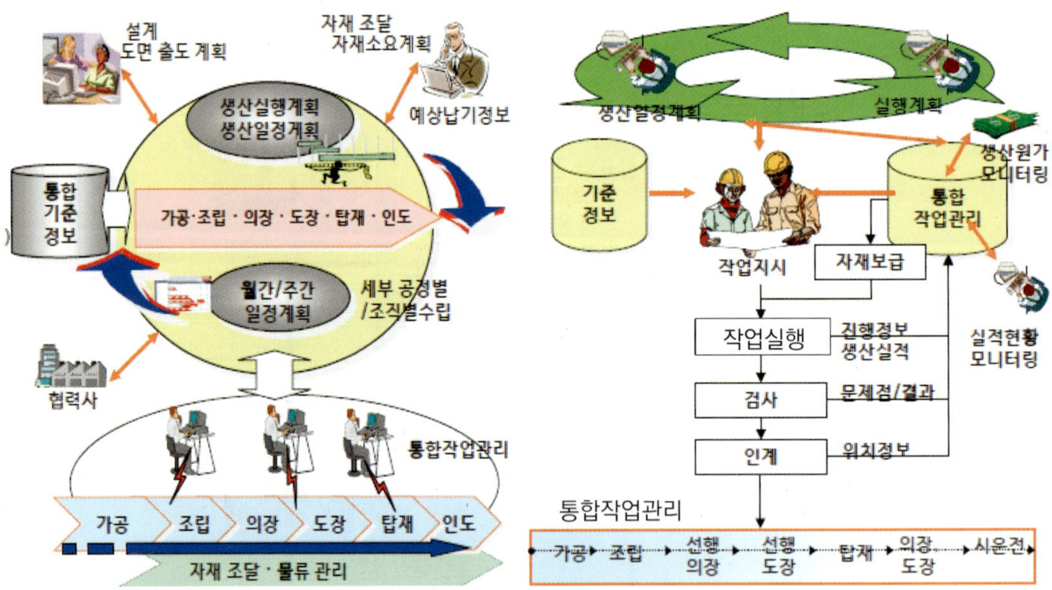

그림 9-19 조선소 생산실행시스템 프로세스 개념도

MES의 장점은 다음과 같다.

① 선박 생산 공정 모니터링과 생산 자원 할당 효율화 : 생산 작업장과 장비 사용과 인력 투입 등의 실시간 데이터를 모니터링하여 작업장, 자재의 위치, 블록의 적치 및 이동, 작업자들의 투입 등 생산 자원의 상태를 추적하고 분석하여 효율적인 자원 할당을 달성하게 해준다.

② 생산일정계획 최적화 : 생산관련 자원에 관한 우선 순위 사용 기준과 용량에 따라 작업일정계획을 수립하고 전후 작업과의 관계 설정, 순서와 부하 평준화에 따라 작업 시기를 정함으로써 생산일정계획을 최적화시킨다.

③ 생산일정변경 용이 : 생산 실적과 공정 진도를 실시간으로 관리할 수 있어 생산 문제 상황 발생시에 작업 간의 순서와 일정을 빠르게 변경하여 비효율 발생을 억제시킨다.

④ 재고 감소 : MES는 생산 작업 일정에 적합한 자재조달이 이루어지도록 관리함으로써 생산 공정 중의 재고와 자재 보관비를 감축시킨다.

⑤ 작업자 관리 효율화 : 작업자 품질 실적, 작업 계획 대 실적 등 작업 성과들에 대해 실시간으로 관리자와 경영진에게 제공함으로써 작업자 관리 업무와 시간이 줄어든다.

⑥ 품질관리 업무 효율화 : 생산 조직별 개인별 품질 계획과 실적을 평가하여 품질 향상을 추진하고 품질 관련 문서를 자동적으로 생성토록 만든다.

⑦ 프로세스 관리 효율화 : 선박 강재절단에서 인도까지 전체 생산 공정 프로세스를 세부적으로 관리한다. 선박 납기 준수에 영향을 미치는 병목 공정과 이벤트 절점에 대한 정보를 사전에 점검하고 조치함으로써 프로세스의 비효율을 제거한다.

⑧ 유지 보수 관리 효율화 : MES의 데이터베이스를 활용하여 공장 또는 옥외 크레인 등의 잠재적인 기계 장치 문제가 발생하기 전에 식별하고 사전에 핵심 부품 재고 확보, 저장과 정기 유지 보수 일정을 조정하여 가동 중지 시간 단축과 작업 효율을 향상시킨다.

⑨ 문서 관리 용이 : 작업 지침과 프로세스, 도면 출도와 자재조달 점검, 작업자 배치 운영 절차, 배치 기록 등을 포함한 문서를 자동으로 관리하고 배포한다.

⑩ MES의 성능 향상 : 계획 준수율, 재작업 발생과 비효율 발생 등 MES의 성능 지표들을 모니터링하고 세부 기능별로 강점과 약점을 식별하고 조치함으로써 MES의 성능을 향상시킨다.

9.4 스마트조선소와 VR • AR • XR • 메타버스 활용

스마트조선소의 전사적통합관리시스템은 조선소의 모든 정보를 통합하여 조선소 운영 최적화와 원가 경쟁력 우위 확보 실현을 지원해주는 시스템이다. VR•AR•XR•메타버스•디지털 트윈 등 IT 기술은 새로운 기술 트렌드이다. 담당자들과 관련자들이 업무를 빠르고 효율적으로 이루어지도록 지원해주어 전사적통합관리시스템의 효과를 배가시킨다. 설계와 생산 발생 문제를 사전에 예측하고 가상 공간에서 다같이 눈으로 보고 협의하는 등의 신속한 의사 결정으로 효율을 극대화 시킨다. 이러한 디지털 기술의 조선소 적용은 초기 단계로 부분적으로 적용하고 있으며 아직까지 투자비 대비 효과가 크지 않다. 향후 많은 연구 개발이 필수적이고 장기간이 필요하다. 효과가 큰 부분에 우선적으로 적용하게 될 것이다. 이러한 IT 기술에 관해 다음과 같은 순서로 설명한다.

- 가상 현실(VR) 활용 사례
- 증강 현실(AR)과 확장 현실(XR) 활용 사례
- 메타버스 활용 사례

9.4.1 가상 현실(VR) 활용 사례

대표적인 가상 현실(VR, Virtual Reality)은 헤드마운트디스플레이(HMD, Head Mounted Display) 또는 헤드셋을 통해 컴퓨터가 만든 가상 공간의 물건을 조작하거나 움직이게 만드는 기술이다. 3D CAD 데이터를 활용하여 1:1 축척으로 시각화한 3차원 형상 시뮬레이션시스템을 구축하고 사람은 헤드셋을 통해 3차원 가상 공간에 입장하여 업무를 수행한다.

VR은 설계 도면 점검과 오류를 발견하는 설계 개선 업무에 활용할 수 있다. 그림 9-20과 같이 설계 도면이 작성되면 이에 대응한 가상 공간을 만든 후 헤드셋을 통해 도면 오류를 찾아내고 기계장치 또는 배관 설치 간섭이 발생하는지 점검하는 설계 개선 활동을 추진한다. 아주 미세한 부분까지 볼 수 있고 실제 설계와 비교할 수 있기 때문에 설계•생산 협업 검토가 훨씬 쉬워지고 빠르게 이루어진다.

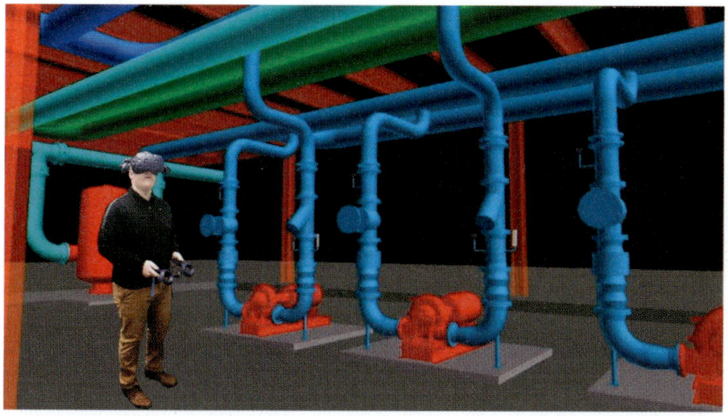

그림 9-20 기계장치와 배관 라인 설계 점검 VR 사례

VR은 생산 세부 공정별 작업자 전문 훈련용으로 활용할 수도 있다. 실제 공정과 동일하게 3차원 형상 시뮬레이션시스템을 구축하여 기계장치와 작업장 배치를 하고 피교육자가 기계를 조작할 수 있도록 한다. 그림 9-21은 도장 작업에 대한 VR 사례이다. 작업자는 가상 공간에서 실제 작업 환경과 동일하게 구현한 선박 블록에 도장 스프레이건(Spray Gun)을 작동하여 도장 작업을 실시한다. 작업 후 도막 두께 등 작업 결과도 실시간으로 확인할 수 있다. VR을 활용해 가상 훈련 및 교육을 추진하면 도장 속도, 방향 및 각도 등을 실시간으로 피드백 받을 수 있다. 실제 훈련을 위한 도장 공장 설비, 도장 장치 및 도료 준비 등이 없이도 다양한 작업 순서 및 작업 결과를 확인하면서 훈련할 수 있다.

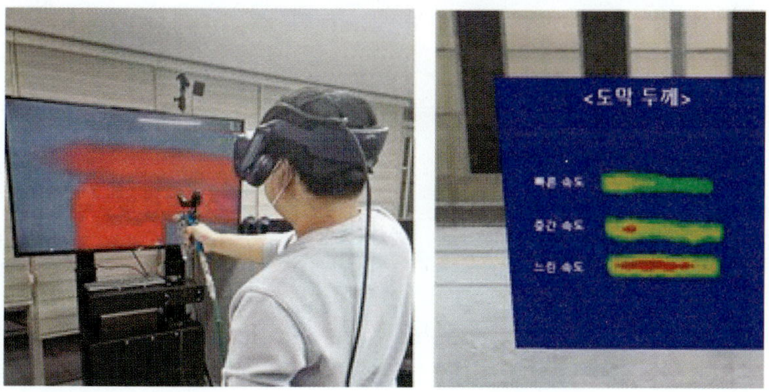

그림 9-21 도장작업 VR 사례

9.4.2 증강 현실(AR)과 확장 현실(XR) 활용 사례

증강 현실(AR, Augmented Reality) 기술은 현실 공간을 그대로 가상 공간으로 나타내고 컴퓨터, 스마트폰, 태블릿 및 AR 안경 등을 통해 현실과 가상 공간을 상호 작용할 수 있게 하는 기술이다. 3D CAD 데이터 또는 실시간 영상 데이터로 증강 현실을 만든다. 작업자에게 도면이 아닌 AR 영상으로 작업 도면과 작업 방법 등 기술 정보를 제공함으로써 저경력의 작업자들에게 작업을 쉽게 이해시키고 숙련도를 높여 작업 효율을 개선할 수 있다. AR 안경은 기술자가 선박을 검사할 때 발생 가능한 고장 또는 현재 고장에 대해 경고하고 문제 제거를 위한 단계별 지침도 보여줄 수 있다.

그림 9-22와 그림 9-23은 실제 선체 블록과 가상 공간 배관 라인 배치 점검 사례이다. 작업자가 AR 장치를 가지고 작업 블록에 도착하면 3D CAD 데이터가 AR 장치에 다운로드된다. 실제 선체 블록에 설계한 가상 공간 배관 라인을 연결하여 간섭이 발생하지 않는지 직접 점검할 수 있다. 그림 9-24는 작업자가 설치한 의장 부품이 설계 도면대로 방향과 위치에 적합하게 설치하였는지를 검사자가 휴대폰으로 식별하여 오류를 찾아내는 사례이다.

확장 현실(XR, Extended Reality)은 컴퓨터 기술과 웨어러블 장치에 의해 생성되는 실제 환경과 가상 환경, 인간-기계 간 상호 작용이 결합된 모든 것을 의미한다. 가상 공간에 손을 뻗어 가상 공간 요소들과 상호 작용할 수 있는 기술이다. XR은 VR과 AR를 다 포함하는 개념이다.

그림 9-22 가상 기계장치와 배관 설치 공간 점검 AR 사례

그림 9-23 실제 선체 블록과 가상 배관 설치 점검 AR 사례

그림 9-24 의장 부품 설치 오류 확인 AR 사례

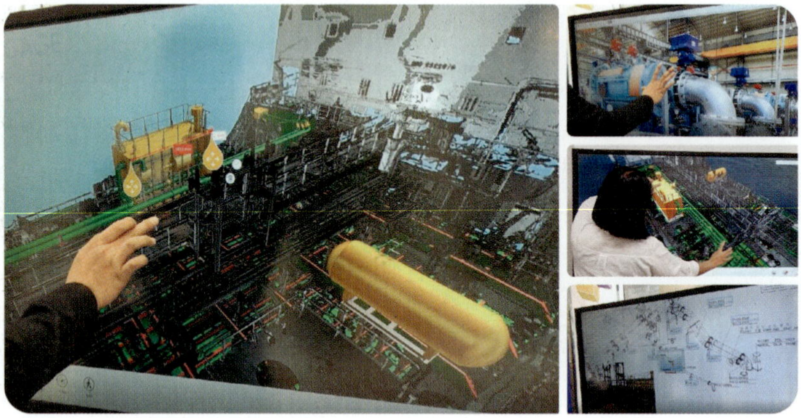

그림 9-25 선박 의장 설계 XR 사례

9.4.3 메타버스 활용 사례

메타(Meta)와 유니버스(Universe)가 결합된 메타버스(Metaverse)는 가상의 공간과 현실의 공간을 융합하여 놀라울 정도로 현실감을 주는 공유 3D 가상 공간을 말한다. 메타버스는 헤드셋을 사용해서 자신의 디지털 분신인 아바타를 활용하여 해외 공장에 방문할 수 있고, 현지 관리자와 함께 악수를 한 후 기계 작동을 점검할 수도 있다. 헤드셋을 착용해서 멀리 떨어진 사람들과 메타버스 가상 공간 회의실에서 만나 아바타로 영상 통화보다 자연스럽게 대화를 나누면서 실시간 정보를 교환하고 발생 문제에 관한 협의를 할 수 있다.

그림 9-26 메타버스 회의 사례

메타버스는 설계자, 작업자 및 선급 검사원 등 관련 이해 관계자들이 현장을 방문할 필요 없이 메타버스로 구현된 디지털 선상에 초대하여 같이 점검과 검사에 참여토록 함으로써 실시간으로 빠르고 정확한 의사 결정을 내릴 수 있도록 하는 장점이 있다.

그림 9-27 메타버스를 활용한 디지털 선상 점검

9.5 선박과 스마트조선소의 디지털 트윈 적용 방향

산업용 메타버스는 디지털 트윈으로 알려진 디지털 복제본을 만드는 것으로 진화한다. 디지털 트윈은 구축하기 매우 힘들지만 구축해 놓으면 가상 공간에서 실제 공간에 관한 시뮬레이션을 통해 최적화방안을 도출할 수 있는 분명한 장점을 가지고 있다. 선박 자체 디지털 트윈을 만들고, 조선소 전체를 디지털 트윈으로 만든다. 조선소 디지털 트윈에 선박 자체에 대한 디지털 트윈 정보를 연결시키고 생산함으로써 조선소의 설계, 자재조달 및 생산 업무의 효율 극대화를 추구할 수 있다. 또한, 선박 운항과 A/S 업무까지 연결시켜 선박 수명주기까지 관리하도록 구축할 수 있다. 디지털 트윈은 실시간 모니터링, 지능형 시뮬레이션 및 운영 최적화를 가능하게 하여 의사 결정과 대안 수립의 효율성과 정확한 제조 공정 예측이 가능한 최첨단 미래 경영 수단이다.

그러나 모든 것을 동일한 디지털 정보 체계로 통합시키고 지능형 시뮬레이션 기능까지 제공하는 시스템을 구축하는 것은 매우 어려운 작업이다. 데이터 처리량이 너무 많아지고 설계, 자재조달 및 생산 업무와 각 업무 간 프로세스 연결과 운영이 매우 복잡하여 정상적이고 신뢰할 수 있는 데이터 플랫폼과 시뮬레이션 플랫폼 기술을 개발하는 것이 필수적이다. 디지털 복제를 완벽하게 달성하고 역할과 기능을 모델링하며 최적화 시뮬레이션까지 제공해야 하므로 많은 연구 개발과 기술혁신이 필요하다. 아직 초기 발전 단계이며 미래 조선소의 경쟁력 우위를 결정하는 혁신적인 잠재력을 가진 기술로 평가받고 있다. 조선소에서 디지털 트윈에 대한 연구는 부분적이고 제한적이다. 현재 수준은 프로세스 계획, 개선 및 검증 등 전사적통합관리시스템의 안정적인 실행에 중점을 두고 있다. 스마트조선소가 경쟁력 강화를 위해 미래에 구축해야 할 핵심 시스템으로 디지털 트윈에 대한 이해가 필요하다. 이에 대해 다음과 같은 순서로 설명한다.

- 선박의 디지털 트윈
- 스마트조선소의 디지털 트윈
- 디지털 트윈과 선박 운항

9.5.1 선박의 디지털 트윈

선박의 디지털 트윈은 3D CAD 데이터와 AR 및 VR 등 디지털 모든 기술을 활용하여 기본설계 단계부터 디지털 데이터를 생성하기 시작하고, 상세설계와 생산설계를 거치면서 설계 디지털 데이터를 확정한다. 이러한 데이터를 통합하여 선체 구조, 엔진룸, 기계실, 조타실, 화물하역장치 및 거주구 등 선박 전체에 대한 가상 공간인 디지털 복제본을 만든다. 각 공간에는 엔진, 발전기, 샤프트, 펌프, 배관과 밸브, 운항장치 및 전기장치들이 복잡하고 다양하게 설치된다. 이러한 디지털 트윈은 선박 영업을 효과적으로 지원하고 설계 개선에 재활용할 수 있다.

이러한 선박 장치들을 연결하여 작동시키는 모델링도 구축하여 시뮬레이션을 통한 최적화를 실현한다. 선박 전력계통, 동력시스템, 크레인 작동, 화물하역, 선박 속도•연료 소비•탄소배출감축 및 유지 보수 등의 선박 운항 전체 업무를 모델링하고 시뮬레이션하여 업무 효율을 향상시킬 수 있다. 현재는 3D CAD를 통해 선체와 의장설계 정보 통합을 추진 중인 단계이며, 선박 디지털 트윈을 구축하는데 많은 시간이 걸릴 것이다.

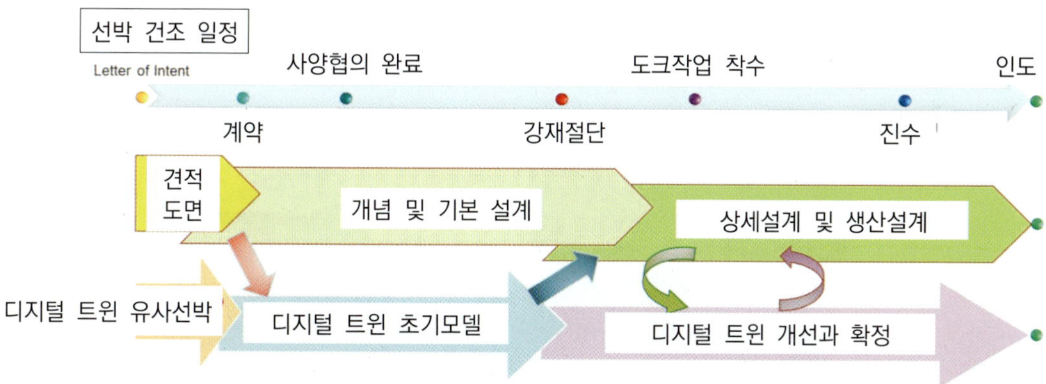

그림 9-28 디지털 트윈 개발 단계 개념도

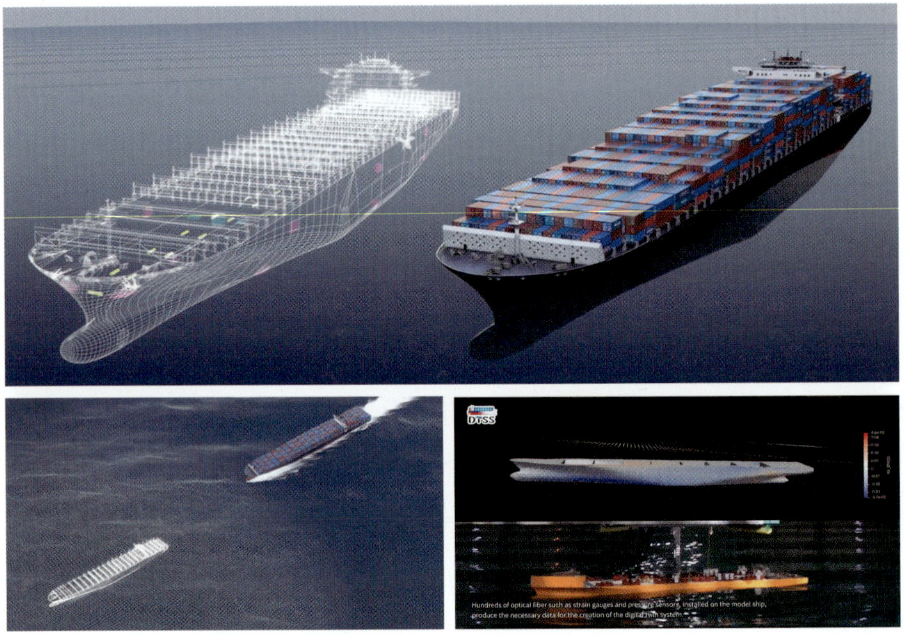

그림 9-29 컨테이너선의 디지털 트윈 모델 사례

그림 9-30 선박의 디지털 트윈 개발 사례

선박 디지털 트윈은 그림 9-31과 같이 데이터 플랫폼과 시뮬레이션 플랫폼을 개발하고 실시간 데이터 교환을 통해 구축할 수 있다. 시뮬레이션 플랫폼 개발에 모델 교환과 공동 시뮬레이션의 표준 기술인 FMU(Functional Mockup Unit)를 활용할 수 있다. 디지털 트윈에 관한 4가지 핵심 기술은 다음과 같다.

① 선박과 관련된 방대한 데이터를 표준화된 형식으로 분류•저장•관리하여 원활한 동시 시뮬레이션(Co-Simulation)이 가능토록 하는 데이터 플랫폼 기술이다.

② 역학 기반 모델링 기술로서, 엔진, 추진기, 조타기, 운항 환경, 외력 등을 역학 법칙에 맞는 물리 모델로 정의하고 FMU를 생성하기 위한 선박 역학에 대한 기술이다.

③ 학습 기반 모델링 기술로서, 역학이나 수식으로 모델링하기 어려운 현상들, 예컨대 장비의 노후화나 성능 변화 등의 요소를 선박의 데이터를 활용하여 기계 학습을 통해 FMU로서 모델링하는 기술이다.

④ 이들 모델들과 데이터 플랫폼이 원활하게 연계되어 실시간 동시 집합 연산을 수행할 수 있도록 하는 시뮬레이션 플랫폼 기술이다.

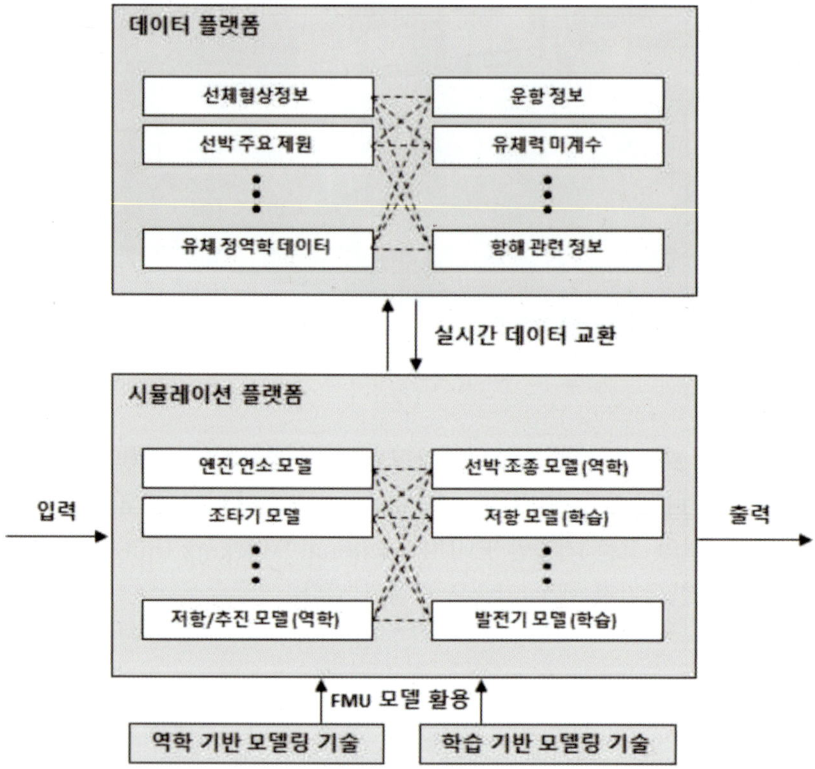

그림 9-31 선박 디지털 트윈의 데이터 플랫폼과 시뮬레이션 플랫폼 연결 개념도

9.5.2 스마트조선소의 디지털 트윈

스마트조선소는 전사적자원관리(ERP), 제품수명주기관리(PLM)와 생산실행시스템(MES)을 통합시킨 전사적통합관리시스템 기반 운영 최적화를 실현하는 조선소이다. 실행과 계획의 실시간 검증과 리스크를 감지해서 해결하고 데이터에 기반한 의사결정과 지능화 실행이 이루어지는 조선소이다. 생산 세부 공정의 효율화를 위해 작업에 필요한 정보를 연결하고 로봇 적용 등 자동화를 확대하고 사전 시뮬레이션으로 계획을 검토하는 지능화를 구축하여 운영한다.

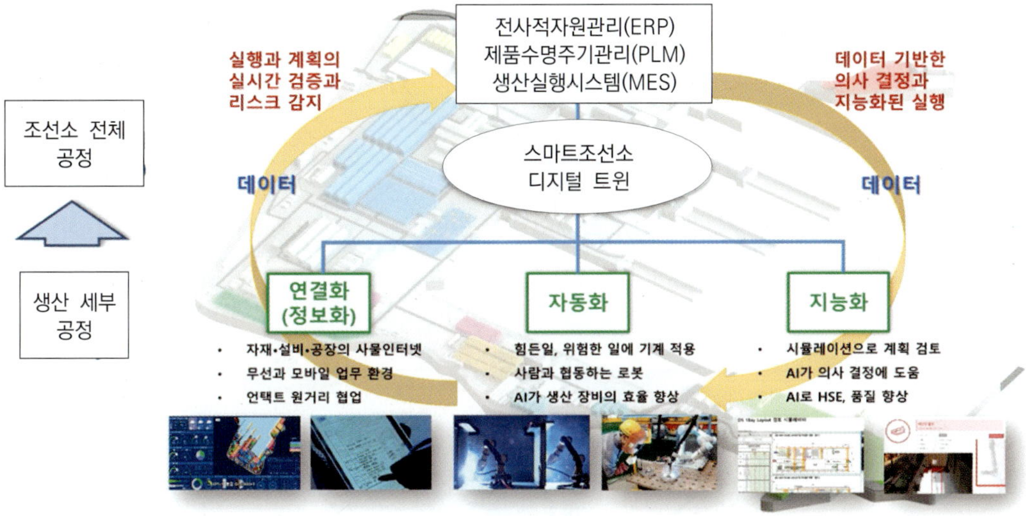

그림 9-32 스마트조선소 디지털 트윈 개요도

스마트조선소 디지털 트윈은 생산 세부 공정별로 디지털 트윈을 만든 후에 이를 통합하여 만들 수 있다. 가공 절단, 용접 등 블록 조립, 도장, 선행의장, 탑재 등 생산 세부 공정에 대한 디지털 트윈을 만든다. 이러한 조선소 디지털 트윈에 자재조달관리, 품질관리, 설비관리 및 안전관리에 대한 업무와도 연결시킨다. 또한, 생산 세부 공정별로 만들어진 디지털 트윈에서 선박 디지털 트윈의 생산 세부 공정별 자재명세서(생산 BOM)와 생산실행시스템을 연결하여 부하 평준화 시뮬레이션을 통해 최적 계획을 수립하고 작업을 실시할 수 있다. 문제 발생 시에 신속하게 해결하는 체계가 구축되므로 생산성 향상과 생산 기간 단축 등 운영 최적화와 원가 경쟁력 우위 확보를 실현할 수 있다.

특히 조선소에는 블록조립 일정의 지연과 변경이 빈번하게 발생하며, 이어지는 블록 선행의장, 도장공장, 선행탑재 등의 후행 공정에서의 작업 지연과 변경이 순차적으로 발생한다. 디지털 트윈에 만들어진 지능화 블록탑재 순서 조정 시뮬레이션에 이러한 정보를 연결시키고 작동시켜 블록조립 순서를 자동적으로 조정하는 등 전체 공정을 준수하면서 공정을 효율적으로 운영할 수 있다. 조선소에서 이러한 일정 조정 기능은 부분적으로 이루어지고 있으며, 조선소 전체적인 운영 최적화는 아직 미흡하고, 시스템이 알아서 자율적으로 처리하지 못하고 있다. 스마트조선소 디지털 트윈을 구축하는데 많은 시간이 걸릴 것이다.

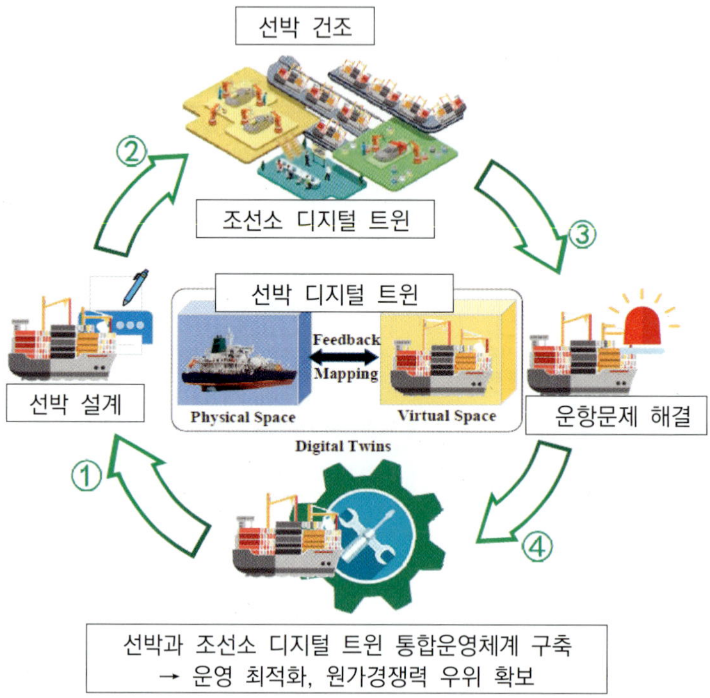

그림 9-33 선박 • 스마트조선소 디지털 트윈의 연결 개념도

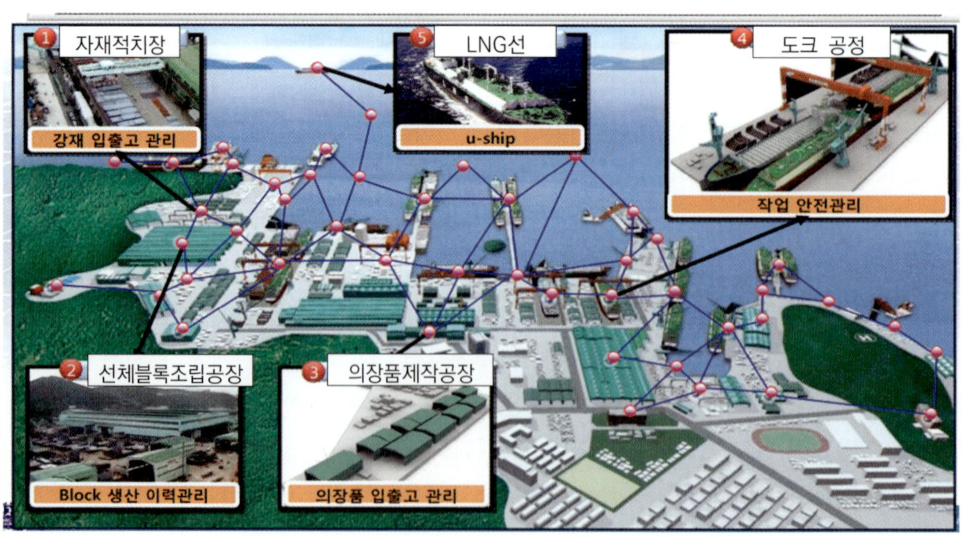

그림 9-34 조선소 적용 중인 생산 세부 공정 간의 정보 연결화 개념도

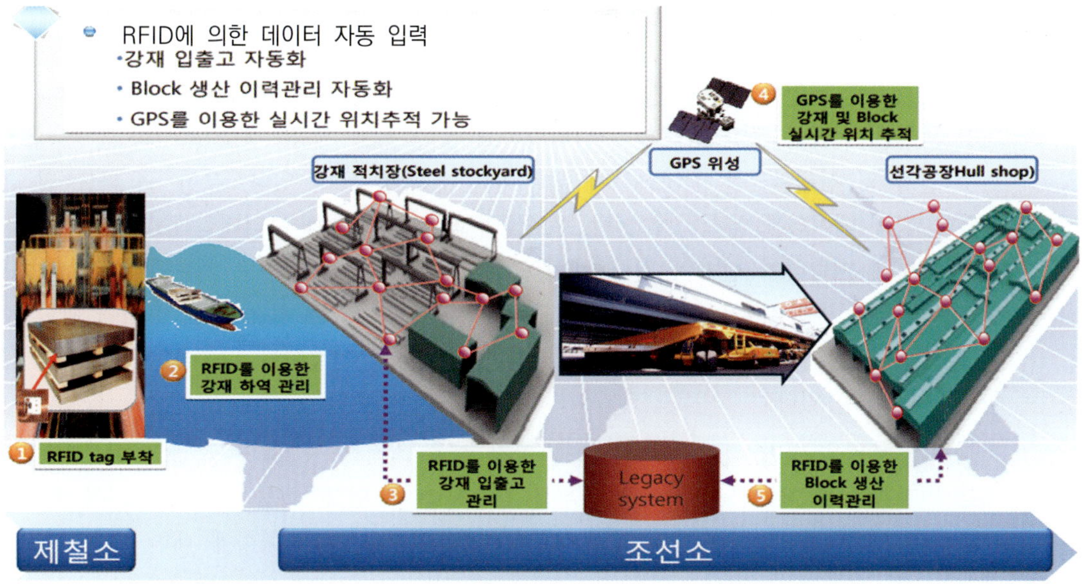

그림 9-35 조선소 적용 중인 RFID에 의한 강재와 블록조립 이력 데이터 관리

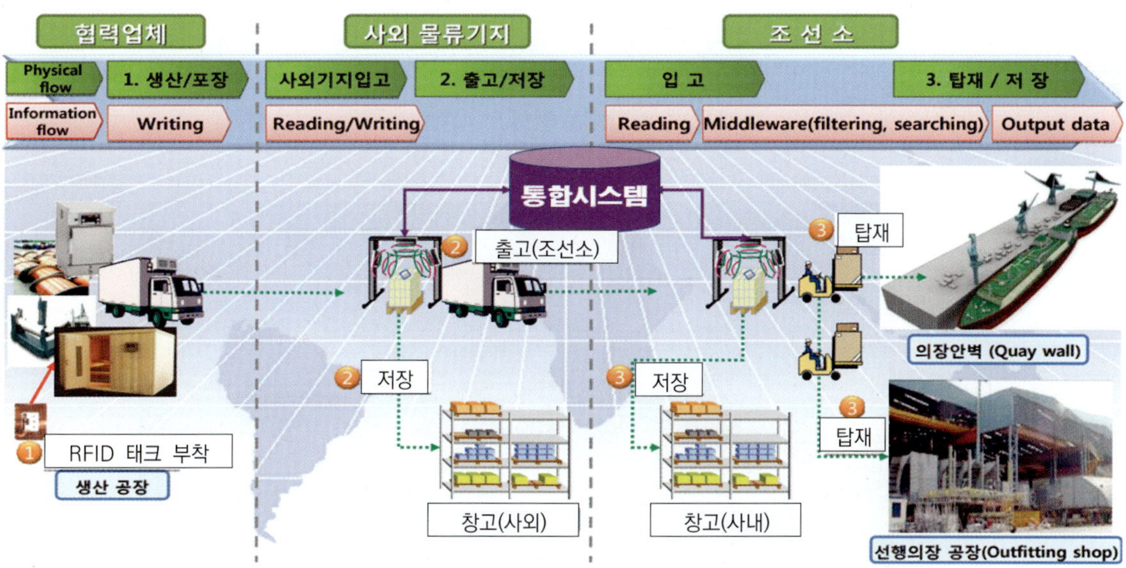

그림 9-36 조선소 적용 중인 RFID에 의한 협력업체 • 사외물류기지 • 조선소 공정 간의 데이터 관리

9.5.3 디지털 트윈과 선박 운항

선박 디지털 트윈을 이용하면 선박 운항 최적화 디지털 트윈 모델을 만들 수 있다. 디지털 트윈은 선박의 운항 상태를 모니터링하고 운항 정보 제공, 경로 최적화 운항, 유지 보수 일정 및 선원관리를 최적화하기 위한 업무에 활용할 수 있다. 운항 중 파도 및 유체역학 성능 데이터를 분석하여 선박 구조물의 피로와 손상을 모니터링하고 선박의 수명을 정확하게 예측하여 선박의 검사 계획과 실행을 지원하는 기능도 개발할 수 있다. 또한, 선박 메인 엔진, 샤프트, 선체, 프로펠러, 방향타 및 추진 성능 향상 장치에 관한 추진 성능 모델을 구축하고 연료 소비량과 탄소 배출량을 연결시켜 감축을 최대화하는 운항을 선택할 수 있다.

디지털 트윈은 항만 적기 도착과 화물 공간 사용 최적화 모델을 구축하고 실시간 데이터로 연결하여 항만에서 선박 화물 업무를 효율화할 수 있다. 화물 소유자와 화물 배송을 기다리는 고객에게 항만 도착과 화물 하역 시뮬레이션을 통해 화물에 대한 예측 정보를 실시간으로 제공할 수 있다.

디지털 트윈은 선박의 유지 보수관리에 매우 효과적이다. 선박 구조와 각종 장치들, 특히 엔진과 발전기 등에 센서를 설치하여 운전 신호를 실시간으로 모니터링하여 결함을 예측하고 유지 보수가 필요한 시점을 식별하여 예측적 유지 보수를 할 수 있다. 선박 고장이 발생하는 경우 디지털 트윈 모델을 적용하여 고장의 근본적인 원인과 영향을 분석하고 신뢰할 수 있는 대책을 수립할 수 있다.

그림 9-37 선박 운항과 디지털 트윈

9.6 스마트조선소의 인공지능(AI) 적용 방향

AI는 조선소 운영에 지능과 자율을 부여하여 모든 기능을 모니터링하면서 발생 문제를 사전에 스스로 탐지, 판단하고 조치하도록 실행할 수 있는 최첨단 디지털 기술이다. ERP, PLM 및 MES의 전사적통합관리시스템, 선박과 스마트조선소의 디지털 트윈에 이를 통합시키면 세계 최고의 경쟁력을 가진 지능형•자율형 스마트조선소 구축이 가능하다.

이러한 AI 기술들은 발전 단계에 있으며 모든 기능을 개발하고 적용하기까지 장기간의 시간과 대규모 투자가 필요하다. 효과가 큰 기능부터 개발하여 적용하는 단계별 적용이 필수적이며 차세대 미래 경쟁력 확보를 위해 체계적으로 필수 기술들을 확보해야 할 것이다. 이에 대해 다음과 같은 순서로 설명한다.

- 스마트조선소의 인공지능(AI) 개발 방향
- 국내 대형 조선소의 AI 개발 방향
- 스마트조선소의 미래 운영 개념도

9.6.1 스마트조선소의 인공지능(AI) 개발 방향

AI는 조선소에서 사람의 개입 없이 또는 최소한의 개입으로 모든 업무를 자동화와 자율화로 처리할 수 있게 만드는 강력한 수단이다. AI는 영업, 설계 및 생산의 업무와 전사적통합관리 업무까지도 스스로 판단해서 조치를 수행하며 높은 수준의 목표 달성 결과를 만들 수 있다. AI는 스마트조선소의 모든 업무를 수행하고 관리하는 기존의 운영 방식을 뒤엎는 혁신적인 수단이다. 조선소 모든 기능에 AI를 실현시키면 초경쟁력 확보로 영구적인 지속 성장 가능한 조선소가 될 것이다.

AI를 모든 업무에 적용해야 하지만, 어디에서 시작하여 어느 수준까지 개발해야 할 것인지 등 고려해야 할 요소가 많다. 장기간 동안 투자비도 많이 들어가므로 조선소 운영에서 시급한 것과 효과가 큰 것 등 우선순위를 정하여 체계적이고 단계적으로 개발해야 할 것이다. 현재 조선소에 설계 및 생산 전문 인력이 부족하므로 사람을 많이 필요로 하는 작업과 공정에 최우선적으로 적용해야 할 것이다. 생산 설계 도면 작성과 자동화 효과가 큰 생산 공정과 각종 관리 업무가 우선 대상이다.

표 8-17 스마트조선소의 AI 기능 개발 방향

구분		AI 기능 개발
영업•견적		• 지능형 영업 기본 설계 도면 작성 자동화 기술 개발 • 지능형 영업 견적 원가 작성 자동화 기술 개발
설계	기본 및 상세설계	• 지능형 기본설계 도면 작성 자동화 기술 개발 • 지능형 선체 도면 작성 자동화 기술 개발 • 지능형 의장 도면 작성 자동화 기술 개발 • 지능형 선체와 의장 통합 지능형 모델링
	생산 설계	• 지능형 생산 설계 CAD 시스템 개발
	PLM(설계관리)	• 지능형 PLM 개발
생산	생산 공정 최적화	• 지능형 선체 가공 자동화 기술 개발 • 지능형 선체 블록 조립 공장 자동화 기술 개발 • 지능형 의장 작업 자율화 기술 개발 • 지능형 도장 공장 자동화 기술 개발 • 지능형 용접 변형 최소화 기술 개발 • 지능형 도크 작업 자율화 기술 개발 • 지능형 안벽 작업 자율화 기술 개발 • 지능형 시운전 작업 자율화 기술 개발

	MES (생산계획과 통제)	• 지능형 최적 통합생산계획시스템 개발 • 지능형 생산 운영관리시스템 개발 • 지능형 공급망 협업시스템 개발 • 지능형 물류시스템 기술 개발 • 지능형 조선소 설비 유지관리시스템 개발
품질관리•안전		• 지능형 품질관리 및 안전시스템 개발
경영	ERP	• 지능형 ERP 기술 개발
디지털 트윈		• 지능형 디지털 트윈 기술 개발
전사적통합관리시스템		• 지능형 전사적관리시스템 개발

9.6.2 국내 대형 조선소의 AI 개발 방향

국내 대형조선소는 스마트조선소 구축을 위해 오래 전부터 단계별로 스마트 기능을 개발하여 적용하고 있다. 상당 수준의 전사적통합관리시스템을 구축하였으며, 설계 및 생산 작업에서 자동화가 많이 이루어져 있다. 설계 CAD 자동화와 생산 로봇 현장 적용확대를 추진하여 공정 자동화율을 높은 수준까지 끌어올리고 있다. 현재는 인공지능(AI) 도입 등을 통한 지능형•자율형 스마트조선소 구축을 추진 중이다.

HD현대중공업은 2030년까지 지능형 자율운영조선소를 구축하기 위해 미래 첨단 조선소 프로젝트를 진행하고 있다. 이 프로젝트는 ①1단계 눈에 보이는 조선소, ②2단계 연결-예측 가능한 최적화된 공장, ③3단계 지능형 자율 운영 조선소 등으로 추진한다. 2030년에 프로젝트를 완료해 생산성 30% 향상, 납기 30% 단축 목표를 달성한다는 계획이다. 2023년에 1단계로 스마트조선소의 디지털 트윈을 만들었다.

삼성중공업은 지능형•자율형 스마트조선소 구축에 초점을 맞추고 있다. 우선 견적부터 선박 인도까지 선박 건조 전 과정에서 생성되는 정보를 확인하고 통제할 수 있는 데이터 기반 전사 통합모니터링 시스템을 개발하여 적용하고 있다. 메타버스 기반 원격 품질검사, 대화형 설계 챗봇, 3D 모델링 및 디지털 트윈 기술을 활용한 생산 무도면 시스템 등을 개발해 현장에 적용 중이다. 모든 생산 작업에 종이 도면 출도 대신에 3D 디지털 생산 도면을 제공한다.

한화오션은 AI•로봇 기반 스마트조선소 구축을 추진 중이다. 이를 위해 디지털생산센터를 운영하고, 생산 중인 블록 위치와 생산 공정 정보 현황 등을 드론과 IoT 센서 등으로 실시간 확인할 수 있는 스마트생산관리센터, 바다 위에서 시운전 중인 선박 상태를 육지에서 확인하는 스마트시운전센터 등을 구축하였다.

그림 9-38 삼성중공업 지능형 스마트조선소 구축 로드맵

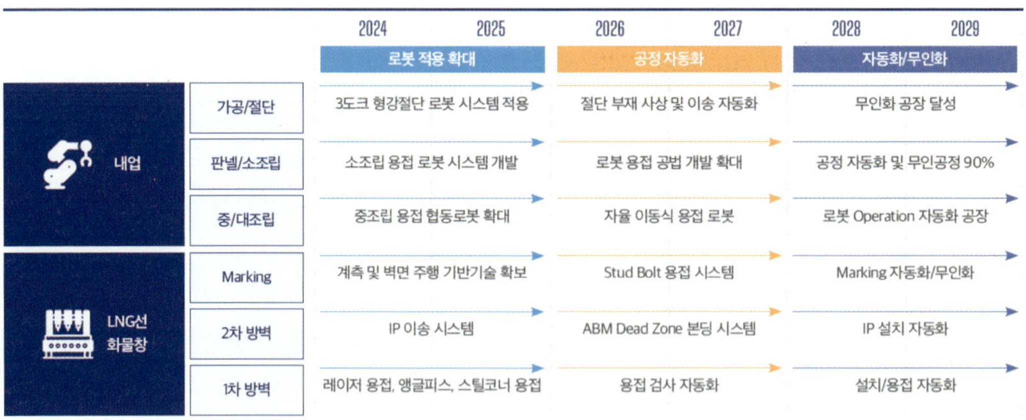

그림 9-39 삼성중공업 지능형 로봇과 무인공장 적용 로드맵

그림 9-40 한화오션 디지털생산센터 화면 사례

9.6.3 스마트조선소의 미래 운영 개념도

AI 기술은 디지털 트윈 모델의 가상 공간과 연결하고 통합시키면 모든 업무를 뛰어난 지능 수준으로 자율적으로 실행하는 조선소를 구축할 수 있다. AI는 디지털 트윈의 시뮬레이션 모델을 효과적 개발하고 실행 효과를 극대화시키는 수단이다. 디지털 트윈에서 필요한 대량 데이터 집합의 처리를 AI를 통해 학습시켜 적용하면 처리 시간 단축과 비용 절감이 가능하다. 원격 모니터링, 문제 사전 예측, 최적 해결 방안 실행, 실시간 의사결정 및 자율 운영이 가능한 조선소로 거듭날 수 있다.

미래 스마트조선소의 경쟁력은 ERP, PLM 및 MES를 통합한 전사적통합관리시스템에 최첨단의 디지털 기술인 VR, AR 및 메타버스 기술을 어떻게 어떤 수준까지 적용할 것인지, 선박과 스마트조선소에 대한 디지털 트윈을 어떻게 어떤 수준까지 구축할 수 있을 것인지, 여기에 빅데이터와 AI를 어떻게 통합시키는지에 따라 결정될 것이다. 이러한 최첨단 디지털 기술의 통합이 어떻게 적절하게 이루어지느냐에 따라 납기, 원가, 기술, 품질 및 안전 등에서 세계 최고의 경쟁력을 가진 스마트조선소가 될 것이다.

그러나 이러한 디지털 기술들은 발전 단계에 있으며, 조선소에 실질적으로 적용하기 위한 효과적인 시스템 적용 기술과 수단들이 부족한 실정이다. 부분적인 단계별 적용에서부터 시작하여 전면적인 적용을 통한 실행 안정화에 이르기까지 각 부문별 난이도가 높은 디지털 기술 확보, 부문 간의 매우 힘든 통합 과정, 장기간의 시간 및 대규모 투자가 필요하다. 다가오는 조선 시장 성장과 호황기에서 발생하는 수익을 활용하여 차세대 경쟁에서 이길 수 있는 강력한 무기가 만들어지길 기대한다.

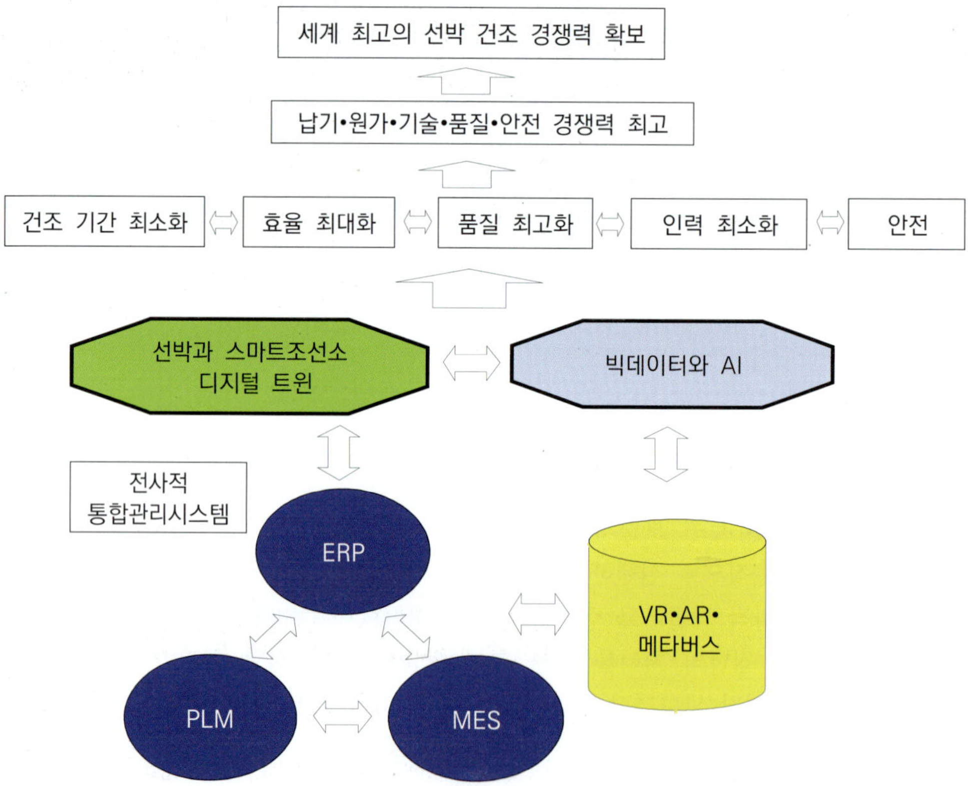

그림 9-41 미래 지능형 • 자율형 스마트조선소의 운영 개념도

연습문제

1. 스마트조선소의 개념에 대해 설명하라.

2. 한국형 스마트조선소의 기술 범위에 대해 설명하라.

3. 스마트조선소의 수평적 • 수직적 통합 개념에 대해 설명하라.

4. 선박 건조시스템과 생산 세부 공정에 대해 설명하라.

5. 생산 세부 공정과 그룹테크놀로지에 대해 설명하라.

6. 선박 건조 프로세스에 대해 설명하라.

7. 선박 생산계획과 설계에 대해 설명하라.

8. 선박 생산계획과 자재조달에 대해 설명하라.

9. 스마트조선소의 전사적통합관리시스템에 대해 설명하라.

10. 전사적자원관리(ERP)시스템과 장점에 대해 설명하라.

11. 제품수명주기관리(PLM)시스템과 장점에 대해 설명하라.

12. 생산실행시스템(MES)과 장점에 대해 설명하라.

13. 스마트조선소와 VR • AR • XR • 메타버스 활용에 대해 설명하라.

14. 선박의 디지털 트윈에 대해 설명하라.

15. 스마트조선소의 디지털 트윈에 대해 설명하라.

16. 디지털 트윈과 선박 운항에 대해 설명하라.

17. 스마트조선소의 인공지능(AI) 개발 방향에 대해 설명하라.

18. 국내 조선소의 AI 개발 방향에 대해 설명하라.

19. 스마트조선소의 미래 운영 개념도에 대해 설명하라.

참고문헌

Chapter 1

1. 산업통상자원부(2023), K-조선 차세대 선도 전략, https://www.motie.go.kr/kor/article/ATCL3f49a5a8c/168127/view?, (2024.5.30.).
2. 안준건(2022), 탄소중립을 위한 친환경선박 인증제도의 개선방향에 관한 연구, JSNAK, Vol .59, No. 6.
3. HD한국조선해양(2022), Beyond Blue Forward to Green, https://www.hdksoe.co.kr/mg04, (2024.6.1.).
4. DNV(2024), Data Smart Asset Solutions-Digital Twin, https://www.dnv.co.kr/services/data-smart-asset-solutions-digital-twin-65556/,(2024.6.1.).

Chapter 2

1. 유제철(2024), EU 탄소국경조정제도 대응 방안, 해외규제 전문가 칼럼, Ministry of Justice, 2024.7.31.
2. EPA(2024), Overview of Greenhouse Gases, https://www.epa.gov/ghgemissions/overview-greenhouse-gases, (2024.6.5.).
3. El-Montasser G, et al.(2019), A New Methodology for Assessing the Energy Use -Environmental Degradation Nexus, Environ Monit Assess, Vol. 191, No. 587.
4. Henley, B, et al.(2017), The Three-Minute Story of 800,000 Years of Climate Change with a Sting in the Tail, The Conversation, 2017.6.12.
5. IEA(2024), CO_2 Emissions in 2023, 2024.3.

6. IMO(2024), 2023 IMO Strategy on Reduction of GHG Emissions from Ships, https://www.imo.org/en/OurWork/Environment/Pages/2023-IMO-Strategy-on-Reduction-of-GHG-Emissions-from-Ships.aspx, (2024.6.10.).
7. NOAA Global Monitoring Laboratory(2024), Trend in Atmospheric Carbon Dioxide, https://gml.noaa.gov/ccgg/trends/mlo.html, (2024.6.11.).
8. UN Climate Action(2021), The Paris Agreement, https://www.un.org/en/climatechange/paris-agreement, (2024.6.20.).

Chapter 3

1. 부산국제금융진흥원(2024), 2024 글로벌/국내 해양 환경, 기후, 안전, 규제, 금융연구1실 해양금융팀, 2024.1.19.
2. 이지웅(2018), 선박용 저속 2행정 디젤엔진의 밀러사이클 적용에 관한 연구, 한국해양대학교 공학박사 논문, 2018.2.
3. 삼정 KPMG(2019), IMO 2020 황산화물 환경규제, 규제를 기회로 삼다. Issue Monitor, 제111호, 2019.6.
4. KR(2009), 선박용 디젤기관의 NOx 배출 관련 구성품의 실질적인 변경(Substantial Modification)에 따른 질소산화물(NOx)의 재 증명 요건 알림, Technical Information, 2009.3.18.
5. KR(2012), 에너지효율설계지수(EEDI) 검증 및 국제에너지효율(IEE) 증서 발행, 2012.12.
6. KR(2020), 대한민국 "황산화물 배출규제해역 지정•운영"에 관한 정보 안내, Technical Information, 2020.7.9.
7. KR(2021), CII 규제 대응 지침서, KR R&D Division, 2021.10.
8. KR(2021), EEXI & CII Guideline, 2021.7.
9. KR(2022), SEEMP Part III의 개발 및 검증이행을 위한 준비, Technical Information, 2022.7.7.
10. ICCT(2023), Global Update on Scrubber Bans and Restrictions, Policy Update, 2023.6.

11. ICCT(2023), The Maritime Sector in the European Union Emissions Trading System, Policy Update, 2023.12.
12. IMO(2020), Fourth Greenhouse Gas Study 2020, https://www.imo.org/en/ourwork/Environment/Pages/Fourth-IMO-Greenhouse-Gas-Study-2020.aspx, (2024.7.3.).
13. IMO(2023), 2023 IMO Strategy on Reduction of GHG Emissions from Ships, Resolution MEPC.377(80), 2023.7.7.
14. IMO(2023), Guidelines on Life Cycle GHG Intensity of Marine Fuels(LCA Guidelines), MEPC.376(80), 2023.7.7.
15. MAN(2024), Emission Project Guide, MAN Energy Solutions, https://man-es.com/applications/projectguides/2stroke/content/special_pg/PG_7020-0145.pdf, (2024.7.2.).
16. NKK(2023), CII(Carbon Intensity Indicator), Marine GHG Certification Department, 2023.6.
17. Seungman. Ha., et al.(2023), A Framework for Determining the Life Cycle GHG Emissions of Fossil Marine Fuels in Countries Reliant on Imported Energy Through Maritime Transportation: A Case Study of South Korea, Science of the Total Environment 897(2023), 2023.7.6.
18. Sphera(2021), 2nd Life Cycle GHG Emission Study on the Use of LNG as Marine Fuel, Sphera Editorial Team, 2021.4.15.
19. Transport & Environment(2023), How Does FuelEU Maritime Work?, 2023.7.

Chapter 4

1. 권이균(2018), 포항분지 해상 중소규모 CO_2 저장 실증 연구, The Journal of Engineering Geology, Vol. 28, NO. 2.
2. 김민규 외(2023), 바이오선박유 사용을 위한 가이드북, 한국해사협력센터(KMC), 2023.12.4.
3. 남재작 외(2006), 혐기소화에 의한 Biogas 생산과 Biomethanol 전환에 관한 고찰, 유기성 자원학회, Vol. 14, No. 4.

4. 문홍인 외(2018), CO_2 해상 지중 저장을 위한 주입 설비 설계 및 구축 연구, The Journal of Engineering Geology, Vol. 28, NO. 2.
5. 양종서(2023), 해상탄소중립을 위한 선박 대안 연료 현황과 시사점-LNG, 메탄올, 암모니아를 중심으로, 한국 수출입은행 해외경제 연구소, Vol. 2023-해양-8, 2023.9.19.
6. 전서연(2023), 글로벌 선사의 미래 친환경 선박 연료 공급망 확보 전략 조사, 한국해양수산개발원(KMI), 2023.02.16.
7. KR(2023), 선박 연료로서 메탄올의 현황과 전망, 2023.11.
8. KR(2023), 선박 연료로서 바이오연료의 현황과 전망, 2023.12.
9. 한동진(2023), 조선산업의 친환경 연료 전환 동향, KDB미래전략연구소 산업기술리서치센터, 2023.7, 제812호.
10. 황진회 외(2022), 선박 대체연료 기술개발 동향조사, 한국해양수산개발원(KMI), 2022-10-3.
11. Aidari, S.(2020), Biomethanol Production and Use as Fuel, RISE Research Institute of Sweden.
12. Ali Khan, W., et al.(2015), Design Methodology for the Fischer-Tropsch Reactor for the Production of Green Diesel from Coal Syngas, European Journal of Advances in Engineering and Technology, 2015, 2(9).
13. Arnaiz del Pozo, C., et al.(2022), Techno-Economic Assessment of Blue and Green Ammonia as Energy Carriers in a Low-Carbon Future, Energy Conversion and Management, 255(2022) 115312.
14. Dong, T.(2023), Life Cycle Assessment of Ammonia/Hydrogen-Driven Marine Propulsion, Sage Jourals, Vol. 238, Issue 3, 2023.12.18.
15. Ehlers L., et al.(2022), Ammonia as Ship Fuel, Short Study, MARIKO GmbH, 2022.5.
16. Gerveni, M., et al.(2023), Biodiesel and Renewable Diesel: What's the Difference?, Farmdoc Daily (13):22, Department of Agricultural and ConsumerEconomics, University of Illinois at Urbana-Champaign, 2023.2.8.
17. Gloria Power, A. B., et al.(2018), Demonstration of Carbon Capture and Sequestration of Steam Methane Reforming Process Gas Used for

Large-Scale Hydrogen Production, Air Products and Chemicals, DE-FE0002381.

18. Hamelinck, C., et al.(2022), Carbon Footprint of Methanol, Methanol Institute, 2022.1.
19. Ji, C.(2022), Ammonia as a Marine Fuel, ABS, 2022.11.15.
20. Karvounis, P., et al.(2022), Recent Advances in Sustaninable and Safe Marine Engine Operation with Alternative Fuels, Frontiers in Mechanical Engineering, Vol. 7, 2022.11.28.
21. Koponen, J.(2015), Review of Water Electrolysis Technologies and Design of Renewable Hydrogen Production Systems, Lappeenranta University of Technology LUT School of Energy Systems Degree Programme in Electrical Engineering.
22. Lacerda de Oliveira Campos, B., et al.(2022), A Detailed Process and Techno-Economic Analysis of Methanol Synthesis from H_2 and CO_2 with Intermediate Condensation Steps, Processes, 2022, 10, 1535.
23. LR(2023), The Future of Marine Fuels, Lloyd's Register Maritime Decarbonisation Hub, 2023.9.
24. MAN(2024), Decarbonization Technologies in Merchant Shipping, https://www.man-es.com/docs/default-source/marine/tools/5510-0276-00.pdf, (2024.8.5.).
25. Marquez, C., et al.(2023), Marine Methanol Future Proof Shipping Fuel, Methanol Institute, 2023.5.
26. Marsk Mc-Kinney Moller Center(2021), We Show the World It is Possible, 2021.10.
27. Stangeland, K., et al.(2017), CO_2 Methanation: The Effect of Catalysts and Reaction Conditions, Energy Procedia, Vol. 105, 2017.
28. Wissner, N., et al.(2023), Methanol as a Marine Fuel, NABU, 2023.3.
29. Zitelman, K.(2018), Carbon Capture, Utilization, and Storage: Technology and Policy Status and Opportunities, NARUC.

Chapter 5

1. 강인필 외(2017), LNG 추진 선박 엔진용 GVT 제어시스템 개발, 한국동력기계공학지, 제21권 제4호. 2017.8.
2. 김보언 외(2019), 9 wt.% 니켈강 소재를 활용한 선박용 LNG Fuel Tank 초기 설계 및 용접부 성능 평가, Journal of Welding and Joining, Vol. 37, No. 6(2019).
3. 박오용 외(2018), 액화천연가스 고압 연료공급시스템의 운전 특성에 관한 연구, Journal of the Korean Society of Marine Engineering, Vol. 42, No, 6.
4. 서용석 외(2017), 선박의 가스(LNG 등) 연료 엔진 동향 및 개발 방향, KEIT PD Issue Report, 2017, Vol. 17-8.
5. S&SYS(2024), 가스연료 저장 및 공급설비 PURIGAS, http://www.snsys.net/eco/purigas.php, (2024.9.26.).
6. 이윤호 외(2014), Gas Fuelled Ship용 재기화 시스템의 Eglycol Water 혼합비율에 따른 시스템 특성 분석, Journal of the Korean Society of Marine Engineering, Vol. 37, No, 7.
7. 임승택 외(2024), 암모니아 연료 선박의 연료 밸브 트레인 제어 최적화를 기반으로 한 성능 분석, Energies 2024, 17, 2272.
8. KR(2016), 가스연료선박 지침, 2016.7.1.
9. KR(2018), 암모니아 연료선박에 대한 지침서, 2018.4.1.
10. KR(2021), IGC 및 IGF 코드의 특징 및 국내 정책 동향 분석, 연구본부, 2021.1.31.
11. KR(2022), 암모니아 연료추진선박 보고서, Technical Information, 2022.7.7.
12. KR(2024), 저인화점연료선박 규칙/저인화점연료선박 적용지침, 2024.6.3.
13. Aabo, K.(2020), Ammonia Fueled MAN B&W Two-Stroke Dual-Fuel Engines, Journal of the JIME, Vol. 55, No.6(2020).
14. ABS(2022), LNG as marine Fuel, Sustainability Whitepaper, 2022.7.
15. ABS(2023), Ammonia Fueled Vessels, 2023.9.
16. ABS(2024), Ammonai Bunkering: Technical and Operational Advisory, 2024.7.25.
17. ABS(2024), Methanol Bunkering: Technical and Operational Advisory, 2024.4.23.
18. BV(2022), Ammonai-Fueled Ships Tentative Rules, NR 671, 2022.6.

19. BV(2022), Methanol & Ethanol Fuelled Ships, NR 670, 2022.9

20. Calder, N.(2006), Marine Diesel Engines: Maintenance, Troubleshooting, and Repair, International Marine/McGraw-Hill, 2006.11.16.

21. Comer, B., et al.(2022), Comparing the Future Demand for, Supply of, and Life-Cycle Emissions from Bio, Synthetic, and Fossil LNG Marine Fuels in the European Union, ICCT, 2022.9.14.

22. Comer, B., et al.(2024), Fugitive and Unburned Methane Emissions from Ships(Fumes), ICCT, 2024.1.25.

23. DNV-GL(2015), Use of Methanol as Fuel: Methanol as Marine: Environmental Benefits, Technology Readiness, and Economic Feasibility, 2015-1197 Rev.2.

24. EMSA(2018), Guidance on LNG Bunkering to Port Authorities and Administrations, European Maritime Safety Agency, 2018.1.31.

25. Green Shipping Program(2023), Ammonia as a Marine Fuel Safety Handbook, 2023.6.16.

26. Hongjun, F.(2021), IMO Type C Tank and FGSS Solution for a Retrofitted 10,000 TEU LNG-Fuelled Container Ship, ResearchGate Technical Report, 2021.2.

27. IMO(2014), Amendments to The International Code for The Construction and Equipment of Ships Carrying Liquefied Gases In Bulk(IGC Code), Resolution MSC.370(93), 2014.5.22.

28. IMO(2015), Adoption of the International Code of Safety for Ships Using Gases or Other Low-Flashpoint Fuels(IGF Code). Resolution MSC.391(95), 2015.6.11.

29. Kuittinen, N., et al.(2023), Review, of Methane Slip from LNG Engines, Green Ray, 2023.1.31.

30. MAN(2013), ME-GI Dual Fuel Done Right, MAN Diesel, ME-GI, SNAME NY, 2013.12.

31. MAN(2021), Engineering the Future Two-Stroke Green-Ammonia Engine, 2021.3.10.

32. MAN(2023), ME-GI Dual Fuel MAN B&W Engines: A Technical, Operational and Cost-Effective Solution for Ships Fuelled by Gas, 2023.6.20.

33. MAN(2024), The Methanol-Fuelled MAN B&W LGIM Engine, https://www.man-es.com/docs/default-source/document-sync-archive/the-methanol-fuelled-man-b-w-lgim-engine-eng.pdf?sfvrsn=36b925d2_7, (2024.9.25.).

34. Marsk Mc-Kinney Moller Center(2022), Reducing Methane Emissions onboard Vessels, 2022.10.

35. Marsk Mc-Kinney Moller Center(2023), Managing Emissions from Ammonia-Fueled Vessels, 2023.9.28.

36. PtX Hub(2024), Ammonia Transport & Storage, 2024.1.

37. Seoungnam, K.(2022), WinGD X-DF-2.0: High Efficiency at Lowest Emissions, 2022.

38. Theotokatos, G., et al.(2016), Design of LNG Storage and Feeding System for an Open Type Ferry, ResearchGate, Chapter 2015.9.

39. WinGD(2023), 2-Stroke Dual-Fuel Ammonia Safety Concept, DTAA001056, 2023.11.16.

40. WinGD(2023), Concept Guidance for X-DF-A, DTAA000514, 2023.11.24.

41. WinGD(2023), Concept Guidance for X-DF-M, DTAA000835, 2023.12.22.

42. YANMAR(2017), Development of 6EY26DF Dual-Fuel Engine: Compliant with IMO Tier 3, Technical Review, 2019.4.3.

Chapter 6

1. 김병수(2024), 수소생산 저장 액화 충전 수소연료추진선박, GS 인터비젼, 2024.2.10.

2. 김소현 외(2020), 전기추진선박의 전력변환 기술 적용 및 발전 방향, 전력전자학회지 제25권 제2호, 2020.4.

3. 김정현 외(2017), LNG운반선 방열시스템에 적용되는 적층형 플라이우드의 극저온 기계적 특성 분석, 한국해양공학회지, Vol. 31(3).

4. 김태윤 외(2020), 위성체의 CFRP 패널, MLI, RF 스크린 전자파 차폐 효과, Eng. Sci. 2020: 31(11).
5. 백종훈 외(2013), 수소액화 및 극저온 저장기술, 대한기계학회지, Vol 53, No. 4.
6. 서동진(2014), 친환경 고효율 에어로젤 단열재 개발 동향 및 활용 전망, ESCO지, 제86권, 2014.01.06.
7. 에너지경제(2015), 눈앞에 선 수소경제, 수소차 상용화 숙제는, https://www.ekn.kr/web/view.php?key=122580, (2024.9.2.).
8. SAMSUNG SDI(2023), The Four Components of a Li-ion Battery, https://www.samsungsdi.com/column/technology/detail/55272.html, (2024.9.19.).
9. 오지현 외(2020), 전력 부하와 학습모델 기반의 전기추진선박의 배터리 연동 전력 관리 알고리즘, 한국정보통신학회논문지, Vol. 24, No. 9.
10. KR(2023), 선박용 연료전지 시스템 지침, 2023.6.2.
11. ABS(2023), Fuel Cell Power Systems for Marine and Offshore Application, 2023.8.
12. Adams, J., et al.(2019), Onborad Type Ⅳ Compressed Hydrogen Storage System-Cost and Performance Status, DOE Hydrogen and Fuel Cells Program Record#: 19008.
13. AL Ghafri, SZS., et al.(2022), Hydrogen Liquefaction: a Review of the Fundamental Physics, Engineering Practice and Future Opportunities, Energy Environ. Sci. Issue. 7.
14. Baird Maritime(2021), Hydra-Norled Takes Delivery of Ferry Designded to Run on Liquid Hydrogen, Vessel Review, 2021.8.12.
15. Battery Inside(2022), Lithium-Ion Battery's Structure and How It Works, https://inside.lgensol.com/en/2022/07/lithium-ion-batterys-structure-and-how-it-works/, (2024.9.29.).
16. Biert, L., et al.(2021), Public Final Report: Inventory of the Application of Fuel Cells in the Martime Sector(FCMAR), Maritime Knowledge Centre, TNO and TU Delft, MIIP 007-2020.

17. Cheliotis, M., et.al.(2021), Review on the Safe Use of Ammonia Fuel Cells in the Maritime Industry, Energy, 2021, 14, 3023.
18. Chen, L., et al.(2022), Optimal Design and Operation of Dual-Ejector PEMFC Hydrogen Supply and Circulation System, Energies 2022,15,5427.
19. Elberry, A. M., et al.(2021), Large-Scale Compressed Hydrogen Storage as Part of Renewable Electricity Storage Systems, DOI:10.1016/j.ijhydene.2021.02.080.
20. Elkafas, A. G., et al.(2023), Fuel Cell Systems for Maritime: A Review of Research Development, Commercial Products, Applications, and Perspectives, Processes 2023, 11, 97.
21. Fragiacomo, P., et al.(2022), Hydrogen-Fuel Cell Hybrid Powertrain: Conceptual Layouts and Current Applications, Machines 2022, 10, 1121.
22. Fesmire, J. e.,(2018), Aerogel-Based Insulation Materials for Cryogenic Applications, IOP Conf. Series: Materials Science and Engineering 502(2019)012188.
23. Haxhiu, A., et al.(2021), Electric Power Integration Schemes of the Hybrid Fuel Cells and Batteries-Fed Marine Vessels–An Overview, IEEE Transactions on Transportation Electrification,
24. Houssin, D., et. al.(2020), Deliverable D1.1 Report on Hydrogen Safety Aspects of Technologies, Systems and Infrastructures Pertinent to Responders, Grant Agreement Number 875089.
25. ISO/DIS 19880-2, Gaseous Hydrogen–Fuelling Stations. Part 2: Dispensers, https://www.iso.org/obp/ui/fr/#iso:std:iso:19880:-2:dis:ed-1:v1:en, (2024.9.23.).
26. James, B. D., et al.(2016), Onboard Type IV Compressed Hydrogen Storage System Cost Analysis, FCTO Webinar 1/26/2016.
27. Kalstad, K. H., et al.(2021), Ammonia Fuelled Solid Oxide Fuel Cell to Power Maritime Applications, Master's Thesis in Renewable Energy(ENE500).
28. Kawasaki Technical Review(2021), Kawasaki Hydrogen Transportation-Development of Liquefied Hydrogen Carrier, No.182 Special Issue on

Hydrogen Energy Supply Chain.

29. Klebanoff, L, E., et al.(2021), Comparative Study of a Hybrid Research Vessel Utilizing Batteries or Hydrogen Fuel Cells, IJHYDENE. Vol. 45, Issue 76, 3.
30. Kolodziejski, M., et al.(2023), Battery Energy Storage Systems in Ships' Hybrid/Electric Propulsion Systems, Energies 2023, 16, 1122.
31. MEYER TOOL & MFG(2022), Multi-layer Insulation, https://www.mtm-inc.com/multi-layer-insulation.html, (2024.9.02.).
32. O'Hayre, R., et al.(2016), Fuel Cell Fundamentals, New Jersey: Wiley.
33. Pemberton, R. et al.(2021), Unravelling the Hydrogen Regulatory Framework: Approval Process for Type Ⅳ Onboard Vechicle Hydrogen Fuel Container, NPL Report ENG 70.
34. Reddi, K., et al.(2017), Impact of Hydrogen SAE J2601 Fueling Methods on Fueling Time of Light-Duty Fuel Cell Electric Vehicles, IJHYDENE, Vol. 42, Issue 26.
35. Roslan, S. B., et al.(2022), Sustainable Hybrid Marine Power Systems for Power Management Optimisation: A Review, Energies 2022, 15, 9622.
36. Sakamoto, J., et al.(2018), Evaluation of Safety Measures of a Hydrogen Fueling Station Using Physical Modeling, Sustainability, Vol. 10, Issue 11.
37. WEH(2022), High-Performance Components for Hydrogen Vechicles and Fuleing Stations, https://www.weh.com/Files/Files/20-Documents/Downloads/Catalog/h2-catalog-en.pdf, (2024.9.23.)
38. Xing, H., et al.(2021), Fuel Cell Power Systems for Maritime Applications: Progress and Perspectives, Sustainability 2021, 13, 1213.

Chapter 7

1. 김회택 외(2021), 공기윤활에 의한 액화천연가스운반선의 마찰저항저감 평가 및 공기 분사부 배치에 대한 연구, Journal of the Society of Naval Architects of Korea, Vol. 58, No. 3, 2021.6.
2. 문일성 외(2023), KRISO 고효율 계열 프로펠러 개발, Journal of the Society of Naval Architects of Korea, Vol. 60, No. 6, 2023.12.
3. 박동우 외(2013), 선박의 트림자세가 저항 성능에 미치는 영향, Journal of the Society of Naval Architects of Korea, Vol. 50, No. 23, 2013.4.
4. 윤지원 외(2024), 선박 엔진 부하에 따른 폐열회수 발전시스템의 성능해석 및 CO_2 배출량 감축 효과 분석, 동력시스템공학지, 제28권, 제1호, 2024.2.
5. 이현석 외(2019), 가변속 발전기 적용에 따른 컨테이너선 에너지 효율성 비교, Journal of the Korea Society of Marine Engineering, Vol. 43, No. 7.
6. ABS(2013), Ship Energy Efficiency Measures: Status and Guidance, https://ww2.eagle.org/content/dam/eagle/advisories-and-debriefs/ABS_Energy_Efficiency_Advisory.pdf, (2024.10.2).
7. Gaggero, S., et al.(2023), Pre-Swirl Fins Design for Improved Propulsive Performances: Application to Fast Twin-Screw Passenger Ships, Journal of Ocean Engineering and Marine Energy (2023) 9.
8. Glosten(2016), Energy Efficiency White Paper, File No. 1509.01. 2016.4.1.
9. Kanemaru, T., et al.(2022), A Fundamental Study on Rudder Drag Reduction by Rudder Fin, 7th International Symposium of Marine Propulsors Smp'2022, 2022.10.
10. Kawabuchi, M., et al.(2011), CFD Predictions of Bubbly Flow around an Energy-Saving Ship with Mitsubishi Air Lubrication System, Mitsubishi Heavy Industries Technical Review, Vol. 48, No. 1, 2011.3.
11. MAN(2014), Waste Heat Recovery System(WHRS) for Reduction of Fuel Consumption Emissions and EEDI, Technical Book.
12. Wooseok, J., et al.(2023), Optimization of Blade Position on an Asymmetric Pre-Swirl Stator Used in Container Ships, J. Mar. Sci. Eng. 2023, 11, 50.

Chapter 8

1. 강원식(2020), 한국형 e-Navigation 구축에 따른 Hybrid형 선박 통신체계에 관한 고찰, Journal of Korean Maritime Police Science Vol. 10, No. 2.
2. 강호현 외(2022), 크랭크축의 미세속도변화를 이용한 선박엔진의 착화불량 상태 감시, Journal of Sensor Science and Technology, Vol. 31, No. 1(2022).
3. 남궁호(2020), 자율운항선박의 충돌회피를 위한 스마트 의사결정 시스템 개발, 창의도전 연구기반지원, 2023.3.23.
4. 김부영(2023), 자율운항선박용 선박중심직접통신(M-S2X) 주파수 탐색에 관한 연구, J. Navig. Port Res. Vol. 47, No. 6.
5. 김정영 외(2022), 선박 기관시스템 보조기기의 상태기반 고장진단/예측을 위한 고장 모사 데이터베이스 구축, Journal of the Society of Naval Architects of Korea, Vol. 59, No. 4.
6. 김판수 외(2020), 저궤도 위성통신망 기반 글로벌 무선통신 기술 동향, ERTI, 35권 제5호, 2020.10.
7. 대한조선학회(2019), 자율운항선박 기술개발 로드맵, 미래위원회 보고서, 2019.12.
8. 류대현 외(2014), 선박 네트워크를 위한 NMEA2000과 정보 보호, 정보보호학회지, 제24권, 제2호.
9. 류민철 외(2023), 인공지능(AI)이 조종하는 자율운항선박의 현재와 미래기술, KEIT Issue Review, 2023-7월호.
10. 박진형 외(2021), 인공지능 데이터 구축·활용 가이드라인-해상객체 이미지 AI데이터, KRISO, 2021.2.15.
11. 삼성중공업(2024), 삼성중공업 지속가능경영보고서 2024.
12. 스마트자율운항선박포럼(2023), 인공지능 기반 해사 소프트웨어 안전 요구사항 도출 지침, SAN-2023.9.
13. 여동진(2021), 미래 조선/해운 산업 선도를 위한 자율운항선박 기술, 이슈리포트, 2021.3.
14. 유지운 외(2022), 자율 운항 선박의 인공지능: 잠재적 사이버 위협과 보안, Journal of The Korea Institute of Information Security & Cryptology, Vol. 32, No.2,

15. 유진호 외(2018), 차세대 해상 무선통신 기술 및 표준화 동향, TTA Journal Vol.179.
16. 이선명 외(2020), 자율운항선박, KISTEP 기술동향브리프, 2020-06호.
17. 이윤석(2018), 자율운항선박(MASS) 개발 동향 분석, TTA Journal, Vol. 178.
18. 정성훈 외(2018), 스마트 자율운항선박(MASS)의 공통 플랫폼 기술, Proceedings of KIIT Conference, 2018.6.
19. 최가은 외(2024), 저궤도 위성통신의 활용과 주요 사업자의 서비스 전개 현황, ERTI ETRI 전자통신동향분석, 제39권 제3호, 2024.6.1.
20. KISTEP(2019), 2019년도 예비타당성조사 보고서: 자율운항선박 기술개발사업, 2019.12.
21. KISTEP(2020), 자율운항선박, KISTEP 기술동향브리프, 2020-06호
22. KR(2022), 자율운항선박 지침, 2022.7.1.
23. Alsos, O. A., et al.(2022), NTNU Shore Control Lab: Designing Shore Control Centres in the Age of Autonomous Ships, Journal of Physics: Conference Series 2311 (2022) 012030.
24. BV(2017), Guidelines for Autonomous Shipping, 201712.
25. Chen, Q.(2023), From Concept to Practicality: Unmanned Vessel Research in China, Heliyon 9(2023) e15182.
26. ClassNK(2021), Special Feature: Autonomous Ships, Technical Journal, No.3 2021(Ⅰ).
27. Hyounhee, K. et al.(2023), Design and Experiment of Satellite-Terrestrial Integrated Gateway with Dynamic Traffic Steering Capabilities for Maritime Communication, Sensors 2023, 23, 1201.
28. IMO(2021), Outcome of the Regulatory Scoping Exercise for the Use of Maritime Autonomous Surface Ships(MASS), MSC.1/Circ.1638, 2021.6.3.
29. Jonggu K., et al.(2013), Building Communication Interface in Ship Area Network for Merchant Marine: A Practical Approach, 2013 13th International Conference on Control, Automation and Systems(ICCAS 2013).
30. NFAS(2017), Definitions for Autonomous Merchant Ships, 2017.10.10.

31. Nordahl, H., et al.(2020), Autonomous Ship Concept Evaluation-Quantification of Competitiveness and Societal Impact, Journal of Physics: Conference Series, 2311(2022).

32. Rylander, R., et al.(2016), Autonomous Safety on Vessels: An International Overview and Trends within the Transport Sector, Lighthouse 2016.

33. Sungwoong, J., et al.(2019), LTE-Maritime: High-Speed Maritime Wireless Communication Based on LTE Technology, IEEE Access, 2019.4.22.

34. Thombre, S., et al.(2022), Sensors and AI Techniques for Situational Awareness in Autonomous Ships: A Review, IEEE Transactions on Intelligent Transportation Systems, Vol.23, No. 1.

Chapter 9

1. 김영민(2018), 조선소 생산시스템의 생산관리지표와 생산요소의 관계에 대한 연구, 서울대학교 대학원 박사 논문, 2018.2.

2. 김태완(2014), 조선 PLM의 BOM (Bills Of Material) 커널 개발에 관한 연구, 중견연구자지원사업 2014.4.4.

3. 뉴젠아이엔에스(2024), Digital Twin Visualization for New Generation, Broshure,

4. 대한조선학회(2019), Smart Shipyard 기술개발 로드맵, 미래위원회 보고서, 2019.12.

5. 류철호 외(2013), 스마트 조선생산실행시스템의 아키텍쳐 설계, BSNAK, Vol. 50, No. 2, 2013.6.

6. 백명기 외(2013), 시뮬레이션 기반 조선 생산 실행계획 지원 시스템 개발, BSNAK, Vol. 50, No. 2.

7. 백태현 외(2018), 조선소 선박 건조 공정 스마트화를 위한 기술 분야 및 핵심 기술, BSNAK, Vol. 55, No. 4, 2018.12.

8. 이원호 외(2019), 증강 현실 기반의 O&M 환경 개선을 위한 배관 모델 정합에 관한 연구, J. Comput. Struct. Eng. Inst. Korea, 32(3).

9. 산업통상자원부(2023), K-조선 차세대 선도 전략, https://www.motie.go.kr/kor/article/ATCL3f49a5a8c/168127/view?, (2024.10.30.).

10. 삼성중공업(2024), 삼성중공업 지속가능경영보고서 2024. 2024.6.28.
11. 서용석 외(2019), 한국형 스마트 야드의 기술현황 및 산업전망, PD Issue Report, Vol. 19-7, 2019.7.
12. HD한국조선해양(2024), Beyond Blue Forward to Green; 2023년 통합보고서, https://www.hdksoe.co.kr/mg04, (2024.11.21.).
13. 정수진 외(2018), ICT융합 Industry4.0S(조선해양), BSNAK, Vol. 55, No. 2, 2018.6.
14. 조혜지 외(2018), 스마트 팩토리 기술 및 산업 동향, IITP 주간기술동향, 1849호 2018.6.6.
15. KEIT(2019), 한국형 스마트 야드(K-Yard) 개발 사업 설명회, 2019.11.15.
16. 한화오션(2024), 한화오션 지속가능경영보고서 2023, 2024.6.28.
17. Cadmatic(2020), Data-Driven Shipbuilding, https://www.cadmatic.com/en/resources/articles/data-driven-shipbuilding/, (2024.11.15.).
18. Fernández, R. P., et al.(2021), How to Improve the Shipbuilding Industry with the Internet of Ships Concept, Ship Science & Technology, Vol. 15.
19. Iwankowicz, R., et al.(2023), Digital Twin of Shipbuilding Process in Shipyard 4.0, Sustainability 2023, 15, 9733.
20. Karakostas, B., et al.(2024), State-of-the-Art Digital Twin Applications for Shipping Sector Decarbonization, IGI Global, Hershey PA, USA.
21. Kunkera, Z., et al.(2024), Development of Augmented Reality Technology Implementation in a Shipbuilding Project Realization Process, J. Mar. Sci. Eng. 2024, 12, 550.
22. Lv, Z., et al.(2023), Digital Twins in the Marine Industry, Electronics 2023, 12, 2025.
23. Manning, K., et al.(2021), Robotics and the Digital Shipyard, Australian Industrial Transformation Institute, 2021.3.
24. Spoehr, J., et al.(2021), The Digital Shipyard: Opportunities and Challenges, Australian Industrial Transformation Institute, 2021.3.

찾아보기

B

C

D

E

F

G

H

R

S

T

ㄱ

ㄹ

ㅁ

ㅈ

ㅊ

▸ 본 과제(결과물)는 2023년도 교육부의 재원으로 한국연구재단의 지원을 받아 수행된 지자체-대학 협력기반 지역혁신 사업의 결과입니다.(2023RIS-007)

▸ This research was supported by "Regional Innovation Strategy (RIS)" through the National Research Foundation of Korea(NRF) funded by the Ministry of Education(MOE)(2023RIS-007)

친환경 스마트선박 개론

2025년 1월 31일 인쇄 발행

저 자	김병수, 박노준, 박현, 엄재광, 이인원, 이충성, 장학수, 정광효
발 행 인	송기수
발 행 처	도서출판 GS인터비전
편 집 처	도서출판 GS인터비전
편 집 인	공예서
표 지 디 자 인	도서출판 GS인터비전
인 쇄 처	트윈벨미디어
등 록 번 호	제 25100-2016-000050호
I S B N	979-11-5576-504-3(93550)

주 소 서울 은평구 증산로 15길 69, 2층

전 화 02-976-7898, 02-3272-7898.

팩 스 02-6468-7898

홈 페 이 지 gsintervision.kr

E - M a i l gsinter7@gmail.com

정 가 45,000원